Chinesische Akupunktur und Moxibustion

Chinesische Akupunktur
und
Moxibustion

Lehrbuch der chinesischen Hochschulen
für Traditionelle Chinesische Medizin

Deutsche Ausgabe von Erich Wühr

Verlag für Ganzheitliche Medizin Dr. Erich Wühr GmbH
Kötzting/Bayer. Wald

CIP-Kurztitelaufnahme der Deutschen Bibliothek

Chinesische Akupunktur und Moxibustion: Lehrbuch d. chines. Hochsch. für Traditionelle Chines. Med. Dt. Ausg./von Erich Wühr. — Kötzting/Bayer. Wald: Verl. für Ganzheitliche Medizin Wühr, 1988

ISBN 3-927344-00-1

NE: Wühr, Erich [Übers.]

ISBN 3-927344-00-1

Herstellung: Druck+Verlag Ernst Vögel GmbH, 93491 Stamsried

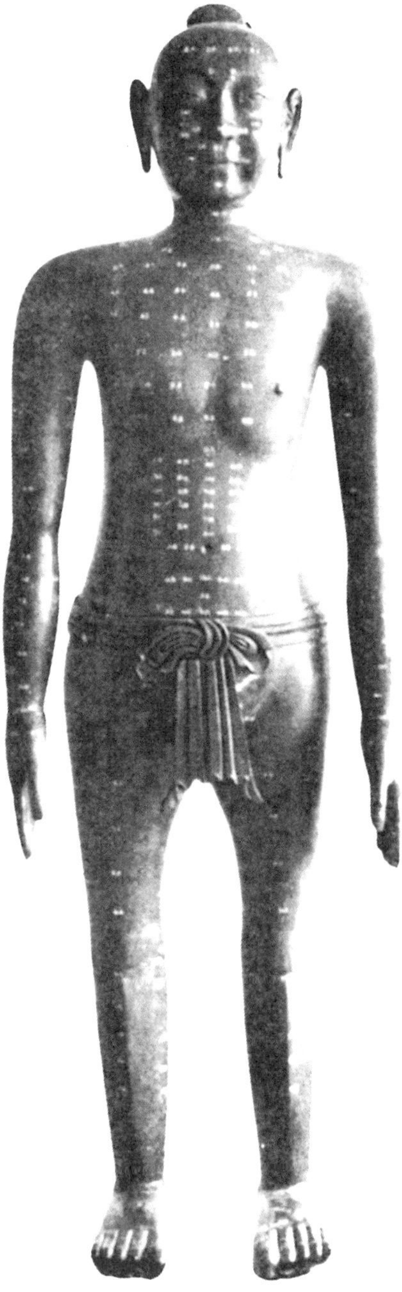

Dieses bronzene Akupunkturmodell ist eine Reproduktion aus einem Stück (1443 n. Chr., MING-Dynastie).

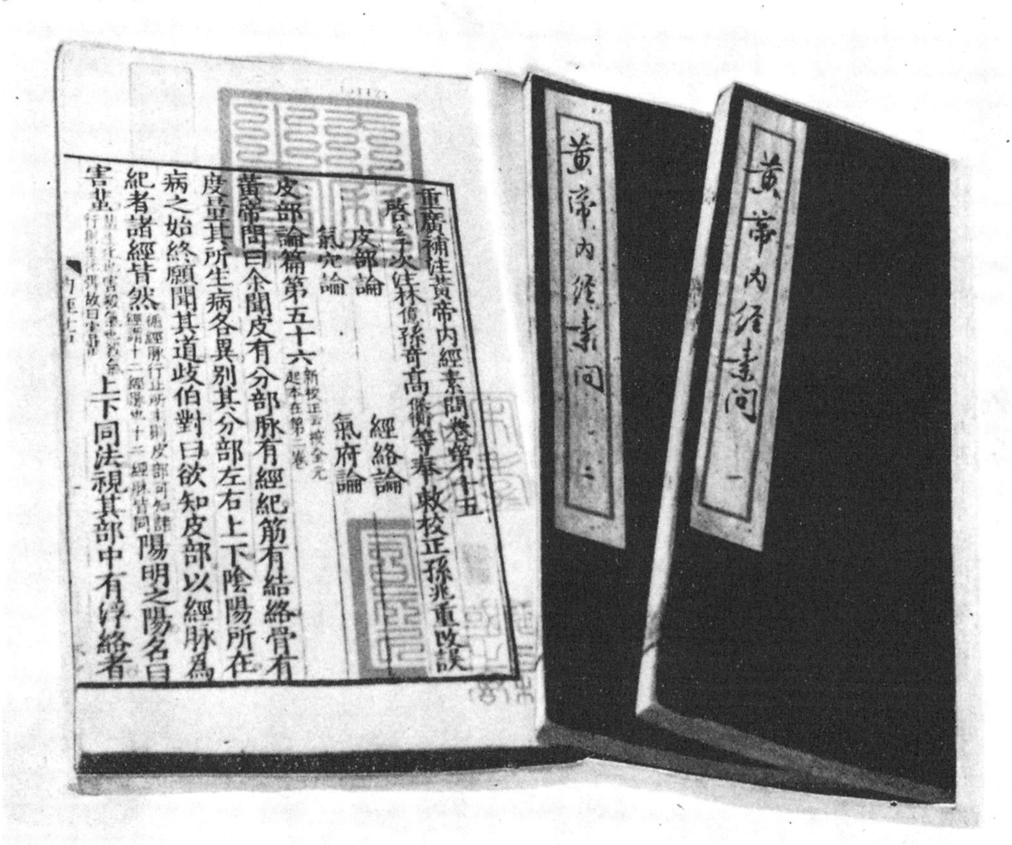

Das HUANGDI NEIJING (Innerer Klassiker des Gelben Fürsten), das zwischen 500 und 300 v. Chr. entstanden ist, gilt als das früheste medizinische Buch, in dem die Akupunktur beschrieben ist.

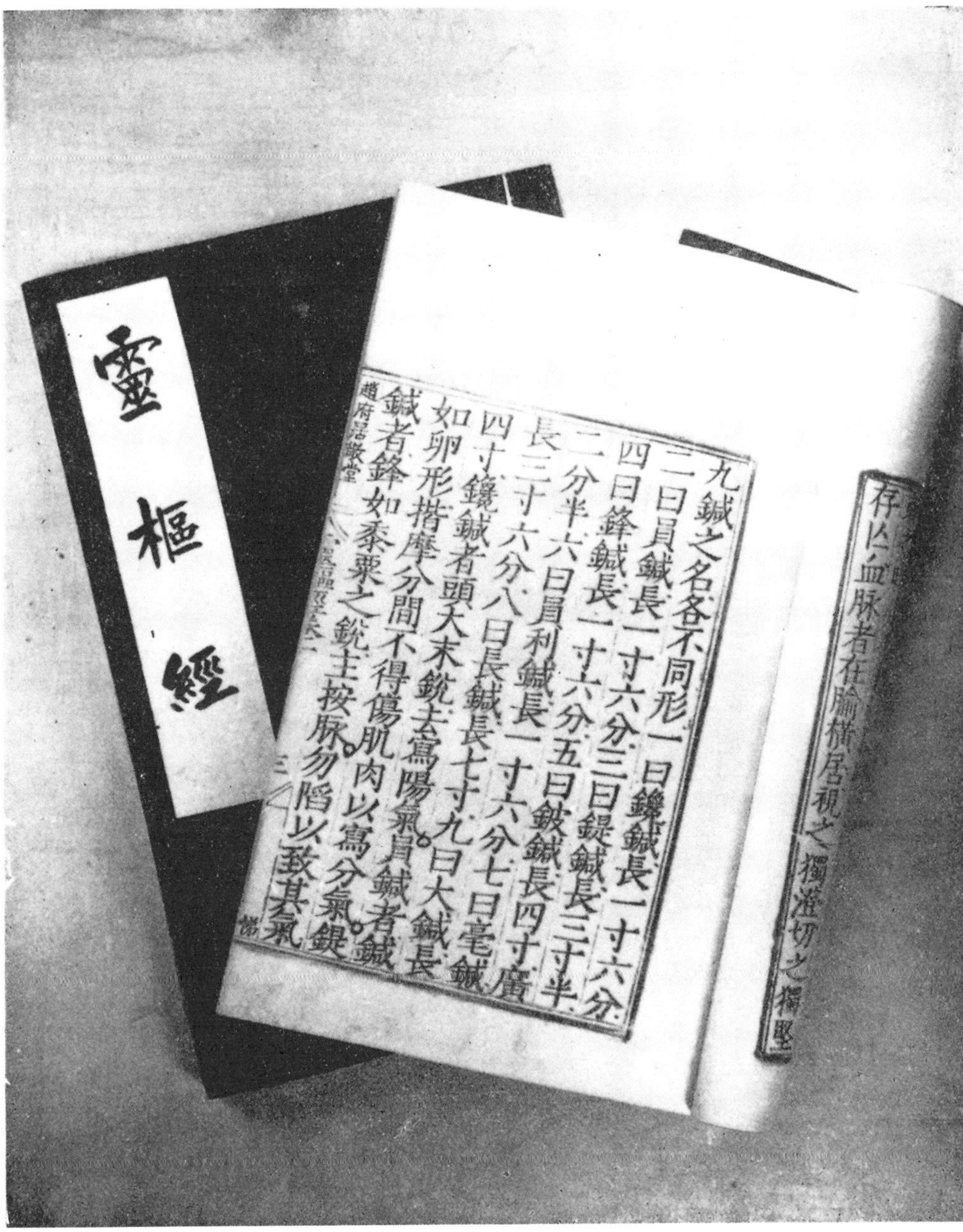

Das LINGSHU (Kanon der Akupunktur) ist Teil des HUANGDI NEIJING. Es enthält die frühesten Aufzeichnungen über den Gebrauch der neun verschiedenen Akupunkturinstrumente, den „neun Nadeln".

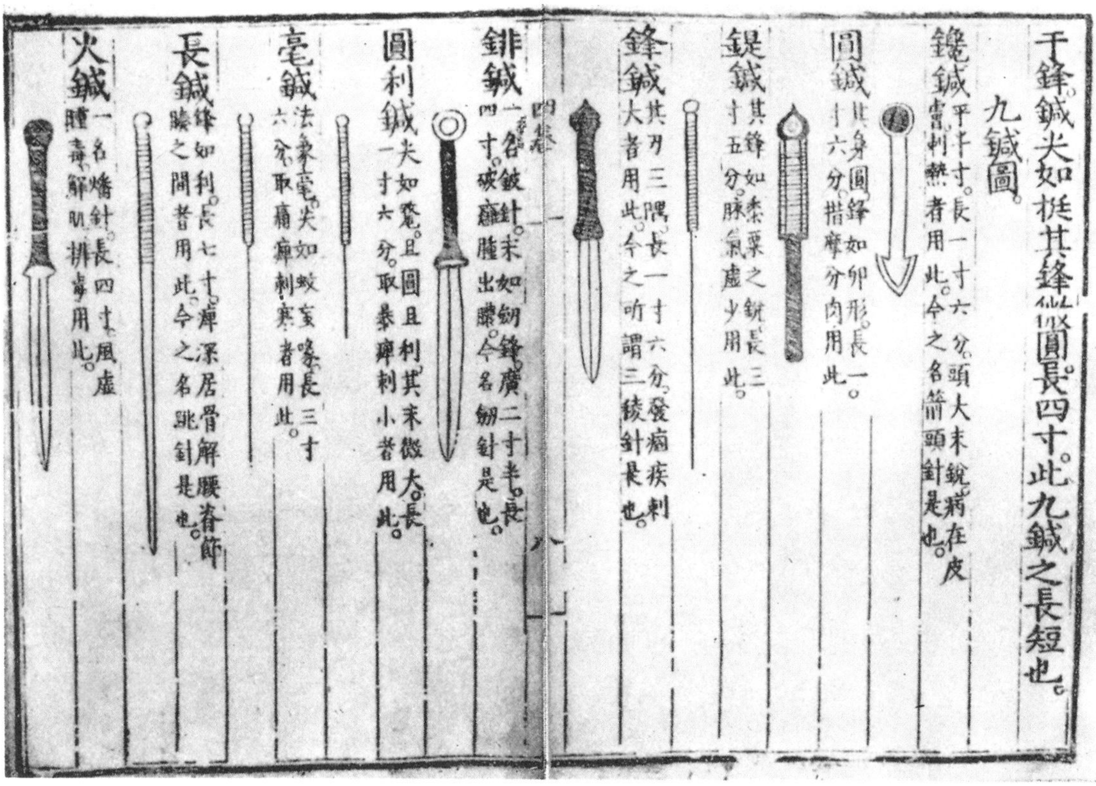

Im ZHENJIU DACHENG (Kompendium der Akupunktur und Moxibustion), das 1601 n. Chr. erschienen ist, sind die neun Nadelarten und ihre klinische Anwendung beschrieben.

Vorwort des Übersetzers

In der VR China wurden in den letzten Jahrzehnten die Behandlungsmethoden der traditionellen chinesischen Medizin neben der Schulmedizin von staatlicher Seite als komplementäre Behandlungsmethoden gefördert und neu etabliert. Es wurden Hochschulen zur Forschung, Ausbildung und Behandlung in traditioneller chinesischer Medizin gegründet. Vor allem für die klassische Akupunktur wurden an diesen Hochschulen neue wissenschaftliche Grundlagen basierend auf traditionellen Denkmodellen geschaffen. Die in Europa und anderen westlichen Ländern ausgeübte Akupunktur orientiert sich stark an dieser neuen chinesischen Akupunktur, denn nirgends auf der Welt hat die Akupunktur einen so hohen Standard erreicht wie in der VR China.

Die englischsprachige Ausgabe des vorliegenden Buches ist das offizielle Lehrbuch für ausländische Ärzte, die direkt an den Hochschulen für traditionelle chinesische Medizin in Beijing, Shanghai und Nanking die Akupunktur während eines längeren Studienaufenthaltes erlernen. Nun liegt erstmalig die deutsche Übersetzung dieses Standardwerkes vor.

In Teil 1 werden die grundlegenden traditionell-philosophischen Denkmodelle und Verfahren bezüglich Krankheitsentstehung, Diagnostik und Krankheitsdifferenzierung innerhalb der traditionellen chinesischen Medizin behandelt.

Teil 2 ist eine vollständige Beschreibung aller Hauptmeridiane, Nebengefäße und Akupunkturpunkte mit Angaben über Lokalisation, Indikationen, Methode und Anatomie. Zahlreiche Abbildungen geben eine umfassende topographische Übersicht über alle Akupunkturpunkte.

In Teil 3 werden die Techniken der Akupunktur und Moxibustion sowie 52 wichtige klinische Krankheitsbilder ausführlich beschrieben.

Im Anhang werden in zwei Kapiteln die Ohrakupunktur und die Akupunkturanalgesie abgehandelt.

In der Vergangenheit sind zahlreiche Bücher von westlichen Ärzten über Akupunktur geschrieben worden. Die Übertragung der chinesischen Terminologie in westliche Sprachen stellt zwangsläufig jeden Autor vor Probleme. Es ergab sich eine vielfältige, teilweise widersprüchliche Akupunkturterminologie. Dieses Problem haben nach meiner Ansicht die Autoren WANCURA und KÖNIG* am sinnvollsten bewältigt. Sie wenden statt einer Übersetzung ein deutsches Merkwort mit dem chinesischen Wort in PINYIN-Umschrift kombiniert an, um den jeweiligen chinesischen Begriff zu beschreiben. Diese Methode wurde auch hier verwendet.

Der westlich naturwissenschaftlich geschulte Arzt wird zunächst Schwierigkeiten haben, die theoretischen Grundlagen der traditionellen chinesischen Medizin zu akzeptieren. Diese lassen sich in keiner Weise dem naturwissenschaftlichen Denken der westlichen Medizin unterordnen. Hier soll der Leser zunächst vorurteilsfrei die Theorien in sich aufnehmen, um sich langsam an die fremde Denkweise zu gewöhnen und später die praktische Bedeutung der Theorien zu begreifen. Bei den Theorien der traditionellen chinesischen Medizin handelt es sich nicht um naturwissenschaftliche Realitäten, sondern um Denkmodelle und Denkkonzepte, die aus der Empirie und Intuition entstanden sind und sich bei der Behandlung von Krankheiten als praktikabel erwiesen haben. Die Entstehung und Entwicklung dieser Theorien ist vor allem vor dem gesellschaftspolitischen, weltanschaulichen und kulturellen Hintergrund der Geschichte Chinas und des chinesischen Medizinsystems zu sehen. Diese Zusammenhänge werden vom Übersetzer nur in einigen wenigen Anmerkungen kommentiert. Ansonsten versteht sich die vorliegende Arbeit als rein fachbezogenes Lehrbuch. Um mehr über die oben bezeichneten Zusammenhänge zu erfahren und die Bedeutung der traditionell-chinesischen Medizintheorien für die Praxis besser zu begreifen, wird dem Leser die Lektüre des Buches des deutschen Ethnomediziners Thomas OTS** empfohlen. Der Autor setzt sich aufgrund eigener Studien direkt in China und aus ethnomedizinischer Sicht kritisch mit der Entstehung und praktischen Bedeutung des chinesischen Medizinsystems auseinander.

Die Übersetzung des englischen Textes, der wiederum aus dem Chinesischen übersetzt wurde, erfolgte möglichst wortgetreu, um die Eigentümlichkeiten des Originaltextes zu erhalten. Die formale Gestaltung des Buches wurde gegenüber dem englischen Original geändert, um dem Anspruch des Buches als Lern-, Arbeits- und Repititionsbuch gerechter zu werden.

Kötzting, im Dezember 1988

Dr. med. dent. Erich Wühr

* I. Wancura und G. König, Praxis und Theorie der Neuen Chinesischen Akupunktur, Wilhelm Maudrich Verlag, Wien 1979
** Thomas Ots, Medizin und Heilung in China, Dietrich Reimer Verlag, Berlin 1987

Teil 2
Meridiane, Nebengefäße und Akupunkturpunkte 83

Einleitung

Akupunktur und Moxibustion sind wichtige Behandlungsmethoden innerhalb der Traditionellen Chinesischen Medizin. Es wird Krankheiten vorgebeugt, und Krankheiten werden behandelt, indem bestimmte Punkte des Körpers zum einen mit Nadeln gestochen werden, zum anderen mit entzündeter Moxawolle Hitze an diesen Punkten appliziert wird. Beide Methoden sind aufgrund ihrer hohen Wirksamkeit und wegen ihres geringen Aufwandes an Ausrüstung in China und anderswo seit Jahrtausenden weit verbreitet.

Die Entwicklung der Kunst der Akupunktur und Moxibustion hat seit ihren Anfängen einen langen geschichtlichen Weg hinter sich. Bereits in der Steinzeit benutzten Menschen Steinnadeln zu Heilzwecken. Diese Steinnadeln werden als BIAN bezeichnet und stellen die Anfänge der Akupunktur dar. Diese BIANs wurden abgelöst, als die Menschen der Bronze- und später der Eisenzeit die Akupunkturnadeln aus den entsprechenden Metallen herstellten. Mit der Entwicklung der menschlichen Technologien wurden auch die Herstellungstechniken der Akupunkturnadeln verfeinert, was auch einen Fortschritt in der Akupunktur mit sich brachte. Die Moxibustion entstand bereits, als der Mensch das Feuer für sich entdeckte. Es wird angenommen, daß die Menschen damals zufällig eine Linderung oder sogar ein Verschwinden von Schmerzen und Krankheiten entdeckten, wenn sie bestimmte Hautregionen am Lagerfeuer erwärmten. Moxawolle wurde später als Kauterisationsmaterial verwendet, als man erkannte, daß sie leicht zu entzünden ist und dabei eine milde und wirkungsvolle Wärme entsteht, die eine Verstopfung der Meridiane und Nebengefäße aufheben kann. So wurde die Kunst der Moxibustion eingeführt.

Das erste bekannte medizinische Buch, HUANGDI NEIJING (Innerer Klassiker des Gelben Fürsten), wurde zwischen 500 und 300 v. Chr. zusammengestellt. Es ist eine Zusammenfassung der medizinischen Erfahrungen und des theoretischen Wissens vor der Periode der kriegführenden Staaten. Es besteht aus den zwei Teilen SUWEN und LINGSHU. Es beschreibt die grundlegenden Theorien der Traditionellen Chinesischen Medizin ebenso wie das grundlegende Wissen über die Akupunkturpunkte und -methoden. Auf den NEIJING folgten, während verschiedener dynastischer Perioden geschrieben, eine große Zahl weiterer Abhandlungen über Akupunktur und Moxibustion. Die wichtigsten werden im folgenden aufgeführt.

Der ZHENJIU JIAYIJING (Klassiker über Akupunktur und Moxibustion) wurde von HUANGFU MI während der JIN-Dynastie auf der Basis des NEIJING, des NANJING (Klassiker über schwierige Fragen) und anderer zusammengestellt. Diese Bücher beinhalten eine verständliche Beschreibung der grundlegenden Theorien und des Wissens über Akupunktur und Moxibustion. Sie legten damit den Grundstock für die Entwicklung der Akupunktur und Moxibustion zu einem unabhängigen Zweig der Traditionellen Chinesischen Medizin.

Das Buch TONGREN SHUXUE ZHENJIU TUJING (Illustriertes Handbuch über Punkte für Akupunktur und Moxibustion demonstriert an einer Bronzefigur, 1026 n. Chr.) wurde von WANG WEIYI, einem Akupunkteur der SONG-Dynastie, nach sorgfältiger Prüfung aller Akupunkturpunkte der vierzehn Meridiane verfaßt. Ein Jahr später, im Jahre 1027 n. Chr., förderte WANG WEIYI die Herstellung von zwei lebensgroßen Bronzefiguren, auf denen die Akupunkturpunkte markiert waren. Dies war ein großer Fortschritt in der Entwicklung der Akupunktur und Moxibustion.

Der ZHENJIU ZISHENGJING (Klassiker der Behandlung mit Akupunktur und Moxibustion) wurde 1220 n. Chr. von WANG ZHIZHONG ebenfalls in der SONG-Dynastie verfaßt und herausgegeben. In diesem Buch zitierte der Autor in verständlicher Form bis dahin erschienenes Material über Akupunktur und Moxibustion und kombinierte es mit eigenen klinischen Erfahrungen.

Der SHISIJING FAHUI (Erweiterung der vierzehn Meridiane, 1341 n. Chr.) ist eine Arbeit von HUA BOREN der YUAN-Dynastie. Das Buch diskutiert systematisch die Verläufe und die Verteilung der zwölf regulären Meridiane, des DU- und REN-Meridians, wie auch die Lage der dazugehörigen Akupunkturpunkte. Es ist ein verläßliches Nachschlagewerk für das Studium der Theorie der Meridiane und Nebengefäße.

Der ZHENJIU DACHENG (Kompendium der Akupunktur und Moxibustion, 1601 n. Chr.) ist eine Arbeit von YANG JIZHOU, einem Akupunkteur der MING-Dynastie. Der Autor sammelte darin die Literatur und Quellen über Akupunktur und Moxibustion der vorangegangenen Generationen und beschreibt geheime Methoden der Behandlung, die ihm von seinen Vorfahren überliefert worden waren. In den nahezu vier Jahrhunderten seit seiner Erscheinung ist dieses Buch bis heute ein unverzichtbares Nachschlagewerk für das Studium der Akupunktur und Moxibustion gewesen.

Historische Aufzeichnungen dokumentieren die Verbreitung der chinesischen Akupunktur und Moxibustion in andere Länder bereits zu einem sehr frühen Zeitpunkt. Die Methoden der Akupunktur und Moxibustion wurden in Korea im 6. Jahrhundert eingeführt. Zur gleichen Zeit erreichten sie Japan, als ein Mönch namens ZHI CONG über das Meer nach Osten reiste und die Bücher

MINGTANGTU (Illustriertes Handbuch der Meridiane, Nebengefäße und Akupunkturpunkte), ZHENJIU JIAYIJING und andere mit sich führte. Im späten 17. Jahrhundert kamen die Akupunktur und Moxibustion nach Europa. Alle diese Ereignisse förderten den medizinischen und kulturellen Austausch zwischen China und anderen Ländern der Erde.

Von 1840 bis zum Vorabend der Befreiung Chinas war das Land unter der reaktionären Herrschaft des Feudalismus und Kolonialismus. Die Wissenschaft und Kultur des Landes wurden verwüstet, und die Traditionelle Chinesische Medizin, einschließlich der Akupunktur und Moxibustion, war am Aussterben. Nach der Gründung der Volksrepublik China wiedererwachten, entsprechend der Politik der Partei die Traditonelle Chinesische Medizin betreffend und entsprechend den Vorstellungen von Chinas großem Führer und Lehrer MAO ZEDONG, die chinesische Medizin und Pharmakologie, und Akupunktur und Moxibustion wurden wieder im ganzen Land populär. Die Akupunkturanalgesie, eine neue Technik der Anaesthesie und eine neue Errungenschaft der Akupunktur, wurde auf der Basis der Erfahrung der schmerzlindernden Wirkung der Akupunktur entwickelt. Während der proletarischen Kulturrevolution litten die Akupunktur und andere Zweige der Wissenschaft wiederum, diesmal in Folge der Einmischung und Sabotage der sog. Viererbande. Mit dem Sturz der Viererbande lebten Wissenschaft und Technologie wieder auf. Unter der Führung durch die Chinesische Kommunistische Partei mit ihrem Vorsitzenden HUA waren und sind die Aussichten auf eine weitere Entwicklung der Akupunktur und Moxibustion wieder vielversprechend. Freundschaftliche Kontakte und akademischer Austausch zwischen dem chinesischen Volk und anderen Völkern sind in den vergangenen Jahren zahlreicher geworden. Viele ausländische Freunde sind nach China gekommen, um die Methoden der Akupunktur und Moxibustion zu erforschen und zu studieren. Wir haben das Buch „Essentials of Chinese Acupuncture" entsprechend unserer Lehrerfahrungen der letzten Jahre in Akupunkturkursen für ausländische Studenten überarbeitet. Durch das Ministerium für Volksgesundheit der Volksrepublik China unterstützt soll diese Arbeit den technischen Austausch erleichtern und die internationale Freundschaft fördern.

In leichtverständlichem Stil und ziemlich knapper Darstellung wurde das Buch in der Absicht geschrieben, ein einheitliches theoretisches System der chinesischen Akupunktur und Moxibustion aufzustellen und dem Leser ein verständliches Konzept in die Hand zu geben. Wie in anderen Zweigen der Wissenschaft ist auch hier ein bestimmtes Grundwissen die Voraussetzung für die Praxis. Im fortgeschrittenem Studium ist es ratsam, die Theorie mit der Praxis im Dienste der Perfektion der Kunst auszuüben.

Schließlich hoffen wir, daß die Leser im Hinblick auf eine zukünftige, bessere und überarbeitete Ausgabe des Buches den Autoren ihre Kommentare und Vorschläge anbieten werden.

Teil 1

Das grundlegende Wissen der Traditionellen Chinesischen Medizin

Kapitel 1

YIN-YANG und die fünf Elemente

Die Theorien von YIN-YANG und den fünf Elementen waren zwei Arten der Naturanschauung im alten China. Sie beinhalteten ein einfaches Konzept von Materialismus und Dialektik und förderten aktiv die Naturwissenschaft in China. Die alten Ärzte wandten diese beiden Theorien auf ihrem Gebiet an, welche die Bildung und Entwicklung des theoretischen Systems der traditionellen chinesischen Medizin stark beeinflußten und die klinische Arbeit bis in die Gegenwart bestimmten.

1.1 YIN-YANG

Anmerkung des Übersetzers: *Bei der Theorie von YIN und YANG handelt es sich um das Paradigma taoistischen Denkens und taoistischer Weltanschauung. Der westlich naturwissenschaftlich geschulte Leser sollte hier ohne Vorurteile belastet diesen wichtigen Teil chinesischer Denkweise in sich aufnehmen. Er wird später bei der Besprechung praktikabler Theorien der traditionellen chinesischen Medizin eine wichtige Rolle spielen.*

Die Theorie von YIN und YANG beinhaltet, daß jedes Objekt oder Phänomen im Universum aus zwei gegensätzlichen Aspekten besteht, nämlich YIN und YANG. Diese beiden Aspekte befinden sich gleichzeitig sowohl im Gegensatz zueinander als auch in gegenseitiger Abhängigkeit voneinander. Die Beziehung zwischen YIN und YANG ist das umfassende Gesetz der materiellen Welt, das Prinzip und die Quelle der Existenz aller Dinge und der Urgrund für das Gedeihen und das Verderben aller Dinge.

Die Theorie von YIN und YANG erklärt hauptsächlich den Gegensatz, die gegenseitige Abhängigkeit, das gegenseitige Verbrauchen und Unterstützen und die gegenseitige Umwandlung in der Beziehung von YIN und YANG zueinander. Diese Zusammenhänge zwischen YIN und YANG werden in der traditionellen chinesischen Medizin sehr weitgehend dazu gebraucht, die Physiologie und Pathologie des menschlichen Körpers zu erklären und bei der klinischen Arbeit der Diagnose und der Behandlung als Richtlinie zu dienen.

1.1.1 Der Gegensatz und die gegenseitige Abhängigkeit von YIN und YANG

Der Gegensatz von YIN und YANG verallgemeinert den Widerspruch und den Kampf der beiden Gegensätze innerhalb eines Objektes oder eines Phänomens. Die alten Lehrer benutzten das Beispiel Wasser und Feuer, um die grundlegenden Eigenschaften von YIN und YANG zu symbolisieren. Das bedeutet, daß die grundlegenden Eigenschaften von YIN den Eigenschaften von Wasser ähneln. Diese schließen ein: Kälte, Abwärtsrichtung, Dunkelheit usw. Dagegen sind die grundlegenden Eigenschaften von YANG die des Feuers: Hitze, Aufwärtsrichtung, Helligkeit usw. Daraus kann geschlossen werden, daß alles, was die Charakteristiken von Ruhe, Kälte, unten oder Abwärtsrichtung, innen oder Inwärtsrichtung, Dunkelheit, Asthenie, Hemmung, Langsamkeit, Materiellem usw. hat, zu YIN gehört, während alles, was sich bewegt, heiß ist, oben ist oder sich nach oben bewegt, außen ist oder sich nach außen bewegt, hell ist, sthenisch ist, aufgeregt ist, schnell ist, nicht materiell ist usw. zu YANG gehört.

Eigenschaften des YIN

Eigenschaften des YANG

Relativität und Veränderlichkeit der YIN-YANG-Natur eines Dinges

Da die YIN-YANG-Natur eines Dinges nur aufgrund eines Vergleiches existiert und darüber hinaus ein Ding unendlich geteilt werden kann, ist die YIN-YANG-Natur auf keinen Fall absolut, sondern relativ. Unter bestimmten Umständen können die beiden Gegensätze eines Dinges sich ändern. Dann wird sich auch die YIN-YANG-Natur des Dinges ändern. Es existieren Bedingungen, unter denen sich ein YIN-Aspekt innerhalb eines YIN entwickelt, ein YANG-Aspekt innerhalb eines YANG entwickelt, YANG im YIN erschwert wird und YIN erschwert wird durch YANG. Dieses Konzept wird durch die objektive Wirklichkeit bestätigt.

Anwendung Anatomie

Die Gewebe und Organe des menschlichen Körpers können entsprechend ihrer relativen Lage und Funktion entweder zu YIN oder zu YANG gehören. Wenn man den Körper als Ganzes betrachtet, so gehören die Körperoberfläche und die vier Extremitäten zu YANG, da sie außen liegen. Die Organe ZANG-FU (in der modernen Medizin die Eingeweide) liegen innen und gehören zu YIN. Betrachtet man dagegen die Körperoberfläche und die Extremitäten alleine, gehört der Rücken zu YANG, während die Brust und der Bauch zu YIN gehören. Die obere Körperhälfte über der Taille gehört zu YANG, die untere Körperhälfte gehört zu YIN. Der seitliche Anteil der vier Extremitäten gehört zu YANG, der mediale Anteil zu YIN. Dementsprechend gehören die Meridiane, die an der Außenseite der Extremitäten verlaufen, zu YANG, während die Meridiane, die an der Innenseite verlaufen, zu YIN gehören. Spricht man alleine von den Organen ZANG-FU, so gehören die Organe FU zu YANG.

Ihre Hauptaufgabe ist es, Nahrung zu transportieren und zu verdauen. Dagegen gehören die Organe ZANG mit ihrer Hauptfunktion der Speicherung vitaler Energie zu YIN. Jedes der Organe ZANG-FU kann für sich selber wiederum in einen YIN- und einen YANG-Anteil unterteilt werden, zum Beispiel das YIN und das YANG der Niere, das YIN und das YANG des Magens usw. Kurz gesagt: Obwohl die Gewebe und Strukturen des menschlichen Körpers und ihrer Funktionen sehr komplex sind, können sie verallgemeinert werden und durch die Beziehung von YIN und YANG zueinander erklärt werden.

Gegenseitige Abhängigkeit

Die gegenseitige Abhängigkeit von YIN und YANG bedeutet, daß jeder der beiden Aspekte die Bedingung für die Existenz des anderen darstellt und keiner von beiden für sich alleine existieren kann. Zum Beispiel gäbe es ohne den Tag keine Nacht, ohne Aufregung keine Beruhigung. Man kann daher sehen, daß sich YIN und YANG gleichzeitig sowohl im Gegensatz zueinander befinden als auch in gegenseitiger Abhängigkeit. Die Bewegung und der Wechsel eines Dinges sind nicht nur Folge des Gegensatzes und des Konfliktes zwischen YIN und YANG, sondern auch Ausdruck ihrer Beziehung der gegenseitigen Abhängigkeit und der gegenseitigen Unterstützung.

Anwendung Physiologie

Die Umwandlung von Substanzen in funktionelle Abläufe innerhalb physiologischer Aktivitäten und umgekehrt belegt die Theorie der gegenseitigen Abhängigkeit von YIN und YANG. Die Substanz gehört zu YIN und die Funktion gehört zu YANG. Ersteres ist die Basis des Letzteren, während das Letztere die Widerspiegelung der Existenz des Ersteren und auch die motivierende Kraft für die Produktion des Ersteren darstellt. Nur wenn reichlich Nährstoffe vorhanden sind, können die funktionellen Aktivitäten der inneren Organe ZANG-FU gesund sein. Umgekehrt, nur wenn die funktionellen Aktivitäten der inneren Organe ZANG-FU gesund sind, sind sie in der Lage, die Produktion von Nährstoffen kontinuierlich zu stimulieren. Die Koordination und die Ausgeglichenheit zwischen Substanz und Funktion sind die Garantie für vitale, physiologische Abläufe. Deshalb können wir im NEIJING lesen: „Das YIN befindet sich im Inneren als die materielle Grundlage des YANG, während das YANG außen bleibt als die Manifestation der Funktion des YIN."

1.1.2 Das gegenseitige Verbrauchen und Unterstützen und die gegenseitige Umwandlung von YIN und YANG

Verbrauch bedeutet Verlust oder Schwächung. Unterstützung bedeutet Gewinn oder Stärkung. Diese zwei Aspekte von YIN und YANG innerhalb eines Dinges sind nicht fest, sondern in einem Zustand der dauernden Bewegung. Infolge ihres gegenseitigen Verbrauches und ihrer gegenseitigen Unterstützung beeinflußt der Verlust oder der Gewinn eines Aspektes unweigerlich den anderen Aspekt. So führt zum Beispiel der Verbrauch von YIN zu einem Gewinn von YANG, während der Verbrauch von YANG einen Gewinn von

YIN zur Folge hat. Auf der anderen Seite führt der Gewinn von YIN zu Verbrauch von YANG, der Gewinn von YANG zu einem Verbrauch von YIN. Die funktionellen Aktivitäten des menschlichen Körpers benötigen eine gewisse Menge von Nährstoffen, was einen Prozeß des Verbrauchs von YIN und einen Gewinn von YANG zur Folge hat. Dagegen hängen die Bildung und die Speicherung von Nährstoffen von den funktionellen Aktivitäten ab und schwächen die funktionelle Energie in einem bestimmten Maße, wodurch ein Gewinn an YIN und ein Verbrauch an YANG verursacht wird. Dieser ständige gegenseitige Verbrauch und diese ständig gegenseitige Unterstützung werden allerdings nie in einer absoluten Ausgeglichenheit enden. Unter normalen Bedingungen erreichen diese Gegensätze eine relative Balance, während unter abnormen Bedingungen ein Überwiegen oder ein Unterliegen von YIN oder YANG herrscht.

Anwendung Pathologie

In dem Prozeß des gegenseitigen Verbrauchens und der gegenseitigen Unterstützung resultiert ein Überwiegen oder ein Unterliegen entweder von YIN oder YANG, wenn irgendeine Manifestation des Verlustes der relativen Balance von YIN und YANG besteht, und diese Balance nicht wiederhergestellt werden kann. Dies ist dann der verursachende Faktor für das Auftreten einer Erkrankung. Das bedeutet, daß jeglicher Zustand des Überwiegens oder Unterliegens von YIN und YANG zu einem ätiologischen Faktor wird. Zum Beispiel wird ein Überwiegen von schädlichem YIN den Verbrauch von YANG bedeuten, und ein Mangel an YANG wird zu einem Überwiegen von YIN führen, was die Entstehung einer Erkältung verursachen könnte. Auf der anderen Seite führt das Überwiegen von schädlichem YANG zu einem Verbrauch von YIN, und ein Mangel an YIN wird ein Überwiegen an YANG verursachen, was die Bildung eines Hitze-Syndroms bewirkt. Die Krankheitsbilder von Kälte oder Hitze infolge eines Überwiegens von schädlichen Faktoren gehören zu den Fülle-SHI-Krankheitstypen, während die Krankheitsbilder von Kälte oder Hitze infolge der Herabsetzung der allgemeinen Widerstandskraft zu den Leere-XU-Krankheitstypen gehören. Leere-XU und Fülle-SHI sind zwei Prinzipien in der Unterscheidung von Krankheitsbildern. Leere-XU bedeutet die Herabsetzung der Widerstandskraft des Körpers infolge einer Unterfunktion oder Unzulänglichkeit bestimmter Körperfunktionen. Fülle-SHI zeigt eine pathologische Situation an, in der äußere krankheitsverursachende Faktoren sehr stark sind, während die allgemeine Widerstandskraft des Körpers immer noch intakt ist. Diese beiden Arten von Krankheitsbildern sind in ihrer Natur verschieden, und deshalb sind auch die Prinzipien ihrer Behandlung unterschiedlich. Zum Beispiel die sedierende Methode-XIE für Krankheitssyndrome vom Fülle-SHI-Typ und die tonisierende Methode-BU für Krankheitssyndrome des Leere-XU-Typs (Abb. 1).

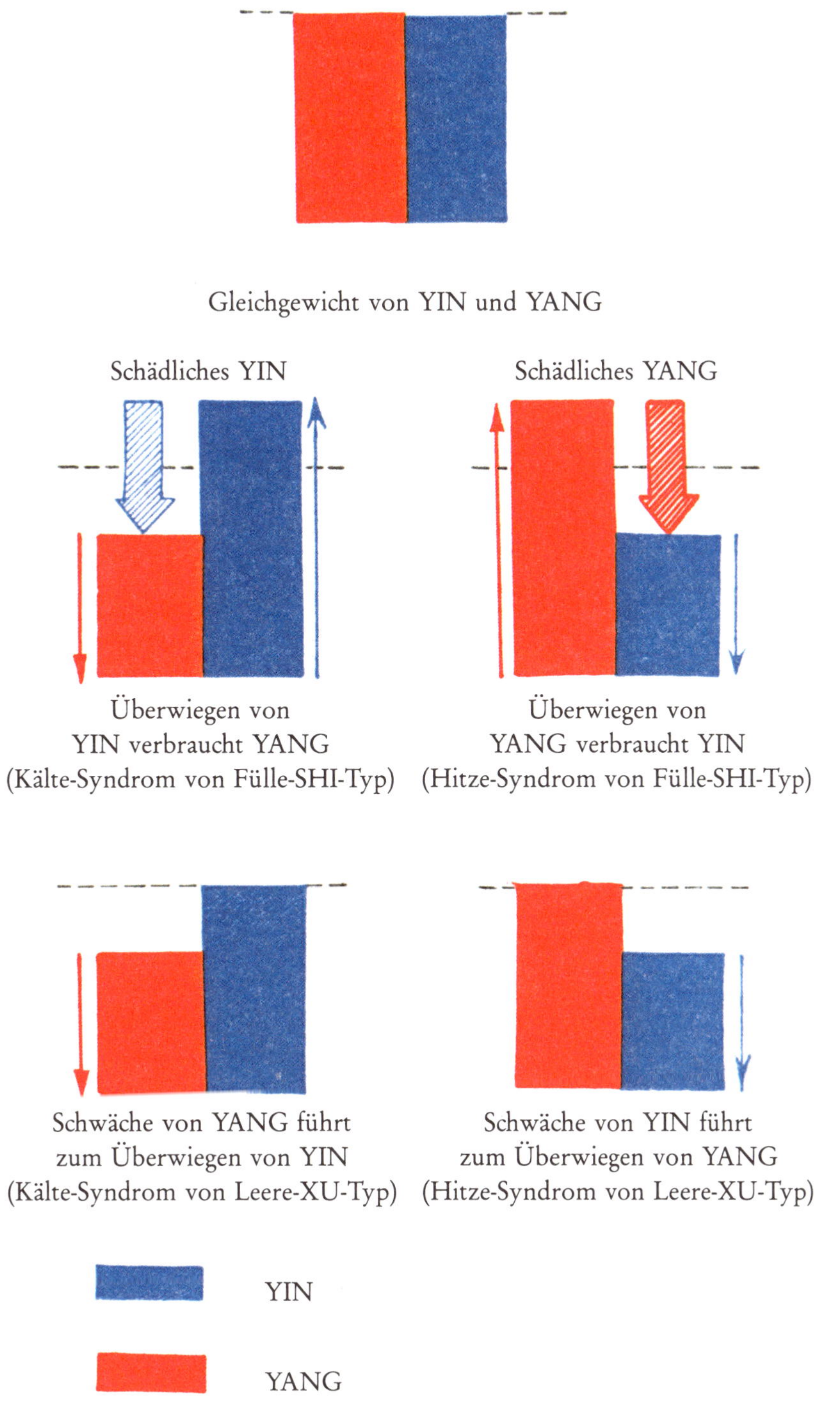

Abb. 1 Überwiegen und Unterliegen von YIN und YANG

Behandlung = Wiederherstellung der relativen Balance zwischen YIN und YANG

Da das Auftreten einer Erkrankung die Folge des Ungleichgewichtes zwischen YIN und YANG ist, sollten alle Behandlungsmethoden darauf abzielen, beide wieder in Einklang zu bringen und den Zustand der relativen Balance zwischen den beiden wiederherzustellen. In der Akupunkturbehandlung könnten Akupunkturpunkte auf der rechten Körperseite ausgewählt werden, um Störungen der linken Körperseite zu behandeln und umgekehrt. Genauso könnten Akupunkturpunkte der unteren Körperhälfte ausgewählt werden, um Störungen der oberen Körperhälfte zu behandeln und umgekehrt. Alle diese Methoden basieren auf dem Konzept, den Körper als organisches Ganzes anzusehen. Das Ziel der Behandlung ist es, die richtige Beziehung von YIN und YANG zueinander wieder einzustellen und die Zirkulation der Lebensenergie-QI und des Blutes zu fördern.

Gegenseitige Umwandlung

Die gegenseitige Umwandlung von YIN und YANG bedeutet, daß unter bestimmten Umständen und einem bestimmten Entwicklungsstadium jeder der beiden Aspekte YIN und YANG eines Dinges sich selbst in das jeweilige Gegenteil umwandeln kann, zum Beispiel YIN wandelt sich in YANG, und YANG wandelt sich in YIN um. Daß diese Umwandlung tatsächlich stattfindet, hängt davon ab, ob die Möglichkeit des Wechsels in dem Ding selbst überhaupt existiert. Ist diese Möglichkeit gegeben, so sind zusätzlich noch äußere Bedingungen unentbehrlich.

Die Entwicklung und der Wechsel eines Dinges bedürfen eines Prozesses. Die äußeren Bedingungen für die Umwandlung reifen allmählich. Die gegenseitige Umwandlung zwischen YIN und YANG folgt der im NEIJING angegebenen Regel: „Es muß Ruhe sein nach ausgeprägter Bewegung, extremes YANG wird zu YIN. Die Erzeugung eines Zustandes ist Folge der Umwandlung. Die Entartung eines Zustandes ist Folge der Veränderung." Dies ist genau die Bedeutung der alten Regel: „Wenn eine bestimmte Grenze erreicht ist, so ist ein Wechsel in die entgegengesetzte Richtung unvermeidlich." Die quantitativen Veränderungen führen zu einem qualitativen Wechsel.

Beispiel der vier Jahreszeiten

Die gegenseitige Umwandlung von YIN und YANG ist das umfassende Gesetz, das die Entwicklung und den Wechsel der Dinge steuert. Der Wechsel der vier Jahreszeiten ist ein Beispiel dafür. Die Wärme des Frühlings setzt ein, wenn die Kälte des Winters ihren Höhepunkt erreicht hat. Die Kälte des Herbstes beginnt, wenn die Hitze des Sommers ihren Höhepunkt erreicht hat. Der Wechsel innerhalb des Verlaufes einer Krankheit ist ein weiteres Beispiel. Ein Patient mit gleichmäßig hohem Fieber bei einer akuten, fiebrigen Krankheit kann plötzlich ein Herabsetzen der Körpertemperatur mit Blässe und kalten Extremitäten sowie einen schwachen und dünnen Puls bekommen. Das zeigt an, daß die Natur der Krankheit von YANG zu YIN gewechselt hat. Dementsprechend muß die Behandlungsmethode für diesen Patienten geändert werden.

Gesetz der Einheitlichkeit von Gegensätzen

Dies war eine kurze Einführung in die Theorie von YIN und YANG mit einigen Beispielen, um ihre Anwendung in der traditionellen chinesischen Medizin darzustellen. Der Zustand des Gegensatzes, der gegenseitigen Abhängigkeit, des gegenseitigen Verbrauches und der gegenseitigen Unterstützung sowie der gegenseitigen Umwandlung von YIN und YANG kann als das Gesetz der Einheitlichkeit von Gegensätzen zusammengefaßt werden. Diese vier Beziehungen zwischen YIN und YANG können nicht isoliert voneinander, sondern nur im Zusammenhang gesehen werden. Sie beeinflussen sich gegenseitig und jede ist entweder die Ursache oder die Wirkung der anderen.

1.2 Die fünf Elemente

Anmerkung des Übersetzers: *Die Theorie von den fünf Elementen (Wandlungsphasen, Entsprechungssystem) war lange Zeit das dominierende Paradigma der chinesischen Naturanschauung und dadurch auch der traditionellen Medizin. Es wurde zwanghaft versucht, alle anderen Denkmodelle der traditionellen Medizin diesem konfuzianistischen Entsprechungsdenken unterzuordnen, was zwangsläufig zu Widersprüchen in dem nur scheinbar in sich geschlossenen Theoriesystem der traditionellen chinesischen Medizin führte. Vor allem in der Praxis der traditionellen chinesischen Medizin, wie sie heute in China ausgeübt wird, verliert diese Theorie mehr und mehr an Bedeutung. Die praktikableren Theorien von den Organgen ZANG-FU (siehe Kapitel 2) und von den Krankheitsursachen (siehe Kapitel 5) sowie die Differenzierung von Krankheitssyndromen (siehe Kapitel 7) finden vorzugsweise Anwendung. Diese Theorien sind von westlich geschulten Ärzten auch leichter nachzuvollziehen.*

Die Theorie von den fünf Elementen besagt, daß Holz, Feuer, Erde, Metall und Wasser die grundlegenden Materialien sind, aus denen sich die materielle Welt zusammensetzt. Unter ihnen besteht eine gegenseitige Abhängigkeit und Unterdrückung, die ihren Zustand von dauernder Bewegung und dauerndem Wechsel bestimmt.

Die Theorie der fünf Elemente erklärt grundlegend die Beziehungen der gegenseitigen Erzeugung und Unterdrückung sowie der gegenseitigen Übertreibung und Überwindung der Unterdrückung zwischen den fünf Elementen. Ihre Anwendung in der traditionellen chinesischen Medizin besteht in der Einteilung in verschiedene Kategorien von Naturphänomenen sowie Geweben und Organen des menschlichen Körpers und menschlichen Gefühlen ebenso wie in der Erklärung des Verhältnisses zwischen der Physiologie und Pathologie des menschlichen Körpers und seiner natürlichen Umwelt mit Hilfe des Gesetzes von der gegenseitigen Erzeugung und Unterdrückung sowie der gegenseitigen Übertreibung und Überwindung der Unterdrückung der fünf Elemente. Diese Theorie dient ebenfalls als Richtlinie in der medizinischen Praxis.

1.2.1 Zugehörigkeit von Dingen zu den fünf Elementen

Der Mensch lebt in der Natur. Die natürliche Umwelt, zum Beispiel Wetterwechsel oder geographische Bedingungen, beeinflussen seine physiologischen Aktivitäten. Diese Tatsache manifestiert die Abhängigkeit des Menschen von der Umwelt, aber genauso seine Anpassungsfähigkeit an die Umwelt. Dies nennt man Übereinstimmung zwischen Mensch und Natur. Ausgehend von dieser Erkenntnis verbindet die traditionelle chinesische Medizin auf umfassende Weise die Physiologie und Pathologie der Organe ZANG-FU und der Gewebe mit vielen wichtigen Faktoren der natürlichen Umwelt. Diese Faktoren werden in fünf Kategorien auf der Basis der fünf Elemente eingeteilt. Ähnlichkeiten und Allegorien werden benutzt, um die komplizierten Verbindungen zwischen Physiologie und Pathologie und genauso die Korrelation zwischen Mensch und natürlicher Umwelt zu erklären. Die folgende Tab. 1 zeigt die fünf Kategorien von Dingen entsprechend der Einteilung der fünf Elemente.

1.2.2 Die gegenseitige Erzeugung, Unterdrückung, Übertreibung der Unterdrückung und Überwindung der Unterdrückung der fünf Elemente

Reihenfolge der Erzeugung

Erzeugung bedeutet hier die Förderung von Wachstum. Die Reihenfolge der Erzeugung ist: Holz erzeugt Feuer, Feuer erzeugt Erde, Erde erzeugt Metall, Metall erzeugt Wasser und Wasser erzeugt wiederum Holz. Jedes Element befindet sich sowohl in der Position des Erzeugtwerdens als auch in der des Erzeugens. In dieser Beziehung der gegenseitigen Erzeugung der fünf Elemente wird das erzeugende Element als „Mutter“ und das erzeugte Element als „Sohn“ bezeichnet. Dies wird „Mutter-Sohn-Beziehung“ genannt. Holz zum Beispiel wird durch Wasser erzeugt, das die Mutter von Holz ist, während Feuer der Sohn von Holz ist, weil es durch Holz erzeugt wird.

Reihenfolge der Unterdrückung

Unterdrückung bedeutet hier unter Kontrolle bringen oder beschränken. In der Wechselwirkung der fünf Elemente besteht folgende Reihenfolge: Holz unterdrückt Erde, Erde unterdrückt Wasser, Wasser unterdrückt Feuer, Feuer unterdrückt Metall und Metall wiederum unterdrückt Holz. In dieser Beziehung nimmt jedes der fünf Elemente sowohl die Position des Unterdrückens als auch die des Unterdrücktwerdens ein. Holz zum Beispiel wird durch Metall unterdrückt, während es selbst Erde unterdrückt.

In der komplizierten Relation der Dinge zueinander ist weder die Erzeugung noch die Unterdrückung entbehrlich. Ohne die Erzeugung wäre keine Geburt und keine Entwicklung. Ohne Unterdrückung würde unbegrenztes Wachstum Schaden anrichten. Innerhalb der Erzeugung wohnt bereits die Unterdrückung und innerhalb der Unterdrückung besteht bereits die Erzeugung. Erzeugung und Unterdrückung sind sowohl im Gegensatz zueinander als auch in der

Tab. 1: Die fünf Kategorien von Dingen klassifiziert entsprechend der Theorie von den fünf Elementen

Fünf Elemente	Körper					Umwelt					
	Organe ZANG	*Organe FU*	Fünf Sinnes-organe (Öffner)	Fünf Gewebe	Gefühle	Jahres-zeiten	Umwelt-faktoren	Wachstum und Ent-wicklung	Farbe	Geschmack	Himmels-richtung
Holz	Leber	Gallen-blase	Auge	Sehnen	Ärger	Frühling	Wind	Keimen	Grün	sauer	Ost
Feuer	Herz	Dünn-darm	Zunge	Gefäße	Freude	Sommer	Hitze	Wachstum	Rot	bitter	Süd
Erde	Milz	Magen	Mund	Muskeln	Nachdenk-lichkeit	Spät-sommer	Nässe	Um-wandlung	Gelb	süß	Mitte
Metall	Lunge	Dick-darm	Nase	Haut u. Haare	Kummer, Melan-cholie	Herbst	Trocken-heit	Ernten	Weiß	scharf	West
Wasser	Niere	Blase	Ohr	Knochen	Furcht u. Angst	Winter	Kälte	Speiche-rung	Schwarz	salzig	Nord

Gleichgewicht zwischen Erzeugung und Unterdrückung

Zusammenarbeit miteinander. So wird ein relatives Gleichgewicht zwischen Erzeugung und Unterdrückung erreicht, das ein normales Wachstum und eine normale Entwicklung der Dinge sichert. Im Falle des Übermaßes oder des Mangels eines der fünf Elemente wird das Phänomen der Übertreibung der Unterdrückung oder der Überwindung der Unterdrückung auftreten.

Überwindung der Unterdrückung

Die Unterdrückung wird dann einen Angriff starten, wenn das Gegenüber schwach ist. So kann die Unterdrückung unter bestimmten Bedingungen Schaden verursachen. Das Überwinden der Unterdrückung ist genau das Gegenteil der Unterdrückung (Abb. 2).

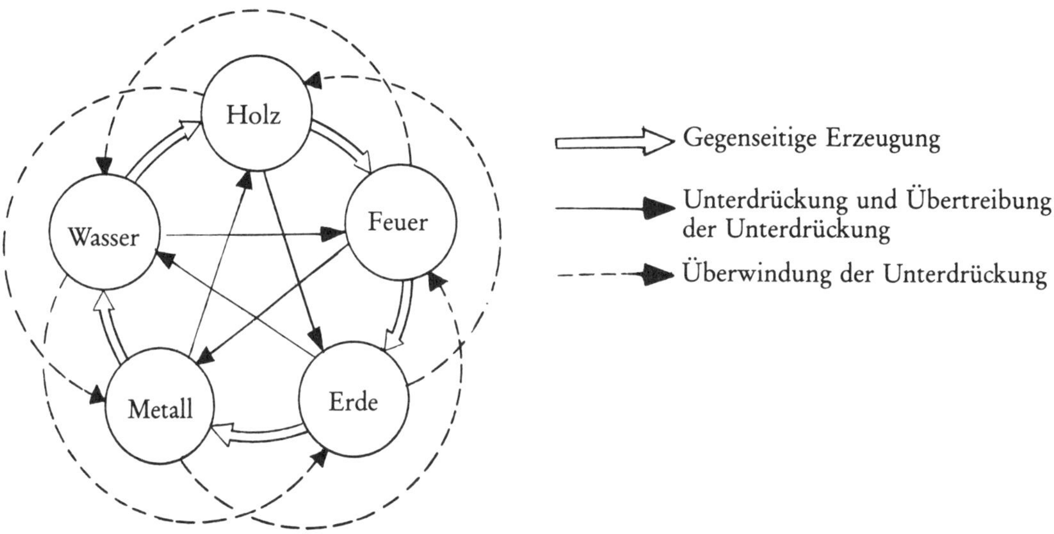

Abb. 2 Gegenseitige Erzeugung, Unterdrückung und Übertreibung der Unterdrückung und Überwindung der Unterdrückung

Die Phänomene der Unterdrückung und der Überwindung der Unterdrükkung, die durch Übermaß oder Unzulänglichkeit irgendeines der fünf Elemente verursacht werden, treten oft gleichzeitig auf. Zum Beispiel, wenn Holz im Überfluß da ist, unterdrückt es nicht nur Erde, sondern es überwindet auch die Unterdrückung durch Metall. Ein weiteres Beispiel: Wenn Holz schwach ist, wird es durch Metall unterdrückt und gleichzeitg wird die Unterdrückung der Erde von dieser überwunden (Abb. 3).

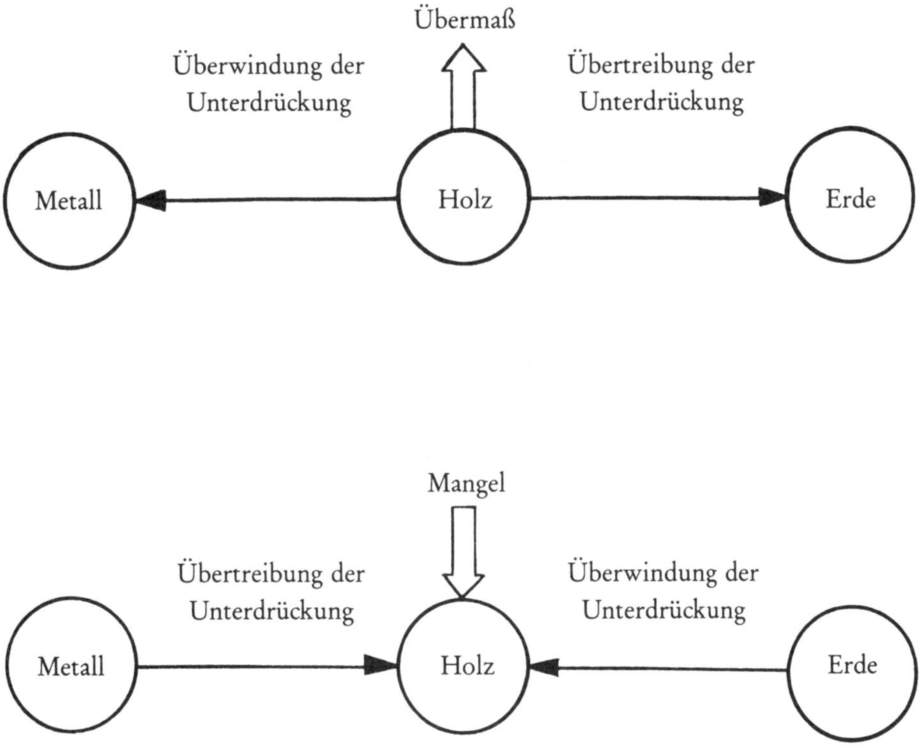

Abb. 3 Übertreibung und Überwindung der Unterdrückung, zwischen den fünf Elementen

Die Theorie von den fünf Elementen wird auf medizinischem Gebiet benutzt, um die gegenseitige Abhängigkeit und Unterdrückung der Organe ZANG-FU, der Sinnesorgane und der Gewebe zu beschreiben und auch die Beziehung zwischen Mensch und Natur zu deuten. Sie dient hauptsächlich dazu, die Ätiologie, den Mechanismus und die Veränderungen von Krankheiten zu erklären.

Anwendung Pathologie

Wenn ein inneres Organ erkrankt ist, kann auch ein anderes Organ zusätzlich betroffen sein. Die Krankheit kann sich ausweiten oder sich in eine andere Krankheit umwandeln. Entsprechend der Theorie der fünf Elemente können komplexe Veränderungen der Erkrankung unter folgenden vier Bedingungen auftreten: Übertreibung der Unterdrückung, Überwindung der Unterdrükkung, eine Störung, verursacht durch Ansteckung des „Sohnes" durch die „Mutter" und umgekehrt. Zum Beispiel kann ein Lungenproblem zunächst einmal die Folge einer Störung der Lunge selbst sein. Wenn aber die Lunge infolge einer Störung der Milz betroffen ist, bezeichnet man die Erkrankung als Störung durch die Ansteckung des „Sohnes" durch die „Mutter". Ist die Krankheit eine Folge der Störung der Niere, so wird diese Störung als „Sohn steckt die Mutter an" bezeichnet. Eine Lungenerkrankung kann in einigen Fällen auch durch Störungen des Herzens verursacht sein, und dies ist eine

Störung von der Art, daß Feuer Metall unterdrückt. Ist die Erkrankung dagegen eine Folge einer Schwächung der Leber, wird sie als „Holz überwindet die Unterdrückung von Metall" erklärt. Diese fünf Kategorien der fünf Elemente und ihre gegenseitige Erzeugung, Unterdrückung, Übertreibung und Überwindung der Unterdrückung werden auch dazu benutzt, die pathologischen Bedingungen festzustellen. Zum Beispiel zeigt eine grüne Färbung der Gesichtsfarbe verbunden mit einer Vorliebe für saure Speisen ein Leberproblem an. Eine rote Gesichtsfarbe verbunden mit einem bitteren Geschmack im Mund weist auf ein Herzproblem hin. Eine Störung der Milz verbunden mit einer grünen Gesichtsfarbe bedeutet, daß Holz (Leber) Erde (Milz) unterdrückt. Der Zustand eines Patienten, der an einem Herzproblem leidet, und dessen Gesichtsfarbe unnormal dunkel ist, kann als Wasser (Niere) unterdrückt Feuer (Herz) erklärt werden. Wenn die oben genannten Beziehungen einer Krankheit ausgiebig studiert werden, können die Ergebnisse als Leitlinien in der Behandlung der Krankheit verwendet werden. Es kann dadurch verhindert werden, daß ein anderer Teil des Körpers angesteckt wird. Die mögliche Umwandlung der Erkrankung in andere Erkrankungen kann kontrolliert werden. Damit kann der Behandlungsablauf verkürzt und die Erkrankung bereits in einem frühen Stadium geheilt werden.

Die Theorien von YIN und YANG und den fünf Elementen waren zwei Arten Naturanschauungen im alten China. Beide umfassen frühe Konzepte von Materialismus und Dialektik und spiegeln in großem Maße das objektive Gesetz aller Dinge wieder. Sie sind in der Erklärung physiologischer Aktivitäten und krankhafter Veränderungen von praktischer Bedeutung. In ihrer klinischen Anwendung sind beide normalerweise miteinander verknüpft und ergänzen sich gegenseitig. Sie können nicht vollständig voneinander getrennt betrachtet werden. Indem die Unzulänglichkeiten der beiden Theorien durch die Anwendung wissenschaftlicher Methoden des dialektischen und historischen Materialismus ausgeglichen werden, können wir fortfahren, Fortschritte in unserer medizinischen Praxis zu machen und die weitere Entwicklung der traditionellen chinesischen Medizin voranzutreiben, wobei wir unsere Erfahrungen kontinuierlich erweitern.

Kapitel 2

Organe ZANG-FU (Die inneren Organe)

Anmerkung des Übersetzers: *Nach OTS bildet die Theorie der Organe ZANG-FU zusammen mit der Differenzierung von Krankheissyndromen (siehe Kapitel 7) „das Kernstück der chinesischen Medizintheorie ...", das „für die praktische klinische Tätigkeit von höchster Bedeutung ist" (Thomas Ots, Medizin und Heilung in China, Dietrich Reimer Verlag, Berlin 1987). Der westlich denkende Leser sollte die Organe ZANG-FU weniger als anatomische Substrate, sondern vielmehr als zentrale Teile neurophysiologischer Funktions- und Regelkreise betrachten.*

Der Begriff ZANG-FU innerhalb der traditionellen chinesischen Medizin bedeutet die anatomische Gesamtheit der inneren Organe. Gleichzeitig sind unter diesem Ausdruck auch die physiologischen Funktionen des menschlichen Körpers zusammengefaßt. Das Herz, die Leber, die Milz, die Lunge, die Nieren und das Perikard sind zusammen als die sechs Organe ZANG bekannt. Ihre hauptsächlichen physiologischen Funktionen sind die Herstellung und die Speicherung der essentiellen Substanzen: Lebensessenz, Lebensenergie QI, Blut und Körpersäfte. Der Dünndarm, die Gallenblase, der Magen, der Dickdarm, die Blase und der 3Erwärmer SANJIAO (Erklärung später in diesem Kapitel) werden als die sechs Organe FU bezeichnet. Ihre Hauptfunktionen sind die Aufnahme und die Verdauung von Nahrung, die Absorption von Nährstoffen sowie die Umwandlung und Ausscheidung von Ausscheidungsstoffen. Zusätzlich gibt es die außerordentlichen Organe FU: das Gehirn und die Gebärmutter.

Die Organe ZANG sind in ihrer Funktion von den Organen FU verschieden. Aber dieser Unterschied ist nur relativ. Im Bezug auf ihre physiologischen Aktivitäten besteht eine strukturelle und funktionelle Verbindung sowie auch eine Koordination nicht nur unter den Organen ZANG und FU als getrennte Einheiten, sondern auch unter den Organen ZANG und FU als Gesamtheit betrachtet und sogar unter den Organen ZANG-FU auf der einen Seite und den fünf Sinnesorganen und den fünf Gewebearten auf der anderen Seite (siehe Tab. 1). Die Theorie der Organe ZANG-FU mit den fünf Organen ZANG (sechs einschließlich dem Perikard) als Kern stellt die Besonderheit der traditionellen chinesischen Medizin dar. Der Körper wird physiologisch und pathologisch als einheitliches Ganzes angesehen.

2.1 Speicherorgane ZANG

2.1.1 Herz

Der HERZ-Meridian führt in der Brust zum Dünndarm und ist mit diesem durch eine Innen-Außen-Kopplung verbunden. (Jedes Speicherorgan ZANG ist mit einem Hohlorgan FU durch einen Meridian verbunden. Diese Beziehung wird als Innen-Außen-Kopplung bezeichnet). Das Herz öffnet sich in die Zunge. (Jedes Speicherorgan ZANG öffnet sich in ein Sinnesorgan. Das zeigt die enge strukturelle, physiologische und pathologische Beziehung zwischen den inneren Organen und den Sinnesorganen). Die hauptsächliche physiologische Funktion des Herzens ist die Kontrolle des Blutes und der Gefäße sowie die Beherbergung des Bewußtseins und des Verstandes.

(1) Die Kontrolle des Blutes und der Gefäße

Die Gefäße sind die Behälter für das Blut und ermöglichen die Zirkulation des Blutes. Der Herzschlag schickt andauernd Blut durch die Gefäße und ernährt dadurch den ganzen Körper. Wenn die Blutzufuhr in Ordnung und die Blutzirkulation normal ist, wird die Gesichtsfarbe bei voller Vitalität rosig und strahlend sein. Die Gewebe und Organe sind gut ernährt und funktionieren richtig.

(2) Beherbergung des Bewußtseins und des Verstandes

Das Herz wird als das Hauptorgan für die Steuerung der geistigen Aktivitäten und der gesamten physiologischen Funktion des Gehirns angesehen. Der Geist, das Bewußtsein, das Gedächtnis, das Denken und der Schlaf werden alle von dieser Funktion des Herzens beherrscht.

Diese beiden Funktionen des Herzens haben eine gegenseitige Wirkung und Beziehung. NEIJING:“Das Herz beherrscht die Gefäße, und die Gefäße unterstützen den Verstand“.

(3) Öffnung in die Zunge

Die beiden oben beschriebenen Funktionen des Herzens stehen in einer engen Beziehung zu der Farbe, der Form, der Beweglichkeit und des Geschmackssinnes der Zunge: die Zunge ist der Spiegel des Herzens.

2.1.2 Leber

Der LEBER-Meridian ist mit der Gallenblase verbunden, mit der eine Innen-Außen-Kopplung besteht. Die Leber öffnet sich in das Auge. Ihre hauptsächlichen physiologischen Funktionen sind die Blutspeicherung, die Aufrechterhaltung des unbehinderten Flusses der Lebensfunktion QI und die Kontrolle der Sehnengewebe.

(1) Blutspeicherung

Die Leber besitzt die Funktionen der Blutspeicherung und der Regulierung des Volumens des zirkulierenden Blutes. Während der Ruhephase bleibt ein Teil des Blutes in der Leber. Dagegen tritt während der Phase lebhafter Aktivität Blut aus der Leber in den Kreislauf, um das Volumen zirkulierenden Blutes auf den benötigten Umfang zu steigern. Deshalb versorgt die Leber zusammen mit dem Herzen die Gewebe und Organe mit Blut. Sie beeinflußt auch die Menstruation.

(2) Aufrechterhaltung des unbehinderten Flusses der Lebensfunktion QI

Das bedeutet, daß die Leber verantwortlich ist für die harmonischen und unbehinderten funktionellen Aktivitäten des menschlichen Körpers einschließlich der folgenden drei Aspekte:

a) Der Leber zugeordnet sind emotionale Aktivitäten, besonders Depression und Zorn. Lang andauernde Depressionen oder Zorn können die Leber schwächen, so daß sie unfähig wird, den unbehinderten und freien Fluß des QI zu fördern. Umgekehrt geht eine Dysfunktion der Leber oft auch mit emotionalen Veränderungen einher, zum Beispiel Depressionen und Zornigkeit.

b) Die harmonische und unbehinderte funktionelle Aktivität der Leber fördert die Funktion der anderen Organe ZANG-FU, Meridiane und Nebengefäße, besonders die der Milz und des Magens in ihrer Funktion der Verdauung und der Nährstoffaufnahme.

c) Diese Funktion der Leber betrifft auch die Gallensekretion, die Speicherung der Galle in der Gallenblase und die Exkretion in den Darm.

(3) Kontrolle der Sehnengewebe

Das YIN und das Blut der Leber ernähren die Sehnengewebe, indem sie diese in ihrem normalen Zustand von Kontraktion und Entspannung halten. Wenn die Leber genügend mit YIN und Blut versorgt ist, so sind die Sehnengewebe stark und frei in ihrer Anspannung und Dehnung.

(4) Die Öffnung in das Auge

Jedes Organ ZANG-FU hat einen bestimmten Einfluß auf die Funktion des Auges. Die Leber tritt allerdings durch ihre Blutspeicherfunktion und ihren Meridian in direkte Verbindung mit dem Auge. Es besteht eine enge Beziehung mit der Okularfunktion, wie das Sehen und die Bewegung des Auges. Dadurch beeinflußt die Leber das Auge stärker und direkter als andere Organe ZANG-FU.

2.1.3 Milz

Der Meridian der Milz ist mit dem Magen verbunden. Mit diesem besteht eine Innen-Außen-Kopplung. Die Milz öffnet sich in den Mund. Die hauptsächlichen physiologischen Funktionen der Milz sind die Steuerung des Transportes und der Umwandlung der Nahrungsessenz, die Kontrolle des Blutes und die Beherrschung der Muskeln.

(1) Steuerung des Transportes und der Umwandlung

Transport bedeutet hier Übertragung. Umwandlung bedeutet Verdauung und Aufnahme. Die Milz hat die Funktion der Verdauung der Nahrung, der Absorption der Nahrungsessenzen und eines Teils der Nahrungsflüssigkeit und der Weiterleitung zum Herzen und zur Lunge, von wo aus sie weitergeschickt werden, um den ganzen Körper zu ernähren. Die normale Funktion der Milz ist notwendig für einen guten Appetit, normale Verdauung und Nährstoffaufnahme, gute Ernährung und normale Weiterleitung von Körpersäften.

(2) Kontrolle des Blutes

Die Milz hat die Aufgabe, die Zirkulation des Blutes in den Gefäßen aufrecht zu erhalten und das Blut am Gefäßaustritt zu hindern.

(3) Beherrschung der Muskeln

Die normale Funktion der Milz bestehend aus Transport und Umwandlung befähigt die Muskeln, eine ausreichende Ernährung an Nahrungsessenzen zu erhalten. Das erhält die Dicke und Stärke der Muskeln aufrecht.

(4) Öffnung in den Mund

Die Milz und der Mund arbeiten funktionell bei der Aufnahme, dem Transport und der Umwandlung von Nahrung zusammen. Wenn die Funktion der Milz in der Steuerung des Transportes und der Umwandlung normal ist, wird der Appetit gut sein, und die Lippen werden rot und glänzend sein.

Das QI der Milz hat weiterhin die Funktion, die inneren Organe in ihren normalen Positionen im Körper zu halten.

2.1.4 Lunge

Der Meridian der Lunge steht in Verbindung mit dem Dickdarm, mit dem deshalb eine Innen-Außen-Kopplung besteht. Die Lunge öffnet sich in die Nase. Ihre hauptsächlichen physiologischen Funktionen sind die Beherrschung des Atem-QI und die Kontrolle der Atmung sowie die Regulierung des Wasserhaushalts und die Beherrschung der Haut und Hautanhangsgewebe.

(1) Beherrschung des Atem-QI und Kontrolle der Atmung

Die Lunge ist das Atmungsorgan. Die traditionelle chinesische Medizin sagt, daß die Lunge aufgrund ihrer verteilenden Funktion die Diffusion der Lebensenergie QI, des Blutes und der Körpersäfte in alle Körperteile auf internem oder externem Wege fördern kann. Die Dysfunktion der Lunge bezüglich der Verteilung kann zu einer Enge im Brustkorb, zu einer Verlegung der Nasenwege, zu Husten und Auswurf führen. Die Lunge hat auch die Funktion des sogenannten „säubernden Hinabführens" infolge ihrer Lage in der oberen Körperhälfte. Normalerweise haben alle inneren Organe, die in der oberen Körperhälfte liegen, diese" säubernde Hinabführungsfunktion", während alle Organe der unteren Körperhälfte eine „säubernde Hinaufführungsfunktion" haben. Die „säubernde Hinabführungsfunktion" der Lungen fördert die normale Atmung und Zirkulation der Körpersäfte. Sie sendet Lebensenergie QI nach unten zu den in der unteren Körperhälfte gelegenen inneren Organen. Dadurch werden die Bedingungen für ein ungestörtes Funktionieren der Lunge aufrecht erhalten. Eine Störung der"säubernden Hinabführungsfunktion" kann Husten, Asthma usw. verursachen. Durch ihre Funktion der Verteilung und der „säubernden Hinabführung" inhaliert die Lunge sauberes QI, um die Körperfunktionen zu unterstützen und atmet dann verbrauchtes QI aus. Diese Funktion bedeutet ein Loswerden von Verbrauchtem und Wiederaufnahme von Frischem. Da diese Funktionen der Lunge die Funktionen des gesamten Körpers stark beeinflussen, wird die Lunge als das Organ angesehen, das die Lebensfunktion QI des ganzen Körpers beherrscht.

(2) Regulierung des Wasserhaushalts

Die verteilende und hinabführende Funktion der Lunge reguliert auch den Wasserhaushalt und die Wasserabsonderung. Ihre verteilende Funktion wandelt einen Teil der Körpersäfte in Schweiß um, der abgesondert wird, während ihre „säubernde Hinabführungsfunktion" andauernd einen Teil der Körpersäfte nach unten zur Niere und zur Blase führt, damit dieser als Urin ausgeschieden wird.

(3) Beherrschung der Haut und Hautanhangsgebilde

Die Haut und die Hautanhangsgebilde stehen hier für die gesamte Körperoberfläche. Die Lunge verteilt die Nahrungsessenzen zur Körperoberfläche und gibt dadurch der Haut Glanz sowie Glanz und Fülle für das Haar. Sie reguliert auch das Öffnen und Schließen der Hautporen.

(4) Öffnung in die Nase

Die Nase ist die Körperöffnung für die Atmung. Die unbehinderte Atmung und ein geschärfter Geruchssinn sind von einer guten Funktion der Lunge abhängig.

2.1.5 Nieren

Der NIEREN-Meridian steht mit der Blase in Verbindung, wodurch mit dieser eine Innen-Außen-Kopplung besteht. Die Niere öffnet sich ins Ohr. Ihre hauptsächlichen Funktionen sind die Speicherung der Lebensessenzen, die Beherrschung der menschlichen Fortpflanzung, des Wachstums und der Entwicklung, die Produkion von Mark, das im Kopf das Gehirn formt, die Beherrschung der Knochen, die Herstellung des Blutes, die Beherrschung der Körpersäfte und die Annahme des Atem-QI.

(1) Die Speicherung der Lebensessenzen und die Beherrschung der Fortpflanzung, des Wachstums und der Entwicklung

Die Essenzen der Niere, auch als das YIN der Niere bezeichnet, bestehen aus zwei Teilen: Die angeborene Lebensessenz, die von den Eltern vererbt wird, und die erworbene Lebensessenz, die durch die Umwandlung der Nahrungsessenzen entsteht. Die Lebensessenz der Niere ist ein wichtiger Teil der Lebensfunktion QI der Niere. Sie hat großen Einfluß auf die Funktion der Niere in Bezug auf Fortpflanzung, Wachstum und Entwicklung. Der NEIJING gibt eine präzise Beschreibung der physiologischen Funktionen der

Niere in Bezug auf Geburt, Wachstum, volle Entwicklung und Alterungsprozeß: „Im Alter von ungefähr 14 bei Mädchen und 16 bei Jungen erblüht das QI der Niere. Bei Mädchen setzt in diesem Alter die Menstruation ein, bei Jungen die Fähigkeit zur Samenerzeugung. Beides kennzeichnet die Fortpflanzungsfähigkeit. Wenn Frauen das Alter von 28 und Männer ungefähr das Alter von 32 erreichen, so ist das QI der Niere auf seinem Höhepunkt. Der Körper wächst und entwickelt sich und erreicht den Höhepunkt des Lebens. Wenn Frauen das Alter von ungefähr 49 und Männer von ungefähr 64 erreichen, beginnt das QI der Niere abzunehmen. Der Körper beginnt zu verwelken und gleichzeitig nimmt die Fortpflanzungsfähigkeit entsprechend ab."

(2) Die Herstellung von gehirnbildendem Mark, die Beherrschung der Knochen und die Produktion von Blut

Die Niere speichert die Lebensessenz, aus der Mark einschließlich Rücken- und Knochenmark produziert werden kann. Der obere Teil des Rückenmarks steht mit dem Gehirn in Verbindung. Das Knochenmark ernährt die Knochen und produziert Blut. Die Versorgung des Gehirns, die Stärke des Knochens und die Qualität des Blutes stehen deshalb in enger Beziehung zum Zustand der Lebensessenz der Niere.

(3) Beherrschung des Wasserhaushalts

Der durch die hinabführende Funktion der Lunge nach unten gesandte Teil der Körpersäfte erreicht die Niere. Hier wird er durch die YANG-Funktion der Niere in zwei Teile geteilt: einen klaren und einen trüben Teil. Die klaren, nützlichen Körpersäfte werden behalten und die trüben Körpersäfte, die verbraucht sind, fließen in die Blase, um den Urin zu bilden und ausgeschieden zu werden.

(4) Annahme des Atem-QI

Die Atmung ist hauptsächlich an die Funktion der Lunge gebunden, aber die Niere hilft durch ihre Kontrollfunktion bei der Annahme des Atem-QI. Die Verteilung von sauberem Atem-QI, das durch die Lunge inhaliert wird, an den ganzen Körper hängt nicht nur von der „säubernden Hinabführungsfunktion" der Lunge ab, sondern auch von der Funktion der Niere in Bezug auf Annahme und Kontrolle des Atem-QI.

(5) Die Öffnung in das Ohr

Die Hörfunktion ist abhängig von der Ernährung mit dem Qi der Niere. Taubheit bei alten Menschen beruht hauptsächlich auf einem Mangel an QI der Niere.

2.1.6 Perikard

Das Perikard ist der Beutel, der das Herz umgibt. Sein Meridian ist mit dem 3Erwärmer SANJIAO verbunden. Mit ihm besteht eine Innen-Außen-Kopplung. Die Hauptfunktion des Perikards besteht im Schutz des Herzens. Das Perikard wird im allgemeinen nicht als unabhängiges Organ angesehen, sondern als ein Anhängsel des Herzens.

2.2 Die Organe FU

2.2.1 Dünndarm

Der Dünndarm ist anatomisch mit seinem oberen Ende durch den Pylorus mit dem Magen verbunden. Sein unteres Ende steht über den Blinddarm mit dem Dickdarm in Verbindung. Sein Meridian ist mit dem Herzen verbunden, wodurch mit dem Herzen eine Innen-Außen-Kopplung besteht. Die Hauptfunktionen des Dünndarmes sind die Annahme und die temporäre Speicherung von teilweise verdauter Nahrung des Magens, der weiteren Verdauung der Nahrung und der Absorption von Nahrungsessenzen sowie von einem Teil des Wassers in der Nahrung. Der Dünndarm leitet den verbleibenden Rest der Nahrung an den Dickdarm weiter.

2.2.2 Gallenblase

Die Gallenblase ist anatomisch an die Leber angehängt. Mit ihr besteht eine Innen-Außenkopplung. Die Hauptfunktion der Gallenblase ist die Speicherung und andauernde Exkretion der Galle in den Darm, um die Verdauung zu unterstützen. Diese Funktion der Gallenblase steht in enger Beziehung mit der Funktion der Leber, die Durchgängigkeit der Lebensenergie QI zu fördern. Deshalb beherrschen die Leber und die Gallenblase die unbehinderte Durchgängigkeit der Lebensenergie QI.

2.2.3 Magen

Der Magen ist anatomisch am oberen Ende durch den Magenmund mit der Speiseröhre verbunden. An seinem unteren Ende geht er durch den Pylorus in den Dünndarm über. Sein Meridian ist mit der Milz verbunden, mit der eine Innen-Außen-Kopplung besteht. Die Hauptfunktion des Magens ist die Annahme und die Zerspaltung von Nahrung. Nach der Annahme der Nahrung aus dem Mund und der Speiseröhre wird diese zunächst vorübergehend gespeichert und teilweise verdaut und dann nach unten in den Dünndarm weitergeleitet. Deshalb ist die Funktion des Magens normal, wenn sein QI hinabführend ist und unnormal, wenn sein QI aufsteigend ist. Der Magen und die Milz arbeiten zusammen. Sie sind die Hauptorgane, welche die Funktion der Verdauung und Absorption tragen. Man sagt, daß Milz und Magen die Quelle der Gesundheit sind.

2.2.4 Dickdarm

Der Dickdarm ist am oberen Ende mit dem Dünndarm durch den Blinddarm und am unteren Ende mit der Außenwelt durch den After verbunden. Sein Meridian ist mit der Lunge verknüpft, mit der eine Innen-Außen-Kopplung besteht. Die Hauptfunktionen des Dickdarms bestehen in der Annahme von verbrauchtem Verdauungsmaterial, das vom Dünndarm weitergeleitet wurde, in der Absorption eines Teiles der darin enthaltenen Flüßigkeit und der Weiterleitung zum Anus, wo diese Reste als Faeces aus dem Körper ausgeschieden werden.

2.2.5 Blase

Die Blase ist anatomisch im Unterbauch gelegen. Ihr Meridian steht in Verbindung mit der Niere, mit der eine Innen-Außen-Kopplung besteht. Die Hauptfunktionen der Blase sind die vorübergehende Speicherung von Urin und die Ausscheidung von Urin aus dem Körper, wenn sich eine bestimmte Menge angesammelt hat. Diese Funktionen der Blase kommen unter Mithilfe der Lebensfunktion QI der Niere zustande.

2.2.6 3Erwärmer SANJIAO

Der Meridian des 3Erwärmers ist mit dem Perikard verbunden, mit dem eine Innen-Außen-Kopplung besteht. Der 3Erwärmer ist kein eigentliches Organ, sondern eine Zusammenfassung eines Teiles von Funktionen einiger Organe ZANG-FU, die in verschiedenen Teilen der Körperhöhle liegen.

Der 3Erwärmer SANJIAO ist in drei Teile unterteilt:

(1) Oberer Erwärmer Der obere Erwärmer repräsentiert die Brust. Er ist die Zusammenfassung der Funktionen des Herzens und der Lunge in Bezug auf den Transport der Lebensenergie QI und des Blutes, um die verschiedenen Teile des Körpers zu ernähren. Er ist wie ein „alles erfüllender Nebel“.

(2) Mittlerer Erwärmer Er repräsentiert das Epigastrium. Er ist eine Zusammenfassung der Funktionen der Milz und des Magens in Bezug auf die Verdauung und Absorption. Dies ist vergleichbar mit dem Einweichen von Dingen in Wasser, um eine Spaltung und Auflösung von Substanzen zu bewirken.

(3) Unterer Erwärmer Er repräsentiert das Hypogastrikum. Er stellt die Zusammenfassung der Funktionen der Niere und der Blase in Bezug auf die Kontrolle des Wasserhaushaltes und der Speicherung und Ausscheidung von Urin dar. Er ist wie eine Wasserleitung oder ein Kanal für das Abfließen von Wasser.

2.3 Außerordentliche Organe

Es folgt eine kurze Einführung über das Gehirn und die Gebärmutter:

2.3.1 Gehirn

Bereits im NEIJING wird das Gehirn wie folgt beschrieben: „Das Gehirn ist ein See bestehend aus Mark. Sein oberer Teil liegt unter der Kopfhaut des Scheitels am Punkt BAIHUI (LG 20) und sein unterer Teil erreicht den Punkt

FENGFU (LG 16)“. Später kam man zu einem weitergehenden Verständnis des Gehirns. In dem Buch YIXUE YUANSHI (Ursprung der medizinischen Wissenschaft) steht, daß die Sinnesorgane (Ohr, Augen, Mund und Nase) im Kopf nahe des Gehirns lägen. Wegen ihrer hohen und sehr augenfälligen Lage könnten die Sinnesorgane Objekte wahrnehmen, die das Gehirn direkt beeinflußten und im Gehirn blieben. Im YILIN GAICUO (Medizinische Korrektur) steht, daß das Denken und die Erinnerung die Hauptfunktionen des Gehirns seien. Wie oben beschrieben, produziert die Essenz der Niere das Mark, welches das Gehirn formt. Die Füllung des „Sees“ von Mark hängt also von der Essenz der Niere ab. Weiterhin stehen sowohl das Herz, das den Verstand und das Bewußtsein beherbergt, als auch die Leber, welche die unbehinderte Durchgängigkeit der Lebensfunktionen QI beherrscht, in enger Beziehung zu den geistigen Aktivitäten. Deshalb ist ein Grundsatz der traditionellen chinesischen Medizin, daß die geistige Aktivität von mehreren Organen beeinflußt wird, wobei das Herz das wichtigste ist.

2.3.2 Gebärmutter

Die Funktionen der Gebärmutter bestehen in der Steuerung der Menstruation und in der Ernährung des Fötus. Die inneren Organe und Meridiane, die mit den Funktionen der Gebärmutter in Beziehung stehen, sind die folgenden:

(1) Niere

Die Gebärmutter ist mit der Niere verbunden. Nur wenn die Essenz der Niere reichlich vorhanden ist, kann die Menstruationsperiode regelmäßig auftreten und die Befruchtung und das Wachstum des Fötus ermöglicht werden.

(2) Leber

Die Leber hat die Funktionen der Speicherung des Blutes und der Regulierung des Volumens des zirkulierenden Blutes, was auch für eine normale Menstruation verantwortlich ist.

(3) Konzeptionsgefäß und das Gefäß des kräftigen Aufsteigens

Beide Meridiane beginnen in der Gebärmutter. Das Konzeptionsgefäß reguliert die Funktionen aller YIN-Meridiane und ernährt den Fötus. Das Gefäß des kräftigen Aufsteigens hat die Funktion der Regulierung der Lebensenergie QI und des Blutes der zwölf Hauptmeridiane. Die Lebensenergie QI und das Blut der zwölf Hauptmeridiane passieren durch die beiden Meridiane die Gebärmutter und beeinflussen die Menge des Menstrualausflusses und den Menstruationszyklus.

Kapitel 3

Meridiane und Nebengefäße

Die Meridiane und Nebengefäße sind über den ganzen Körper verteilt. Sie verbinden die inneren Organe ZANG-FU mit den verschiedenen Geweben und Organen des oberflächlichen Teiles des Körpers und machen so den Körper zu einem organischen, einheitlichen Ganzen. Im Netz der Meridiane und Nebengefäße sind die Meridiane die Hauptleitungen, die zu den jeweiligen Organen gehören, während die Nebengefäße als die weniger wichtigen Gefäße über den ganzen Körper verteilt sind.

3.1 Nomenklatur und Klassifizierung

Das System der Meridiane und Nebengefäße besteht hauptsächlich aus den zwölf Hauptmeridianen, den acht außergewöhnlichen Meridianen und den fünfzehn Nebengefäßen. Die zwölf Hauptmeridiane bilden zusammen mit dem Konzeptionsgefäß und dem Lenkergefäß der acht außergewöhnlichen Meridiane die vierzehn Meridiane, an denen die Punkte der Anwendung der Akupunktur und Moxibustion gelegen sind.

Der vollständige Name eines jeden der zwölf Hauptmeridiane setzt sich aus drei Teilen zusammen:

(1) ein Organ ZANG oder FU,

(2) YIN oder YANG (YANG ist wiederum unterteilt in TAIYANG, YANGMING und SHAOYANG, YIN ist wiederum unterteilt in TAIYIN, SHAOYIN und JUEYIN) und

(3) Hand oder Fuß.

Das Wort Hand oder Fuß im Namen eines Meridians hängt davon ab, ob der Meridian an der Hand oder am Fuß beginnt bzw. endet. Der Namensteil YIN oder YANG hängt davon ab, ob der Meridian entlang dem medialen oder lateralen Anteil der entsprechenden Extremität verläuft. Der Namensanteil bezüglich des Organes ZANG oder FU besagt, zu welchem Organ der Meridian gehört. Zum Beispiel wird der Meridian, der an der Hand endet, am Medialteil der oberen Extremität verläuft und zur Lunge gehört, als LUNGEN-Meridian TAIYIN Hand bezeichnet.

Acht außergewöhnliche Meridiane

Die acht außergewöhnlichen Meridiane sind das Lenkergefäß DU, das Konzeptionsgefäß REN, das Gefäß des kräftigen Aufsteigens CHONG, das Gürtelgefäß DAI, das YANG-Gefäß der Beweglichkeit YANGQIAO, das YIN-Gefäß der Beweglichkeit YINQIAO, das YANG-Gefäß der Verbindung YANGWEI und das YIN-Gefäß der Verbindung YINWEI. Ihre Verteilung und Verläufe auf der Körperoberfläche sind von denen der zwölf Hauptorgane verschieden. Sie gehören weder zu einem Organ ZANG-FU, noch stehen sie mit einem Organ ZANG-FU in Verbindung.

Jeder Name der acht außergewöhnlichen Meridiane hat eine spezielle Bedeutung: DU bedeutet Lenken. Der DU-Meridian (Lenkergefäß) hat die Funktion der Steuerung aller YANG-Meridiane. REN bedeutet Verantwortung. Der REN-Meridian (Konzeptionsgefäß) ist verantwortlich für alle YIN-Meridiane. CHONG heißt vital. Der CHONG-Meridian (Gefäß des kräftigen Aufsteigens) ist ein vitaler Meridian, der mit allen Meridianen in Verbindung steht. DAI bedeutet Gürtel. Der DAI-Meridian (Gürtelgefäß) hat die Funktion, alle Meridiane untereinander zu verbinden. QIAO bedeutet Ferse. Das bedeutet, daß der YINQIAO- und YANGQIAO-Meridian (YIN und YANG-Gefäß der Beweglichkeit) am Fuß beginnt und flinke Beweglichkeit bewirkt. WEI bedeutet Verbindung. Das heißt, daß der YINWEI- und YANGWEI-Meridian (YIN- und YANG-Gefäß der Verbindung) alle YIN- bzw. YANG-Meridiane verbindet.

Nebengefäße

Jeder der zwölf Hauptmeridiane besitzt ein Nebengefäß. Diese ergeben zusammen mit den zwei Nebengefäßen des Lenker- und des Konzeptionsgefäßes und dem wichtigsten Nebengefäß der Milz die insgesamt fünfzehn Nebengefäße.

Tab. 2 führt die Meridiane und Nebengefäße auf.

Zirkulation des QI und des Blutes

Die zwölf Hauptmeridiane sind innen und außen im Körper und über den Körper verteilt. Die Lebensenergie QI und das Blut zirkulieren in den Meridianen in einer ganz bestimmten Reihenfolge: beginnend im LUNGEN-Meridian TAIYIN Hand fließen sie durch die anderen Meridiane und dann wieder in den LUNGEN-Meridian TAIYIN Hand zurück, um den Zyklus von neuem zu beginnen. Tab. 3 zeigt die Reihenfolge der Zirkulation.

Tab. 2: Klassifizierung der Meridiane und Nebengefäße

System der Meridiane und Nebengefäße	Zwölf Hauptmeridiane	Lungen-Meridian TAIYIN Hand
		Dickdarm-Meridian YANGMING Hand
		Magen-Meridian YANGMING Fuß
		Milz-Meridian TAIYIN Fuß
		Herz-Meridian SHAOYIN Hand
		Dünndarm-Meridian TAIYANG Hand
		Blasen-Meridian TAIYANG Fuß
		Nieren-Meridian SHAOYIN Fuß
		Kreislauf-Sexus-Meridian JUEYIN Hand
		3Erwärmer-Meridian SHAOYANG Hand
		Gallenblasen-Meridian SHAOYANG Fuß
		Leber-Meridian JUEYIN Fuß
	Acht außerordentliche Meridiane	DU-Meridian (Lenker-Gefäß)
		REN-Meridian (Konzeptions-Gefäß)
		CHONG-Meridian (Gefäß des kräftigen Aufsteigens)
		DAI-Meridian (Gürtel-Gefäß)
		YANGQIAO-Meridian (YANG-Gefäß der Beweglichkeit)
		YINQIAO-Meridian (YIN-Gefäß der Beweglichkeit)
		YANGWEI-Meridian (YANG-Gefäß der Verbindung)
		YINWEI-Meridian (YIN-Gefäß der Verbindung)
	Fünfzehn Nebengefäße	Nebengefäße der vierzehn Meridiane plus dem Hauptnebengefäß der Milz

3.2 Funktionen der Meridiane und Nebengefäße

Funktion

Die Funktionen der Meridiane und Nebengefäße bestehen in der Zirkulation der Lebensenergie QI und des Blutes, in der Erwärmung und der Ernährung der Gewebe, in der Verknüpfung und Verbindung aller Körperteile, in der Aufrechterhaltung der Struktur und der zusammenwirkenden Funktionen der Organe ZANG-FU, der vier Extremitäten, der Haut, der Muskeln, der Sehnen und Knochen und in der Erhaltung des Körpers als einheitliches und organisches Ganzes. Diese Funktionen der Meridiane und Nebengefäße spielen eine wichtige Rolle in der klinischen Arbeit.

Pathologie

In pathologischer Hinsicht sind die Meridiane und Nebengefäße verantwortlich für das Auftreten und die Weiterleitung von Krankheiten. Wenn die Funktionen der Meridiane und Nebengefäße geschwächt sind, ist der Organismus für äußere krankheitsverursachende Faktoren geöffnet. Nachdem der Organismus angegriffen worden ist, werden die krankheitsverursachenden Faktoren oft durch die Meridiane und Nebengefäße in das Körperinnere weitergeleitet. Wenn äußere krankheitsverursachende Faktoren die oberflächlichen Anteile des Körpers befallen, können zum Beispiel Frösteln, Fieber und Kopfschmerz auftreten. Wenn diese krankheitsverursachenden Faktoren dann durch den betreffenden Meridian zur Lunge weitergeleitet wurden, können Krankheitssymptome und Zeichen der Lunge auftreten, wie zum Beispiel Husten, asthmatisches Atmen und Brustschmerz.

Tab. 3: Die Reihenfolge der Zirkulation des QI und des Blutes in den zwölf Hauptmeridianen

→ Lungen-Meridian TAIYIN Hand → Dickdarm-Meridian YANGMING Hand
Milz-Meridian TAIYIN Fuß ← Magen-Meridian YANGMING Fuß
→ Herz-Meridian SHAOYIN Hand → Dünndarm-Meridian TAIYANG Hand
Nieren-Meridian SHAOYIN Fuß ← Blasen-Meridian TAIYANG Fuß
→ Kreislauf-Sexus-Meridian JUEYIN Hand → 3Erwärmer-Meridian SHAOYANG Hand
Leber-Meridian JUEYIN Fuß ← Gallenblasen-Meridian SHAOYANG Fuß

Meridiane und Nebengefäße sind nicht nur die Eintrittspforten für krankheitsverursachende Faktoren, sondern sie sind auch wichtige Wege, über die Störungen unter den Organen ZANG-FU oder zwischen den Organen ZANG-FU und den Geweben sowie den peripheren Organen des Körpers weitergeleitet werden. Zum Beispiel kann die Dysfunktion der Leber in Bezug auf die Förderung der ungehinderten Durchgängigkeit der Lebensenergie QI eine Störung der herabführenden Funktion des Magens zur Folge haben, was Übelkeit und Erbrechen verursacht. Ein anderes Beispiel ist die Geschwürbildung und der brennende Schmerz der Zunge, die durch ein Aufflammen des Feuers des Herzens verursacht werden.

Organe ZANG-FU

Da jeder der Meridiane in einem bestimmten Teil des Körpers verläuft, jeder der zwölf Hauptmeridiane zu einem bestimmten Organ ZANG oder einem Organ FU gehört, und sich die Krankheitszeichen in einem bestimmten Körpergebiet manifestieren können, gelten diese als wichtige Richtlinien in der klinischen Diagnose. Zum Beispiel: die Funktion der Leber in Bezug auf die Förderung der ungehinderten Durchgängigkeit der Lebensenergie QI begünstigt die Bildung und Ausscheidung der Galle. Der LEBER-Meridian verläuft über die Regio hypochondrica. Gelbe Skleren (Gelbsucht) und hypochondrische Schmerzen weisen auf eine Störung der Leber hin. Ein weiteres Beispiel ist, daß Husten und Brustschmerzen Störungen der Lunge anzeigen, deren Meridian in der Brust beginnt. Weiterhin führen Sensibilität oder abnorme Reaktionen entlang der Gebiete, die von Meridianen durchlaufen werden, oder an bestimmten Punkten auch zur korrekten Diagnose. Zum Beispiel kann im Falle einer akuten Blinddarmentzündung eine Druckempfindlichkeit am Punkt LANWEI (Extrapunkt des Blinddarms) oder im Falle einer Erkrankung der Lunge eine Druckempfindlichkeit am Punkt FEISHU (B 13) auftreten.

Die Theorie von den Meridianen und Nebengefäßen wird innerhalb der verschiedenen klinischen Methoden ausführlichst als Richtlinie in der Behandlung von Krankheiten benutzt, vor allem in der Akupunktur und Moxibustion. In der Akupunktur- und Moxibustions-Therapie werden zunächst die betroffenen Meridiane oder Organe ZANG-FU aufgedeckt. Die Akupunktur- oder Moxibustionspunkte werden dann entweder in den angrenzenden Gebieten oder in entfernten Gebieten verknüpfter Meridiane ausgewählt. Der Therapieerfolg wird durch die Regulierung der Zirkulation der Lebensenergie QI und des Blutes in den Meridianen und Nebengefäßen erreicht.

Kapitel 4

QI, Blut und Körpersäfte

Das QI, das Blut und die Körpersäfte sind die grundlegenden Substanzen im menschlichen Körper, um die normalen Lebensfunktionen aufrecht zu erhalten. Ihre Existenz und Funktion, speziell die des QI, manifestieren sich umfassend in den funktionellen Aktivitäten der verschiedenen Gewebe und Organe. Das QI, das Blut und die Körpersäfte bilden zusammen mit den Organen ZANG-FU und den Meridianen und Nebengefäßen die theoretische Grundlage der menschlichen Physiologie in der traditionellen chinesischen Medizin.

4.1 QI

Anmerkung des Übersetzers: *Bei dem Konzept QI handelt es sich um ein Denkmodell der traditionellen chinesischen Medizin, das keine naturwissenschaftliche Realität im westlichen Sinne darstellt. OTS definiert QI wie folgt: „QI beschreibt das Aufeinanderwirken dynamischer Kräfte sowohl im Makro- als auch im Mikrokosmos. Auf den Menschen bezogen beschreibt es dynamische und aktive Körperfunktionen und ist in starkem Maße, aber nicht in jedem Falle, abhängig vom emotionalen Erleben sowie von der mentalen Kontrolle und Verarbeitung dieser Emotionen" (Thomas Ots, Medizin und Heilung in China, Dietrich Reimer Verlag, Berlin 1987).*

Das QI beeinflußt verschiedene Aspekte in der Physiologie, Pathologie und klinischen Behandlung. Allgemein gesagt beinhaltet das Wort QI beides, Substanz und Funktion. Sauberes QI, verbrauchtes QI und QI aus der Nahrungsessenz bilden das materielle QI. Das QI des Herzens, der Leber, der Milz, der Nieren, des Magens und das QI der Meridiane und Nebengefäße sind das funktionelle QI. Substanz und Funktion sind zwei verschiedene Begriffe, aber sie stehen zueinander in enger Beziehung und können nicht vollständig voneinander getrennt werden. Das ist so, weil jede Funktion auf der Grund-

Materielles QI

Funktionelles QI

lage einer bestimmten Substanz geschieht, während die bestimmte Form einer Substanz an eine entsprechende Funktion geknüpft ist.

Die Qualität der Substanz QI im menschlichen Körper variiert mit ihrer Verteilung, Quelle und Funktion.

Ursprungs-QI

Angeborenes QI

Das Ursprungs-QI (YUANQI) ist bekannt als das QI der Niere, das von den Eltern vererbt wird und in Beziehung mit der Fortpflanzungsfunktion steht. Dieses QI wird als angeborenes QI bezeichnet (siehe auch Teil 1, Kapitel 2).

Sauberes QI

Erworbenes QI

Atmungs-QI

Nahrungs-QI

Abwehr-QI

Sauberes QI (QINGQI) und das QI aus der Nahrungsessenz, die nach der Geburt aus der Luft bzw. aus der Nahrung erhalten werden, nennt man erworbenes QI. Die beiden Arten des QI treffen sich in der Brust und bilden das Atmungs-QI (ZONGQI), dessen Hauptfunktion die Ernährung des Herzens und der Lunge und die Förderung deren Funktionen ist (Beherrschung des Blutes und der Gefäße und Durchführung der Atmung). Das Nahrungs-QI (YINGQI) und das Abwehr-QI (WEIQI) werden aus den essentiellen Substanzen der Nahrung gebildet. Das Nahrungs-QI zirkuliert in den Gefäßen und versorgt hauptsächlich die Eingeweide. Das Abwehr-QI zirkuliert außerhalb der Gefäße und ist hauptsächlich in den Muskeln und in der Haut verteilt, um die subkutanen Gewebe zu wärmen und zu ernähren, die Öffnung und Schließung der Poren zu kontrollieren und den Körper gegen äußere krankheitsverursachende Faktoren zu verteidigen. Daher der Name Abwehr-QI.

Organ-QI

Die Organe ZANG-FU, die Meridiane und Nebengefäße werden sowohl vom angeborenen als auch vom erworbenen QI beeinflußt. Dies nennt man das QI der Organe ZANG-FU, der Meridiane und Nebengefäße. Beispiele sind das QI des Herzens, der Lunge, der Niere, der Milz, des Magens, der Meridiane und Nebengefäße. Das sogenannte „Ankommen des QI" bei der Akupunktur-Behandlung bedeutet, daß die Nadelung eine Anregung der Funktion der Meridiane und Nebengefäße bewirkt hat.

4.2 Blut

Bildung des Blutes

Die Nahrungsessenz aus der Verdauung und Absorption in der Milz und dem Magen wird zum Herzen und zur Lunge transportiert und dort durch die beiden Organe in rotes Blut umgewandelt. Die Niere speichert die Lebensessenz. Die Lebensessenz der Niere produziert Knochenmark, das wiederum Blut produziert. Blut entsteht deshalb aus Lebensessenz, einschließlich der Nahrungsessenz und der Essenz der Niere. Nebenbei fördert das QI der Niere den Transport und die Umwandlung in Milz, Magen, Herz und Lunge, was wiederum die Blutbildung fördert. Blut setzt sich deshalb aus Nahrungs-QI, Körpersaft und Essenz der Niere zusammen. Diese bilden die materielle Grundlage für die Funktionen des Blutes, zum Beispiel die Zirkulation in den

Gefäßen, um den Körper zu ernähren und die funktionellen Aktivitäten der verschiedenen Organe und Gewebe zu fördern.

Blut und QI stehen also in enger Beziehung zueinander. Die Bildung und Zirkulation des Blutes hängt vom QI ab, während die Bildung und Verteilung des QI vom Blut abhängt. Klinisch führt ein Mangel an QI oft zu einem Mangel an Blut, und umgekehrt hat ein Mangel an Blut oft einen Mangel an QI zur Folge. Der Stillstand des QI verursacht einen Stillstand des Blutes, und der Stillstand des Blutes bewirkt umgekehrt einen Stillstand des QI.

4.3 Die Körpersäfte

Arten von Körpersäften

Essen und Trinken, besonders das letztere, werden zu Körpersäften, die im Blut und in der interstetiellen Flüssigkeit der Gewebe vorkommen. Es gibt zwei Arten von Körpersäften. Der klare und dünne Typ durchtränkt die Muskeln und die Haut, um die Muskeln zu erwärmen und zu ernähren und die Haut zu befeuchten. Der trübe und dickflüssige Typ schmiert die Gelenkflächen, durchtränkt das Gehirn und befeuchtet die Körperöffnungen.

Schweiß, Urin und Speichel werden alle von den Körpersäften gebildet. Auch Blut enthält eine große Menge an Körpersaft. Die Physiologie und Pathologie von Schweiß, Urin, Speichel und Blut sind deshalb eng an den Metabolismus der Körpersäfte gebunden.

Kapitel 5

Krankheitsursachen

Anmerkung des Übersetzers: *Die Theorie von den Krankheitsursachen stellt einen teilweise sehr praktiblen Ansatz zum Verständnis der Krankheitsentstehung dar, ist aber mit dem Nachteil der mehr oder weniger zwangshaften Unterordnung in konfuzianistisches Entsprechungsdenken, wie es bereits in Kapitel 1 angemerkt wurde, behaftet.*

Der menschliche Körper hat die Fähigkeit, der Invasion verschiedener Arten von krankheitsverursachenden Faktoren zu widerstehen, indem eine relative Balance im Innern des Körpers ebenso wie zwischen dem Körper und seiner Umwelt aufrecht erhalten wird. Diese Fähigkeit nennt man den krankheitsentgegenwirkenden Faktor QI. Die verschiedenen krankheitsverursachenden Faktoren, die einen der beiden Zustände relativer Balance durchbrechen können, nennt man krankheitsverursachenden Faktor QI. Das Auftreten einer Krankheit ist die Folge des verlorenen Kampfes des krankheitsentgegenwirkenden Faktors gegen den krankheitsverursachenden Faktor. Die normale Koordination von YIN und YANG im Körper ist zerstört, und ein abnormer Wechsel des Überwiegens oder der Niederlage, entweder von YIN oder von YANG, ist die Folge.

Krankheitsentgegenwirkender Faktor QI

Krankheitsverursachender Faktor QI

Beide, der krankheitsentgegenwirkende Faktor und sein krankheitsverursachender Gegenspieler, sind wichtig für das Auftreten einer Krankheit. Die traditionelle chinesische Medizin legt jedoch größeren Wert auf den krankheitsentgegenwirkenden Faktor. Der krankheitsentgegenwirkende Faktor ist die innere Ursache und der Hauptfaktor für das Auftreten oder das Nicht-Auftreten einer Krankheit, während der krankheitsverursachende Faktor die äußere Ursache und die äußere Bedingung ist. Der krankheitsverursachende Faktor wird erst durch den krankheitsentgegenwirkenden Faktor wirksam. Wenn der krankheitsentgegenwirkende Faktor stark ist, wird die Invasion des krankheitsverursachenden Faktors verhindert. Wenn der krankheitsverursachende Faktor in den Körper eintritt, bedeutet das eine Unzulänglichkeit des krankheitsentgegenwirkenden Faktors. In der Vorbeugung und in der Behandlung von Krankheiten legt die traditionelle chinesische Medizin deshalb größten Wert auf den Schutz des krankheitsentgegenwirkenden Faktors. Die

Entstehung der Erkrankung

Behandlung der Erkrankung

Wirksamkeit von Akupunktur und Moxibustion in der Vorbeugung und der Behandlung von Krankheiten ist hauptsächlich eine Folge der regulierenden und stärkenden Wirkung der Verteidigungsfunktion des krankheitsentgegenwirkenden Faktors. Beide Behandlungsmethoden helfen, die relative Balance innerhalb des Körpers ebenso wie die Balance zwischen dem Körper und seiner Umwelt wieder herzustellen.

Umweltfaktoren

Die Ätiologie in der traditionellen chinesischen Medizin hat ihre eigenen ausgeprägten Charakteristiken. Zunächst die Klimaveränderungen, die über die Anpassungsfähigkeit der Individuen hinausgehen: Wind, Kälte, Sommerhitze, Feuchtigkeit, Trockenheit und Hitze stehen in direkter Beziehung zu Krankheiten und werden als die krankheitsverursachenden Faktoren vieler Krankheiten angesehen. Umweltfaktoren werden nicht nur als krankheitsauslösende Faktoren, sondern auch als krankheitsverursachende Faktoren betrachtet, die den menschlichen Körper direkt verletzen und so die Krankheit verursachen können. Ziemlich radikale und abnorme Klimaveränderungen zählen zu den krankheitsverursachenden Faktoren, zum Beispiel krankheitsverursachender Wind, krankheitsverursachende Kälte usw. Krankheiten werden sogar nach diesen Faktoren benannt. Zum Beispiel kann krankheitsverursachender Wind eine normale Erkältung bewirken (SHANGFENG), das bedeutet „verletzt (SHANG) durch Wind (FENG)". Eine krankheitsverursachende Sommerhitze kann Sonnenstich bewirken (ZHONGSHU), das bedeutet „geschlagen (ZHONG) durch Sommerhitze (SHU)".

Krankheitsverursachende Faktoren umfassen die Eigenschaften der klinischen Befunde, einschließlich der Krankheitssymptome, indem sie das Überwiegen oder die Niederlage des krankheitsverursachenden Faktors und des krankheitsentgegenwirkenden Faktors widerspiegeln. Die krankheitsverursachenden Faktoren beinhalten also auch die Pathologie innerhalb der traditionellen chinesischen Medizin.

Analyse der krankheitsverursachenden Faktoren

Die krankheitsverursachenden Faktoren werden zwar isoliert untersucht, aber die Aufmerksamkeit ist auf die Erkennung ihrer Natur und ihre praktische Bedeutung für die Krankheit gerichtet, indem ihr Verhältnis zu den verschiedenen Dysfunktionen im menschlichen Körper erforscht wird. Diese Methode der Untersuchung, zum Beispiel die Analyse der krankheitsverursachenden Faktoren auf der Basis klinischer Befunde, ist sehr bedeutend für das Vorgehen in der klinischen Behandlung.

Diagnostisches Vorgehen

Wenn verschiedene krankheitsverursachende Faktoren auf verschiedene Teile des Körpers einwirken, werden die auftretenden funktionellen Störungen und Krankheiten verschiedener Art sein. Verschiedene klinische Krankheitssymptome werden auftreten, die eine objektive innere Beziehung zwischen den krankheitsverursachenden Faktoren und den Krankheitssymptomen, die durch sie verursacht sind, zeigen. Sorgfältige Unterscheidung der Krankheitssymptome ermöglicht nicht nur die Identifizierung des krankheitsverursachenden Faktors, sondern es kann auch gelernt werden, was viel wichtiger ist, ob der krankheitsentgegenwirkende oder der krankheitsverursachende Faktor überwiegt, ob die Organe ZANG-FU in guter Verfassung sind, und ob die Lebensenergie QI und das Blut ausreichend vorhanden sind, um eine Ableitung und Veränderung der Krankheit sicherzustellen. Diese Information ist wichtig in der Bestimmung der Prinzipien der Behandlung. Diese Prozedur ist in der traditionellen chinesischen Medizin bekannt als „das Aufspüren der Ursachen der Krankheit durch Unterscheidung der Krankheitssymptome“ und als „Behandlung auf der Basis der Nachforschungen nach den Ursachen der Krankheit“, oder in anderen Worten „Bestimmung der Behandlung auf der Basis der Unterscheidung von Krankheitssyndromen.“ Das ist in der traditionellen chinesischen Medizin die wichtigste Prozedur in der Behandlung von Krankheiten.

Behandlungsprinzip

Die krankheitsverursachenden Faktoren werden in drei Gruppen unterteilt: Die sechs äußeren oder Umweltfaktoren, die sieben inneren oder seelischen Faktoren und die verschiedenen krankheitsverursachenden Faktoren. Ebenso gibt es die Trägheit und die Stauung des Blutes, die pathologische Folgeerscheinungen darstellen. Diese werden als sekundäre krankheitsverursachende Faktoren bezeichnet.

Drei Gruppen

Als nächstes diskutieren wir die Charakteristiken der klinischen Krankheitssymptome, die durch die verschiedenen krankheitsverursachenden Faktoren verursacht wurden.

5.1 Die sechs äußeren bzw. Umweltfaktoren

Die normalen Klimaveränderungen der vier Jahreszeiten umfassen Wind, Kälte, Sommerhitze, Nässe, Trockenheit und Hitze (Feuer, milde Hitze). Diese nennt man die sechs Faktoren der natürlichen Umwelt. Die Lebensaktivitäten des Menschen stehen in enger Beziehung zu Klimaveränderungen. So wie sich der Körper andauernd seinen inneren Funktionen anzupassen hat, muß er sich auch an die Veränderungen der sechs äußeren oder Umweltfaktoren anpassen. Wenn diese Faktoren sich unnormal verändern, die Anpassungsfähigkeit des menschlichen Körpers überbeanspruchen, die krankheitsentgegenwirkenden Faktoren des Körpers schwach sind und die geschwächten Lebensfunktionen nicht mehr in der Lage sind, sich an die Klimaveränderungen anzupassen, kann das Auftreten einer Krankheit von diesen Faktoren, wie Wind, Kälte usw., abhängen.

Diese krankheitsverursachenden Faktoren befallen den menschlichen Körper von außen durch den Mund, die Nase oder die Körperoberfläche. Die resultierenden Krankheiten nennt man exogene Krankheiten.

5.1.1 Wind

Krankheitsverursachender Wind herrscht im Frühling vor. Wichtige auslösende Faktoren für Windkrankheiten sind das dem Wind Ausgesetztsein nach Schwitzen oder das Schlafen in Zugluft.

(1) Wind, der durch aufwärts und auswärts gerichtete Verteilung charakterisiert ist, ist ein YANG-krankheitsverursachender Faktor

Wenn er den menschlichen Körper von außen angreift, befällt er oft den oberen Teil des Körpers. Er schwächt das Abwehr-QI und verursacht eine Störung der Öffnung und Schließung der Poren an der Körperoberfläche. Klinische Krankheitssymptome sind Kopfschmerz, Verstopfung der Nase, eine wunde oder juckende Zunge, ein aufgedunsenes Gesicht, eine Aversion gegen den Wind und Schwitzen.

(2) Wind tritt oft in Böen auf und ist durch raschen Wechsel charakterisiert

Genauso ist es mit dem krankheitsverursachenden Wind. Die Krankheiten, die durch Wind verursacht werden, sind durch wandernden Schmerz gekennzeichnet. Ihre Krankheitssymptome treten auf und verschwinden wieder. Der Krankheitsbeginn ist abrupt, und das Verschwinden der Krankheit plötzlich. Zum Beispiel der wandernde Gelenkschmerz einer rheumatischen Arthritis urica.

(3) Der Wind ist durch konstante Bewegung gekennzeichnet

Krankheitsverursachender Wind bewegt sich konstant. Er verursacht eine geringe Beweglichkeit oder Starrheit des Körperstammes und der Extremitäten. Die klinischen Befunde sind Krämpfe, Spasmen und Tremor der vier Extremitäten und Steifheit des Nackens. Opisthotonus bei Tetanus und Schielen der Augen, sowie herabhängende Mundwinkel bei Fazialisparese stehen in enger Beziehung zu dieser Eigenschaft des krankheitsverursachenden Windes.

(4) Wind kann mit anderen krankheitsverursachenden Faktoren zusammenwirken

Dabei werden die komplexen krankheitsverursachenden Faktoren Wind-Kälte, Wind-Nässe, Wind-Trockenheit oder Wind-Hitze gebildet. Wind kann auch zusammen mit Schleim auftreten und so das Krankheitsbild Wind-Schleim bilden.

5.1.2 Kälte

Krankheitsverursachende Kälte herrscht im Winter in Form von Kältekrankheiten vor. Zu wenig Kleidung, das Ausgesetztsein an Kälte nach Schwitzen und das Ausgesetztsein im Regen bilden in der kalten Jahreszeit die Voraussetzungen für die Entwicklung von krankheitsverursachender Kälte.

(1) Kälte ist ein YIN-krankheitsverursachender Faktor und verbraucht deshalb YANG-QI

Kälte ist eine Manifestation, die durch übermäßiges YIN verursacht wird. Deshalb ist Kälte ein YIN-krankheitsverursachender Faktor. Wenn das YANG-QI des Körpers durch Kälte verbraucht wird, verliert es seine normale Funktion der Förderung der Körperwärme, und die klinischen Befunde von Kälte treten auf: Frösteln, Zittern, kalte Arme und Beine, Blässe, Diarrhoe mit unverdauter Nahrung im Stuhl und klarer Urin in gesteigerter Menge.

Die Invasion durch krankheitsverursachende Kälte kann eine Zusammenziehung der Meridiane und Nebengefäße und eine Verlangsamung der Zirkulation von QI und Blut verursachen. Die Symptome sind Kälteschmerz und Starrheit und Taubheit der Extremitäten. Kälte kann auch einen Verschluß der Hautporen verursachen, was Frösteln und fehlende Schweißabsonderung bewirkt.

(2) Kälte ist durch Zusammenziehung und Stauung gekennzeichnet

5.1.3 Sommerhitze

Krankheiten, die durch krankheitsverursachende Sommerhitze verursacht werden, treten nur im Sommer auf. Der Krankheitsbeginn ist oft eine Folge von zu langem Ausgesetztsein an der stechenden Sonne an heißen Tagen oder dem Aufenthalt in einem heißen Raum mit schlechter Ventilation.

Sommerhitze ist ein YANG-krankheitsverursachender Faktor. Seine Eigenschaft ist die aufwärtsgerichtete Verteilung. Eine Invasion der Sommerhitze kann übermäßiges Schwitzen, Durst, kurzes Atmen, Mattigkeit und konzentrierten Urin verursachen. In ernsten Fällen können hohes Fieber, Ruhelosigkeit, rote, trockene Haut und geistige Krankheitssymptome, wie plötzliches Delirium und Bewußtlosigkeit, auftreten.

(1) Sommerhitze verbraucht QI und YIN und kann den Verstand stören

Die klinischen Befunde sind Schwindelgefühl, Schwereempfindungen im Kopf, Erstickungsgefühl in der Brust, Übelkeit, wenig Appetit, Diarrhoe und eine generelle Trägheit.

(2) Sommerhitze verbindet sich oft mit Nässe, um Krankheiten zu verursachen, so wie es oft in der Hitze des Sommers regnet

5.1.4 Nässe

Krankheitsverursachende Nässe tritt hauptsächlich in der regnerischen Jahreszeit des Spätsommers auf. Diese Krankheiten folgen üblicherweise dem Tragen von nasser Kleidung nach Regen oder Schwitzen, dem Wohnen in einem niedrig gelegenen und nassen Ort oder dem häufigen Kontakt mit Wasser während der Arbeit.

Nässe ist ein greifbarer krankheitsverursachender Faktor, der von Natur aus schwer ist. Seine Invasion des Körpers bewirkt oft solche Symptome wie ein Schweregefühl im Kopf, ein Gefühl eines aufgeblähten Kopfes, so als wäre er eng bandagiert. Es bestehen auch Schwindel, generelle Mattigkeit, Völlegefühl in der Brust und in der Hypochondralregion, Übelkeit, Erbrechen und ein klebriger und süßlicher Geschmack im Mund.

(1) Nässe ist charakterisiert durch Schwere und Trübheit

Krankheitsverursachende Nässe ist von Natur aus schmutzig und faulig. Der Befall des Körpers durch krankheitsverursachende Nässe bewirkt oft Hautkrankheiten, Abszesse und nässende Geschwüre, massiven, eitrigen Scheidenausfluß mit fauligem Geruch, trüben Urin usw.

(2) Nässe ist charakterisiert durch Dickflüssigkeit und Stauung

Krankheiten, die durch krankheitsverursachende Nässe verursacht werden, sind oft verweilend. Beispiele sind rheumatische Arthritis und epidemische Enzephalitis.

5.1.5 Trockenheit

Die Invasion des Körpers durch krankheitsverursachende Trockenheit tritt oft im Spätherbst wegen mangelnder Luftfeuchtigkeit auf.

Krankheitsverursachende Trockenheit ist in der Lage YIN-Körpersäfte, besonders das YIN der Lunge zu verbrauchen. Die klinischen Befunde sind trockene, rauhe und rissige Haut, Trockenheit des Mundes und der Nase, eine trockene und wunde Zunge, trockener Husten mit wenig Sputum usw.

5.1.6 Hitze (Feuer, milde Hitze)

Hitze, Feuer und milde Hitze sind YANG-krankheitsverursachende Faktoren. Sie sind von Natur aus gleich, aber in ihrer Intensität verschieden. Unter ihnen ist das Feuer der intensivste, und die milde Hitze der am wenigsten intensive.

Hitze ist wie die Sommerhitze durch „flammendes Aufsteigen", Zerstören des YIN und durch die Tendenz der Störung des Verstandes und des Bewußtseins gekennzeichnet. Die folgenden speziellen Eigenschaften sind der krankheitsverursachenden Hitze zugeordnet:

(1) Das Eindringen von Hitze in den Körper entfacht Wind und verursacht eine Störung des Blutes

Ein Übermaß an krankheitsverursachender Hitze erschöpft das YIN der Leber und verursacht eine Unterernährung der Sehnen und der Meridiane. Klinische Befunde sind hohes Fieber mit Delirium und Bewußtlosigkeit, Krämpfe, Steifheit des Nackens, Opisthotonus und aufwärts starrende Augen. Das ist bekannt als „extreme Hitze entfacht den Wind". Krankheitsverursachende Hitze kann den Gefäßaustritt von Blut verursachen. Klinische Befunde von Hämorrhagien, wie Bluterbrechen, Nasenbluten und Hautblutungen können auftreten. Das nennt man „übermäßige Hitze stört das Blut".

(2) Eindringende Hitze tendiert dazu, Hautinfektionen zu verursachen

Chirurgische Fälle, wie Karbunkel, Furunkel, Beulen und Geschwüre mit lokaler Rötung, Schwellung, Wärme und Schmerz werden hauptsächlich durch krankheitsverursachende Hitze verursacht.

Zusätzlich zu den oben genannten sechs Faktoren ist als weiterer Faktor der ansteckende Faktor bekannt, der Seuchen verursacht. Er ist der Natur der krankheitsverursachenden Hitze sehr ähnlich, aber in seiner krankheitsverursachenden Wirkung gefährlicher und bösartiger, da er üblicherweise durch ansteckende, toxische, krankheitsverursachende Nässe verstärkt wird. Ansteckende Krankheiten sind oft tödlich mit raschen und drastischen Veränderungen, wie zum Beispiel bei Pocken, Pest und Cholera.

Zusätzlich gibt es Krankheiten, die nicht durch äußere bzw. Umweltfaktoren verursacht werden, aber deren klinische Befunde den durch äußere Faktoren verursachten Krankheiten sehr ähnlich sind. Um die beiden Kategorien von Krankheiten nicht zu verwirren, werden die pathologischen Veränderungen in diesen Fällen als endogener Wind, Kälte, Nässe, Trockenheit und Hitze (Feuer) bezeichnet. Da sie nicht in den Bereich der exogenen Krankheiten gehören, werden sie später in dem Kapitel über die Differenzierung von Krankheitssyndromen entsprechend der Theorie von ZANG-FU diskutiert (siehe Kapitel 7).

5.2 Die sieben inneren bzw. seelischen Faktoren

Anmerkung des Übersetzers: *Die hier beschriebenen inneren Krankheitsursachen lassen Ansätze psychosomatisch orientierten und ganzheitlichen Denkens in der traditionellen chinesischen Medizin erkennen.*

Mentale und emotionelle Aktivitäten werden in der traditionellen chinesischen Medizin klassifiziert als Freude, Zorn, Schwermut, Nachdenklichkeit, Kummer, Angst und Schrecken. Diese nennt man die sieben seelischen Faktoren. Sie sind die hauptsächlichen krankheitsverursachenden Faktoren endogener Krankheiten.

Die sieben Gefühle widerspiegeln den geistigen und seelischen Zustand des Menschen, der durch verschiedene Stimulationen seiner Umwelt hervorgerufen wurde. Sie sind physiologische Phänomene und verursachen unter normalen Bedingungen keine Krankheiten. Wenn jedoch die Gefühle sehr intensiv und andauernd sind, oder das Individuum auf äußere Stimulationen überempfindlich reagiert, können sie drastische und lang andauernde Gefühlsveränderungen zur Folge haben, die zu Krankheiten führen.

Krankheiten, die durch einen der sieben seelischen Faktoren verursacht werden, zeigen oft eine Dysfunktion der Organe ZANG-FU und eine Störung der Zirkulation des QI und des Blutes. Die verschiedenen seelischen Veränderungen verletzen entsprechend verschiedene Organe ZANG-FU, zum Beispiel verletzt Zorn die Leber, Schrecken und übermäßige Freude verletzen das Herz, Kummer und Schwermut verletzen die Lunge, Nachdenklichkeit verletzt die Milz, Angst und Schrecken verletzen die Nieren. Klinisch manifestieren sich Störungen, die durch die sieben seelischen Faktoren verursacht werden, hauptsächlich im Herzen, in der Leber und in der Milz.

Übermäßige Freude oder Angst und Furcht können geistige Ruhelosigkeit, Herzklopfen, Schlaflosigkeit, Reizbarkeit, Ängstlichkeit und sogar geistige Störungen verursachen.

Übermäßiger Ärger kann eine Dysfunktion der Leber bezüglich der Förderung des unbehinderten Flusses der Lebensenergie QI verursachen, was Schmerzen und Spannungsgefühl in der Rippen- und Hypochondralregion, unregelmäßige Menstruation, Depression und Wutausbrüche zur Folge hat. Falls die Blutspeicherungsfunktion geschwächt ist, können Hämorrhagien resultieren.

Übermäßiger Kummer, Schwermut und Nachdenklichkeit können Dysfunktionen der Milz und des Magens in Bezug auf den Transport und die Umwandlung verursachen. Das führt zu Appetitlosigkeit, Völlegefühl im Bauch und Blähungen im Bauch nach den Mahlzeiten.

5.3 Verschiedene krankheitsverursachende Faktoren

Damit gemeint sind die irreguläre Nahrungsaufnahme, Überbelastung und Übermaß oder Mangel an körperlicher Anstrengung, dramatische Verletzungen, Blutstauung und Schleim.

5.3.1 Irreguläre Nahrungsaufnahme

(1) Gieriges Essen oder Überessen von roher oder kalter Nahrung

Dies kann die Funktion der Milz und des Magens in Bezug auf den Transport, die Umwandlung, die Aufnahme und die Verdauung von Nahrung schwächen und Übelkeit, Erbrechen, Aufstoßen von fauliger Luft, saures Aufstoßen, Schmerzen in der Hypochondralregion und im Bauch mit Blähungen, Borborygmus und Diarrhoe verursachen.

(2) Übermäßiger Genuß von alkoholischen Getränken oder ölige und stark gewürzte Nahrung

Dies kann Nässe-Hitze oder Schleim-Hitze produzieren, was zuerst die Milz und den Magen verletzt. Die Dysfunktion der anderen Organe kann eine Folge der Verschlimmerung dieser Situation sein.

(3) Zu wenig Nahrungsaufnahme

Zu wenig Nahrungsaufnahme kann die Folge von einem Mangel an Nahrung, einer Schwäche der Milz und des Magens, welche die Nahrungsaufnahme durch Behinderung der Verdauung und Absorption einschränkt, oder von einer zu einseitigen Ernährung sein. Lang andauernder Mangel an Nahrung resultiert in Fehlernährung und Unzulänglichkeit von QI und Blut, in Abmagerung, Mattigkeit, Schwindel, undeutlichem Sehen, Herzklopfen und sogar in Ohnmacht.

(4) Die Einnahme von ungesunder Nahrung

Die Einnahme von Nahrung, die mit giftigen Stoffen kontaminiert ist, oder die Einnahme verdorbener Nahrung können die Funktionen der Milz und des Magens schwächen oder parasitäre Darmkrankheiten verursachen.

5.3.2 Überbelastung und Übermaß oder Mangel an körperlicher Anstrengung

Ein altes chinesisches Sprichwort sagt: „Fließendes Wasser wird nicht abgestanden, und Türscharniere rosten nicht." Mit anderen Worten, konstante Bewegung schützt Dinge vor dem Verrotten, und körperliche Anstrengung ist wichtig für das Leben. Andauernde Überbelastung dagegen führt zu Krankheit infolge eines Verbrauches des krankheitsentgegenwirkenden Faktors. Es entstehen Zeichen von Schwächlichkeit sowie Auszehrung, Mattigkeit, übermäßiges Schwitzen, Herzklopfen, Schwindel und undeutliches Sehen.

Ein Mangel an körperlicher Belastung oder notwendiger körperlicher Anstrengung kann die Zirkulation von QI und Blut behindern, allgemeine Schwächlichkeit, Mattigkeit, Fettleibigkeit und Kurzatmigkeit nach Belastung verursachen. Er kann außerdem die allgemeine Widerstandsfähigkeit des Körpers herabsetzen.

Übermäßige sexuelle Aktivitäten verletzen das QI der Niere und verursachen Rückenschmerzen, Schwäche der Extremitäten, Schwindel, Tinnitus, Impotenz, Mattigkeit, Lustlosigkeit usw.

5.3.3 Dramatische Verletzungen

Dies beinhaltet Schnittverletzungen, Schußverletzungen, Quetschungen, Verstauchungen, Verbrühungen und Verbrennungen sowie Insektenstiche und Tierbisse.

5.3.4 Blutstauung und Schleim

Beide, Blutstauung und Schleim, beeinflussen die zwei folgenden Aspekte:

Substantiell: Blutstauung und Schleim können pathologische Zustände bilden, zum Beispiel Blutgerinnsel, die aus den Gefäßen austreten, und Sputum. Sie stellen sekundäre krankheitsverursachende Faktoren dar, die zu weiteren pathologischen Veränderungen führen, wenn sie nicht rechtzeitig eliminiert werden.

Nicht-substantiell: Blutstauung und Schleim stellen manchmal umfassende charakteristische klinische Krankheitssymptome dar. Zum Beispiel kann ein Fall von Epilepsie mit Bewußtlosigkeit und Röcheln in der Kehle als charakteristischer klinischer Befund des „Herzens, das durch Schleim vernebelt wird" diagnostiziert werden.

(1) Blutstauung

Lokale Blutstauung infolge der Behinderung der Blutzirkulation aus verschiedenen Gründen und aus den Gefäßen in die Gewebszwischenräume und Gewebshöhlen ausgetretenes Blut sind substantiell gestautes Blut. Die Blutstauung kann in verschiedenen Körperteilen auftreten und verschiedene funktionelle Störungen verursachen. Störungen, die durch gestautes Blut verursacht werden, sind gekennzeichnet durch:

a) Schmerz. Das kann ein stechender oder bohrender, zuweilen auch ein schwerer kolikartiger Schmerz sein. Das schmerzende Gebiet kann eindeutig eingegrenzt werden.

b) Hämorrhagien. Das Blut ist oft dunkel oder tief purpurfarben, oder es hat dicke purpurfarbene Klumpen.

c) Ekchymosen oder Petechien. Diese haben die Form von purpurnen Flecken auf der Haut oder auf der Zunge.

d) Harte Schwellungen oder Vergrößerungen innerer Organe im Bauch

(2) Schleim

Funktionelle Störungen der Lunge, der Milz und der Nieren können Störungen des Wasserhaushaltes verursachen. Dies bewirkt eine unnormale Verteilung der Körpersäfte, von denen ein Teil den Schleim bildet. Wenn Schleim gebildet ist, kann er in verschiedenen Körperteilen bleiben und folgende verschiedene Krankheitssyndrome zur Folge haben:

a) Schleim-Nässe greift die Lunge an: Husten, Asthma und übermäßiger Auswurf von Sputum.

b) Schleim „vernebelt" das Herz: Bewußtlosigkeit und Röcheln in der Kehle.

c) Schleim blockiert die Meridiane und Nebengefäße: halbseitige Lähmung, Abweichen der Augen, herabhängende Mundwinkel und Taubheit der Arme und Beine.

d) Schleim bleibt subkutan: dies hat die Form von weichen, beweglichen Knötchen.

Kapitel 6

Methoden der Diagnose

Anmerkung des Übersetzers: *In diesem Kapitel sind die Prinzipien der chinesischen Diagnostik beschrieben. Nicht aufgeführt ist die „Arzt-Patienten-Interaktion", die auf bestimmte Verhaltenszeichen und auf eine besimmte Symbolik beruhrt, wie sie von OTS beschrieben wird (Thomas Ots, Medizin und Heilung in China, Dietrich Reimer Verlag, Berlin 1987).*

Inspektion, Hören und Riechen, Patientenbefragung und die Palpation sind als die vier diagnostischen Methoden in der traditionellen chinesischen Medizin bekannt. Die Anamnese und die klinischen Krankheitssymptome, die durch die vier diagnostischen Methoden gewonnen werden, sind die Basis für die weitere Differenzierung der Krankheitssyndrome.

Jede der vier diagnostischen Methoden spielt eine spezifische Rolle bei der Diagnose der Krankheit. Aber nur durch die Kombination der vier Methoden kann man ein umfassendes und systematisches Verständnis der Krankheitssituation erreichen, damit eine korrekte Diagnose erstellt werden kann.

6.1 Inspektion

Die Inspektion ist eine diagnostische Methode, bei der die Befunderhebung durch Beobachtung mit den Augen erfolgt. Sie beinhaltet die Beobachtung des Gesichtsausdruckes, der Hautfarbe, des äußeren Auftretens und der Zunge.

6.1.1 Beobachtung des Gesichtsausdruckes

Der Gesichtsausdruck ist die nach außen gerichtete Manifestation der Lebensaktivitäten. Generell gesagt, wenn der Patient aufmerksam ist, sich normal verhält mit einem Funkeln in den Augen und eifrig antwortet und wenn er mit dem Arzt während der Untersuchung zusammenarbeitet, dann ist die Krankheit nur leicht.

Wenn der Patient dagegen geistesabwesend ist, unbestimmt in seinem Gesichtsausdruck, mit dumpfen Augen und trägem Antworten oder wenn er sogar geistig gestört ist und nicht dem Arzt bei der Untersuchung durch Mitarbeit hilft, so ist die Erkrankung ernsthaft.

6.1.2 Beobachtung der Farbe

Menschen verschiedener Rasse haben natürlich verschiedene Hautfarben. Es gibt auch eine große Variationsbreite zwischen Menschen derselben Rasse. Eine strahlende Haut von natürlicher Farbe wird als normal angesehen. Zum Beispiel ist die Gesichtsfarbe eines gesunden Chinesen leicht dunkel, aber leuchtend und frisch. Krankhafte Gesichtsfarben sind: rot, was auf die Existenz von Hitze hinweist, Blässe, was die Existenz von Kälte oder Leere-XU an Blut anzeigt, leuchtendes Gelb, das auf Gelbsucht hinweist und bläuliches Purpur, was oft eine Folge von Blutstauung oder schweren Schmerzen ist.

Die Farbe von Ausscheidungen ist von klinischer Bedeutung.

Nasenschleim, Sputum, Stuhl, Urin und Vaginalausfluß: Klare und weiße Ausscheidungen dieser Art weisen generell auf Leere-XU und Kälte hin, während trübe und gelbe Ausscheidungen Fülle-SHI und Hitze anzeigen.

Es ist ratsam, die Farben im Tageslicht zu beobachten, da die wirkliche Farbe oft im künstlichen Licht nicht erkannt werden kann, vor allen Dingen dann, wenn die Lichtquelle farbig getönt ist.

6.1.3 Beobachtung der äußeren Erscheinung

Diese Beobachtungen werden gemacht, um zu sehen, ob die Körperform korpulent oder dünn ist, ob eine unnormale Gangart oder eine unnormale Haltung beim Stehen, Sitzen oder Liegen eingenommen wird und ob irgendwelche unnormalen Bewegungen des Körperstammes oder der Extremitäten bestehen. Zum Beispiel liegt bei einer dicken Person eine Leere-XU von QI und zuviel Schleim-Nässe vor. Bei einer ausgemergelten Person besteht oft eine Überaktivität von Feuer vom Leere-XU-Typ. Eine Lähmung der Extremitäten zeigt üblicherweise eine Unzulänglichkeit von QI und Blut sowie eine Verstopfung der Meridiane an. Krämpfe, Opisthotonus, abweichende Augen, herabhängende Mundwinkel und Muskelzucken sind gewöhnlich die Folgen eines Leere-XU-Zustandes von YIN und Blut, der in eine Fehlernährung der Sehnen und Gefäße resultiert. Diese Krankheitszeichen können auch durch ein Eindringen von krankheitsverursachendem Wind in die Nebengefäße entstehen.

6.1.4 Inspektion der Zunge

Die Inspektion der Zunge inklusive des Zungenkörpers und des Zungenbelags ist eine wichtige Maßnahme innerhalb der Diagnostik durch Inspektion. Es gibt eine enge Verbindung zwischen der Zunge und den Organen ZANG-

FU, den Meridianen, Nebengefäßen, dem QI, dem Blut und den Körpersäften. Jede Störung in diesen Bereichen kann eine korrespondiernde Veränderung der Zunge zur Folge haben. Hinweise auf die Natur der Krankheit können erkannt werden, indem die Farbe, die Form und der Zustand der Trockenheit oder Feuchtigkeit sowohl des Zungenkörpers als auch des Zungenbelages beobachtet werden. Wichtig ist auch die Beweglichkeit der Zunge.

Eine normale Zunge ist von geeigneter Größe, leuchtend roter Farbe, freier Beweglichkeit und hat einen dünnen, weißen Belag an der Oberfläche, der weder zu trocken noch zu feucht ist.

Im folgenden beschreiben wir die Hauptbefunde eines unnormalen Zungenkörpers und unnormalen Zungenbelages und ihre klinischen Kennzeichen:

(1) Zungenkörper

a) Blasse Zunge

Eine weniger als normal rote Zunge zeigt die Krankheitssyndrome der Leere-XU oder vom Kältetyp an, die durch die Schwäche des YANG-QI und eine Unzulänglichkeit des QI und des Blutes verursacht wurden oder eine Folge des Eindringens von äußerer krankheitsverursachender Kälte sind.

b) Rote Zunge

Eine unnormal hellrote Zunge zeigt verschiedene Hitze-Krankheitssyndrome vom Fülle-SHI-Typ als Folge eines Eindringens krankheitsverursachender Hitze und verschiedene Hitze-Krankheitssyndrome vom Leere-XU-Typ an, die aus einem Verbrauch von YIN-Körpersäften resultieren.

c) Tiefrote Zunge

Eine tiefrote Farbe der Zunge erscheint in einem ernsten Stadium einer fiebrigen Krankheit, in der krankheitsverursachende Hitze von außen in das Innere des Körpers weitergeleitet worden ist. Das kann auch bei Patienten gesehen werden, die an einer lang andauernden Krankheit leiden, in der die YIN-Körpersäfte erschöpft worden sind, und inneres Feuer vom Leere-XU-Typ überaktiv ist.

d) Purpurne Zunge

Eine purpurfarbene Zunge oder eine Zunge mit purpurnen Flecken zeigen eine Stauung des QI und des Blutes an. Sie weisen auch auf ein Überwiegen innerer Kälte als Folge einer Unzulänglichkeit des YANG hin.

e) Schwammige Zunge

Eine Zunge, die größer als normal ist, schwammig und von weißlicher Farbe, manchmal mit Eindrücken der Zähne am Zungenrand, zeigt einen Mangel an QI und YANG sowie eine Retention von Schleim-Nässe im Körperinneren an. Eine schwammige, tiefrote Zunge weist auf ein Überwiegen von krankheitsverursachender Hitze im Inneren und eine Überaktivität des Feuers des Herzens hin.

f) Rissige Zunge

Unnormale Streifen oder Risse auf der Zunge zeigen einen Verbrauch von Körpersäften bei übermäßiger Hitze, einen Verlust der Essenz der Niere und eine Überaktivität von Feuer infolge eines Mangels an YIN an.

Eine angeborene, rissige Zunge oder eine rissige Zunge ohne sonstige Krankheitsanzeichen wird als normal angesehen.

g) Stachelige Zunge

Die Papillen der Zunge an der Zungenoberfläche schwellen zu Dornen an, die normalerweise von rötlicher Farbe sind. Das weist auf eine Überaktivität von krankheitsverursachender Hitze hin.

h) Steife und zitternde Zunge

Eine Zunge, die steif und schwierig zu protrudieren, retrahieren und zu rollen ist, führt zu Stottern und zeigt ein Eindringen von äußerer Hitze und eine Störung des Verstandes und des Bewußtseins durch Schleim-Hitze an. Sie weist auch auf einen Schaden des YIN der Leber durch starke Hitze, die Wind entfacht, oder eine Verstopfung der Nebengefäße durch Wind-Schleim hin. Eine zitternde Zunge, die bei fortgeschrittener Krankheit gesehen wird, zeigt oft einen Mangel sowohl an Lebensenergie QI als auch an YIN an.

i) Schiefe Zunge

Dies weist auf eine Verstopfung der Nebengefäße durch Wind-Schleim hin.

(2) Zungenbelag

a) Weißer Zungenbelag

Ein weißer Zungenbelag kann dünn oder dick, klebrig oder trocken sein. Ein dünner, weißer Zungenbelag ist normal, aber wenn er bei einer von außen verursachten Krankheit gesehen wird, zeigt er üblicherweise das Eindringen von Wind-Kälte in die Lunge an. Dicker, weißer Zungenbelag weist normalerweise auf die Retention von Nahrung hin. Weißer, klebriger Zungenbelag zeigt das Eindringen von äußerer Kälte-Nässe oder die Retention von Schleim-Nässe im Körperinneren an. Ein trockener, weißer Zungenbelag weist auf ein Eindringen eines ansteckenden Faktors hin.

b) Gelber Zungenbelag

Ein gelber Zungenbelag kann auch dünn oder dick, klebrig oder trocken sein. Ein dünner, gelber Zungenbelag zeigt normalerweise ein Eindringen von Wind-Hitze in die Lunge an, während ein dicker, gelber Zungenbelag üblicherweise auf eine anhaltende Anhäufung von Nahrung im Magen und im Darm hinweist. Klebriger, gelber Zungenbelag kennzeichnet eine Akkumulation von Nässe-Hitze im Körperinneren oder eine Blockierung der Lunge durch Schleim-Hitze. Trockener, gelber Zungenbelag zeigt eine Akkumulierung von Hitze im Magen und im Darm an, was eine Beschädigung des YIN zur Folge hat.

c) Grauschwarzer Zungenbelag

Ein grauschwarzer Zungenbelag kann feucht oder trocken sein. Ein feuchter, grauschwarzer Zungenbelag kennzeichnet die Retention von Kälte-Nässe im Körperinneren oder ein Zuviel an äußerer Kälte infolge eines Mangels an YANG. Ein trockener, grauschwarzer Zungenbelag weist auf einen Verbrauch von Körpersäften durch übermäßige Hitze oder Überaktivität von Feuer infolge eines Mangels an YIN hin.

d) Sich ablösender Zungenbelag

Eine Zunge mit einem sich ablösenden Zungenbelag nennt man „Landkartenzunge". Wenn sich der Zungenbelag ablöst und eine spiegelglatte Oberfläche zurückläßt, wird dieser Zustand als glänzende Zunge bezeichnet. Beide Befunde zeigen eine Krise während einer lang andauernden Krankheit an, in der die krankheitsentgegenwirkenden Faktoren ernstlich geschädigt sind, und das YIN weitgehend unzureichend ist.

Die unnormalen Veränderungen des Zungenkörpers und des Zungenbelages geben Hinweise auf die Natur und die Veränderungen von Krankheiten in Bezug auf verschiedene Aspekte. Allgemein gesagt: die Beobachtung der Veränderungen des Zungenkörpers geschieht hauptsächlich, um zu unterscheiden, ob der Zustand der Organe ZANG-FU, der Lebensenergie QI, des Blutes und der Körpersäfte sich in einem Leere-XU oder Fülle-SHI Stadium befinden, während die Beobachtung des Zungenbelages dazu geeignet ist, um den Zustand der krankheitsverursachenden Faktoren zu beurteilen. Eine umfassende Analyse der Veränderungen des Zungenkörpers und des Zungenbelages ist deshalb notwendig, wenn die Diagnose durch die Beobachtung der Zunge erfolgt.

Falsche Phänomene

Aufmerksam sollte auf den Ausschluß falscher Phänomene geachtet werden, zum Beispiel, daß die Zunge nach dem Essen oder dem Trinken heißer Getränke röter wird und der Zungenbelag dünner wird. Einige Nahrungsmittel und Drogen färben den Zungenbelag, zum Beispiel Oliven, Maulbeeren oder Pflaumen geben der Zunge einen grauschwarzen Belag, Orangen oder Vitamin B 2 machen die Zunge gelb. Raucher und Alkohol- oder Teetrinker haben einen dicken, gelben oder graugelben Zungenbelag. Da die Beobachtung des Zungenkörpers und des Zungenbelages für die Erstellung einer Diagnose sehr wichtig sind, ist es wünschenswert, daß die Beobachtungen bei Tageslicht erfolgen.

6.2 Hören und Riechen

6.2.1 Zuhören

(1) Der Sprache zuhören

Schwaches und leises Sprechen zeigen Krankheitssyndrome vom Leere-XU-Typ an, während lautes Sprechen auf Krankheitssyndrome vom Fülle-SHI-Typ hinweisen. Verwirrtes Sprechen bedeutet ein „Vernebeln" des Herzens durch Schleim-Hitze. Murmeln mit sich selbst oder eine extreme Langatmigkeit beim Sprechen weisen auf eine Störung des Verstandes und des Bewußtseins hin. Stottern bedeutet eine Verstopfung der Nebengefäße durch Wind-Schleim.

(2) Der Atmung zuhören

Schwaches Atmen in Verbindung mit Kurzatmigkeit und Schwitzen nach geringer Anstrengung weisen üblicherweise auf einen Mangel der Lebensenergie QI des Herzens und der Lunge hin. Rauhes Atmen in Verbindung mit Asthma und Räuspern von Sputum zeigen Krankheitssyndrome vom Schleim-Hitze- oder Schleim-Nässe-Typ der Lunge an. Diese Krankheitssyndrome gehören zum Fülle-SHI-Typ.

(3) Dem Husten zuhören

Husten in Verbindung mit einer rauhen Stimme zeigt üblicherweise das Eindringen von Wind-Kälte in die Lunge oder eine Akkumulierung von Kälte-Schleim in der Lunge an. Husten in Verbindung mit einer deutlichen Stimme weist auf das Eindringen von Wind-Hitze in die Lunge oder eine Akkumulierung von Schleim-Hitze in der Lunge hin. Trockener Husten mit wenig Sputum ist oft Folge einer Verletzung der Lunge durch krankheitsverursachende Trockenheit oder ein lang anhaltender Mangel des YIN der Lunge.

6.2.2 Geruch

Aufdringlicher Geruch von Auswurf oder Ausscheidungen zeigt ein Hitzesyndrom vom Fülle-SHI-Typ an, während ein fader Geruch auf ein Kältesyndrom vom Leere-XU-Typ hinweist. Zum Beispiel:

Dickes Sputum mit faulem Geruch zeigt Schleim-Hitze in der Lunge an, während ein wäßriger und klares, geruchloses Sputum Kälte-Schleim in der Lunge bedeutet.

Kärglicher, tiefgelber Urin mit einem aufdringlichen Geruch weist auf Nässe-Hitze der Blase hin, während klarer, geruchloser Urin in großer Menge Kälte in der Blase vom Leere-XU-Typ anzeigt.

Fauler Atem bedeutet Hitze im Magen.

6.3 Patientenbefragung

Bei der Patientenbefragung wird der Patient oder die Begleitung des Patienten über den Zustand der Krankheit mit der Absicht befragt, die pathologischen Abläufe zu verstehen.

Es ist zu allererst notwendig, aufmerksam das Hauptanliegen des Patienten herauszuhören. Dann soll nach dem Beginn und der Dauer der Krankheit und ihrer Geschichte gefragt werden. Auf der Basis des Hauptanliegens des Patienten und im Hinblick auf seinen Körper als einheitliches Ganzes werden systematische Fragen in Bezug auf die Unterscheidung von Krankheitssyndromen gestellt. Wenn der Patient bereits behandelt wurde, ist die Befragung notwendig, um über die Wirkung der Behandlung Auskunft zu erhalten. Die Patientenbefragung ist ein wichtiges Mittel, um den Zustand der Erkrankung aufzudecken. Unter den zu stellenden Fragen sind die folgenden die wichtigsten:

6.3.1 Frösteln und Fieber

Gleichzeitiges Auftreten von Frösteln und Fieber am Beginn einer Krankheit weist auf das Eindringen von äußeren krankheitsverursachenden Faktoren in die Körperoberfläche hin. Falls das Frösteln vorherrschend ist, bedeutet das ein Eindringen von Wind-Kälte. Ist dagegen das Fieber vorherrschend, so weist dies auf ein Eindringen durch Wind-Hitze hin.

Frösteln ohne Fieber kann die Folge von innerer Kälte sein, die aus einer Schwäche von YANG-QI resultiert. Dies kann auch auftreten, wenn äußere, krankheitsverursachende Kälte direkt ein bestimmtes Organ ZANG oder FU befällt. In diesen Fällen können Befunde der Kälte direkt am erkrankten Gebiet auftreten, wie zum Beispiel Kältegefühle und Schmerzen in der Hypochondralregion und Diarrhoe mit unverdauter Nahrung im Stuhl.

Fieber kann ohne Frösteln auftreten. Andauerndes hohes Fieber weist auf ein Übermaß von Hitze im Körperinneren als Folge eines Eindringens von äußerer krankheitsverursachender Hitze oder Weiterleitung von äußeren krankheitsverursachenden Faktoren von außen ins Körperinnere hin. Wenig Fieber, das zu einer bestimmten Tageszeit auftritt, ist als wellenartiges Fieber bekannt. Der verursachende Faktor ist innere Hitze als Folge eines Mangels an YIN. Der Patient kann ein fiebriges Gefühl haben, das von der Körperoberfläche dem Körperinneren zugeführt wird, was als „wellenartiges Fieber, ausgehend vom Knochen“ bezeichnet wird.

Abwechselndes Frösteln und Fieber, das alle zwei oder drei Tage auftritt, kann auf Malaria hinweisen.

6.3.2 Schweißausbrüche

Wenn die Körperoberfläche durch äußere krankheitsverursachende Faktoren befallen ist, so bedeutet Schwitzen ein Eindringen von Wind-Hitze, während die Abwesenheit von Schweiß ein Eindringen von Wind-Kälte bedeutet.

Häufiges, spontanes Schwitzen bereits bei geringer Anstrengung ist als automatisches Schwitzen bekannt. Es ist normalerweise die Folge einer Schwäche von YANG-QI und von Abwehr-QI.

Schwitzen, das während des Schlafes auftritt und zu Erwachen führt, ist als Nachtschwitzen bekannt. Es ist üblicherweise ein Zeichen von Mangel an YIN und Überaktivität von YANG und übermäßiger Hitze.

Übermäßiger, kalter Schweiß während einer ernsthaften Krankheit ist ein kritisches Zeichen für die totale Erschöpfung von YANG-QI.

6.3.3 Essen und Trinken, Appetit und Geschmack

Durst, mit dem Wunsch nach Trinken, wird bei inneren Hitzekrankheitsbildern beobachtet, während ein Fehlen von Durst oder Durst ohne den Wunsch nach Trinken, auf Kälte-Nässe hinweist. Das Vorziehen von kalter Nahrung und kalten Getränken kennzeichnet ein Hitzekrankheitsbild, während das Vorziehen von heißer Nahrung und heißen Getränken ein Kältekrankheitsbild bedeutet. Geringer Appetit, Geschmackslosigkeit im Mund und ein Völlegefühl im Bauch weisen auf eine Schwäche der Milz und des Magens hin.

Fauliges Aufstoßen, saures Erbrechen und Ekel beim Ansehen oder Denken an Nahrungsmittel nach übermäßigem Essen bedeuten eine Retention von Nahrung. Klebriger und süßlicher Geschmack im Mund zeigt Nässe-Hitze in der Milz an, während ein bitterer Geschmack im Mund eine Überaktivität von Feuer der Leber und der Gallenblase bedeutet.

6.3.4 Stuhlgang und Urin

Verstopfung und trockener Stuhl weisen allgemein auf Hitze im Darm hin, was in Beziehung mit einem Krankheitssyndrom vom Fülle-SHI-Typ steht. Verstopfung tritt bei alten Menschen, Frauen nach einer Geburt oder Menschen nach lang andauernder Krankheit auf. Das bedeutet ein Krankheitsbild vom Leere-XU-Typ als Folge eines Mangels an Lebensenergie QI und einer Unzulänglichkeit der Körpersäfte. Blutiger Stuhl mit Eiter und schmerzhaftem Stuhldrang resultieren hauptsächlich aus Nässe-Hitze im Darm. Lockerer Stuhl mit unverdauter Nahrung weist auf Schwäche und Kälte der Milz und des Magens hin.

Andauernde Diarrhoe vor Tagesanbruch steht in Beziehung zu einem Mangel an YANG der Milz und der Niere.

Tiefgelber Urin zeigt allgemein Hitze vom Fülle-SHI-Typ an, während klarer Urin in großer Menge auf Kälte vom Leere-XU-Typ hinweist. Häufiges Urinieren von geringen Mengen an Urin und tiefgelbe Farbe des Urins gibt eine Akkumulierung von Nässe-Hitze der Niere und der Blase an. Häufiges Urinieren mit klarem Urin bedeutet Leere-XU und Kälte der Niere und der Blase. Retention von Urin oder erschwertes, tröpfelndes Harnlassen ist eine Folge von Retention von Nässe-Hitze in der Blase, Unzulänglichkeit von YANG der Niere oder ein Hinweis auf Blasensteine oder Blutstauungen. Kärglicher Urin resultiert aus Leere-XU der Milz und der Niere in Verbindung mit Wasserretention im Körper.

6.3.5 Schmerzen

Schmerz, der sich bei Druck verstärkt, steht in Beziehung zum Fülle-SHI-Typ und resultiert hauptsächlich aus dem Eindringen von äußeren krankheitsverursachenden Faktoren, aus einer Verstopfung der Meridiane und Nebengefäße, aus einer Stauung von QI und Blut, von Darmparasiten, Retention von Nahrung oder Blockierung durch Schleim. Schmerz, der durch Druck gemildert wird, gehört zum Leere-XU-Typ. Er ist üblicherweise durch Fehlernährung der Sehnen und Meridiane als Folge eines Mangels an QI und Blut und eines Verlustes von YIN-Essenz verursacht. Schmerz, der durch Wärme gelindert wird, ist vom Kältetyp. Wird er durch Kälte gelindert, ist er vom Hitzetyp.

Wandernder Schmerz ist meist Folge von Eindringen von krankheitsverursachendem Wind in die Nebengefäße. Schmerz an einer Stelle ist Folge einer Verstopfung der Nebengefäße durch Kälte-Nässe.

Kopfschmerz in einer akuten Krankheit wird durch das Eindringen von äußeren krankheitsverursachenden Faktoren verursacht. Andauernder Kopfschmerz mit wiederholten Anfällen ist die Folge von der Stauung von Blut oder einer aufwärts gerichteten Störung von Schleim. Anhaltende Kopfschmerzen mit einem Leeregefühl im Kopf in Verbindung mit anfallsartiger Dunkelheit vor den Augen und verschwommenem Sehen resultieren aus der Unzulänglichkeit von QI und Blut und einem Verlust an YIN-Essenz.

Kopfschmerzen können entsprechend der Verteilung der Meridiane am Kopf unterschieden werden. Zum Beispiel steht okzipitaler Kopfschmerz in Beziehung mit dem TAIYANG-Meridian, einseitiger Kopfschmerz mit dem SHAOYANG-Meridian, frontaler Kopfschmerz und Schmerzen über den Augen mit dem YANGMING-Meridian und vertikaler Kopfschmerz mit dem JUEYIN-Meridian.

Schmerzen über dem Zwerchfell weisen normalerweise auf Störungen des Herzens und der Lunge hin. Schmerzen in der Hypochondralregion geben Störungen der Milz und des Magens an. Schmerzen in der Lendenregion oder um den Nabel bedeuten Störungen der Niere und des CHONG-Meridians (Gefäß des kräftigen Aufsteigens). Schmerz unter dem Nabel und im Unterbauch kennzeichnen Störungen der Niere, der Blase oder des Dick- und Dünndarms. Schmerzen in der Rippengegend weisen auf Störungen der Leber und der Gallenblase hin.

6.3.6 Schlaf

Schlaflosigkeit bedeutet entweder Einschlafstörungen oder Durchschlafstörungen, wobei der Patient leicht aufwacht und nicht mehr einschlafen kann. Schlaflosigkeit in Verbindung mit Schwindel und Herzklopfen weist auf eine Unzulänglichkeit des Blutes bei der Ernährung des Herzens infolge von Leere-XU des Herzens und der Milz hin. Schlaflosigkeit in Verbindung mit Ruhelosigkeit und Alpträumen deutet auf eine Überaktivität des Feuers des Herzens. Einschlafschwierigkeiten infolge eines Unwohlseins im Magen nach übermäßigem Essen kennzeichnen eine Störung des QI des Magens und eine Ruhelosigkeit des Bewußtseins und des Verstandes.

Unkontrollierbare Schläfrigkeit wird als Lethargie bezeichnet. Wenn sie in Verbindung mit Schwindel auftritt, zeigt sie eine Akkumulierung von Schleim-Nässe im Körperinneren an. Halbschlaf mit allgemeiner Mattigkeit bedeutet einen Mangel an YANG des Herzens und der Niere. Lethargische Benommenheit mit Befunden von Hitze zeigt das frühe Stadium von Bewußtlosigkeit an, das durch eine Störung des Bewußtseins und des Verstandes infolge von Einschluß krankheitsverursachender Hitze im Körperinneren verursacht wird. Lethargische Benommenheit ohne Befunde von Hitze, aber mit Sputum und Röcheln in der Kehle sowie einem dicken und klebrigen Zungenbelag weist auf ein „Vernebeln“ des Bewußtseins und des Verstandes durch Schleim-Nässe hin.

6.3.7 Menstruation und Leukorrhoe

Weibliche Patienten werden auch über Menstruation und Leukorrhoe befragt. Bei verheirateten Frauen ist die Geschichte ihrer Entbindungen wichtig.

Eine Menstruation mit einem verkürzten Zyklus und starker Blutung mit tiefroter Farbe steht hauptsächlich mit dem Krankheitsbild Hitze vom Fülle-SHI-Typ in Verbindung. Ein verlängerter Menstruationszyklus mit spärlichem und hellem Ausfluß gehört zum Krankheitsbild Kälte vom Leere-XU-Typ. Prämenstrualer Dehnungsschmerz im Unterbauch, der sich bei Druck verstärkt, mit einem tiefpurpurnen Menstrualausfluß mit Klumpen darin, bedeutet eine Stauung von QI und Blut. Postmenstrualer Schmerz im Unterbauch, der auf Druck reagiert, mit einem leicht rötlichen Menstrualausfluß in spärlicher Menge ist verursacht durch eine Leere-XU von Blut.

Wäßrige Leukorrhoe von weißlicher Farbe mit geringem Geruch und begleitet von Rückenschmerzen bedeutet einen Mangel an YANG der Milz und der Niere und eine Anhäufung von endogener Kälte. Dicke Leukorrhoe mit gelber Farbe und aufdringlichem Geruch weist auf ein Abwärtsfließen von Nässe-Hitze hin.

Außergewöhnliche Gebärmutterblutung nach der Menopause oder gelber und weißer Scheidenausfluß mit Eiter und Blut vermischt kann eine ernsthafte Erkrankung durch toxische Nässe in der Gebärmutter bedeuten.

6.4 Palpation

Die Palpation ist eine Methode der Diagnose, bei welcher der pathologische Zustand durch Palpieren, Fühlen und Drücken bestimmter Körpergebiete aufgedeckt wird. Hauptsächlich sind hierbei das Fühlen des Pulses und die Palpation der Meridiane und Akupunkturpunkte gemeint.

6.4.1 Das Tasten des Pulses

Der Puls wird oberhalb des Handgelenkes getastet, wo die Arteria radialis verläuft. Dieses Gebiet wird dreifach eingeteilt: CUN, GUAN und CHI. Das Gebiet gegenüber des Processus styloideus des Radius nennt man GUAN, das Gebiet distal von GUAN (zwischen GUAN und dem Handgelenk) heißt

CUN und das proximal von GUAN gelegene heißt CHI (siehe Abb. 4). Die drei Gebiete CUN, GUAN und CHI der linken Hand spiegeln den Zustand von Herz, Leber und Niere wider, die der rechten Hand den Zustand der Lunge, der Milz und der Niere.

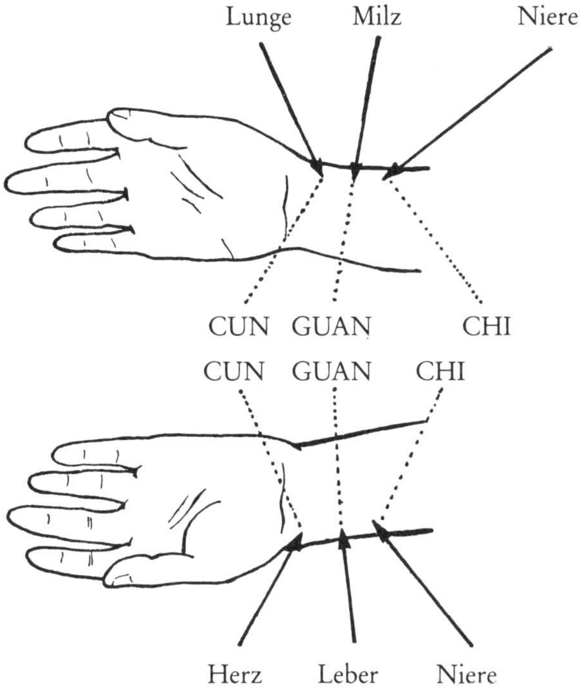

Abb. 4 Drei Regionen der Pulstastung

Beim Tasten des Pulses legt der Patient seine Hand mit den Innenflächen nach oben leicht auf ein Kissen. Zuerst wird die GUAN-Region mit dem Mittelfinger lokalisiert, dann werden der Zeigefinger und der Ringfinger in natürlicher Art und Weise auf die CUN- bzw. CHI-Region gelegt. Die ausgeübte Fingerkraft ist zuerst ganz leicht, dann mäßig und schließlich sehr stark, um eine umfassende Vorstellung von der Tiefe, der Frequenz, dem Rhythmus, der Stärke und der Art des Pulses zu erhalten. Jede unnormale Veränderung in irgendeiner Pulsregion sollte durch das Ausüben einer gleichmäßigen Belastung aller drei Regionen bestimmt werden. Dann werden die drei Regionen getrennt getastet und verglichen, um einen korrekten Eindruck des Pulses als Ganzes zu erhalten.

Ein normaler Puls ist von mittlerer Frequenz, zum Beispiel vier bis fünf Schläge pro Atemzug, und normalem Rhythmus. Er ist gleichmäßig und kräftig.

Unnormale Pulstastungen und ihre klinischen Kennzeichen sind folgende:

(1) Oberflächlicher Puls Der Puls antwortet auf den Finger bei leichtem Druck und wird schwach bei starkem Druck. Dies tritt oft im frühen Stadium einer exogenen Krankheit auf, zum Beispiel einem äußeren Krankheitssyndrom. Er kann auch bei Patienten auftreten, die an einer langandauernden Krankheit leiden und sich dadurch in einem Zustand von allgemeiner Schwäche befinden. In dieser Situation ist der Puls sehr oft oberflächlich und kraftlos.

(2) Tiefer Puls Eine oberflächliche Palpation erkennt keinen klaren Puls, der nur bei schwerem Druck fühlbar ist. Dies tritt oft bei inneren Krankheitssyndromen auf.

(3) Langsamer Puls Die Pulsfrequenz ist langsam mit weniger als vier Schlägen pro Atemzug. Dies tritt oft bei Krankheitssyndromen der Kälte auf.

(4) Schneller Puls Die Pulsfrequenz ist schnell mit mehr als fünf Schlägen pro Atemzug. Diese Situation tritt oft bei Krankheitssyndromen der Hitze auf.

(5) Puls vom Leere-XU-Typ Der Puls ist schwach und kraftlos und verschwindet bei starkem Druck. Dies tritt auf bei Krankheitssyndromen vom Leere-XU-Typ.

(6) Puls vom Fülle-SHI-Typ Der Puls ist kraftvoll und kann sogar noch bei starkem Druck gefühlt werden. Dies tritt bei Krankheitssyndromen vom Fülle-SHI-Typ auf.

(7) Vibrierender Puls Der Puls fühlt sich straff und kraftvoll an, als ob man auf die Sehne eines gespannten Bogens drückt. Dieser Puls tritt bei Mangel an YIN und Überaktivität von YANG der Leber auf.

(8) Rollender Puls Der Puls fühlt sich weich, fließend und kraftvoll an. Er tritt oft auf bei übermäßigem Schleim oder Retention von Nahrung. Rollender Puls kann auch bei gesunden Menschen mit einem Übermaß an Lebensenergie QI und Blut und bei schwangeren Frauen beobachtet werden.

(9) Fadenförmiger Puls Wie der Name sagt, ist der Puls fein. Er tritt auf beim Krankheitssyndrom von Mangel an Lebensenergie QI und Blut.

(10) Kurzer Puls Die Bewegung ist unregelmäßig und von kurzer Dauer mit mehreren aussetzenden Schlägen. Kurzer Puls vom Fülle-SHI-Typ weist auf Überaktivität von Hitze, übermäßigen Schleim, Stauung von Blut und Lebensenergie QI und Retention von Nahrung hin. Kurzer Puls vom Leere-XU-Typ ist ein Zeichen von Kollabieren.

(11) Knotenpuls Der Puls ist langsam und sanft mit irregulär aussetzenden Schlägen. Er weist auf endogene Kälte oder Retention von Kälte-Schleim und Blutstauung im Inneren des Körpers hin.

(12) Aussetzender Puls

Der Puls ist langsam und sanft mit aussetzenden Schlägen in regelmäßigen Intervallen. Er tritt auf bei Patienten mit Schwächung der Lebensenergie QI und des Blutes und absteigendem YANG-QI.

Kurzer Puls, Knotenpuls und aussetzender Puls treten alle mit aussetzenden Schlägen auf.

Die Qualität des Pulses kann entsprechend folgender Faktoren variieren: Statur des Körpers, Aktivität, allgemeine Verfassung des Patienten und Wetter. Dies sollte bei der Diagnose berücksichtigt werden.

Für die korrekte Identifizierung der verschiedenen Pulsarten ist eine lange klinische Erfahrung notwendig. Wenn zwei oder mehr Pulsarten bei einem Patienten getastet werden, zum Beispiel eine Kombination von fadenförmigem und schnellem Puls, tiefem und fadenförmigem Puls oder fadenförmigem und vibrierendem Puls, so ist es wichtig, eine umfassende Analyse der klinischen Bedeutung der Kombinationsmöglichkeiten zu machen und gleichzeitig den Allgemeinzustand des Patienten zu berücksichtigen.

6.4.2 Palpation der Meridiane und Akupunkturpunkte

Die klinische Praxis zeigt, daß bei einigen Erkrankungen Verspannungen oder unnormale Reaktionen entlang den Verläufen der betroffenen Meridiane oder an bestimmten Punkten auftreten können. Bei Störungen der Lunge, zum Beispiel, kann eine Druckempfindlichkeit am Punkt ZHONGFU (Lu 1) oder ein Knoten am Punkt FEISHU (B 13) getastet werden. Bei Störungen der Leber kann eine Druckempfindlichkeit am Punkt GANSHU (B 18) und QIMEN (L 14) auftreten, bei Magenschmerzen am Punkt WEISHU (B 21) und ZUSANLI (M 36), bei Blinddarmentzündung dagegen bei Punkt LANWEI (Extrapunkt). Diese Zeichen sind typisch für die Diagnose durch Palpation der Meridiane und Akupunkturpunkte. Sie bestimmen auch die notwendige Behandlung durch Akupunktur.

Die Palpation des Bauches ist ebenso eine wichtige Prozedur. Eine abdominale Aufblähung mit tympanitischen Zeichen bei Perkussion, aber mit normaler Urinausscheidung, weist auf eine Stauung der Lebensenergie QI hin. Eine abdominale Aufblähung mit plätschernden Geräuschen und einer fluktuierenden Empfindung bei der Palpation zeigt eine Anhäufung von Flüssigkeit. Unbewegliche, harte Massen im Bauch sind gestautes Blut. Bewegliche, weiche Massen können Folge von Stauung der Lebensenergie QI sein. Eine Anhäufung von Massen, die im linken Bauch bei Verstopfung palpiert wird, zeigt eine Retention von trockenem Stuhl an. Widerhallender Schmerz im rechten Unterbauch bedeutet eine Blinddarmentzündung, die aus der Stauung von QI und Blut resultiert.

Kapitel 7

Differenzierung von Krankheitssyndromen

Anmerkung des Übersetzers: *Nach OTS bildet die Differenzierung von Krankheitssyndromen zusammen mit der Theorie von den Organgen ZANG-FU (siehe Kapitel 2) „das Kernstück der chinesischen Medizintheorie ...", das „für die praktische klinische Tätigkeit von höchster Bedeutung ist" (Thomas Ots, Medizin und Heilung in China, Dietrich Reimer Verlag, Berlin 1987).*

Die Identifizierung von Krankheitssyndromen macht eine eingehende Analyse und Synthese der klinischen Daten notwenig, die durch die Anwendung der vier diagnostischen Methoden gewonnen werden. Dies geschieht, um das Stadium, in dem sich die Krankheit befindet, zu bestimmen, die Krankheit zu lokalisieren und um den Zustand zu beurteilen, in dem sich die gegenseitig bekämpfenden Faktoren, Körperabwehr- und krankheitsverursachende Faktoren, befinden. Daraus kann gesehen werden, daß die Identifizierung von Krankheitssymptomen nicht durch eine Liste von Symptomen und Zeichen geschieht, sondern durch ein umfassendes Überdenken der Pathogenese der Krankheit. Eine korrekte Differenzierung zu anderen Krankheitssyndromen ist notwendig, um die richtigen Behandlungsmethoden anzuwenden und die vorhergesehenen klinischen Resultate zu erreichen.

Es gibt eine Anzahl von Methoden, um Krankheitssyndrome voneinander zu unterscheiden. Drei davon werden hier kurz beschrieben:

1. die Differenzierung von Krankheitssyndromen entsprechend den acht Prinzipien,
2. die Differenzierung von Krankheitssyndromen entsprechend der Theorie von ZANG-FU und
3. die Differenzierung von Krankheitssyndromen entsprechend der Theorie der Meridiane und Nebengefäße.

Jede dieser drei Methoden legt Wert auf einen bestimmten Aspekt. Sie sollen gleichzeitig angewendet werden und sich gegenseitig ergänzen. Die Differenzierung von Krankheitssymptomen soll genau wie die oben angeführten Kapitel über Krankheitsursachen und Methoden der Diagnose bei der klinischen Arbeit berücksichtigt werden.

7.1 Differenzierung von Krankheitssyndromen entsprechend den acht Prinzipien

Die acht Prinzipien bei der Differenzierung von Krankheitssyndromen sind Außen und Innen, Hitze und Kälte, Leere-XU und Fülle-SHI und YIN und YANG. Diese Methode hat klinisch einen großen Anwendungsbereich. Wie unterschiedlich die klinischen Befunde und pathologischen Veränderungen auch immer sein mögen, ermöglicht es die Anwendung dieser Methode doch, das Schlüsselglied der Krankheit zu entdecken und selbst komplizierte Probleme systematisch zu lösen. Die Qualitäten Außen und Innen beziehen sich auf die Tiefe der Krankheit, Kälte und Hitze auf die Natur der Krankheit, Leere-XU und Fülle-SHI auf den Kampf der krankheitsentgegenwirkenden mit den krankheitsverursachenden Faktoren und YIN und YANG auf die Kategorie der Krankheit. Das YIN-YANG-Prinzip ist das Hauptprinzip unter den acht Prinzipien. Alle äußeren Krankheitssyndrome, Hitzesyndrome und Krankheitssyndrome vom Fülle-SHI-Typ fallen unter die Kategorie von YANG, während alle inneren Krankheitssyndrome, Kältesyndrome und Krankheitssyndrome vom Leere-XU-Typ in die Kategorie von YIN fallen. Klinisch können Krankheitssyndrome existieren, die Syndrome von Außen und Kälte, von Innen und Hitze und damit sowohl YIN als auch YANG angehören. Im weiteren ist eine kurze Beschreibung der wichtigsten klinischen Symptome angeführt, auf denen die Differenzierung von Krankheitssyndromen entsprechend den acht Prinzipien basiert.

7.1.1 Außen und Innen

Äußere Krankheitssyndrome

Außen und Innen bilden zwei Prinzipien in Bezug auf die Tiefe des erkrankten Gebietes und die Richtung der Entwicklung der Krankheit. Äußere Krankheitssyndrome gehören zu Krankheiten, die aus dem Eindringen von äußeren krankheitsverursachenden Faktoren in die äußeren Körperschichten resultieren und durch einen plötzlichen Beginn mit kurzer Dauer der Krankheit gekennzeichnet sind. Hauptsächliche Befunde sind Unverträglichkeit von Kälte oder Wind, Fieber, Kopfschmerz, Nasenverstopfung und oberflächlicher Puls.

Innere Krankheitssyndrome

Innere Krankheitssyndrome können aus der Weiterleitung von äußeren krankheitsverursachenden Faktoren ins Körperinnere resultieren, wenn diese nicht rechtzeitig eliminiert werden. Sie können auch direkt durch einen Befall der Organe ZANG-FU durch äußere krankheitsverursachende Faktoren verursacht werden. Die Dysfunktion der Organe ZANG-FU ist auch eine mögliche

Ursache von inneren Krankheitssyndromen. Allgemein gesagt, das Hauptzeichen für die Identifizierung äußerer und innerer Krankheitssyndrome ist Fieber in Verbindung mit Unverträglichkeit von Kälte oder Wind beim ersteren, während letzteres durch Fieber, das nicht von Unverträglichkeit von Kälte und Wind begleitet ist, gekennzeichnet ist. Beide, äußere und innere Krankheitssyndrome, können durch Kälte, Hitze, Leere-XU oder Fülle-SHI kompliziert werden. Entsprechend variieren ihre klinischen Befunde. Auf die Unterscheidung sollte sorgfältigst Wert gelegt werden (Tab. 4).

Tab. 4: Differenzierung von Kälte, Hitze, Leere-XU und Fülle-SHI bei äußeren und inneren Krankheitssyndromen

	Äußere Syndrome	Innere Syndrome
Kälte	Fieber, Frösteln, kein Schwitzen, oberflächlicher und kraftvoller Puls, dünner, weisser Zungenbelag usw.	Frösteln, kalte Extremitäten, Blässe, kein Durst, lockerer Stuhl, klarer, reichlicher Urin, tiefer und langsamer Puls, blasse Zunge usw.
Hitze	Fieber mit Unverträglichkeit von Wind; es kann Schwitzen auftreten; ein wenig Durst, oberflächlicher und schneller Puls, dünner, gelber Zungenbelag usw.	Hohes Fieber, Durst, Reizbarkeit und Ruhelosigkeit, gerötetes Gesicht, rote Augen, Verstopfung, tiefgelber, spärlicher Urin, schneller Puls von Fülle-SHI-Typ, rote Zunge mit gelbem Belag usw.
Leere-XU	Schwitzen, Unverträglichkeit von Wind, oberflächlicher und langsamer Puls usw.	schwache Atmung, Apathie, generelle Mattigkeit, Herzklopfen, Schwindel, tiefer Puls von Leere-XU-Typ, schwammige und blasse Zunge mit weissem Belag usw.
Fülle-SHI	Kein Schweiß, allgemeine Schmerzen, oberflächlicher und kraftvoller Puls, weisser Zungenbelag usw.	rauhe Atmung, sonore Stimme, Reizbarkeit, Völlegefühl in der Brust, Spannungsgefühl im Bauch, Verstopfung, tiefer Puls vom Fülle-SHI-Typ, rauhe Zunge mit dickem Belag usw.

Äußere Krankheitssyndrome sind üblicherweise mild und oberflächlich entsprechend ihrer Lokalisation in oberflächlichen Körperschichten. Sie stellen das frühe Stadium einer exogenen Krankheit dar. Innere Krankheitssyndrome sind hauptsächlich ernst und tief, da die krankheitsverursachenden Faktoren ins Körperinnere vorgedrungen sind und die Organe ZANG-FU schädigen.

7.1.2 Kälte und Hitze

Hitzesyndrome
Kältesyndrome

Kälte und Hitze beziehen sich auf zwei verschiedene Arten von Krankheiten. Krankheiten, die durch krankheitsverursachende Hitze, Sommerhitze oder Trockenheit verursacht werden, sind hauptsächlich Hitzesyndrome. Solche Krankheiten, die durch krankheitsverursachende Kälte verursacht werden, sind hauptsächlich Kältesyndrome. Kältesyndrome können sich zu Hitzesyndromen entwickeln. Leere-XU von YIN oder YANG kann zu Hitze- oder Kältesyndromen vom Leere-XU-Typ führen. Diese werden von den Syndromen vom Fülle-SHI-Typ unterschieden. Die klinischen Befunde von Hitze- und Kältesyndromen vom Leere-XU-Typ werden später diskutiert.

Die Unterscheidung zwischen einem Kälte- und einem Hitzesyndrom ist nicht schwierig, da beide von entgegengesetzter Natur sind und deutlich verschiedene Befunde haben (Tab. 5)

Tab. 5: Differenzierung von Kälte- und Hitze-Syndromen vom Fülle-SHI-Typ

Kälte-Syndrome vom Fülle-SHI-Typ	Hitze-Syndrome vom Fülle-SHI-Typ
Frösteln, kalte Extremitäten, kein Durst, Blässe, übermäßiger Sputum, asthmatisches Atmen, Bauchschmerzen, die durch Druck verschlimmert werden, lockerer Stuhl, klarer Urin in gesteigerten Mengen usw.	Kontinuierlich hohes Fieber, Durst, gerötetes Gesicht, rote Augen, Völlegefühl und Spannungsschmerz im Bauch, der durch Druck verschlimmert wird, Bewußlosigkeit, Delirium, Verstopfung, konzentrierter Urin usw.
Tiefer, langsamer Puls vom Fülle-SHI-Typ	Schneller Puls vom Fülle-SHI-Typ
Blasse Zunge mit weissem oder dickem, klebrigen Belag	Rote und tiefrote Zunge mit trockenem gelben Belag

7.1.3 Leere-XU und Fülle-SHI

Leere-XU-Syndrome
Fülle-SHI-Syndrome

Leere-XU und Fülle-SHI sind die beiden Prinzipien, die dazu benutzt werden, den Zustand der sich bekämpfenden krankheitsentgegenwirkenden und krankheitsverursachenden Faktoren im Verlaufe einer Krankheit zu analysieren und zu bestimmen. Krankheitssyndrome vom Leere-XU-Typ sind die Krankheiten, in denen die Funktionen des menschlichen Körpers geschwächt, die krankheitsentgegenwirkenden Faktoren unzulänglich sind, die Koordination von YIN und YANG geschwächt ist, während der Einfluß des krankheitsverursachenden Faktors bereits unauffällig geworden ist. Krankheitssyndrome vom Fülle-SHI-Typ sind diejenigen Krankheiten, in denen die Körperfunktionen nicht geschwächt sind und die krankheitsentgegenwirkenden Faktoren noch immer genügend stark sind, während die krankheitverursachenden Faktoren jedoch überaktiv sind und ein ernster Kampf zwischen diesen und den krankheitsentgegenwirkenden Faktoren fortschreitet. Wenn der krankheitsentgegenwirkende Faktor schwach ist und dem krankheitsverursachenden Faktor nichts mehr entgegenzusetzen hat, wird daraus eine Krankheit zwischen der Leere-XU und der Fülle-SHI entstehen. Krankheitssyndrome vom Leere-XU-Typ sollten durch tonisierende Methoden behandelt werden, solche vom Fülle-SHI-Typ durch sedierende Methoden. Wenn Leere-XU und Fülle-SHI miteinander kämpfen, müssen sowohl tonisierende als auch sedierende Methoden angewendet werden.

Krankheitssyndrome vom Fülle-SHI-Typ und Hitzesyndrome vermischen sich oft. Ebenso vermischen sich oft Krankheitssyndrome vom Leere-XU-Typ und Kältesyndrome. Das bedeutet, Hitzesyndrome sind üblicherweise vom Fülle-SHI-Typ und Kältesyndrome gehören allgemein zum Leere-XU-Typ (Tab. 6).

Tab. 6: Differenzierung von Krankheits-Syndromen vom Leere-XU- und Fülle-SHI-Typ

Syndrome vom Leere-XU-Typ	Syndrome vom Fülle-SHI-Typ
Lang andauernde Krankheit, Lustlosigkeit, Blässe, Apathie, schwache Atmung, Herzklopfen, Kurzatmigkeit, Tinnitus, verschwommener Gesichtssinn, Schlaflosigkeit, Gedächtnisschwäche, spontanes Schwitzen, Nachtschwitzen, nächtlicher Samenerguß, Bettnässen, Schmerz, der durch Druck nachläßt, lockerer Stuhlgang, klarer Urin von gesteigerter Menge usw.	Kurze Erkrankung, Hochstimmung, rotes Gesicht, Ruhelosigkeit, sonore Stimme, rauhes Atmen, Völlegefühl und Spannung in der Brust und im Bauch, Bauchschmerzen, die sich bei Druck verschlimmern, Verstopfung oder Tenesmus, schmerzhafte oder schwierige Urinierung usw.
Fadenförmiger Puls vom Leere-XU-Typ	Puls vom Fülle-SHI-Typ
Blasse Zunge mit dünnem Belag	Rote Zunge mit dickem Belag

Die Haupteigenschaften von Krankheitssyndromen des YANG-Leere-XU-Typs, zum Beispiel Kältesyndrome vom Leere-XU-Typ und Krankheitssyndrome vom YIN-Leere-XU-Typ, zum Beispiel Hitzesyndrome vom Leere-XU-Typ sind unten aufgelistet (Tab. 7).

Tab. 7: Differenzierung von Krankheits-Syndromen vom YANG-XU- und YIN-XU-Typ

Syndrome vom YIN-XU-Typ (Kälte-Syndrome vom Leere-XU-Typ)	Syndrome vom YANG-XU-Typ (Hitze-Syndrome vom Leere-XU-Typ)
Frösteln, kalte Extremitäten, fahle Gesichtsfarbe, kein Durst, Lustlosigkeit, Mattigkeit, spontanes Schwitzen, lockerer Stuhl, klarer Urin in großer Menge usw.	Fieber am Nachmittag, gerötete Backen, trockener Mund und Kehle, Schlaflosigkeit mit geistiger Ruhelosigkeit, fiebrige Empfindungen an den Handinnenflächen und Fußsohlen, Nachtschwitzen, Verstopfung, konzentrierter Urin usw.
Tiefer, langsamer Puls vom Leere-XU-Typ	Fadenförmiger, schneller Puls vom Leere-XU-Typ
Blasse Zunge mit weissem Belag	Rote Zunge mit wenig Belag

7.1.4 YIN und YANG

Wie bereits oben erwähnt, sind YIN und YANG die beiden Prinzipien, die dazu benutzt werden, um Krankheiten in Kategorien einzuteilen. Sie werden auch dazu benutzt, um einige pathologische Veränderungen der Organe ZANG-FU und der Gewebe zu erklären, zum Beispiel Krankheitssyndrome vom YIN-Leere-XU-Typ, Krankheitssyndrome vom YANG-Leere-XU-Typ, Syndrome vom Zusammenbruch des YIN, Syndrome vom Zusammenbruch des YANG usw.

Betreffend der klinischen Befunde gehören Überaktivität, Aufregung, nervöse Unruhe und rote Gesichtsfarbe hauptsächlich zu den Krankheitssyndromen YANG, während Unteraktivität, Hemmung, Ruhe und fahle oder blasse Gesichtsfarbe hauptsächlich zu den Krankheitssyndromen YIN gehören. Dies wurde bereits bei der Beschreibung der anderen sechs Prinzipien gezeigt. In der folgenden Tabelle werden die Haupteigenschaften der Krankheitssyndrome des Zusammenenbruches des YIN bzw. des YANG beschrieben (Tab. 8)

7.2 Differenzierung von Krankheitssyndromen entsprechend der Theorie von den Organen ZANG-FU

Die Unterscheidung der Krankheiten entsprechend der Theorie der Organe ZANG-FU besteht darin, innere Erkrankungen auf der Basis ihrer physiologischen Zustände zu beurteilen, da jedes der Organe verschiedene physiologische Funktionen hat. Wenn eine Störung eines Organes ZANG oder FU auftritt,

Tab. 8: Differenzierung von Syndromen des Zusammenbruchs von YIN und des Zusammenbruchs von YANG

Syndrome des Zusammenbruchs von YIN	Syndrome des Zusammenbruchs von YANG
Klebriger Schweiß, Kurzatmigkeit und schnelles Atmen, gerötetes Gesicht, Durst und Bevorzugung kalter Getränke, heiße Haut, warme Hände und Füße, Unbehagen bei Hitze, Ruhelosigkeit	Übermäßiges, kaltes Schwitzen, schwache Atmung, Blässe, Bevorzugung von heißen Getränken, kühle Haut, kalte Extremitäten, Unbehagen bei Kälte, Lustlosigkeit
Fadenförmiger, schneller Puls vom Leere-XU-Typ	Puls vom Leere-XU-Typ, fadenförmig und immer schwächer werdend
Rote Zunge mit wenig Speichelbildung	Blasse und feuchte Zunge

kann diese Störung entweder auf das betreffende Organ beschränkt sein oder sie kann andere Organe beeinflussen bzw. durch Störungen anderer Organe beeinflußt werden. Eine kurze Beschreibung der wichtigsten Krankheitssyndrome eines jeden Organes ZANG-FU wird im folgenden gegeben:

7.2.1 Krankheitssyndrome des Herzens

(1) Schwäche der Lebensenergie QI des Herzens

Klinische Befunde: Herzklopfen und Kurzatmigkeit, die bei Anstrengung verstärkt wird, blasse Zunge, fadenförmiger Puls vom Leere-XU-Typ oder aussetzender Puls. Wenn ein Mangel an YANG des Herzens vorliegt, können Frösteln, kalte Extremitäten, Blässe und purpurne Lippen auftreten. Eine Erschöpfung des YANG des Herzens zeigt sich in übermäßigem Schwitzen, geistiger Verwirrung und fadenförmigem Puls.

Ätiologie und Pathologie: Dieses Krankheitssyndrom ist üblicherweise durch Asthenie nach langer Erkrankung oder geistiger Verwirrtheit verursacht, was das QI des Herzens verletzt. Wenn das QI des Herzens schwach ist, kann es das Blut nicht normal pumpen. Daraus resultieren Herzklopfen, Kurzatmigkeit und fadenförmiger Puls vom Leere-XU-Typ oder ein aussetzender Puls. Auf der anderen Seite kann eine lang andauernde Schwäche des QI des Herzens zu einer Schwäche des YANG des Herzens führen. Wenn der Körper einen Mangel an YANG hat, so besteht auch ein Mangel an Energie und Hitze. Befunde wie Frösteln, kalte Extremitäten und Blässe treten auf. Im Falle der Erschöpfung des YANG des Herzens kann das Abwehr-QI der Körperoberfläche nicht mehr länger das Atmungs-QI schützen und dieses entweicht. Befunde sind übermäßiges Schwitzen und fadenförmiger Puls.

(2) Mangel an YIN des Herzens

Klinische Befunde: Herzklopfen, Schlaflosigkeit, Alpträume, geistige Ruhelosigkeit, Backenrötung, Fieber, rote Zunge, fadenförmiger und schneller Puls.

Ätiologie und Pathologie: Dieses Krankheitssyndrom ist üblicherweise die Folge einer Schädigung des YIN durch eine fiebrige Krankheit oder geistige Störung, die das YIN des Herzens verbrauchen. Ein Mangel an YIN des Herzens führt oft zu Überaktivität von Feuer (YANG) des Herzens, woraus die oben genannten Befunde resultieren. Der Mangel an YIN des Herzens kann einen Mangel an Blut des Herzens verursachen. In diesem Fall sind das YIN und das Blut nicht imstande, das Herz zu ernähren. Das Herz vermag nicht mehr, seine Funktion der Beherbergung des Verstandes und des Bewußtsein zu erfüllen. Es treten die Symptome Schlaflosigkeit, schlechtes Gedächtnis, Alpträume usw. auf.

(3) Stauung des Blutes des Herzens

Klinische Befunde: Herzklopfen, anfallsartiger, stechender Schmerz bei leichten Fällen und kolikartiger Schmerz, der in die Schulter und in den Rücken ausstrahlt, bei schwierigen Fällen Zyanose der Lippen und Nägel, tiefpurpurne Zunge oder purpurne Flecken auf der Zunge, fadenförmiger und aussetzender Puls.

Ätiologie und Pathologie: Dieses Krankheitssyndrom ist oft Folge einer geistigen Störung, die zunächst zur Stauung der Lebensenergie QI und später zur Stauung des Blutes führt. Es kann auch durch einen Mangel an Lebensenergie QI des Herzens nach einer langen Krankheit entstehen. In diesem Fall ist das QI des Herzens zu schwach, um das Blut normal in den Körper zu pumpen, woraus die Stauung des Blutes des Herzens und die Verstopfung der Gefäße resultieren. Es tritt Herzklopfen und Herzstechen auf, das sogar kolikartig sein kann. Die Stauung des Blutes behindert oft die Verteilung an YANG-QI in der Brust, was eine Unbehaglichkeit in der Brust und Zyanose der Lippen und der Nägel mit sich bringt. Eine tiefpurpurne Zunge oder purpurne Flekken auf der Zunge und fadenförmiger und aussetzender Puls sind Befunde der Stauung von Blut und der Beschränkung von YANG-QI.

(4) Überaktivität des Feuers des Herzens

Klinische Befunde: Geschwürsbildung, Schwellung und Schmerzen des Mundes und der Zunge, Schlaflosigkeit mit Fieber, gerötetes Gesicht, bitterer Geschmack im Mund, heißer und tiefgelber Urin, rote Zunge, schneller Puls.

Atiologie und Pathologie: Dieses Krankheitssyndrom ist oft Folge einer geistigen Störung, die eine Unterdrückung von QI verursacht. In kurzer Zeit kann sich das unterdrückte QI in inneres Feuer umwandeln, den Verstand und das Bewußtseins stören. Es tritt Schlaflosigkeit mit Fieber auf. Da das Herz mit der Zunge in Verbindung steht, und die Funktion des Herzens sich im Gesicht widerspiegelt, kann ein Aufflammen des Feuers des Herzens Geschwüre, Schwellung und Schmerzen des Mundes und der Zunge, eine rote Zunge, bitteren Geschmack im Mund und ein gerötetes Gesicht verursachen.

(5) Störungen des Verstandes und des Bewußtseins

Klinische Befunde: Geistige Depression, Trägheit, Murmeln mit sich selbst, Weinen und Lachen ohne ersichtlichen Grund, zusammenhangloses Gerede, Raserei und Wahnsinn und in schwierigen Fällen Halbbewußtlosigkeit und sogar Koma.

Ätiologie und Pathologie: Dieses Krankheitssyndrom ist oft Folge einer geistigen Störung, die eine Unterdrückung von QI verursacht. Die Körperflüssigkeit staut sich und bildet Nässe-Schleim, der eine Verwirrung des Herzens, des Verstandes und des Bewußtseins verursacht. Das wiederum ist die Ursache für die Trägheit und geistige Depression. Falls sich das unterdrückte QI in Feuer und Schleim-Feuer umwandelt, tritt geistige Ruhelosigkeit mit zusammenhanglosem Gerede und Wahnsinn auf. Die Verwirrung des Verstandes und des Bewußtseins durch Schleim-Nässe oder Schleim-Feuer kann ein verursachender Kofaktor für Bewußtlosigkeit sein. Hohes Fieber, Koma und Delirium, die aus dem Eindringen von Hitze in das Perikard resultieren, sind Folge krankheitsverursachender Hitze, die tief in das Innere des Körpers absinkt, um den Verstand und das Bewußtsein zu stören.

7.2.2 Krankheitssyndrome der Leber

(1) Unterdrückung des QI der Leber

Klinische Befunde: Schmerzen und Blähungen in der Bauchregion, Spannungsgefühl der Brüste, Unbehaglichkeitsgefühl in der Brust, Aufstoßen, Seufzen, Fremdkörpergefühl in der Zunge und unregelmäßige Menstruation bei Frauen.

Ätiologie und Pathologie: Dieses Krankheitssyndrom ist üblicherweise die Folge geistiger Störung, die eine Unterdrückung des QI der Leber und eine Stauung des QI des LEBER-Meridians verursacht, was zu den Schmerzen und den Blähungen in der Bauchregion, Spannungsgefühl in den Brüsten, Unbehaglichkeit in der Brust und Seufzen führt. Die Stauung des QI der Leber kann den Magen befallen, wobei die hinabführende Funktion des Magens beeinträchtigt wird. Daher das Aufstoßen. Das Fremdkörpergefühl in der Zunge ist eine Folge der Stauung des QI des LEBER-Meridians, wobei sich zusammen mit Schleim Klumpen in der Zunge bilden. Die Unterdrückung des QI der Leber und die Dysfunktion in Bezug auf die ungehinderte Durchlässigkeit von QI kann weiterhin die Blutspeicherfunktion der Leber schwächen. Darüber hinaus führt die Stauung von QI zur Stauung von Blut und verursacht unregelmäßige Menstruationen.

(2) Aufwärtsflammen des Feuers der Leber

Klinische Befunde: Schwindel, Spannungsgefühl im Kopf, Kopfschmerzen, gerötete Augen, bitterer Geschmack im Mund, gerötetes Gesicht, Zornigkeit, manchmal sogar Erbrechen von Blut und Nasenbluten, gerötete Zunge mit gelbem Zungenbelag, vibrierender und schneller Puls.

Ätiologie und Pathologie: Dieses Krankheitssyndrom ist oft die Folge einer lang anhaltenden Unterdrückung des QI der Leber, das sich später in Feuer umwandelt. Es kann auch die Folge von Alkohol- und Nikotingenuß sein, die eine Anhäufung von Hitze verursachen, die sich in Feuer umwandelt. Die aufwärts gerichtete Störung des Feuers der Leber ist die Ursache von Schwindel, Spannungsgefühl im Kopf, Kopfschmerzen, gerötete Augen, bitterer Geschmack im Mund und gerötetes Gesicht. Das Feuer verletzt die Leber, indem es eine Schwächung ihrer Funktion des ungehinderten und freien Flusses der Lebensenergie QI und Zornigkeit verursacht. Wenn das Feuer der Leber die Blutgefäße verletzt und einen Gefäßaustritt von Blut verursacht, treten Erbrechen von Blut und Nasenbluten auf.

(3) Kältestauung im LEBER-Meridian

Klinische Befunde: Schmerzen im Unterbauchbereich, Schwellung und Spannungsgefühl in den Hoden mit nach unten drängendem Schmerz. Der Hodensack kann kalt und kontrahiert sein, was sich durch Wärme erleichtert. Die Zunge ist blaß mit weißem Zungenbelag. Der Puls ist tief und vibrierend oder langsam.

Ätiologie und Pathologie: Der LEBER-Meridian verläuft entlang den äußeren Geschlechtsorganen und passiert die Unterbauchregion. Wenn Kälte, die durch Zusammenziehung und Stauung gekennzeichnet ist, im LEBER-Meridian verbleibt, tritt eine Stauung von QI und Blut auf und verursacht Unterbauchschmerzen und Schwellung und Spannungsgefühl der Hoden mit nach unten drängendem Schmerz. Kälte und Zusammenziehung des Hodensackes sind ebenfalls Folgen dieser charakteristischen, krankheitsverursachenden Kälte.

(4) Mangel an Blut der Leber

Klinische Befunde: Schwindel, verschwommener Gesichtssinn, Trockenheit der Augen, Blässe, Verspannungen der Sehnen und Muskeln, Taubheit der Extremitäten, bei Frauen spärlicher, leicht gefärbter Menstrualausfluß bei verlängertem Menstruationszyklus.

Ätiologie und Pathologie: Dieses Krankheitsbild tritt oft nach Hämorrhagien oder anderen chronischen Krankheiten auf, bei denen Blut verbraucht wird. Die Menge des in der Leber gestauten Blutes sinkt kontinuierlich. Die Meridiane werden nicht mehr versorgt. Darüberhinaus kann ein Mangel an Blut ein Aufkommen von Wind verursachen, so daß Verspannungen der Sehnen und Muskeln und Taubheit der Extremitäten auftreten. Eine aufwärtsgerichtete Störung des Windes vom Leere-XU-Typ ist die Ursache für Schwindel und verschwommenen Gesichtssinn. Ein Mangel an Blut der Leber und eine Störung der Blutspeicherfunktion der Leber haben eine Leere des CHONG-Meridians (Gefäß des kräftigen Aufsteigens) zur Folge, was die oben genannten Störungen der Menstruation verursacht.

(5) Aufkommen von Wind der Leber durch Hitze

Klinische Befunde: Hohes Fieber, Krämpfe, Nackensteifheit, in schwierigen Fällen Opisthotonus, Bewußtlosigkeit, aufwärts starrende Augen, tiefrote Zunge, vibrierender und schneller Puls.

Ätiologie und Pathologie: Dieses Krankheitssyndrom ist Folge einer Weiterleitung von krankheitsverursachender Hitze von außen nach innen, die das YIN der Leber verbrennt und die Sehnen und Gefäße ihrer Ernährung beraubt. Weiterhin verursacht die krankheitsverursachende Hitze im Inneren ein Aufkommen von endogenem Wind vom Leere-XU-Typ, was hohes Fieber, Krämpfe, Nackensteifheit und in schweren Fällen Opisthotonus bewirkt. Bewußtlosigkeit ist die Folge eines Befalls des Perikards und der Störung des Verstandes und des Bewußtseins durch krankheitsverursachende Hitze.

7.2.3 Krankheitssyndrome der Milz

(1) Schwäche der Lebensenergie QI der Milz

Klinische Befunde: Fahle Gesichtsfarbe, Magersucht, lockerer Stuhl, Schwellungen und Mattigkeit. Es können Blähungen und ein Gefühl des Nachuntendrängens im Bauch und ein Prolaps des Rektums und der Gebärmutter oder chronische Hämorrhagien, wie blutiger Stuhl und Gebärmutterblutung, bestehen. Weitere klinische Befunde sind eine blasse Zunge und ein fadenförmiger Puls vom Leere-XU-Typ. Wenn ein Mangel an YANG der Milz vorliegt, können Kältebefunde wie Frösteln und kalte Extremitäten zusätzlich zu den oben angeführten Symptomen auftreten.

Ätiologie und Pathologie: Dieses Krankheitssyndrom ist oft durch unregelmäßige Nahrungsaufnahme, übermäßige, geistige Beanspruchung oder fortgeschrittene, chronische Erkrankung verursacht, was zu einer Schwäche des QI der Milz und einer Schwächung ihrer Transport- und Umwandlungsfunktion führt. Folgeerscheinungen sind ein geringer Appetit und lockerer Stuhl. Die Anhäufung von Körperflüssigkeit im Inneren ist die Ursache von Schwellungen. Blässe und Mattigkeit sind die Folge eines Mangels an Nahrungsessenz, wodurch die Quelle für die Blutbildung verloren geht. Wenn die Lebensenergie QI der Milz schwach ist, verliert diese ihre Fähigkeit, die Gewebe zu straffen, so daß Blähungen und ein Gefühl des Nachuntendrängens im Bauch entstehen. Dies bewirkt einen Prolaps des Rektums oder der Gebärmutter. Die Schwäche der Lebensenergie QI der Milz, die das Blut kontrolliert, ist auch die Ursache von verschiedenen Arten von chronischen Hämorrhagien. Eine Leere-XU des YANG der Milz ist die Ursache für Frösteln und kalte Extremitäten, da ja das YANG Wärme produziert.

(2) Eindringen von Kälte-Nässe in die Milz

Klinische Befunde: Völlegefühl und Spannung in der Brust und in der Hypochondralregion, geringer Appetit, Schweregefühl im Kopf, allgemeine Mattigkeit, Borborygmus, Bauchschmerzen, lockerer Stuhl, weißer, klebriger Zungenbelag, fadenförmiger Puls.

Ätiologie und Pathologie: Dieses Krankheitssyndrom tritt üblicherweise nach Frieren im Regen auf. Es kann auch die Folge von Überessen an roher oder kalter Nahrung sein. In beiden Fällen verletzt krankheitsverursachende Kälte-Nässe die Milz und schwächt die Funktion des Transportes und der Umwandlung. Daraus resultieren ein geringer Appetit, Borborygmus, Bauchschmerzen und lockerer Stuhl. Da krankheitsverursachende Nässe von Natur aus klebrig und stauend ist, blockiert sie die Durchgängigkeit der Lebensenergie QI und verursacht ein Völlegefühl in der Hypochondralregion, Spannungsgefühl und Schweregefühl im Kopf sowie Mattigkeit.

7.2.4 Krankheitssyndrome der Lunge

(1) Eindringen von krankheitsverursachendem Wind in die Lunge

Klinische Befunde: Juckende Zunge, Husten mit möglichem Fieber und Frösteln. Wenn Wind von Kälte begleitet ist (zum Beispiel Eindringen von Wind-Kälte in die Lunge), so ist Frösteln mit Verstopfung der Nase ausgeprägt. Es entsteht wäßriger Nasenschleim, Auswurf von schleimigem Sputum und dünner, weißer Zungenbelag. Wenn der Wind in Verbindung mit Hitze auftritt (zum Beispiel Eindringen von Wind-Hitze in die Lunge), so ist Fieber mit Rötung, Schwellung und Entzündung der Zunge, eitriger Nasenschleim, Auswurf von eitrigem Sputum und gelber Zungenbelag vorherrschend.

Ätiologie und Pathologie: Das Eindringen von äußerem krankheitsverursachendem Wind in die Lunge stört ihre Verteilungs- und hinabführende Funktion. Die normale Atmung der Lunge ist beeinträchtigt, was Husten und Verstopfung der Nase bewirkt. Kälte, als ein YIN-krankheitsverursachender Faktor, ist verantwortlich für die Schädigung von YANG-QI. Wenn der Wind von Kälte begleitet wird, ist das Frösteln schwerwiegender als das Fieber. Es gibt dann einen wäßrigen Nasenschleim und weißes Sputum. Hitze, als ein YANG-krankheitsverursachender Faktor, ist verantwortlich für den Verbrauch von YIN-Flüssigkeit. Im Falle einer Begleitung des Windes durch Hitze wird das Fieber zum vorherrschenden Symptom mit dickem Nasenschleim und eitrigem Sputum.

(2) Retention von Nässe-Schleim in der Lunge

Klinische Befunde: Husten, Kurzatmigkeit und Auswurf von viel gelöstem, weißem, schaumigem Sputum. Der Anfang der Erkrankung ist allgemein durch Kälte hervorgerufen. Der Zungenbelag ist weiß und manchmal klebrig.

Ätiologie und Pathologie: Dieses Krankheitssyndrom ist üblicherweise die Folge einer Störung der normalen Absonderung von Körperflüssigkeit, deren Anhäufung die Bildung von Nässe-Schleim verursacht. Wenn Nässe-Schleim in der Lunge bleibt und die Durchgängigkeit des QI blockiert, wird die Funktion der Verteilung und des Hinabführens geschwächt. Dabei treten die oben genannten Symptome auf.

(3) Retention von Schleim-Hitze in der Lunge

Klinische Befunde: Husten, Kurzatmigkeit oder asthmatisches Atmen, Auswurf von viel dickem, eitrigem, gelbgrünem Sputum oder sogar blutiger, übelriechender Eiter. Es können Frösteln und Fieber, eine gerötete Zunge mit gelbem Zungenbelag und ein schneller Puls auftreten.

Ätiologie und Pathologie: Dieses Krankheitssyndrom ist üblicherweise durch das Eindringen von äußerer Wind-Hitze oder Wind-Kälte verursacht, was sich später zu Hitze entwickelt. Die Hitze vermischt sich im Körper mit Schleim, der in der Lunge bleibt, die Durchgängigkeit des QI blockiert und die Verteilungs- und Hinabführungsfunktion der Lunge stört. Dadurch werden Husten und Kurzatmigkeit oder asthmatisches Atmen verursacht. Hitze erschöpft die Körperflüssigkeit und verursacht den Auswurf von eitrigem Sputum. Wenn Schleim-Hitze die Gefäße der Lunge blockiert, wird eine Blutstauung oder eine Geschwürsbildung auftreten, die zum Auswurf von fauligem, eitrigem Sputum gesprenkelt mit Blut führt.

(4) Mangel an YIN der Lunge

Klinische Befunde: Trockener, unproduktiver Husten oder Husten mit spärlichem, klebrigem Sputum, der mit Blut vermischt ist. Nachmittags Fieber, Backenrötung, fiebrige Empfindungen an den Handinnenflächen und Fußsohlen, trockener Mund, Nachtschwitzen, gerötete Zunge, fadenförmiger und schneller Puls.

Ätiologie und Pathologie: Dieses Krankheitssyndrom ist üblicherweise die Folge einer chronischen Lungenerkrankung, die das YIN der Lunge verbraucht und zu einem Mangel an Körperflüssigkeit führt. Die Lunge ist ihrer Ernährung beraubt, woraus eine Dysfunktion bezüglich der Verteilung und des Hinabführens resultiert und wodurch ein trockener Mund entsteht. Leere-XU von YIN verursacht innere Hitze, welche die Körperflüssigkeit auspreßt und die Gefäße verletzt. Nachmittagsfieber, Backenrötung, fiebrige Empfindungen an den Handinnenflächen und Fußsohlen, Nachtschwitzen und Auswurf von blutigem Sputum resultieren daraus.

7.2.5 Krankheitssyndrome der Niere

(1) Schwäche der Lebensenergie QI der Niere

Klinische Befunde: Entzündung und Schwächung der Lendenregion und der Kniegelenke, häufiges Urinieren, Polyurie, Tröpfeln von Urin nach der Urinausscheidung, Bettnässen, unaufhörliches Urinieren, nächtlicher Samenerguß und sogar Unfruchtbarkeit, Kurzatmigkeit, asthmatisches Atmen und fadenförmiger Puls.

Ätiologie und Pathologie: Dieses Krankheitssyndrom ist üblicherweise die Folge von Asthenie nach langer Krankheit, Altersschwäche oder angeborener Schwächlichkeit. Die Schwäche des QI der Niere verursacht eine Unfähigkeit der Blase, die Urinausscheidung zu kontrollieren. Daher kommen das Bettnässen, das unaufhörliche Urinieren und das häufige und dringliche Urinieren. Die Niere speichert die Lebensessenz. Aber wenn das QI der Niere schwach ist, ist diese Funktion gestört, woraus nächtlicher Samenerguß und sogar Unfruchtbarkeit resultieren. Wenn das QI der Niere, das die Annahme der Lebensenergie QI kontrolliert, schwach ist, kann diese der Lunge nicht helfen, deren Funktion des Hinabführens zu erfüllen. In der Folge entsteht ein aufwärtsgerichteter Angriff auf das QI der Lunge, woraus Kurzatmigkeit und asthmatisches Atmen resultieren.

(2) Mangel an YANG der Niere

Klinische Befunde: Es können die gleichen Befunde wie beim Krankheitsbild der Schwäche der Lebensenergie QI der Niere auftreten. Hauptsächlich Schmerzen und Kälte in der Lendenregion und in den Kniegelenken, Frösteln, Blässe, Impotenz, Oligurie, Schwellungen der unteren Extremitäten, blasse Zunge, tiefer und fadenförmiger Puls.

Ätiologie und Pathologie: Dieses Krankheitssyndrom tritt üblicherweise nach langandauernder Krankheit auf, bei der das YANG der Niere verletzt wird. Es kann auch die Folge von übermäßiger, sexueller Aktivität sein, die das YANG der Niere ebenfalls verletzt. In jedem Fall kann das YANG der Niere den Körper nicht mehr wärmen, was das Frösteln, die Schmerzen und die Kälte in der Lendenregion und in den Kniegelenken und die Impotenz erklärt. Die Niere kontrolliert den Wasserhaushalt. Eine Unzulänglichkeit des YANG der Niere hat daher zur Folge, daß die klare Körperflüssigkeit nicht mehr von der trüben Körperflüssigkeit getrennt werden kann, was wiederum in eine Oligurie resultiert. Übermäßige Körperflüssigkeit, die im Körper verbleibt, bedeutet Schwellung.

(3) Mangel an YIN der Niere

Klinische Befunde: Die Befunde sind ähnlich den Befunden des Krankheitssyndroms der Schwäche der Lebensenergie QI der Niere. Zum Beispiel Schwindel, Verschwimmen des Gesichtssinns, Tinnitus, schlechtes Gedächtnis, fiebrige Empfindungen an den Handinnenflächen und Fußsohlen, Backenrötung, nächtliches Schwitzen, heißer, tiefgelber Urin, Verstopfung, gerötete Zunge, fadenförmiger und schneller Puls.

Ätiologie und Pathologie: Dieses Krankheitsbild tritt üblicherweise nach langandauernder Krankheit auf, bei der das YIN der Niere geschwächt wird. Es kann auch die Folge von übermäßigen, sexuellen Aktivitäten sein, die die Essenz der Niere verbrauchen. In jedem Fall kann das YIN der Niere seine Funktionen der Markproduktion und der Versorgung des Gehirns mit Mark nicht mehr erfüllen. Die Ergebnisse sind Schwindel, verschwommener Gesichtssinn, schlechtes Gedächtnis und Tinnitus. Die Leere-XU des YIN verursacht innere Hitze, die Körperflüssigkeit verbraucht. Das Ergebnis sind fiebrige Empfindungen an den Handinnenflächen und Fußsohlen, Backenrötung, Nachtschwitzen, heißer, tiefgelber Urin und Verstopfung.

7.2.6 Krankheitssyndrome des Perikards

Die Krankheitssyndrome des Perikards werden durch ein Eindringen von Hitze in das Perikard verursacht. Die hauptsächlichen Befunde sind hohes Fieber, Bewußtlosigkeit und Delirium infolge eines Absinkens krankheitsverursachender Hitze in das Körperinnere, die den Verstand und das Bewußtsein stört. Die Details stimmen mit den Befunden der Krankheitssyndrome des Herzens in Bezug auf Störungen des Verstandes und des Bewußtseins überein.

7.2.7 Krankheitssyndrome des Dünndarms

Die Störungen der Funktionen des Dünndarms bezüglich der Verdauung und der Absorption sind üblicherweise bei der Dysfunktion der Milz in Bezug auf Transport und Umwandlung mit eingeschlossen. Daneben gibt es ein Krankheitssyndrom des Dünndarms, das bekannt ist als „Hitze im Herzen, die in den Dünndarm ableitet“. Die klinischen Befunde sind dieselben wie die Befunde des Krankheitssyndroms der Überaktivität des Feuers des Herzens.

7.2.8 Krankheitssyndrome der Gallenblase

Nässe-Hitze in der Gallenblase

Klinische Befunde: Die Skleren und die Haut sind leuchtend gelb. Der Patient kann über Schmerzen in der Rippen- und Hypochondralregion oder über starke Schmerzen in der rechten Hypochondralregion mit bitterem Geschmack im Mund klagen. Er kann saure und bittere Flüssigkeit erbrechen. Der Zungenbelag ist gelb und klebrig.

Ätiologie und Pathologie: Die Funktion der Gallenblase, die Gallenflüssigkeit zu speichern und abzusondern, hängt von einer normalen Funktion der Leber ab, die Durchgängigkeit der Lebensenergie QI zu fördern. Äußere krankheitsverursachende Nässe-Hitze, Hitze, die durch Unterdrückung der Leber verursacht wird, oder innere Nässe-Hitze, die durch langen, übermäßigen Alkoholgenuß oder übermäßige Nahrungsaufnahme verursacht wird, können sich in der Leber und in der Gallenblase anhäufen und ihre Funktion der ungehinderten Durchgängigkeit der Lebensenergie QI so schwächen, daß die Gallenflüssigkeit nicht abgesondert werden kann. Ein Überfluß an Gallenflüssigkeit verursacht Gelbsucht, bitteren Geschmack im Mund und Erbrechen von saurer und bitterer Flüssigkeit. Die Stauung des QI der Leber und der Gallenblase führt zur Stauung von Blut und verursacht dadurch Schmerzen, auch kolikartigen Schmerz, in der rechten Hypochondralregion. Da dieses Krankheitssyndrom in enger Beziehung zu den Krankheitssyndromen der Leber steht, wird es auch als Krankheitssyndrom der Nässe-Hitze in der Leber und Gallenblase bezeichnet.

7.2.9 Krankheitssyndrome des Magens

(1) Retention von Nahrung im Magen

Klinische Befunde: Blähungen und Schmerzen in der Magenregion, Mangel an Appetit, faules Aufstoßen und saures Erbrechen von Gegessenem. Die Zunge hat einen dicken, klebrigen Belag.

Ätiologie und Pathologie: Dieses Krankheitssyndrom wird üblicherweise durch Überessen verursacht, das zu einer Retention von unverdauter Nahrung im Magen führt. Das QI des Magens steigt auf, anstatt daß es hinabsteigt, wie es sollte.

(2) Retention von Flüssigkeit im Magen infolge von Kälte

Klinische Befunde: Völlegefühl und dumpfer Schmerz in der Hypochondralregion, der durch Kälte verschlimmert und durch Wärme erleichtert wird, Gurgellaute in der Hypochondralregion, Erbrechen von wäßriger Flüssigkeit, weißer, klebriger Zungenbelag, fadenförmiger oder langsamer Puls.

Ätiologie und Pathologie: Dieses Krankheitssyndrom folgt üblicherweise einem Frösteln nach Durchnässung im Regen oder dem Essen von zuviel roher oder kalter Nahrung. In jedem Fall erstarrt die Kälte den Magen und verursacht eine Stauung des QI des Magens und Schmerzen. Eine langandauernde Krankheit verletzt das YANG-QI der Milz und des Magens, so daß die Körperflüssigkeit im Magen bleibt, anstatt daß sie weitertransportiert und umgeformt wird. Dadurch entstehen das Erbrechen von wäßriger Flüssigkeit und gurgelnde Laute in der Hypochondralregion.

(3) Überaktivität des Feuers des Magens

Klinische Befunde: Brennender Schmerz in der Hypochondralregion, Durst und Vorliebe für kalte Getränke, Erbrechen von unverdauter Nahrung oder saurer Flüssigkeit, Schwellung des Zahnfleisches mit Schmerzen, Geschwürsbildung und Bluten, fauler Atem, gerötete Zunge mit trockenem, gelbem Zungenbelag.

Ätiologie und Pathologie: Dieses Krankheitssyndrom ist üblicherweise die Folge von Überessen, was im Magen Hitze anhäuft. Die Hitze verbraucht die Körperflüssigkeit und veranlaßt das QI des Magens aufzusteigen. So treten brennender Schmerz in der Magenregion, Durst, Vorliebe für kalte Getränke und Erbrechen auf. Fauliger Atem und Geschwürsbildung und Blutung des Zahnfleisches sind die Folge des Feuers im Magen.

7.2.10 Krankheitssyndrome des Dickdarms

(1) Nässe-Hitze im Dickdarm

Klinische Befunde: Fieber, Bauchschmerzen, lockerer, dunkler Stuhl mit aufdringlichem Geruch, häufiger Stuhldrang. Es kann weißer und roter Schleim im Stuhl sein, ein brennendes Gefühl am Anus und schmerzhafter Stuhldrang können auftreten. Die Zunge ist rot mit gelbem Belag. Der Puls ist rollend und schnell.

Ätiologie und Pathologie: Dieses Krankheitssyndrom wird üblicherweise durch Essen von zuviel roher oder kalter Nahrung oder unsauberer und verdorbener Nahrung verursacht. Es kann auch eine Folge von Eindringen von krankheitsverursachender Sommerhitze und Nässe sein. Die Nässe-Hitze häuft sich im Dickdarm an und blockiert die Durchgängigkeit der Lebensenergie QI, was die Funktion der Weiterleitung und Umwandlung stört sowie eine Diarrhoe, Bauchschmerzen und dunklen übelriechenden Stuhl hervorruft. Nässe-Hitze kann die Blutgefäße des Dickdarms verletzen. Dadurch entsteht rötlicher Schleim im Stuhl. Die Nässe-Hitze drängt abwärts und verursacht ein brennendes Gefühl am Anus und schmerzhaften Stuhldrang.

(2) Stillstand des Dickdarms

Klinische Befunde: Blähungen und Völlegefühl im Bauch, Bauchschmerzen, die sich auf Druck verschlimmern, Verstopfung, Übelkeit und Erbrechen, weißer, klebriger Zungenbelag und tiefer Puls vom Fülle-SHI-Typ.

Ätiologie und Pathologie: Dieses Krankheitssyndrom ist üblicherweise eine Folge von Retention von Nahrung, Parasiten oder Blutstauung, die eine Blokkierung des QI und eine Störung der Funktionen des Dickdarms verursachen. Diese wiederum verursachen die Verstopfung, die Bauchschmerzen und die Blähungen. Die Übelkeit und das Erbrechen resultieren aus der Beeinträchtigung der Hinabführung des QI des Magens durch das QI des Dickdarms.

(3) Stauung von Blut und Hitze im Dickdarm

Klinische Befunde: Schwerer oder bohrender, lokalisierter Schmerz im Unterbauch, bei dem sich der Patient weigert, daß an die schmerzende Stelle gedrückt wird. Verstopfung oder leichte Diarrhoe. Es können Fieber und Erbrechen auftreten sowie eine gerötete Zunge mit gelbem, klebrigem Belag.

Ätiologie und Pathologie: Dieses Krankheitssyndrom ist üblicherweise die Folge von fehlender Anpassung des Menschen an Wetterveränderungen und die Folge von Überessen oder übermäßigen Gehens, welche die Stauung der Hitze und des Blutes und eine Hemmung des QI verursachen. Die Hitze verletzt die Gefäße des Dickdarms und bewirkt eine lokale Entzündung oder Abszeßbildung. Das ist die Ursache für den bohrenden Schmerz im Unterbauch. Wenn der Magen in seiner Funktion des Hinabführens des QI gestört ist, können Übelkeit und Erbrechen auftreten.

7.2.11 Krankheitssyndrome der Blase

(1) Nässe-Hitze in der Blase

Klinische Befunde: Häufige und dringliche Urinausscheidung, schwierige Urinausscheidung mit spärlichem Urin und Blut im Urin, brennender Schmerz im Harnleiter. Es können Blutklumpen oder Steine im Urin sein. Gerötete Zunge mit gelbem Belag, ziemlich schneller Puls.

Ätiologie und Pathologie: Nässe-Hitze verletzt die Blase, indem eine Störung der Funktionen der Speicherung und Ausscheidung von Urin verursacht wird. Dies bewirkt eine häufige und dringliche Urinausscheidung. Wenn Nässe-Hitze die Blutgefäße der Blase verletzt, können Blutstauung und Hitze auftreten, die zu Hämaturie oder Blutklumpen im Urin führen. Langandauernde Retention von Nässe-Hitze in der Blase hat die Bildung von Steinen zur Folge.

(2) Störung der Funktion der Blase

Klinische Befunde: Tröpfelnde Urinausscheidung, schwacher Urinstrom oder sogar Retention von Urin in Verbindung mit Schwäche in der Lendenregion und in den Kniegelenken, Unverträglichkeit von Kälte, Blässe, blasse Zunge mit weißem Belag, tiefer, fadenförmiger Puls vom Leere-XU-Typ.

Ätiologie und Pathologie: Dieses Krankheitssyndrom ist üblicherweise die Folge einer Unzulänglichkeit des YANG der Niere und einer Schwächung ihrer Funktion, die klare Flüssigkeit von der trüben Flüssigkeit zu trennen. Daraufhin entsteht eine Störung der Blase in Bezug auf die Ausscheidung von Urin mit den oben angeführten Krankheitssymptomen. Befunde von Kälte folgen dem Mangel an YANG der Niere: Unverträglichkeit von Kälte, kalte Extremitäten, Schwäche der Lendenregion und der Kniegelenke und Blässe.

7.2.12 Krankheitssyndrome des 3Erwärmers SANJIAO

Krankheitssyndrome des 3Erwärmers gehören auch zu den Krankheitssyndromen der Organe ZANG-FU und teilen sich in Krankheitssyndrome des oberen, mittleren und unteren Erwärmers-JIAO. Eine Verstopfung des oberen Erwärmers zum Beispiel weist auf eine Einschränkung des QI der Lunge hin. Die Unzulänglichkeit des QI des mittleren Erwärmers weist auf eine Schwäche der Milz und des Magens hin. Nässe-Hitze im unteren Erwärmer bedeutet Nässe-Hitze in der Blase. Der 3Erwärmer SANJIAO ist nicht als einzelnes anatomisches Organ erklärbar.

7.3 Differenzierung von Krankheitssyndromen entsprechend der Theorie der Meridiane und Nebengefäße

Hierbei erfolgt die Differenzierung von Krankheiten auf der Basis der Physiologie der Meridiane und Nebengefäße. Dies ist eine genaue Richtlinie für die klinische Behandlung durch Akupunktur und Moxibustion.

Da jeder der Meridiane einem bestimmten Ablauf der Zirkulation folgt, sind das freie Fließen der Lebensenergie QI der Meridiane und die Hinlänglichkeit der Lebensenergie QI und des Blutes daran gebunden, sich in den Gebieten zu manifestieren, die durch den Meridian versorgt werden. Die zwölf Hauptmeridiane sind mit den Organen ZANG-FU verbunden bzw. gehören zu den Organen ZANG-FU. Störungen der Meridiane können auf die zugehörigen Organe ZANG-FU übergreifen. Umgekehrt spiegeln sich Störungen der Organe ZANG-FU an den zugehörigen Meridianen wider. Es ist deshalb möglich, zu bestimmen, welcher Meridian betroffen ist, indem die Lokalisierung und Kennzeichnung der Krankheitssymptome studiert wird.

Die hauptsächlichen pathologischen Befunde der zwölf Hauptmeridiane und der acht außergewöhnlichen Meridiane können wie folgt beschrieben werden:

7.3.1 Pathologische Befunde der zwölf Hauptmeridiane

(1) LUNGEN-Meridian TAIYIN Hand

Husten, Asthma, Hämoptysis, mit Blut angefüllte und entzündete Zunge, Völlegefühl in der Brust, Schmerzen in der Fossa supraclavicularis, in der Schulter, im Rücken und im vorderen Teil des medialen Aspektes des Armes.

(2) DICKDARM-Meridian YANGMING Hand

Nasenbluten, wäßriger Nasenschleim, Zahnschmerz, mit Blut angefüllte und entzündete Zunge, Schmerzen im Hals, im vorderen Teil der Schulter und im vorderen Teil des seitlichen Aspektes des Armes, Borborygmus, Bauchschmerzen, Diarrhoe, Dysenterie.

(3) MAGEN-Meridian YANGMING Fuß

Borborygmus, Blähungen im Bauch, Schwellungen, Schmerzen in der Hypochondralregion, Erbrechen, Hungergefühl, Nasenbluten, Abweichung der Augen und des Mundes, geschwollene und entzündete Zunge, Schmerzen in der Brust, im Bauch und am seitlichen Teil der Beine, Fieber, geistige Störungen.

(4) MILZ-Meridian TAIYIN Fuß

Aufstoßen, Erbrechen, Schmerzen in der Hypochondralregion, Blähungen im Bauch, lockerer Stuhl, Gelbsucht, Trägheit und generelles Unwohlsein, Steifheit und Schmerzen an der Zungenwurzel, Schwellung und Kältegefühl am medialen Teil des Oberschenkels und des Knies.

(5) HERZ-Meridian SHAOYIN Hand

Kardialgie, Herzklopfen, Schmerzen in der Hypochondralregion, Schlaflosigkeit, Nachtschwitzen, Trockenheit der Zunge, Durst, Schmerzen im medialen Teil des Oberarmes, Fiebrigkeit an den Handinnenflächen.

(6) DÜNNDARM-Meridian TAIYANG Hand

Taubheit, gelbe Skleren, entzündete Zunge, Schwellung der Wangen, Schmerzen und Blähungen im Unterbauch, häufige Urinausscheidung, Schmerzen entlang des posterioren Anteils des seitlichen Aspektes der Schulter und des Armes.

(7) BLASEN-Meridian TAIYANG Fuß

Retention von Urin, Bettnässen, geistige Störungen, Malaria, Tränenfluß, wenn man dem Wind ausgesetzt ist, Nasenverstopfung, Rhinitis, Nasenbluten, Kopfschmerzen, Schmerzen im Genick, im oberen und im unteren Anteil des Rückens, im Gesäß und im posterioren Anteil der Beine.

(8) NIEREN-Meridian SHAOYIN Fuß

Bettnässen, häufige Urinausscheidung, nächtlicher Samenerguß, Impotenz, unnormale Menstruation, Asthma, Hämoptysis, Trockenheit der Zunge, geschwollene und entzündete Zunge, Schwellungen, Lumbago, Schmerzen entlang des Rückgrats und des medialen Anteils des Oberschenkels, Schwäche der Beine, Fiebergefühl an den Fußsohlen.

(9) KREISLAUF-SEXUS-Meridian JUEYIN Hand

Kardialgie, Herzklopfen, geistige Ruhelosigkeit, Erstickungsgefühl in der Brust, gerötetes Gesicht, Schwellung in der Achselhöhle, geistige Störungen, Muskelspasmen in den Armen, Fiebrigkeit an den Handinnenflächen.

(10) 3ERWÄRMER-Meridian SHAOYANG Hand	Blähungen im Bauch, Schwellungen, Bettnässen, Dysurie, Taubheit, Tinnitus, Schmerzen am äußeren Augenwinkel, Schwellung der Wange, geschwollene und entzündete Zunge, Schmerzen hinter dem Ohr, an der Schulter und am seitlichen Teil des Armes und des Ellbogens.
(11) GALLEN-BLASEN-Meridian SHAOYANG Fuß	Kopfschmerz, Schmerzen am äußeren Augenwinkel, Schmerz im Kiefer, verschwommener Gesichtssinn, bitterer Geschmack im Mund, Schwellung und Schmerzen in der Fossa supraclavicularis, Schmerzen in der Achselhöhle, Schmerzen entlang des seitlichen Anteils der Brust, der Hypochondralregion, des Oberschenkels und der Beine.
(12) LEBER-Meridian JUEYIN Fuß	Schmerzen im unteren Anteil des Rückens, Völlegefühl in der Brust, Schmerzen im Unterbauch, Hernien, Kopfschmerzen am Scheitel, Trockenheit der Zunge, Schluckauf, Bettnässen, Dysurie, geistige Störungen.

7.3.2 Pathologische Befunde der acht außergewöhnlichen Meridiane

(1) DU-Meridian (LENKER-Gefäß)	Steifheit und Schmerzen des Rückgrats, Opisthotonus, Kopfschmerz.
(2) REN-Meridian (KONZEPTIONS-Gefäß)	Leukorrhoe, unregelmäßige Menstruation, Hernien, Bettnässen, Retention von Urin, Schmerzen in der Magengegend und im Unterbauch.
(3) CHONG-Meridian (Gefäß des kräftigen Aufsteigens)	Verkrampfung und Schmerzen im Bauch.
(4) DAI-Meridian (GÜRTEL-Gefäß)	Bauchschmerzen, Schwäche und Schmerzen der Lendenregion, Leukorrhoe.
(5) YANGQIAO-Meridian (YANG-Gefäß der Beweglichkeit)	Epilepsie, Schlaflosigkeit.
(6) YINQIAO-Meridian (YIN-Gefäß der Beweglichkeit)	Schläfrigkeit.
(7) YANGWEI-Meridian (YANG-Gefäß der Verbindung)	Frösteln und Fieber.
(8) YINWEI-Meridian (YIN-Gefäß der Verbindung)	Kardialgie.

Teil 2

Meridiane, Nebengefäße und Akupunkturpunkte

Kapitel 1

Einführung in die Meridiane, Nebengefäße und Akupunkturpunkte

Meridiane und Nebengefäße sind die Bahnen, in denen die Lebensenergie QI und das Blut zirkulieren. Im Körperinneren sind sie mit den Organen ZANG-FU verbunden, auf der Körperoberfläche verbinden sie die auf dem ganzen Körper verteilten Akupunkturpunkte miteinander. Die Akupunkturpunkte sind bestimmte Stellen, an denen die Lebensenergie QI der Organe ZANG-FU und der Meridiane an die Körperoberfläche transportiert wird. Wenn der Körper von einer Krankheit befallen wird, ist die Behandlung der Krankheit durch das Akupunktieren der entsprechenden Punkte an der Oberfläche möglich, da hier die Lebensenergie QI und das Blut in den Meridianen reguliert wird. Dieses Kapitel beschreibt die hauptsächlichen Eigenschaften der Meridiane und Akupunkturpunkte.

1.1 Die Verteilung der 14 Meridiane auf der Körperoberfläche

Jeder der 14 Meridiane hat auf der Körperoberfläche seinen eigenen Verlauf. Allgemein gesprochen, sind die zwölf Hauptmeridiane symmetrisch auf der linken und rechten Körperseite verteilt. Dabei laufen die drei YIN-Meridiane der Hand von der Brust zur Hand, die drei YANG-Meridiane der Hand von der Hand zum Kopf, die drei YANG-Meridiane des Fusses vom Kopf zu den Füssen und die drei YIN-Meridiane des Fusses von den Füssen zum Bauch und zur Brust. Das Konzeptionsgefäß (REN-Meridian) und das Lenkergefäß (DU-Meridian) entspringen am Damm und steigen entlang der vorderen und hinteren Mittellinie des Körpers auf. Die Verteilung der Meridiane wird an drei Regionen des Körpers erklärt:

1. Die Extremitäten
2. Der Körperstamm
3. Der Kopf, das Gesicht und der Hals

1.1.1 Die Extremitäten

Die Arme und die Beine werden jeweils in einen medialen und lateralen Aspekt eingeteilt. An den Armen ist die Beugerseite der mediale Teil und die Streckerseite der laterale Teil. Entsprechend ist an den Beinen die Schienbeinseite der mediale Teil und die Wadenseite der laterale Teil. Die YANG-Meridiane sind hauptsächlich in den lateralen Teilen der Extremitäten lokalisiert und die YIN-Meridiane im medialen Teil. Die Anordnung der drei YANG-Meridiane der Hand und des Fusses ist wie folgt: YANGMING-Meridiane liegen im anterioren Anteil, SHAOYANG-Meridiane im mittleren Anteil und TAIYANG-Meridiane im posterioren Anteil. Entsprechend ist die Verteilung der drei YIN-Meridiane der Hand und des Fusses: TAIYIN-Meridiane sind im anterioren Anteil lokalisiert, JUEYIN-Meridiane im mittleren und SHAOYIN-Meridiane im posterioren Anteil.

1.1.2 Der Körperstamm

Die Verteilung der 14 Meridiane am Körperstamm ist wie folgt:

Meridian	Versorgtes Gebiet
LUNGEN-Meridian TAIYIN Hand:	Oberer Teil der Außenseite der Brust
KREISLAUF-SEXUS-Meridian JUEYIN Hand:	Außenseite der Brüste
HERZ-Meridian SHAOYIN Hand:	Achsel
DICKDARM-Meridian YANGMING Hand:	Anteriorer Teil der Schulter
3ERWÄRMER-Meridian SHAOYANG Hand:	Superiorer Teil der Schulter
DÜNNDARM-Meridian TAIYANG Hand:	Schulterblattregion
MAGEN-Meridian YANGMING Fuß:	Zweite Seitenlinie der Brust und des Bauches
GALLENBLASEN-Meridian SHAOYANG Fuß:	Außenseite der Hypochondral- und Lumbalregion
BLASEN-Meridian TAIYANG Fuß:	Erste und zweite Seitenlinie des Rückens
MILZ-Meridian TAIYIN Fuß:	Dritte Seitenlinie der Brust und des Bauches

Meridian	Versorgtes Gebiet
LEBER-Meridian JUEYIN Fuß:	Äußere Geschlechtsorgane und Hypochondralregion
NIEREN-Meridian SHAOYIN Fuß:	Erste Seitenlinie der Brust und des Bauches
DU-Meridian (Lenker-Gefäß):	Posteriore Mittellinie
REN-Meridian (Konzeptions-Gefäß):	Anteriore Mittellinie

1.1.3 Der Kopf, das Gesicht und der Hals

Die Verteilung der Meridiane am Kopf ist folgende:

Meridian	Versorgtes Gebiet
DICKDARM-Meridian YANGMING Hand:	Hals, Unterkieferzähne und Außenseite der Nase
3ERWÄRMER-Meridian SHAOYANG Hand:	Hals, postaurikuläre Region und seitliches Ende der Augenbraue
DÜNNDARM-Meridian TAIYANG Hand:	Hals, Jochbeinregion und Innenohr
MAGEN-Meridian YANGMING Fuß:	Infraorbitalregion, Oberkieferzähne, Gesicht und vorderer Teil des Halses
GALLENBLASEN-Meridian SHAOYANG Fuß:	Äußerer Augenwinkel, Temporalregion, zweite Seitenlinie des Kopfes und posteriorer Teil des Halses
BLASEN-Meridian TAIYANG Fuß:	Innerer Augenwinkel, erste Seitenlinie des Kopfes und posteriorer Teil des Halses
DU-Meridian (Lenker-Gefäß):	sagittale Mittellinie des Kopfes, posteriore Mittellinie des Halses, Philtrum und Zahnfleisch der Oberkieferzähne
REN-Meridian (Konzeptions-Gefäß):	Anteriore Mittellinie des Halses und Mentolabialgrube

siehe Abb. 5 und Tab. 9

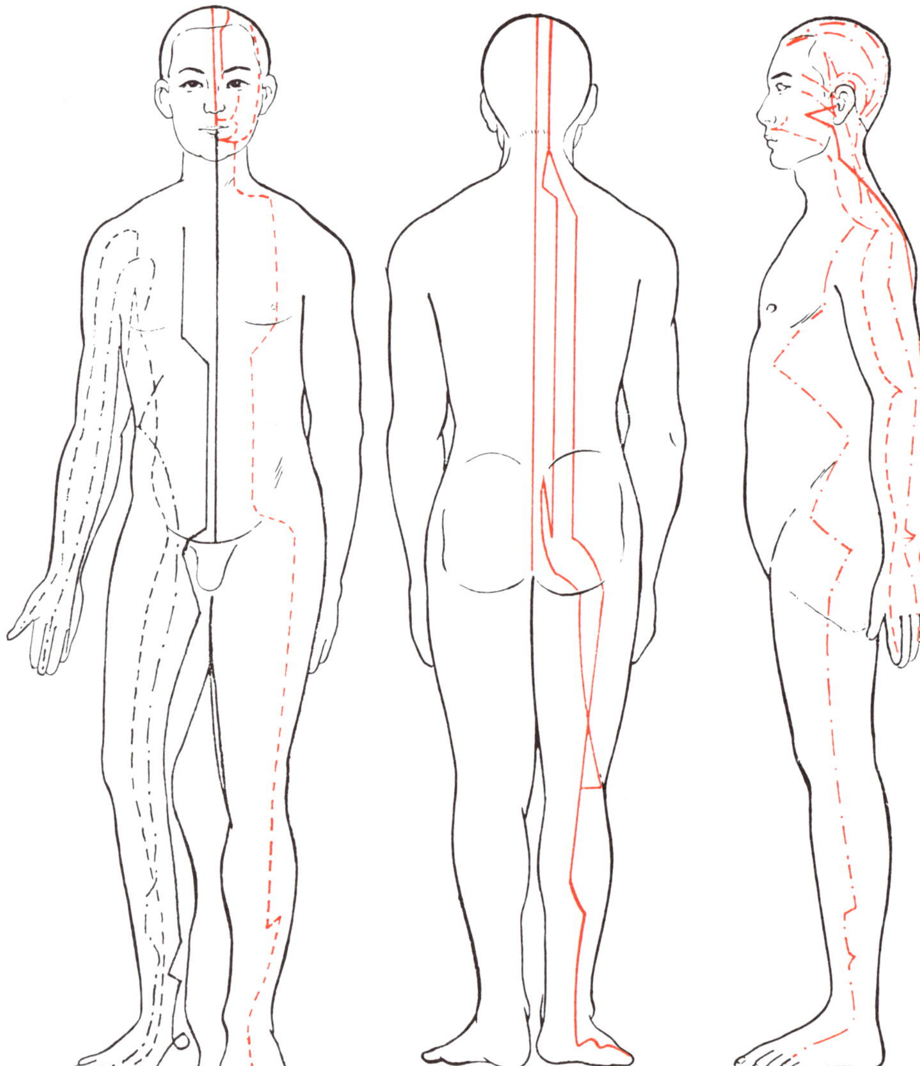

1. Die roten Linien zeigen die YANG-Meridiane.

   Die schwarzen Linien zeigen die YIN-Meridiane.

2. — · — · — TAIYANG- und SHAOYIN-Meridian von Hand und Fuß, REN- und DU-Meridian

   — — — SHAOYANG- und JUEYIN-Meridiane von Hand und Fuß

   ----------- YANGMING- und TAIYIN-Meridiane von Hand und Fuß

Abb. 5 Verteilung der vierzehn Meridiane

Tab. 9: Verteilung der vierzehn Meridiane auf der Körperoberfläche

Meridian		Verteilung		
		Extremitäten	Körperstamm	Kopf, Gesicht, Hals
Die drei YIN-Meridiane der Hand	TAIYIN	Anteriore Linie des medialen Teils des Armes	Oberer Teil der äußeren Seite der Brust	
	JUEYIN	Mittlere Linie des medialen Teils des Armes	Äußere Seite der Brust	
	SHAOYIN	Posteriore Linie des medialen Teils des Armes	Achselregion	
Die drei YANG-Meridiane der Hand	YANGMING	Anteriore Linie des lateralen Teils des Armes	Vorderer Teil der Schulter	Hals, Unterkieferzähne, äußere Seite der Nase
	SHAOYANG	Mittlere Linie des lateralen Teils des Armes	Oberer Teil der Schulter	Hals, postaurikuläre Region, äußeres Ende der Augenbraue
	TAIYANG	Posteriore Linie des lateralen Teils des Armes	Schulterblattregion	Hals, Jochbeinregion, Innenohr

Die drei YANG-Meridiane des Fußes	YANGMING	Anteriore Linie des lateralen Teils des Beines	Zweite Seitenlinie von Brust und Bauch	Infraorbitalregion, Oberkieferzähne, Gesicht, anteriorer Teil des Halses
	SHAOYANG	Mittlere Linie des lateralen Teils des Beines	Äußere Seite der Oberbauch- und Lendenregion	Äußerer Augenwinkel, Schläfenregion, zweite Seitenlinie des Kopfes, posteriorer Teil des Halses
	TAIYANG	Posteriore Linie des lateralen Teils des Beines	Erste und zweite Seitenlinie des Rückens	Innerer Augenwinkel, erste Seitenlinie des Kopfes, posteriorer Teil des Halses
Die drei YIN-Meridiane des Fußes	TAIYIN	Mittlere und anteriore Linie des medialen Teils des Beines	Dritte Seitenlinie von Brust und Bauch	
	JUEYIN	Anteriore und mittlere Linie des medialen Teils des Beines	Äußere Geschlechtsorgane, Oberbauchregion	
	SHAOYIN	Posteriore Linie des medialen Teils des Beines	Erste Seitenlinie von Brust und Bauch	
DU-Meridian (Lenkergefäß)			Posteriore Mittellinie	Mittelsagittallinie des Kopfes, posteriore Mittellinie des Halses, Philtrum, Zahnfleisch der Oberkieferzähne
REN-Meridian (Konzeptionsgefäß)			Anteriore Mittellinie	Anteriore Mittellinie des Halses, mentolabiale Grube

1.2 Klassifizierung der Akupunkturpunkte

Die Akupunkturpunkte werden in drei Kategorien klassifiziert: Akupunkturpunkte der 14 Meridiane, außerordentliche Akupunkturpunkte und AHSHI-Punkte.

1.2.1 Akupunkturpunkte der 14 Meridiane

Die Akupunkturpunkte der 14 Meridiane, welche die Majorität aller Akupunkturpunkte des Körpers ausmachen, sind 361 an der Zahl. Die Akupunkturpunkte der zwölf Hauptmeridiane sind paarweise symmetrisch an der linken und rechten Körperseite verteilt, während die Akupunkturpunkte des Konzeptionsgefäßes (REN-Meridian) und des Lenkergefäßes (DU-Meridian) einzeln entlang der anterioren und posterioren Körpermittellinie verteilt sind.

Die Akupunkturpunkte der 14 Meridiane haben spezifische Funktionen und sind unter spezifischen Namen entsprechend ihrer Lokalisation und Indikation klassifiziert: Die Fünf SHU-Punkte, die YUAN-(Quell)-Punkte, die LUO-(Passage)-Punkte, die XI-(Grenz)-Punkte, die SHU-(Rücken)-Punkte oder auch YU-(Zustimmungs)-Punkte genannt, die MU-(Alarm)-Punkte und die Kreuzungspunkte sind wichtige spezifische Akupunkturpunkte, die später diskutiert werden.

1.2.2 Außerordentliche Punkte

(= Punkte außerhalb der Meridiane)

Diese sind bei der Behandlung sehr nützlich. Sie sind genau lokalisiert, befinden sich aber nicht innerhalb des Systemes der 14 Meridiane.

1.2.3 AHSHI-Punkte

AHSHI-Punkte sind sensible Stellen am Körper, die bei bestimmten Krankheiten auftreten. Sie haben weder eine definierte Lokalisation noch einen Namen. Der NEIJING beschreibt sie: „An jeder schmerzhaften Körperstelle befindet sich ein Akupunkturpunkt."

1.3 Spezifische Akupunkturpunkte

Wie bereits oben erwähnt, haben eine Anzahl von Akupunkturpunkten der 14 Meridiane spezifische Eigenschaften. Sie werden unter folgenden Namen in Gruppen zusammengefaßt:

1.3.1 Die Fünf SHU-Punkte

Entlang der zwölf Hauptmeridiane unter dem Ellbogen bzw. dem Knie liegen fünf spezifische Punkte: JING-Brunnen, YING-Quelle, SHU-Bach, JING-Fluß, HE-Meer. Sie sind in der oben genannten Ordnung vom distalen Ende der Extremitäten zum Ellbogen bzw. zum Knie hin angeordnet. Die Namen bedeuten den Fluß der Lebensenergie QI entlang den Meridianen analog zum Lauf des Wassers. JING-Brunnen ist der Ort, an dem das QI des Meridians zu sprudeln beginnt. YING-Quelle ist der Ort, an dem das QI der Meridiane zu erblühen beginnt. SHU-Bach ist, wo das QI des Meridians erblüht. JING-Fluß ist, wo das QI des Meridians zur Fülle zusammenfließt. Und schließlich repräsentiert HE-Meer den Zusammenfluß der Flüsse ins Meer, wo das QI der Meridiane am meisten erblüht.

Die therapeutischen Eigenschaften der Fünf SHU-Punkte sind folgende:

JING-(Brunnen)-Punkte sind bei geistigen Erkrankungen und Erstickungsgefühlen in der Brust angezeigt, YING-(Quellen)-Punkte bei fiebrigen Krankheiten, SHU-(Bach)-Punkte bei schmerzhaften Gelenken, verursacht durch krankheitsverursachenden Wind und Nässe, JING-(Fluß)-Punkte bei Asthma, Husten und Halsbeschwerden und HE-(Meer)-Punkte bei Störungen der Gedärme, des Magens und anderen Organen FU. Jedes der sechs Organe FU hat einen HE-(Meer)-Punkt auf den drei entsprechenden Meridianen des Fußes, der als unterer HE-(Meer)-Punkt bezeichnet wird.

1.3.2 YUAN-(Quell)-Punkte

Jeder der zwölf Hauptmeridiane hat einen YUAN-(Quell)-Punkt an den Extremitäten, wo das Ursprungs-QI gespeichert wird. Bei den YIN-Meridianen stimmen die YUAN-(Quell)-Punkte mit den SHU-(Bach)-Punkten der fünf SHU-Punkte überein. Die YUAN-(Quell)-Punkte sind von großer Bedeutung für die Diagnose und die Behandlung der Krankheiten der Meridiane und der Organe ZANG-FU.

1.3.3 LUO-(Passage)-Punkte

Jeder der zwölf Hauptmeridiane hat ein Nebengefäß an den Extremitäten, das ein bestimmtes Paar von YIN- und YANG-Meridianen miteinander verbindet, welches innen-außen gekoppelt ist. Am Körperstamm gibt es Nebengefäße des Konzeptionsgefäßes (REN-Meridian) und des Lenkergefäßes (DU-Meridian) sowie das wichtigste Nebengefäß der Milz, die auf den posterioren bzw. anterioren bzw. lateralen Aspekt des Körpers verteilt sind. Jedes der Nebengefäße hat einen LUO-(Passage)-Punkt, insgesamt sind es 15. Ein LUO-(Passage)-Punkt wird dazu gebraucht, Krankheiten zu behandeln, welche die beiden innen-außen gekoppelten Meridiane betreffen wie auch Krankheiten der Gebiete, die durch diese beiden Meridiane versorgt werden.

1.3.4 XI-(Grenz)-Punkte

Die XI-(Grenz)-Punkte sind die Stellen, an denen das QI des Meridians zusammenläuft. Es gibt einen XI-(Grenz)-Punkt auf jedem der zwölf Hauptmeridiane an den Extremitäten und je einen auf den vier außerordentlichen Meridianen (YINWEI, YANGWEI, YINQIAO, YANGQIAO), insgesamt 16. Die XI-(Grenz)-Punkte werden dazu benutzt, akute Störungen und Schmerzen der Gebiete, die durch die entsprechenden Meridiane versorgt werden, und die entsprechenden Organe zu behandeln.

1.3.5 SHU-(Rücken)-Punkte oder auch YU-(Zustimmungs)-Punkte genannt

SHU-(Rücken)-Punkte sind Akupunkturpunkte am Rücken, von wo aus das QI in das entsprechende Organ ZANG-FU einströmt. Sie sind an beiden Seiten des Rückgrats lokalisiert und liegen nahe bei den entsprechenden Organen ZANG-FU. Bei jeglicher Fehlfunktion der Organe ZANG-FU tritt am entsprechenden SHU-(Rücken)-Punkt eine unnormale Reaktion, wie Druckempfindlichkeit, auf. Diese Punkte spielen eine wichtige Rolle in der Diagnose und in der Behandlung von Krankheiten, bei denen die entsprechenden Organe ZANG-FU betroffen sind.

1.3.6 MU-(Alarm)-Punkte

Die MU-(Alarm)-Punkte sind diejenigen Punkte auf der Brust und auf dem Bauch, von wo das QI in das entsprechende Organ ZANG-FU einströmt. Sie befinden sich in enger Nachbarschaft zu dem jeweiligen Organ ZANG-FU. Wenn ein Organ ZANG oder ein Organ FU erkrankt ist, kann an dem entsprechendem MU-(Alarm)-Punkt eine unnormale Reaktion, wie zum Beispiel Druckempfindlichkeit, auftreten. Diese Punkte sind wichtig bei der Diagnose und Behandlung von Krankheiten ihrer entsprechenden Organe ZANG-FU.

1.3.7 Kreuzungspunkte

Kreuzungspunkte sind Akupunkturpunkte an der Überschneidung von zwei oder mehreren Meridianen. Sie sind hauptsächlich am Kopf, am Gesicht und am Körperstamm verteilt und bei Krankheiten angezeigt, die mehrere Meridiane betreffen. Die wichtigsten Kreuzungspunkte sind die des Konzeptionsgefäßes (REN-Meridian) und des Lenkergefäßes (DU-Meridian), die verschiedene Indikationen haben.

Es gibt daneben auch acht sogenannte Einflußreiche Punkte, die jeweils die Organe ZANG, die Organe FU, die Lebensenergie QI, das Blut, die Sehnen, die Gefäße, den Knochen und das Mark beherrschen.

Außerdem gibt es acht sogenannte Konfluenz-(Kardinal)-Punkte der acht außerordentlichen Meridiane an den Extremitäten, an denen die zwölf Hauptmeridiane mit den acht außerordentlichen Meridianen in Verbindung stehen.

Einige Punkte einer bestimmten Gruppe stimmen mit anderen Punkten anderer spezifischer Gruppen überein und haben dadurch eine große Bedeutung für die klinische Praxis.

1.4 Methoden der Lokalisierung von Akupunkturpunkten

Jeder Akupunkturpunkt hat eine bestimmte Lokalisierung und muß für eine effektive Therapie genauestens bestimmt werden. Im folgenden werden drei Methoden der genauen Lokalisierung von Akupunkturpunkten vorgestellt.

1.4.1 Entsprechend anatomischen Punkten

Anatomische Punkte an der Körperoberfläche, wie zum Beispiel Knochenhöcker oder Knochenvertiefungen, Gelenke, Sehnen, Muskeln, Hautfalten, Haaransatzlinien, Nägel, Brustwarzen, Nabel, Augen und Mund, sind von spezifischer Bedeutung für die Lokalisation von Akupunkturpunkten. Wenn sich die Akupunkturpunkte in unmittelbarer Nachbarschaft solcher anatomischer Punkte befinden, so können sie direkt lokalisiert werden.

1.4.2 Proportionale Messung

Auf der Basis anatomischer Punkte hat sich eine Meßmethode etabliert, bei der die Lokalisation der Akupunkturpunkte durch den Abstand von den anatomischen Punkten bestimmt wird:

Proportionale Messung. Die Breite und Länge verschiedener Körperteile werden in bestimmte gleiche Teile eingeteilt, wobei jedes Teil als ein CUN bezeichnet wird. Das CUN dient als Maßeinheit für die Lokalisierung von Akupunkturpunkten. Die Länge eines CUN hängt von dem Körperbau des individuellen Patienten ab.

Im folgenden werden die Standards für die proportionale Messung, wie sie im klinischen Betrieb benutzt werden, vorgestellt.

(1) Kopf.

Longitudinale Messung: Der Abstand von der anterioren Haaransatzlinie zur posterioren Haaransatzlinie ist 12 CUN. Falls die anteriore Haaransatzlinie nicht bestimmbar ist, wird von der Glabella aus gemessen, und 3 CUN werden addiert. Das bedeutet, daß der Abstand von der Glabella zu der posterioren Haaransatzlinie 15 CUN beträgt. Falls die posteriore Haaransatzlinie nicht bestimmbar ist, erfolgt die Messung vom Punkt DAZHUI (LG 14) aus, und es werden 3 CUN addiert. Das bedeutet, daß der Abstand von der Glabella zum Punkt DAZHUI (LG 14) 18 CUN beträgt.

Transversale Messung. Der Abstand zwischen den beiden Processi mastoidei ist 9 CUN. Das entspricht genau dem Abstand zwischen den beiden Punkten TOUWEI (M 8) beider Seiten.

(2) Brust und Bauch.

Longitudinale Messung: Die Messung an der Brust basiert auf den Zwischen-Rippen-Abständen. Der Abstand zwischen dem Ende der Achselfalte zur Spitze der elften Rippe beträgt 12 CUN. Am Oberbauch wird der Abstand vom Brustbeinende zum Zentrum des Nabels acht 8 CUN gemessen. Am Unterbauch beträgt der Abstand zwischen dem Zentrum des Nabels und der oberen Grenze der Schambeinsymphyse 5 CUN.

Transversale Messung. Der Abstand zwischen den beiden Brustwarzen oder den Mittellinien der Schlüsselbeine beträgt 8 CUN.

(3) Rücken.

Longitudinale Messung: Diese basiert am Rücken auf den Processi spinosi des Rückgrats.

Transversale Messung: Der Abstand zwischen der medialen Grenze des Schulterblattes und der Mittellinie des Rückens ist 3 CUN.

(4) Obere Extremitäten.

Oberarm: Der Abstand zwischen dem Ende der Achselfalte und der transversalen Ellenbogenfalte beträgt 9 CUN.

Unterarm: Der Abstand zwischen der transversalen Ellenbogenfalte und der transversalen Handwurzelfalte ist 12 CUN.

Die beiden Messungen sind sowohl auf den medialen als auch auf den lateralen Anteil des Armes anwendbar.

(5) Untere Extremitäten.

Der mediale Aspekt des Oberschenkels. Der Abstand von der oberen Grenze der Schambeinsymphyse zum medialen Gelenkkopf des Femur beträgt 18 CUN.

Der laterale Aspekt des Oberschenkels: Der Abstand von der Prominenz des großen Trochanter zur Mittellinie der Kniescheibe ist 19 CUN.

Der mediale Aspekt des Beines: Der Abstand von der unteren Grenze des medialen Gelenkkopfes der Tibia zu der Spitze des medialen Malleolus ist 13 CUN.

Der laterale Aspekt des Beines: Der Abstand zwischen dem Zentrum der Kniescheibe und der Spitze des lateralen Malleolus ist 16 CUN.

Die proportionalen Messungen sind in Abb. 6 dargestellt.

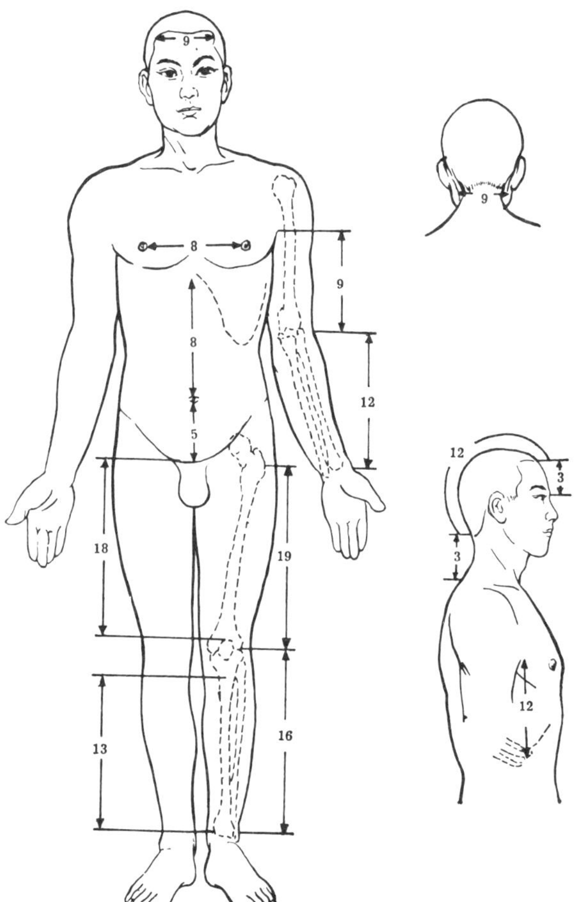

Abb. 6 Proportionale Einheiten

Abb. 7 Messung anhand des Mittelfingers

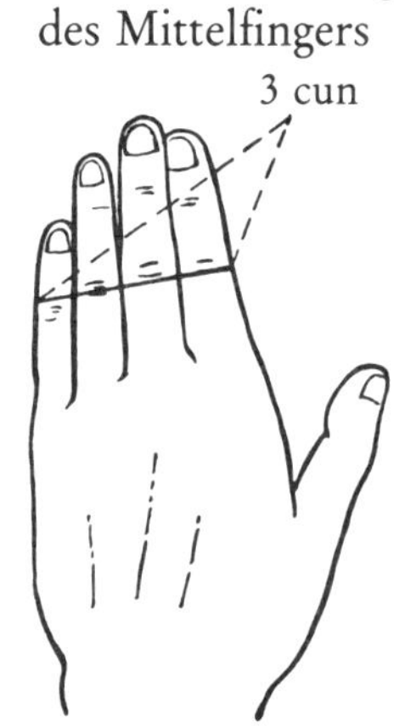

Abb. 8 Messung anhand der vier Finger

1.4.3 Fingermessungen

Die Länge und Breite der Finger des Patienten werden als Kriterium zur Lokalisation von Akupunkturpunkten benutzt. Die gebräuchlichen Meßmethoden sind folgende:

(1) Wenn der Mittelfinger gebeugt wird, so ist der Abstand zwischen den beiden Enden der Falten des mittleren Fingergliedes 1 CUN (Abb. 7).

(2) Die Breite der vier Finger (Zeigefinger, Mittelfinger, Ringfinger und kleiner Finger) beträgt eng aneinandergelegt in Höhe der Falten der proximalen Fingergelenke 3 CUN (Abb. 8).

1.5 Ein Ausblick auf die therapeutischen Möglichkeiten der Akupunkturpunkte der 14 Meridiane

Die therapeutischen Möglichkeiten der Akupunkturpunkte der 14 Meridiane werden entsprechend folgender Regel zusammengefaßt: „Der Verlauf eines Meridians bestimmt die Behandlung.“ Akupunkturpunkte, die zum gleichen Meridian gehören, haben auch gemeinsame Eigenschaften. Zum Beispiel können alle Akupunkturpunkte des LUNGEN-Meridians TAIYIN Hand für die Behandlung von Störungen der Lunge und des Halses benutzt werden, und alle Akupunkturpunkte des MAGEN-Meridians YANGMING Fuß sind bei Störungen des Magen-Darm-Traktes, des Kopfes und des Gesichtes angezeigt.

Die therapeutischen Möglichkeiten der Akupunkturpunkte basieren auch auf ihrer jeweiligen Lokalisation. Akupunkturpunkte an den Extremitäten können für die Behandlung von Störungen der Extremitäten wie auch der verbundenen Gebiete, die von dem zugehörigen Meridian versorgt werden, benutzt werden. Akupunkturpunkte des Kopfes, des Gesichtes und Körperstammes dagegen werden hauptsächlich für die Behandlung von Störungen in diesen Gebieten einschließlich der Störungen der Organe ZANG-FU benutzt. Zum Beispiel wird der Punkt HEGU (Di 4) des DICKDARM-Meridians YANGMING Hand, der an der Hand lokalisiert ist, dazu benutzt, Störungen der Hand und des Armes und auch Störungen des Kopfes und des Gesichtes, wo der Meridian verläuft, zu behandeln. Der Punkt YINGXIANG (Di 20) dagegen des selben Meridians, der im Gesicht lokalisiert ist, ist hauptsächlich bei Störungen der Nase und des Gesichtes angezeigt. ZUSANLI (M 36), ein Punkt des MAGEN-Meridians YANGMING Fuß am Bein gelegen, wird nicht nur zur Erleichterung von Störungen der unteren Extremität benutzt. Er ist auch bei Störungen des Magen-Darm-Traktes und des Gesichtes sowie des Kopfes entlang des Meridianverlaufes nützlich. TIANSHU (M 25) desselben Meridians am Bauch gelegen, wird hauptsächlich dazu benutzt, Störungen des Bauches, wie zum Beispiel Bauchschmerzen und Diarrhoe, zu behandeln.

Nicht nur Akupunkturpunkte des selben Meridians haben gemeinsame therapeutische Möglichkeiten. Auch die Akupunkturpunkte der drei YIN-Meridiane oder die der drei YANG-Meridiane haben ähnliche therapeutische Möglichkeiten. Dies gilt hauptsächlich für die Punkte, die an den vier Extremitäten liegen. Zum Beispiel sind die Punkte der drei YIN-Meridiane der Hand, die an der oberen Extremität lokalisiert sind, bei Störungen der Brust angezeigt, und die der drei YANG-Meridiane der Hand werden für die Behandlung von Störungen des Kopfes benutzt.

Die therapeutischen Möglichkeiten der Akupunkturpunkte am Körperstamm werden entsprechend ihrer Lokalisation und ihrer benachbarten Organe ZANG-FU beurteilt. In der Akupunktur wird der menschliche Körper allgemein in einen oberen, mittleren und unteren Anteil eingeteilt. Die Punkte auf der Brust und am oberen Rücken (oberer Teil) sind bei Störungen des Herzens und der Lunge angezeigt. Die Punkte des Oberbauches und des unteren Rückens (mittlerer Teil) gelten bei Störungen der Leber, der Gallenblase, der Milz und des Magens. Punkte des Unterbauches und der Lumbosakralregion (unterer Teil) sind wichtig bei Störungen der Nieren, der Därme und der Blase. Wegen ihrer spezifischen Lokalisation sind die Punkte des Kopfes, des Gesichtes und des Halses, genauso wie die Punkte des Konzeptions- und des Lenkergefäßes nicht nur bei Krankheiten ihrer benachbarten Organe angezeigt, sondern auch bei Krankheitssymptomen die Konstitution betreffend.

Details sind den Tabellen 10 und 11, sowie den Abbildungen 9 bis 13 zu entnehmen.

Anmerkung des Übersetzers: *Die wichtigsten Akupunkturpunkte, die der Anfänger als erste lernen und die der Fortgeschrittene perfekt beherrschen sollte, wurden durch * besonders hervorgehoben.*

Tab. 10: Indikationen von Punkten auf den Extremitäten in Beziehung zu ihren Meridianen

Meridian		Indikationen des Meridians	Gemeinsame Indikationen der drei Meridiane
Drei YIN-Meridiane der Hand	Lungen-Meridian TAIYIN Hand	Störungen der Lunge und der Kehle	Störungen der Brust, geistige Krankheiten
	Kreislauf-Sexus-Meridian JUEYIN Hand	Störungen des Herzens und des Magens	
	Herz-Meridian SHAOYIN Hand	Störungen des Herzens	
Drei YANG-Meridiane der Hand	Dickdarm-Meridian YANGMING Hand	Störungen des Gesichts, der Nase, des Mundes und der Zähne	Störungen des Kopfes, Auges und Kehle, fiebrige Erkrankungen, geistige Krankheiten
	3Erwärmer-Meridian SHAOYANG Hand	Störungen des Ohres, der Schläfen- und Hypochondralregion	
	Dünndarm-Meridian TAIYANG Hand	Störungen des Halses, des Ohres und der Schulterblattregion	

Meridian		Indikationen des Meridians	Gemeinsame Indikationen der drei Meridiane
Drei YANG-Meridiane des Fußes	Magen-Meridian YANGMING Fuß	Störungen des Gesichts, des Mundes, der Zähne, der Kehle, des Magens und des Darmes	Störungen des Kopfes, fiebrige Erkrankungen und geistige Krankheiten
	Gallenblasen-Meridian SHAOYANG Fuß	Störungen der Augen, des Ohres, der Schläfen- und Hypochondral-region	
	Blasen-Meridian TAIYANG Fuß	Störungen des Halses, der Augen und der Dorsolumbalregion	
Drei YIN-Meridiane des Fußes	Milz-Meridian TAIYIN Fuß	Störungen der Milz, des Magens und des Darmes	Störungen des Bauches und der Urogenital-organe
	Leber-Meridian JUEYIN Fuß	Störungen der Leber und der äuße-ren Geschlechtsorgane	
	Nieren-Meridian SHAOYIN Fuß	Störungen der Nieren, des Darmes, der Lunge und der Kehle	

Tab. 11: Indikationen der Punkte am Kopf, Gesicht und Körperstamm in Bezug auf ihre Lokalisation

Lokalisation der Punkte	Indikationen
Kopf, Gesicht, Hals	Störungen des Gehirns, der Augen, der Ohren, der Nase, des Mundes, der Zähne und der Kehle
Brust, oberer Rücken (zw. 1. und 7. Brustwirbel)	Störungen der Lunge und des Herzens
Oberbauch, unterer Rücken (zw. 8. Brustwirbel und 1. Lendenwirbel)	Störungen der Leber, Gallenblase, Milz und des Magens
Unterbauch, Lumbosakralregion (zw. 2. Lendenwirbel und 4. Sakralwirbel)	Störungen der Nieren, des Darmes und der Blase

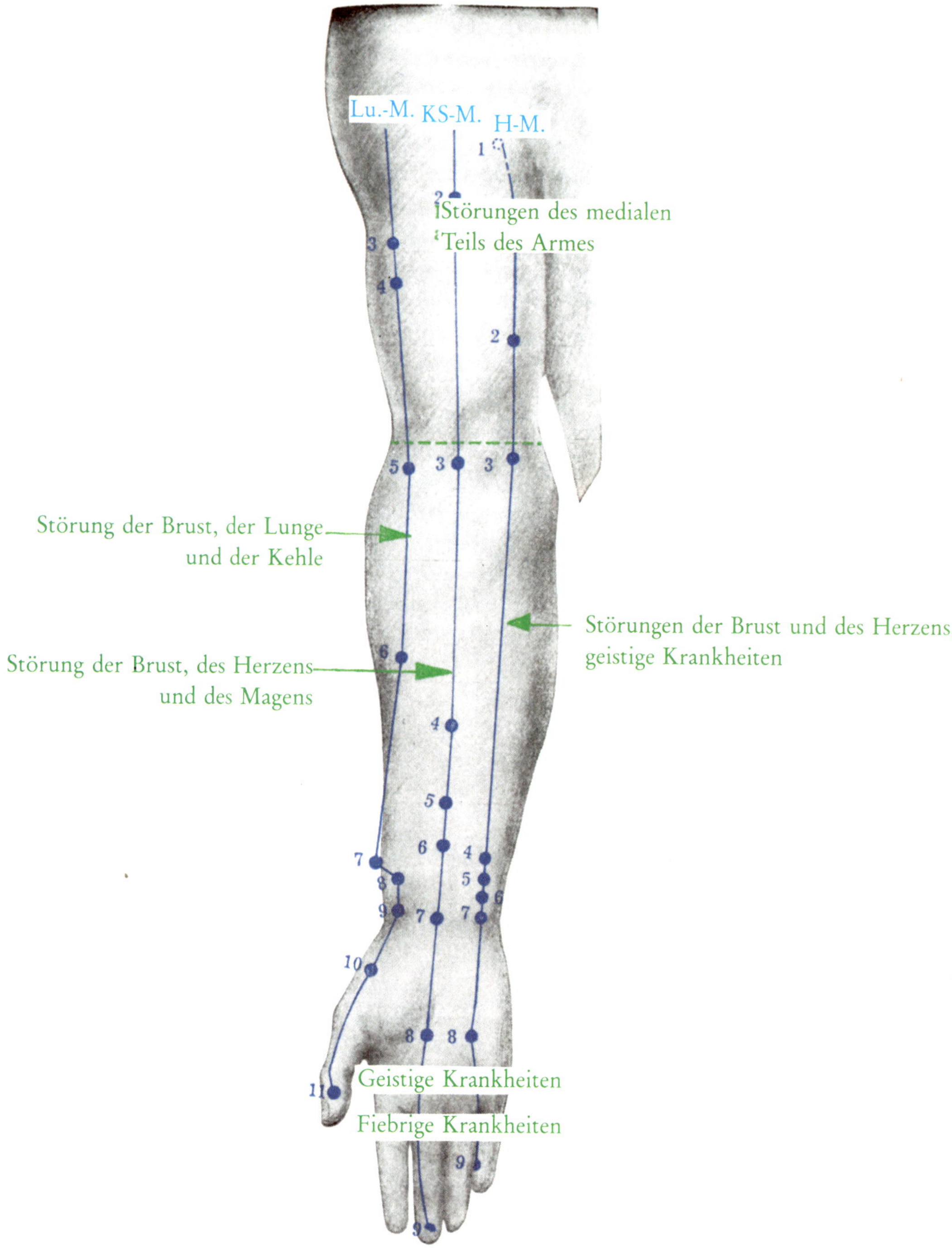

Abb. 9a Therapeutische Eigenschaften der Punkte des Armes

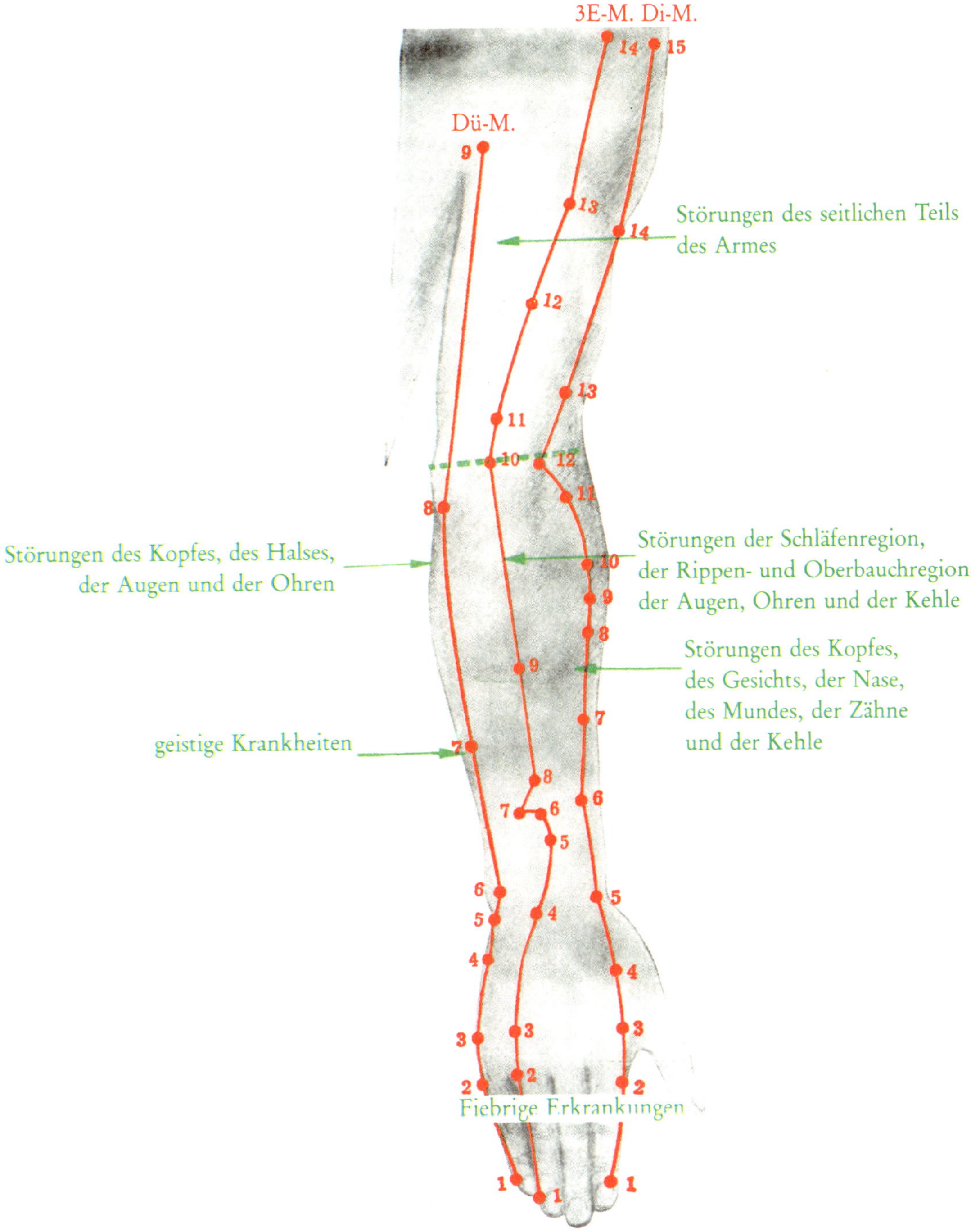

Abb. 9b Therapeutische Eigenschaften der Punkte des Armes

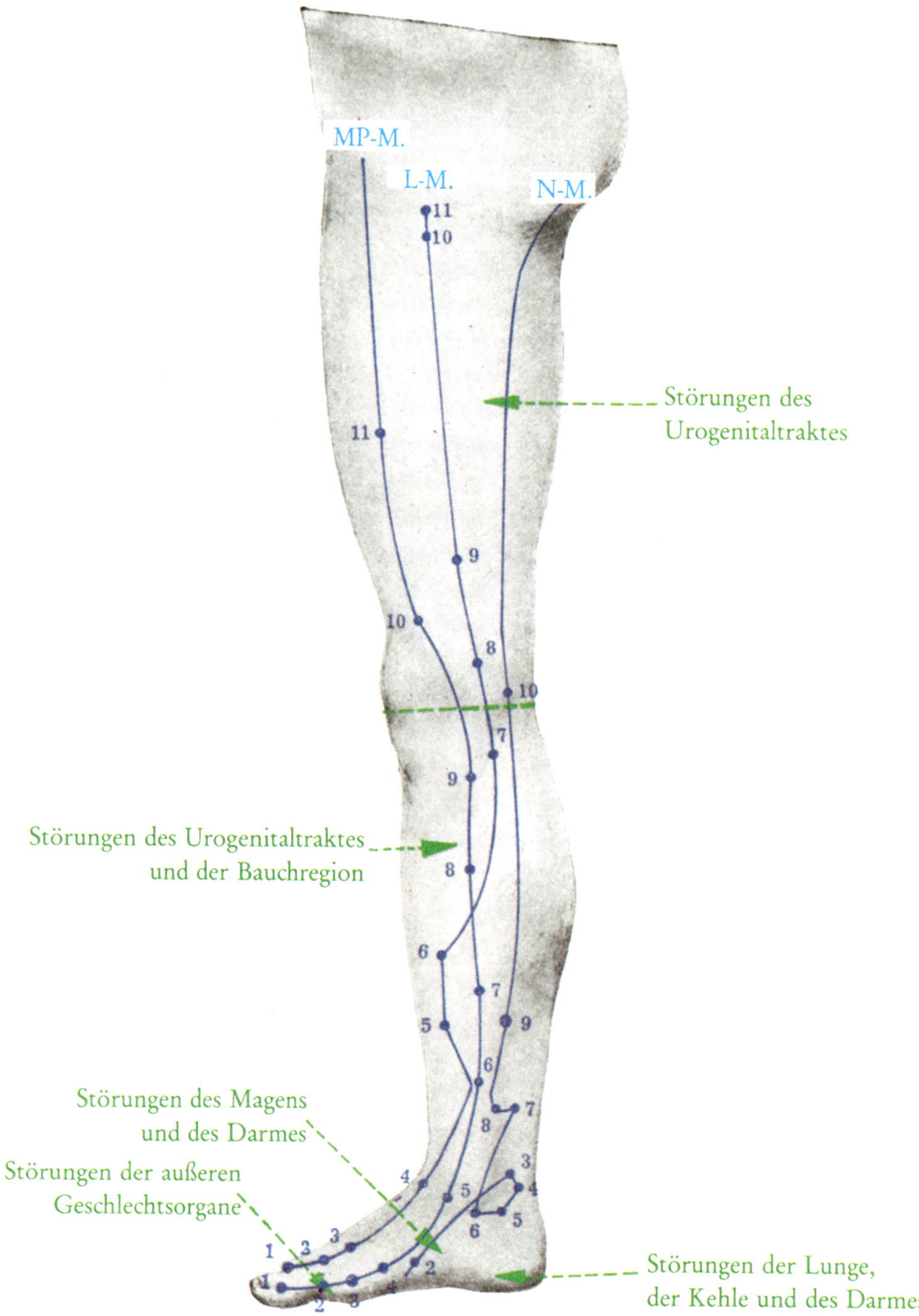

Abb. 10a Therapeutische Eigenschaften der Punkte des Beines

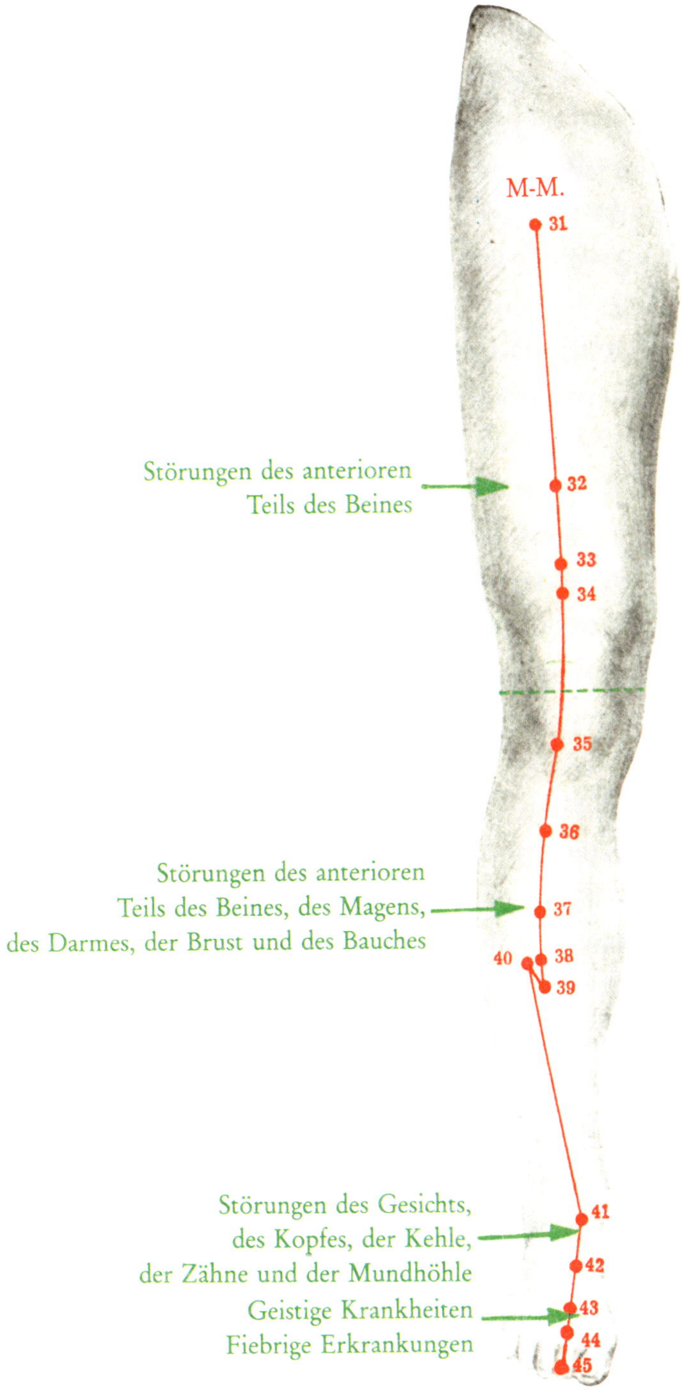

Abb. 10b Therapeutische Eigenschaften der Punkte des Beines

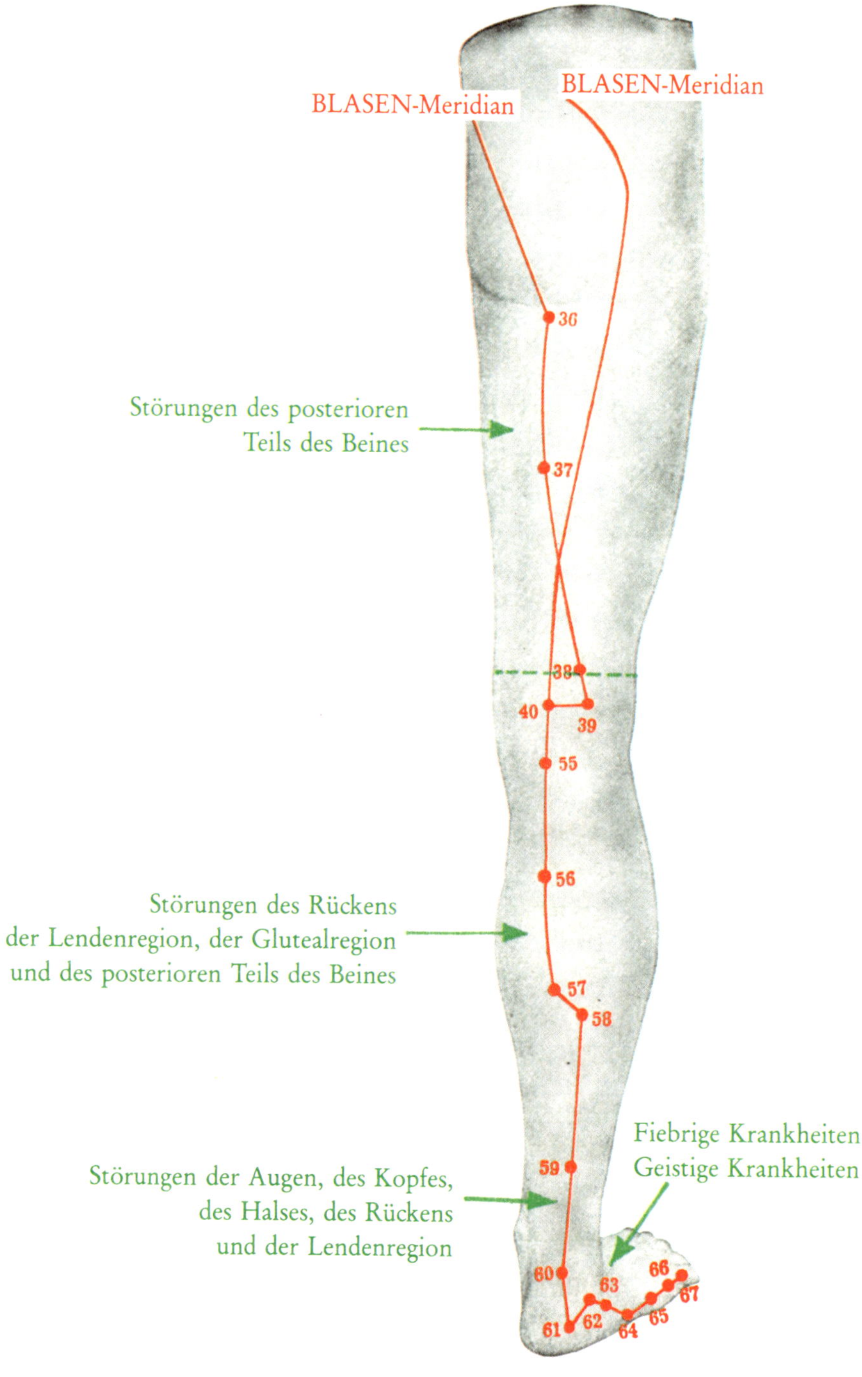

Abb. 10c Therapeutische Eigenschaften der Punkte des Beines

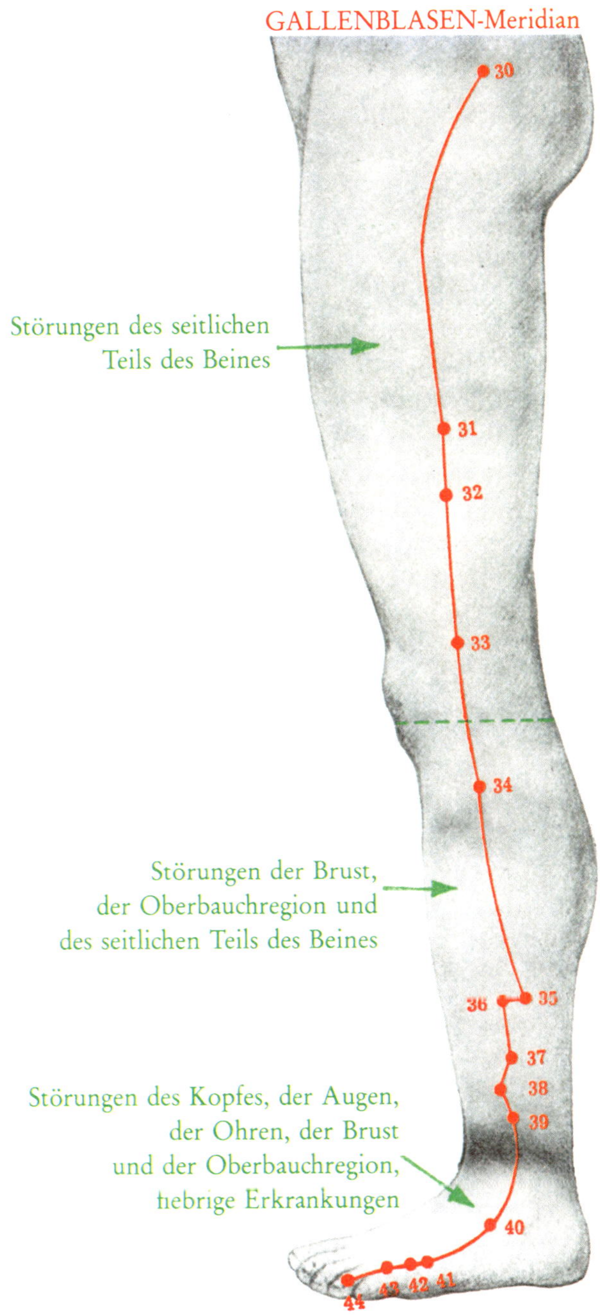

Abb. 10d Therapeutische Eigenschaften der Punkte des Beines

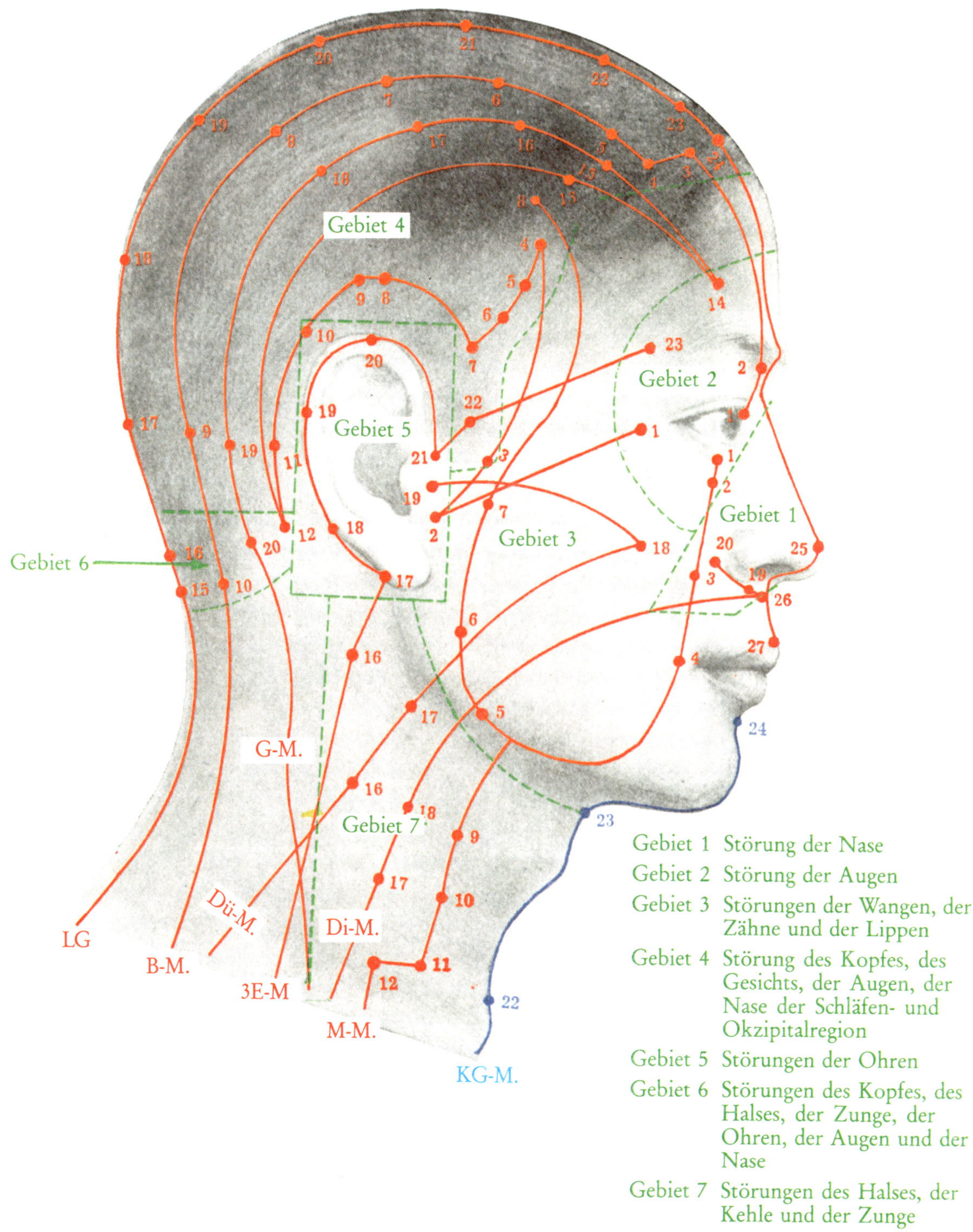

Abb. 11 Therapeutische Eigenschaften der Punkte des Kopfes und des Halses

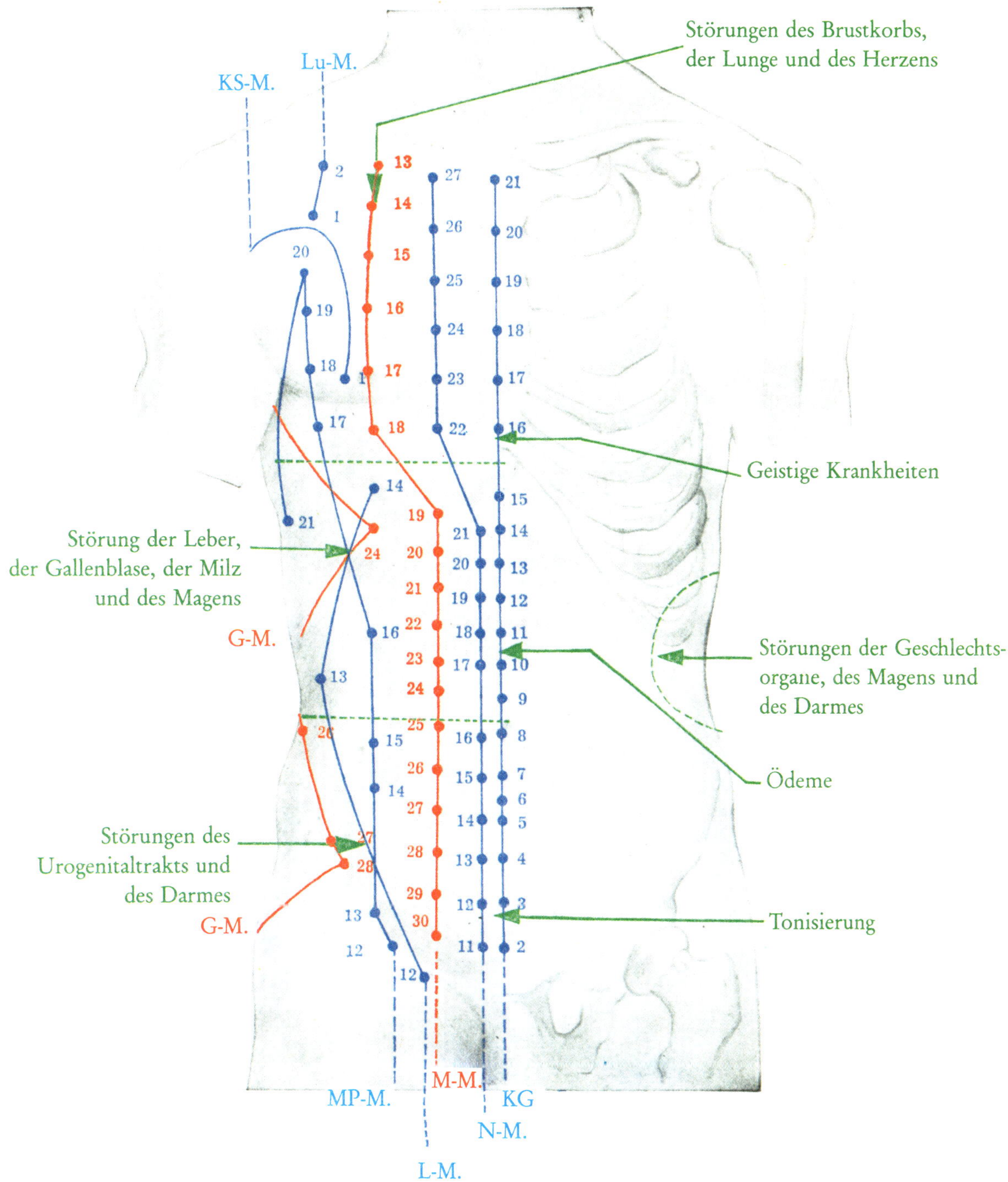

Abb. 12 Therapeutische Eigenschaften
der Punkte auf der Brust und auf dem Bauch

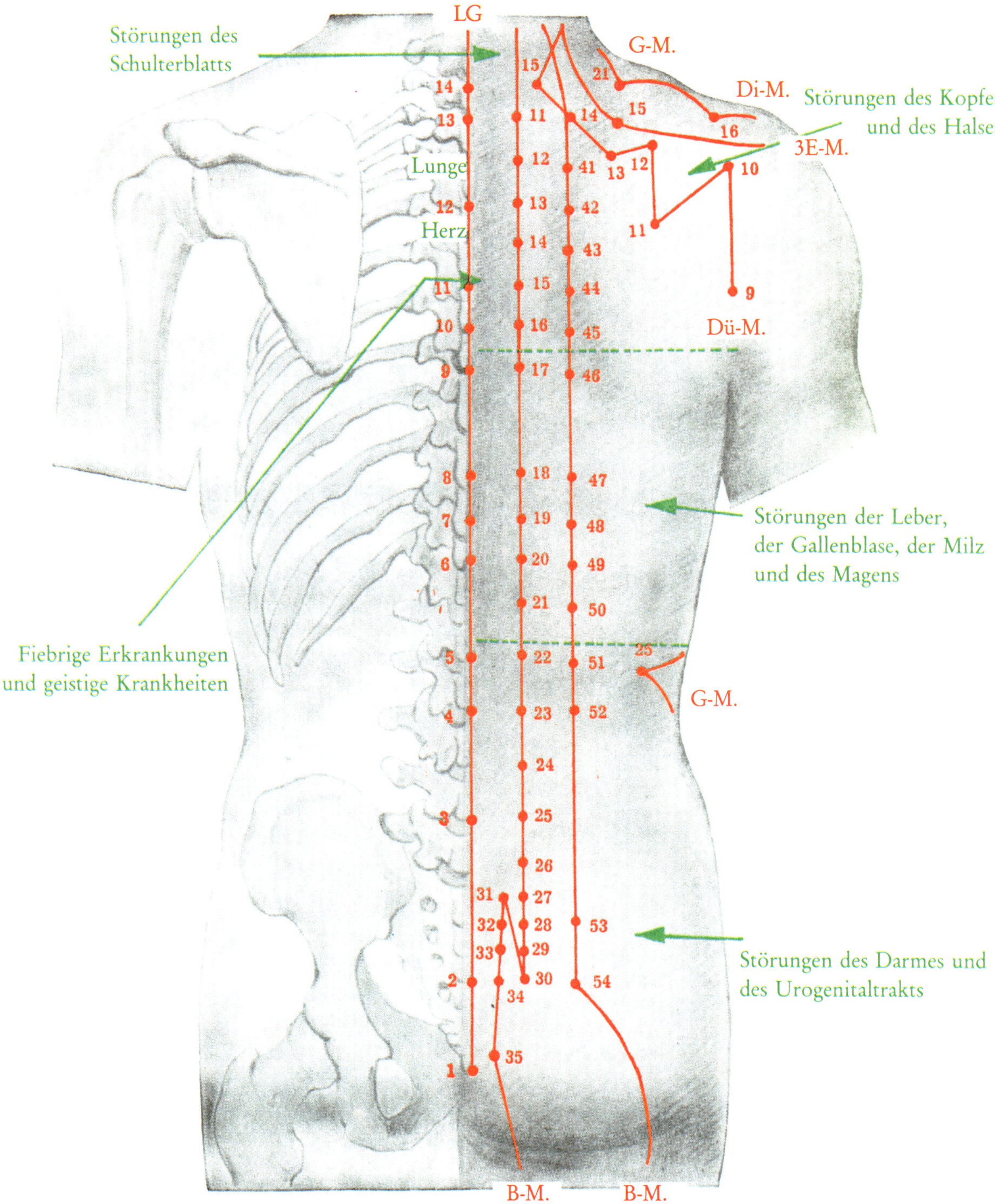

Abb. 13 Therapeutische Eigenschaften der Punkte des Rückens

Kapitel 2
Die zwölf Hauptmeridiane und ihre Punkte

2.1 LUNGEN-Meridian TAIYIN Hand

Verlauf

Der LUNGEN-Meridian TAIYIN Hand entspringt aus dem mittleren Erwärmer JIAO, läuft nach unten und verbindet sich mit dem Dickdarm (1). Zurück verläuft er entlang der oberen Öffnung des Magens (2), passiert das Zwerchfell (3) und tritt in die Lunge ein, zu der er gehört (4). Von dem Teil der Lunge, der mit der Kehle in Verbindung steht, tritt er seitlich beim Punkt ZHONGFU (Lu 1) an die Oberfläche (5). Er läuft entlang des medialen Aspekts des Oberarmes abwärts, verläuft vor dem HERZ-Meridian SHAOYIN Hand und dem KREISLAUF-SEXUS-Meridian JUEYIN Hand (6) und erreicht die Ellenbogengrube (7). Dann geht er gerade abwärts, entlang des medialen Aspekts des Unterarmes (8) und erreicht auf der medialen Seite des Processus styloideus des Radius das Handgelenk. Dort tritt er in CUNCOU ein (die Arteria radialis am Handgelenk für die Pulstastung) (9). Er passiert den Daumenballen (10) und verläuft entlang dessen radialseitiger Grenze (11), um an der medialen Seite der Daumenspitze zu enden (SHAOSHANG, Lu 11) (12).

Der Zweig, proximal am Handgelenk gelegen, entspringt am Punkt LIEQUE (Lu 7) (13) und läuft direkt radialseitig zu der Spitze des Zeigefingers (SHANGYANG, Di 1), wo sich der LUNGEN-Meridian mit dem DICKDARM-Meridian YANGMING Hand verbindet (Abb. 14).

Dieser Meridian hat insgesamt 11 Punkte. Sie sind im folgenden beschrieben.

2.1.1 ZHONGFU (vorderer MU-[Alarm]-Punkt der Lunge, Lu 1)

Lokalisation

Unterhalb des Schlüsselbeines, 1 CUN direkt unter dem Punkt YUNMEN (Lu 2), 6 CUN lateral vom Konzeptionsgefäß (REN-Meridian), siehe Abb. 15.

Indikationen

Husten, Asthma, Schmerzen in Brust, Schulter und Rücken, Völlegefühl in der Brust.

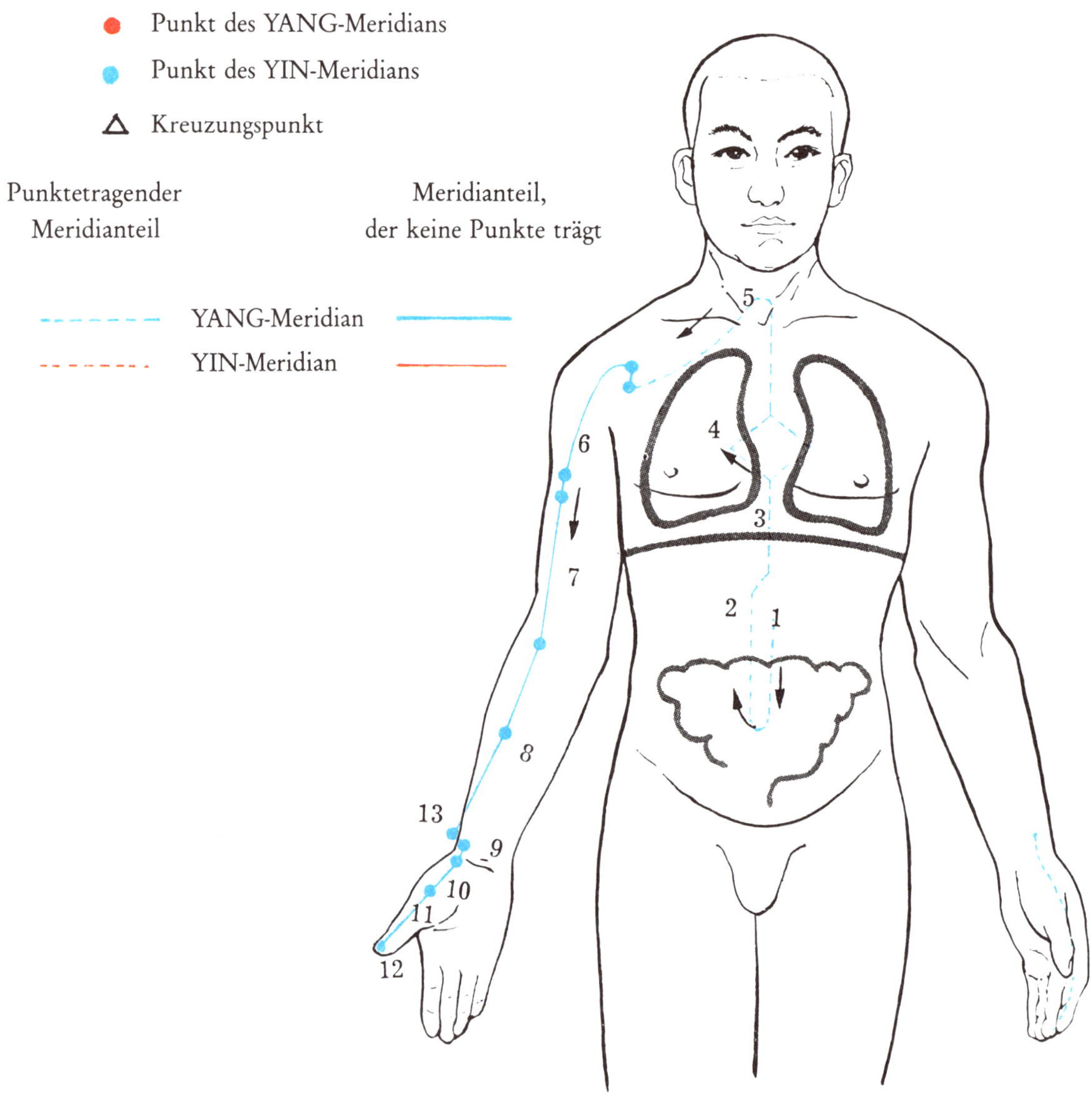

Abb. 14 Lungen-Meridian TAIYIN Hand

Senkrecht circa 1 cm in Richtung seitlichem Aspekt der Brust einstechen, Moxibustion anwendbar. *Methode*

Supralateral die Arteria und Vena axillaris und die Arteria und Vena thoracoacromialis. *Gefäßversorgung*

Nervus supraclavicularis intermedius, die Verzweigungen des Nervus thoracicus anterior und den seitlichen Hautzweigen des Nervus intercostalis. *Nervenversorgung*

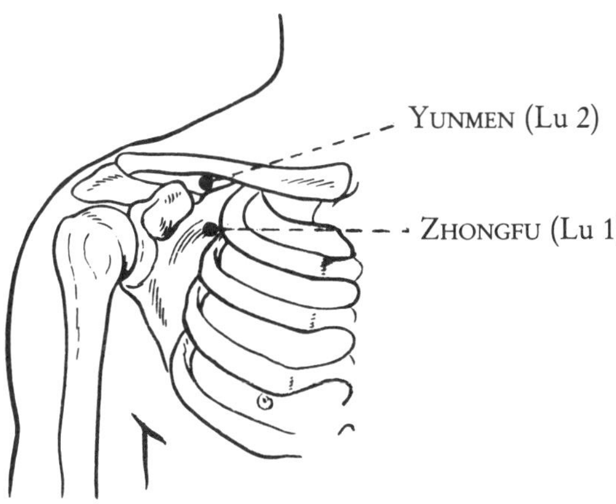

Abb. 15

2.1.2 YUNMEN (Lu 2)

In der Mulde unterhalb der Extremitas acromialis des Schlüsselbeins, 6 CUN lateral des Konzeptionsgefäßes (REN-Meridian), siehe Abb. 15. *Lokalisation*

Husten, Asthma, Schmerzen in Brust, Schulter und Arm, Völlegefühl in der Brust. *Indikationen*

Senkrecht 1 bis 2 cm einstechen, Moxibustion anwendbar. *Methode*

Vena cephalica, Arteria und Vena thoracoacromialis, unterhalb die Arteria axillaris. *Gefäßversorgung*

Nervus supraclavicularis intermedius und lateralis, die Verzweigungen des Nervus thoracicus anterior, der seitliche Anteil des Plexus brachialis. *Nervenversorgung*

2.1.3 TIANFU (Lu 3)

Lokalisation — Am medialen Aspekt des Oberarmes, 3 CUN unter dem Ende der Achselfalte, radialseitig auf dem Musculus biceps brachii, 6 CUN über dem Punkt CHIZE (Lu 5).

Indikationen — Asthma, Nasenbluten, Schmerzen im medialen Teil des Armes.

Methode — Senkrecht circa 1 cm einstechen.

Gefäßversorgung — Vena cephalica und die Muskelzweige der Arteria und Vena brachialis.

Nervenversorgung — Nervus brachialis lateralis, dort wo der Nervus musculocutaneus passiert.

Bemerkung — Der Abstand vom Ende der Achselfalte zum Punkt CHIZE (Lu 5) beträgt 9 CUN.

2.1.4 XIABAI (Lu 4)

Lokalisation — Am medialen Anteil des Oberarmes, 1 CUN unter Punkt TIANFU (Lu 3), radialseitig auf dem Musculus biceps brachii gelegen.

Indikationen — Husten, Völlegefühl in der Brust, Schmerzen des medialen Anteiles des Armes.

Methode — Senkrecht circa 1 cm einstechen, Moxibustion anwendbar.

Anatomie — Wie bei Punkt TIANFU (Lu 3).

2.1.5 CHIZE* (HE-(Meer)-Punkt, Lu 5)

Lokalisation — Auf der Ellenbogenfalte, an der radialen Seite der Sehne des Musculus biceps brachii. Dieser Punkt wird lokalisiert, indem der Ellenbogen leicht angewinkelt wird (Abb. 16).

Indikationen — Husten, Hämoptysis nach Fieber, Asthma, Völlegefühl in der Brust, entzündete Kehle, Spannungsschmerz des Ellenbogens und des Armes.

Methode — Senkrecht Circa 1 cm einstechen.

Gefäßversorgung — Zweige der Arteria und Vena radialis, Vena cephalica.

Nervenversorgung — Der laterale Nervus brachialis cutaneus und der Nervus radialis.

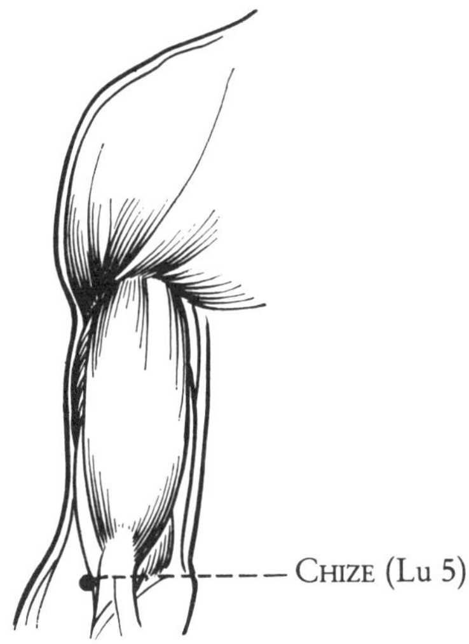
CHIZE (Lu 5)

Abb. 16

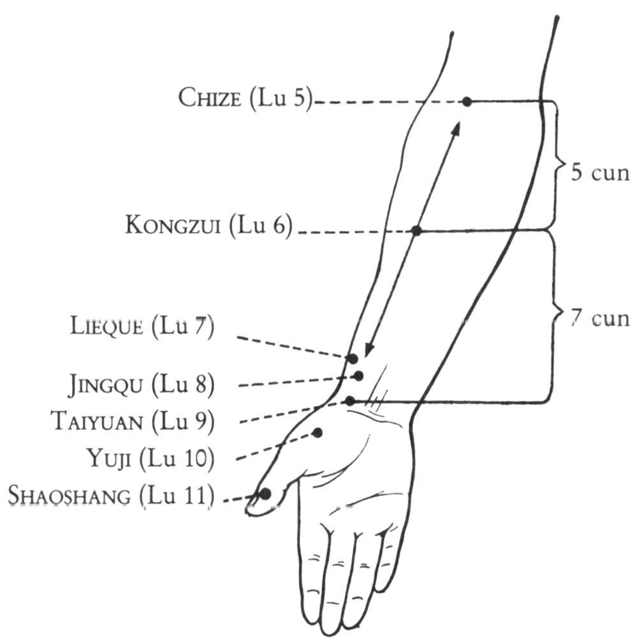
CHIZE (Lu 5)
5 cun
KONGZUI (Lu 6)
7 cun
LIEQUE (Lu 7)
JINGQU (Lu 8)
TAIYUAN (Lu 9)
YUJI (Lu 10)
SHAOSHANG (Lu 11)

Abb. 17

2.1.6 KONGZUI (XI-(Grenz)-Punkt, Lu 6)

Lokalisation
Auf der Innenseite des Unterarmes, auf der Linie, welche die Punkte TAIYUAN (Lu 9) und CHIZE (Lu 5) verbindet, 7 CUN über TAIYUAN (Lu 9), siehe Abb. 17.

Indikationen
Husten, Asthma, Hämoptysis, entzündete Kehle, Schmerzen und Bewegungsbeeinträchtigung des Ellenbogens und des Armes.

Methode
Senkrecht 1 bis 2 cm einstechen, Moxibustion anwendbar.

Gefäßversorgung
Vena cephalica, Arteria und Vena radialis.

Nervenversorgung
Der laterale Nervus brachialis cutaneus und der Ramus superficialis des Nervus radialis.

Bemerkung
Der Abstand vom Punkt CHIZE (Lu 5) zum Punkt TAIYUAN (Lu 9) beträgt 12 CUN.

2.1.7 LIEQUE (LUO-(Passage)-Punkt, Lu 7)

Lokalisation
Über dem Processus styloideus des Radius, 1,5 CUN über der transversalen Falte des Handgelenkes. Wenn die Zeigefinger und die Daumen beider Hände mit dem Zeigefinger einer Hand am Processus styloideus der anderen Hand plaziert und überkreuzt werden, so ist der Punkt genau unter der Spitze des Zeigefingers der gesuchte Punkt LIEQUE (Lu 7), siehe Abb. 18 und 17.

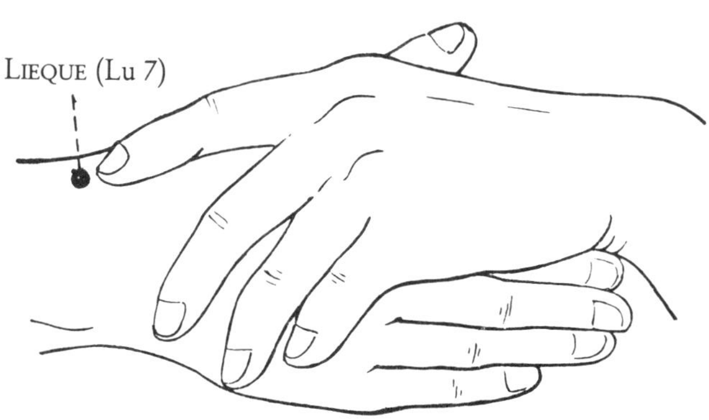

Abb. 18

Indikationen
Kopfschmerzen, Nackensteifheit, Husten, Asthma, entzündeter Hals, Fazialisparese, Trismus, Schwäche des Handgelenkes.

Methode
Schräg circa 1 cm einstechen, Moxibustion anwendbar.

Gefäßversorgung
Vena cephalica, Zweige der Arteria und Vena radialis.

Nervenversorgung
Der laterale Nervus brachialis cutaneus und der Ramus superficialis des Nervus radialis.

Bemerkung
Dieser Punkt ist einer der acht Konfluenz-(Kardinal)-Punkte, die mit dem Konzeptionsgefäß (REN-Meridian) in Verbindung stehen.

2.1.8 JINGQU (JING-(Fluß)-Punkt, Lu 8)

Lokalisation
1 CUN über der transversalen Falte des Handgelenkes, in der Mulde der Arteria radialis, siehe Abb. 17.

Indikationen
Husten, Asthma, entzündeter Hals, Schmerz in der Brust und im Handgelenk.

Methode
Senkrecht circa 0,5 cm einstechen.

Gefäßversorgung
Seitlich die Arteria und Vena radialis.

Nervenversorgung
Der laterale Nervus brachialis cutaneus und Ramus superficialis des Nervus radialis.

2.1.9 TAIYUAN* (SHU-(Bach)- und YUAN-(Quell)-Punkt, Lu 9)

Lokalisation
An der transversalen Falte des Handgelenkes, in der Mulde der Arteria radialis, siehe Abb. 17.

Indikationen
Asthma, Husten, Hämoptysis, entzündeter Hals, Herzklopfen, Schmerzen in der Brust und am medialen Anteil des Unterarmes.

Methode
Senkrecht 0,5 bis 1 cm einstechen, Moxibustion anwendbar.

Gefäßversorgung
Arteria und Vena radialis.

Nervenversorgung
Der laterale Nervus brachialis cutaneus und der Ramus superficialis des Nervus radialis.

Bemerkung
Dieser Punkt ist einer der acht „einflußreichen" Punkte, der die Gefäße beherrscht.

2.1.10 YUJI (YING-(Quell)-Punkt, Lu 10)

Lokalisation An der Innenfläche des Mittelpunktes des ersten metakarpalen Knochen, an der Verbindung zwischen roter und weißer Haut (die Verbindungslinie von Handinnen- und -außenfläche), siehe Abb. 17.

Indikationen Husten, Hämoptysis, entzündeter Hals, Fieber.

Methode Senkrecht 1 bis 1,5 cm einstechen, Moxibustion anwendbar.

Gefäßversorgung Venolen des Daumens, die zur Vena cephalica gehören.

Nervenversorgung Ramus superficialis des Nervus radialis.

2.1.11 SHAOSHANG* (JING-(Brunnen)-Punkt, Lu 11)

Lokalisation Auf der Innenseite des Daumens, ungefähr 0,1 CUN posterior der Ecke des Nagels, siehe Abb. 17.

Indikationen Husten, Asthma, entzündeter Hals, Nasenbluten, Schmerzen in den Fingern, fiebrige Krankheiten, Ruhelosigkeit und geistige Störungen.

Methode Schräg aufwärts 2 bis 3 mm einstechen oder Stechen mit der drei-schneidigen Nadel, um eine Blutung zu verursachen.

Gefäßversorgung Das arterielle und venöse Geflecht, das durch die Arteriae und Venae digitales palmaris propriae gebildet wird.

Nervenversorgung Das terminale Nervengeflecht, das durch gemischte Zweige des lateralen Nervus brachialis cutaneus des Ramus superficialis des Nervus radialis sowie des Nervus digitalis palmaris des Nervus medianus gebildet wird.

Bemerkung Bei der Behandlung geistiger Krankheiten oder Nasenbluten wird die Moxibustion mit drei bis fünf kleinen Moxakegeln angewendet.

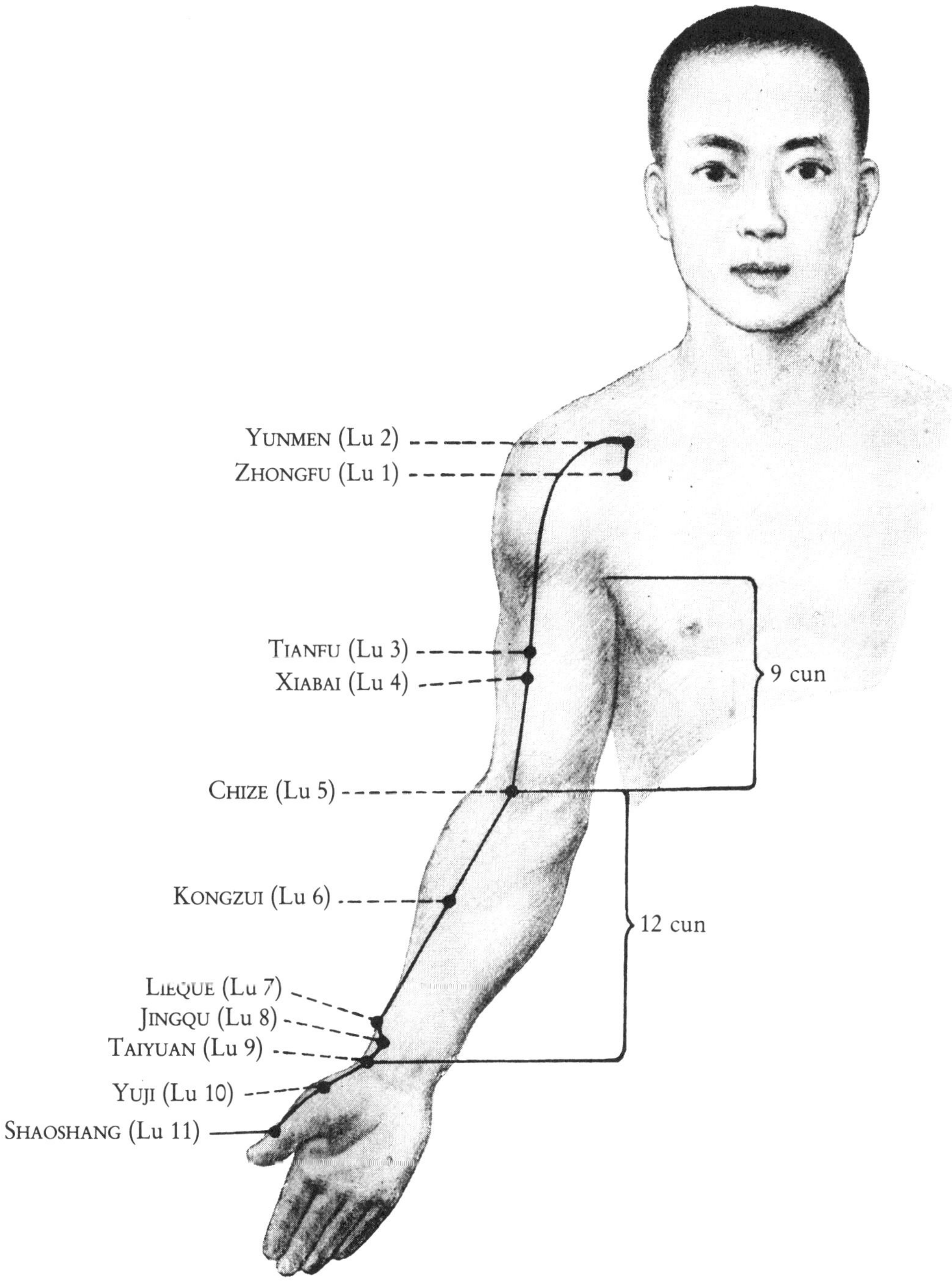

Abb. 19 LUNGEN-Meridian TAIYIN Hand

2.2 DICKDARM-Meridian YANGMING Hand

Verlauf

Der DICKDARM-Meridian YANGMING Hand beginnt an der Spitze des Zeigefingers (SHANGYANG, Di 1) (1). Er läuft nach oben entlang der Radialseite des Zeigefingers, passiert den Zwischenraum zwischen dem ersten und zweiten metakarpalen Knochen (HEGU, Di 4) und durchläuft die Mulde zwischen den Sehnen des Musculus extensor pollicis longus und des Musculus extensor pollicis brevis (2). Dann folgt er dem lateralen anterioren Aspekt des Unterarmes (3) und erreicht die Außenseite des Ellbogens (4). Von hier steigt er entlang des lateralen anterioren Aspekts des Oberarmes (5) zum höchsten Punkt der Schulter JIANYU (Di 15) (6) auf. Dann geht er entlang der anterioren Grenze des Akromions (7) zum siebten Halswirbel (DAZHUI LG 14) (8), steigt ab zur Fossa supraclavicularis (9), wo er sich mit der Lunge verbindet (10). Er passiert das Zwerchfell (11) und tritt in den Dickdarm ein, seinem zugehörigen Organ (12).

Der Zweig aus der Fossa supraclavicularis läuft aufwärts zum Hals (13), passiert die Wange (14) und tritt in das Zahnfleisch der unteren Frontzähne ein (15). Dann umläuft er die Oberlippe und kreuzt den Meridian der anderen Seite am Philtrum. Von dort geht der linke Meridian zur rechten Seite und der rechte Meridian zur linken Seite der Nase (YINGXIANG, Di 20). Dort verbindet sich der DICKDARM-Meridian mit dem MAGEN-Meridian YANGMING Fuß (16) (Abb. 20).

Bemerkung

Der Dickdarm hat einen Unteren HE-(Meer)-Punkt (SHANGJUXU, M 37) (Abb. 21).

Insgesamt hat der DICKDARM-Meridian 20 Punkte, die im folgenden beschrieben werden.

2.2.1 SHANGYANG* (JING-(Brunnen)-Punkt, Di 1)

Lokalisation

Auf der Radialseite des Zeigefingers, ungefähr 0,1 CUN posterior von der Ecke des Fingernagels gelegen (Abb. 22).

Indikationen

Zahnschmerzen, Halsentzündung, Schwellung der submandibulären Region, Taubheit der Finger, fiebrige Erkrankungen, Ruhelosigkeit.

Methode

Schräg 2 bis 3 mm einstechen oder einstechen mit der drei-schneidigen Nadel, um eine Blutung zu verursachen.

Gefäßversorgung

Das arterielle und venöse Geflecht, das durch die Arteria und Vena digitalis dorsalis gebildet wird.

Nervenversorgung

Nervus digitalis palmaris des Nervus medianus.

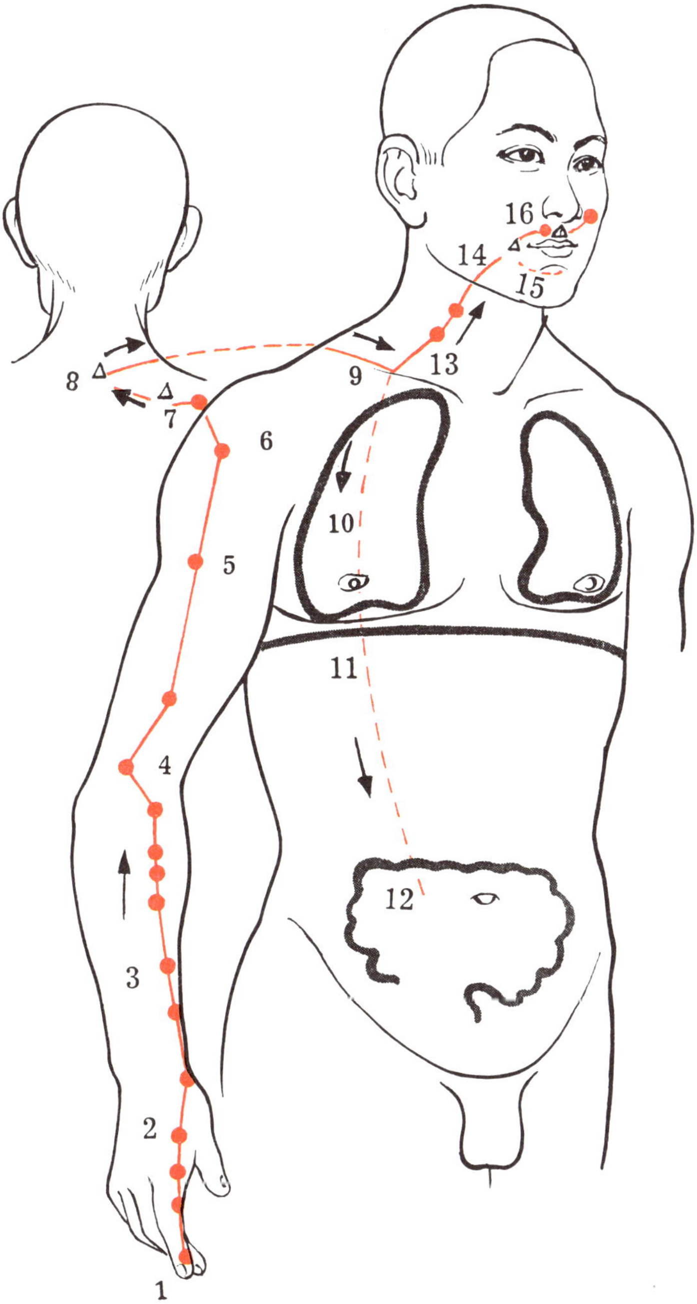

Abb. 20 DICKDARM-Meridian YANGMING Hand

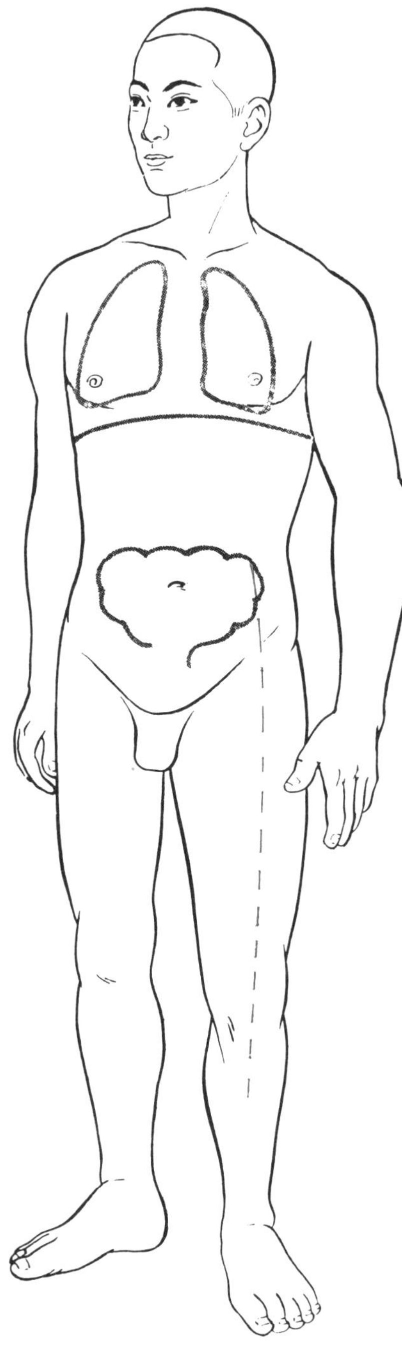

Abb. 21 Unterer HE-Meer-Punkt des DICKDARM-Meridians: SHANGJUXU (M 37)

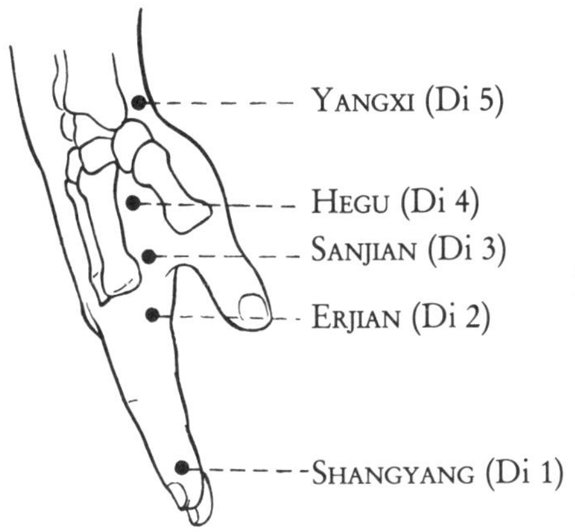

Abb. 22

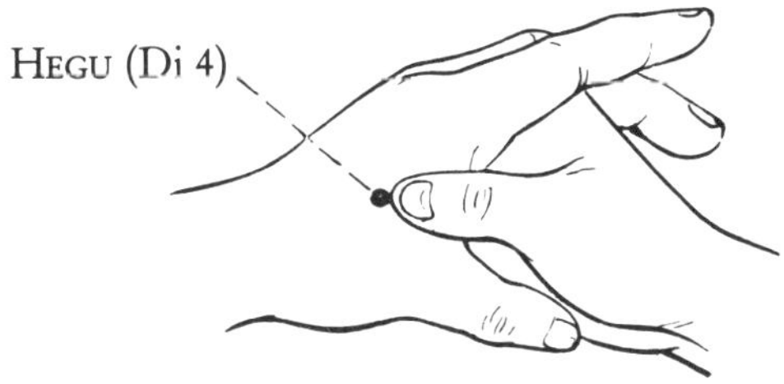

Abb. 23

2.2.2 ERJIAN (YING-(Quell)-Punkt, Di 2)

Lokalisation
Auf der Radialseite des Zeigefingers, distal des metakarpophalangealen Gelenkes, an der Verbindungslinie zwischen weißer und roter Haut. Dieser Punkt wird bei leicht gebeugtem Finger lokalisiert (Abb. 22).

Indikationen
Verschwimmender Gesichtssinn, Nasenbluten, Zahnschmerzen, Halsentzündung, fiebrige Erkrankungen.

Methode
Senkrecht 5 bis 7 mm einstechen, Moxibustion anwendbar.

Gefäßversorgung
Arteria und Vena digitalis dorsalis sowie die Arteria und Vena digitalis palmaris propria der Arteria und Vena radialis.

Nervenversorgung
Nervus digitalis dorsalis des Nervus radialis und der Nervus digitalis palmaris des Nervus medianus.

2.2.3 SANJIAN (SHU-(Bach)-Punkt, Di 3)

Lokalisation
Wenn eine lockere Faust gemacht wird, befindet sich der Punkt auf der Radialseite des Zeigefingers in der Mulde proximal zum Kopf des zweiten metakarpalen Knochens (Abb. 22).

Indikationen
Augenschmerzen, Zahnschmerzen, Halsentzündung, Rötung und Schwellung der Finger und des Handrückens.

Methode
Senkrecht in Richtung Ulna 1 bis 2,5 cm einstechen, Moxibustion anwendbar.

Gefäßversorgung
Dorsal das venöse Geflecht der Hand und der Zweig der Arteria metacarpalis dorsalis.

Nervenversorgung
Ramus superficialis des Nervus radialis.

2.2.4 HEGU* (YUAN-(Quell)-Punkt, Di 4)

Lokalisation
Zwischen dem ersten und zweiten metakarpalen Knochen, ungefähr in der Mitte des zweiten metakarpalen Knochens auf der Radialseite (Abb. 22), oder wenn der Daumen oder der Zeigefinger der anderen Hand mit seiner transversalen Falte des interphalangealen Gelenks auf den Rand der Schwimmhaut zwischen Daumen und Zeigefinger gelegt wird, so befindet sich der Punkt HEGU an der Spitze des Daumens oder des Zeigefingers (Abb. 23).

Indikationen
Kopfschmerzen, Rötung mit Schwellung und Schmerzen der Augen, Nasenbluten, Zahnschmerzen, Gesichtsschwellung, Halsentzündung, Kontraktion der Finger, Schmerzen des Armes, Trismus, Fazialisparese, fiebrige Erkrankungen mit Anhydrose, Hydrose, Amenorrhoe, Arbeitsunlust, Bauchschmerzen, Verstopfung, Dysenterie.

Methode
Senkrecht 1 bis 2 cm einstechen, Moxibustion anwendbar.

Gefäßversorgung
Das venöse Geflecht des Handrückens, nahe bei der Arteria radialis, wo sie vom Handrücken durch die Hand zur Handinnenfläche läuft.

Nervenversorgung
Ramus superficialis des Nervus radialis, tiefer der Nervus digitalis palmaris des Nervus medianus.

Bemerkung
Akupunktur und Moxibustion an diesem Punkt sind während einer Schwangerschaft kontraindiziert.

2.2.5 YANGXI (JING-(Fluß)-Punkt, Di 5)

Lokalisation
Auf der Radialseite des Handgelenkes. Wenn der Daumen nach oben abgewinkelt wird, liegt der Punkt in der Mulde zwischen den Sehnen des Musculus extensor pollicis longus und des Musculus extensor pollicis brevis (Abb. 24).

Indikationen
Kopfschmerz, Rötung mit Schwellung und Schmerzen des Auges, Zahnschmerzen, Halsentzündung, Schmerzen des Handgelenkes.

Methode
Senkrecht circa 1 cm einstechen, Moxibustion anwendbar.

Gefäßversorgung
Vena cephalica, Arteria radialis und deren karpaler Zweig.

Nervenversorgung
Ramus superficialis des Nervus radialis.

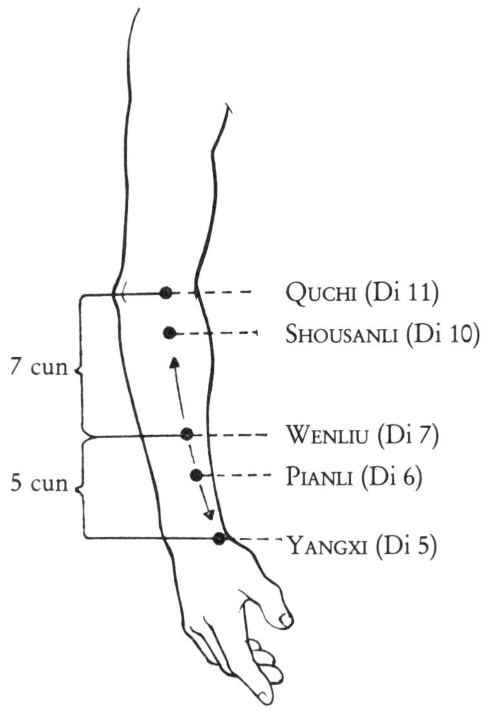

Abb. 24

2.2.6 PIANLI (LUO-(Passage)-Punkt, Di 6)

Lokalisation
3 CUN über Punkt YANGXI (Di 5), auf der Verbindungslinie von YANGXI (Di 5) und QUCHI (Di 11), siehe Abb. 24.

Indikationen
Nasenbluten, Taubheit, Schmerzen der Hand und des Armes, Schwellungen.

Methode
Senkrecht circa 1 cm einstechen, Moxibustion anwendbar.

Gefäßversorgung
Vena cephalica.

Nervenversorgung
Auf der Radialseite der Nervus brachialis cutaneus lateralis und der Ramus superficialis des Nervus radialis, auf der Ulna-Seite der Nervus brachialis cutaneus posterior und der Nervus brachialis interosseus posterior.

Bemerkung
Der Abstand zwischen YANGXI (Di 5) und QUCHI (Di 11) beträgt 12 CUN.

2.2.7 WENLIU (XI-(Grenz)-Punkt, Di 7)

Lokalisation Wenn man mit der Ulna-Seite nach unten eine Faust macht und den Ellbogen abwinkelt, so liegt der Punkt 5 CUN über dem Punkt YANGXI (Di 5), siehe Abb. 24.

Indikationen Kopfschmerz, Gesichtsschwellung, Halsentzündung, Bauchschmerzen, Borborygmus, Schmerzen in der Schulter und im Arm.

Methode Senkrecht 1 bis 2 cm einstechen, Moxibustion anwendbar.

Gefäßversorgung Der muskuläre Zweig der Arteria radialis, die Vena cephalica.

Nervenversorgung Nervus brachialis cutaneus posterior und der tiefe Zweig des Nervus radialis.

2.2.8 XIALIAN (Di 8)

Lokalisation 4 CUN unterhalb QUCHI (Di 11).

Indikationen Schmerzen im Ellbogen und im Arm, Bauchschmerzen.

Methode Senkrecht 1 bis 1,5 cm einstechen, Moxibustion anwendbar.

Anatomie siehe Punkt WENLIU (Di 7).

2.2.9 SHANGLIAN (Di 9)

Lokalisation 3 CUN unterhalb QUCHI (Di 11).

Indikationen Schmerzen der Schulter, Bewegungsbeeinträchtigung der oberen Extremität, Taubheit der Hand und des Armes, Borborygmus, Bauchschmerzen.

Methode Senkrecht 1,5 bis 2,5 cm einstechen, Moxibustion anwendbar.

Anatomie Siehe Punkt WENLIU (Di 7).

2.2.10 SHOUSANLI* (Di 10)

Lokalisation 2 CUN unterhalb QUCHI (Di 11), siehe Abb. 24.

Indikationen Bauchschmerzen, Erbrechen und Diarrhoe, Schmerzen in der Schulter, Bewegungsbeeinträchtigung der oberen Extremität.

Methode Senkrecht 2,5 bis 3 cm einstechen, Moxibustion anwendbar.

Gefäßversorgung Arteria und Vena radialis.

Nervenversorgung Siehe Punkt WENLIU (Di 7).

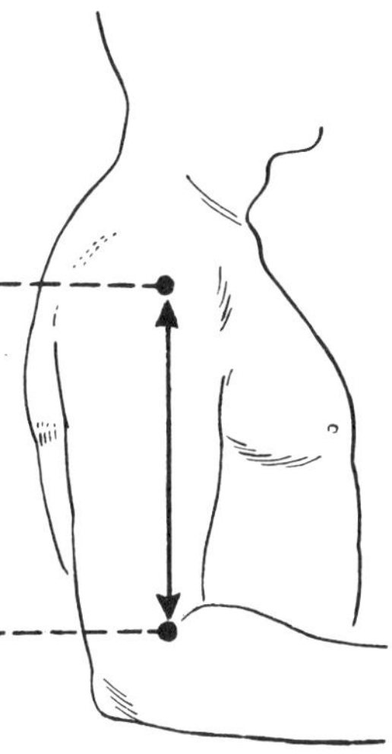

Abb. 25

2.2.11 QUCHI* (HE-(Meer)-Punkt, Di 11)

Lokalisation

Wenn der Ellbogen gebeugt wird, befindet sich der Punkt QUCHI in der Mulde am seitlichen Ende der transversalen Ellbogenfalte in der Mitte zwischen Punkt CHIZE (Lu 5) und dem seitlichen Gelenkkopf des Humerus, siehe Abb. 25.

Indikationen

Schmerzen des Ellbogens und des Armes, Bewegungsbeeinträchtigung der oberen Extremität, Skrofulose (Lymphknotentuberkulose), Urtikaria, Bauchschmerzen, Erbrechen, Diarrhoe, Dysenterie, fiebrige Erkrankungen, Halsentzündung.

Methode

Senkrecht 2 bis 3 cm einstechen, Moxibustion anwendbar.

Gefäßversorgung

Zweige der Arteria und Vena radialis.

Nervenversorgung

Nervus brachialis cutaneus posterior, tiefer auf der medialen Seite der Nervus radialis.

Bemerkung

Der Untere HE-(Meer)-Punkt des Dickdarms ist SHANGJUXU (M 37), der bei Störungen des Dickdarms indiziert ist.

2.2.12 ZHOULIAO (Di 12)

Lokalisation

Wenn der Ellbogen abgewinkelt ist, befindet sich der Punkt oberhalb des seitlichen Gelenkkopfs des Humerus ungefähr 1 CUN oberhalb des Punktes QUCHI (Di 11) auf der medialen Grenze des Humerus.

Indikationen

Schmerzen, Kontraktion und Taubheit des Ellbogens und des Armes.

Methode Senkrecht circa 1 cm einstechen, Moxibustion anwendbar.

Gefäßversorgung Arteria und Vena radialis.

Nervenversorgung Siehe Punkt QUCHI (Di 11).

Bemerkung Der Abstand vom Punkt QUCHI (Di 11) zum Ende der Achselfalte beträgt 9 CUN.

2.2.13 Hand-WULI (Di 13)

Lokalisation Oberhalb des seitlichen Gelenkkopfes des Humerus, 3 CUN über dem Punkt QUCHI (Di 11), auf der Linie, welche die Punkte QUCHI (Di 11) und JIANYU (Di 15) miteinander verbindet.

Indikationen Kontraktion und Schmerzen des Ellbogens und des Armes, Skrofulose.

Methode Moxibustion für 5 bis 10 Minuten.

Gefäßversorgung Arteria und Vena radialis.

Nervenversorgung Siehe Punkt QUCHI (Di 11).

2.2.14 BINAO (Di 14)

Lokalisation Auf der Radialseite des Humerus, über dem unteren Ende des Musculus deltoideus, auf der Verbindungslinie zwischen dem Punkt QUCHI (Di 11) und JIANYU (Di 15).

Indikationen Schmerzen in der Schulter und im Arm, Skrofulose.

Methode Senkrecht oder schräg aufwärts 1 bis 2 cm einstechen, Moxibustion anwendbar.

Gefäßversorgung Zweige der Arteria und Vena circumflexa humeri posterior, in der Tiefe die Arteria und Vena brachialis.

Nervenversorgung Siehe Punkt QUCHI (Di 11).

2.2.15 JIANYU* (Di 15)

Lokalisation Vor und unterhalb des Akromions, in der Mitte der oberen Portion des Musculus deltoideus. Wenn der Arm seitlich ausgestreckt ist, befindet sich der Punkt in der Mulde, die an der vorderen Grenze des Gelenkes zwischen Akromion und Schlüsselbein auftritt (Abb. 25).

Indikationen Schmerzen der Schulter und des Armes, Bewegungseinschränkungen der oberen Extremität, Skrofulose, Röteln.

Schräg nach unten 1,5 bis 3 cm stechen, Moxibustion anwendbar. *Methode*

Arteria und Vena circumflexa posterior. *Gefäßversorgung*

Nervus supraclavicularis lateralis und Nervus axillaris. *Nervenversorgung*

2.2.16 JUGU (Di 16)

Im oberen Teil der Schulter, in der Mulde zwischen der Extremitas acromialis des Schlüsselbeines und der Spina scapularis. *Lokalisation*

Schmerzen in der Schulter, Bewegungsschmerzen und Bewegungsbeeinträchtigung der oberen Extremität. *Indikationen*

Senkrecht 1 bis 2 cm einstechen, Moxibustion anwendbar. *Methode*

In der Tiefe die Arteria und Vena suprascapularis. *Gefäßversorgung*

Oberflächlich der Nervus supraclavicularis lateralis, Zweige des Nervus accessorius, tiefer der Nervus suprascapularis. *Nervenversorgung*

2.2.17 TIANDING (Di 17)

An der Seite des Halses, über dem Mittelpunkt der Fossa supraclavicularis (QUEPEN, M 12), ungefähr 1 CUN unterhalb des Punktes Hals-FUTU (Di 18), an der posterioren Grenze des Musculus sternocleidomastoideus. *Lokalisation*

Halsentzündung, Heiserkeit der Stimme, Skrofulose, Kropf. *Indikationen*

Senkrecht circa 1 cm einstechen, Moxibustion anwendbar. *Methode*

Vena jugularis externa. *Gefäßversorgung*

Oberflächlich der Nervus supraclavicularis. Der Punkt liegt an der posterioren Grenze des Musculus sternocleidomastoideus, gerade an der Stelle, wo der Nervus cervicalis cutaneus austritt. In der Tiefe der Nervus phrenicus. *Nervenversorgung*

2.2.18 Hals-FUTU (Di 18)

Auf der Seite des Halses, in der Höhe des Adamsapfels, zwischen dem sternalen Kopf und dem klavikulären Kopf des Musculus sternocleidomastoideus. *Lokalisation*

Husten, Asthma, Halsentzündung, Heiserkeit, Skrofulose, Kropf. *Indikationen*

Senkrecht circa 1 cm einstechen, Moxibustion anwendbar. *Methode*

In der Tiefe auf der medialen Seite die aufsteigende Arteria und Vena cervicalis. *Gefäßversorgung*

Nervus auricularis magnus, Nervus cervicalis cutaneus, weniger der Nervus occipitalis und der Nervus accessorius. *Nervenversorgung*

2.2.19 Nase-HELIAO (Di 19)

Lokalisation Direkt unterhalb des seitlichen Randes des Nasenloches in Höhe des Punktes RENZHONG (LG 26).

Indikationen Nasenbluten, Nasenverstopfung, Abweichung des Mundes.

Methode Schräg 0,5 bis 0,8 cm einstechen.

Gefäßversorgung Die oberflächlichen labialen Zweige der Arteria und Vena facialis.

Nervenversorgung Die anastomosierenden Zweige des Nervus facialis und des Nervus infraorbitalis.

2.2.20 YINGXIANG* (Di 20)

Lokalisation In der nasolabialen Grube, in Höhe des Mittelpunktes der seitlichen Begrenzung des Nasenflügels (Abb. 26).

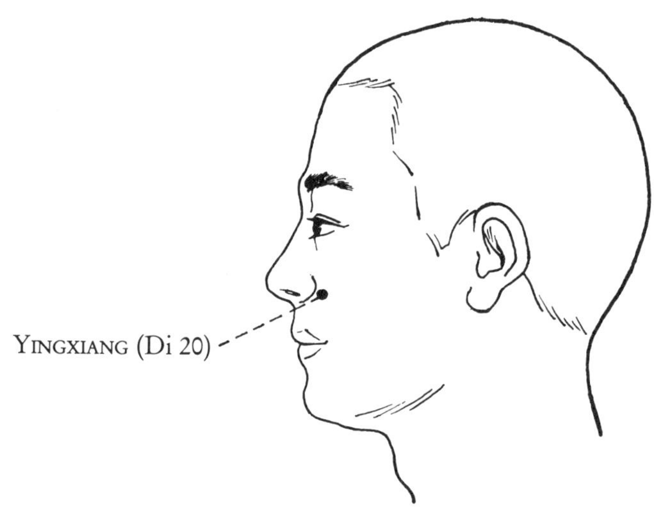

Abb. 26

Indikationen Nasenverstopfung, Nasenbluten, Rhinorrhoe, Abweichung des Mundwinkels, Jucken und Schwellung des Gesichtes.

Methode Schräg nach unten 0,7 bis 0,8 cm stechen.

Gefäßversorgung Arteria und Vena facialis, Zweige der Arteria und Vena infraorbitalis.

Nervenversorgung Die anastomosierenden Zweige des Nervus facialis und des Nervus infraorbitalis.

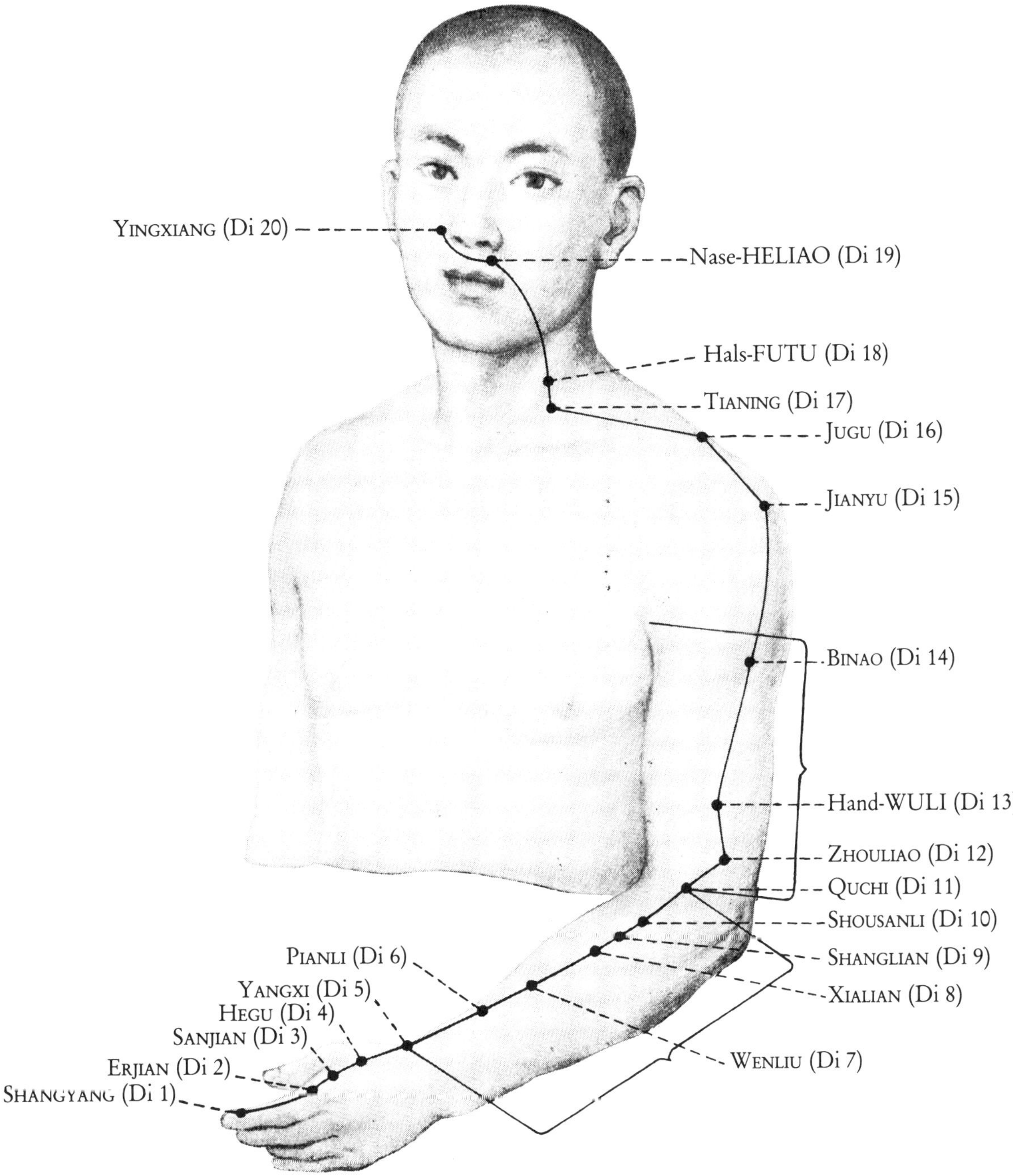

Abb. 27 DICKDARM-Meridian YANGMING Hand

2.3 MAGEN-Meridian YANGMING Fuß

Verlauf

Der MAGEN-Meridian YANGMING Fuß beginnt seitlich des Nasenflügels (YINGXIANG, Di 20) (1). Er steigt zur Nasenwurzel auf, wo er den BLASEN-Meridian TAIJANG Fuß (JINGMING, B 1) trifft (2). Dann verläuft er abwärts entlang der Seite der Nase (CHENGQI, M 1) (3) und tritt in das Zahnfleisch des Oberkiefers ein (4). Wiederaustretend umläuft er die Lippen (5) und steigt weiter ab, um sich mit dem Konzeptionsgefäß (REN-Meridian) in der mentolabialen Grube zu treffen (CHENGJIANG, KG 24) (6). Dann läuft er posterior lateral über die untere Wange bei Punkt DAYING (M 5) (7). Er windet sich entlang des Unterkieferwinkels (JIACHE, M 6) (8), steigt vor das Ohr auf und kreuzt den Punkt SHANGGUAN (G 3) des GALLENBLASEN-Meridians SHAOYANG Fuß (9). Dann folgt er der vorderen Haaransatzlinie (10) und erreicht die Stirn (11).

Der Gesichtszweig des Meridians entspringt vor dem Punkt DAYING (M 5) und läuft nach unten zum Punkt RENYING (M 9) (12). Dort geht er entlang des Halses und tritt in die Fossa supraclavicularis ein (13). Absteigend passiert er das Zwerchfell (14), tritt in den Magen ein, seinem zugehörigen Organ, und verbindet sich mit der Milz (15).

Der oberflächliche Verlauf des Meridians geht aus der Fossa supraclavicularis nach unten (16) und passiert die Brustwarzen. Er steigt am Nabel vorbei ab zum Punkt QICHONG (M 30) am seitlichen Unterbauch gelegen (17).

Der innere Zweig steigt von der unteren Magenöffnung innerhalb des Bauches abwärts und tritt am Punkt QICHONG (M 30) an die Oberfläche. Der Meridian verläuft weiter abwärts zum Punkt BIGUAN (M 31) (19), läuft durch den Punkt Femur-FUTU (M 32) (20) und erreicht das Knie (21). Von dort aus läuft er weiter abwärts entlang der vorderen Grenze des seitlichen Teils der Tibia (22), passiert den Fußrücken (23) und erreicht die äußere Seite der Zehenspitze des zweiten Zehs (LIDUI, M 45) (24).

Ein tibialer Zweig entspringt am Punkt ZUSANLI (M 36), 3 CUN unterhalb des Knies (25), und tritt in die äußere Seite des mittleren Zehs ein (26).

Ein Zweig vom Fußrücken entspringt am Punkt CHONGYANG (M 42) (27) und endet an der medialen Seite der Spitze des großen Zehs (YINBAI, MP 1), wo sich der MAGEN-Meridian mit dem MILZ-Meridian TAIYIN Fuß verbindet (Abb. 28).

Insgesamt hat der MAGEN-Meridian 45 Punkte, die im folgenden beschrieben werden.

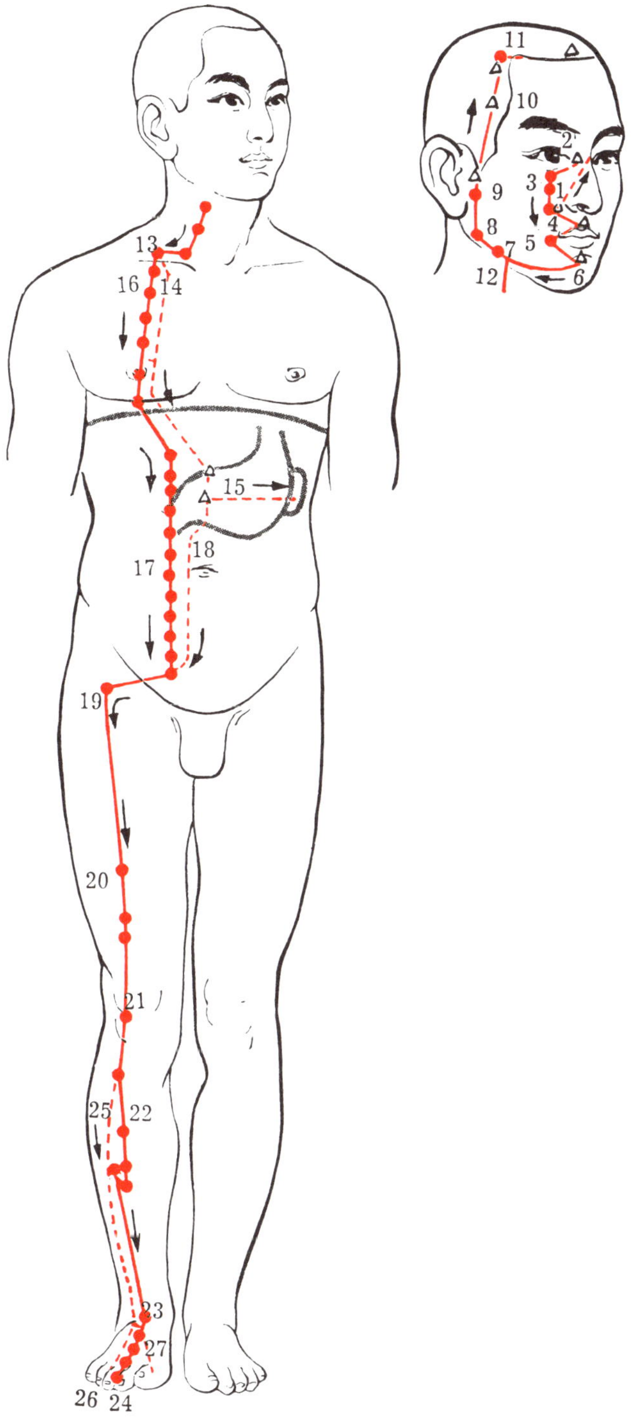

Abb. 28 MAGEN-Meridian YANGMING Fuß

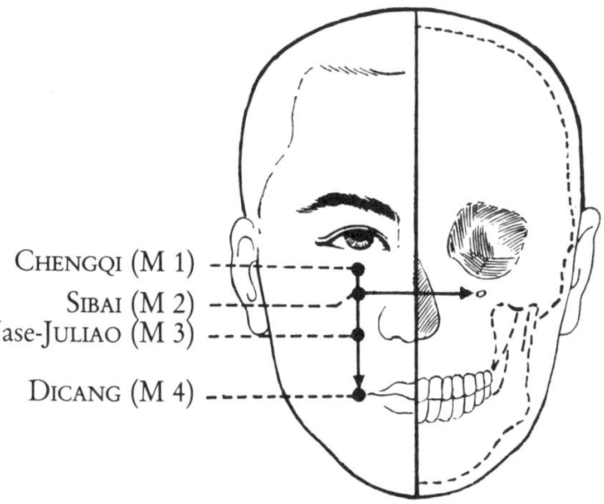

Abb. 29

2.3.1 CHENGQI* (M 1)

Lokalisation Zwischen dem Augapfel und dem Mittelpunkt des Infraorbitalrandes (Abb. 29).

Indikationen Rötung mit Schwellung und Schmerzen der Augen, tränende Augen bei Wind, Nachtblindheit, Fazialisparese, Zucken der Augenlider.

Methode Entlang des Infraorbitalrandes senkrecht 1 bis 1,5 cm einstechen. Es ist nicht ratsam, die Nadel zu stark zu manipulieren.

Gefäßversorgung Zweige der Arteria und Vena infraorbitalis und der Arteria und Vena ophthalmica.

Nervenversorgung Der Zweig des Nervus infraorbitalis, der untere Zweig des Nervus oculomotoricus und der Muskelzweig des Nervus facialis.

2.3.2 SIBAI (M 2)

Lokalisation Unterhalb von CHENGQI (M 1), in der Mulde am Foramen infraorbitalis (Abb. 29).

Indikationen Rötung und Schmerzen der Augen, Fazialisparese und Gesichtsschmerzen, Zucken der Augenlider.

Methode Senkrecht 0,5 bis 0,8 cm einstechen, tiefes Einstechen ist kontraindiziert.

Gefäßversorgung Zweige der Arteria und Vena facialis, Arteria und Vena infraorbitalis.

Nervenversorgung Zweige des Nervus facialis. Der Punkt liegt genau auf dem Verlauf des Nervus infraorbitalis.

2.3.3 Nase-JULIAO (M 3)

Lokalisation
Direkt unter Punkt SIBAI (M 2), auf Höhe der unteren Grenze der Nasenflügel, auf der äußeren Seite der Nasolabialgrube (Abb. 29).

Indikationen
Fazialisparese, Zucken der Augenlider, Nasenbluten, Zahnschmerzen, Schwellungen der Lippen und der Wangen.

Methode
Senkrecht circa 1 cm einstechen, Moxibustion anwendbar.

Gefäßversorgung
Zweige der Arteria und Vena facialis und infraorbitalis.

Nervenversorgung
Zweige des Nervus facialis und Nervus infraorbitalis.

2.3.4 DICANG (M 4)

Lokalisation
Seitlich am Mundwinkel, direkt unter dem Punkt Nase-JULIAO (M 3) (Abb. 29).

Indikationen
Herabhängende Mundwinkel, Speichelfluß, Zucken der Augenlider.

Methode
Schräg 1,5 bis 2,5 cm direkt in Richtung Punkt JIACHE (M 6) einstechen, Moxibustion anwendbar.

Gefäßversorgung
Arteria und Vena facialis.

Nervenversorgung
Oberflächlich die Zweige des Nervus facialis und des Nervus infraorbitalis, tiefer die Endäste des Nervus buccalis.

2.3.5 DAYING (M 5)

Lokalisation
Vor dem Unterkieferwinkel gelegen, an der vorderen Grenze des Musculus masseter, in der Grube, die erscheint, wenn die Wange aufgebläht wird, siehe Abb. 30.

Indikationen
Trismus, herabhängende Mundwinkel, Schwellung der Wange, Zahnschmerzen.

Methode
Schräg circa 1 cm in Richtung Punkt JIACHE (M 6) einstechen, Vorsicht vor der Arteria facialis, Moxibustion anwendbar.

Gefäßversorgung
Arteria und Vena facialis.

Nervenversorgung
Nervus facialis und Nervus buccalis.

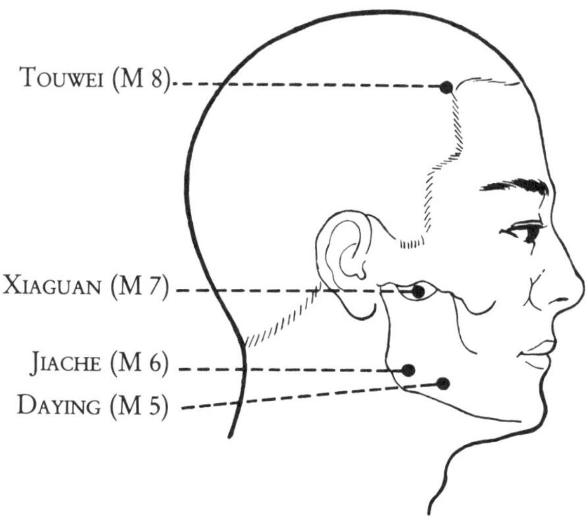

Abb. 30

2.3.6 JIACHE* (M 6)

Lokalisation Eine Fingerbreite vor und über dem unteren Kieferwinkel, wo der Musculus masseter vorspringt, wenn die Zähne fest aufeinander gepreßt werden (Abb. 30).

Indikationen Fazialisparese, Schwellung der Wangen, Zahnschmerzen, Trismus, Schmerzen und Steifheit im Nacken, Mumps.

Methode Senkrecht circa 1 cm einstechen oder schräg gegen den Punkt DICANG (M 4) einstechen, Moxibustion anwendbar.

Gefäßversorgung Arteria masseterica.

Nervenversorgung Nervus auricularis magnus, Nervus facialis und Nervus massetericus.

2.3.7 XIAGUAN* (M 7)

Lokalisation In der Mulde an der unteren Grenze des Jochbeinbogens, vor dem Processus condyloideus des Unterkiefers. Dieser Punkt wird bei geschlossenem Mund lokalisiert (Abb. 30).

Indikationen Taubheit, Tinnitus, Otorrhoe, Fazialisparese, Zahnschmerzen, Bewegungsbeeinträchtigung des Unterkiefers.

Methode Senkrecht circa 1 cm einstechen, Moxibustion anwendbar.

Gefäßversorgung Oberflächlich die Arteria und Vena facialis, in der Tiefe die Arteria und Vena maxillaris.

Nervenversorgung Der Jochbeinast des Nervus facialis und Zweige des Nervus auriculotemporalis.

2.3.8 TOUWEI* (M 8)

Lokalisation
0,5 CUN innerhalb der vorderen Haaransatzlinie an der Grenze zur Stirn, 4,5 CUN seitlich des Lenkergefäßes (DU-Meridian), siehe Abb. 30.

Indikationen
Kopfschmerz, verschwimmender Gesichtssinn, tränende Augen bei Wind, Augenschmerzen.

Methode
Entlang der Kopfhaut horizontal mit der Nadel nach oben oder nach unten 1,5 bis 2,5 cm einstechen.

Gefäßversorgung
Die vorderen Äste der Arteria und Vena temporalis superficialis.

Nervenversorgung
Der Ast des Nervus auriculotemporalis und der temporale Ast des Nervus facialis.

Bemerkung
Der Abstand zwischen Punkt TOUWEI (m 8) zwischen beiden Seiten ist 9 CUN, der gleiche Abstand wie zwischen den beiden Processi mastoidei.

2.3.9 RENYING (M 9)

Lokalisation
Auf der Höhe der Spitze des Adamsapfels, genau auf dem Verlauf der Arteria carotis, an der vorderen Grenze des Musculus sternocleidomastoideus, siehe Abb. 31.

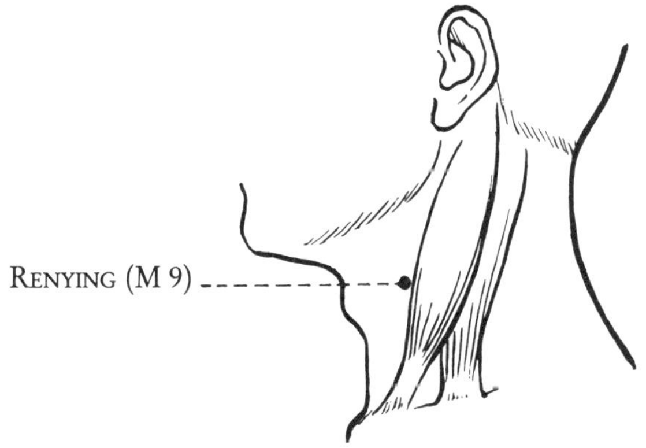

Abb. 31

Indikationen Halsentzündung, Asthma, Schwindel, Rötung des Gesichtes.

Methode Senkrecht circa 1 cm einstechen, Vorsicht vor der Arteria carotis.

Gefäßversorgung Arteria thyroidea anterior, Vena jugularis anterior, seitlich die Vena jugularis interna, die Arteria carotis externa und interna.

Nervenversorgung Oberflächlich der Nervus cervicalis cutaneus, der zervikale Ast des Nervus facialis, tiefer der Truncus sympathicus, seitlich der absteigende Ast des Nervus hypoglossus und der Nervus vagus.

2.3.10 SHUITU (M 10)

Lokalisation An der vorderen Grenze des Musculus sternocleidomastoideus, in der Mitte zwischen Punkt RENYING (M 9) und QISHE (M 11).

Indikationen Halsentzündung, Asthma.

Methode Senkrecht circa 1 cm einstechen, Moxibustion anwendbar.

Gefäßversorgung Arteria carotis.

Nervenversorgung Oberflächlich der Nervus cervicalis cutaneus, tiefer der Nervus sympathicus und der Truncus sympathicus.

2.3.11 QISHE (M 11)

Lokalisation An der oberen Grenze der Extremitas sternalis des Schlüsselbeines, zwischen dem Brustbeinkopf und dem Schlüsselbeinkopf des Musculus sternocleidomastoideus.

Indikationen Halsentzündung, Asthma.

Methode Senkrecht circa 1 cm einstechen, Moxibustion anwendbar.

Gefäßversorgung Oberflächlich die Vena jugularis anterior, tiefer die Arteria carotis.

Nervenversorgung Nervus supraclavicularis medialis und der Muskelzweig der Ansa hypoglossi.

2.3.12 QUEPEN (M 12)

Lokalisation Im Mittelpunkt der Fossa supraclavicularis, 4 CUN seitlich des Konzeptionsgefäßes (REN-Meridian).

Indikationen Husten, Asthma, Halsentzündung, Schmerzen in der Fossa supraclavicularis.

Senkrecht circa 1 cm einstechen, Vorsicht vor der Arteria cervicalis transversa, ein tiefes Einstechen ist nicht ratsam, Moxibustion anwendbar. *Methode*

Oberflächlich die Arteria cervicalis transversa. *Gefäßversorgung*

Oberflächlich der Nervus supraclavicularis intermedius, tiefer die Portio supraclavicularis des Plexus brachialis. *Nervenversorgung*

2.3.13 QIHU (M 13)

An der unteren Grenze des Mittelpunktes des Schlüsselbeines, an der Linea mammilaris. *Lokalisation*

Asthma, Husten, Völlegefühl in der Brust. *Indikationen*

Senkrecht circa 1 cm einstechen, Moxibustion anwendbar. *Methode*

Äste der Arteria und Vena thoracoacromialis, oberflächlich die Vena supraclavicularis. *Gefäßversorgung*

Äste des Nervus supraclavicularis und des Nervus thoracicus anterior. *Nervenversorgung*

2.3.14 KUFANG (M 14)

Im ersten Zwischenrippenraum, auf der Liniea mammilaris. *Lokalisation*

Völlegefühl und Schmerzen in der Brust und in der Hypochondralregion, Husten. *Indikationen*

Schräg circa 1 cm einstechen, Moxibustion anwendbar. *Methode*

Arteria und Vena thoracoacromialis und Äste der Arteria und Vena thoracicus lateralis. *Gefäßversorgung*

Äste des Nervus thoracicus anterior. *Nervenversorgung*

Es ist nicht ratsam, Punkte auf der Brust und im Bauch zu tief zu stechen, um das Brust- bzw. Bauchfell zu schützen. *Bemerkung*

2.3.15 WUYI (M 15)

Zweiter Zwischenrippenraum, auf der Liniea mammilaris. *Lokalisation*

Husten, Asthma, Völlegefühl und Schmerzen in der Brust, Mastitis. *Indikationen*

Schräg circa 1 cm einstechen, Moxibustion anwendbar. *Methode*

Siehe Punkt KUFANG (M 14). *Gefäßversorgung*

Der Ast des Nervus thoracicus anterior, der den Musculus pectoralis major versorgt. *Nervenversorgung*

2.3.16 YINGCHUNG (M 16)

Lokalisation Im dritten Zwischenrippenraum, auf der Liniea mammilaris.

Indikationen Husten, Asthma, Völlegefühl und Schmerz in der Brust, Mastitis.

Methode Schräg circa 1 cm einstechen, Moxibustion anwendbar.

Gefäßversorgung Arteria und Vena thoracica lateralis.

Nervenversorgung Ast des Nervus thoracicus anterior.

2.3.17 RUZHONG (M 17)

Lokalisation Im Zentrum der Brustwarze.

Nervenversorgung Anteriorer und lateraler Hautast des vierten Zwischenrippennervens.

Bemerkung Akupunktur und Moxibustion sind an diesem Punkt kontraindiziert. Dieser Punkt dient nur als Markierung für die Lokalisation von Punkten auf der Brust und auf dem Bauch. Der Abstand zwischen den beiden Brustwarzen beträgt 8 CUN.

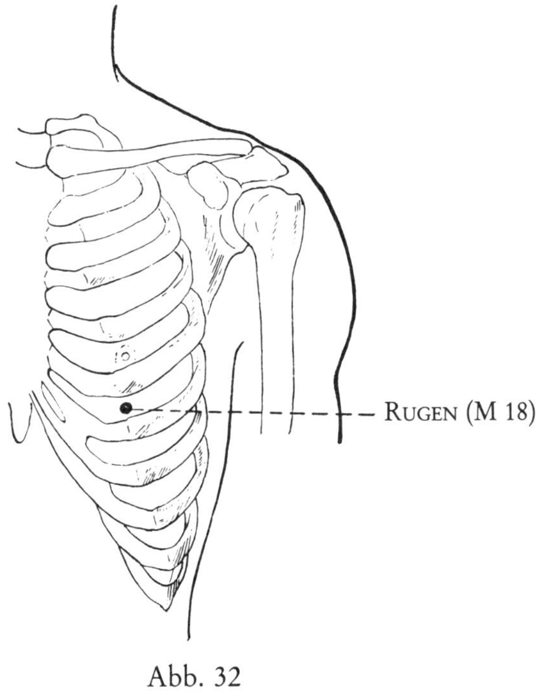

Abb. 32

2.3.18 RUGEN (M 18)

Im Zwischenrippenraum, eine Rippe unterhalb der Brustwarze, siehe Abb. 32. *Lokalisation*

Husten, Asthma, Mastitis, Muttermilchmangel, Schmerzen in der Brust. *Indikationen*

Schräg circa 1 cm einstechen, Moxibustion anwendbar. *Methode*

Äste der Arteria und Vena intercostalis. *Gefäßversorgung*

Der Ast des fünften Zwischenrippennervens. *Nervenversorgung*

2.3.19 BURONG (M 19)

6 CUN über dem Nabel, 2 CUN seitlich des Punktes JUQUE (KG 14). *Lokalisation*

Blähungen im Bauch, Erbrechen, Magenschmerzen, Anorexie. *Indikationen*

Senkrecht 1 bis 2 cm einstechen, Moxibustion anwendbar. *Methode*

Äste der siebten Zwischenrippenarterie und -vene, Äste der Arteria und Vena epigastrica superior. *Gefäßversorgung*

Der Ast des siebten Zwischenrippennervens. *Nervenversorgung*

Der Abstand vom Brustbeinwinkel zum Zentrum des Nabels beträgt 8 CUN. Dieser Abstand dient als Standard für die Lokalisation der Punkte auf beiden Seiten des Oberbauches. Der Abstand vom Punkt BURONG (M 19) und TIANSHU (M 25) beträgt 6 CUN. *Bemerkung*

2.3.20 CHENGMAN (M 20)

5 CUN über dem Nabel, 2 CUN seitlich des Punktes SHANGWAN (KG 13) oder 1 CUN unterhalb BURONG (M 19). *Lokalisation*

Magenschmerzen, Blähungen im Bauch, Erbrechen, Anorexie. *Indikationen*

Senkrecht 1,5 bis 2,5 cm einstechen, Moxibustion anwendbar. *Methode*

Siehe Punkt BURONG (M 19). *Anatomie*

2.3.21 LIANGMEN* (M 21)

4 CUN über dem Nabel, 2 CUN seitlich des Punktes ZHONGWAN (KG 12), siehe Abb. 33. *Lokalisation*

Magenschmerzen, Erbrechen, Anorexie, lockerer Stuhl. *Indikationen*

Senkrecht 2 bis 2,5 cm einstechen, Moxibustion anwendbar. *Methode*

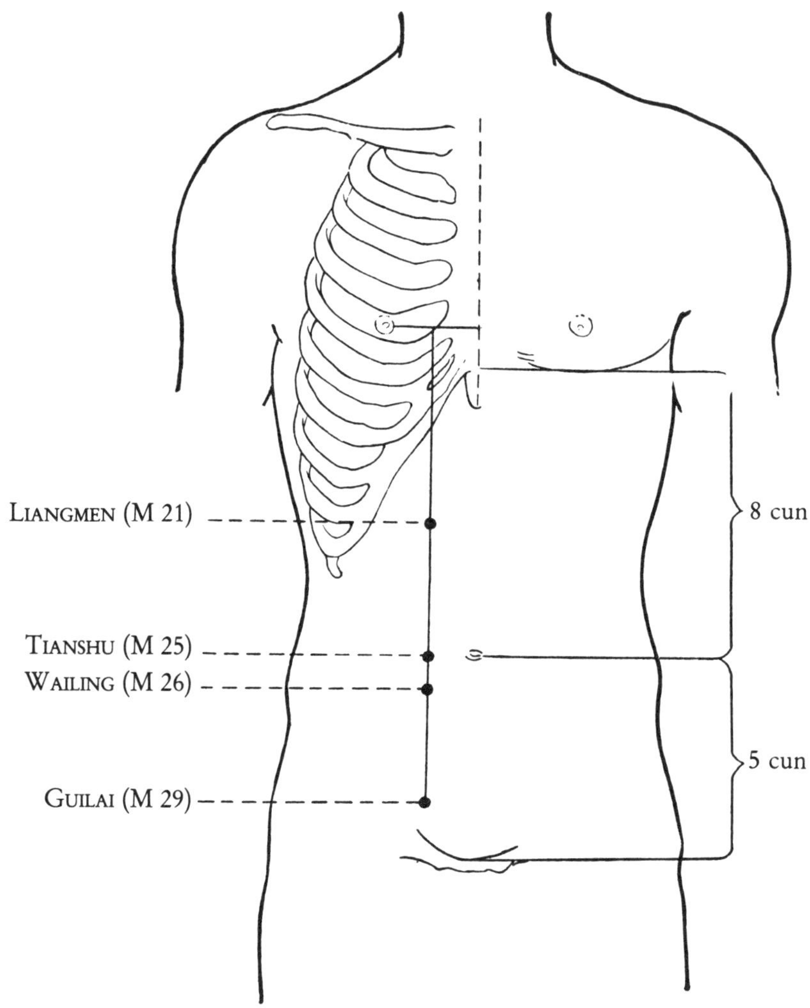

Abb. 33

Gefäßversorgung Äste der achten Arteria und Vena intercostalis und der Arteria und Vena epigastrica superior.

Nervenversorgung Der Ast des achten Nervus intercostalis.

2.3.22 GUANMEN (M 22)

3 CUN über dem Nabel, 2 CUN seitlich des Punktes JIANLI (KG 11), 1 CUN unterhalb LIANGMEN (M 21). *Lokalisation*

Blähungen und Schmerz im Bauch, Borborygmus, Diarrhoe, Anorexie, Schwellungen. *Indikationen*

Senkrecht 2 bis 2,5 cm einstechen, Moxibustion anwendbar. *Methode*

Siehe LIANGMEN (M 21). *Anatomie*

2.3.23 TAIYI (M 23)

2 CUN über dem Nabel, 2 CUN seitlich des Punktes XIAWAN (KG 10). *Lokalisation*

Geistige Störungen, Reizbarkeit, Ruhelosigkeit, Magenschmerzen, Verdauungsstörungen. *Indikationen*

Senkrecht 2 bis 2,5 cm einstechen, Moxibustion anwendbar. *Methode*

Äste der achten und neunten Arteria und Vena intercostalis und Arteria und Vena epigastrica inferior. *Gefäßversorgung*

Äste des achten und neunten Nervus intercostalis. *Nervenversorgung*

2.3.24 HUAROUMEN (M 24)

1 CUN über dem Nabel, 2 CUN seitlich des Punktes SHUIFEN (KG 9). *Lokalisation*

Geistige Störungen, Erbrechen, Magenschmerzen. *Indikationen*

Senkrecht 2 bis 2,5 cm einstechen, Moxibustion anwendbar. *Methode*

Äste der neunten Arteria und Vena intercostalis und Arteria und Vena epigastrica inferior. *Gefäßversorgung*

Ast des neunten Nervus intercostalis. *Nervenversorgung*

2.3.25 TIANSHU* (vorderer MU-(Alarm)-Punkt des Dickdarms, M 25)

2 CUN seitlich des Zentrums des Nabels, siehe Abb. 33. *Lokalisation*

Bauchschmerzen, Diarrhoe, Dysenterie, Verstopfung, Borborygmus, Spannungsschmerz im Bauch, Schwellungen, irreguläre Menstruation. *Indikationen*

Senkrecht 2 bis 3 cm einstechen, Moxibustion anwendbar. *Methode*

Äste der zehnten Arteria und Vena intercostalis und Arteria und Vena epigastrica inferior. *Gefäßversorgung*

Nervenversorgung Ast des zehnten Nervus intercostalis.

Bemerkung Der Abstand vom Zentrum des Nabels zu der oberen Grenze der Schambeinsymphyse beträgt 5 CUN, was als Standard für die Lokalisation der Punkte des Unterbauches dient. Der Abstand vom Punkt TIANSHU (M 25) zu Punkt QICHONG (M 30) beträgt 5 CUN.

2.3.26 WAILING (M 26)

Lokalisation 1 CUN unterhalb des Nabels, 2 CUN seitlich des Punktes Bauch-YINJIAO (KG 7) oder 1 CUN unterhalb Punkt TIANSHU (M 25), siehe Abb. 33.

Indikationen Bauchschmerzen, Hernien.

Methode Sekrecht 2 bis 3 cm einstechen, Moxibustion anwendbar.

Anatomie Siehe Punkt TIANSHU (M 25).

2.3.27 DAJU (M 27)

Lokalisation 2 CUN unterhalb des Nabels, 2 CUN seitlich des Punktes SHIMEN (KG 5).

Indikationen Blähungen im Unterbauch, Dysurie, Hernien, Ejaculatio praecox, spontaner Samenerguß.

Methode Senkrecht 2 bis 3 cm einstechen, Moxibustion anwendbar.

Gefäßversorgung Äste der elften Arteria und Vena intercostalis, seitlich die Arteria und Vena epigastrica inferior.

Nervenversorgung Der elfte Nervus intercostalis.

2.3.28 SHUIDAO (M 28)

Lokalisation 3 CUN unterhalb des Nabels, 2 CUN seitlich des Punktes GUANYUAN (KG 4).

Indikationen Blähungen im Unterbauch, Hernien, Retention von Urin.

Methode Senkrecht 2 bis 3 cm einstechen, Moxibustion anwendbar.

Gefäßversorgung Zweige der Arteria und Vena subcostalis, seitlich Arteria und Vena epigastrica inferior.

Nervenversorgung Ast des Nervus subcostalis.

2.3.29 GUILAI (M 29)

4 CUN unterhalb des Nabels, 2 CUN seitlich des Punktes ZHONGJI (KG 3), siehe Abb. 33. *Lokalisation*

Bauchschmerzen, Hernien, Amenorrhoe, Vorfall des Uterus. *Indikationen*

Senkrecht 2 bis 3 cm einstechen, Moxibustion anwendbar. *Methode*

Seitlich Arteria und Vena epigastrica inferior. *Gefäßversorgung*

Nervus iliohypogastricus. *Nervenversorgung*

2.3.30 QICHONG (M 30)

5 CUN unterhalb des Nabels, 2 CUN seitlich des Punktes QUGU (KG 2), oberhalb der Leistengrube, an der medialen Seite der Arteria femoralis. *Lokalisation*

Schmerzen und Schwellungen der äußeren Geschlechtsorgane, Hernien, irreguläre Menstruation. *Indikationen*

Senkrecht 1,5 bis 2,5 cm einstechen, Moxibustion anwendbar. *Methode*

Äste der Arteria und Vena epigastrica superficialis, seitlich die Arteria und Vena epigastrica inferior. *Gefäßversorgung*

Nervus ilioinguinalis. *Nervenversorgung*

2.3.31 BIGUAN (M 31)

Direkt unter der vorderen Spina iliaca superior, in der Mulde auf der äußeren Seite des Musculus sartorius, wenn der Oberschenkel abgewinkelt ist, siehe Abb. 34. *Lokalisation*

Schmerzen im Oberschenkel, Muskelatrophie, Bewegungseinschränkung, Taubheit und Schmerzen in den unteren Extremitäten. *Indikationen*

Senkrecht 2,5 bis 3,5 cm einstechen, Moxibustion anwendbar. *Methode*

In der Tiefe Äste der Arteria und Vena femoralis circumflexa lateralis. *Gefäßversorgung*

Nervus femoralis lateralis cutaneus. *Nervenversorgung*

Abb. 34

2.3.32 Femur-FUTU (M 32)

Lokalisation 6 CUN oberhalb der oberen seitlichen Grenze der Kniescheibe, auf der Verbindungslinie zwischen der anterioren Spina iliaca superior und der seitlichen Grenze der Kniescheibe.

Indikationen Schmerzen in der Lenden- und der Schambeingegend, Kälte der Knie, Lähmung oder Bewegungsbeeinträchtigung und Schmerz der unteren Extremitäten, Beriberi.

Methode Senkrecht 2,5 bis 3 cm einstechen, Moxibustion anwendbar.

Gefäßversorgung Zweige der Arteria und Vena femoralis circumflexa lateralis.

Nervenversorgung Nervus femoralis lateralis cutaneus und anterior.

2.3.33 YINSHI (M 33)

Lokalisation 3 CUN über der oberen seitlichen Grenze der Kniescheibe.

Indikationen Taubheit, Entzündung und Bewegungsbeeinträchtigung der unteren Extremitäten.

Methode Senkrecht 1,5 bis 2,5 cm einstechen, Moxibustion anwendbar.

Gefäßversorgung Der absteigende Ast der Arteria femoralis circumflexa lateralis.

Nervenversorgung Nervus femoralis cutaneus lateralis und anterior.

2.3.34 LIANGQIU* (XI-(Grenz)-Punkt, M 34)

2 CUN über der oberen seitlichen Grenze der Kniescheibe, siehe Abb. 34. *Lokalisation*

Schmerz und Schwellung des Knies, Bewegungsbeeinträchtigung der unteren Extremitäten, Magenschmerzen, Mastitis. *Indikationen*

Senkrecht 1 bis 2,5 cm einstechen, Moxibustion anwendbar. *Methode*

Siehe Punkt YINSHI (M 33). *Anatomie*

2.3.35 DUBI (auch als äußerer XIYAN bezeichnet, M 35)

Bei gebeugtem Knie liegt der Punkt in der Mulde innerhalb der Kniescheibe, seitlich des Ligamentum patellaris, siehe Abb. 35. *Lokalisation*

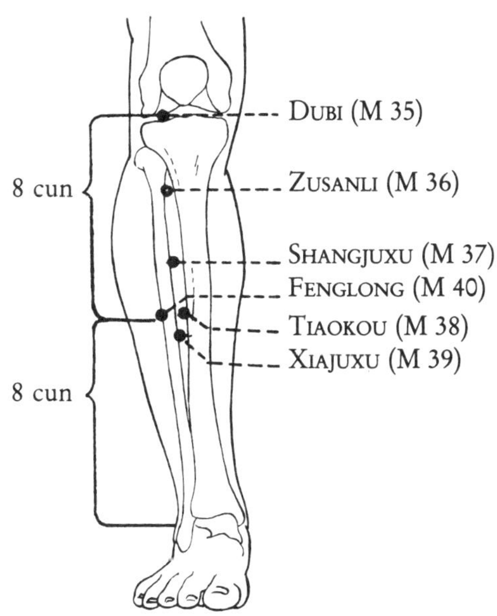

Abb. 35

Schmerzen, Taubheit und Bewegungsbeeinträchtigung des Knies, Beriberi. *Indikationen*

Schräg in Richtung der medialen Seite 1,5 bis 2,5 cm einstechen, Moxibustion anwendbar. *Methode*

Das arterielle und venöse Geflecht um das Kniegelenk. *Gefäßversorgung*

Nervus suralis cutaneus lateralis und der Gelenkzweig des Nervus peronaeus communis. *Nervenversorgung*

2.3.36 ZUSANLI* (HE-(Meer)-Punkt, M 36)

Lokalisation 3 CUN unterhalb DUBI (M 35), 1 Fingerbreite vom anterioren Rand der Tibia, siehe Abb. 35.

Indikationen Magenschmerzen, Erbrechen, Blähungen im Bauch, Verdauungsstörungen, Borborygmus, Diarrhoe, Verstopfung, Dysenterie, Mastitis, Schwindel, mentale Störungen, Hemiplegie, Beriberi, Schmerzen des Kniegelenkes und des Beines.

Methode Senkrecht 1,5 bis 3,5 cm einstechen, Moxibustion anwendbar.

Gefäßversorgung Arteria und Vena tibialis anterior.

Nervenversorgung Oberflächlich der Nervus suralis cutaneus lateralis und der Hautast des Nervus saphenus, tiefer der Nervus peronaeus communis.

Bemerkung (1) Der Abstand auf der äußeren Seite des Beines vom Punkt DUBI (M 35) zur Spitze des äußeren Malleolus beträgt 16 CUN.

(2) Dieser Punkt ist wichtig für die tonisierende Behandlung.

2.3.37 SHANGJUXU* (M 37)

Lokalisation 6 CUN unterhalb Punkt DUBI (M 35), 1 Fingerbreite von der vorderen Kante der Tibia entfernt, siehe Abb. 35.

Indikationen Bauchschmerzen und Blähungen im Bauch, Dysenterie, Borborygmus, Diarrhoe, Appendizitis, Hemiplegie, Beriberi.

Methode Senkrecht 1 bis 3 cm einstechen, Moxibustion anwendbar.

Anatomie Siehe Punkt ZUSANLI (M 36).

Bemerkung Dieser Punkt ist der Untere He-(Meer)-Punkt des Dickdarms. Er ist bei Störungen des Dickdarms angezeigt.

2.3.38 TIAOKOU* (M 38)

Lokalisation 8 CUN unterhalb Punkt DUBI (M 35), 2 CUN unterhalb Punkt SHANGJUXU (M 37), im Mittelpunkt zwischen Punkt DUBI (M 35) und JIEXI (M 41), siehe Abb. 35.

Indikationen Muskelatrophie, Bewegungsbeeinträchtigung, Schmerzen und Lähmung des Beines, Schulterschmerzen.

Methode Senkrecht 1 bis 2,5 cm einstechen, Moxibustion anwendbar.

Anatomie Siehe Punkt ZUSANLI (M 36).

2.3.39 XIAJUXU (M 39)

Lokalisation
9 CUN unterhalb Punkt DUBI (M 35), 3 CUN unterhalb Punkt SHANGJUXU (M 37), ungefähr 1 Fingerbreite von der vorderen Kante der Tibia, siehe Abb. 35.

Indikationen
Schmerzen im Unterbauch, Rückenschmerzen in Verbindung mit Hodenschmerzen, Mastitis, Muskelatrophie, Bewegungsbeeinträchtigung, Schmerzen und Lähmung der unteren Extremitäten.

Methode
Senkrecht 1 bis 2,5 cm einstechen, Moxibustion anwendbar.

Gefäßversorgung
Arteria und Vena tibialis anterior.

Nervenversorgung
Äste des Nervus peronaeus superficialis und des tiefgelegenen Nervus peronaeus communis.

Bemerkung
Das ist der Untere HE-(Meer)-Punkt des Dünndarms. Er ist bei Störungen des Dünndarms angezeigt.

2.3.40 FENGLONG* (LUO-(Passage)-Punkt,M 40)

Lokalisation
8 CUN über und vor dem äußeren Malleolus, ungefähr 1 Fingerbreite hinter dem Punkt TIAOKOU (M 38), siehe Abb. 35.

Indikationen
Brustschmerz, Asthma, übermäßiger Sputum, Halsentzündung, Muskelatrophie, Bewegungsbeeinträchtigungen, Schmerzen, Lähmungen oder Schwellungen der unteren Extremitäten, Schwindel, Kopfschmerzen, geistige Störungen, Epilepsie.

Methode
Senkrecht 1 bis 2,5 cm einstechen, Moxibustion anwendbar.

Gefäßversorgung
Äste der Arteria und Vena tibialis anterior.

Nervenversorgung
Nervus peronaeus superficialis.

2.3.41 JIEXI* (JING-(Fluß)-Punkt, M 41)

Lokalisation
Am Übergang zwischen Bein und Fußrücken, zwischen den Sehnen des Musculus extensor digitorum longus und des Musculus hallucis longus, ungefähr auf der Höhe der Spitze des äußeren Malleolus, siehe Abb. 36.

Indikationen
Schwellungen am Kopf und im Gesicht, Kopfschmerzen, Schwindelgefühl und Vertigo, Blähungen im Bauch, Verstopfung, Muskelatrophie, Bewegungsbeeinträchtigungen, Schmerzen und Lähmungen der unteren Extremitäten, geistige Störungen, Depressionen.

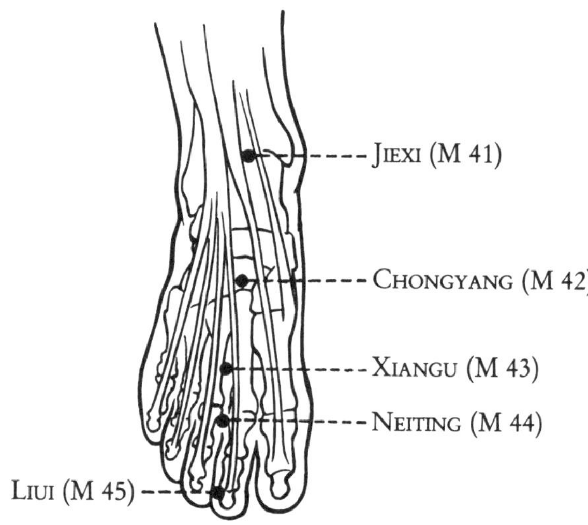

Abb. 36

Methode Senkrecht 1 bis 2 cm einstechen, Moxibustion anwendbar.

Gefäßversorgung Arteria und Vena tibialis anterior.

Nervenversorgung Der oberflächliche und tiefe Nervus peronaeus communis.

2.3.42 CHONGYANG (YUAN-(Quell)-Punkt, M 42)

Lokalisation Distal des Punktes JIEXI (M 41), am höchsten Punkt des Fußrückens, in der Mulde zwischen dem zweiten und dritten metatarsalen Knochen und dem Os cuneiforme, siehe Abb. 36.

Indikationen Fazialisparese, Muskelatrophie und Bewegungsbeeinträchtungen des Fußes, Rötung und Schwellung des Fußes.

Methode Senkrecht circa 1 cm einstechen, Vorsicht vor der Arterie, Moxibustion anwendbar.

Gefäßversorgung Arteria und Vena dorsalis des Fußes, das dorsale venöse Geflecht des Fußes.

Nervenversorgung Oberflächlich der Nervus dorsalis cutaneus medialis des Fußes, der dem Nervus peronaeus communis superficialis entspringt, tiefer der Nervus peronaeus communis.

2.3.43 XIANGU (SHU-(Bach)-Punkt, M 43)

In der Mulde distal des Überganges vom zweiten auf den dritten metatarsalen Knochen, siehe Abb. 36. *Lokalisation*

Gesichtsschwellungen oder allgemeine Schwellungen, Borborygmus, Bauchschmerzen, Schmerzen und Schwellungen des Fußrückens. *Indikationen*

Senkrecht 1 bis 2 cm einstechen, Moxibustion anwendbar. *Methode*

Das dorsale venöse Geflecht des Fußes. *Gefäßversorgung*

Der Nervus dorsalis cutaneus medialis des Fußes. *Nervenversorgung*

2.3.44 NEITING* (YING-(Quell)-Punkt, M 44)

Proximal des Schwimmhautrandes zwischen dem zweiten und dritten Zeh, in der Mulde distal und lateral des zweiten metatarsodigitalen Gelenks, siehe Abb. 36. *Lokalisation*

Zahnschmerzen, herabhängende Mundwinkel, Nasenbluten, Bauchschmerzen oder Blähungen im Bauch, Diarrhoe, Dysenterie, Schmerzen und Schwellungen des Fußrückens, fiebrige Erkrankungen. *Indikationen*

Senkrecht circa 1 cm einstechen, Moxibustion anwendbar. *Methode*

Das dorsale venöse Geflecht des Fußes. *Gefäßversorgung*

Der Punkt liegt genau dort, wo sich der seitliche Ast des Nervus dorsalis cutaneus medialis in die Nervi digitales dorsales teilt. *Nervenversorgung*

2.3.45 LIDUI (JING-(Brunnen)-Punkt, M 45)

Auf der äußeren Seite des zweiten Zehs, ungefähr 0,1 CUN posterior der Ecke des Nagels, siehe Abb. 36. *Lokalisation*

Gesichtsschwellungen, herabhängende Mundwinkel, Zahnschmerzen, Nasenbluten, Spannungsgefühl in der Brust und im Bauch, Kälte in den Beinen und den Füßen, fiebrige Erkrankungen, Alpträume, geistige Verwirrung. *Indikationen*

Schräg 2 bis 3 mm einstechen, Moxibustion anwendbar. *Methode*

Das arterielle und venöse Geflecht, das durch die Arteria und Vena dorsalis digitalis des Fußes gebildet wird. *Gefäßversorgung*

Nervus digitalis dorsalis, der dem Nervus peronaeus superficialis entspringt. *Nervenversorgung*

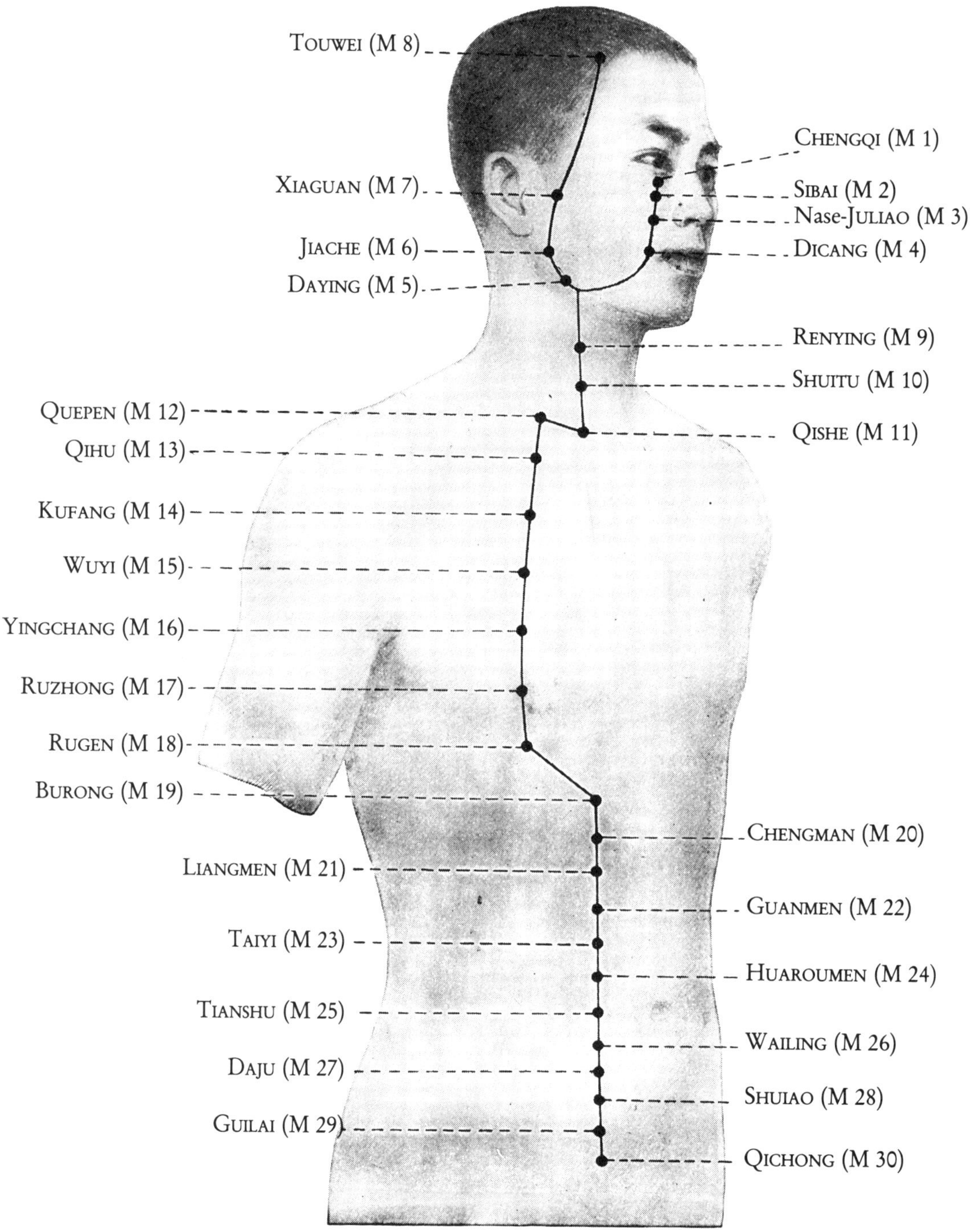

Abb. 37a MAGEN-Meridian YANGMING Fuß

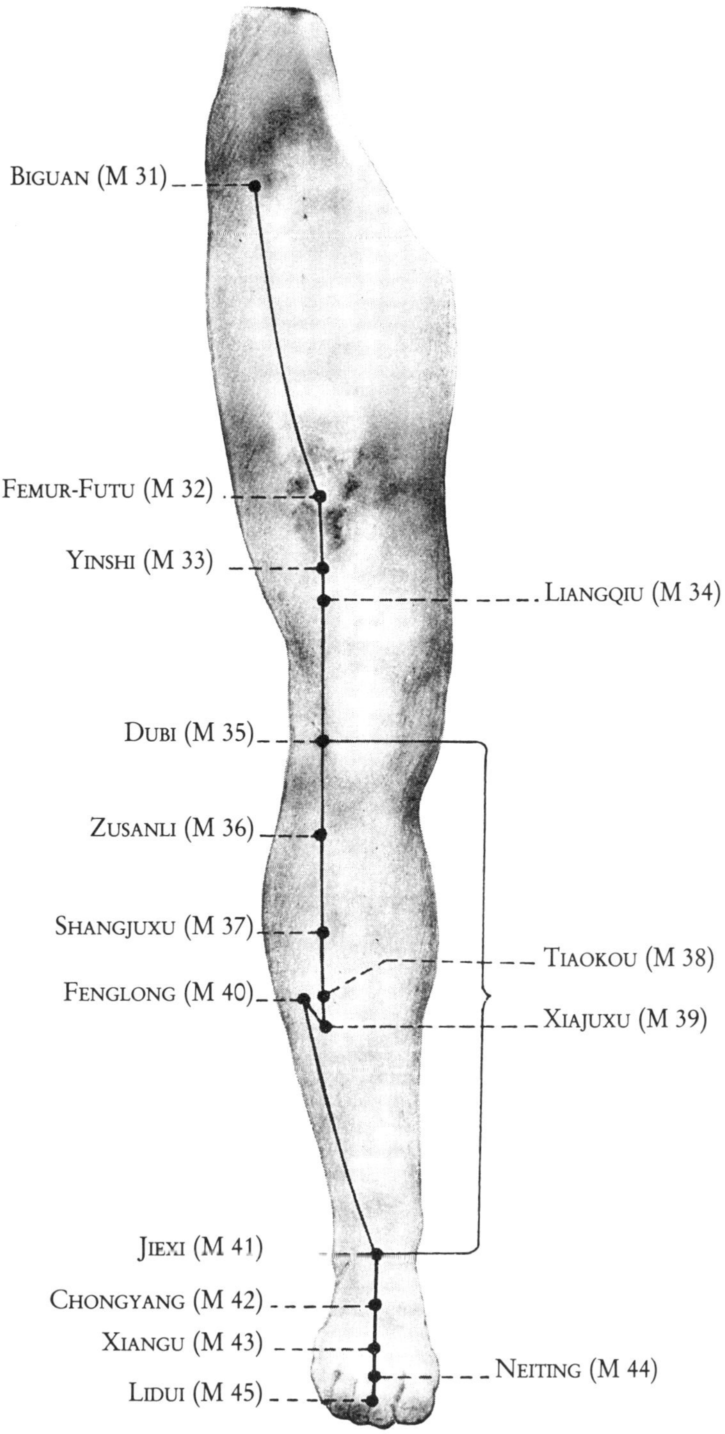

Abb. 37b MAGEN-Meridian YANGMING Fuß

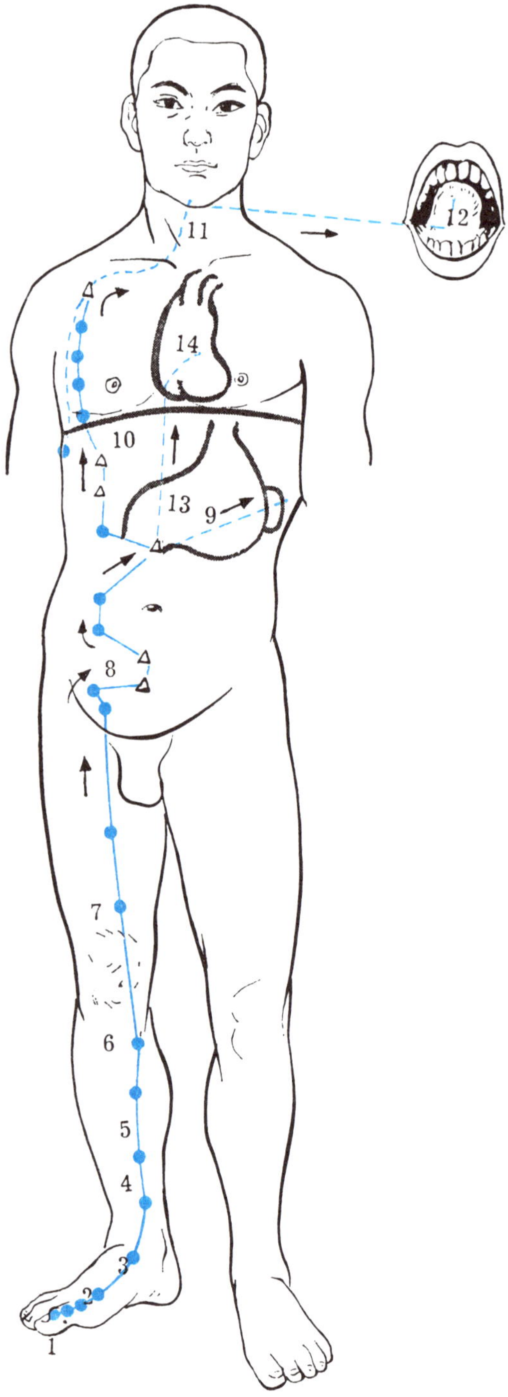

Abb. 38 MILZ-Meridian TAIYIN Fuß

2.4 MILZ-Meridian TAIYIN Fuß

Verlauf

Anmerkung des Übersetzers: *In der europäischen Literatur wird dem Milz-Funktionskreis auch der Pankreas zugeordnet. Der Meridian wird deshalb als MILZ-PANKREAS-Meridian bezeichnet und mit „MP“ abgekürzt.*

Der MILZ-Meridian TAIYIN Fuß beginnt an der Spitze des großen Zehs (YINBAI, MP 1) (1). Er verläuft entlang des medialen Teiles des Fußes an der Grenze zwischen roter und weißer Haut (2) und steigt vor dem inneren Malleolus (3) zum Bein auf (4). Er folgt dem posterioren Teil der Tibia (5), überkreuzt den LEBER-Meridian JUEYIN Fuß und läuft vor diesem weiter aufwärts (6). Er passiert den anterioren medialen Teil des Knies und des Oberschenkels (7) und tritt in den Bauchbereich ein (8). Dort verläuft er nach innen zu seinem zugehörigen Organ, der Milz, und verbindet sich auch mit dem Magen (9). Von dort steigt er auf, passiert das Zwerchfell (10) und verläuft entlang der Speiseröhre (11). So erreicht er die Zungenwurzel und verteilt sich über die untere Oberfläche der Zunge (12).

Der Zweig vom Magen geht nach oben durch das Zwerchfell (13) und fließt in das Herz ein, wo er sich mit dem HERZ-Meridian SHAOYIN Hand (14) verbindet (Abb. 38).

Insgesamt hat dieser Meridian 21 Punkte, die im folgenden beschrieben werden.

2.4.1 YINBAI (JING-(Brunnen)-Punkt, MP 1)

Lokalisation

An der medialen Seite des großen Zehs, ungefähr 0,1 CUN posterior der Ecke des Zehennagels, siehe Abb. 39.

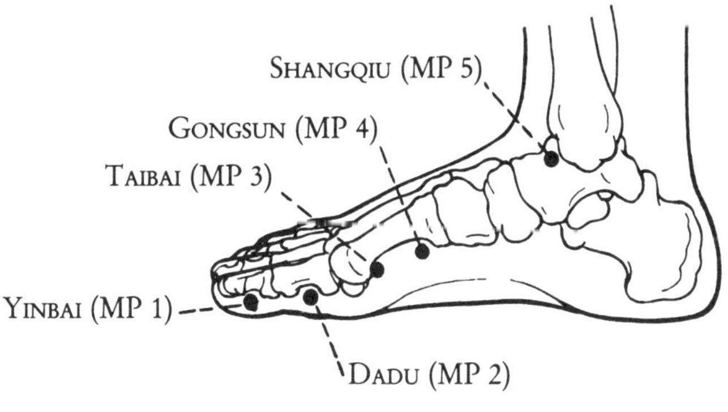

Abb. 39

Indikationen Verspannungen des Bauches, Gebärmutterblutung, geistige Störungen, Alpträume, Krämpfe.

Methode Schräg 0,2 bis 0,3 cm einstechen, Moxibustion anwendbar.

Gefäßversorgung Arteria digitalis dorsalis.

Nervenversorgung Anastomosen des Nervus digitalis dorsalis, der dem Nervus peronaeus superficialis entspringt, mit dem Nervus digitalis plantaris.

2.4.2 DADU (YING-(Quell)-Punkt, MP 2)

Lokalisation Auf der medialen Seite der großen Zehe, distal und inferior des ersten metatarsodigitalen Gelenks, am Übergang von der roten zur weißen Haut, siehe Abb. 39.

Indikationen Verspannungen des Bauches, Magenschmerzen, fiebrige Erkrankungen mit Anhydrose.

Methode Senkrecht 0,3 bis 0,5 cm einstechen, Moxibustion anwendbar.

Gefäßversorgung Äste der Arteria und Vena plantaris medialis.

Nervenversorgung Nervus digitalis plantaris, der dem Nervus plantaris medialis entspringt.

2.4.3 TAIBAI* (SHU-(Bach)-Punkt und YUAN-(Quell)-Punkt, MP 3)

Lokalisation Proximal und inferior des Kopfes des ersten metatarsalen Knochens, am Übergang von der roten zur weißen Haut, siehe Abb. 39.

Indikationen Magenschmerzen, Verspannungen im Bauch, Trägheit, Dysenterie, Verstopfung, Erbrechen, Diarrhoe, Beriberi.

Methode Senkrecht circa 0,8 cm einstechen, Moxibustion anwendbar.

Gefäßversorgung Das dorsale venöse Geflecht des Fußes, die Arteria plantaris medialis und Äste der Arteria tarsalis medialis.

Nervenversorgung Äste des Nervus saphenus und des Nervus peronaeus superficialis.

2.4.4 GONGSUN* (LUO-(Passage)-Punkt, MP 4)

Lokalisation In der Mulde distal und unterhalb der Basis des ersten metatarsalen Knochens, am Übergang von roter zu weißer Haut, siehe Abb. 39.

Indikationen Magenschmerzen, Erbrechen, Borborygmus, Bauchschmerzen, Diarrhoe, Dysenterie.

Methode Senkrecht 1 bis 2,5 cm einstechen, Moxibustion anwendbar.

Arteria tarsalis medialis und das dorsale venöse Geflecht des Fußes. *Gefäßversorgung*

Nervus saphenus und Äste des Nervus peronaeus superficialis. *Nervenversorgung*

Dies ist einer der acht Konfluenz-(Kardinal)-Punkte, die mit dem CHONG-Meridian (Gefäß des kräftigen Aufsteigens) in Verbindung stehen. *Bemerkung*

2.4.5 SHANGQIU (JING-(Fluß)-Punkt, MP 5)

In der Mulde distal und unterhalb des medialen Malleolus, in der Mitte zwischen der Tuberositas des Os naviculare und der Spitze des inneren Malleolus, siehe Abb. 39. *Lokalisation*

Borborygmus, Verspannung des Bauches, Steifheit und Schmerzen der Zunge, Verstopfung, Diarrhoe, Schmerzen im Fuß und des Fußgelenkes. *Indikationen*

Senkrecht 0,5 bis 0,8 cm einstechen, Moxibustion anwendbar. *Methode*

Arteria tarsalis medialis und die große Vena saphena. *Gefäßversorgung*

Nervus cruralis cutaneus medialis und der Ast des Nervus peronaeus superficialis. *Nervenversorgung*

2.4.6 SANYINJIAO* (MP 6)

3 CUN direkt über der Spitze des inneren Malleolus, an der posterioren Grenze der Tibia, an der Linie zwischen dem inneren Malleolus und dem Punkt YINLINGQUAN (MP 9), siehe Abb. 40. *Lokalisation*

Borborygmus, Verspannung des Bauches, lockerer Stuhl mit unverdauter Nahrung, unregelmäßige Menstruation, Gebärmutterblutung, Leukorrhoe, Vorfall der Gebärmutter, Amenorrhoe, Unfruchtbarkeit, Arbeitsunlust, spontaner Samenerguß, Schmerzen der äußeren Geschlechtsorgane, Hernien, Dysurie, Bettnässen, Muskelatrophie, Bewegungsbeeinträchtigungen, Lähmung und Schmerzen der unteren Extremitäten, Schlaflosigkeit. *Indikationen*

Senkrecht 1,5 bis 2,5 cm einstechen, Moxibustion anwendbar. *Methode*

Die große Vena saphena, die Arteria und Vena tibialis posterior. *Gefäßversorgung*

Oberflächlich der Nervus cruralis cutaneus medialis, tiefer im hinteren Teil der Nervus tibialis. *Nervenversorgung*

(1) SANYINJIAO (MP 6) ist der Treffpunkt der drei YIN-Meridiane des Fußes (MILZ-Meridian TAIYIN Fuß, NIEREN-Meridian SHAOYIN Fuß und LEBER-Meridian JUEYIN Fuß). *Bemerkungen*

(2) Akupunktur dieses Punktes ist während der Schwangerschaft kontraindiziert.

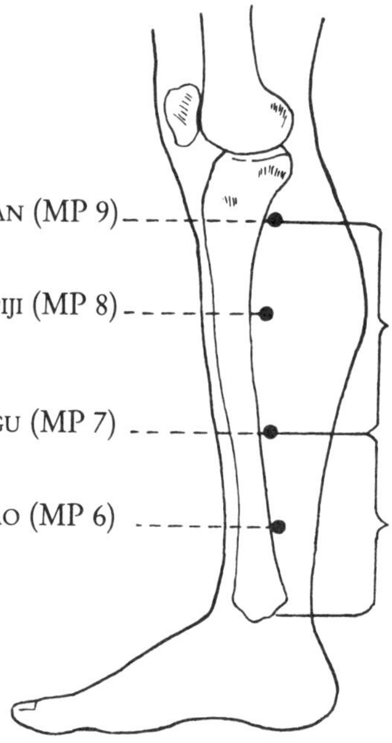

Abb. 40

(3) Auf dem medialen Aspekt des Beines beträgt der Abstand von der Spitze des inneren Malleolus zu der unteren Grenze des medialen Gelenkkopfes der Tibia (YINLINGQUAN, MP 9) 13 CUN.

2.4.7 LOUGU (MP 7)

Lokalisation 6 CUN über der Spitze des inneren Malleolus, 3 CUN über dem Punkt SANYINJIAO (MP 6), siehe Abb. 40.

Indikationen Verspannungen des Bauches, Borborygmus, Kälte, Taubheit und Lähmung des Knies und des Beines.

Methode Senkrecht 1,5 bis 2,5 cm einstechen, Moxibustion anwendbar.

Anatomie Siehe Punkt SANYINJIAO (MP 6).

2.4.8 DIJI (XI-(Grenz)-Punkt, MP 8)

Lokalisation 3 CUN unterhalb des medialen Gelenkkopfes der Tibia, auf der Linie zwischen dem Punkt YINLINGQUAN (MP 9) und dem inneren Malleolus, siehe Abb. 40.

Verspannungen des Bauches, Anorexie, Dysenterie, unregelmäßige Menstruation, Dysurie, spontaner Samenerguß, Schwellungen. *Indikationen*

Senkrecht 1,5 bis 2,5 cm einstechen, Moxibustion anwendbar. *Methode*

Anterior die große Vena saphena und der Ast der Arteria genus suprema, tiefer die Arteria und Vena tibialis posterior. *Gefäßversorgung*

Siehe Punkt SANYINJIAO (MP 6). *Nervenversorgung*

2.4.9 YINLINGQUAN* (HE-(Meer)-Punkt, MP 9)

An der unteren Grenze des medialen Gelenkkopfes der Tibia, in der Mulde zwischen der hinteren Grenze der Tibia und dem Musculus gastrocnemius, siehe Abb. 40. *Lokalisation*

Verspannungen des Bauches, Schwellungen, Gelbsucht, Diarrhoe, Dysurie, tröpfelnder Urin, Schmerzen der äußeren Geschlechtsorgane, spontaner Samenerguß, Schmerzen im Knie. *Indikationen*

Senkrecht 1,5 bis 2,5 cm einstechen, Moxibustion anwendbar. *Methode*

Anterior die große Vena saphena, die Arteria genus suprema, tiefer die Arteria und Vena tibialis posterior. *Gefäßversorgung*

Oberflächlich der Nervus cruralis cutaneus medialis, tiefer der Nervus tibialis. *Nervenversorgung*

2.4.10 XUEHAI* (MP 10)

Wenn das Knie gebeugt ist, befindet sich der Punkt 2 CUN über der mediosuperioren Grenze der Kniescheibe, an dem Wulst des medialen Teiles des Musculus quadriceps femoris. Ein anderer Weg, diesen Punkt zu lokalisieren, ist, die eigene rechte Handinnenfläche auf das linke Knie des Patienten zu legen, mit dem Daumen auf der medialen Seite des Patientenbeines und den anderen vier Fingern zum Oberschenkel hin ausgestreckt. Der Punkt befindet sich dort, wo der Daumen des Behandlers ruht (Abb. 41). *Lokalisation*

Unregelmäßige Menstruation, Dysmenorrhoe, Amenorrhoe, Gebärmutterblutung, Schmerzen im medialen Teil des Oberschenkels, Ekzeme, Urtikaria. *Indikationen*

Senkrecht 2 bis 3 cm einstechen, Moxibustion anwendbar. *Methode*

Die Muskeläste der Arteria und Vena femoralis. *Gefäßversorgung*

Der Nervus femoralis cutaneus anterior und der Muskelast des Nervus femoralis. *Nervenversorgung*

Auf dem medialen Teil des Oberschenkels beträgt der Abstand von der oberen Grenze der Schambeinsymphyse zum medialen Gelenkkopf des Femurs 18 CUN. *Bemerkung*

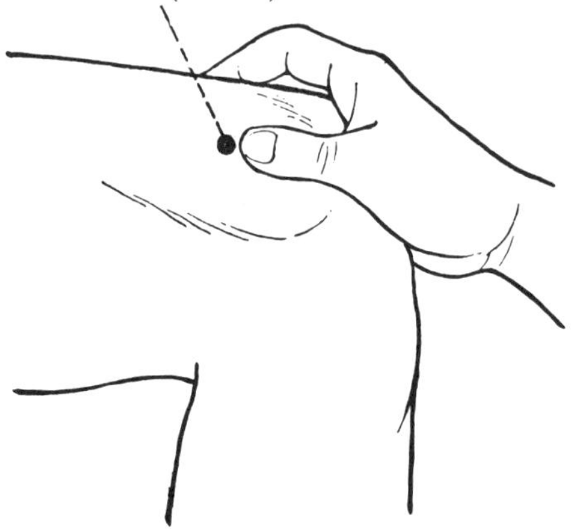

Abb. 41

2.4.11 JIMEN (MP 11)

Lokalisation 6 CUN über dem Punkt XUEHAI (MP 10), auf der Linie zwischen dem Punkt XUEHAI (MP 10) und dem Punkt CHONGMEN (MP 12).

Indikationen Retention von Urin, Bettnässen, Schmerzen und Schwellung der Leistengegend.

Methode Senkrecht circa 1 cm einstechen, ein tiefes Einstechen ist kontraindiziert, Moxibustion anwendbar.

Gefäßversorgung Oberflächlich die große Vena saphena, tiefer auf der Seite die Arteria und Vena femoralis.

Nervenversorgung Nervus femoralis cutaneus anterior, tiefer der Nervus saphenus.

2.4.12 CHONGMEN (MP 12)

Lokalisation Oberhalb des seitlichen Endes der Leistengrube, an der Seite der Arteria femoralis, auf Höhe der oberen Grenze der Schambeinsymphyse, 3,5 CUN seitlich des Punktes QUGU (KG 2).

Indikationen Bauchschmerzen, Hernien, Retention von Urin.

Methode Senkrecht 1,5 bis 2,5 cm einstechen, Moxibustion anwendbar.

Gefäßversorgung Auf der medialen Seite die Arteria femoralis.

Nervenversorgung Der Punkt liegt genau da, wo der Nervus femoralis transversal verläuft.

2.4.13 FUSHE (MP 13)

0,7 CUN über dem Punkt CHONGMEN (MP 12), 4 CUN seitlich des REN-Meridians (Konzeptionsgefäß). *Lokalisation*

Bauchschmerzen, Hernien, Massegefühl im Bauch. *Indikationen*

Senkrecht 1,5 bis 2,5 cm einstechen, Moxibustion anwendbar. *Methode*

Nervus ilioinguinalis. *Nervenversorgung*

2.4.14 FUJIE (MP 14)

3 CUN über FUSHE (MP 13), 1,3 CUN unterhalb des Punktes DAHENG (MP 15), auf der Seite des Musculus rectus abdominis. *Lokalisation*

Bauchschmerzen in der Nabelgegend, Hernien, Diarrhoe. *Indikationen*

Senkrecht 1,5 bis 2,5 cm einstechen, Moxibustion anwendbar. *Methode*

Die elfte Arteria und Vena intercostalis. *Gefäßversorgung*

Der elfte Nervus intercostalis. *Nervenversorgung*

2.4.15 DAHENG (MP 15)

4 CUN seitlich des Mittelpunktes des Nabels, auf der Linea mammilaris, seitlich des Musculus rectus abdominis, siehe Abb. 42. *Lokalisation*

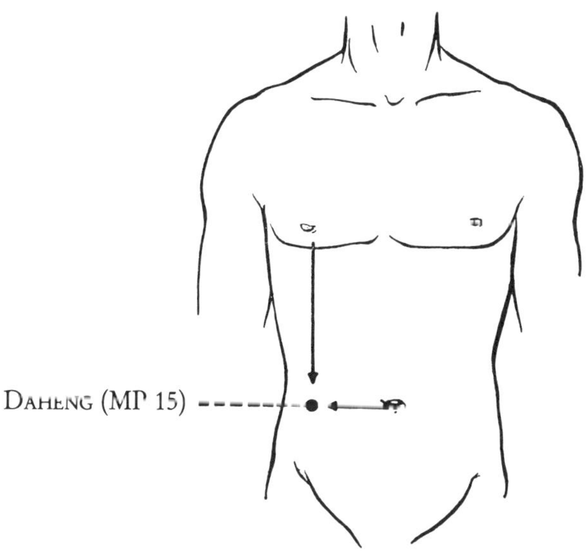

Abb. 42

Indikationen Dysenterie, Verstopfung, Schmerzen im Unterbauch.

Methode Senkrecht 1,5 bis 2,5 cm einstechen, Moxibustion anwendbar.

Gefäßversorgung Die zehnte Arteria und Vena intercostalis.

Nervenversorgung Der zehnte Nervus intercostalis.

2.4.16 FUAI (MP 16)

Lokalisation 3 CUN über dem Punkt DAHENG (MP 15).

Indikationen Bauchschmerzen, Verdauungsstörungen, Verstopfung, Dysenterie.

Methode Senkrecht 1,5 bis 2,5 cm einstechen, Moxibustion anwendbar.

Gefäßversorgung Die achte Arteria und Vena intercostalis.

Nervenversorgung Der achte Nervus intercostalis.

2.4.17 SHIDOU (MP 17)

Lokalisation 6 CUN seitlich des REN-Meridians (Konzeptionsgefäß) oder 2 CUN seitlich der Linea mammilaris im

Zwischenrippenraum.

Indikationen Völlegefühl und Schmerzen in der Brust und in der Hypochondralregion.

Methode Schräg circa 1 cm einstechen, Moxibustion anwendbar.

Gefäßversorgung Vena thoracoepigastrica.

Nervenversorgung Der seitliche Hautast des fünften Nervus intercostalis.

2.4.18 TIANXI (MP 18)

Lokalisation 2 CUN seitlich der Brustwarze, im vierten Zwischenrippenraum.

Indikationen Völlegefühl und Schmerzen in der Brust, Husten, Mastitis, Mangel an Muttermilch.

Methode Schräg circa 1 cm schräg einstechen oder die Anwendung eines Moxastückes für 5 bis 10 Minuten.

Gefäßversorgung Die Äste der Arteria und Vena thoracica lateralis, Arteria und Vena thoracica epigastrica, die vierte Arteria und Vena intercostalis.

Nervenversorgung Der seitliche Hautast des vierten Nervus intercostalis.

2.4.19 XIONGXIANG (MP 19)

Eine Rippe superior des Punkts TIANXI (MP 18), im dritten Zwischenrippenraum, 6 CUN seitlich des REN-Meridians (Konzeptionsgefäß). *Lokalisation*

Völlegefühl und Schmerzen in der Brust und in der Hypochondralregion. *Indikationen*

Schräg circa 1 cm einstechen, Moxibustion anwendbar. *Methode*

Arteria und Vena thoracica lateralis, die dritte Arteria und Vena intercostalis. *Gefäßversorgung*

Der seitliche Hautast des dritten Nervus intercostalis. *Nervenversorgung*

2.4.20 ZHOURONG (MP 20)

Eine Rippe superior des Punktes XIONGXIANG (MP 19), liegt unterhalb der Punkte ZHONGFU (Lu 1) und YUNMEN (Lu 2), im zweiten Zwischenrippenraum, 6 CUN seitlich des REN-Meridians (Konzeptionsgefäß). *Lokalisation*

Völlegefühl in der Brust und in der Hypochondralregion. *Indikationen*

Schräg circa 1 cm einstechen, Moxibustion anwendbar. *Methode*

Arteria und Vena thoracica lateralis, die zweite Arteria und Vena intercostalis. *Gefäßversorgung*

Der Muskelzweig des Nervus thoracicus anterior, der seitliche Hautast des zweiten Nervus intercostalis. *Nervenversorgung*

2.4.21 DABAO* (Haupt-LUO-(Passage)-Punkt der Milz, MP 21)

An der Mitte der Achsellinie, 6 CUN unter der Achsel, in der Mitte zwischen der Achsel und dem freien Ende der elften Rippe. *Lokalisation*

Schmerzen in der Brust und in der Hypochondralregion, Asthma, allgemeine Schmerzen und Schwäche. *Indikationen*

Senkrecht circa 1 cm einstechen, Moxibustion anwendbar. *Methode*

Arteria und Vena thoraco dorsalis, die siebte Arteria und Vena intercostalis. *Gefäßversorgung*

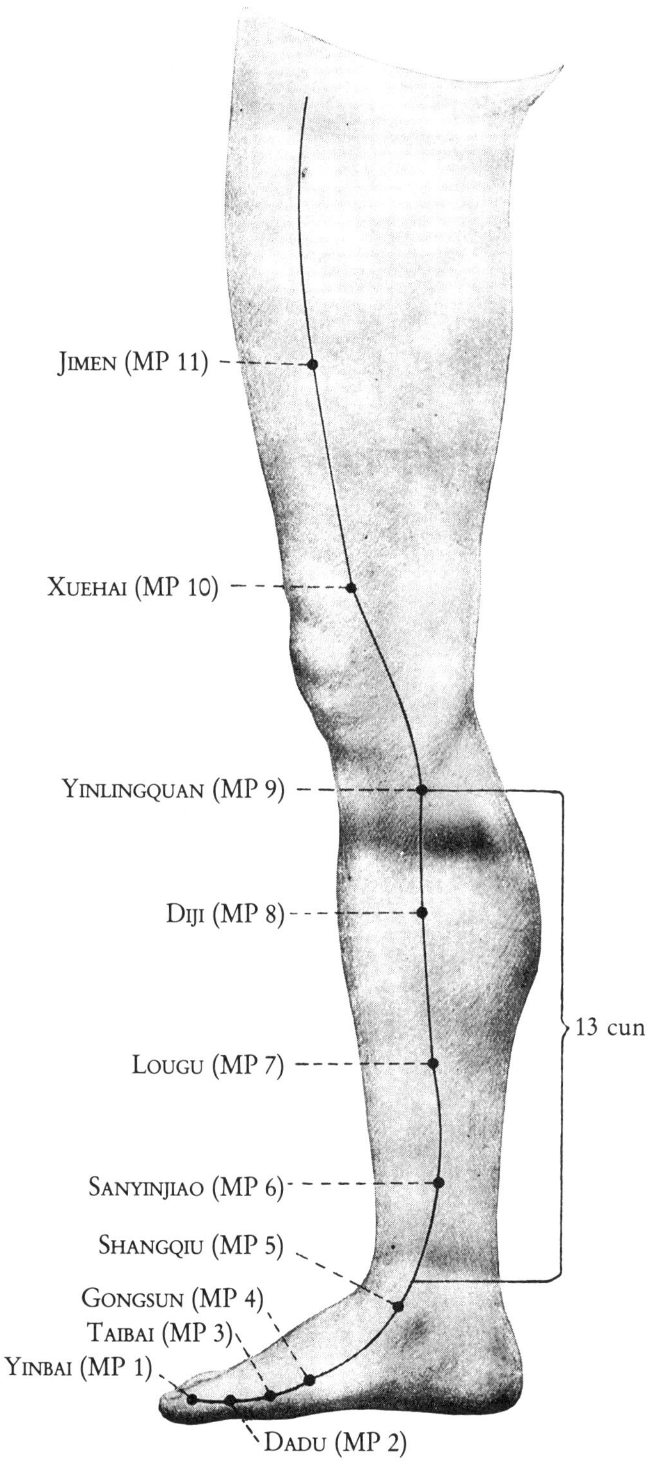

Abb. 43a MILZ-Meridian TAIYIN Fuß

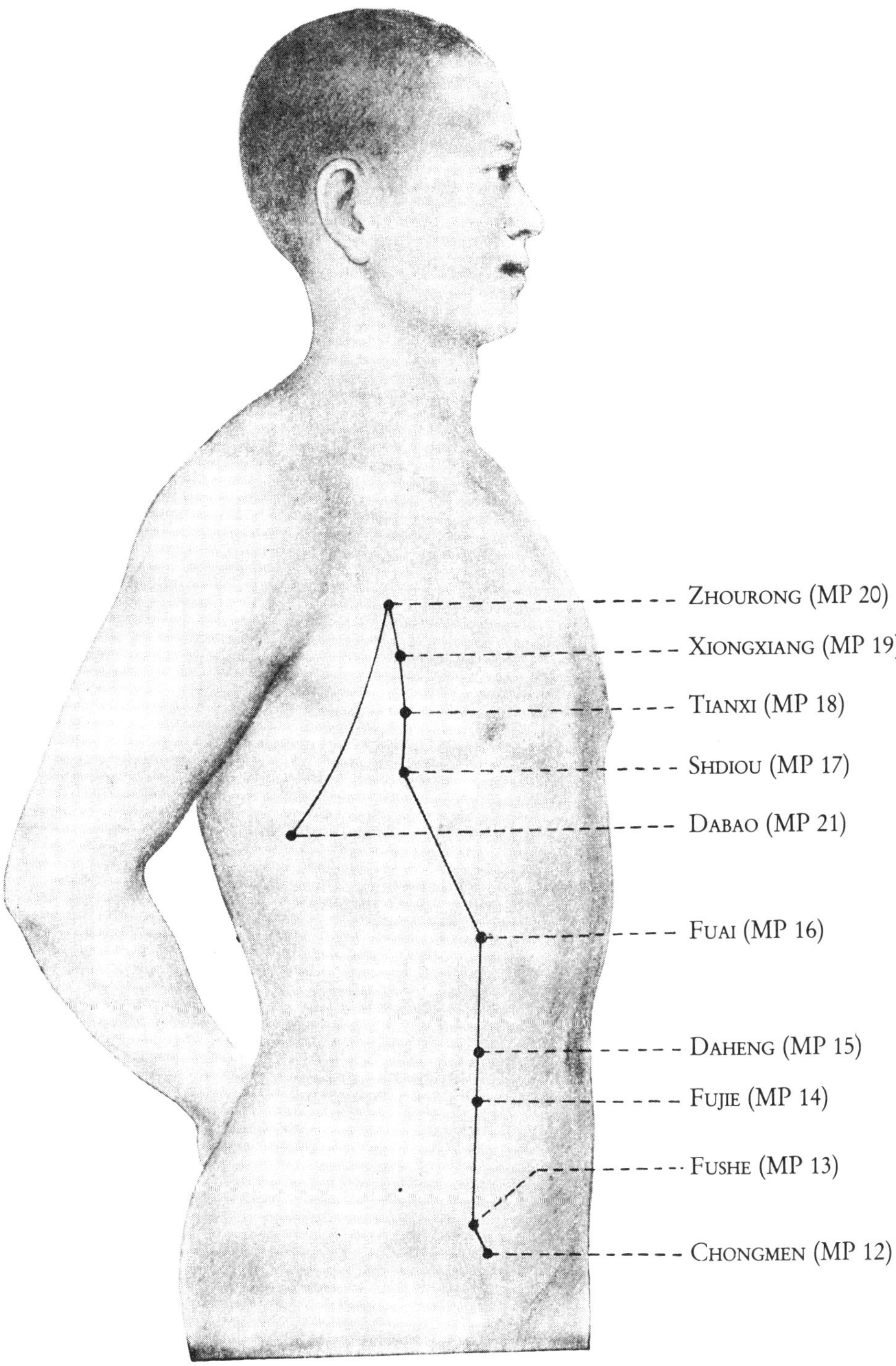

Abb. 43b MILZ-Meridian TAIYIN Fuß

2.5 HERZ-Meridian SHAOYIN Hand

Verlauf

Der HERZ-Meridian SHAOYIN Hand entspringt am Herzen. Er breitet sich über das „Herzsystem" (die Gefäße, die das Herz mit den anderen Organen ZANG-FU verbinden) aus (1). Er passiert das Zwerchfell und verbindet sich mit dem Dünndarm (2).

Der aufsteigende Teil des Meridians läuft vom „Herzsystem" aus (3) entlang der Speiseröhre (4) und verbindet sich mit dem „Augensystem" (Gewebe des Augapfels) (5).

Der Hauptteil des Meridians geht vom „Herzsystem" aus nach oben zur Lunge (6). Dann wendet er sich nach unten und tritt an der Achsel (JIQUAN, H 1) an die Oberfläche. Von dort geht er entlang der hinteren Grenze des medialen Aspektes des Oberarmes hinter dem LUNGEN-Meridian TAIYIN Hand und dem KREISLAUF-SEXUS-Meridian JUEYIN Hand (7) nach unten in die Ellenbogengrube (8). Von dort steigt er weiter entlang der hinteren Grenze des medialen Teiles des Unterarmes zur Regio pisiformis und zur Handinnenfläche (9) ab. Dann folgt er dem medialen Teil des kleinen Fingers zu dessen Fingerspitze SHAOCHONG (H 9) (10) und verbindet sich mit dem DÜNNDARM-Meridian TAIYANG Hand (Abb. 44).

Dieser Meridian hat zusammen 9 Punkte, die wie folgt beschrieben werden:

2.5.1 JIQUAN (H 1)

Lokalisation
Im Zentrum der Achsel, auf der medialen Seite der Arteria axillaris.

Indikationen
Schmerzen der Rippen- und Herzregion, Skrofulose, Kälte und Schmerzen des Ellenbogens und des Armes.

Methode
Senkrecht 1,5 bis 2,5 cm einstechen, Vorsicht vor der Arterie, Moxibustion anwendbar.

Gefäßversorgung
Seitlich die Arteria axillaris.

Nervenversorgung
Nervus ulnaris, Nervus medianus, der mediale Ast des Nervus cutaneus.

2.5.2 QINGLING (H 2)

Lokalisation
Wenn der Ellenbogen abgewinkelt ist, befindet sich der Punkt 3 CUN über dem medialen Ende der transversalen Ellenbogenfalte

(SHAOHAI, H 3), in der Grube medial des Musculus biceps brachii.

Indikationen
Gelbliche Skleren, Schmerzen in der Hypochondralregion, in der Schulter und im Arm.

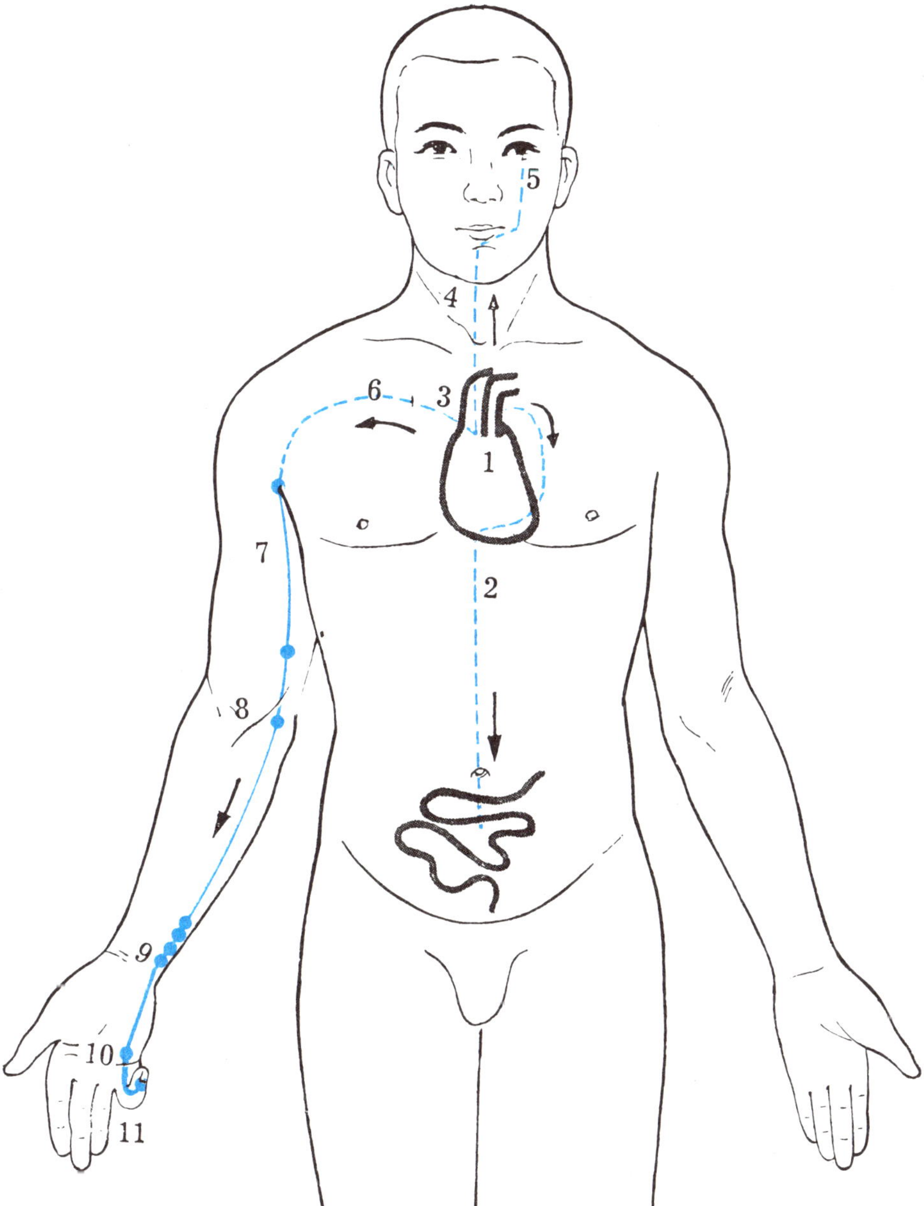

Abb. 44 HERZ-Meridian SHAOYIN Hand

Methode Senkrecht circa 1 cm einstechen, Moxibustion anwendbar.

Gefäßversorgung Vena basilica, die Arteria ulnaris colateralis superior.

Nervenversorgung Nervus brachialis cutaneus medialis und Nervus spinalis.

Bemerkung Auf dem Oberarm beträgt der Abstand vom Ende der Achselfalte zur transversalen Ellenbogenfalte (SHAOHAI, H 3) 9 CUN.

2.5.3 SHAOHAI* (HE-(Meer)-Punkt, H 3)

Lokalisation Wenn der Ellenbogen gebeugt ist, befindet sich der Punkt am medialen Ende der transversalen Ellenbogenfalte, in der Mulde vor dem medialen Gelenkkopf des Humerus, siehe Abb. 45.

Indikationen Herzschmerzen, Taubheit der Arme, Zittern der Hand, Kontraktur des Ellenbogens, Schmerzen in der Achsel und in der Hypochondralregion, Skrofulose.

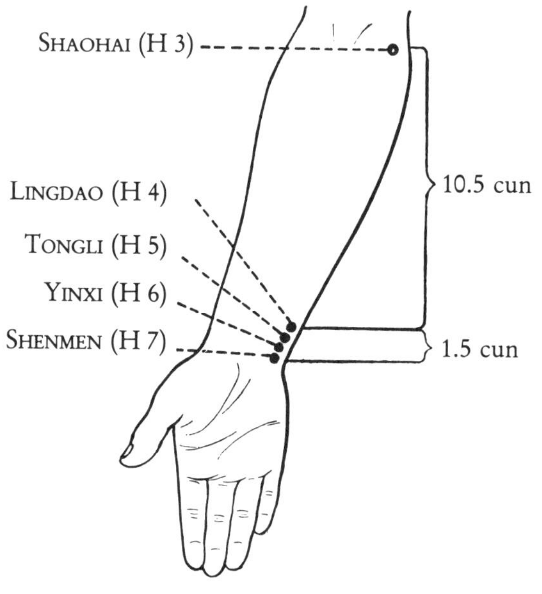

Abb. 45

Methode Senkrecht circa 1 cm einstechen, Moxibustion anwendbar.

Gefäßversorgung Vena basilica, Arteria ulnaris colateralis inferior, Arteria und Vena ulnaris.

Nervenversorgung Nervus cutaneus antebrachii medialis.

2.5.4 LINGDAO (JING-(Fluß)-Punkt, H 4)

Lokalisation
Auf der Radialseite der Sehne des Musculus flexor carpi ulnaris, 1,5 CUN über der transversalen Hautfalte des Handgelenkes, wenn die Handinnenfläche nach oben zeigt, siehe Abb. 45.

Indikationen
Herzschmerzen, plötzliche Heiserkeit der Stimme, Kontraktur des Ellenbogens und des Armes, Krämpfe.

Methode
Senkrecht circa 1 cm einstechen, Moxibustion anwendbar.

Gefäßversorgung
Arteria ulnaris.

Nervenversorgung
Nervus cutaneus antebrachii medialis, auf der Ulna-Seite Nervus ulnaris.

Bemerkung
Der Abstand zwischen Punkt SHAOHAI (H 3) und SHENMEN (H 7) beträgt 12 CUN.

2.5.5 TONGLI* (LUO-(Passage)-Punkt, H 5)

Lokalisation
Wenn die Handinnenfläche nach oben zeigt, befindet sich der Punkt auf der Radialseite der Sehne des Musculus flexor carpi ulnaris 1 CUN über der transversalen Hautfalte des Handgelenkes, siehe Abb. 45.

Indikationen
Herzklopfen, Schwindel, verschwimmender Gesichtssinn, Halsentzündung, plötzliche Heiserkeit der Stimme, Aphasie mit Steifheit der Zunge, Schmerzen im Handgelenk und im Arm.

Methode
Senkrecht circa 1 cm einstechen, Moxibustion anwendbar.

Anatomie
Siehe Punkt LINGDAO (H 4).

2.5.6 YINXI (XI-(Grenz)-Punkt, H 6)

Lokalisation
Auf der Radialseite der Sehne des Musculus flexor carpi ulnaris, 0,5 CUN über der transversalen Hautfalte des Handgelenkes, siehe Abb. 45.

Indikationen
Herzschmerzen, Hysterie, Nachtschwitzen.

Methode
Senkrecht circa 1 cm einstechen, Moxibustion anwendbar.

Anatomie
Siehe Punkt LINGDAO (H 4).

2.5.7 SHENMEN* (SHU-(Bach)-Punkt und YUAN-(Quell)-Punkt, H 7)

Lokalisation

Auf der transversalen Hautfalte des Handgelenkes, in der Gelenkregion zwischen dem pisiformen Knochen und der Ulna, in der Mulde auf der Radialseite der Sehne des Musculus flexor carpi ulnaris, siehe Abb. 45.

Indikationen

Herzschmerzen, Reizbarkeit, geistige Störungen, Epilepsie, schwaches Gedächtnis, Herzklopfen, Hysterie, Schlaflosigkeit, gelbliche Skleren, Schmerzen in der Hypochondralregion, fiebrige Empfindungen in der Handinnenfläche.

Methode

Senkrecht circa 1 cm einstechen, Moxibustion anwendbar.

Anatomie

Siehe Punkt LINGDAO (H 4).

2.5.8 SHAOFU (YING-(Quell)-Punkt, H 8)

Lokalisation

Auf der Handinnenfläche, zwischen dem vierten und fünften metakarpalen Knochen, wenn eine Faust gemacht wird, befindet sich der Punkt dort, wo der kleine Finger ruht, siehe Abb. 46.

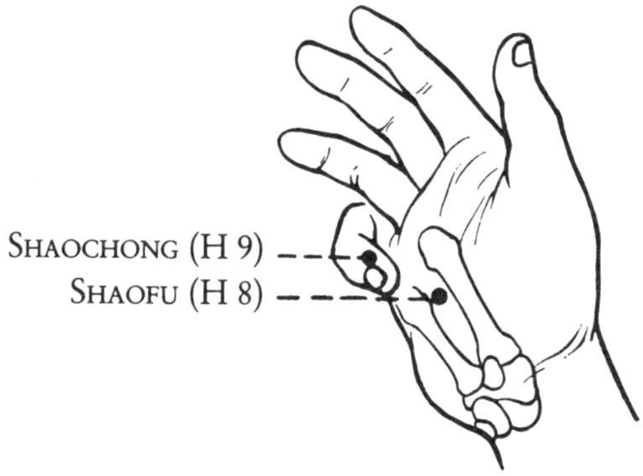

Abb. 46

Indikationen

Herzklopfen, Schmerzen in der Brust, Fingerzucken und Kontraktur des kleinen Fingers, fiebrige Empfindung in der Handinnenfläche, Hautjucken, Dysurie, Bettnässen.

Methode

Senkrecht circa 1 cm einstechen, Moxibustion anwendbar.

Gefäßversorgung

Arteria und Vena palmaris digitalis communis.

Nervenversorgung

Der vierte Nervus palmaris digitalis communis, der dem Nervus ulnaris entspringt.

2.5.9 SHAOCHONG (JING-(Brunnen)-Punkt, H 9)

Lokalisation
Auf der Radialseite des kleinen Fingers, ungefähr 0,1 CUN posterior der Ecke des Nagels, siehe Abb. 46.

Indikationen
Herzklopfen, Herzschmerzen, Schmerzen in der Brust und in der Hypochondralregion, geistige Störungen, fiebrige Erkrankungen, Verlust des Bewußtseins.

Methode
Schräg 0,2 bis 0,3 cm einstechen oder Stechen mit der drei-schneidigen Nadel, um eine Blutung zu verursachen, Moxibustion anwendbar.

Gefäßversorgung
Das arterielle und venöse Geflecht, das durch die Arteria und Vena palmaris digitalis propria gebildet wird.

Nervenversorgung
Nervus palmaris digitalis, der dem Nervus ulnaris entspringt.

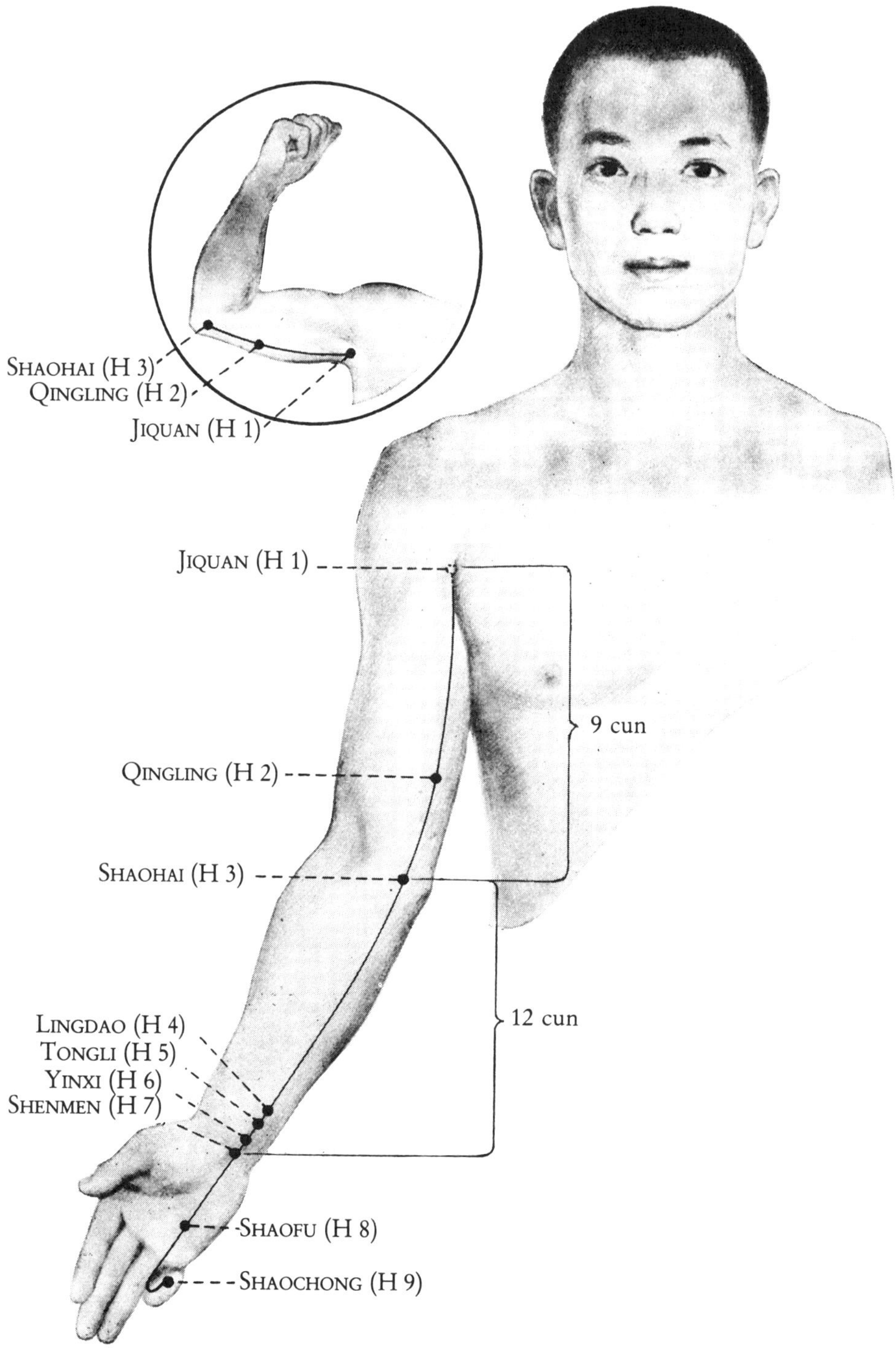

Abb. 47 HERZ-Meridian SHAOYIN Hand

2.6 DÜNNDARM-Meridian TAIYANG Hand

Verlauf

Der DÜNNDARM-Meridian TAIYANG Hand beginnt an der Ulnaseite der Spitze des kleinen Fingers (SHAOZE, Dü 1) (1). Er folgt der Ulnaseite auf dem Handrücken und erreicht das Handgelenk, wo er über dem Processus styloideus der Ulna läuft (2). Von dort aus steigt er entlang des posterioren Teiles des Unterarmes (3), passiert zwischen dem Olekranon der Ulna und dem medialen Gelenkkopf des Humerus und läuft entlang der posterioren Grenze des seitlichen Aspektes des Oberarmes (4) zum Schultergelenk (5).

Er durchläuft im Zickzack die Schulterblattregion (6) und trifft den DU-Meridian (Lenkergefäß) auf dem superioren Aspekt der Schulter am Punkt DAZHUI (LG 14) (7). Dann wendet er sich nach unten in die Fossa supraclavicularis (8) und verbindet sich mit dem Herzen (9). Von dort steigt er entlang der Speiseröhre ab (10), passiert das Zwerchfell (11), erreicht den Magen (12) und betritt schließlich den Dünndarm, sein zugehöriges Organ (13).

Der Ast aus der Fossa supraclavicularis (14) steigt am Hals auf (15) und geht weiter zur Wange (16). Über dem äußeren Augenwinkel (17) betritt er das Ohr (TINGGONG, Dü 19) (18).

Der Zweig von der Wange (19) läuft nach oben zur Infraorbitalregion (QUANLIAO, Dü 18) und weiter zur äußeren Seite der Nase. Dann erreicht er den inneren Augenwinkel (JINGMING, B 1), um sich mit dem BLASEN-Meridian TAIYANG Fuß zu verbinden (20) (Abb. 48).

Bemerkung

Der Dünndarm hat einen Unteren HE-(Meer)-Punkt: XIAJUXU (M 39). (Abb. 49).

Dieser Meridian hat insgesamt 19 Punkte, die im folgenden beschrieben werden.

2.6.1 SHAOZE (JING-(Brunnen)-Punkt, Dü 1)

Lokalisation

Auf der Ulnaseite des kleinen Fingers, ungefähr 0,1 CUN posterior der Ecke des Nagels, siehe Abb. 50.

Indikationen

Fiebrige Erkrankungen, Bewußtlosigkeit, Mangel an Muttermilch, Halsentzündung, Trübung der Kornea.

Methode

Schräg 0,2 bis 0,3 cm einstechen, Moxibustion anwendbar.

Gefäßversorgung

Das arterielle und venöse Geflecht, das durch die Arteria und Vena palmaris digitalis propria und die Arteria und Vena dorsalis digitalis gebildet wird.

Nervenversorgung

Nervus palmaris digitalis und Nervus dorsalis digitalis, die dem Nervus ulnaris entspringen.

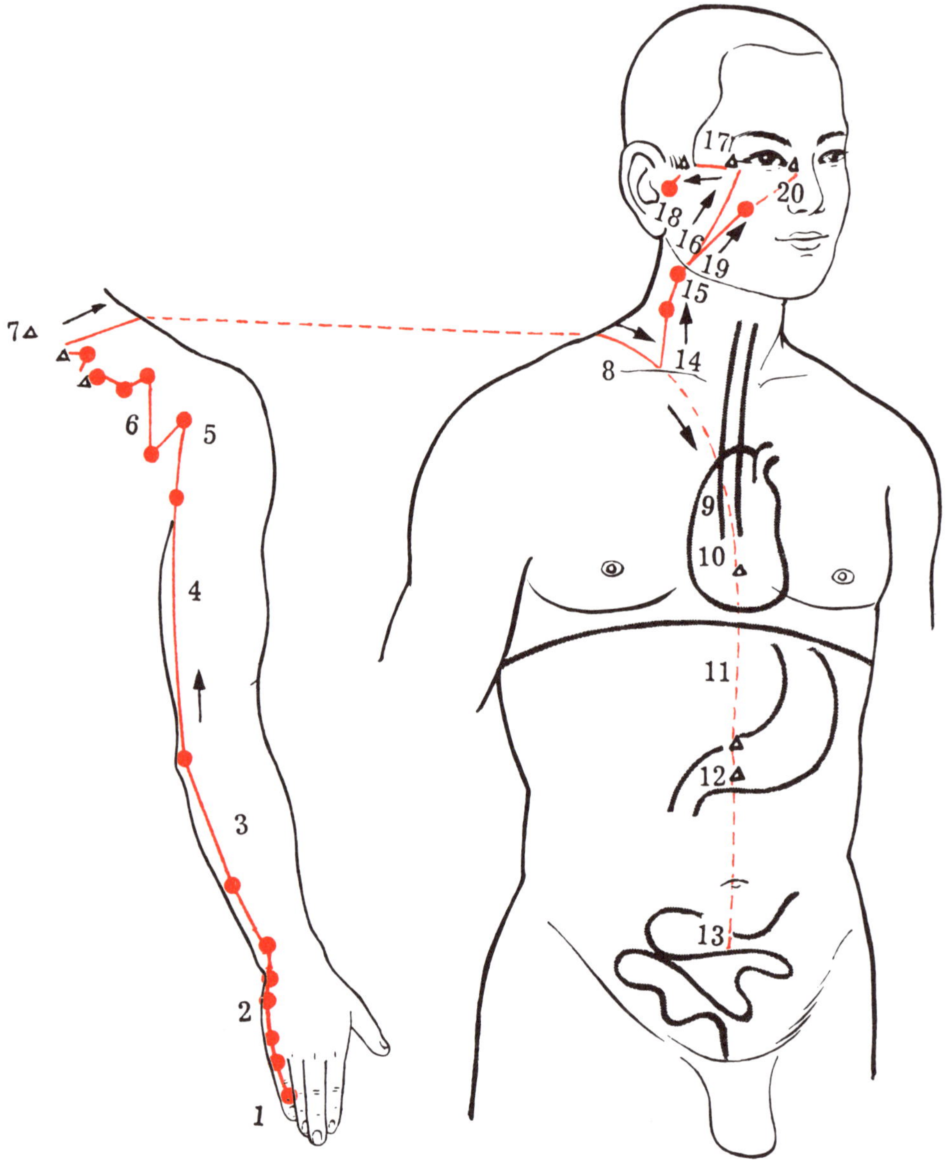

Abb. 48 DÜNNDARM-Meridian TAIYANG Hand

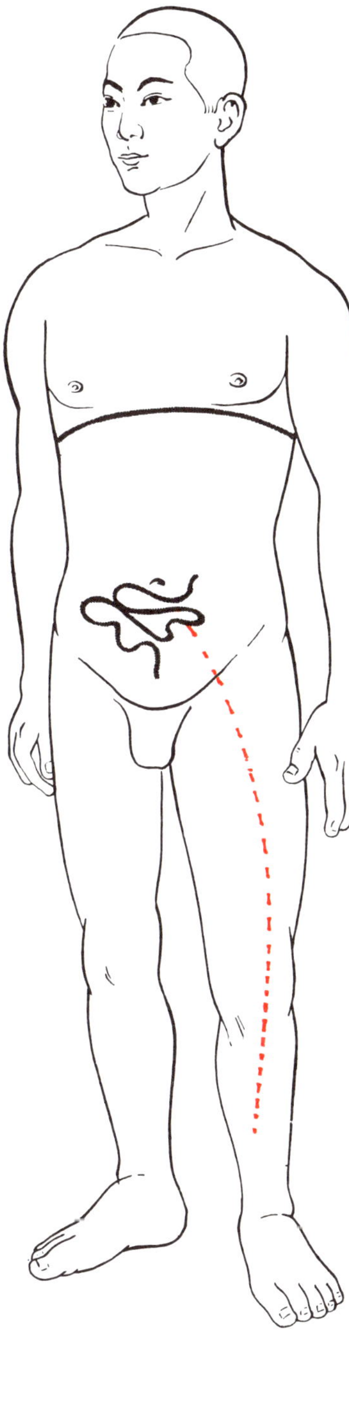

Abb. 49 Unterer HE-Meer-Punkt des DÜNNDARM-Meridians: XIAJUXU (M 39)

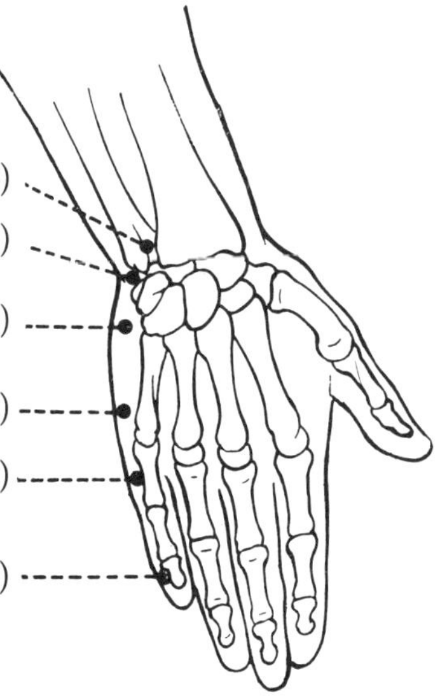

Abb. 50

2.6.2 QIANGU (YING-(Quell)-Punkt, Dü 2)

Lokalisation Wenn eine lose Faust gemacht wird, befindet sich der Punkt distal des metakarpophalangealen Gelenkes, am Übergang von roter zu weißer Haut, siehe Abb. 50.

Indikationen Taubheit der Finger, fiebrige Erkrankungen.

Methode Senkrecht 0,5 bis 0,8 cm einstechen, Moxibustion anwendbar.

Gefäßversorgung Arteria und Vena dorsalis digitalis, die der Arteria und Vena ulnaris entspringen.

Nervenversorgung Nervus dorsalis digitalis und Nervus palmaris digitalis, die dem Nervus ulnaris entspringen.

2.6.3 HOUXI* (SHU-(Bach)-Punkt, Dü 3)

Lokalisation Wenn eine lose Faust gemacht wird, befindet sich der Punkt proximal des Kopfes des fünften metakarpalen Knochens auf der Ulnaseite, in der Mulde am Übergang von roter zu weißer Haut, siehe Abb. 50.

Indikationen Kopfschmerz, Halssteifigkeit, Kongestion des Auges, Taubheit, Kontraktur und Zucken des Ellbogens, des Armes und der Finger, fiebrige Erkrankungen, Epilepsie, Malaria, Nachtschwitzen.

Methode Senkrecht 1 bis 2 cm einstechen, Moxibustion anwendbar.

Arteria und Vena dorsalis digitalis, das dorsale venöse Geflecht der Hand. *Gefäßversorgung*

Der dorsale Ast des Nervus ulnaris. *Nervenversorgung*

Dieser Punkt ist einer der acht Konfluenz-(Kardinal)-Punkte, die mit dem DU-Meridian (Lenkergefäß) in Verbindung stehen. *Bemerkung*

2.6.4 Hand-WANGU (YUAN-(Quell)-Punkt, Dü 4)

Auf der Ulnaseite, in der Mulde zwischen der Basis des fünften metakarpalen Knochens und des Os triquetrum, siehe Abb. 50. *Lokalisation*

Kopfschmerzen, Halssteifigkeit, Trübung der Kornea, Schmerzen in der Hypochondralregion, Gelbsucht, fiebrige Erkrankungen. *Indikationen*

Senkrecht circa 1 cm einstechen, Moxibustion anwendbar. *Methode*

Die Arteria carpalis posterior (der Ast der Arteria ulnaris), das dorsale venöse Geflecht der Hand. *Gefäßversorgung*

Der dorsale Ast des Nervus ulnaris. *Nervenversorgung*

2.6.5 YANGGU (JING-(Fluß)-Punkt, Dü 5)

Auf der Ulnaseite des Handgelenkes, in der Mulde zwischen dem Processus styloideus der Ulna und dem Os triquetrum, siehe Abb. 50. *Lokalisation*

Schwellungen des Halses und der Submandibularregion, Schmerzen im Handgelenk und im seitlichen Teil des Armes, fiebrige Erkrankungen. *Indikationen*

Senkrecht circa 1 cm einstechen, Moxibustion anwendbar. *Methode*

Arteria carpalis posterior. *Gefäßversorgung*

Der dorsale Ast des Nervus ulnaris. *Nervenversorgung*

2.6.6 YANGLAO* (XI-(Grenz)-Punkt, Dü 6)

Dorsal des Kopfes der Ulna. Wenn die Handinnenfläche zur Brust zeigt, befindet sich der Punkt in der Knochenspalte auf der Radialseite des Processus styloideus der Ulna (Abb. 51 und 52). *Lokalisation*

Verschwimmender Gesichtssinn, Schmerzen der Schulter, des Rückens, des Ellbogens und des Armes. *Indikationen*

Senkrecht circa 1 cm einstechen, Moxibustion anwendbar. *Methode*

Die Endäste der Arteria und Vena interossea posterior, das dorsale venöse Geflecht des Handgelenkes. *Gefäßversorgung*

Die anastomosierenden Äste des Nervus cutaneus antebrachii posterior und des dorsalen Astes des Nervus ulnaris. *Nervenversorgung*

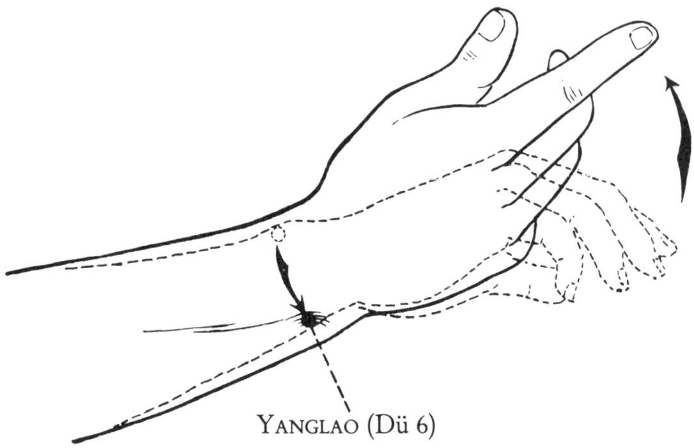

Abb. 51

2.6.7 ZHIZHENG (LUO-(Passage)-Punkt, Dü 7

Lokalisation
5 CUN proximal des Handgelenkes, an der Verbindungslinie zwischen Punkt YANGGU (Dü 5) und XIAOHAI (Dü 8), siehe Abb. 52.

Indikationen
Halssteifigkeit, Kontraktur und Zucken des Ellbogens, Schmerzen in den Fingern, fiebrige Erkrankungen, geistige Störungen.

Methode
Senkrecht circa 1 cm einstechen, Moxibustion anwendbar.

Gefäßversorgung
Die Endäste der Arteria und Vena interossea posterior.

Nervenversorgung
Oberflächlich der Ast des Nervus cutaneus antebrachii medialis, tiefer auf der Radialseite der Nervus interosseus posterior.

Bemerkung
Der Abstand vom Punkt YANGGU (Dü 5) zum Punkt XIAOHAI (Dü 8) beträgt 12 CUN.

2.6.8 XIAOHAI (HE-(Meer)-Punkt, Dü 8)

Lokalisation
Zwischen dem Olekranon der Ulna und dem medialen Gelenkkopf des Humerus. Der Punkt wird mit gebeugtem Ellbogen lokalisiert (Abb. 52 und 53).

Indikationen
Schwellungen der Wange, Schmerzen im Nacken und im lateroposterioren Teil der Schulter und des Armes, Epilepsie.

Methode
Senkrecht 1 bis 2 cm einstechen, Moxibustion anwendbar.

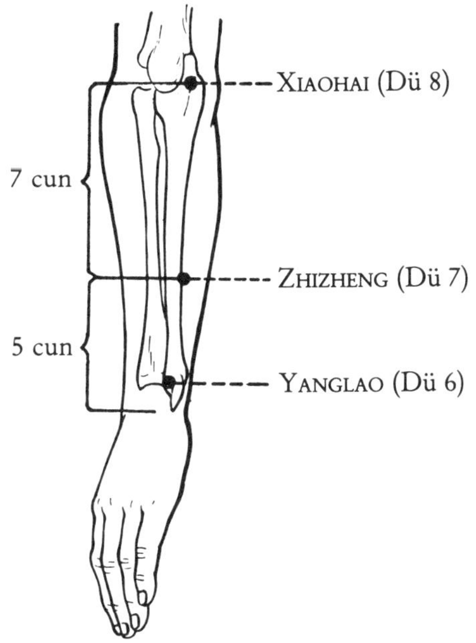

Abb. 52

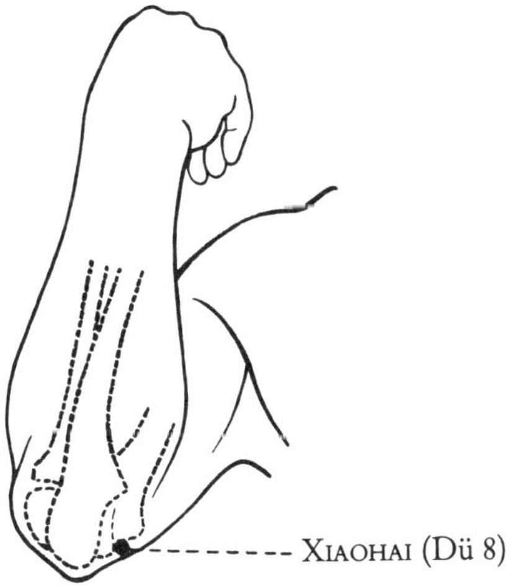

Abb. 53

Gefäßversorgung Arteriae und Venae ulnares collaterales superiores und inferiores, die Arteria und Vena ulnaris.

Nervenversorgung Die Äste des Nervus cutaneus antebrachii medialis, Nervus ulnaris.

Bemerkung Der untere HE-(Meer)-Punkt des Dünndarms ist XIAJUXU (M 39), der bei Störungen des Dünndarms angezeigt ist.

2.6.9 JIANZHEN (Dü 9)

Lokalisation Posterior und inferior des Schultergelenkes. Wenn der Arm am Körper liegt, befindet sich der Punkt 1 CUN über dem posterioren Ende der Achselfalte (Abb. 54).

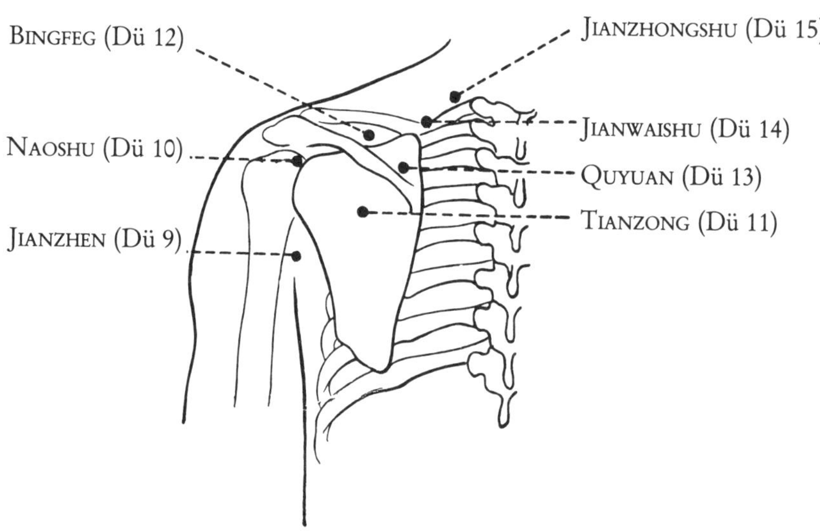

Abb. 54

Indikationen Schmerzen in der Schulterblattregion, Schmerzen und Bewegungsbeeinträchtigungen der Hand und des Armes.

Methode Senkrecht 1,5 bis 2,5 cm einstechen, Moxibustion anwendbar.

Gefäßversorgung Arteria und Vena scapularis circumflexa.

Nervenversorgung Der Ast des Nervus axillaris, tiefer im vorderen Teil der Nervus radialis.

2.6.10 NAOSHU* (Dü 10)

Lokalisation
Wenn der Arm am Körper liegt, befindet sich der Punkt direkt über dem Punkt JIANZHEN (Dü 9), in der Mulde inferior und lateral der Spina scapularis (Abb. 54).

Indikationen
Schmerzen und Schwäche der Schulter und des Armes.

Methode
Senkrecht 2 bis 2,5 cm einstechen, Moxibustion anwendbar.

Gefäßversorgung
Arteria und Vena humeralis circumflexa posteria, tiefer die Arteria und Vena suprascapularis.

Nervenversorgung
Nervus cutaneus posterior des Armes, Nervus axillaris, tiefer der Nervus suprascapularis.

2.6.11 TIANZONG* (Dü 11)

Lokalisation
In der Fossa infrascapularis, am Übergang vom oberen zum mittleren Drittel des Abstands zwischen der unteren Grenze der Spina scapularis und dem inferioren Winkel des Schulterblattes, siehe Abb. 54.

Indikationen
Schmerzen in der Schulterblattregion, Schmerzen im lateroposterioren Teil des Ellbogens und des Armes.

Methode
Schräg 1,5 bis 2,5 cm einstechen, Moxibustion anwendbar.

Gefäßversorgung
Die Muskeläste der Arteria und Vena scapularis circumflexa.

Nervenversorgung
Nervus suprascapularis.

2.6.12 BINGFENG (Dü 12)

Lokalisation
Im Zentrum der Fossa suprascapularis, direkt über dem Punkt TIANZONG (Dü 11). Wenn der Arm angehoben ist, befindet sich der Punkt genau in der Mulde (Abb. 54).

Indikationen
Schmerz in der Schulterblattregion, Taubheit und Schmerz der oberen Extremitäten.

Methode
Senkrecht 1 bis 2 cm einstechen, Moxibustion anwendbar.

Gefäßversorgung
Arteria und Vena suprascapularis.

Nervenversorgung
Nervus suprascapularis lateralis und Nervus accessorius, tiefer der Nervus suprascapularis.

2.6.13 QUYUAN (Dü 13)

Lokalisation Auf der Extremitas medialis der Fossa suprascapularis, ungefähr in der Mitte zwischen dem Punkt NAOSHU (Dü 10) und dem Processus spinosus des zweiten Brustwirbels, siehe Abb. 54.

Indikationen Schmerzen und Steifheit der Schulterblattregion.

Methode Senkrecht 1 bis 2 cm einstechen, Moxibustion anwendbar.

Gefäßversorgung Oberflächlich die absteigenden Äste der Arteria und Vena cervicalis transversa, tiefer der Muskelast der Arteria und Vena suprascapularis.

Nervenversorgung Der Seitenast des Ramus posterior des zweiten Nervus thoracicus, der Nervus accessorius, tiefer der Muskelast des Nervus suprascapularis.

2.6.14 JIANWAISHU (Dü 14)

Lokalisation 3 CUN seitlich der unteren Grenze des Processus spinosus des ersten Brustwirbels (TAODAO, LG 13), auf der senkrechten Linie durch die innere Grenze des Schulterblattes, siehe Abb. 54.

Indikationen Schmerzen der Schulter und des Rückens, Steifheit des Halses.

Methode Schräg 0,5 bis 1,5 cm einstechen, Moxibustion anwendbar.

Gefäßversorgung In der Tiefe die Arteria und Vena cervicalis transversa.

Nervenversorgung Oberflächlich die medialen Hautäste der Rami posteriores des ersten und zweiten Nervus thoracicus, der Nervus accessorius, tiefer der Nervus scapularis dorsalis.

2.6.15 JIANZHONGSHU (Dü 15)

Lokalisation 2 CUN seitlich der unteren Grenze des Processus spinosus des siebten Halswirbels (DAZHUI, LG 14), siehe Abb. 54.

Indikationen Husten, Asthma, Schmerzen in der Schulter und im Rücken.

Methode Schräg 0,5 bis 1,5 cm einstechen, Moxibustion anwendbar.

Anatomie Siehe Punkt JIANWAISHU (Dü 14).

2.6.16 TIANCHUANG (Dü 16)

Lokalisation Im seitlichen Aspekt des Halses, auf der posterioren Grenze des Musculus sternocleidomastoideus, posterior superior des Punktes Hals-FUTU (Di 18).

Indikationen Taubheit, Tinnitus, Halsentzündung, Steifheit und Schmerzen des Halses.

Methode Senkrecht 1 bis 2 cm einstechen, Moxibustion anwendbar.

Gefäßversorgung Arteria cervicalis.

Nervenversorgung Nervus cervicalis cutaneus, ein Ast des großen Nervus auricularis.

2.6.17 TIANRONG (Dü 17)

Lokalisation Posterior des Unterkieferwinkels, in der Mulde auf der vorderen Grenze des Musculus sternocleidomastoideus, siehe Abb. 55.

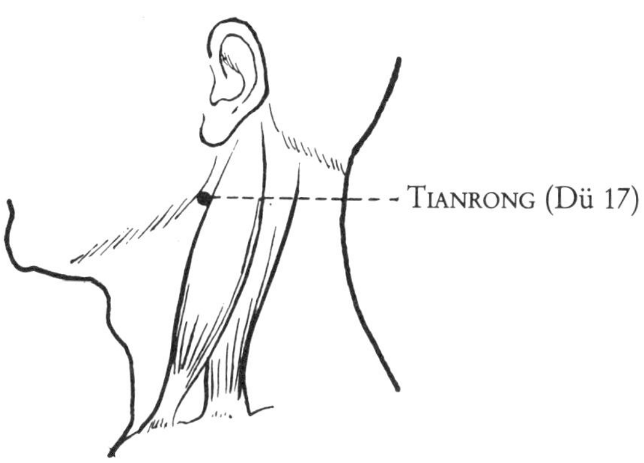

Abb. 55

Indikationen Taubheit, Tinnitus, Halsentzündung, Schwellung der Wangen, Fremdkörpergefühl in der Kehle.

Methode Senkrecht 1 bis 2 cm einstechen, Moxibustion anwendbar.

Gefäßversorgung Anterior die Vena jugularis externa, tiefer die Arteria carotica interna und die Vena jugularis interna.

Nervenversorgung Oberflächlich der vordere Ast des großen Nervus auricularis, der Halsast des Nervus facialis, tiefer das Ganglion cervicalis superior des Truncus sympathicus.

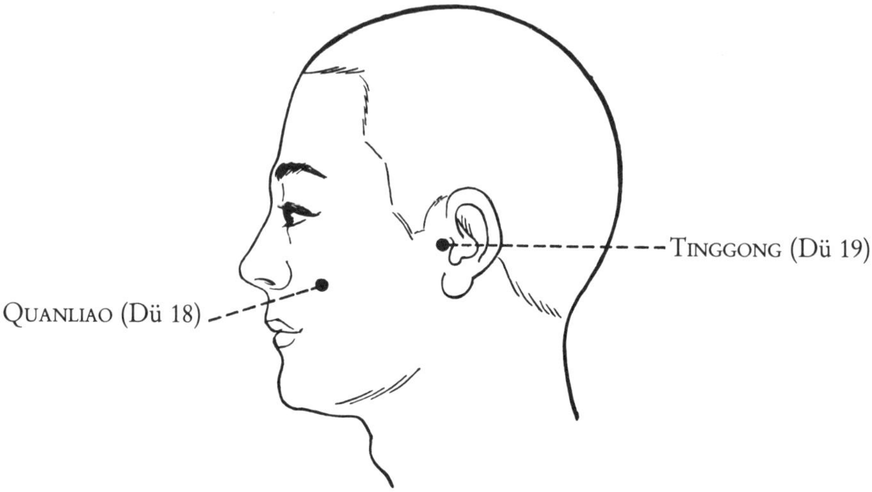

Abb. 56

2.6.18 QUANLIAO* (Dü 18)

Lokalisation Direkt unter dem äußeren Augenwinkel, in der Mulde auf der unteren Grenze des Jochbogens, siehe Abb. 56.

Indikationen Fazialisparese, Zucken der Augenlider, Zahnschmerzen, gelbliche Skleren.

Methode Senkrecht 1 bis 2 cm einstechen.

Gefäßversorgung Die Äste der Arteria und Vena facialis transversa.

Nervenversorgung Nervus infraorbitalis und Nervus facialis.

2.6.19 TINGGONG* (Dü 19)

Lokalisation Zwischen dem Tragus und dem Kiefergelenk, wo eine Mulde gebildet wird, wenn der Mund leicht geöffnet wird, siehe Abb. 56.

Indikationen Taubheit, Tinnitus, Otorrhoe.

Methode Senkrecht 1 bis 2,5 cm einstechen, Moxibustion anwendbar.

Gefäßversorgung Die Ohräste der Arteria und Vena temporalis superficialis.

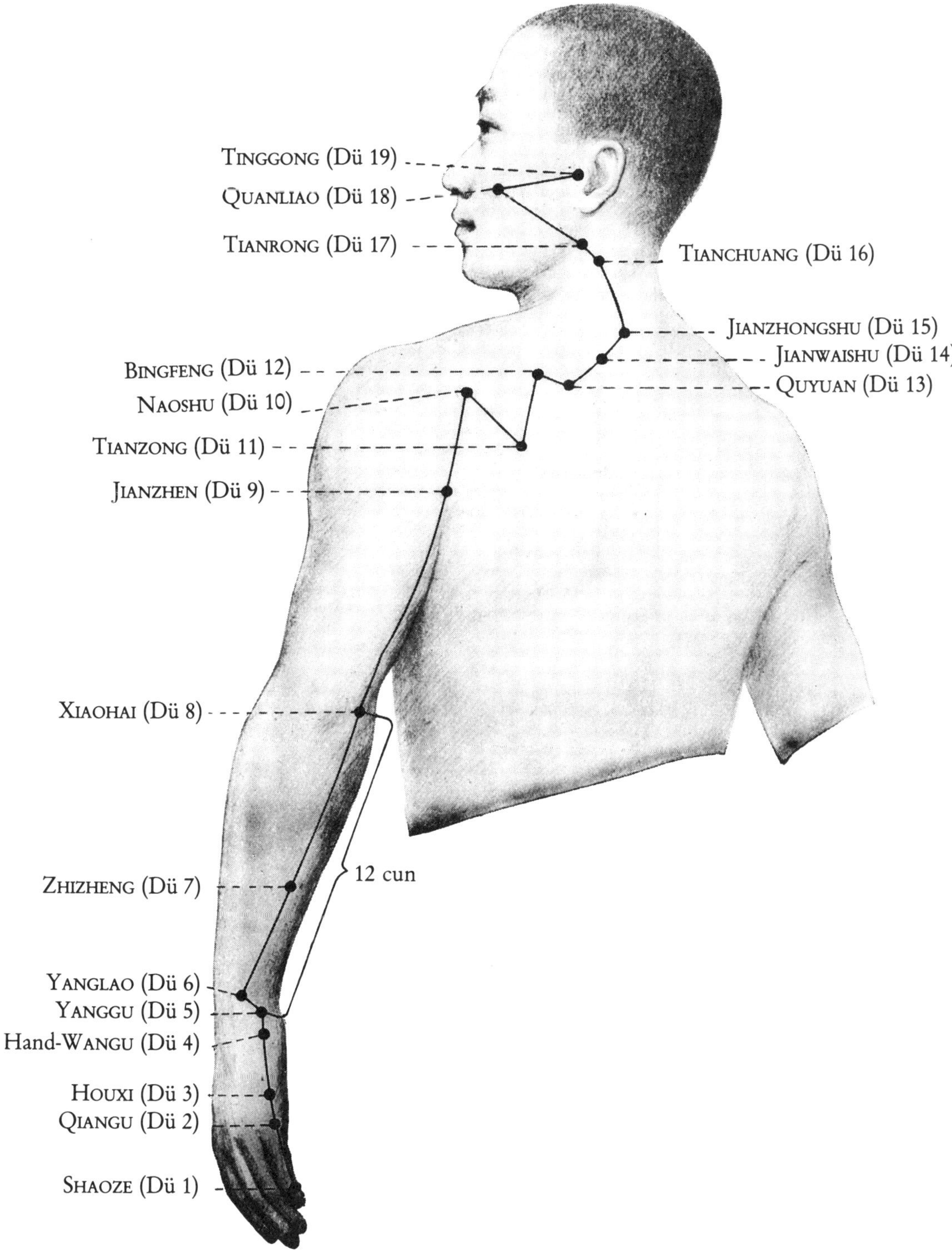

Abb. 57 DÜNNDARM-Meridian TAIYANG Hand

2.7 BLASEN-Meridian TAIYANG Fuß

Verlauf

Der BLASEN-Meridian TAIYANG Fuß beginnt am inneren Augenwinkel (JINGMING, B 1) (1). Er steigt zur Stirn auf (2) und verbindet sich mit dem DU-Meridian (Lenkergefäß) am Scheitel (BAIHUI, LG 20) (3), von wo ein Ast zur Schläfe abzweigt (4).

Der innere Teil des Meridians tritt in den Kopf ein und verbindet sich mit dem Gehirn (5). Der Meridian teilt sich in zwei Linien, die entlang des posterioren Teils des Halses absteigen (6). Beide Äste laufen entlang des medialen Teils des Schulterblattes und parallel zum Rückgrat (7) nach unten und erreichen die Lendenregion (8), wo der Meridian in die Körperhöhle durch die paravertebrale Muskulatur (9) eintritt, sich mit der Niere verbindet (10) und zu seinem zugehörigen Organ, der Blase, läuft (11).

Der Ast der Lendenregion steigt durch die Regio glutealis (12) ab und endet in der Fossa poplitea (13).

Der Zweig vom posterioren Teil des Halses läuft gerade entlang der medialen Grenze des Schulterblattes nach unten (14). Er passiert die Regio glutealis (HUANTIAO, G 30) (15) nach unten entlang des posterioren Teils des Oberschenkels auf der äußeren Seite (16) und trifft den vorher beschriebenen Ast, der aus der Lumbalregion in die Fossa poplitea (17) abgestiegen ist. Von dort geht der Meridian weiter am Bein nach unten (18) zum posterioren Teil des äußeren Malleolus (19). Dann läuft er entlang der Tuberositas des fünften metatarsalen Knochens (20) und erreicht die äußere Seite der Spitze des kleinen Zehs (ZHIYIN, B 67), wo er sich mit dem NIEREN-Meridian SHAOYIN Fuß (21) verbindet (Abb. 58).

Insgesamt hat dieser Meridian 67 Punkte, die im folgenden beschrieben werden.

2.7.1 JINGMING* (B 1)

Lokalisation

0,1 CUN superior des inneren Augenwinkels. Der Patient soll die Augen schließen, wenn der Punkt lokalisiert wird (Abb. 59).

Indikationen

Rötung, Schwellung und Schmerzen der Augen, Tränenfluß bei Wind, Jucken des Augenwinkels, Nachtblindheit, Farbenblindheit.

Methode

Senkrecht 0,7 bis 0,8 cm entlang des Orbitalrandes einstechen. Es ist nicht ratsam, die Nadel stark zu drehen oder zu heben.

Gefäßversorgung

Arteria und Vena angularis, tiefer die Arteria und Vena ophthalmica.

Nervenversorgung

Oberflächlich der Nervus supratrochlearis und der Nervus infratrochlearis, tiefer die Äste des Nervus oculomotoricus, der Nervus Ophthalmicus.

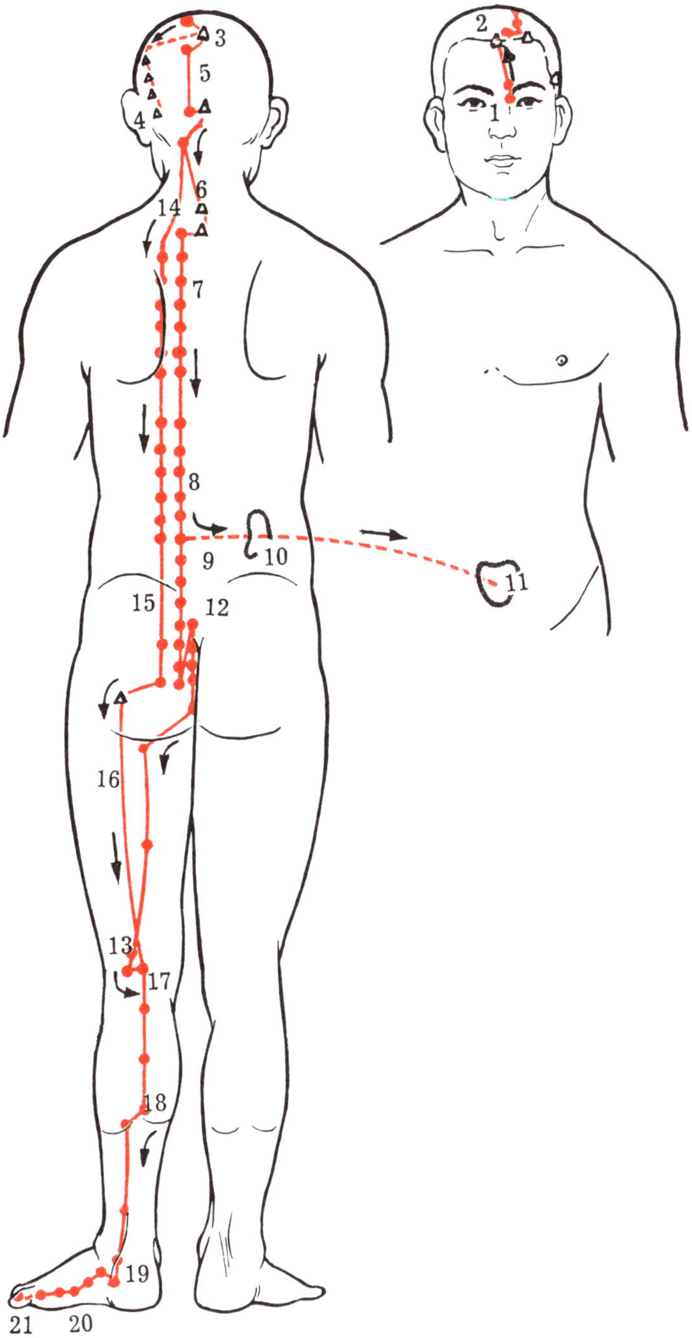

Abb. 58 BLASEN-Meridian TAIYANG Fuß

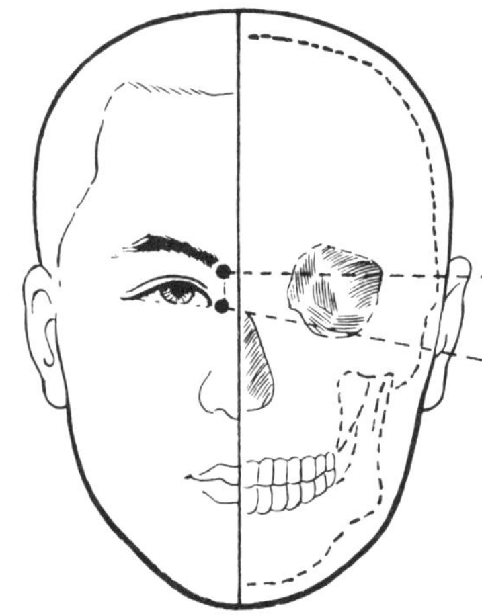

Abb. 59

2.7.2 ZANZHU* (B 2)

Lokalisation Auf der Extremitas medialis der Augenbraue oder auf dem supraorbitalen Einschnitt, siehe Abb. 59.

Indikationen Kopfschmerzen, verschwimmender oder mangelnder Gesichtssinn, Schmerzen der Regio supraorbitalis, Tränenfluß bei Wind, Rötung, Schwellung und Schmerzen der Augen, Zucken der Augenlider.

Methode Horizontal entlang der Haut direkt von unten oder seitlich circa 1 cm einstechen oder mit der drei-schneidigen Nadel eine Blutung verursachen.

Gefäßversorgung Arteria und Vena frontalis.

Nervenversorgung Der mediale Ast des Nervus frontalis.

2.7.3 MEICHONG (B 3)

Lokalisation Direkt über der Extremitas medialis der Augenbraue, 0,5 CUN innerhalb der vorderen Haarlinie, zwischen dem Punkt SHENTING (LG 24) und dem Punkt QUCHAI (B 4).

Indikationen Kopfschmerzen, Schwindel, Epilepsie.

Methode Horizontal entlang der Haut direkt nach oben circa 1 cm einstechen.

Anatomie Siehe Punkt ZANZHU (B 2).

2.7.4 QUCHAI (B 4)

Lokalisation
1,5 CUN seitlich des Punktes SHENTING (LG 24), am Übergang vom medialen Drittel zu den seitlichen zwei Dritteln des Abstandes des Punktes SHENTING (LG 24) zum Punkt TOUWEI (M 8).

Indikationen
Kopfschmerzen im Bereich des vorderen Scheitels, verschwimmender Gesichtssinn, Ophtalmalgie, Nasenverstopfung, Nasenbluten.

Methode
Horizontal entlang der Haut direkt nach oben circa 1 cm einstechen.

Gefäßversorgung
Arteria und Vena frontalis.

Nervenversorgung
Der seitliche Ast des Nervus frontalis.

Bemerkung
Der Abstand zwischen dem Mittelpunkt der vorderen Haaransatzlinie zum Mittelpunkt der hinteren Haaransatzlinie beträgt 12 CUN. Falls die vordere Haaransatzlinie nicht bestimmbar ist, kann von der Glabella (YINTANG, Extrapunkt) gemessen und 3 CUN addiert werden.

2.7.5 WUCHU (B 5)

Lokalisation
Direkt über dem Punkt QUCHAI (B 4), 1 CUN innerhalb der vorderen Haaransatzlinie.

Indikationen
Kopfschmerzen, verschwimmender Gesichtssinn, Epilepsie.

Methode
Horizontal entlang der Haut circa 1 cm einstechen.

Anatomie
Siehe Punkt QUCHAI (B 4).

2.7.6 CHENGGUANG (B 6)

Lokalisation
1,5 CUN posterior des Punktes WUCHU (B 5), 1,5 CUN lateral des DU-Meridians (Lenkergefäß).

Indikationen
Kopfschmerz, verschwimmender Gesichtssinn, Nasenverstopfung.

Methode
Horizontal entlang der Haut circa 1 cm einstechen.

Gefäßversorgung
Das anastomosierende Geflecht der Arteria und Vena frontalis, die Arteria und Vena temporalis superficialis und die Arteria und Vena occipitalis.

Nervenversorgung
Der anastomosierende Ast des lateralen Astes des Nervus frontalis und des Nervus occipitalis major.

2.7.7 TONGTIAN (B 7)

Lokalisation
1,5 CUN posterior des Punktes CHENGGUANG (B 6), 1,5 CUN seitlich des DU-Meridians (Lenkergefäß).

Indikationen
Kopfschmerzen, Schwindel, Nasenverstopfung, Nasenbluten, Rhinorrhoe.

Methode
Horizontal entlang der Haut circa 1 cm einstechen.

Gefäßversorgung
Das anastomosierende Geflecht der Arteria und Vena temporalis superficialis und der Arteria und Vena occipitalis.

Nervenversorgung
Der Ast des Nervus occipitalis major.

2.7.8 LUOQUE (B 8)

Lokalisation
1,5 CUN posterior des Punktes TONGTIAN (B 7), 1,5 CUN seitlich des DU-Meridians (Lenkergefäß).

Indikationen
Schwindel, Tinnitus, geistige Verwirrung.

Methode
Horizontal entlang der Haut circa 1 cm einstechen.

Gefäßversorgung
Die Äste der Arteria und Vena occipitalis.

Nervenversorgung
Der Ast des Nervus occipitalis major.

2.7.9 YUZHEN (B 9)

Lokalisation
1,3 CUN seitlich des Punktes NAOHU (LG 17), auf der äußeren Seite der vorderen Grenze der Protuberantia occipitalis externa.

Indikationen
Kopfschmerzen, Ophtalmalgie, Nasenverstopfung.

Methode
Horizontal entlang der Haut direkt nach unten circa 1 cm einstechen.

Gefäßversorgung
Arteria und Vena occipitalis.

Nervenversorgung
Der Ast des Nervus occipitalis major.

2.7.10 TIANZHU* (B 10)

Lokalisation
1,3 CUN seitlich des Punktes YAMEN (LG 15), innerhalb der posterioren Haaransatzlinie, auf der äußeren Seite des Musculus trapezius.

Indikationen
Kopfschmerzen, Halssteifigkeit, Nasenverstopfung, Schmerzen in der Schulter und im Rücken.

Methode
Senkrecht circa 1 cm einstechen.

Gefäßversorgung
Arteria und Vena occipitalis.

Nervenversorgung
Nervus occipitalis major.

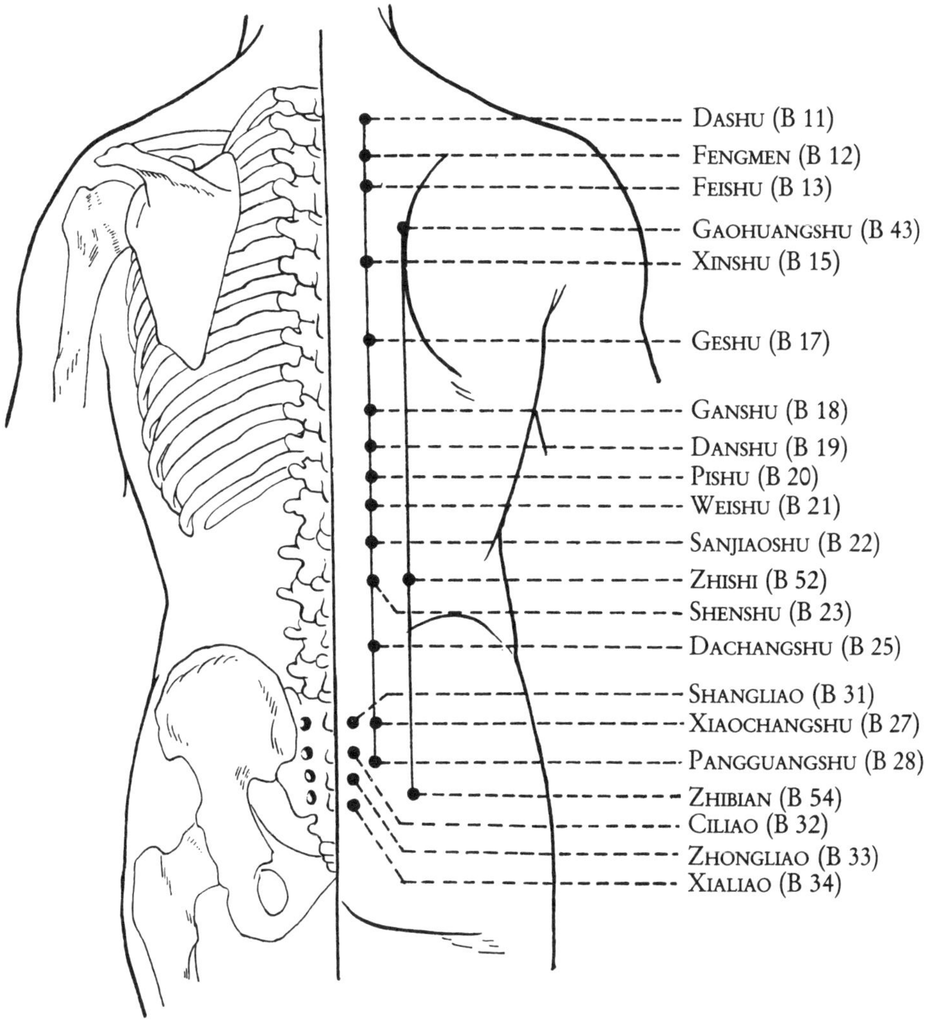

Abb. 60

2.7.11 DASHU (B 11)

1,5 CUN seitlich der unteren Grenze des Processus spinosus des ersten Brustwirbels, ungefähr 2 Fingerbreiten vom DU-Meridian (Lenkergefäß), siehe Abb. 60. *Lokalisation*

Husten, Fieber, Kopfschmerzen, Schmerzen der Schulterblattregion, Steifheit und Starrheit des Halses. *Indikationen*

Schräg circa 1 cm einstechen, Moxibustion anwendbar. *Methode*

Gefäßversorgung Die medialen Hautäste der posterioren Äste der Arteria und Vena intercostalis.

Nervenversorgung Die medialen Hautäste der posterioren Rami des ersten und zweiten Nervus thoracicus, tiefer deren seitliche Hautäste.

Bemerkungen (1) Dies ist einer der acht Einflußreichen Punkte, der die Knochen beherrscht.

(2) Der Abstand vom Mittelpunkt des Rückgrates (DU-Meridian) zu der senkrechten Linie von der wirbelseitigen Grenze des Schulterblattes beträgt 3 CUN. Dieser Abstand dient als Maßstab für die transversale Lokalisation der Punkte auf dem Rücken. Alle Punkte auf der Linie zwischen DASHU (B 11) und BAIHUANSHU (B 30) sind 1,5 CUN seitlich des DU-Meridians (Lenkergefäß).

2.7.12 FENGMEN (B 12)

Lokalisation 1,5 CUN seitlich der unteren Grenze des Processus spinosus des zweiten Brustwirbels, siehe Abb. 60.

Indikationen Erkältung, Husten, Fieber und Kopfschmerzen, Rückenschmerzen, Halssteifigkeit.

Methode Schräg circa 1 cm einstechen, Moxibustion anwendbar.

Gefäßversorgung Die medialen Hautäste der posterioren Äste der Arteria und Vena intercostalis.

Nervenversorgung Oberflächlich die medialen Hautäste der posterioren Rami des zweiten und dritten Nervus thoracicus, tiefer deren laterale Hautäste.

2.7.13 FEISHU* (SHU-(Rücken)-Punkt der Lunge, B 13)

Lokalisation 1,5 CUN seitlich der unteren Grenze des Processus spinosus des dritten Brustwirbels, siehe Abb. 60.

Indikationen Husten, Asthma, Hämoptysis, Fieber am Nachmittag, Nachtschwitzen.

Methode Schräg circa 1 cm einstechen, Moxibustion anwendbar.

Gefäßversorgung Die medialen Hautäste der posterioren Äste der Arteria und Vena intercostalis.

Nervenversorgung Die medialen Hautäste der posterioren Rami des dritten und vierten Nervus thoracicus, tiefer deren laterale Hautäste.

2.7.14 JUEYINSHU* (SHU-(Rücken)-Punkt des KREISLAUF-SEXUS-Meridians, B 14)

1,3 CUN seitlich der unteren Grenze des Processus spinosus des vierten Brustwirbels. *Lokalisation*

Herzschmerzen, Herzklopfen, fiebrige Erkrankungen, Reizbarkeit, geistige Störungen. *Indikationen*

Schräg circa 1 cm einstechen, Moxibustion anwendbar. *Methode*

Die medialen Hautäste der posterioren Äste der Arteria und Vena intercostalis. *Gefäßversorgung*

Die medialen Hautäste der posterioren Rami des vierten und fünften Nervus thoracicus, tiefer deren laterale Hautäste. *Nervenversorgung*

2.7.15 XINSHU* (SHU-(Rücken)-Punkt des Herzens, B 15)

1,5 CUN seitlich der unteren Grenze des Processus spinosus des fünften Brustwirbels, siehe Abb. 60. *Lokalisation*

Epilepsie, Herzklopfen, Panik, Vergeßlichkeit, Reizbarkeit, Hämoptysis, Husten. *Indikationen*

Schräg circa 1 cm einstechen, Moxibustion anwendbar. *Methode*

Die medialen Hautäste der posterioren Äste der Arteria und Vena intercostalis. *Gefäßversorgung*

Die medialen Äste der posterioren Rami des fünften und sechsten Nervus thoracicus, tiefer deren laterale Äste. *Nervenversorgung*

2.7.16 DUSHU (B 16)

1,5 CUN seitlich der unteren Grenze des Processus spinosus des sechsten Brustwirbels. *Lokalisation*

Herzschmerzen, Bauchschmerzen. *Indikationen*

Schräg circa 1 cm einstechen, Moxibustion anwendbar. *Methode*

Die medialen Äste der posterioren Äste der Arteria und Vena intercostalis, der absteigende Ast der Arteria cervicalis transversa. *Gefäßversorgung*

Der Nervus scapularis dorsalis, die medialen Hautäste der posterioren Rami des sechsten und siebten Nervus thoracicus, tiefer deren laterale Äste. *Nervenversorgung*

2.7.17 GESHU* (B 17)

Lokalisation 1,5 CUN seitlich der unteren Grenze des Processus spinosus des siebten Brustwirbels, siehe Abb. 60.

Indikationen Erbrechen, Schluckauf, Schluckbeschwerden, Asthma, Husten, Hämoptysis, Fieber am Nachmittag, Nachtschwitzen.

Methode Schräg circa 1 cm einstechen, Moxibustion anwendbar.

Gefäßversorgung Die medialen Äste der posterioren Äste der Arteria und Vena intercostalis.

Nervenversorgung Die medialen Äste der posterioren Rami des siebten und achten Nervus thoracicus, tiefer deren laterale Äste.

Bemerkung Dies ist einer der acht einflußreichen Punkte, der das Blut beherrscht.

2.7.18 GANSHU* (SHU-(Rücken)-Punkt der Leber, B 18)

Lokalisation 1,5 CUN seitlich der unteren Grenze des Processus spinosus des neunten Brustwirbels, siehe Abb. 60.

Indikationen Gelbsucht, Schmerzen in der Hypochondralregion, Bluterbrechen, Nasenbluten, Rötung der Augen, verschwimmender Gesichtssinn, Nachtblindheit, Schmerzen im Rücken, geistige Verwirrung, Epilepsie.

Methode Schräg circa 1 cm einstechen, Moxibustion anwendbar.

Gefäßversorgung Die medialen Äste der posterioren Äste der Arteria und Vena intercostalis.

Nervenversorgung Die medialen Hautäste der posterioren Rami des neunten und zehnten Nervus thoracicus, tiefer deren laterale Äste.

2.7.19 DANSHU* (SHU-(Rücken)-Punkt der Gallenblase, B 19)

Lokalisation 1,5 CUN seitlich der unteren Grenze des Processus spinosus des zehnten Brustwirbels, siehe Abb. 60.

Indikationen Gelbsucht, bitterer Geschmack im Mund, Schmerzen in der Brust und in der Hypochondralregion, Lungentuberkulose, Fieber am Nachmittag.

Methode Schräg circa 1 cm einstechen, Moxibustion anwendbar.

Gefäßversorgung Die medialen Äste der posterioren Äste der Arteria und Vena intercostalis.

Nervenversorgung Die medialen Hautäste der posterioren Rami des zehnten und elften Nervus thoracicus, tiefer deren laterale Äste.

2.7.20 PISHU* (SHU-(Rücken)-Punkt der Milz, B 20)

Lokalisation 1,5 CUN seitlich der unteren Grenze des Processus spinosus des elften Brustwirbels, siehe Abb. 60.

Indikationen Verspannungen im Bauch, Gelbsucht, Erbrechen, Diarrhoe, Dysenterie, Verdauungsstörungen, Schwellungen, Schmerzen im Rücken.

Methode Schräg circa 1 cm einstechen, Moxibustion anwendbar.

Gefäßversorgung Die medialen Äste der posterioren Äste der Arteria und Vena intercostalis.

Nervenversorgung Die medialen Hautäste der posterioren Rami des elften und zwölften Nervus thoracicus, tiefer deren laterale Äste.

2.7.21 WEISHU* (SHU-(Rücken)-Punkt des Magens, B 21)

Lokalisation 1,5 CUN seitlich der unteren Grenze des Processus spinosus des zwölften Brustwirbels, siehe Abb. 60.

Indikationen Schmerzen in der Brust, in der Hypochondral- und in der Magenregion, Verspannungen im Bauch, Übelkeit, Erbrechen, Borborygmus, Verdauungsstörungen.

Methode Schräg circa 1 cm einstechen, Moxibustion anwendbar.

Gefäßversorgung Die medialen Äste der posterioren Äste der Arteria und Vena subcostalis.

Nervenversorgung Die medialen Hautäste des posterioren Ramus des zwölften Nervus thoracicus, tiefer dessen lateraler Ast.

2.7.22 SANJIAOSHU* (SHU-(Rücken)-Punkt des 3Erwärmers, B 22)

Lokalisation 1,5 CUN seitlich der unteren Grenze des Processus spinosus des ersten Lendenwirbels, siehe Abb. 60.

Indikationen Verspannungen im Bauch, Borborygmus, Verdauungsstörungen, Erbrechen, Diarrhoe, Dysenterie, Schwellungen, Schmerzen und Steifheit im unteren Rücken.

Methode Senkrecht 2,5 bis 3,5 cm einstechen, Moxibustion anwendbar.

Gefäßversorgung Die posterioren Rami der ersten Arteria und Vena lumbaris.

Nervenversorgung Die seitlichen Hautäste des posterioren Ramus des zehnten Nervus thoracicus, tiefer der laterale Ast des posterioren Ramus des ersten Nervus lumbaris.

2.7.23 SHENSHU* (SHU-(Rücken)-Punkt der Niere, B 23)

Lokalisation 1,5 CUN seitlich der unteren Grenze des Processus spinosus des zweiten Lendenwirbels, siehe Abb. 60.

Indikationen Spontaner Samenerguß, Impotenz, Bettnässen, irreguläre Menstruation, Leukorrhoe, Rückenschmerzen, Schwächung der Knie, verschwimmender Gesichtssinn, Tinnitus, Taubheit, Schwellungen.

Methode Senkrecht 2,5 bis 3,5 cm einstechen, Moxibustion anwendbar.

Gefäßversorgung Die posterioren Rami der zweiten Arteria und Vena lumbaris.

Nervenversorgung Der seitliche Hautast des posterioren Ramus des ersten Nervus lumbaris, tiefer dessen lateraler Ast.

2.7.24 QIHAISHU (B 24)

Lokalisation 1,5 CUN seitlich der unteren Grenze des Processus spinosus des dritten Lendenwirbels.

Indikationen Schmerzen im unteren Rücken.

Methode Senkrecht 2,5 bis 3,5 cm einstechen, Moxibustion anwendbar.

Gefäßversorgung Die posterioren Rami der dritten Arteria und Vena lumbaris.

Nervenversorgung Der seitliche Hautast des posterioren Ramus des zweiten Nervus lumbaris.

2.7.25 DACHANGSHU* (SHU-(Rücken)-Punkt des Dickdarms, B 25)

Lokalisation 1,5 CUN seitlich der unteren Grenze des Processus spinosus des vierten Lendenwirbels, ungefähr auf Höhe der oberen Grenze der Crista iliaca, siehe Abb. 60.

Indikationen Bauchschmerzen und Verspannungen im Bauch, Borborygmus, Diarrhoe, Verstopfung, Schmerzen im unteren Rücken.

Methode Senkrecht 2,5 bis 3,5 cm einstechen, Moxibustion anwendbar.

Gefäßversorgung Die posterioren Rami der vierten Arteria und Vena lumbaris.

Nervenversorgung Der posteriore Ramus des dritten Nervus lumbaris.

2.7.26 GUANYUANSHU (B 26)

1,5 CUN seitlich der unteren Grenze des Processus spinosus des fünften Lendenwirbels. *Lokalisation*

Verspannungen im Bauch, Diarrhoe, Schmerzen im unteren Rücken. *Indikationen*

Senkrecht 1,5 bis 2,5 cm einstechen, Moxibustion anwendbar. *Methode*

Die posterioren Äste der untersten Arteria und Vena lumbaris. *Gefäßversorgung*

Der posteriore Ramus des fünften Nervus lumbaris. *Nervenversorgung*

2.7.27 XIAOCHANGSHU* (SHU-(Rücken)-Punkt des Dünndarms, B 27)

Auf Höhe des ersten Foramen sacrale posterior, 1,5 CUN seitlich des DU-Meridians (Lenkergefäß), siehe Abb. 60. *Lokalisation*

Spontaner Samenerguß, Hämaturie, Bettnässen, Schmerzen und Verspannungen im Unterbauch, Dysenterie. *Indikationen*

Senkrecht 1,5 bis 2,5 cm einstechen, Moxibustion anwendbar. *Methode*

Die posterioren Äste der Arteria und Vena sacralis lateralis. *Gefäßversorgung*

Der laterale Ast des posterioren Ramus des ersten Nervus sacralis. *Nervenversorgung*

2.7.28 PANGGUANGSHU (SHU-(Rücken)-Punkt der Blase, B 28)

Auf Höhe des zweiten Foramen sacrale posterior, 1,5 CUN seitlich des DU-Meridians (Lenkergefäß), in der Mulde zwischen der medialen Grenze der Spina iliaca superior posterior und des Kreuzbeines, siehe Abb. 60. *Lokalisation*

Retention von Urin, Bettnässen, Diarrhoe, Verstopfung, Schmerzen und Steifheit im unteren Rücken. *Indikationen*

Senkrecht 1,5 bis 2,5 cm einstechen, Moxibustion anwendbar. *Methode*

Die posterioren Äste der Arteria und Vena sacralis lateralis. *Gefäßversorgung*

Die lateralen Äste der posterioren Rami des ersten und zweiten Nervus sacralis. *Nervenversorgung*

2.7.29 ZHONGLÜSHU (B 29)

Lokalisation Auf Höhe des dritten Foramen sacrale posterior, 1,5 CUN seitlich des DU-Meridians (Lenkergefäß).

Indikationen Dysenterie, Hernien, Schmerzen und Steifheit im unteren Rücken.

Methode Senkrecht 1,5 bis 2,5 cm einstechen, Moxibustion anwendbar.

Gefäßversorgung Die posterioren Äste der Arteria und Vena sacralis lateralis, die Äste der Arteria und Vena glutealis inferior.

Nervenversorgung Die lateralen Äste der posterioren Rami des dritten und vierten Nervus sacralis.

2.7.30 BAIHUANSHU (B 30)

Lokalisation Auf Höhe des vierten Foramen sacrale posterior, 1,5 CUN seitlich des DU-Meridians (Lenkergefäß).

Indikationen Spontaner Samenerguß, unregelmäßige Menstruation, Leukorrhoe, Hernien, Schmerzen im unteren Rücken und im Hüftgelenk.

Methode Senkrecht 1,5 bis 2,5 cm einstechen.

Gefäßversorgung Die Arteria und Vena glutealis inferior, tiefer die Arteria und Vena pudenda interna.

Nervenversorgung Die seitlichen Äste der posterioren Rami des dritten und vierten Nervus sacralis, der Nervus glutealis inferior.

2.7.31 SHANGLIAO (B 31)

Lokalisation Am ersten Foramen sacrale posterior, ungefähr in der Mitte zwischen der Spina iliaca superior posterior und dem DU-Meridian (Lenkergefäß), siehe Abb. 60.

Indikationen Schmerzen im unteren Rücken, unregelmäßige Menstruation, Gebärmuttervorfall, Leukorrhoe, spärlicher Urin, Verstopfung.

Methode Senkrecht 1,5 bis 2,5 cm einstechen, Moxibustion anwendbar.

Gefäßversorgung Die posterioren Äste der Arteria und Vena sacralis lateralis.

Nervenversorgung Genau an der Stelle, wo der Ramus posterior des ersten Nervus sacralis passiert.

Bemerkung Die acht Foramina sacralia sind Akupunkturpunkte, die als BALIAO (das bedeutet acht-LIAO) bekannt sind: SHANGLIAO (auf beiden Seiten, B 31), CILIAO (auf beiden Seiten, B 32), ZHONGLIAO (auf beiden Seiten, B 33), XIALIAO (auf beiden Seiten, B 34).

2.7.32 CILIAO* (B 32)

Am zweiten Foramen sacrale posterior, ungefähr in der Mitte zwischen der unteren Grenze der Spina iliaca superior posterior und dem DU-Meridian (Lenkergefäß), siehe Abb. 60. *Lokalisation*

Schmerzen im unteren Rücken, unregelmäßige Menstruation, Leukorrhoe, Hernien, Muskelatrophie, Bewegungsbeeinträchtigung und rheumatische Schmerzen der unteren Extremitäten. *Indikationen*

1,5 bis 2,5 cm senkrecht einstechen, Moxibustion anwendbar. *Methode*

Die posterioren Äste der Arteria und Vena sacralis lateralis. *Gefäßversorgung*

Am Verlauf des posterioren Ramus des zweiten Nervus sacralis. *Nervenversorgung*

2.7.33 ZHONGLIAO (B 33)

Am dritten Foramen sacrale posterior, zwischen Punkt ZHONGLÜSHU (B 29) und dem DU-Meridian (Lenkergefäß), siehe Abb. 60. *Lokalisation*

Unregelmäßige Menstruation, Leukorrhoe, Schmerzen im unteren Rücken, Dysurie, Verstopfung. *Indikationen*

Senkrecht 1,5 bis 2,5 cm einstechen, Moxibustion anwendbar. *Methode*

Die posterioren Äste der Arteria und Vena sacralis lateralis. *Gefäßversorgung*

Am Verlauf des posterioren Ramus des dritten Nervus sacralis. *Nervenversorgung*

2.7.34 XIALIAO (B 34)

Am vierten Foramen sacrale posterior, zwischen dem Punkt BAIHUANSHU (B 30) und dem DU-Meridian (Lenkergefäß), siehe Abb. 60. *Lokalisation*

Schmerzen im Unterbauch, Verstopfung, Dysurie, Schmerzen im unteren Rükken. *Indikationen*

Senkrecht 1,5 bis 2,5 cm einstechen, Moxibustion anwendbar. *Methode*

Die Äste der Arteria und Vena glutealis inferior. *Gefäßversorgung*

Am Verlauf des posterioren Ramus des vierten Nervus sacralis. *Nervenversorgung*

2.7.35 HUIYANG (B 35)

Lokalisation Auf beiden Seiten der Spitze des Steißbeines, 0,5 CUN seitlich des DU-Meridians (Lenkergefäß).

Indikationen Leukorrhoe, Impotenz, Dysenterie, Blut im Stuhl, Hämorrhoiden, Diarrhoe.

Methode Senkrecht 1,5 bis 2,5 cm einstechen, Moxibustion anwendbar.

Gefäßversorgung Die Äste der Arteria und Vena glutealis inferior.

Nervenversorgung Nervus anococcygeus.

2.7.36 CHENGFU* (B 36)

Lokalisation In der Mitte der transversalen Glutealfalte. Der Punkt soll bei nach vorne gebeugtem Oberkörper lokalisiert werden.

Indikationen Hämorrhoiden, Schmerzen in der Lende, im Kreuz, in der Gluteal- und Femoralregion.

Methode Senkrecht 1,5 bis 3,5 cm einstechen, Moxibustion anwendbar.

Gefäßversorgung Die Arteria und Vena, die zusammen mit dem Nervus ischiadicus laufen.

Nervenversorgung Oberflächlich der Nervus cutaneus femoralis posterior, tiefer der Nervus ischiadicus.

2.7.37 YINMEN (B 37)

Lokalisation 6 CUN unterhalb des Punktes CHENGFU (B 36), auf der Verbindungslinie des Punktes CHENGFU (B 36) mit dem Punkt WEIZHONG (B 40).

Indikationen Schmerzen im unteren Rücken und im Oberschenkel.

Methode Senkrecht 1,5 bis 3,5 cm einstechen, Moxibustion anwendbar.

Gefäßversorgung Seitlich die dritten perforierenden Äste der tiefen Arteria und Vena femoralis.

Nervenversorgung Nervus cutaneus femoralis posterior, tiefer der Nervus ischiadicus.

2.7.38 FUXI (B 38)

Lokalisation 1 CUN über dem Punkt WEIYANG (B 39), auf der medialen Seite der Sehne des Musculus biceps femoris, der Punkt wird lokalisiert bei leicht gebeugtem Knie.

Indikationen Taubheit in der Gluteal- und Femoralregion, Kontraktur der Sehnen in der Fossa poplitea.

Senkrecht 1,5 bis 2,5 cm einstechen, Moxibustion anwendbar. *Methode*

Arteria und Vena genicularis superolateralis. *Gefäßversorgung*

Nervus cutaneus femoralis posterior und Nervus peronaeus communis. *Nervenversorgung*

2.7.39 WEIYANG* (B 39)

Seitlich des Punktes WEIZHONG (B 40), an der medialen Grenze der Sehne des Musculus biceps femoris, siehe Abb. 61. *Lokalisation*

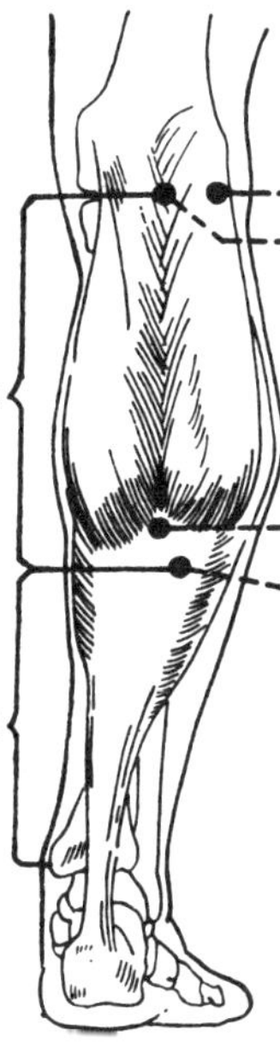

Abb. 61

Schmerzen und Steifheit im unteren Rücken, Verspannungen im Unterbauch, Dysurie, Krampf im Bein und im Fuß. *Indikationen*

Senkrecht 1,5 bis 2,5 cm einstechen, Moxibustion anwendbar. *Methode*

Siehe Punkt FUXI (B 38). *Anatomie*

Dies ist der Untere HE-(Meer)-Punkt des 3Erwärmers, der bei Störungen des 3Erwärmers angezeigt ist. *Bemerkung*

2.7.40 WEIZHONG* (HE-(Meer)-Punkt, B 40)

Lokalisation
In der Mitte der transversalen Falte in der Fossa poplitea, zwischen den Sehnen des Musculus biceps femoris und dem Musculus semitendinus. Dieser Punkt wird bei nach vorne gebeugtem Oberkörper oder bei angewinkeltem Knie lokalisiert (Abb. 61).

Indikationen
Schmerzen im unteren Rücken, Bewegungsbeeinträchtigung des Hüftgelenkes, Kontraktur der Sehnen in der Fossa poplitea, Muskelatrophie, Bewegungsbeeinträchtigung und Schmerzen der unteren Extremitäten, Hemiplegie, Bauchschmerzen, Erbrechen und Diarrhoe.

Methode
Senkrecht 1,5 bis 3,5 cm einstechen oder Stechen mit der drei-schneidigen Nadel, um eine Blutung zu verursachen.

Gefäßversorgung
Oberflächlich die Vena femoropoplitea, tiefer und medial die Vena poplitea, in der Tiefe die Arteria poplitea.

Nervenversorgung
Nervus cutaneus femoralis posterior und Nervus tibialis.

2.7.41 FUFEN (B 41)

Lokalisation
3 CUN seitlich der unteren Grenze des Processus spinosus des zweiten Brustwirbels, ungefähr 4 Fingerbreiten seitlich der Mittellinie des Rückgrats.

Indikationen
Steifheit und Schmerzen der Schulter, des Rückens und des Halses, Taubheit des Ellbogens und des Armes.

Methode
Schräg nach unten circa 1 cm einstechen, Moxibustion anwendbar.

Gefäßversorgung
Der absteigende Ast der Arteria cervicalis transversa, die Seitenäste der posterioren Äste der Arteria und Vena intercostalis.

Nervenversorgung
Die seitlichen Hautäste der posterioren Rami des ersten und zweiten Nervus thoracicus, tiefer der Nervus scapularis dorsalis.

Bemerkung
Alle folgenden Punkte auf der Verbindungslinie des Punktes FUFEN (B 41) und des Punktes ZHIBIAN (B 54) befinden sich 3 CUN seitlich des DU-Meridians (Lenkergefäß).

2.7.42 POHU (B 42)

Lokalisation
3 CUN seitlich der unteren Grenze des Processus spinosus des dritten Brustwirbels.

Indikationen
Lungentuberkulose, Husten, Asthma, Nackensteifigkeit, Schmerzen in der Schulter und im Rücken.

Methode
Schräg nach unten circa 1 cm einstechen, Moxibustion anwendbar.

Der posteriore Ast der Arteria intercostalis, der absteigende Ast der Arteria cervicalis transversa. *Gefäßversorgung*

Die medialen Hautäste der posterioren Rami des zweiten und dritten Nervus thoracicus, tiefer deren laterale Äste und der Nervus scapularis dorsalis. *Nervenversorgung*

2.7.43 GAOHUANGSHU (B 43)

3 CUN seitlich der unteren Grenze des Processus spinosus des vierten Brustwirbels, siehe Abb. 60. *Lokalisation*

Lungentuberkulose, Husten, Asthma, Hämoptysis, Nachtschwitzen, Gedächtnisschwäche, spontaner Samenerguß, Verdauungsstörungen. *Indikationen*

Schräg in Richtung Schulterblatt circa 1 cm einstechen. Häufige oder langandauernde Moxibustion ist wünschenswert. *Methode*

Der posteriore Ast der Arteria intercostalis und der absteigende Ast der Arteria cervicalis transversa. *Gefäßversorgung*

Die medialen Hautäste der posterioren Rami des zweiten und dritten Nervus thoracicus, tiefer deren laterale Äste und der Nervus scapularis dorsalis. *Nervenversorgung*

2.7.44 SHENTANG (B 44)

3 CUN seitlich der unteren Grenze des Processus spinosus des fünften Brustwirbels. *Lokalisation*

Asthma, Husten, Schmerzen und Steifheit des Rückens. *Indikationen*

Schräg circa 1 cm einstechen, Moxibustion anwendbar. *Methode*

Die posterioren Äste der Arteria und Vena intercostalis, der absteigende Ast der Arteria cervicalis transversa. *Gefäßversorgung*

Die medialen Hautäste der posterioren Rami des vierten und fünften Nervus thoracicus, tiefer deren seitliche Äste und der Nervus scapularis dorsalis. *Nervenversorgung*

2.7.45 YIXI (B 45)

3 CUN seitlich der unteren Grenze des Processus spinosus des sechsten Brustwirbels. *Lokalisation*

Husten, Asthma, Schmerzen in der Schulter und im Rücken. *Indikationen*

Schräg nach unten circa 1 cm einstechen, Moxibustion anwendbar. *Methode*

Die posterioren Äste der Arteria und Vena intercostalis. *Gefäßversorgung*

Die medialen Hautäste der posterioren Rami des fünften und sechsten Nervus thoracicus, tiefer deren laterale Äste. *Nervenversorgung*

2.7.46 GEGUAN (B 46)

Lokalisation 3 CUN seitlich der unteren Grenze des Processus spinosus des siebten Brustwirbels, ungefähr auf Höhe des unteren Winkels des Schulterblattes.

Indikationen Schwierigkeiten beim Schlucken, Erbrechen, Aufstoßen, Schmerzen und Steifheit des Rückens.

Methode Schräg nach unten circa 1 cm einstechen, Moxibustion anwendbar.

Gefäßversorgung Die posterioren Äste der Arteria und Vena intercostalis.

Nervenversorgung Die medialen Hautäste der posterioren Rami des sechsten und siebten Nervus thoracicus, tiefer deren seitliche Äste.

2.7.47 HUNMEN (B 47)

Lokalisation 3 CUN seitlich der unteren Grenze des Processus spinosus des neunten Brustwirbels.

Indikationen Schmerzen in der Brust, im Rücken und in der Hypochondralregion, Erbrechen, Diarrhoe.

Methode Schräg nach unten circa 1 cm einstechen, Moxibustion anwendbar.

Gefäßversorgung Die posterioren Äste der Arteria und Vena intercostalis.

Nervenversorgung Die seitlichen Äste der posterioren Rami des siebten und achten Nervus thoracicus.

2.7.48 YANGGANG (B 48)

Lokalisation 3 CUN seitlich der unteren Grenze des Processus spinosus des zehnten Brustwirbels.

Indikationen Borborygmus, Bauchschmerzen, Diarrhoe, Gelbsucht.

Methode Schräg nach unten circa 1 cm einstechen, Moxibustion anwendbar.

Gefäßversorgung Die posterioren Äste der Arteria und Vena intercostalis.

Nervenversorgung Die seitlichen Äste der posterioren Rami des achten und neunten Nervus thoracicus.

2.7.49 YISHE (B 49)

3 CUN seitlich der unteren Grenze des Processus spinosus des elften Brustwirbels. *Lokalisation*

Verspannungen im Bauch, Borborygmus, Diarrhoe, Erbrechen, Schwierigkeiten beim Schlucken. *Indikationen*

Schräg nach unten circa 1 cm einstechen, Moxibustion anwendbar. *Methode*

Die posterioren Äste der Arteria und Vena intercostalis. *Gefäßversorgung*

Die seitlichen Äste der posterioren Rami des zehnten und elften Nervus thoracicus. *Nervenversorgung*

2.7.50 WEICANG (B 50)

3 CUN seitlich der unteren Grenze des Processus spinosus des zwölften Brustwirbels. *Lokalisation*

Verspannungen des Bauches, Schmerzen in der Magenregion und im Rücken. *Indikationen*

Schräg nach unten circa 1 cm einstechen, Moxibustion anwendbar. *Methode*

Die posterioren Äste der Arteria und Vena subcostalis. *Gefäßversorgung*

Der seitliche Ast des posterioren Ramus des elften Nervus thoracicus. *Nervenversorgung*

2.7.51 HUANGMEN (B 51)

3 CUN seitlich der unteren Grenze des Processus spinosus des ersten Lendenwirbels. *Lokalisation*

Schmerzen in der Magenregion, Massegefühl im Bauch, Verstopfung. *Indikationen*

Senkrecht 1,5 bis 2,5 cm einstechen, Moxibustion anwendbar. *Methode*

Die posterioren Äste der ersten Arteria und Vena lumbaris. *Gefäßversorgung*

Der seitliche Ast des Ramus posterior des zwölften Nervus thoracicus. *Nervenversorgung*

2.7.52 ZHISHI (B 52)

3 CUN seitlich der unteren Grenze des Processus spinosus des zweiten Lendenwirbels, siehe Abb. 60. *Lokalisation*

Spontaner Samenerguß, Impotenz, Dysurie, Ödeme, Schmerzen und Steifheit im unteren Rücken. *Indikationen*

Senkrecht 1,5 bis 2,5 cm einstechen, Moxibustion anwendbar. *Methode*

Gefäßversorgung Die posterioren Äste der zweiten Arteria und Vena lumbaris.

Nervenversorgung Der seitliche Ast des posterioren Ramus des zwölften Ramus thoracicus und der seitliche Ast des ersten Nervus lumbaris.

2.7.53 BAOHUANG (B 53)

Lokalisation 3 CUN seitlich der unteren Grenze des Processus spinosus des zweiten Kreuzwirbels, auf Höhe des Punktes CILIAO (B 32).

Indikationen Borborygmus, Verspannungen im Bauch, Schmerzen im unteren Rücken.

Methode Senkrecht 1,5 bis 3,0 cm einstechen, Moxibustion anwendbar.

Gefäßversorgung Arteria und Vena glutealis superior.

Nervenversorgung Nervus clunealis superior, tiefer der Nervus glutealis superior.

2.7.54 ZHIBIAN* (B 54)

Lokalisation Direkt unterhalb des Punktes BAOHUANG (B 53), 3 CUN seitlich des DU-Meridians (Lenkergefäß), ungefähr 4 Fingerbreiten seitlich des Hiatus des Kreuzbeines, siehe Abb. 60.

Indikationen Schmerzen in der Lumbosakralregion, Hämorrhoiden, Muskelatrophie, Bewegungsbeeinträchtigung und Schmerzen der unteren Extremitäten.

Methode Senkrecht 2,5 bis 3,5 cm einstechen, Moxibustion anwendbar.

Gefäßversorgung Arteria und Vena glutealis inferior.

Nervenversorgung Nervus glutealis inferior, Nervus cutaneus femoralis posterior und Nervus ischiadicus.

2.7.55 HEYANG (B 55)

Lokalisation 2 CUN direkt unter dem Punkt WEIZHONG (B 40), zwischen dem medialen und lateralen Kopf des Musculus gastrocnemius, auf der Verbindungslinie zwischen Punkt WEIZHONG (B 40) und CHENGSHAN (B 57).

Indikationen Rückenschmerzen, Schmerzen, Taubheit und Lähmung der unteren Extremitäten.

Methode Senkrecht 1,5 bis 2,5 cm einstechen, Moxibustion anwendbar.

Gefäßversorgung Die kleine Vena saphena, tiefer die Arteria und Vena poplitea.

Nervenversorgung Der Nervus cutaneus suralis medialis, tiefer der Nervus tibialis.

Bemerkung Der Abstand vom Punkt WEIZHONG (B 40) bis zur Höhe der Spitze des äußeren Malleolus beträgt 16 CUN.

2.7.56 CHENGJIN (B 46)

Lokalisation — In der Mitte zwischen Punkt HEYANG (B 55) und Punkt CHENGSHAN (B 57), im Zentrum des Bauches des Musculus gastrocnemius.

Indikationen — Schmerzen im Bein, Hämorrhoiden, akute Schmerzen im unteren Rücken.

Methode — Senkrecht 1,5 bis 3,5 cm einstechen, Moxibustion anwendbar.

Gefäßversorgung — Die kleine Vena saphena, tiefer die Arteria und Vena tibialis posterior.

Nervenversorgung — Der Nervus cutaneus suralis medialis, tiefer der Nervus tibialis.

2.7.57 CHENGSHAN* (B 57)

Lokalisation — Direkt unter dem Bauch des Musculus gastrocnemius, auf der Verbindungslinie zwischen dem Punkt WEIZHONG (B 40) und der Fersensehne, circa 8 CUN unterhalb des Punktes WEIZHONG (B 40), siehe Abb. 61.

Indikationen — Schmerzen im unteren Rücken, Spasmus des Musculus gastrocnemius, Hämorrhoiden, Verstopfung.

Methode — Senkrecht 1,5 bis 2,5 cm einstechen, Moxibustion anwendbar.

Anatomie — Siehe Punkt CHENGJIN (B 56).

2.7.58 FEIYANG* (LUO-(Passage)-Punkt, B 58)

Lokalisation — 7 CUN direkt über dem Punkt KUNLUN (B 60), auf der posterioren Grenze der Fibula, ungefähr 1 CUN unterhalb und seitlich des Punktes CHENGSHAN (B 57), siehe Abb. 61.

Indikationen — Kopfschmerz, verschwimmender Gesichtssinn, Nasenverstopfung, Nasenbluten, Lumbago, Schwäche der Beine.

Methode — Senkrecht 1,5 bis 2,5 cm einstechen, Moxibustion anwendbar.

Nervenversorgung — Nervus cutaneus suralis lateralis.

2.7.59 FUYANG (B 59)

Lokalisation — 3 CUN direkt über dem Punkt KUNLUN (B 60), siehe Abb. 62.

Indikationen — Schweregefühl im Kopf, Kopfschmerzen, Schmerzen im unteren Rücken, Rötung und Schwellung des äußeren Malleolus, Lähmung der unteren Extremitäten.

Methode — Senkrecht 1,5 bis 2,5 cm einstechen, Moxibustion anwendbar.

Gefäßversorgung — Die kleine Vena saphena, tiefer der Endast der Arteria peronaea.

Nervenversorgung — Nervus suralis.

Bemerkung — FUYANG (B 59) (XI-(Grenz)-Punkt des YANGQIAO-Meridians (YANG-Gefäß der Beweglichkeit)).

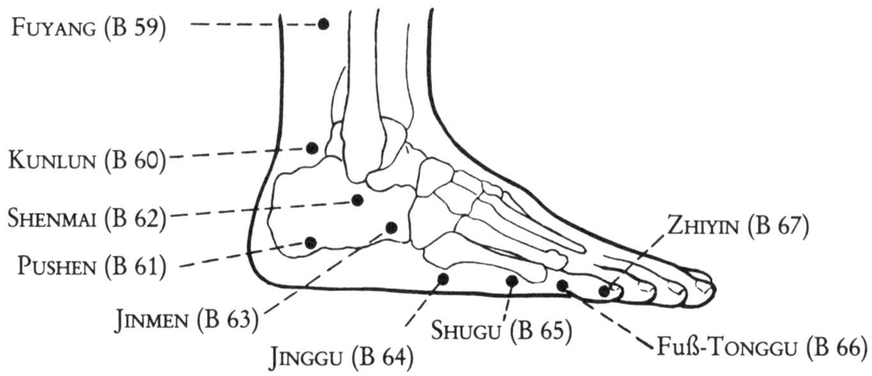

Abb. 62

2.7.60 KUNLUN* (JING-(Fluß)-Punkt, B 60)

Lokalisation In der Mulde zwischen dem äußeren Malleolus und der Fersensehne, siehe Abb. 62.

Indikationen Kopfschmerzen, Halssteifigkeit, verschwimmender Gesichtssinn, Nasenbluten, Verspannungen und Schmerzen der Schulter und des Armes, Rückenschmerzen, Schmerzen in der Ferse, Epilepsie bei Kindern, Arbeitsunlust.

Methode Senkrecht circa 1 cm einstechen, Moxibustion anwendbar.

Gefäßversorgung Die kleine Vena saphena, die Arteria malleolaris posteroexterna.

Nervenversorgung Nervus suralis.

Bemerkung Akupunktur dieses Punktes ist während der Schwangerschaft kontraindiziert.

2.7.61 PUSHEN (B 61)

Lokalisation Posterior und inferior des äußeren Malleolus, direkt unter dem Punkt KUNLUN (B 60), in der Mulde der Ferse am Übergang von roter zu weißer Haut, siehe Abb. 62.

Indikationen Muskelatrophie und Schwäche der unteren Extremitäten, Schmerzen in der Ferse.

Methode Senkrecht circa 1 cm einstechen, Moxibustion anwendbar.

Gefäßversorgung Die äußeren Fersenäste der Arteria und Vena peronaea.

Nervenversorgung Die äußeren Fersenäste des Nervus suralis.

2.7.62 SHENMAI* (B 62)

In der Mulde direkt unterhalb des äußeren Malleolus, siehe Abb. 62. *Lokalisation*

Epilepsie, geistige Verwirrung, Kopfschmerz, Schwindel, Schlaflosigkeit, Rükkenschmerzen, Schmerzen der unteren Extremitäten. *Indikationen*

Senkrecht circa 0,8 cm einstechen, Moxibustion anwendbar. *Methode*

Das äußere arterielle Geflecht am Knöchel. *Gefäßversorgung*

Nervus suralis. *Nervenversorgung*

Dies ist einer der acht Konfluenz-(Kardinal)-Punkte, der mit dem YANGJIAO (YANG-Gefäß der Beweglichkeit) in Verbindung steht. *Bemerkung*

2.7.63 JINMEN (XI-(Grenz)-Punkt, B 63)

Anterior und inferior des Punktes SHENMAI (B 62), in der Mulde seitlich des Würfelbeins, siehe Abb. 62. *Lokalisation*

Epilepsie, Krämpfe bei Kindern, Rückenschmerzen, Schmerzen im äußeren Malleolus, Bewegungsbeeinträchtigungen und Schmerzen der unteren Extremitäten. *Indikationen*

Senkrecht circa 1 cm einstechen, Moxibustion anwendbar. *Methode*

Arteria und Vena plantaris lateralis. *Gefäßversorgung*

Nervus cutaneus dorsalis lateralis des Fußes, tiefer der Nervus plantaris lateralis. *Nervenversorgung*

2.7.64 JINGGU (YUAN-(Quell)-Punkt, B 64)

Auf der äußeren Seite des Fußrückens, unter der Tuberositas des fünften metatarsalen Knochens, am Übergang von roter zu weißer Haut, siehe Abb. 62. *Lokalisation*

Epilepsie, Kopfschmerz, Nackensteifigkeit, Schmerzen im unteren Rücken und in den Beinen. *Indikationen*

Senkrecht circa 1 cm einstechen, Moxibustion anwendbar. *Methode*

Siehe Punkt JINMEN (B 63). *Anatomie*

2.7.65 SHUGU (SHU-(Bach)-Punkt, B 65)

Lokalisation Auf der äußeren Seite des Fußrückens, posterior und inferior des Kopfes des fünften metatarsalen Knochens, am Übergang von roter zu weißer Haut, siehe Abb. 62.

Indikationen Geistige Verwirrung, Kopfschmerz, Halssteifigkeit, verschwimmender Gesichtssinn, Rückenschmerzen, Schmerzen im posterioren Teil der unteren Extremitäten.

Methode Senkrecht circa 1 cm einstechen, Moxibustion anwendbar.

Gefäßversorgung Die vierte Arteria und Vena plantaris digitalis communis.

Nervenversorgung Der vierte Nervus plantaris digitalis communis und der Nervus cutaneus dorsalis lateralis des Fußes.

2.7.66 Fuß-TONGGU (YING-(Quell)-Punkt, B 66)

Lokalisation In der Mulde anterior und interior des fünften metatarsophalangealen Gelenks, siehe Abb. 62.

Indikationen Kopfschmerz, Halssteifigkeit, verschwimmender Gesichtssinn, Nasenbluten.

Methode Senkrecht circa 0,5 cm einstechen, Moxibustion anwendbar.

Gefäßversorgung Arteria und Vena plantaris digitalis.

Nervenversorgung Nervus plantaris digitalis und Nervus cutaneus dorsalis lateralis des Fußes.

2.7.67 ZHIYIN* (JING-(Brunnen)-Punkt, B 67)

Lokalisation Auf der äußeren Seite des kleinen Zehs, ungefähr 0,1 CUN posterior der Ecke des Zehennagels, siehe Abb. 62.

Indikationen Kopfschmerz, Nasenverstopfung, Nasenbluten, Ophtalmalgie, Fieberempfindungen an der Fußsohle, Arbeitsunlust.

Methode Schräg 2 bis 3 mm einstechen, Moxibustion anwendbar.

Gefäßversorgung Das Geflecht, das durch die Arteria digitalis dorsalis und die Arteria plantaris digitalis propria gebildet wird.

Nervenversorgung Der Nervus plantaris digitalis und der Nervus cutaneus dorsalis lateralis des Fußes.

Bemerkung Akupunktur dieses Punktes ist während der Schwangerschaft kontraindiziert.

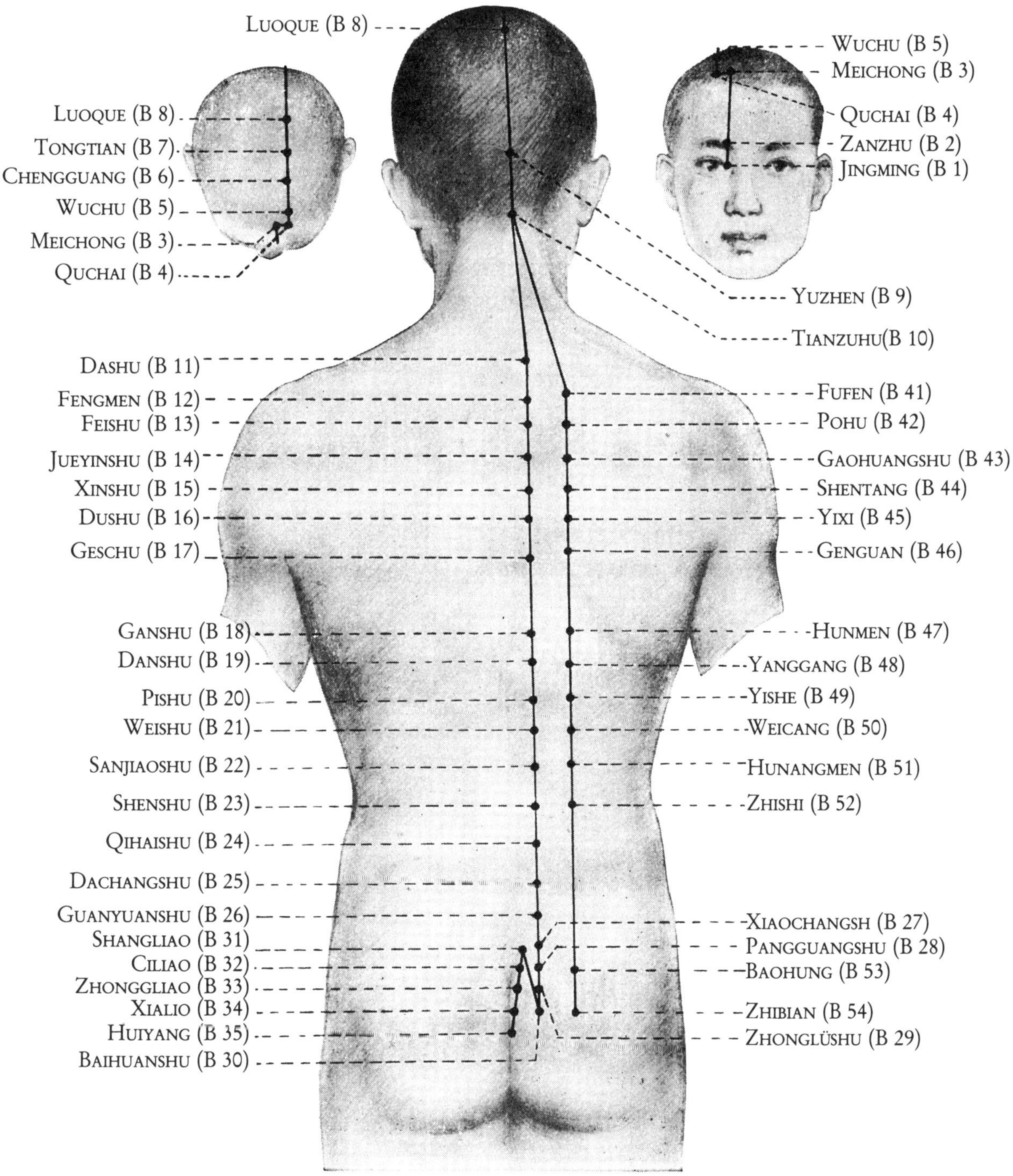

Abb. 63a BLASEN-Meridian TAYANG Fuß

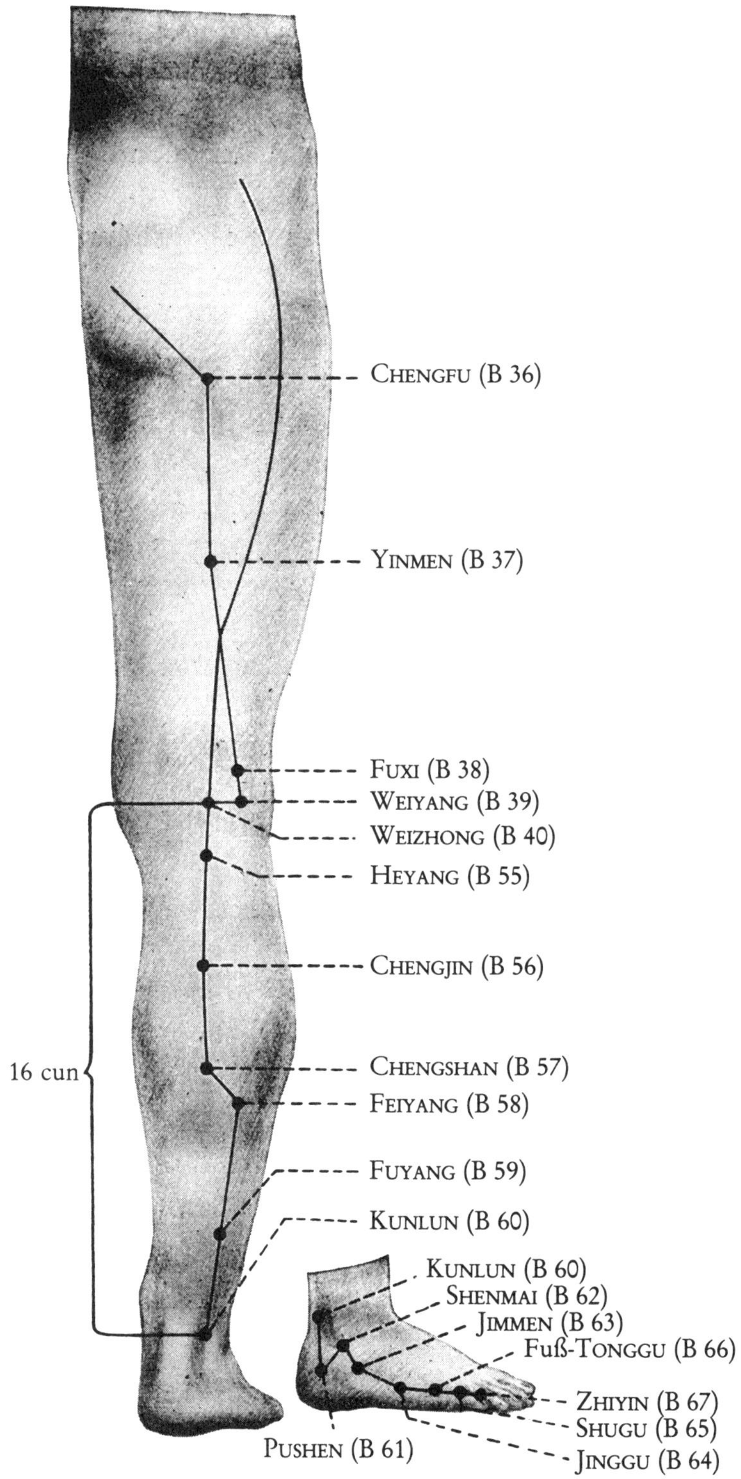

Abb. 63b BLASEN-Meridian TAIYANG Fuß

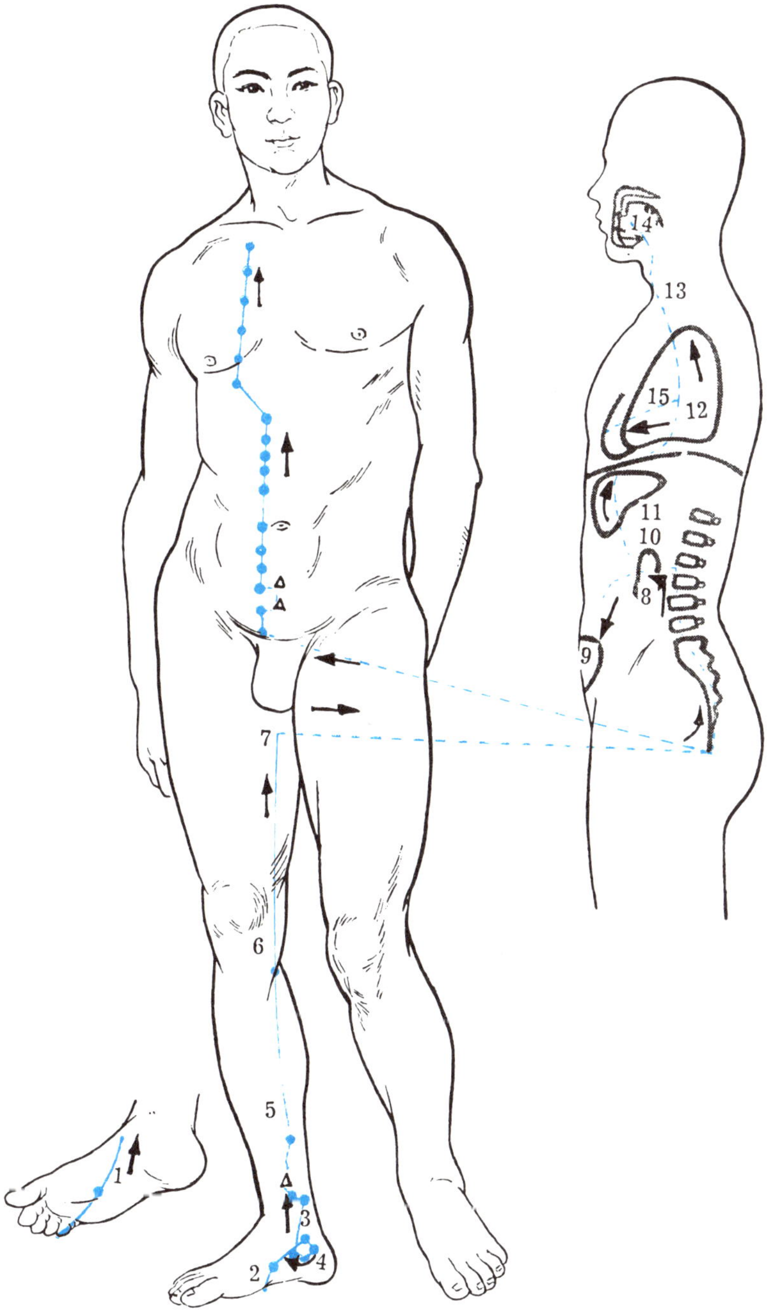

Abb. 64 NIEREN-Meridian SHAOYIN Fuß

2.8 NIEREN-Meridian SHAOYIN Fuß

Verlauf

Der NIEREN-Meridian SHAOYIN Fuß beginnt am unteren Teil des kleinen Zehs (1) und läuft schräg über die Fußsohle (YONGQUAN, N 1). Über dem unteren Teil der Tuberositas des Kahnbeins (2) verläuft der Meridian hinter dem inneren Malleolus (3) und tritt in die Fersenregion (4) ein. Dann steigt er entlang der medialen Seite des Beines (5) zur medialen Seite der Fossa poplitea (6) auf und geht weiter aufwärts entlang dem posteromedialen Teil des Oberschenkels (7) in Richtung Rückgrat (CHANGQIANG, LG 1) aufwärts, wo er in die Niere, seinem zugehörigen Organ (8), eintritt und sich mit der Blase verbindet (9).

Der Meridian tritt wieder aus der Niere aus (10), steigt auf und passiert die Leber und das Zwerchfell (11). Er passiert die Lunge (12), läuft entlang der Kehle (13) und endet an der Wurzel der Zunge (14). Ein Zweig entspringt der Lunge, geht zum Herzen und fließt in die Brust ein, wo er sich mit dem KREISLAUF-SEXUS-Meridian JUEJIN Hand (15) verbindet (Abb. 64).

Dieser Meridian hat 27 Punkte, die im folgenden beschrieben werden:

2.8.1 YONGQUAN (JING-(Brunnen)-Punkt, N 1)

Lokalisation

In der Mulde, die auf der Fußsohle erscheint, wenn der Fuß abgewinkelt wird, ungefähr am Übergang vom vorderen zum mittleren Drittel der Fußsohle, siehe Abb. 65.

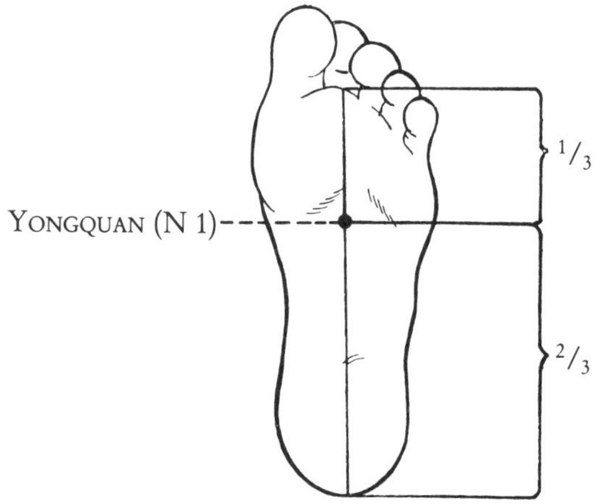

Abb. 65

Indikationen

Schmerzen am Scheitel, Schwindel, verschwommener Gesichtssinn, Halsentzündung, trockene Zunge, Aphonie, Dysurie, Dyschezie, Krämpfe bei Kindern, Fieberempfindung an der Fußsohle, Bewußtlosigkeit.

Methode

Senkrecht circa 1 cm einstechen, Moxibustion anwendbar.

Gefäßversorgung

In der Tiefe der Arcus plantaris.

Nervenversorgung

Der zweite Nervus plantaris digitalis communis.

2.8.2 RANGU (YING-(Quell)-Punkt, N 2)

Lokalisation

Anterior und inferior des inneren Malleolus, in der Mulde an der unteren Grenze der Tuberositas des Kahnbeins, siehe Abb. 66.

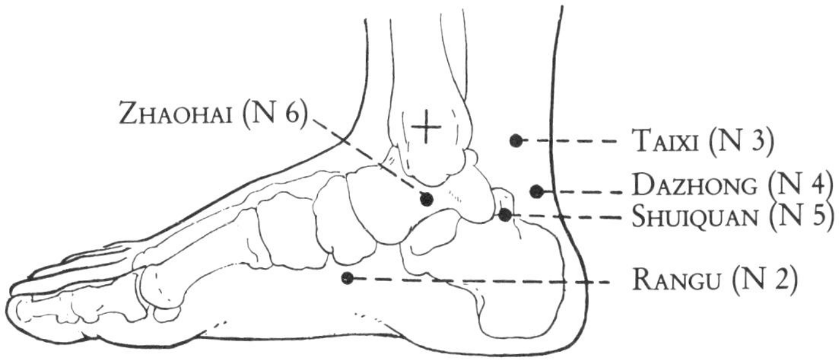

Abb. 66

Indikationen

Jucken am Scheideneingang, Vorfall der Gebärmutter, unregelmäßige Menstruation, spontaner Samenerguß, Hämoptysis, Diarrhoe, Schwellungen und Schmerzen des Fußrückens.

Methode

Senkrecht circa 0,8 cm einstechen, Moxibustion anwendbar.

Gefäßversorgung

Die Äste der Arteria plantaris medialis und der Arteria tarsalis medialis.

Nervenversorgung

Der Endast des Nervus cutaneus cruralis medialis, der Nervus plantaris medialis.

2.8.3 TAIXI* (SHU-(Bach)-Punkt, N 3)

Lokalisation In der Mulde zwischen dem inneren Malleolus und der Fersensehne, auf Höhe der Spitze des inneren Malleolus, siehe Abb. 66.

Indikationen Halsentzündung, Zahnschmerzen, Taubheit, Hämoptysis, Asthma, unregelmäßige Menstruation, Schlaflosigkeit, spontaner Samenerguß, Impotenz, häufiger Harndrang, Schmerzen im unteren Rücken.

Methode Senkrecht circa 0,8 cm einstechen, Moxibustion anwendbar.

Gefäßversorgung Anterior die Arteria und Vena tibialis posterior.

Nervenversorgung Nervus cutaneus cruralis medialis, am Verlauf des Nervus tibialis.

2.8.4 DAZHONG (LUO-(Passage)-Punkt, N 4)

Lokalisation Posterior und inferior des inneren Malleolus, in der Mulde des Ansatzes der Fersensehne, siehe Abb. 66.

Indikationen Hämoptysis, Asthma, Schmerzen und Steifheit in der Lumbosakralregion, Dysurie, Schmerzen in der Ferse.

Methode Senkrecht circa 0,8 cm einstechen, Moxibustion anwendbar.

Gefäßversorgung Der mediale Fersenast der Arteria tibialis posterior.

Nervenversorgung Nervus cutaneus cruralis medialis, am Verlauf des medialen Fersenastes des Nervus tibialis.

2.8.5 SHUIQUAN (XI-(Grenz)-Punkt, N 5)

Lokalisation 1 CUN direkt unterhalb des Punktes TAIXI (N 3), in der Mulde anterior und superior zur medialen Seite der Tuberositas des Fersenbeines, siehe Abb. 66.

Indikationen Unregelmäßige Menstruation, Dysmenorrhoe, Vorfall der Gebärmutter, Dysurie, verschwimmender Gesichtssinn.

Methode Senkrecht circa 1 cm einstechen, Moxibustion anwendbar.

Anatomie Siehe Punkt DAZHONG (N 4).

2.8.6 ZHAOHAI* (N 6)

Lokalisation 1 CUN unterhalb des inneren Malleolus, siehe Abb. 66.

Indikationen Irreguläre Menstruation, Vorfall der Gebärmutter, Jucken am Scheidenausgang, Hernien, häufiger Harndrang, Epilepsie, Halsentzündung, Schlaflosigkeit.

Senkrecht circa 1 cm einstechen, Moxibustion anwendbar. *Methode*

Posteroinferior die Arteria und Vena tibialis posterior. *Gefäßversorgung*

Nervus cutaneus cruralis tibialis, tiefer der Nervus tibialis. *Nervenversorgung*

ZHAOHAI (N 6) ist einer der acht Konfluenz-(Kardinal)-Punkte, die mit dem YINQIAO (YIN-Gefäß der Bewegung) in Verbindung stehen. *Bemerkung*

2.8.7 FULIU* (JING-(Fluß)-Punkt, N 7)

2 CUN direkt über dem Punkt TAIXI (N 3), an der vorderen Grenze der Fersensehne, siehe Abb. 67. *Lokalisation*

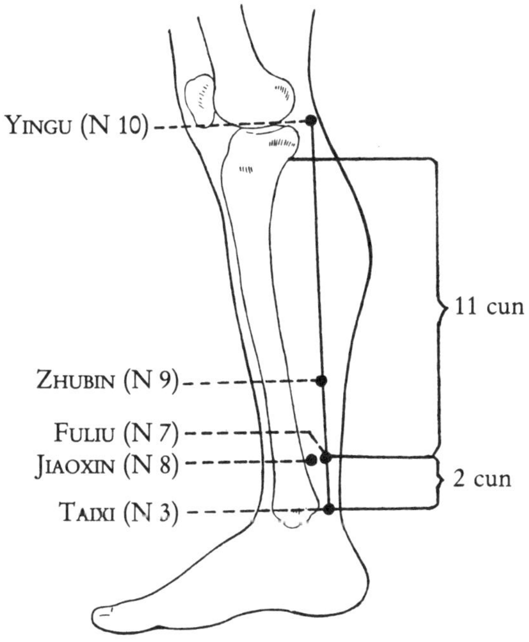

Abb. 67

Diarrhoe, Borborygmus, Ödeme, Spannungen im Bauch, Schwellungen des Beines, Muskelatrophie, Schwäche und Lähmung des Fußes, Nachtschwitzen, spontanes Schwitzen. *Indikationen*

Senkrecht circa 1 cm einstechen, Moxibustion anwendbar. *Methode*

Gefäßversorgung Tiefer und anterior die Arteria und Vena tibialis posterior.

Nervenversorgung Nervus cutaneus cruralis medialis und Nervus cutaneus suralis medialis, tiefer der Nervus tibialis.

Bemerkung Auf dem medialen Teil des Beines beträgt der Abstand von der Spitze des inneren Malleolus zur Höhe des Punktes YINLINGQUAN (MP 9) 13 CUN.

2.8.8 JIAOXIN (N 8)

Lokalisation 2 CUN über dem Punkt TAIXI (N 3), 0,5 CUN vor dem Punkt FULIU (N 7), posterior der medialen Grenze der Tibia, siehe Abb. 67.

Indikationen Unregelmäßige Menstruation, Gebärmutterblutung, Vorfall der Gebärmutter, Diarrhoe, Verstopfung, Schmerzen und Schwellung der Hoden.

Methode Senkrecht circa 1 cm einstechen, Moxibustion anwendbar.

Gefäßversorgung Tiefer die Arteria und Vena tibialis posterior.

Nervenversorgung Nervus cutaneus cruralis medialis, tiefer der Nervus tibialis.

Bemerkung JIAOXIN (N 8) ist der XI-(Grenz)-Punkt des YINQIAO-Meridians (YIN-Gefäß der Beweglichkeit).

2.8.9 ZHUBIN (N 9)

Lokalisation Auf der Linie zwischen dem Punkt TAIXI (N 3) zum Punkt YINGU (N 10), am unteren Ende des Bauches des Musculus gastrocnemius, auf der medialen Seite, ungefähr 5 CUN über dem Punkt TAIXI (N 3), siehe Abb. 67.

Indikationen Geistige Störungen, Schmerzen im medialen Teil des Beines.

Methode Senkrecht 1 bis 2 cm einstechen, Moxibustion anwendbar.

Gefäßversorgung Tiefer die Arteria und Vena tibialis posterior.

Nervenversorgung Nervus cutaneus suralis medialis und Nervus cutaneus cruralis medialis, tiefer der Nervus tibialis.

Bemerkung ZHUBIN (N 9) ist der XI-(Grenz)-Punkt des YINWEI-Meridians (YIN-Gefäß der Verbindung).

2.8.10 YINGU* (HE-(Meer)-Punkt, N 10)

Auf der medialen Seite der Fossa poplitea, auf Höhe des Punktes WEIZHONG (B 40), zwischen den Sehnen des Musculus semitendinosus und des Musculus semimembranosus, wenn das Knie gebeugt wird, siehe Abb. 67. *Lokalisation*

Impotenz, Hernien, Gebärmutterblutung, Schmerzen im medialen Teil des Oberschenkels und des Knies. *Indikationen*

Senkrecht 2 bis 2,5 cm einstechen, Moxibustion anwendbar. *Methode*

Arteria und Vena genicularis superior medialis. *Gefäßversorgung*

Nervus cutaneus femoralis medialis. *Nervenversorgung*

2.8.11 HENGGU (N 11)

5 CUN unterhalb des Nabels, auf der oberen Grenze des Symphysenschambeines, 0,5 CUN seitlich des Punktes QUGU (KG 2). *Lokalisation*

Schmerzen in den äußeren Geschlechtsorganen, Impotenz, spontaner Samenerguß, Retention von Urin. *Indikationen*

Senkrecht 1 bis 2 cm einstechen, Moxibustion anwendbar. *Methode*

Arteria epigastrica inferior und Arteria pudenda externa. *Gefäßversorgung*

Der Ast des Nervus iliohypogastricus. *Nervenversorgung*

(1) Am Unterbauch beträgt der Abstand vom Punkt HENGGU (N 11) zum Punkt HUANGSHU (N 16) 5 CUN. Alle diese Punkte auf der Verbindungslinie befinden sich 0,5 CUN seitlich des REN-Meridians (Konzeptionsgefäß). *Bemerkungen*

(2) Der Abstand zwischen den beiden Brustwarzen beträgt 8 CUN, was auf dem Bauch als Standardmaß gilt.

2.8.12 DAHE (N 12)

4 CUN unterhalb des Nabels, 0,5 CUN seitlich des Punktes ZHONGJI (KG 3), siehe Abb. 68. *Lokalisation*

Schmerzen in den äußeren Geschlechtsorganen, spontaner Samenerguß, Leukorrhoe. *Indikationen*

Senkrecht 1 bis 2,5 cm einstechen, Moxibustion anwendbar. *Methode*

Die Muskeläste der Arteria und Vena epigastrica inferior. *Gefäßversorgung*

Die Äste des Nervus subcostalis und des Nervus iliohypogastricus. *Nervenversorgung*

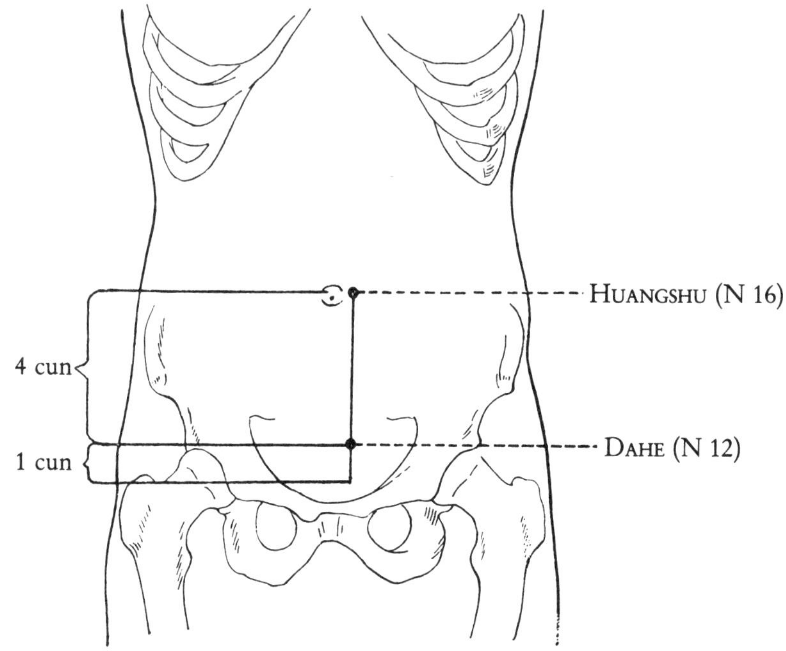

Abb. 68

2.8.13 QIXUE (N 13)

Lokalisation 3 CUN unterhalb des Nabels, 0,5 CUN seitlich des Punktes GUANYUAN (KG 4).

Indikationen Unregelmäßige Menstruation, Diarrhoe.

Methode Senkrecht 1 bis 2,5 cm einstechen, Moxibustion anwendbar.

Gefäßversorgung Siehe Punkt DAHE (N 12).

Nervenversorgung Nervus subcostalis.

2.8.14 SIMAN (N 14)

Lokalisation 2 CUN unterhalb des Nabels, 0,5 CUN seitlich des Punktes SHIMEN (KG 5).

Indikationen Gebärmutterblutung, unregelmäßige Menstruation, Bauchschmerzen, Diarrhoe.

Methode Senkrecht 1 bis 2,5 cm einstechen, Moxibustion anwendbar.

Gefäßversorgung Siehe Punkt DAHE (N 12).

Nervenversorgung Der elfte Nervus intercostalis.

2.8.15 Bauch-ZHONGZHU (N 15)

1 CUN unterhalb des Nabels, 0,5 CUN seitlich des Punktes Bauch-YINJIAO (KG 7). *Lokalisation*

Unregelmäßige Menstruation, Schmerzen im Unterbauch, Verstopfung. *Indikationen*

Senkrecht 1 bis 2,5 cm einstechen, Moxibustion anwendbar. *Methode*

Siehe Punkt DAHE (N 12). *Gefäßversorgung*

Der zehnte Nervus intercostalis. *Nervenversorgung*

2.8.16 HUANGSHU (N 16)

0,5 CUN seitlich des Zentrums des Nabels, siehe Abb. 68. *Lokalisation*

Bauchschmerzen, Erbrechen, Verspannungen des Bauches, Verstopfung. *Indikationen*

Senkrecht 1 bis 2,5 cm einstechen, Moxibustion anwendbar. *Methode*

Siehe Punkt DAHE (N 12). *Gefäßversorgung*

Der zehnte Nervus intercostalis. *Nervenversorgung*

2.8.17 SHANGQU (N 17)

2 CUN über dem Nabel, 0,5 CUN seitlich des Punktes XIAWAN (KG 10). *Lokalisation*

Völlegefühl im Bauch, Diarrhoe, Verstopfung. *Indikationen*

Senkrecht 1 bis 2,5 cm einstechen, Moxibustion anwendbar. *Methode*

Die Äste der Arteria und Vena epigastrica superior und inferior. *Gefäßversorgung*

Der neunte Nervus intercostalis. *Nervenversorgung*

Im Oberbauch befinden sich alle Punkte auf der Linie vom Punkt HUANG-SHU (N 16) zum Punkt YOUMEN (N 21) 0,5 CUN seitlich des REN-Meridians (Konzeptionsgefäß). Der Abstand zwischen den beiden Punkten beträgt 6 CUN. *Bemerkung*

2.8.18 SHIGUAN (N 18)

3 CUN über dem Nabel, 0,5 CUN seitlich des Punktes JIANLI (KG 11). *Lokalisation*

Erbrechen, Bauchschmerzen, Verstopfung. *Indikationen*

Senkrecht 1 bis 2,5 cm einstechen, Moxibustion anwendbar. *Methode*

Die Äste der Arteria und Vena epigastrica superior. *Gefäßversorgung*

Der achte Nervus intercostalis. *Nervenversorgung*

2.8.19 YINDU (N 19)

Lokalisation 4 CUN über dem Nabel, 0,5 CUN seitlich des Punktes ZHONGWAN (KG 12).

Indikationen Borborygmus, Schmerzen und Verspannungen des Bauches.

Methode Senkrecht 1 bis 2,5 cm einstechen, Moxibustion anwendbar.

Anatomie Siehe Punkt SHIGUAN (N 18).

2.8.20 Bauch-TONGGU (N 20)

Lokalisation 5 CUN über dem Nabel, 0,5 CUN seitlich des Punktes SHANGWAN (KG 13).

Indikationen Schmerzen und Verspannungen des Bauches, Erbrechen, Verdauungsstörungen.

Methode Senkrecht 1 bis 2,5 cm einstechen, Moxibustion anwendbar.

Anatomie Siehe Punkt SHIGUAN (N 18).

2.8.21 YOUMEN (N 21)

Lokalisation 6 CUN über dem Nabel, 0,5 CUN seitlich des Punktes JUQUE (KG 14).

Indikationen Bauchschmerzen, Erbrechen, Diarrhoe.

Methode Senkrecht 1 bis 1,5 cm einstechen, Moxibustion anwendbar.

Gefäßversorgung Siehe Punkt SHIGUAN (N 18).

Nervenversorgung Der siebte Nervus intercostalis.

2.8.22 BULANG (N 22)

Lokalisation Im fünften Zwischenrippenraum, 2 CUN seitlich des REN-Meridians (Konzeptionsgefäß).

Indikationen Husten, Asthma.

Methode Schräg circa 1 cm einstechen, Moxibustion anwendbar.

Gefäßversorgung Die fünfte Arteria und Vena intercostalis.

Nervenversorgung Der vordere Hautast des fünften Nervus intercostalis, tiefer der fünfte Nervus intercostalis.

Bemerkung Der Abstand zwischen der Mittellinie (REN-Meridian) und der Linea mammilaris beträgt 4 CUN.

2.8.23 SHENFENG (N 23)

Im vierten Zwischenrippenraum, 2 CUN seitlich des REN-Meridians (Konzeptionsgefäß). *Lokalisation*

Husten, Asthma, Völlegefühl in der Brust und in der Hypochondralregion, Mastitis. *Indikationen*

Schräg circa 1 cm einstechen, Moxibustion anwendbar. *Methode*

Die vierte Arteria und Vena intercostalis. *Gefäßversorgung*

Der anteriore Hautast des vierten Nervus intercostalis, tiefer der vierte Nervus intercostalis. *Nervenversorgung*

2.8.24 LINGXU (N 24)

Im dritten Zwischenrippenraum, 2 CUN seitlich des REN-Meridians (Konzeptionsgefäß). *Lokalisation*

Husten, Asthma, Schmerzen und Völlegefühl in der Brust und in der Hypochondralregion, Mastitis. *Indikationen*

Schräg circa 1 cm einstechen, Moxibustion anwendbar. *Methode*

Die dritte Arteria und Vena intercostalis. *Gefäßversorgung*

Der anteriore Hautast des dritten Nervus intercostalis, tiefer der dritte Nervus intercostalis. *Nervenversorgung*

2.8.25 SHENCANG (N 25)

Im zweiten Zwischenrippenraum, 2 CUN seitlich des REN-Meridians (Konzeptionsgefäß). *Lokalisation*

Husten, Asthma, Brustschmerzen. *Indikationen*

Schräg circa 1 cm einstechen, Moxibustion anwendbar. *Methode*

Die zweite Arteria und Vena intercostalis. *Gefäßversorgung*

Der vordere Hautast des zweiten Nervus intercostalis, tiefer der zweite Nervus intercostalis. *Nervenversorgung*

2.8.26 YUZHONG (N 26)

Lokalisation Im ersten Zwischenrippenraum, 2 CUN seitlich des REN-Meridians (Konzeptionsgefäß).

Indikationen Husten, Asthma, Völlegefühl in der Brust und in der Hypochondralregion.

Methode Schräg circa 1 cm einstechen, Moxibustion anwendbar.

Gefäßversorgung Die erste Arteria und Vena intercostalis.

Nervenversorgung Der anteriore Hautast des ersten Nervus intercostalis, der Nervus supraclavicularis medialis, tiefer der erste Nervus intercostalis.

2.8.27 SHUFU* (N 27)

Lokalisation In der Mulde auf der unteren Grenze des Schlüsselbeines, 2 CUN seitlich des REN-Meridians (Konzeptionsgefäß).

Indikationen Husten, Asthma, Brustschmerzen.

Methode Senkrecht circa 0,8 cm einstechen, Moxibustion anwendbar.

Gefäßversorgung Die vorderen Äste der Arteria und Vena mammilaris interna.

Nervenversorgung Nervus supraclavicularis medialis.

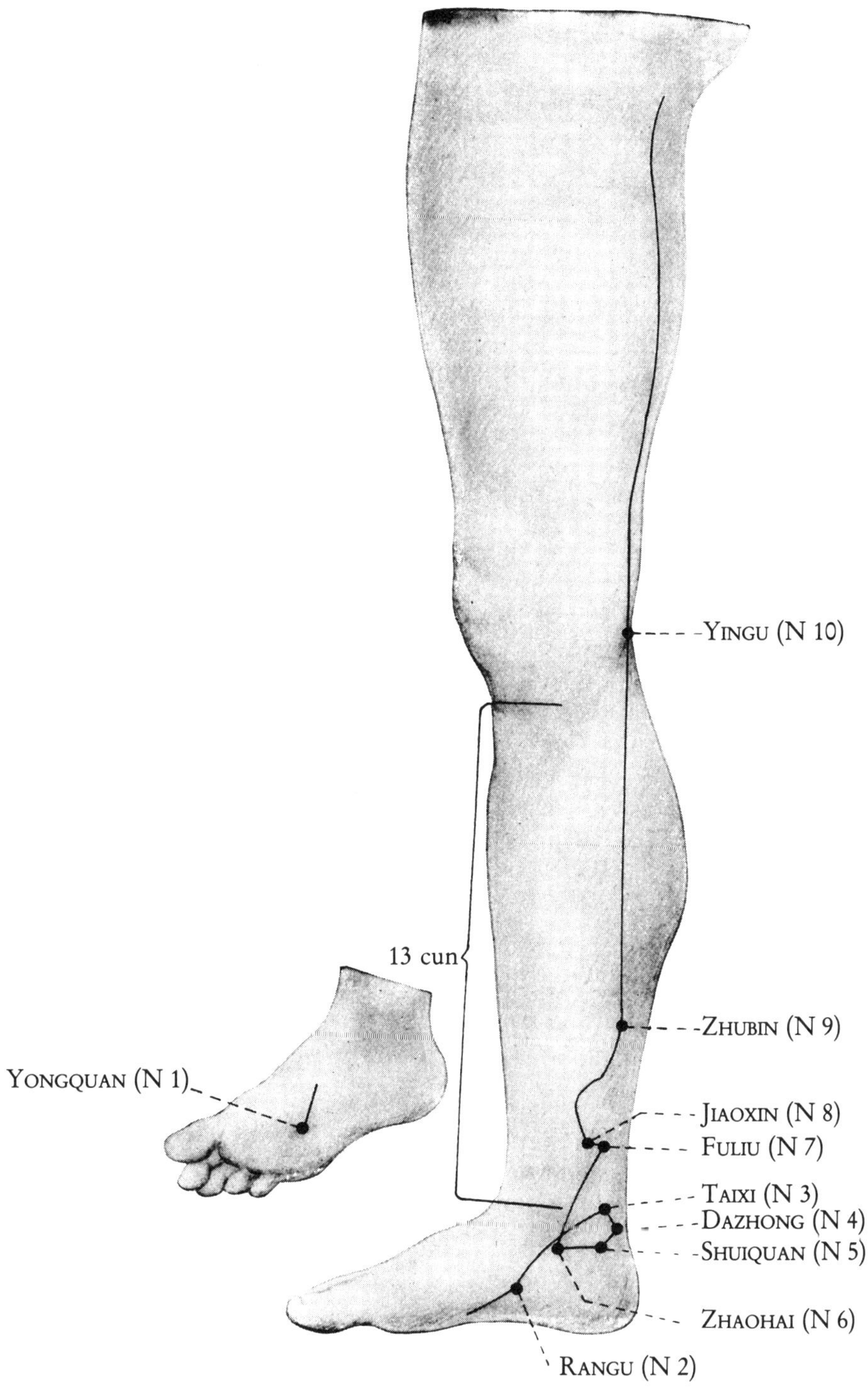

Abb. 69a NIEREN-Meridian SHAOYIN Fuß

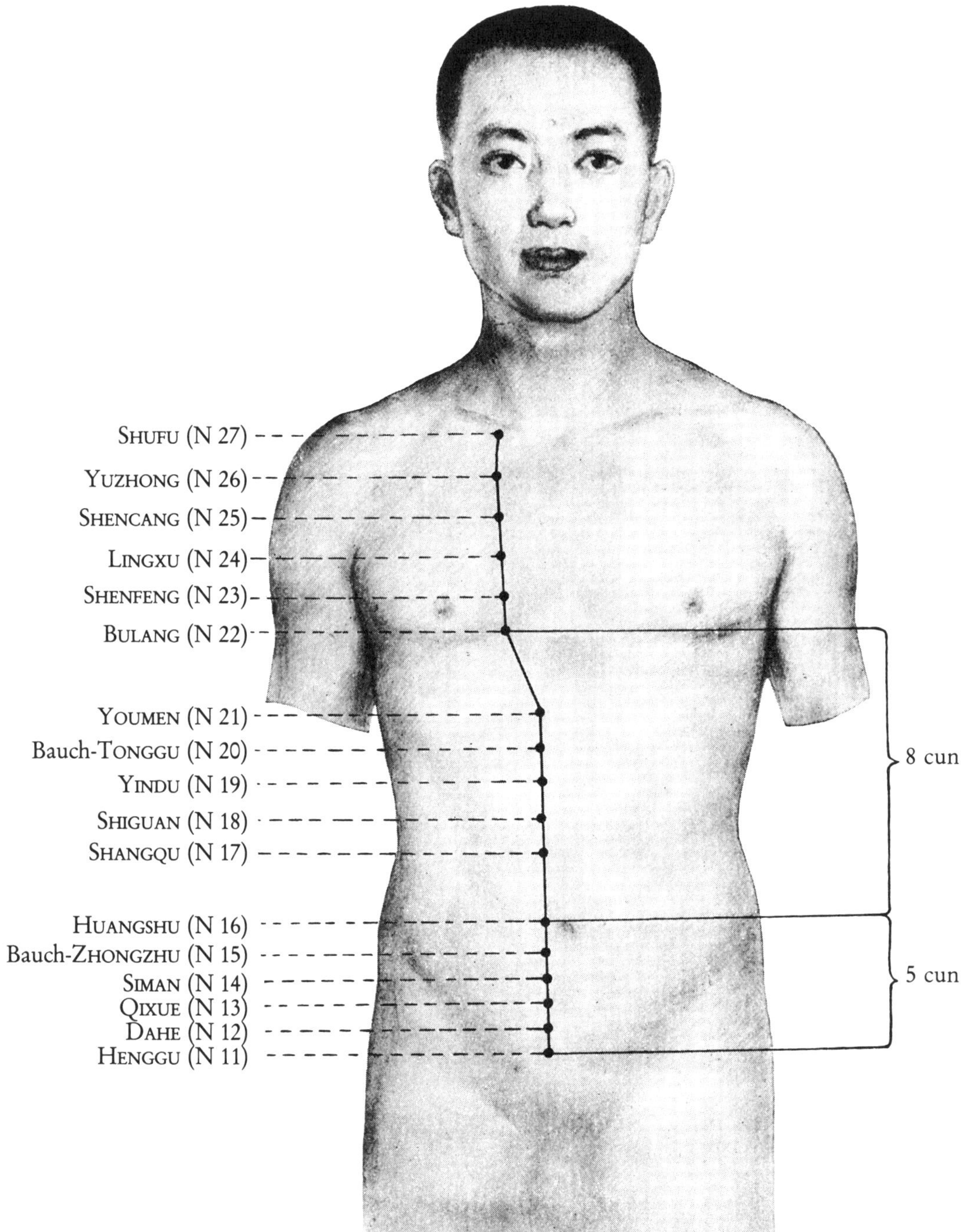

Abb. 69b NIEREN-Meridian SHAOYIN Fuß

2.9 KREISLAUF-SEXUS-Meridian (PERIKARD-Meridian) JUEYIN Hand

Verlauf

Der KREISLAUF-SEXUS-Meridian JUEYIN Hand (PERIKARD-Meridian) entspringt an der Brust. Von dort tritt er in sein zugehöriges Organ, das Perikard ein (1). Dann steigt er ab durch das Zwerchfell (2) in den Bauch und verbindet sich nacheinander mit dem oberen, mittleren und unteren Erwärmer JIAO (3). Ein weiterer Ast, der auf der Brust entsteht, läuft in der Brust (4), tritt am Punkt TIANCHI (KS 1) 3 CUN unterhalb der vorderen Achselfalte in der Rippenregion auf (5) und steigt zur Achsel auf (6). Von dort folgt er dem medialen Teil des Oberarmes, läuft nach unten zwischen dem LUNGEN-Meridian TAIJIN Hand und dem HERZ-Meridian SHAOYIN Hand (7) zur Ellenbogengrube (8) und weiter nach unten zum Unterarm zwischen den Sehnen des Musculus palmaris longus und des Musculus flexor carporadialis (9) und endet an der Handinnenfläche (10). Dort geht er entlang des Mittelfingers zu dessen Spitze, dem Punkt ZHONGCHONG (KS 9) (11).

Ein anderer Zweig entspringt an der Handinnenfläche am Punkt LAOGONG. (KS 8) (12), läuft entlang des Ringfingers zu dessen Spitze (GUANCHONG, 3E 1) und verbindet sich dort mit dem 3ERWÄRMER-Meridian SHAOYANG Hand (Abb. 70).

Dieser Meridian hat 9 Punkte, die im folgenden beschrieben werden:

2.9.1. TIANCHI (KS 1)

Lokalisation — 1 CUN seitlich der Brustwarze, im vierten Zwischenrippenraum.

Indikationen — Schwellung und Schmerzen in der Achselregion, Erstickungsgefühl in der Brust, Schmerzen in der Hypochondralregion.

Methode — Schräg circa 0,5 cm einstechen, tiefes Stechen ist nicht ratsam, Moxibustion anwendbar.

Gefäßversorgung — Vena thoracoepigastrica, die Äste der Arteria und Vena thoracicus lateralis.

Nervenversorgung — Der Muskelast des Nervus thoracicus anterior, der vierte Nervus intercostalis.

2.9.2 TIANQUAN (KS 2)

Lokalisation — 2 CUN unterhalb des Endes der vorderen Achselfalte, zwischen den beiden Köpfen des Musculus biceps brachii.

Indikationen — Schmerzen in der Herzregion, Spannungsgefühl in der Hypochondralregion, Husten, Schmerzen in der Brust, im Rücken und im medialen Teil des Oberarmes.

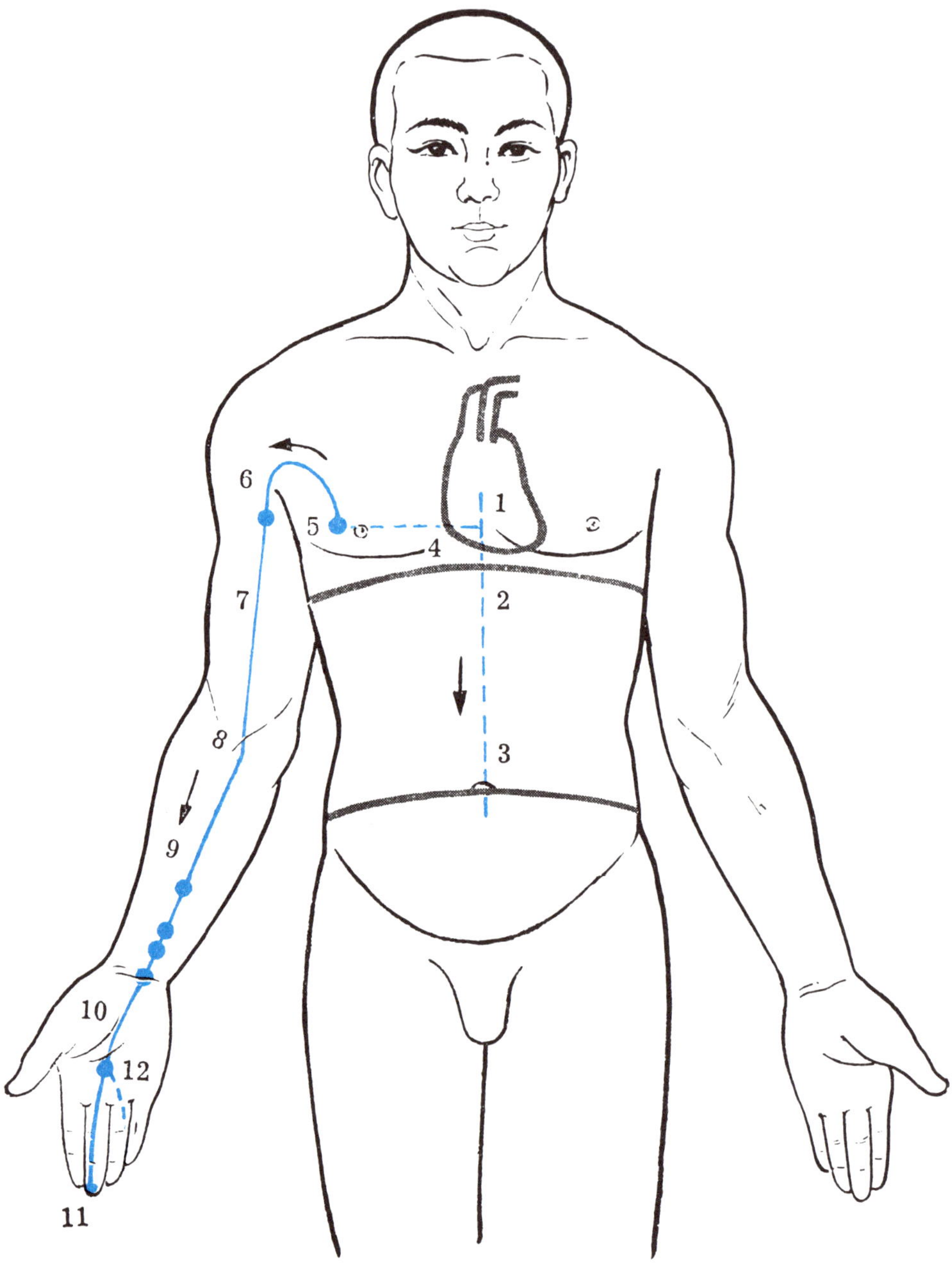

Abb. 70 KREISLAUF-SEXUS-Meridian JUEYIN Hand (Perikard-Meridian)

Senkrecht 1 bis 2 cm einstechen, Moxibustion anwendbar. *Methode*

Die Muskeläste der Arteria und Vena brachialis. *Gefäßversorgung*

Nervus cutaneus brachialis medialis und Nervus musculocutaneus. *Nervenversorgung*

Der Abstand vom Ende der Achselfalte zu der transversalen Ellenbogenfalte (Punkt QUZE, KS 3) beträgt 9 CUN. *Bemerkung*

2.9.3 QUZE* (HE-(Meer)-Punkt, KS 3)

Auf der transversalen Ellenbogenfalte, auf der Ulnaseite der Sehne des Musculus biceps brachii, siehe Abb. 71. *Lokalisation*

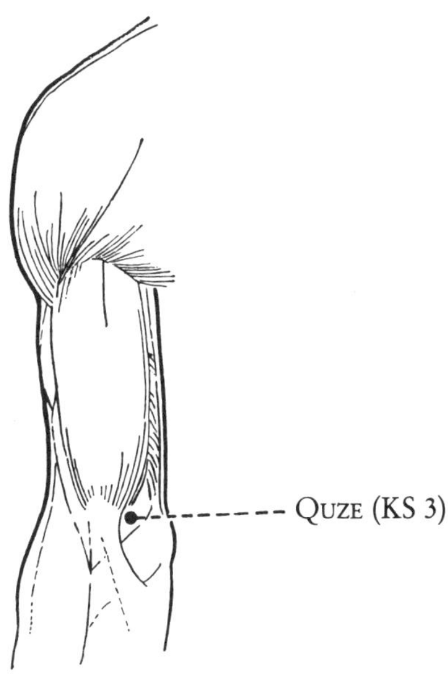

Abb. 71

Magenschmerzen, Erbrechen, fiebrige Erkrankungen, Reizbarkeit, Schmerzen in der Herzregion, Herzklopfen, Schmerzen im Ellenbogen und im Arm, Zittern der Hand und des Armes. *Indikationen*

Senkrecht 1 bis 2 cm einstechen oder Stechen mit der drei-schneidigen Nadel, um eine Blutung zu verursachen, Moxibustion anwendbar. *Methode*

Auf dem Weg der Arteria und Vena brachialis. *Gefäßversorgung*

Nervus medianus. *Nervenversorgung*

2.9.4 XIMEN (XI-(Grenz)-Punkt, KS 4)

Lokalisation

5 CUN superior der transversalen Handgelenksfalte, auf der Verbindungslinie von Punkt QUZE (KS 3) zum Punkt DALING (KS 7), zwischen den Sehnen des Musculus palmaris longus und des Musculus flexor carporadialis, siehe Abb. 72.

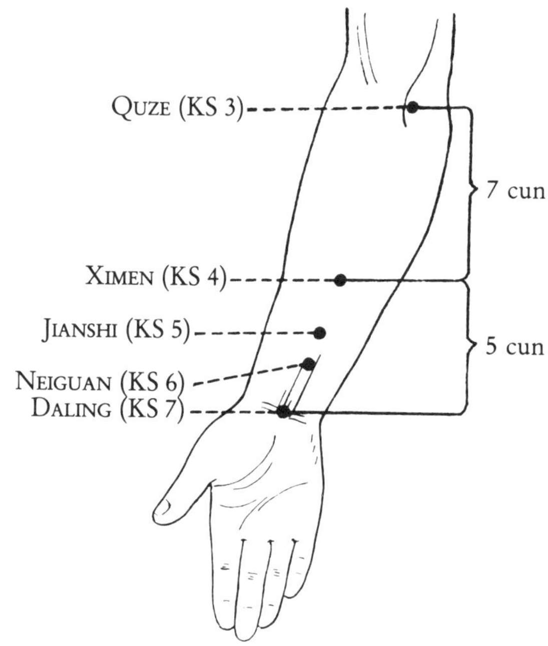

Abb. 72

Indikationen

Herzschmerzen, Herzklopfen, Bluterbrechen, Nasenbluten, Furunkel.

Methode

Senkrecht 1 bis 2 cm einstechen, Moxibustion anwendbar.

Gefäßversorgung

Arteria und Vena mediana, tiefer die Arteria und Vena interossea anterior.

Nervenversorgung

Nervus cutaneus antebrachii medialis, tiefer der Nervus medianus, sehr tief der Nervus interosseus anterior.

Bemerkung

Auf dem Unterarm beträgt der Abstand zwischen dem Punkt QUZE (KS 3) und dem Punkt DALING (KS 7) 12 CUN.

2.9.5 JIANSHI* (JING-(Fluß)-Punkt, KS 5)

Lokalisation
3 CUN über der transversalen Handgelenksfalte, zwischen den Sehnen des Musculus palmaris longus und des Musculus flexor carporadialis, siehe Abb. 72.

Indikationen
Herzschmerzen, Herzklopfen, Magenschmerzen, Erbrechen, fiebrige Erkrankungen, Reizbarkeit, Malaria, geistige Störungen, Epilepsie, Schwellungen der Achsel, Zucken oder Kontraktur des Ellenbogens, Schmerzen des Armes.

Methode
Senkrecht 1 bis 2,5 cm einstechen, Moxibustion anwendbar.

Gefäßversorgung
Arteria und Vena mediana, tiefer die Arteria und Vena interossea anterior.

Nervenversorgung
Nervus cutaneus antebrachii medialis und lateralis, der Hautast des Nervus medianus, sehr tief der Nervus interosseus anterior.

2.9.6 NEIGUAN* (LUO-(Passage)-Punkt, KS 6)

Lokalisation
2 CUN über der transversalen Handgelenksfalte, zwischen den Sehnen des Musculus palmaris longus und des Musculus flexor carporadialis, siehe Abb. 72.

Indikationen
Herzschmerzen, Herzklopfen, Magenschmerzen, Erbrechen, geistige Störungen, Epilepsie, Kontraktur und Schmerzen des Ellenbogens und des Armes, fiebrige Erkrankungen, Malaria.

Methode
Senkrecht 1 bis 2,5 cm einstechen, Moxibustion anwendbar.

Anatomie
Siehe Punkt JIANSHI (KS 5).

Bemerkung
Dies ist einer der acht Konfluenz-(Kardinal)-Punkte die mit dem YINWEI-Meridian (YIN-Gefäß der Verbindung) in Verbindung stehen.

2.9.7 DALING* (SHU-(Bach)-Punkt und Yuan-(Quell)-Punkt, KS 7)

Lokalisation
In der Mulde und im Mittelpunkt der transversalen Handgelenksfalte, zwischen den Sehnen des Musculus palmaris longus und des Musculus flexor carporadialis, siehe Abb. 72.

Indikationen
Herzschmerzen, Herzklopfen, Magenschmerzen, Erbrechen, Panik, geistige Störungen, Epilepsie, Schmerzen in der Brust und in der Hypochondralregion.

Methode
Senkrecht circa 1 cm einstechen, Moxibustion anwendbar.

Gefäßversorgung
Das arterielle und venöse Geflecht des Handgelenkes.

Nervenversorgung
Tiefer der Nervus medianus.

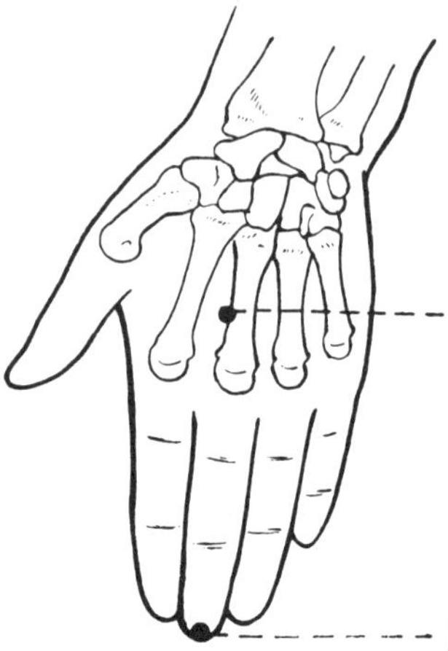

Abb. 73

2.9.8 LAOGONG (YING-(Quell)-Punkt, KS 8)

Lokalisation Wenn die Hand mit der Innenfläche nach oben zeigt, befindet sich der Punkt zwischen dem zweiten und dritten metakarpalen Knochen, proximal zum metakarpophalangealen Gelenk, auf der radialen Seite des dritten metakarpalen Knochens, siehe Abb. 73.

Indikationen Herzschmerzen, geistige Störungen, Epilepsie, Erbrechen, Mundschleimhautentzündungen, fauliger Atem, Pilzinfektionen der Hand und des Fußes.

Methode Senkrecht circa 1 cm einstechen, Moxibustion anwendbar.

Gefäßversorgung Arteria palmaris digitalis communis.

Nervenversorgung Der zweite Nervus palmaris digitalis communis des Nervus medianus.

2.9.9 ZHONGCHONG* (JING-(Brunnen)-Punkt, KS 9)

Lokalisation Im Zentrum der Spitze des Mittelfingers, siehe Abb. 73.

Indikationen Herzschmerzen, Reizbarkeit, Bewußtseinsverlust, Aphasie mit Steifheit der Zunge, fiebrige Erkrankungen, Hitzschlag, Krämpfe bei Kindern, fiebrige Empfindungen der Handinnenfläche.

Methode Schräg 0,2 bis 0,3 cm einstechen oder mit der drei-schneidigen Nadel einstechen, um eine Blutung zu verursachen, Moxibustion anwendbar.

Gefäßversorgung Das arterielle und venöse Geflecht, das durch die Arteria und Vena palmaris digitalis propria gebildet wird.

Nervenversorgung Nervus palmaris digitalis des Nervus medianus.

Bemerkung Es wird auch beschrieben, daß der Punkt ZHONGCHONG (KS 9) sich 0,1 CUN posterior der Ecke des Fingernagels des Mittelfingers auf der Radialseite befindet.

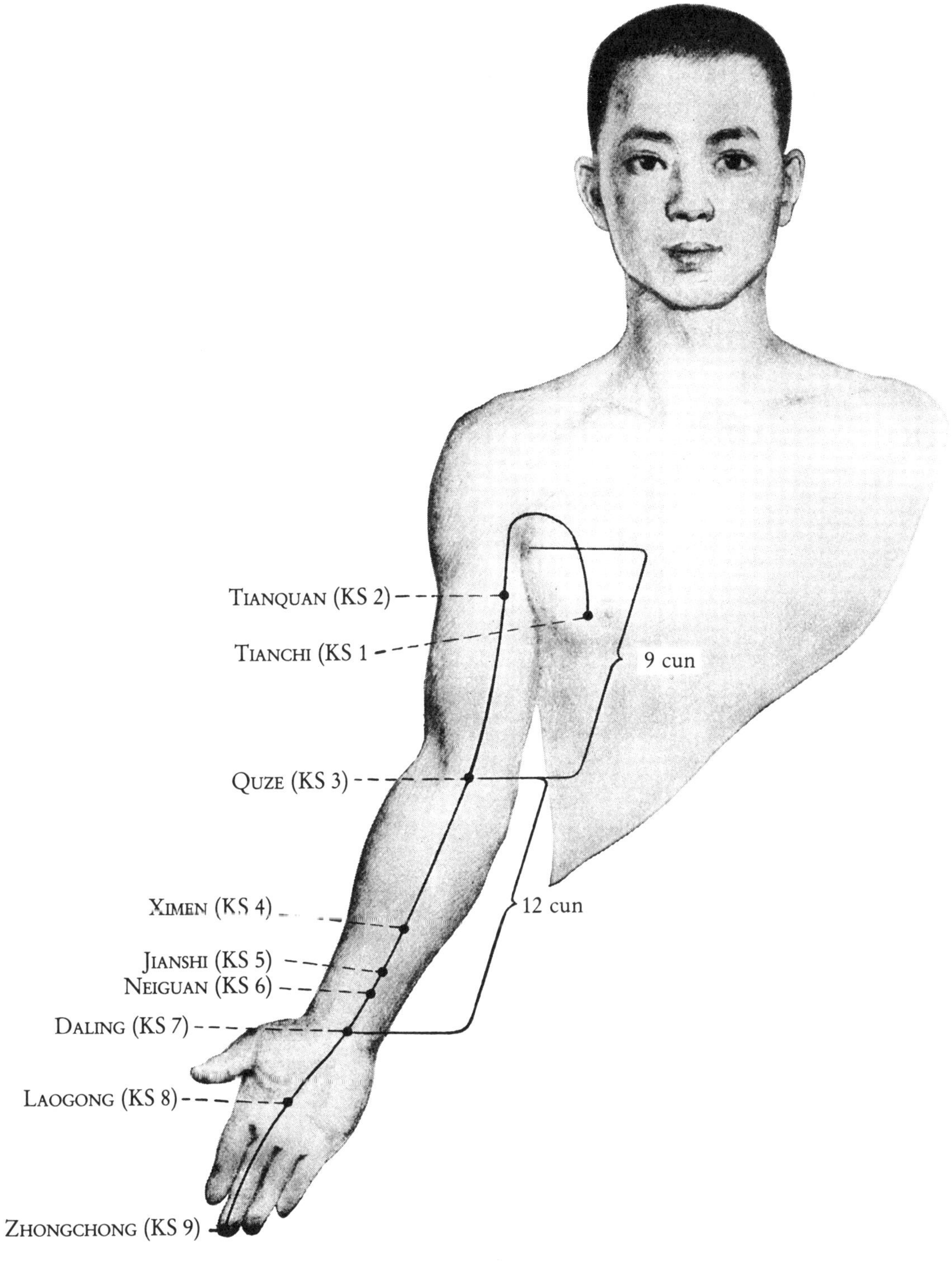

Abb. 74 KREISLAUF-SEXUS-Meridian JUEYIN Hand (Perikard-Meridian)

2.10 3ERWÄRMER-Meridian SHAOYANG Hand

Verlauf

Der 3ERWÄRMER-Meridian SHAOYANG Hand entspringt an der Spitze des Ringfingers (GUANCHONG, 3E 1) (1) und läuft zwischen dem vierten und fünften metakarpalen Knochen (2) entlang des dorsalen Teiles des Handgelenks (3) aufwärts zum seitlichen Teil des Unterarmes zwischen dem Radius und der Ulna (4). Er passiert das Olekranon (5) und geht entlang des seitlichen Teiles des Oberarmes nach oben (6), wo er schließlich die Schulterregion erreicht (7), dann den GALLENBLASEN-Meridian SHAOYANG Fuß (8) kreuzt und hinter diesem weiterverläuft. Er durchläuft die Fossa supraclavicularis (9) und tritt in die Brust ein, um sich mit dem Perikard (10) zu verbinden. Er steigt dann durch das Zwerchfell nach unten zum Bauch und verbindet sich mit seinen zugehörigen Organen, dem oberen, mittleren und unteren Erwärmer JIAO (11).

Ein Zweig entspringt in der Brust (12), läuft aufwärts und tritt in der Fossa supraclavicularis aus (13). Von dort aus steigt er zum Hals auf (14), läuft entlang der posterioren Grenze des Ohrs (15) und weiter zum superioren Teil des Ohrs (16). Dort biegt er nach unten zur Wange ab und endet in der Infraorbitalregion (17).

Der aurikuläre Zweig entspringt an der Retroaurikularregion und tritt in das Ohr (18) ein. Dann läuft er vor das Ohr, kreuzt den anderen Zweig auf der Wange und erreicht den äußeren Augenwinkel (SIZHUKONG 3E 23), um sich dort mit dem GALLENBLASEN-Meridian SHAOYANG Fuß zu verbinden (19) (Abb. 75).

Bemerkung

Der Erwärmer SANJIAO hat einen Unteren HE-(Meer)-Punkt, den Punkt WEIYANG (B 39) (Abb. 76).

Dieser Meridian hat 23 Punkte, die im folgenden beschrieben werden:

2.10.1 GUANCHONG* (JING-(Brunnen)-Punkt, 3E 1)

Lokalisation

Auf der äußeren Seite des Ringfingers, ungefähr 0,1 CUN posterior der Ecke des Fingernagels, siehe Abb. 77.

Indikationen

Kopfschmerzen, Rötung der Augen, Halsentzündung, Steifheit der Zunge, fiebrige Erkrankungen, Reizbarkeit.

Methode

Schräg 0,2 bis 0,3 cm einstechen oder Stechen mit der dreischneidigen Nadel, um eine Blutung zu verursachen, Moxibustion anwendbar.

Gefäßversorgung

Das arterielle und venöse Geflecht, das durch die Arteria und Vena palmaris digitalis propria gebildet wird.

Nervenversorgung

Nervus palmaris digitalis des Nervus ulnaris.

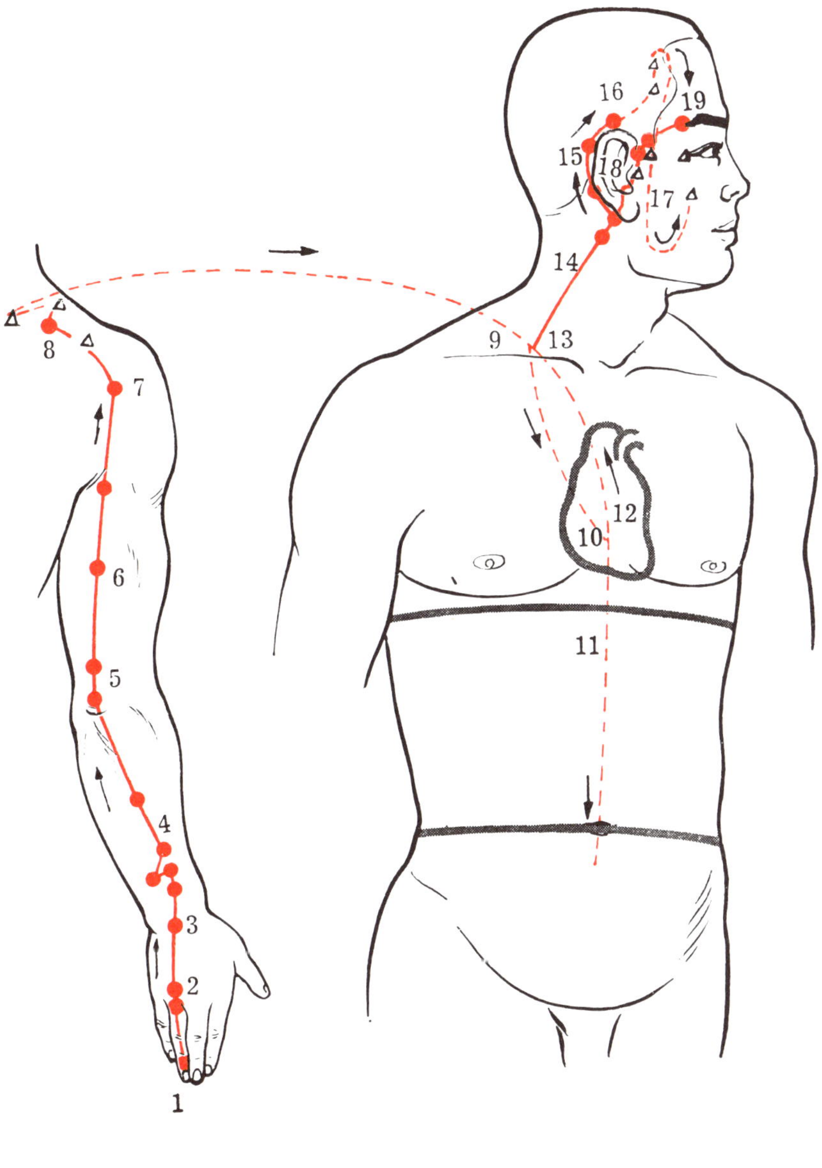

Abb. 75 3ERWÄRMER-Meridian SHAOYANG Hand

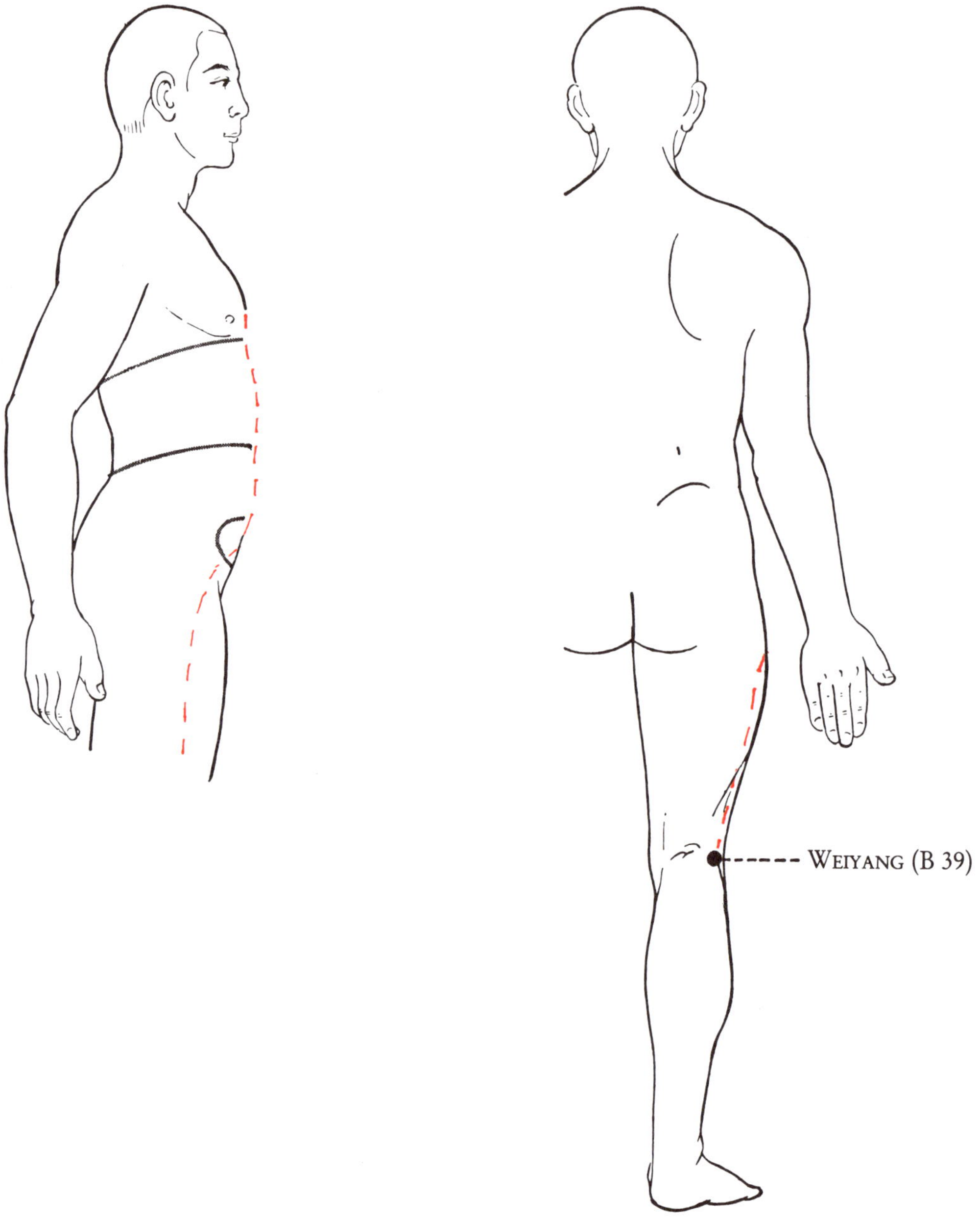

Abb. 76 Unterer HE-Meer-Punkt des 3ERWÄRMER-Meridians: WEIYANG (B 39)

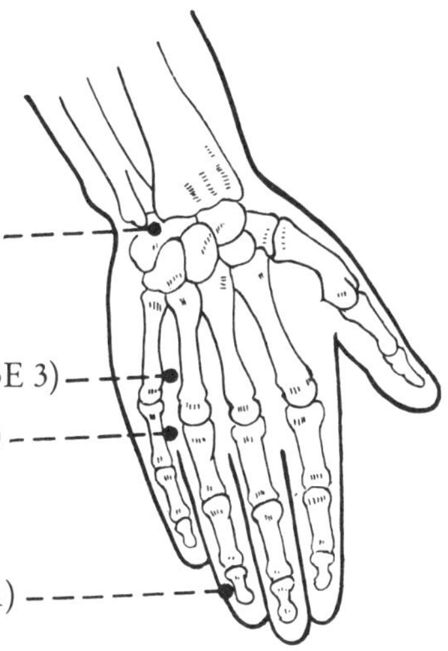

Abb. 77

2.10.2 YEMEN (YING-(Quell)-Punkt, 3E 2)

Proximal des Randes der Schwimmhaut zwischen dem Ring- und dem kleinen Finger. Dieser Punkt wird bei geballter Faust lokalisiert (Abb. 77). *Lokalisation*

Kopfschmerz, Rötung der Augen, Taubheit, Halsentzündung, Schmerzen in der Hand und im Arm, Malaria. *Indikationen*

Schräg circa 1 cm in Richtung des Zwischenraumes der metakarpalen Knochen einstechen, Moxibustion anwendbar. *Methode*

Arteria digitalis dorsalis der Arteria ulnaris. *Gefäßversorgung*

Der dorsale Ast des Nervus ulnaris. *Nervenversorgung*

2.10.3 Hand-ZHONGZHU* (SHU-(Bach)-Punkt, 3E 3)

Wenn die Hand mit der Innenfläche nach unten zeigt, befindet sich der Punkt auf dem Handrücken zwischen dem vierten und fünften metakarpalen Knochen, in der Mulde proximal des metakarpophalangealen Gelenkes, siehe Abb. 77. *Lokalisation*

Kopfschmerz, Rötung der Augen, Taubheit, Tinnitus, Halsentzündung, fiebrige Erkrankungen, Schmerzen im Ellbogen und im Arm, Bewegungsbeeinträchtigung der Finger. *Indikationen*

Senkrecht circa 1 cm einstechen, Moxibustion anwendbar. *Methode*

Das dorsale venöse Geflecht der Hand und die vierte Arteria metacarpalis dorsalis. *Gefäßversorgung*

Der dorsale Ast des Nervus ulnaris. *Nervenversorgung*

2.10.4 YANGCHI* (YUAN-(Quell)-Punkt, 3E 4)

Lokalisation Am Übergang von der Ulna zu den karpalen Knochen, in der Mulde seitlich der Sehne des Musculus extensor digitorum communis, siehe Abb. 77.

Indikationen Schmerzen im Handgelenk, in der Schulter und im Arm, Malaria, Taubheit.

Methode Senkrecht circa 0,8 cm einstechen, Moxibustion anwendbar.

Gefäßversorgung Inferior das dorsale venöse Geflecht des Handgelenkes und die Arteria carpalis posterior.

Nervenversorgung Der dorsale Ast des Nervus ulnaris und der Endast des Nervus cutaneus antebrachii posterior.

2.10.5 WAIGUAN* (LUO-(Passage)-Punkt, 3E 5)

Lokalisation 2 CUN über dem Punkt YANGCHI (3E 4), zwischen dem Radius und der Ulna, siehe Abb. 78.

Indikationen Fiebrige Erkrankungen, Kopfschmerzen, Schmerzen in der Wange und in der Hypochondralregion, Taubheit, Tinnitus, Bewegungsbeeinträchtigung des Ellbogens und des Armes, Schmerzen der Finger, Zittern der Hand.

Methode Senkrecht 1,5 bis 2,5 cm einstechen, Moxibustion anwendbar.

Gefäßversorgung Tiefer die Arteria und Vena interossea posterior und anterior.

Nervenversorgung Nervus cutaneus antebrachii posterior, tiefer der Nervus interosseus posterior des Nervus radialis und der Nervus interosseus anterior des Nervus medianus.

Bemerkungen (1) Dies ist einer der acht Konfluenz-(Kardinal)-Punkte, die mit dem YANG-WEI-Meridian (YANG-Gefäß der Verbindung) in Verbindung stehen.

(2) Auf dem Unterarm beträgt der Abstand vom Punkt YANGCHI (3E 4) zum Olekranon 12 CUN.

2.10.6 ZHIGOU* (JING-(Fluß)-Punkt, 3E 6)

Lokalisation 3 CUN über dem Punkt YANGCHI (3E 4), zwischen dem Radius und der Ulna, siehe Abb. 78.

Indikationen Plötzliche Heiserkeit der Stimme, Tinnitus, Taubheit, Schmerzen und Schweregefühl in der Schulter und im Rücken, Erbrechen, Verstopfung.

Methode Senkrecht 1,5 bis 2,5 cm einstechen, Moxibustion anwendbar.

Anatomie Siehe Punkt WAIGUAN (3E 5).

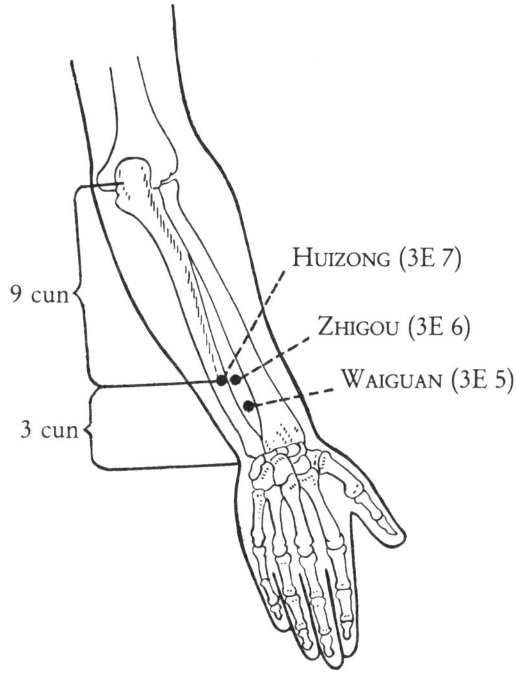

Abb. 78

2.10.7 HUIZONG (SHI-(Grenz)-Punkt, 3E 7)

3 CUN proximal des Handgelenkes, ungefähr 1 Fingerbreite seitlich des Punktes ZHIGOU (3E 6), auf der Radialseite der Ulna, siehe Abb. 78. *Lokalisation*

Taubheit, Schmerzen in den Armen, Epilepsie. *Indikationen*

Senkrecht 1,5 bis 2,5 cm einstechen, Moxibustion anwendbar. *Methode*

Arteria und Vena interossea posterior. *Gefäßversorgung*

Nervus cutaneus antebrachii posterior und medialis, tiefer der Nervus interosseus posterior und anterior. *Nervenversorgung*

2.10.8 SANYANGLUO (3E 8)

4 CUN über dem Punkt YANGCHI (3E 4), zwischen dem Radius und der Ulna. *Lokalisation*

Plötzliche Heiserkeit der Stimme, Taubheit, Schmerzen in der Hand und im Arm. *Indikationen*

Senkrecht 1,5 bis 2,5 cm einstechen, Moxibustion anwendbar. *Methode*

Siehe Punkt HUIZONG (3E 7). *Anatomie*

2.10.9 SIDU (3E 9)

Lokalisation 5 CUN unterhalb des Olekranons, zwischen dem Radius und der Ulna.

Indikationen Plötzliche Heiserkeit der Stimme, Taubheit, Zahnschmerzen, Schmerzen im Unterarm.

Methode Senkrecht 1,5 bis 2,5 cm einstechen, Moxibustion anwendbar.

Anatomie Siehe Punkt HUIZONG (3E 7).

2.10.10 TIANJING (HE-(Meer)-Punkt, 3E 10)

Lokalisation Wenn der Ellbogen abgewinkelt ist, befindet sich der Punkt in der Mulde ungefähr 1 CUN über dem Olekranon, siehe Abb. 79.

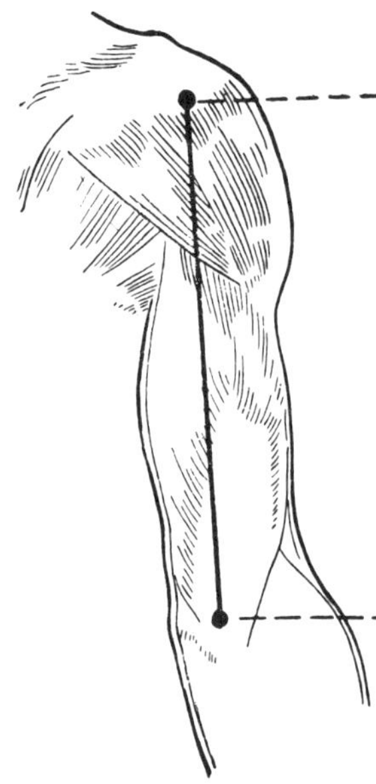

Abb. 79

Indikationen Einseitige Kopfschmerzen, Schmerzen in der Rippenregion und der Hypochondralregion, im Hals, an der Schulter und im Arm, Skrofulose, Epilepsie.

Methode Senkrecht circa 1 cm einstechen, Moxibustion anwendbar.

Gefäßversorgung Das arterielle und venöse Netzwerk des Ellbogens.

Nervenversorgung Nervus cutaneus brachii posterior und der Muskelast des Nervus radialis.

Bemerkung Der untere HE-(Meer)-Punkt des 3Erwärmers SANJIAO ist der Punkt WEIYANG (B 39), der bei Störungen des 3Erwärmers SANJIAO angezeigt ist.

2.10.11 QINGLENGYUAN (3E 11)

1 CUN über dem Punkt TIANJING (3E 10). *Lokalisation*

Schmerzen in der Schulter und im Arm. *Indikationen*

Senkrecht circa 0,8 cm einstechen, Moxibustion anwendbar. *Methode*

Die Endäste der Arteria und Vena colateralis mediana. *Gefäßversorgung*

Nervus cutaneus brachii posterior und der Muskelast des Nervus radialis. *Nervenversorgung*

Auf dem Oberarm beträgt der Abstand zwischen dem Olekranon und dem Ende der posterioren Achselfalte 9 CUN. *Bemerkung*

2.10.12 XIAOLUO (3E 12)

Auf der Verbindungslinie zwischen dem Olekranon und dem Punkt JIANLIAO (3E 14), in der Mitte zwischen dem Punkt QINGLENGYUAN (3E 11) und dem Punkt NAOHUI (3E 13). Der Punkt befindet sich genau am unteren Ende des Bauches des seitlichen Kopfes des Musculus biceps brachii, wenn der Oberarm nach vorne gehalten wird. *Lokalisation*

Kopfschmerz, Steifheit und Schmerzen des Halses, Schmerzen im Arm. *Indikationen*

Senkrecht 1 bis 2 cm einstechen, Moxibustion anwendbar. *Methode*

Arteria und Vena colateralis mediana. *Gefäßversorgung*

Nervus cutaneus brachii posterior und der Muskelast des Nervus radialis. *Nervenversorgung*

2.10.13 NAOHUI (3E 13)

Auf der Verbindungslinie zwischen dem Punkt JIANLIAO (3E 14) und dem Olekranon, 3 CUN unterhalb des Punktes JIANLIAO (3E 14), auf der posterioren Grenze des Musculus deltoideus. *Lokalisation*

Schmerzen in der Schulter und im Arm, Kropf. *Indikationen*

Senkrecht 1 bis 2 cm einstechen, Moxibustion anwendbar. *Methode*

Arteria und Vena colateralis mediana. *Gefäßversorgung*

Nervus cutaneus brachii posterior, der Muskelast des Nervus radialis, tiefer der Nervus radialis. *Nervenversorgung*

2.10.14 JIANLIAO* (3E 14)

Lokalisation Posterior und inferior des Akromions, in der Mulde ungefähr 1 CUN posterior des Punktes JIANYU (Di 15), siehe Abb. 79.

Indikationen Schweregefühl in der Schulter, Schmerzen im Arm.

Methode Senkrecht oder schräg nach unten 2 bis 2,5 cm einstechen, Moxibustion anwendbar.

Gefäßversorgung Der Muskelast der Arteria circumflexa humeri posterior.

Nervenversorgung Der Muskelast des Nervus axillaris.

2.10.15 TIANLIAO (3E 15)

Lokalisation In der Mitte zwischen dem Punkt JIANJING (G 21) und dem Punkt QUYUAN (Dü 13), am superioren Winkel des Schulterblattes.

Indikationen Schmerzen in der Schulter und im Arm, Schmerzen und Steifheit im Nacken.

Methode Senkrecht circa 1 cm einstechen, Moxibustion anwendbar.

Gefäßversorgung Der absteigende Ast der Arteria cervicalis transversa, tiefer der Muskelast der Arteria suprascapularis.

Nervenversorgung Nervus accessorius und der Ast des Nervus suprascapularis.

2.10.16 TIANYOU (3E 16)

Lokalisation Posterior und inferior des Processus mastoideus, auf der hinteren Grenze des Musculus sternocleidomastoideus, auf Höhe des Punktes TIANRONG (Dü 17) und des Punktes TIANZHU (B 10).

Indikationen Schwindel, Gesichtsschwellungen, plötzliche Taubheit, verschwimmender Gesichtssinn, Nackensteifigkeit.

Methode Senkrecht circa 1 cm einstechen, Moxibustion anwendbar.

Gefäßversorgung Arteria auricularis posterior.

Nervenversorgung Nervus occipitalis.

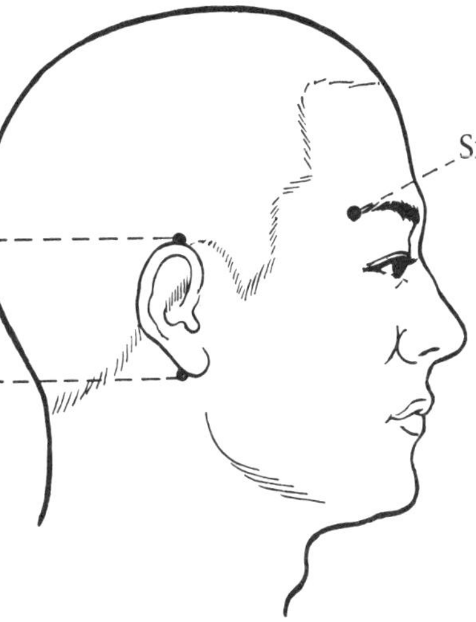

Abb. 80

2.10.17 YIFENG* (3E 17)

Posterior des Ohrläppchens, in der Mulde zwischen dem Unterkiefer und dem Processus mastoideus, siehe Abb. 80. *Lokalisation*

Tinnitus, Taubheit, Fazialisparese, Trismus, Schwellungen der Wange. *Indikationen*

Senkrecht 1,5 bis 2,5 cm einstechen, Moxibustion anwendbar. *Methode*

Arteria und Vena auricularis posterior, Vena jugularis externa. *Gefäßversorgung*

Nervus auricularis magnus, tiefer befindet sich der Ort, wo der Nervus facialis aus dem Foramen stylomastoideus austritt. *Nervenversorgung*

2.10.18 QIMAI (3E 18)

Im Zentrum des Processus mastoideus, am Übergang vom mittleren zum unteren Drittel der Kurvenlinie, die durch den Punkt YIFENG (3E 17) und dem Punkt JIAOSUN (3E 20) posterior der Ohrmuschel gebildet wird. *Lokalisation*

Kopfschmerz, Tinnitus, Taubheit. *Indikationen*

Schräg 0,2 bis 0,3 cm einstechen oder Einstechen mit der dreischneidigen Nadel, um eine Blutung zu verursachen, Moxibustion anwendbar. *Methode*

Gefäßversorgung Arteria und Vena auricularis posterior.

Nervenversorgung Der posteriore Ohrast des Nervus auricularis magnus.

2.10.19 LUXI (3E 19)

Lokalisation Hinter dem Ohr, am Übergang vom oberen zum mittleren Drittel der Kurvenlinie, die zwischen dem Punkt YIFENG (3E 17) und dem Punkt JIAOSUN (3E 20) hinter der Ohrmuschel gebildet wird.

Indikationen Kopfschmerz, Tinnitus, Ohrenschmerzen.

Methode Schräg 0,2 bis 0,3 cm einstechen, Moxibustion anwendbar.

Gefäßversorgung Arteria und Vena auricularis posterior.

Nervenversorgung Der anastomosierende Ast des Nervus auricularis magnus und des Nervus occipitalis.

2.10.20 JIAOSUN (3E 20)

Lokalisation Direkt über dem Ohr, an der Haaransatzlinie der Schläfe, siehe Abb. 80.

Indikationen Rötung und Schwellung des Ohrs, Rötung, Schwellung und Schmerzen des Auges, Zahnschmerzen.

Methode Schräg nach unten 0,2 bis 0,3 cm einstechen, Moxibustion anwendbar.

Gefäßversorgung Die Äste der Arteria und Vena temporalis superficialis.

Nervenversorgung Die Äste des Nervus auriculotemporalis.

2.10.21 ERMEN (3E 21)

Lokalisation In der Mulde vor dem Einschnitt über dem Tragus und etwas superior des Kondylus des Unterkiefers. Der Punkt wird bei geöffnetem Mund lokalisiert.

Indikationen Taubheit, Tinnitus, Otorrhoe, Zahnschmerzen.

Methode Senkrecht circa 1 cm einstechen, Moxibustion anwendbar.

Gefäßversorgung Arteria und Vena temporalis superficialis.

Nervenversorgung Die Äste des Nervus auriculotemporalis und des Nervus facialis.

2.10.22 Ohr-HELIAO (3E 22)

Anterior und superior des Punktes ERMEN (3E 21), auf Höhe der Wurzel der Ohrmuschel, auf der posterioren Grenze der Haaransatzlinie der Schläfe, wo die Arteria temporalis superficialis verläuft. *Lokalisation*

Tinnitus, Kopfschmerz, Schweregefühl im Kopf, Kiefersperre. *Indikationen*

Schräg 0,2 bis 0,8 cm einstechen, Vorsicht vor der Arterie, Moxibustion anwendbar. *Methode*

Arteria und Vena temporalis superficialis. *Gefäßversorgung*

Der Ast des Nervus auriculotemporalis, am Verlauf des Schläfenastes des Nervus facialis. *Nervenversorgung*

2.10.23 SIZHUKONG* (3E 23)

In der Mulde am seitlichen Ende der Augenbraue, siehe Abb. 80. *Lokalisation*

Kopfschmerzen, verschwimmender Gesichtssinn, Rötung und Schmerzen der Augen, Zucken der Augenlider. *Indikationen*

Posterior circa 0,8 cm horizontal entlang der Haut einstechen. *Methode*

Die Stirnäste der Arteria und Vena temporalis superficialis. *Gefäßversorgung*

Der Jochbeinast des Nervus facialis und der Ast des Nervus auriculotemporalis. *Nervenversorgung*

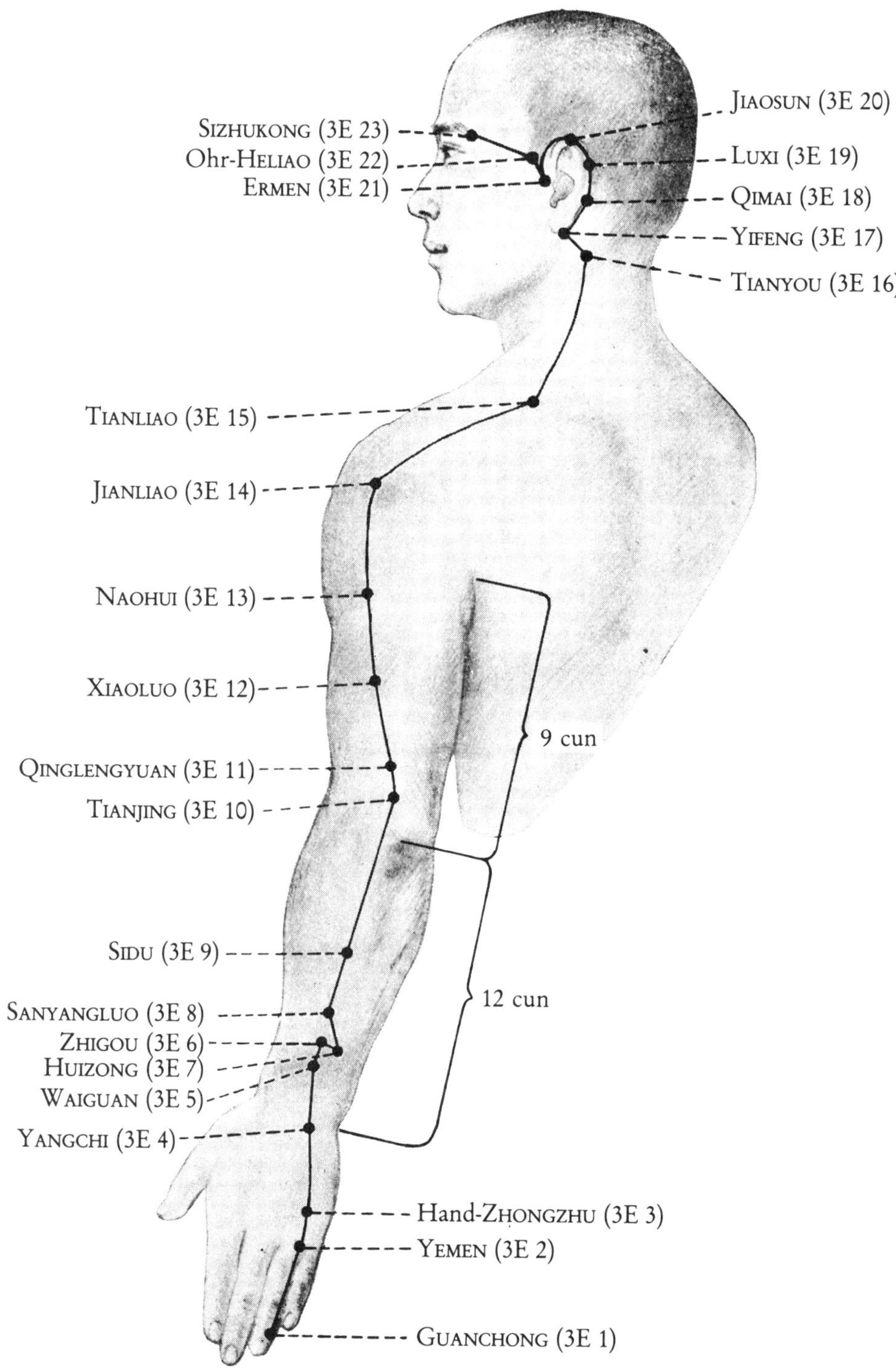

Abb. 81 3ERWÄRMER-Meridian SHAOYANG Hand

2.11 GALLENBLASEN-Meridian SHAOYANG Fuß

Verlauf

Der GALLENBLASEN-Meridian SHAOYANG Fuß beginnt am äußeren Augenwinkel TONGZILIAO (G 1) (1), steigt dann zur Ecke der Stirn auf (HANYAN, G 4) (2), läuft nach unten zur Retroaurikularregion (G 20) (3) und geht entlang der Seite des Nackens vor dem 3Erwärmer-Meridian SHAOYANG Hand zur Schulter (4). Er kehrt zurück zur Stirn, kreuzt und passiert hinter dem 3Erwärmer-Meridian SHAOYANG Hand nach unten in die Fossa supraclavicularis (5).

Der retroaurikuläre Ast entspringt in der Retroaurikularregion (6) und tritt in das Ohr ein. Dann passiert er die Präaurikularregion (7) zum hinteren Teil des äußeren Augenwinkels (8).

Der Zweig, der am äußeren Augenwinkel (9) abzweigt, läuft nach unten zum Punkt DAYING (M 5) (10) und trifft den 3Erwärmer-Meridian SHAOYANG Hand in der Infraorbitalregion (11). Dann passiert er den Punkt JIACHE (M 6) (12), steigt zum Hals ab und tritt in die Fossa supraclavicularis ein, wo er auf den Hauptast trifft (13). Von dort aus steigt er weiter abwärts zur Brust (14), passiert das Zwerchfell, verbindet sich mit der Leber (15) und tritt in sein zugehöriges Organ, die Gallenblase (16), ein. Dann läuft er durch die Hypochondralregion (17) und tritt an der äußeren Seite des Unterbauches nahe der Arteria femoralis in die Lendenregion ein (18). Von dort geht er oberflächlich transversal entlang des Schamhaarrandes (19) in die Hüftenregion (HUANTIAO, G 30) (20).

Der Hauptmeridian läuft aus der Fossa supraclavicularis (21) nach unten, passiert die Vorderseite der Achsel (22), geht entlang des seitlichen Teils der Brust (23) und entlang der freien Enden der Rippen (24) zur Hüftenregion, wo er auf den oben beschriebenen Ast (25) trifft. Dann steigt er entlang des seitlichen Teils des Oberschenkels (26) zur äußeren Seite des Knies (27) ab. Im weiteren Verlauf geht er entlang des vorderen Teils der Fibula (28) nach unten bis zu deren unterem Ende (XUANZHONG (G 39) (29). Er erreicht den vorderen Teil des äußeren Malleolus (30). Dann folgt er dem Fußrücken auf der äußeren Seite zur Spitze des vierten Zehs (Fuß-QIAOYIN, G 44) (31).

Ein weiterer Ast auf dem Fußrücken entspringt am Punkt Fuß-LINQI (G 41), läuft zwischen dem ersten und zweiten metatarsalen Knochen zum distalen Teil der großen Zehe und endet an deren Haarregion (DADUN, L 1), wo er sich mit dem LEBER-Meridian JUEYIN Fuß (32) verbindet (Abb. 82).

Dieser Meridian hat 44 Punkte, die im folgenden beschrieben werden:

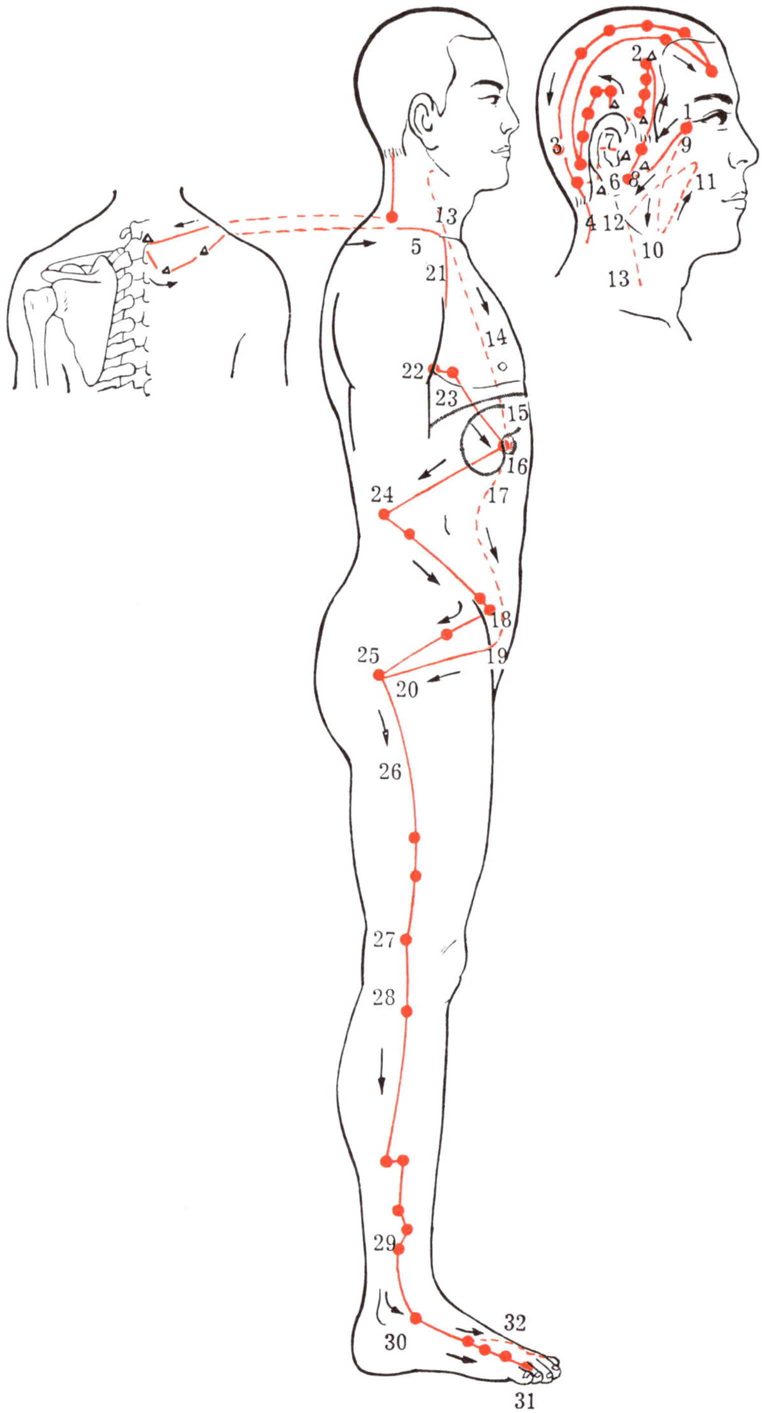

Abb. 82 GALLENBLASEN-Meridian SHAOYANG Fuß

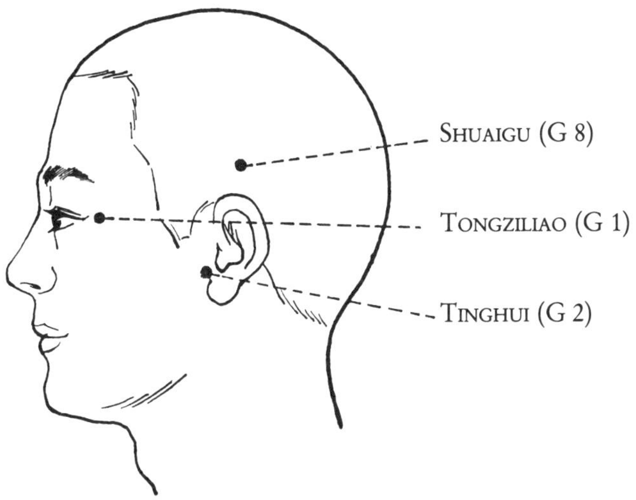

Abb. 83

2.11.1 TONGZILIAO* (G 1)

Lokalisation: Seitlich des äußeren Augenwinkels, in der Mulde auf der äußeren Seite der Orbita, siehe Abb. 83.

Indikationen: Kopfschmerzen, Ophtalmalgie, gestörter Gesichtssinn, Rötung der Augen, tränende Augen.

Methode: Seitlich 0,5 bis 0,8 cm horizontal entlang der Haut einstechen, Moxibustion anwendbar.

Gefäßversorgung: Arteria und Vena zygomaticoorbitalis.

Nervenversorgung: Nervus zygomaticofacialis und zygomaticotemporalis, der Endast des Nervus facialis.

2.11.2 TINGHUI (G 2)

Lokalisation: Anterior der Incisura intertragica, direkt unter dem Punkt TINGGONG (Dü 19), an der posterioren Grenze des Kondylus des Unterkiefers. Dieser Punkt wird bei geöffnetem Mund lokalisiert, siehe Abb. 83.

Indikationen: Tinnitus, Taubheit, Zahnschmerzen.

Methode: Senkrecht 1,5 bis 2 cm einstechen, Moxibustion anwendbar.

Gefäßversorgung: Arteria temporalis superficialis.

Nervenversorgung: Nervus auricularis major und Nervus facialis.

2.11.3 SHANGGUAN (G 3)

Lokalisation Vor dem Ohr, an der oberen Grenze des Jochbogens, in der Mulde direkt über dem Punkt XIAGUAN (M 7).

Indikationen Kopfschmerz, Taubheit, Tinnitus, Zahnschmerzen, Fazialisparese.

Methode Senkrecht circa 1 cm einstechen, tiefes Einstechen ist nicht ratsam, Moxibustion anwendbar.

Gefäßversorgung Arteria und Vena zygomatica orbitalis.

Nervenversorgung Der Jochbeinast des Nervus facialis und Nervus zygomaticofacialis.

2.11.4 HANYAN (G 4)

Lokalisation An der Haaransatzlinie der Schläfenregion, in der Mitte der oberen Hälfte des Abstandes zwischen dem Punkt TOUWEI (M 8) und dem Punkt QUBIN (G 7).

Indikationen Einseitiger Kopfschmerz, verschwimmender Gesichtssinn, Schmerzen am äußeren Augenwinkel, Tinnitus.

Methode Tangential circa 1 cm entlang der Haut nach posterior einstechen, Moxibustion anwendbar.

Gefäßversorgung Die Scheiteläste der Arteria und Vena temporalis superficialis.

Nervenversorgung Genau am Schläfenast des Nervus auriculotemporalis.

2.11.5 XUANLU (G 5)

Lokalisation An der Haaransatzlinie der Schläfenregion, in der Mitte der Grenzlinie, die den Punkt TOUWEI (M 8) und QUBIN (G 7) verbindet.

Indikationen Einseitiger Kopfschmerz, Schmerzen im äußeren Augenwinkel.

Methode Horizontal circa 1 cm entlang der Haut direkt nach posterior einstechen, Moxibustion anwendbar.

Anatomie Siehe Punkt HANYAN (G 4).

2.11.6 XUANLI (G 6)

Lokalisation An der Haaransatzlinie inferior der Ecke der Schläfenregion, in der Mitte zwischen Punkt XUANLU (G 5) und QUBIN (G 7).

Indikationen Einseitiger Kopfschmerz, Schmerzen im äußeren Augenwinkel.

Tangential 0,5 bis 0,8 cm entlang der Haut direkt nach posterior einstechen, Moxibustion anwendbar. *Methode*

Siehe Punkt HANYAN (G 4). *Anatomie*

2.11.7 QUBIN (G 7)

An der Haaransatzlinie anterior und superior der Ohrmuschel, ungefähr eine Fingerbreite anterior des Punktes JIAOSUN (3E 20). *Lokalisation*

Schmerzen in der Schläfenregion, Schwellungen der Wange und der Submandibularregion, Kiefersperre. *Indikationen*

Tangential 0,5 bis 0,8 cm entlang der Haut direkt nach posterior einstechen, Moxibustion anwendbar. *Methode*

Siehe Punkt HANYAN (G 4). *Anatomie*

2.11.8 SHUAIGU (G 8)

Superior des Apex der Ohrmuschel, 1,5 CUN innerhalb der Haarlinie, siehe Abb. 83. *Lokalisation*

Einseitiger Kopfschmerz. *Indikationen*

Tangential circa 1 cm entlang der Haut einstechen, Moxibustion anwendbar. *Methode*

Die Scheiteläste der Arteria und Vena temporalis superficialis. *Gefäßversorgung*

Der anastomosierende Ast des Nervus auriculotemporalis und des Nervus occipitalis major. *Nervenversorgung*

2.11.9 TIANCHONG (G 9)

Posterior und superior der Ohrmuschel, 2 CUN innerhalb der Haarlinie, ungefähr 0,5 CUN posterior des Punktes SHUAIGU (G 8). *Lokalisation*

Kopfschmerzen, Schwellung des Zahnfleisches, geistige Störungen mit Depressionen. *Indikationen*

Tangential circa 0,8 cm entlang der Haut einstechen. *Methode*

Arteria und Vena auricularis posterior. *Gefäßversorgung*

Der Ast des Nervus occipitalis major. *Nervenversorgung*

2.11.10 FUBAI (G 10)

Lokalisation Posterior und superior des Processus mastoideus, in der Mitte der Kurvenlinie zwischen dem Punkt TIANCHONG (G 9) und dem Punkt Kopf-QIAOYIN (G 11).

Indikationen Kopfschmerz, Tinnitus, Taubheit.

Methode Tangential circa 0,8 cm entlang der Haut einstechen, Moxibustion anwendbar.

Anatomie Siehe Punkt TIANCHONG (G 9).

2.11.11 Kopf-QIAOYIN (G 11)

Lokalisation Posterior und superior des Processus mastoideus, auf der Verbindungslinie des Punktes FUBAI (G 10) und des Punktes Kopf-WANGU (G 12).

Indikationen Kopfschmerzen, Schmerzen im Nacken, Ohrenschmerzen, Taubheit, Tinnitus.

Methode Tangential circa 0,8 cm entlang der Haut einstechen, Moxibustion anwendbar.

Gefäßversorgung Die Äste der Arteria und Vena auricularis posterior.

Nervenversorgung Der anastomosierende Ast des Nervus occipitalis major und minor.

2.11.12 Kopf-WANGU (G 12)

Lokalisation In der Mulde posterior und inferior des Processus mastoideus.

Indikationen Kopfschmerzen, Schlaflosigkeit, Schmerzen und Steifheit im Nacken, Zahnschmerzen, Schwellung der Wange, Fazialisparese.

Methode Schräg nach unten circa 1 cm einstechen, Moxibustion anwendbar.

Gefäßversorgung Arteria und Vena auricularis posterior.

Nervenversorgung Nervus occipitalis minor.

2.11.13 BENSHEN (G 13)

Lokalisation 0,5 CUN innerhalb der Haarlinie der Stirn, am Übergang der medialen zwei Drittel zum seitlichen Drittel des Abstandes vom Punkt SHENTING (LG 24) zum Punkt TOUWEI (M 8).

Indikationen Kopfschmerz, verschwimmender Gesichtssinn, Epilepsie.

Methode Tangential circa 1 cm entlang der Haut direkt nach posterior einstechen, Moxibustion anwendbar.

Gefäßversorgung

Die Stirnäste der Arteria und Vena temporalis superficialis, die lateralen Äste der Arteria und Vena frontalis.

Nervenversorgung

Der laterale Ast des Nervus frontalis.

Bemerkung

Der Abstand zwischen dem Punkt SHENTING (LG 24) und dem Punkt TOUWEI (M 8) beträgt 4,5 CUN.

2.11.14 YANGBAI* (G 14)

Lokalisation

Auf der Stirn, 1 CUN über dem Mittelpunkt der Augenbraue, ungefähr am Übergang der oberen zwei Drittel zum unteren Drittel der senkrechten Linie von der vorderen Haaransatzlinie zur Augenbraue, siehe Abb. 84.

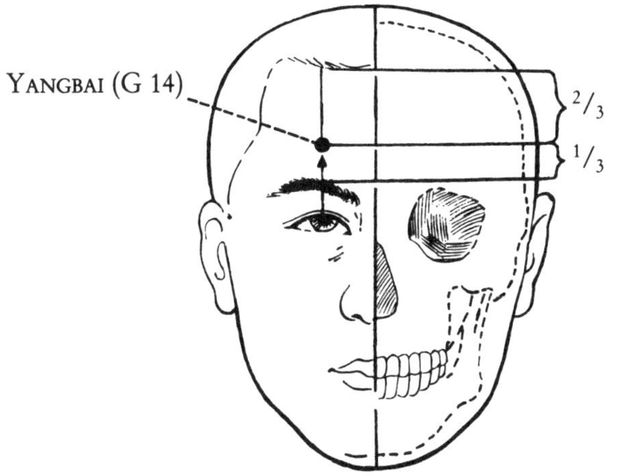

Abb. 84

Indikationen

Kopfschmerz im Stirnbereich, verschwimmender Gesichtssinn, Tränenfluß bei Wind, Schmerzen im äußeren Augenwinkel, zuckende Augenlider.

Methode

Tangential circa 1 cm entlang der Haut direkt nach unten einstechen, Moxibustion anwendbar.

Gefäßversorgung

Die lateralen Äste der Arteria und Vena frontalis.

Nervenversorgung

Auf dem lateralen Ast des Nervus frontalis.

2.11.15 Kopf-LINQI (G 15)

Lokalisation
Direkt über dem Punkt YANGBAI (G 14), 0,5 CUN innerhalb der Haarlinie, in der Mitte zwischen dem Punkt SHENTING (LG 24) und dem Punkt TOUWEI (M 8).

Indikationen
Kopfschmerz, verschwimmender Gesichtssinn, Tränenfluß bei Wind, Schmerzen im äußeren Augenwinkel, Nasenverstopfung.

Methode
Tangential circa 1 cm entlang der Haut direkt nach oben einstechen, Moxibustion anwendbar.

Gefäßversorgung
Arteria und Vena frontalis.

Nervenversorgung
Der anastomosierende Ast der medialen und lateralen Äste des Nervus frontalis.

Bemerkung
Der Abstand zwischen der vorderen und hinteren Haaransatzlinie beträgt 12 CUN.

2.11.16 MUCHUANG (G 16)

Lokalisation
1,5 CUN posterior des Punktes Kopf-LINQI (G 15), auf der Verbindungslinie zwischen dem Punkt Kopf-LINQI (G 15) und dem Punkt FENGCHI (G 20).

Indikationen
Kopfschmerzen, verschwimmender Gesichtssinn, gerötete und schmerzhafte Augen.

Methode
Tangential circa 1 cm entlang der Haut direkt nach posterior einstechen, Moxibustion anwendbar.

Gefäßversorgung
Die Stirnäste der Arteria und Vena temporalis superficialis.

Nervenversorgung
Der anastomosierende Ast der medialen und lateralen Äste des Nervus frontalis.

2.11.17 ZHENGYING (G 17)

Lokalisation
1,5 CUN posterior des Punktes MUCHUANG (G 16), auf der Verbindungslinie zwischen dem Punkt Kopf-LINQI (G 15) und dem Punkt FENGCHI (G 20).

Indikationen
Einseitiger Kopfschmerz, verschwimmender Gesichtssinn.

Methode
Tangential circa 1 cm entlang der Haut direkt nach posterior einstechen, Moxibustion anwendbar.

Gefäßversorgung
Der anastomosierende Plexus, der durch die Scheiteläste der Arteria und Vena temporalis superficialis gebildet wird und die Arteria und Vena occipitalis.

Nervenversorgung
Der anastomosierende Ast des Nervus frontalis und des Nervus occipitalis major.

2.11.18 CHENGLING (G 18)

Lokalisation
1,5 CUN posterior des Punktes ZHENGYING (G 17), auf der Verbindungslinie zwischen dem Punkt Kopf LINQI (G 15) und dem Punkt FENGCHI (G 20).

Indikationen
Kopfschmerz, Rhinorrhoe, Nasenbluten.

Methode
Tangential circa 1 cm entlang der Haut direkt nach posterior einstechen, Moxibustion anwendbar.

Gefäßversorgung
Die Äste der Arteria und Vena occipitalis.

Nervenversorgung
Der Ast des Nervus occipitalis major.

2.11.19 NAOKONG (G 19)

Lokalisation
Direkt über dem Punkt FENGCHI (G 20), auf Höhe des Punktes NAOHU (LG 17), auf der äußeren Seite der Protuberantia occipitalis externa.

Indikationen
Kopfschmerz, Schmerzen und Steifheit des Nackens.

Methode
Tangential circa 1 cm entlang der Haut nach unten einstechen, Moxibustion anwendbar.

Anatomie
Siehe Punkt CHENGLING (G 18).

2.11.20 FENGCHI* (G 20)

Lokalisation
Am posterioren Teil des Nackens, unter dem Okzipitalknochen, in der Mulde zwischen dem oberen Teil des Musculus sternocleidomastoideus und dem Musculus trapezius, siehe Abb. 85.

Indikationen
Kopfschmerzen, Schwindel, Schmerzen und Steifheit im Nacken, gerötete und schmerzende Augen, Rhinorrhoe, Schmerzen in der Schulter und im Rücken, fiebrige Erkrankungen, Erkältung.

Methode
Senkrecht 1,5 bis 2,5 cm in Richtung Nasenspitze einstechen, Moxibustion anwendbar.

Gefäßversorgung
Die Äste der Arteria und Vena occipitalis.

Nervenversorgung
Der Ast des Nervus occipitalis minor.

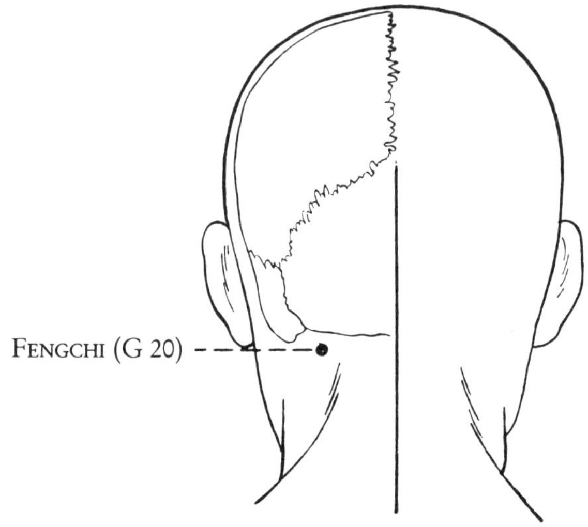

Abb. 85

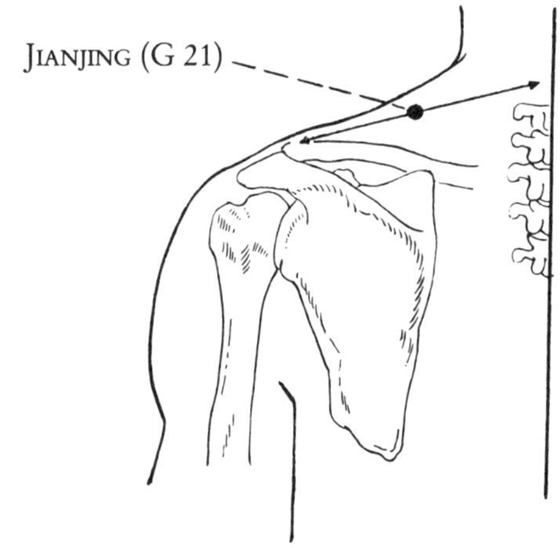

Abb. 86

2.11.21 JIANJING* (G 21)

Lokalisation In der Mitte zwischen dem Punkt DAZHUI (LG 14) und dem Akromion, am höchsten Punkt der Schulter, siehe Abb. 86.

Indikationen Nackensteifigkeit, Schmerzen in der Schulter und im Rücken, Bewegungsbeeinträchtigung der Hand und des Armes, Mastitis, Apoplexie, Arbeitsunlust.

Methode Senkrecht circa 1 cm einstechen, Moxibustion anwendbar.

Gefäßversorgung Arteria und Vena cervicalis transversa.

Nervenversorgung Der laterale Ast des Nervus supraclavicularis, der Nervus accessorius.

2.11.22 YUANYE (G 22)

Auf der Achselmittellinie, 3 CUN unterhalb der Achsel. *Lokalisation*

Schmerzen in der Hypochondralregion, Schwellungen der Achselregion. *Indikationen*

Schräg circa 1 cm einstechen, Moxibustion anwendbar. *Methode*

Vena thoracoepigastrica, Arteria und Vena thoracica lateralis, die fünfte Arteria und Vena intercostalis. *Gefäßversorgung*

Der seitliche Hautast des fünften Nervus intercostalis, der Ast des Nervus thoracicus longus. *Nervenversorgung*

Auf dem seitlichen Aspekt der Brust beträgt der Abstand von der Achsel zum freien Ende der elften Rippe 12 CUN. *Bemerkung*

2.11.23 ZHEJIN (G 23)

1 CUN anterior des Punktes YUANYE (G 22), ungefähr auf Höhe der Brustwarze. *Lokalisation*

Völlegefühl in der Brust, Asthma. *Indikationen*

Schräg circa 1 cm einstechen, Moxibustion anwendbar. *Methode*

Die Arteria und Vena thoracica lateralis, die fünfte Arteria und Vena intercostalis. *Gefäßversorgung*

Der laterale Hautast des fünften Nervus intercostalis. *Nervenversorgung*

2.11.24 RIYUE (MU-(Alarm)-Punkt der Gallenblase, G 24)

Unterhalb der Brustwarze, zwischen den Knorpeln der siebten und achten Rippe, eine Rippe unter dem Punkt QIMEN (L 14), siehe Abb. 87. *Lokalisation*

Erbrechen, Aufstoßen, Gelbsucht, Schluckauf. *Indikationen*

Schräg circa 1 cm einstechen, Moxibustion anwendbar. *Methode*

Die siebte Arteria und Vena intercostalis. *Gefäßversorgung*

Der siebte Nervus intercostalis. *Nervenversorgung*

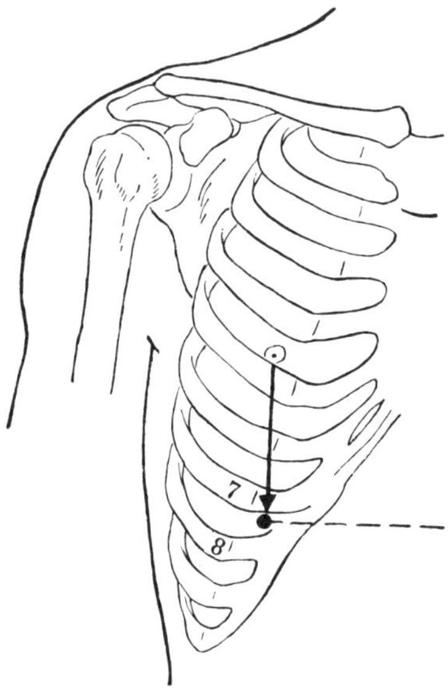

Abb. 87

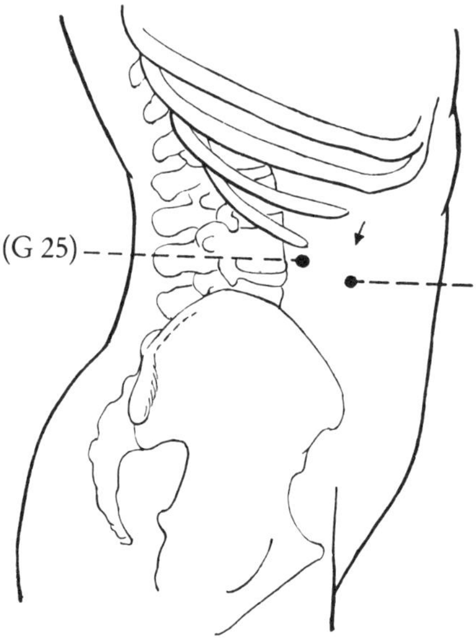

Abb. 88

2.11.25 JINGMEN (MU-(Alarm)-Punkt der Niere, G 25)

Auf der äußeren Seite des Bauches, an der unteren Grenze des freien Endes der zwölften Rippe, siehe Abb. 88. *Lokalisation*

Borborygmus, Diarrhoe, Verspannungen des Bauches, Schmerzen im unteren Rücken und in der Hypochondralregion. *Indikationen*

Senkrecht circa 1 cm einstechen, Moxibustion anwendbar. *Methode*

Die elfte Arteria und Vena intercostalis. *Gefäßversorgung*

Der elfte Nervus intercostalis. *Nervenversorgung*

2.11.26 DAIMAI (G 26)

Direkt unterhalb des freien Endes der elften Rippe (ZHANGMEN, L 13), auf Höhe des Nabels, siehe Abb. 88. *Lokalisation*

Unregelmäßige Menstruation, Leukorrhoe, Hernien, Schmerzen im unteren Rücken und in der Hypochondralregion. *Indikationen*

Senkrecht 1 bis 2,5 cm einstechen, Moxibustion anwendbar. *Methode*

Arteria und Vena subcostalis. *Gefäßversorgung*

Nervus subcostalis. *Nervenversorgung*

2.11.27 WUSHU (G 27)

Auf der äußeren Seite des Bauches, vor der anterioren Spina iliaca superior, 3 CUN unterhalb der Höhe des Nabels. *Lokalisation*

Leukorrhoe, Schmerzen im unteren Rücken und im Hüftgelenk, Hernien. *Indikationen*

Senkrecht 1 bis 2,5 cm einstechen, Moxibustion anwendbar. *Methode*

Arteria und Vena circumflexa ilium superficialis und profunda. *Gefäßversorgung*

Nervus iliohypogastricus. *Nervenversorgung*

2.11.28 WEIDAO (G 28)

Anterior und inferior der anterioren Spina iliaca superior, 0,5 CUN anterior und inferior des Punktes WUSHU (G 27). *Lokalisation*

Schmerzen im unteren Rücken und im Hüftgelenk, Leukorrhoe, Schmerzen im Unterbauch, Gebärmuttervorfall. *Indikationen*

Senkrecht 1 bis 2,5 cm einstechen, Moxibustion anwendbar. *Methode*

Arteria und Vena circumflexa ilium superficialis und profunda. *Gefäßversorgung*

Nervus ilioinguinalis. *Nervenversorgung*

2.11.29 Femur-JULIAO (G 29)

Lokalisation In der Mitte zwischen der Spina iliaca superior anterior und dem großen Trochanter. Dieser Punkt wird in Seitenlage des Patienten lokalisiert.

Indikationen Schmerzen im Rücken und in den unteren Extremitäten, Lähmungen.

Methode Senkrecht 1 bis 2,5 cm einstechen, Moxibustion anwendbar.

Gefäßversorgung Die Äste der Arteria und Vena circumflexa ilium superficialis, die aufsteigenden Äste der Arteria und Vena circumflexa femoris lateralis.

Nervenversorgung Nervus cutaneus femoris lateralis.

2.11.30 HUANTIAO* (G 30)

Lokalisation Am Übergang vom mittleren zum seitlichen Drittel des Abstandes zwischen dem großen Trochanter und dem Hiatus des Kreuzbeins (YAOSHU, LG 2). Der Punkt wird bei Seitenlage des Patienten mit angewinkeltem Oberschenkel lokalisiert, siehe Abb. 89.

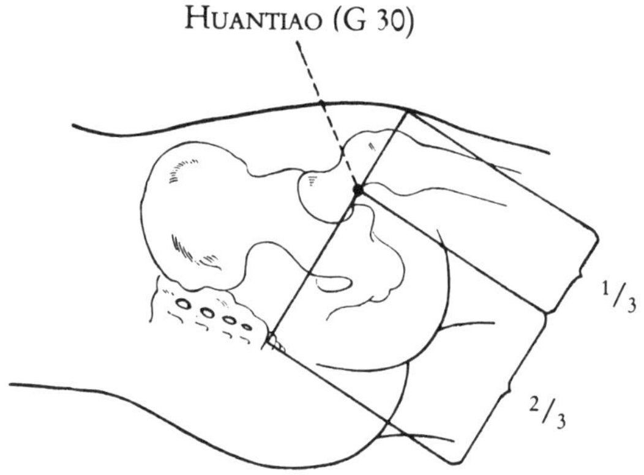

Abb. 89

Indikationen Schmerzen im unteren Rücken und in der Hüfte, Muskelatrophie, Bewegungsbeeinträchtigung, Schmerzen und Schwäche der unteren Extremitäten, Hemiplegie.

Methode Senkrecht 3 bis 6 cm einstechen, Moxibustion anwendbar.

Gefäßversorgung Medial die Arteria und Vena glutealis inferior.

Nervenversorgung Nervus cutaneus clunealis inferior, Nervus glutealis inferior, tiefer der Nervus ischiadicus.

2.11.31 FENGSHI (G 31)

Lokalisation

Auf der Mittellinie des äußeren Teiles des

Schenkels, 7 CUN über der transversalen Kniekehlenfalte. Wenn der Patient aufrecht steht, mit den Händen seitlich angelegt, befindet sich der Punkt dort, wo die Spitze des Mittelfingers den Oberschenkel berührt. Siehe Abb. 90.

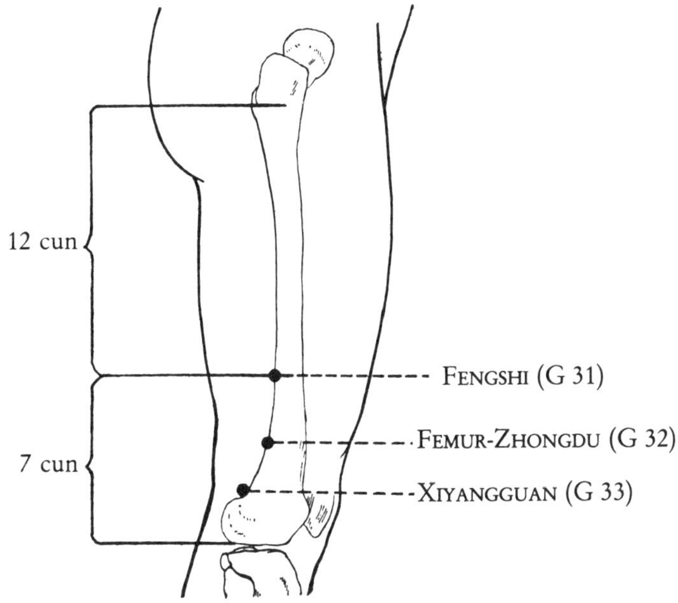

Abb. 90

Indikationen

Hemiplegie, Muskelatrophie, Bewegungsbeeinträchtigung und Schmerz der unteren Extremitäten, allgemeines Hautjucken.

Methode

Senkrecht 1,5 bis 2,5 cm einstechen, Moxibustion anwendbar.

Gefäßversorgung

Die Muskeläste der Arteria und Vena circumflexa femoris lateralis.

Nervenversorgung

Nervus cutaneus femoris lateralis, der Muskelast des Nervus femoralis.

Bemerkung

Am seitlichen Teil des Oberschenkels beträgt der Abstand vom großen Trochanter zur transversalen Kniekehlenfalte 19 CUN.

2.11.32 Femur-ZHONGDU (G 32)

Lokalisation Am seitlichen Teil des Oberschenkels, 5 CUN über der transversalen Kniekehlenfalte, zwischen dem Musculus vastus lateralis und dem Musculus biceps femoris, siehe Abb. 90.

Indikationen Muskelatrophie, Bewegungsbeeinträchtigung, Taubheit, Schmerzen und Schwäche der unteren Extremitäten, Hemiplegie.

Methode Senkrecht 1 bis 2 cm einstechen, Moxibustion anwendbar.

Anatomie Siehe Punkt FENGSHI (G 31).

2.11.33 XIYANGGUAN (G 33)

Lokalisation Wenn das Knie gebeugt ist, befindet sich der Punkt 3 CUN über dem Punkt YANGLINGQUAN (G 34), seitlich des Kniegelenkes, in der Mulde zwischen der Sehne des Musculus biceps femoris und dem Femur, siehe Abb. 90.

Indikationen Schmerzen und Schwellung des Knies, Kontraktur der Sehnen der Kniekehle, Taubheit des Beines.

Methode Senkrecht circa 1 cm einstechen.

Gefäßversorgung Arteria und Vena genicularis lateralis superior.

Nervenversorgung Der Endast des Nervus cutaneus femoris lateralis.

2.11.34 YANGLINGQUAN* (HE-(Meer)-Punkt, G 34)

Lokalisation In der Mulde anterior und inferior des Kopfes der Fibula, siehe Abb. 91.

Indikationen Hemiplegie, Muskelatrophie, Bewegungsbeeinträchtigung, Schmerzen und Taubheit der unteren Extremitäten, Schmerzen und Schwellung des Knies, Schmerzen in der Hypochondral- und Rippenregion, bitterer Geschmack im Mund, Erbrechen.

Methode Senkrecht 2 bis 3 cm einstechen, Moxibustion anwendbar.

Gefäßversorgung Arteria und Vena genicularis lateralis inferior.

Nervenversorgung Genau wo der Nervus peronaeus communis sich teilt in den Nervus peronaeus superficialis und profundus.

Bemerkung Dies ist einer der acht Einflußreichen Punkte, welche die Sehnen beherrschen.

2.11.35 YANGJIAO (G 35)

Lokalisation 7 CUN über der Spitze des äußeren Malleolus, an der posterioren Grenze der Fibula, innerhalb der Verbindungslinie zwischen der Spitze des äußeren Malleolus und des Punktes YANGLINGQUAN (G 34), auf Höhe des Punktes WAIQIU (G 36) und des Punktes FEIYANG (B 58), siehe Abb. 91.

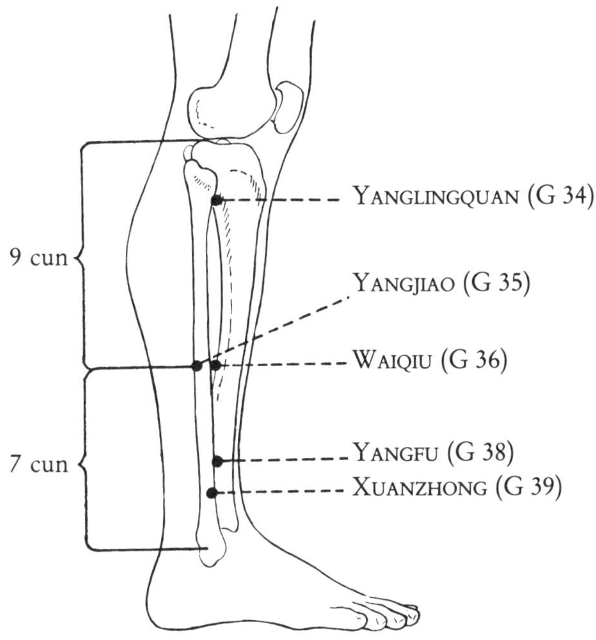

Abb. 91

Völlegefühl in der Brust und in der Hypochondralregion, Knieschmerzen, Muskelatrophie und Schwäche des Fußes. *Indikationen*

Senkrecht 1 bis 2 cm einstechen, Moxibustion anwendbar. *Methode*

Die Äste der Arteria und Vena peronaea. *Gefäßversorgung*

Nervus cutaneus suralis lateralis. *Nervenversorgung*

(1) Dies ist der XI-(Grenz)-Punkt des YANGWEI-Meridians (YANG-Gefäß der Verbindung). *Bemerkungen*

(2) Auf dem lateralen Teil des Beines beträgt der Abstand zwischen dem Mittelpunkt des Knies bis zur Höhe des äußeren Malleolus 16 CUN.

2.11.36 WAIQIU (XI-(Grenz)-Punkt, G 36)

7 CUN über der Spitze des äußeren Malleolus, an der vorderen Grenze der Fibula. Siehe Abb. 91. *Lokalisation*

Schmerzen im Nacken, in der Brust und in der Hypochondralregion. *Indikationen*

Senkrecht 1 bis 2 cm einstechen, Moxibustion anwendbar. *Methode*

Die Äste der Arteria und Vena tibialis anterior. *Gefäßversorgung*

Nervus peronaeus superficialis. *Nervenversorgung*

2.11.37 GUANGMING* (LUO-(Passage)-Punkt, G 37)

Lokalisation 5 CUN direkt superior der Spitze des äußeren Malleolus, an der vorderen Grenze der Fibula.

Indikationen Schmerzen im Knie, Muskelatrophie, Schmerzen und Bewegungsbeeinträchtigung der unteren Extremitäten, Ophtalmalgie, Nachtblindheit, Spannungsschmerzen in den Brüsten.

Methode Senkrecht 1,5 bis 2,5 cm einstechen, Moxibustion anwendbar.

Gefäßversorgung Die Äste der Arteria und Vena tibialis anterior.

Nervenversorgung Nervus peronaeus superficialis.

2.11.38 YANGFU (JING-(Fluß)-Punkt, G 38)

Lokalisation 4 CUN über und leicht anterior der Spitze des äußeren Malleolus, an der vorderen Grenze der Fibula, zwischen dem Musculus extensor digitorum longus und dem Musculus peronaeus brevis siehe Abb. 91.

Indikationen Einseitiger Kopfschmerz, Schmerzen im äußeren Augenwinkel, der Fossa supraclavicularis und der Achselregion, Skrofulose, Schmerzen in der Brust, der Hypochondralregion und dem seitlichen Teil der unteren Extremitäten, Malaria.

Methode Senkrecht 1 bis 2 cm einstechen, Moxibustion anwendbar.

Anatomie Siehe Punkt GUANGMING (G 37).

2.11.39 XUANZHONG* (auch bekannt als JUEGO, G 39)

Lokalisation 3 CUN über der Spitze des äußeren Malleolus, in der Mulde zwischen der hinteren Grenze der Fibula und den Sehnen des Musculus peronaeus longus und des Musculus peronaeus brevis. Siehe Abb. 91.

Indikationen Hemiplegie, Nackensteifigkeit, Völlegefühl in der Brust, Spannungsschmerz im Bauch, Schmerzen in der Hypochondralregion, im Knie und im Bein, Beriberi.

Methode Senkrecht circa 1 cm einstechen, Moxibustion anwendbar.

Anatomie Siehe Punkt GUANGMING (G 37).

Bemerkung Dies ist einer der acht Einflußreichen Punkte, der das Mark beherrscht.

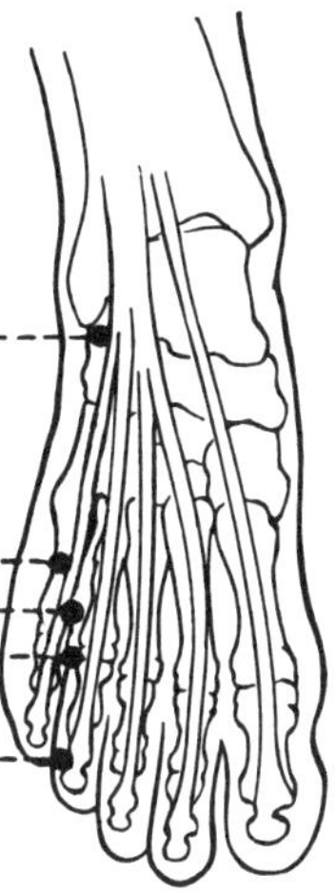

Abb. 92

2.11.40 QIUXU* (YUAN-(Quell)-Punkt, G 40)

Lokalisation Anterior und inferior des äußeren Malleolus, in der Mulde auf der äußeren Seite des Musculus extensor digitorum longus, siehe Abb. 92.

Indikationen Schmerzen im Nacken, der Brust und Hypochondralregion, Schwellung der Achselregion, Erbrechen, saures Aufstoßen, Muskelatrophie, Bewegungsbeeinträchtigung, Schwäche und Schmerzen der unteren Extremitäten, Schmerzen und Schwellung im äußeren Teil des Fußgelenkes, Malaria.

Methode Senkrecht circa 1 cm einstechen, Moxibustion anwendbar.

Gefäßversorgung Der Ast der Arteria malleolaris anterolateralis.

Nervenversorgung Die Äste des Nervus cutaneus dorsalis intermedius und des Nervus peronaeus superficialis.

2.11.41 Fuß-LINQI* (SHU-(Bach)-Punkt, G 41)

Lokalisation In der Mulde zwischen dem Übergang vom vierten zum fünften metatarsalen Knochen, auf der äußeren Seite der Sehne des Musculus extensor digiti minimi des Fußes, siehe Abb. 92.

Indikationen Schmerzen im äußeren Augenwinkel, verschwimmender Gesichtssinn, Schmerzen in der Rippen- und Hypochondralregion, Schmerzen und Schwellung des Fußrückens, Spannungsschmerz in den Brüsten, Malaria.

Methode Senkrecht circa 1 cm einstechen, Moxibustion anwendbar.

Gefäßversorgung Das dorsale arterielle und venöse Geflecht des Fußes, die vierte Arteria und Vena metatarsalis dorsalis.

Nervenversorgung Der Ast des Nervus cutaneus dorsalis intermedius des Fußes.

Bemerkung Dies ist einer der acht Konfluenz-(Kardinal)-Punkte, der mit dem DAI-Meridian (Gürtelgefäß) in Verbindung steht.

2.11.42 DIWUHUI (G 42)

Lokalisation Zwischen dem vierten und fünften metatarsalen Knochen, auf der medialen Seite der Sehne des Musculus extensor digiti minimi des Fußes, siehe Abb. 92.

Indikationen Rötung und Schmerzen der Augen, Schwellung der Achselregion, Rötung und Schwellung des Fußrückens, Spannungsschmerzen in den Brüsten.

Methode Senkrecht circa 1 cm einstechen.

Anatomie Siehe Punkt Fuß-LINQI (G 41).

2.11.43 XIAXI (YING-(Quell)-Punkt, G 43)

Lokalisation Zwischen dem vierten und fünften Zeh, proximal des Randes der Schwimmhaut, siehe Abb. 92.

Indikationen Schmerzen im äußeren Augenwinkel, verschwimmender Gesichtssinn, Tinnitus, Schmerzen in der Wange, der Submandibularregion, der Rippen- und Hypochondralregion, fiebrige Erkrankungen.

Methode Schräg aufwärts 0,5 bis 0,8 cm einstechen, Moxibustion anwendbar.

Gefäßversorgung Arteria und Vena digitalis dorsalis.

Nervenversorgung Nervus digitalis dorsalis.

2.11.44 Fuß-QIAOYIN (JING-(Brunnen)-Punkt, G 44)

Lokalisation Auf der äußeren Seite des vierten Zehs, ungefähr 0,1 CUN posterior der Ecke des Nagels, siehe Abb. 92.

Indikationen Einseitiger Kopfschmerz, Ophtalmalgie, Taubheit, Schmerzen in der Hypochondralregion, Alpträume, fiebrige Erkrankungen.

Methode Schräg 0,3 bis 0,5 cm einstechen, Moxibustion anwendbar.

Gefäßversorgung Das arterielle und venöse Geflecht, das durch die Arteria und Vena digitalis dorsalis und die Arteria und Vena digitalis plantaris gebildet wird.

Nervenversorgung Nervus digitalis dorsalis (Abb. 93a und 93b).

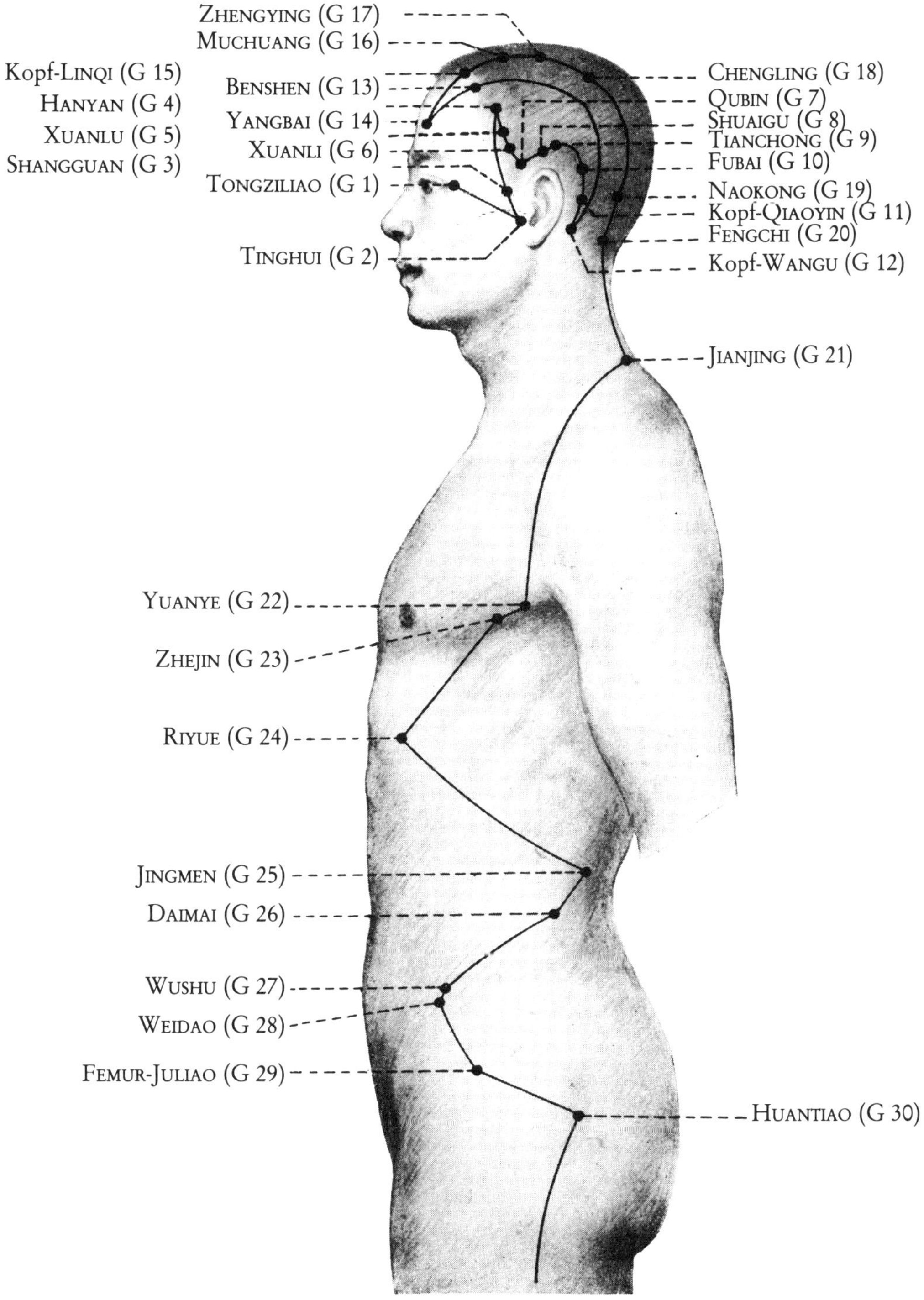

Abb. 93a GALLENBLASEN-Meridian SHAOYANG Fuß

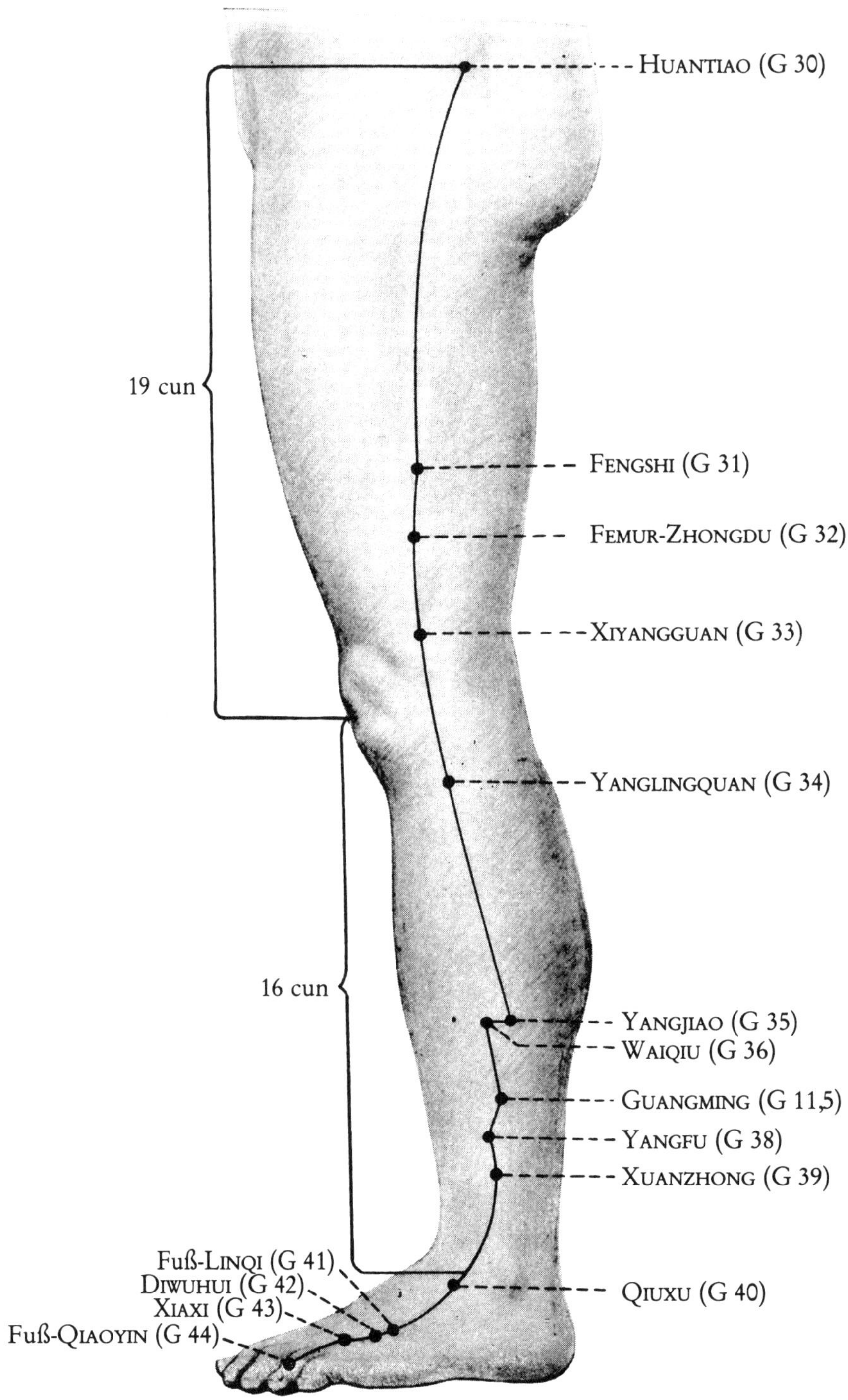

Abb. 93b GALLENBLASEN-Meridian SHAOYANG Fuß

2.12 LEBER-Meridian JUEYIN Fuß

Verlauf

Der LEBER-Meridian JUEYIN Fuß beginnt an der dorsalen Haarregion der großen Zehe (DADUN, L 1) (1). Er läuft nach oben entlang des Fußrückens (2), passiert den Punkt ZHONGFENG (L 4), 1 CUN vor dem inneren Malleolus (3), und steigt in das Gebiet 8 CUN über dem inneren Malleolus auf, wo er den MILZ-Meridian TAIYIN Fuß kreuzt und posterior von diesem weiterläuft (4). Dann geht er weiter aufwärts zur medialen Seite des Knies (5), entlang des medialen Teiles des Oberschenkels (6) zur Schamhaarregion (7), wo er die äußeren Geschlechtsorgane umläuft (8) und zum Unterbauch weiterzieht (9). Dann steigt er auf und umläuft den Magen, verbindet sich mit der Leber, seinem zugehörigen Organ, und mit der Gallenblase (10). Von dort läuft er weiter aufwärts, passiert das Zwerchfell (11) und verzweigt sich in die Rippen- und Hypochondralregion (12). Dann läuft er entlang des posterioren Teiles der Kehle (13) zum Nasopharynx (14) und verbindet sich mit dem Augensystem (15). Von dort geht er zur Stirn (16) und trifft am Scheitel auf den DU-Meridian (Lenkergefäß) (17). Der Ast aus dem Augensystem läuft nach unten in die Wange (18) und umläuft innen die Lippen (19). Der Ast aus der Leber (20) passiert das Zwerchfell (21), fließt in die Lunge ein und verbindet sich mit dem LUNGEN-Meridian TAIYIN Hand (22) (Abb. 94).

Dieser Meridian hat 14 Punkte, die im folgenden beschrieben werden:

2.12.1 DADUN (JING-(Brunnen)-Punkt, L 1)

Lokalisation

Auf der äußeren Seite des Rückens der terminalen Phalanx des großen Zehs, zwischen der seitlichen Ecke des Nagels und dem interphalangealen Gelenk, siehe Abb. 95.

Indiaktionen

Gebärmuttervorfall, Hernien, Gebärmutterblutung, Bettnässen.

Methode

Schräg 0,3 bis 0,5 cm einstechen, Moxibustion anwendbar.

Gefäßversorgung

Arteria und Vena digitalis dorsalis.

Nervenversorgung

Nervus digitalis dorsalis des Nervus peronaeus profundus.

2.12.2 XINGJIAN* (YING-(Quell)-Punkt, L 2)

Lokalisation

Zwischen dem ersten und zweiten Zeh, proximal zum Rand der Schwimmhaut, siehe Abb. 95.

Indiaktionen

Menorrhagie, Urethralgie, Bettnässen, Retention von Urin, Hernien, herabhängende Mundwinkel, Rötung, Schwellung und Schmerzen der Augen, Schmerzen in der Hypochondralregion, Kopfschmerz, verschwimmender Gesichtssinn, Epilepsie, Krämpfe, Schlaflosigkeit.

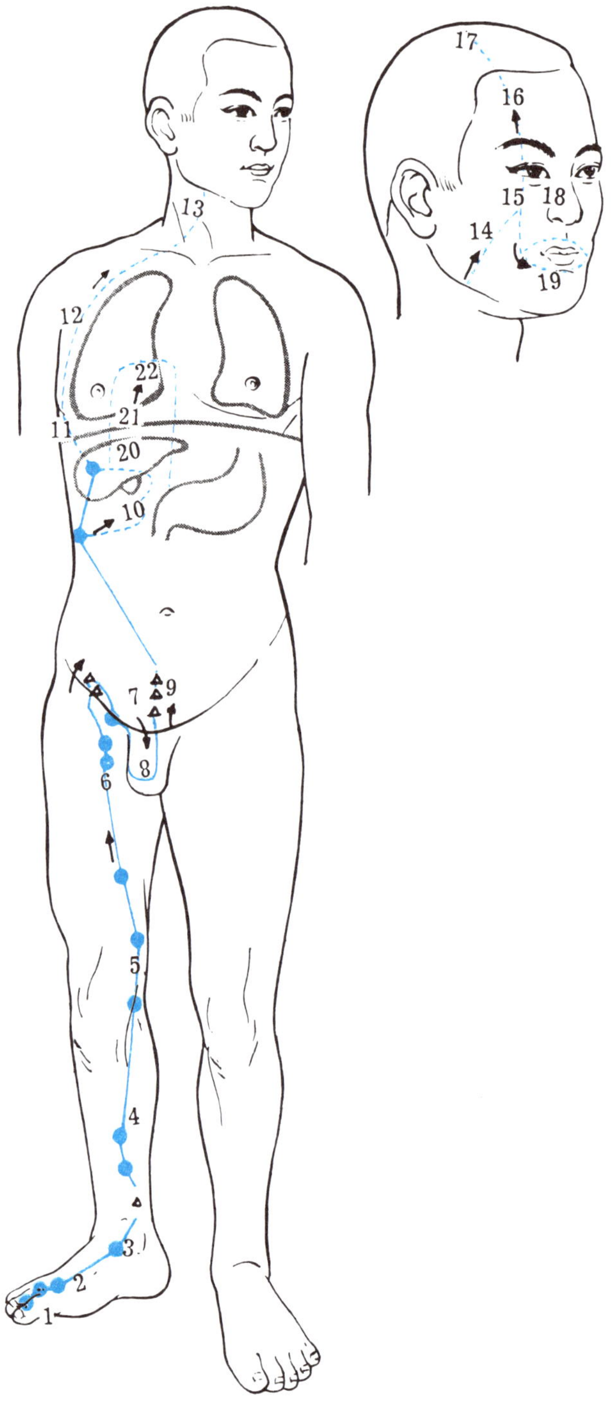

Abb. 94 LEBER-Meridian JUEYIN Fuß

Schräg circa 1 cm einstechen, Moxibustion anwendbar. *Methode*

Das dorsale venöse Geflecht des Fußes und die erste Arteria und Vena digitalis dorsalis. *Gefäßversorgung*

Der Ort, wo der Nervus digitalis dorsalis dem Nervus peronaeus profundus entspringt. *Nervenversorgung*

2.12.3 TAICHONG* (SHU-(Bach)-Punkt und YUAN-(Quell)-Punkt, L 3)

In der Mulde distal des Übergangs vom ersten zum zweiten metatarsalen Knochen, siehe Abb. 95. *Lokalisation*

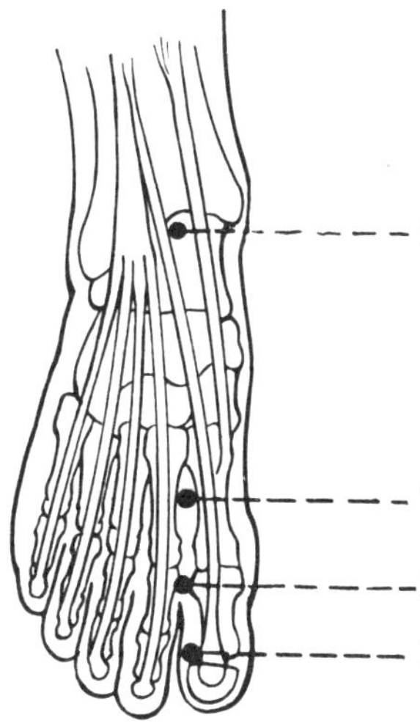

Abb. 95

Gebärmutterblutung, Hernien, Bettnässen, Retention von Urin, Schmerzen im vorderen Teil des inneren Malleolus, Völlegefühl in der Hypochondralregion, herabhängende Mundwinkel, Krämpfe bei Kindern, Epilepsie, Kopfschmerz, Vertigo, Schlaflosigkeit. *Indiaktionen*

Senkrecht circa 1 cm einstechen, Moxibustion anwendbar. *Methode*

Das dorsale venöse Geflecht des Fußes, die erste Arteria metatarsalis dorsalis. *Gefäßversorgung*

Der Ast des Nervus peronaeus profundus. *Nervenversorgung*

2.12.4 ZHONGFENG (JING-(Fluß)-Punkt, L 4)

Lokalisation
1 CUN anterior des inneren Malleolus, in der Mitte zwischen dem Punkt SHANGQIU (MP 5) und JIEXI (M 41), in der Mulde auf der medialen Seite der Sehne des Musculus tibialis anterior, siehe Abb. 95.

Indiaktionen
Schmerzen in den äußeren Geschlechtsorganen, spontaner Samenerguß, Retention von Urin, Hernien.

Methode
Senkrecht circa 1 cm einstechen, Moxibustion anwendbar.

Gefäßversorgung
Das dorsale venöse Geflecht des Fußes und die Arteria malleolaris medialis anterior.

Nervenversorgung
Der Ast des Nervus cutaneus dorsalis medialis des Fußes und der Nervus saphenus.

2.12.5 LIGOU (LUO-(Passage)-Punkt, L 5)

Lokalisation
5 CUN über der Spitze des inneren Malleolus, auf dem medialen Teil und nahe der medialen Grenze der Tibia, siehe Abb. 96.

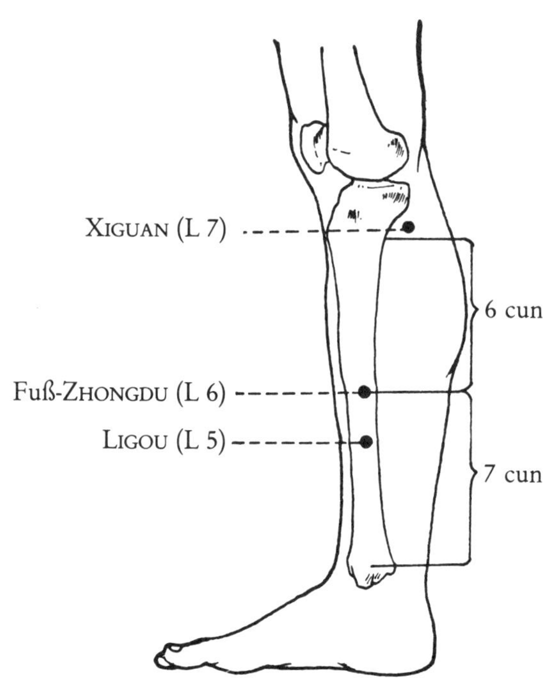

Abb. 96

Unregelmäßige Menstruation, Dysurie, Hernien, Schmerzen im Bein. *Indiaktionen*

Posterior horizontal circa 1 cm entlang der Haut einstechen, Moxibustion anwendbar. *Methode*

Posterior die Vena saphena magna. *Gefäßversorgung*

Der Ast des Nervus saphenus. *Nervenversorgung*

Auf dem medialen Teil des Beines beträgt der Abstand von der Spitze des inneren Malleolus zum Punkt YINLINGQUAN (MP 9) 13 CUN. *Bemerkung*

2.12.6 Fuß-ZHONGDU (XI-(Grenz)-Punkt, L 6)

7 CUN über der Spitze des inneren Malleolus oder 2 CUN über dem Punkt LIGOU (L 5), auf dem medialen Teil und nahe der medialen Grenze der Tibia, siehe Abb. 96. *Lokalisation*

Gebärmutterblutung, Hernien. *Indiaktionen*

Horizontal circa 1 cm entlang der Haut einstechen, Moxibustion anwendbar. *Methode*

Vena saphena magna. *Gefäßversorgung*

Der Ast des Nervus saphenosus. *Nervenversorgung*

2.12.7 XIGUAN (L 7)

Posterior und inferior zum medialen Kondylus der Tibia, im oberen Teil des medialen Kopfes des Musculus gastrocnemius, 1 CUN posterior des Punktes YINLINGQUAN (MP 9), siehe Abb. 96. *Lokalisation*

Schmerzen im medialen Teil des Knies. *Indiaktionen*

Senkrecht 1 bis 1,5 cm einstechen, Moxibustion anwendbar. *Methode*

Tiefer die Arteria tibialis posterior. *Gefäßversorgung*

Der Ast des Nervus cutaneus suralis medialis, tiefer der Nervus tibialis. *Nervenversorgung*

2.12.8 QUQUAN* (HE-(Meer)-Punkt, L 8)

Auf der medialen Seite des Kniegelenkes, wenn das Knie abgewinkelt wird, befindet sich der Punkt über dem medialen Ende der transversalen Kniekehlenfalte, posterior zum medialen Kondylus der Tibia, auf der anterioren *Lokalisation*

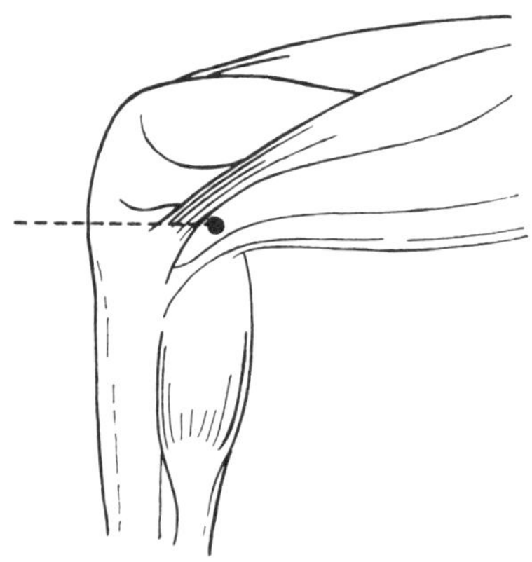

Abb. 97

Grenze des Ansatzes des Musculus semimembranosus und des Musculus semitendinosus, siehe Abb. 97.

Indiaktionen Gebärmuttervorfall, Schmerzen im Unterbauch, Dysurie, Jucken der Scheide, Manie, spontaner Samenerguß, Schmerzen in den äußeren Geschlechtsorganen, im Knie und im medialen Teil des Oberschenkels.

Methode Senkrecht 1 bis 2 cm einstechen, Moxibustion anwendbar.

Gefäßversorgung Anterior die Vena saphena magna, am Verlauf der Arteria genus suprema.

Nervenversorgung Nervus saphenus.

2.12.9 YINBAO (L 9)

Lokalisation 4 CUN über dem medialen Epikondylus des Femur, zwischen dem Musculus vastus medialis und dem Musculus sartorius.

Indiaktionen Unregelmäßige Menstruation, Dysurie, Schmerzen in der Lumbosakralregion und im Unterbauch.

Methode Senkrecht 1,5 bis 2 cm einstechen, Moxibustion anwendbar.

Gefäßversorgung Tiefer auf der Außenseite die Arteria und Vena femoralis, der superficiale Ast der Arteria circumflexa femoris medialis.

Nervenversorgung Nervus cutaneus femoris anterior, am Verlauf des anterioren Astes des Nervus obturatorius.

Bemerkung Auf dem medialen Teil des Oberschenkels beträgt der Abstand vom medialen Epikondylus des Femurs zur Höhe der oberen Grenze der Schambeinsymphyse 18 CUN.

2.12.10 Femur-WULI (L 10)

3 CUN unterhalb des Punktes QICHONG (M 30), auf der äußeren Grenze des Musculus abductor longus. *Lokalisation*

Verspannungen im Unterbauch, Retention von Urin. *Indiaktionen*

Senkrecht 1 bis 2,5 cm einstechen, Moxibustion anwendbar. *Methode*

Die superficialen Äste der Arteria und Vena circumflexa femoris medialis. *Gefäßversorgung*

Nervus genitofemoralis, Nervus cutaneus femoris anterior, tiefer der vordere Ast des Nervus obturatoris. *Nervenversorgung*

2.12.11 YINLIAN (L 11)

2 CUN unter dem Punkt QICHONG (M 30), auf der lateralen Grenze des Musculus abductor longus. *Lokalisation*

Unregelmäßige Menstruationen, Schmerzen im Oberschenkel und im Bein. *Indiaktionen*

Senkrecht 1 bis 2,5 cm einstechen, Moxibustion anwendbar. *Methode*

Die Äste der Arteria und Vena circumflexa femoris medialis. *Gefäßversorgung*

Nervus genitofemoralis, der Ast des Nervus cutaneus femoris medialis, tiefer der vordere Ast des Nervus obturatorius. *Nervenversorgung*

2.12.12 JIMAI (L 12)

Inferior und lateral der Spina pupica, 2,5 CUN lateral des REN-Meridians (Konzeptionsgefäß), in der Lendengrube seitlich und inferior des Punktes QICHONG (M 30). *Lokalisation*

Schmerzen in den äußeren Geschlechtsorganen, Hernien. *Indiaktionen*

Für 3 bis 5 Minuten Moxibustion. *Methode*

Die Äste der Arteria und Vena pudenda externa, die Schambeinäste der Arteria und Vena epigastrica inferior, lateral die Vena femoralis. *Gefäßversorgung*

Nervus ilioinguinalis, tiefer im unteren Teil der vordere Ast des Nervus obturatorius. *Nervenversorgung*

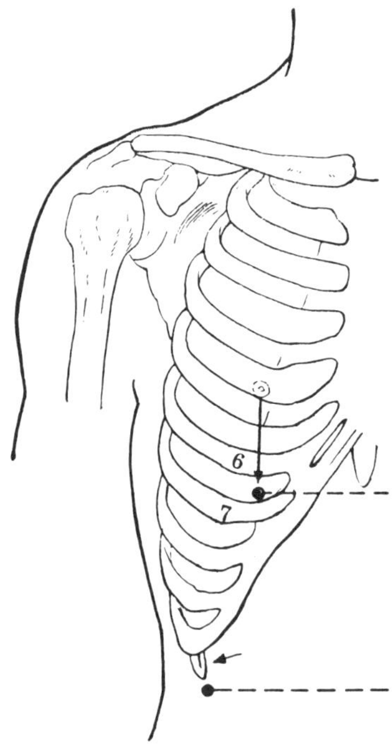

Abb. 98

2.12.13 ZHANGMEN* (MU-(Alarm)-Punkt der Milz, L 13)

Lokalisation Auf der äußeren Seite des Bauches, unter dem freien Ende der elften Rippe, siehe Abb. 98.

Indiaktionen Erbrechen, Blähungen im Bauch, Diarrhoe, Verdauungsstörungen, Schmerzen in der dorsalen Lendenregion, in der Hypochondralregion und in der Rippenregion.

Methode Senkrecht 2 bis 2,5 cm einstechen, Moxibustion anwendbar.

Gefäßversorgung Der Endast der zehnten Arteria intercostalis.

Nervenversorgung Etwas unterhalb der zehnte Nervus intercostalis.

Bemerkung Dies ist einer der acht Einflußreichen Punkte, der die Organe ZANG beherrscht.

2.12.14 QIMEN* (MU-(Alarm)-Punkt der Leber, L 14)

Lokalisation Auf der Linea mammilaris, 2 Rippen unterhalb der Brustwarze, im sechsten Zwischenrippenraum, siehe Abb. 98.

Indiaktionen Schmerzen in der Brust und in der Hypochondralregion, Blähungen im Bauch, Völlegefühl in der Brust, Erbrechen, Schluckauf.

Methode Schräg circa 0,8 cm einstechen, Moxibustion anwendbar.

Gefäßversorgung Die sechste Arteria und Vena intercostalis.

Nervenversorgung Der sechste Nervus intercostalis.

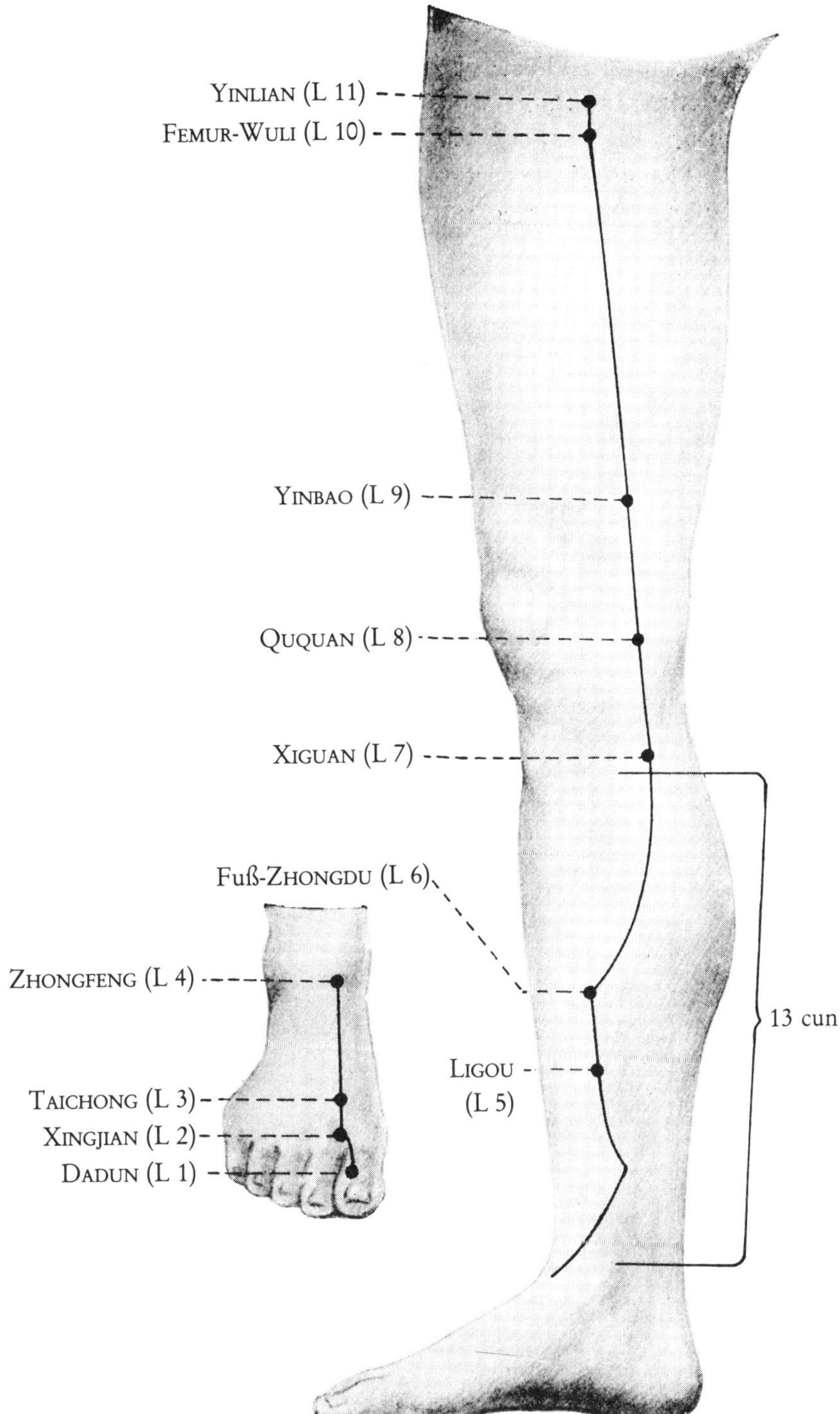

Abb. 99a LEBER-Meridian JUEYIN Fuß

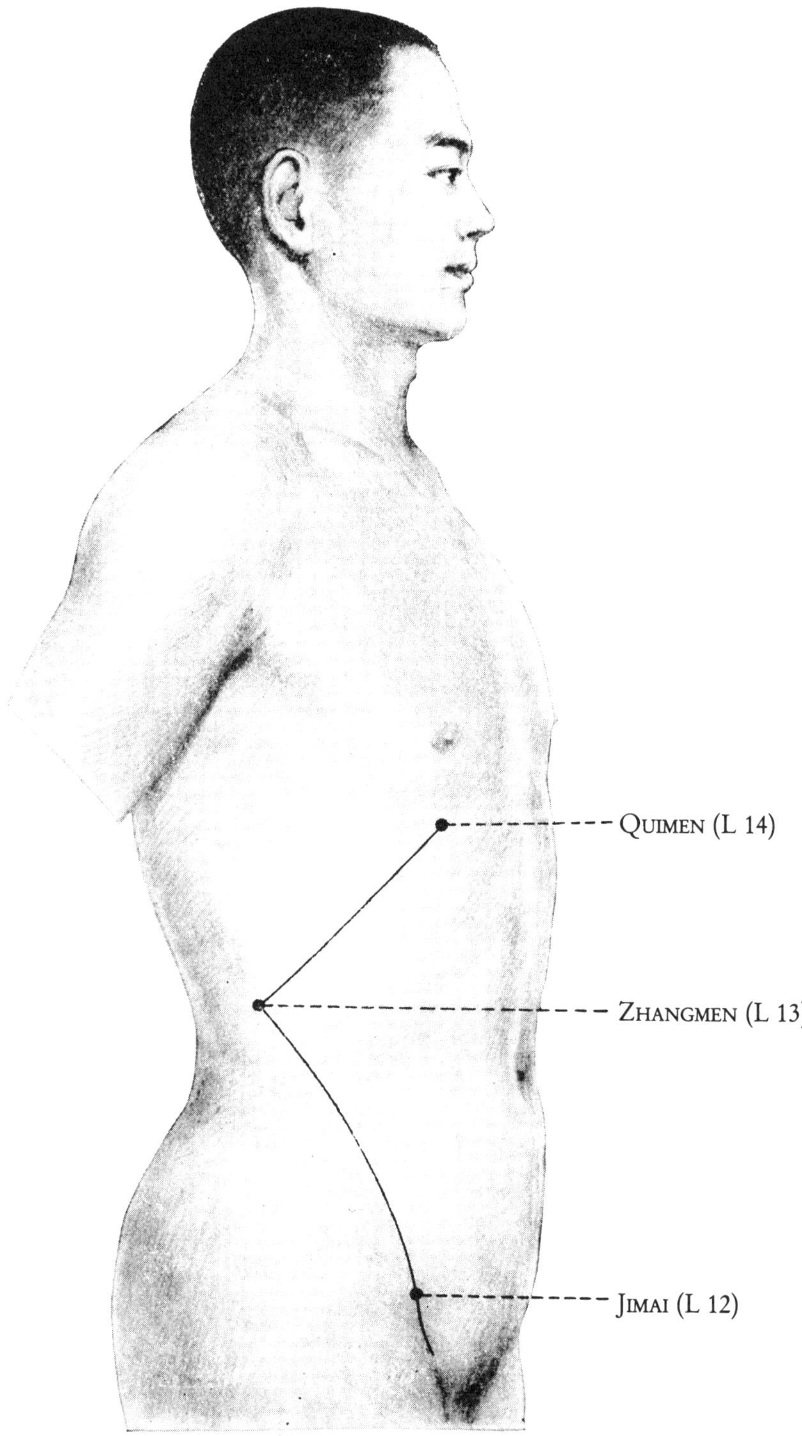

Abb. 99b LEBER-Meridian JUEYIN Fuß

Kapitel 3

Die acht außerordentlichen Meridiane und ihre Akupunkturpunkte und die Extrapunkte

3.1 DU-Meridian (Lenkergefäß)

Verlauf

Der DU-Meridian entspringt im Unterbauch. Er tritt am Damm an die Oberfläche (1). Dann steigt er posterior entlang des unteren Rückgrats (2) zum Punkt FENGFU (LG 16) am Nacken auf, wo er in das Gehirn eintritt (3). Im weiteren Verlauf geht er zum Scheitel (4) und entlang der Mittellinie bis zur Stirn und über die Nase (5) zum oberen Lippenbändchen weiter (Abb. 100).

Dieser Meridian hat 28 Punkte, die im folgenden beschrieben werden:

3.1.1 CHANGQIANG (LUO-(Passage)-Punkt, LG 1)

Lokalisation

In der Mitte zwischen der Spitze des Steißbeines und des Anus. Der Punkt wird lokalisiert bei nach vorne gebeugter Position des Patienten (Abb. 101 und 102).

Indikationen

Blut im Stuhl, Diarrhoe, Verstopfung, Hämorrhoiden, Vorfall des Rektums, Schmerzen im unteren Rücken.

Methode

Senkrecht 1,5 bis 2,5 cm einstechen, Moxibustion anwendbar.

Gefäßversorgung

Die Äste der Arteria und Vena rectalis inferior.

Nervenversorgung

Der Ramus posterior des Nervus anococcygeus, der Nervus rectalis inferior.

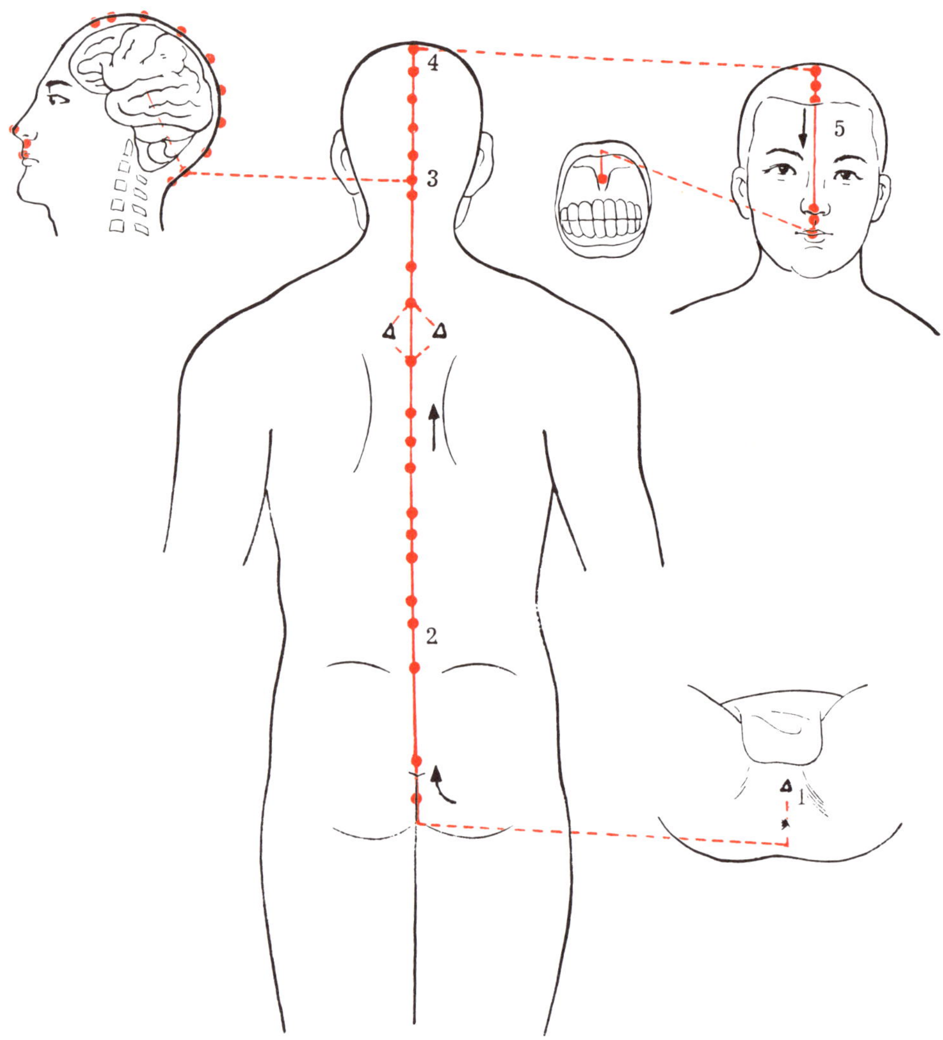

Abb. 100 DU-Meridian (Lenker-Gefäß)

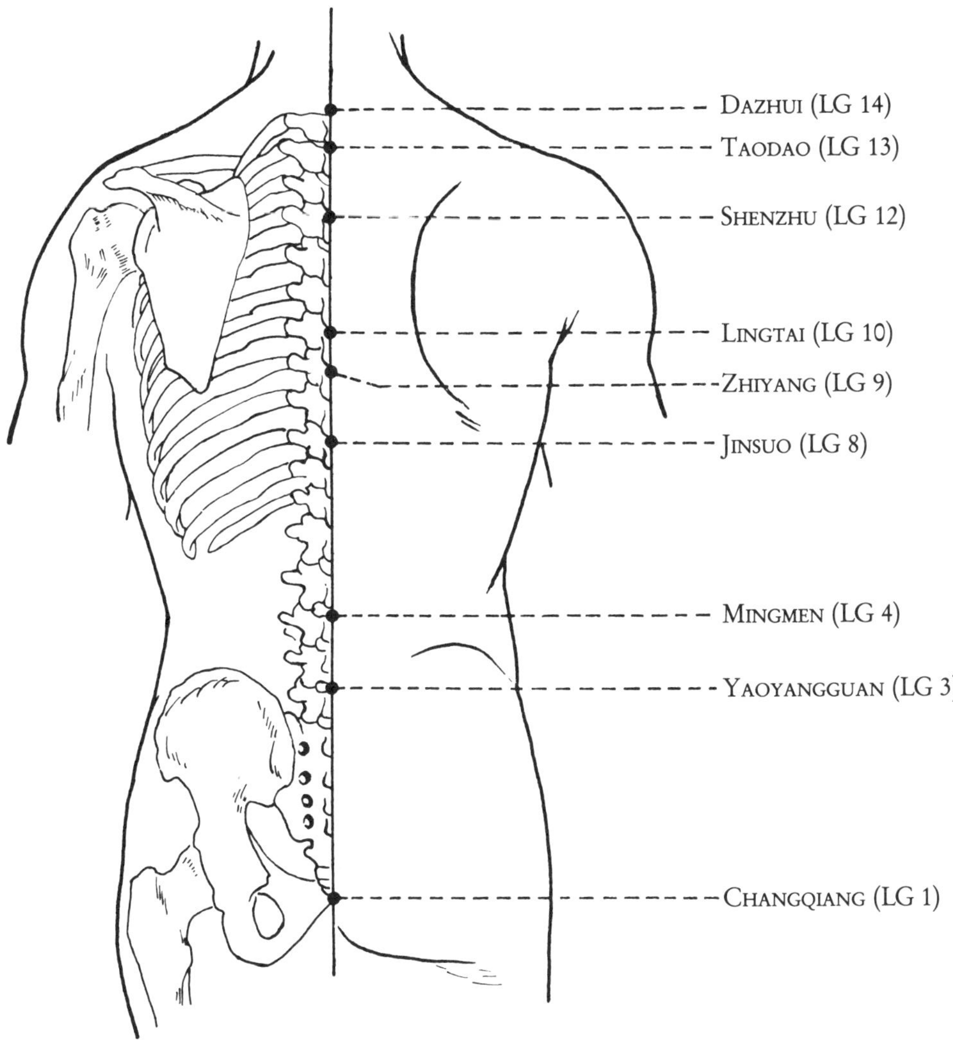

Abb. 101

3.1.2 YAOSHU (LG 2)

Im Hiatus des Kreuzbeines. *Lokalisation*

Unregelmäßige Menstruation, Schmerzen und Steifheit im unteren Rücken, Taubheit und Schmerzen der unteren Extremitäten, Epilepsie, Hämorrhoiden, Muskelatrophie, Bewegungsbeeinträchtigung. *Indikationen*

Schräg nach oben circa 1 cm einstechen, Moxibustion anwendbar. *Methode*

Die Äste der Arteria und Vena sacralis mediana. *Gefäßversorgung*

Der Ast des Nervus anococcygeus. *Nervenversorgung*

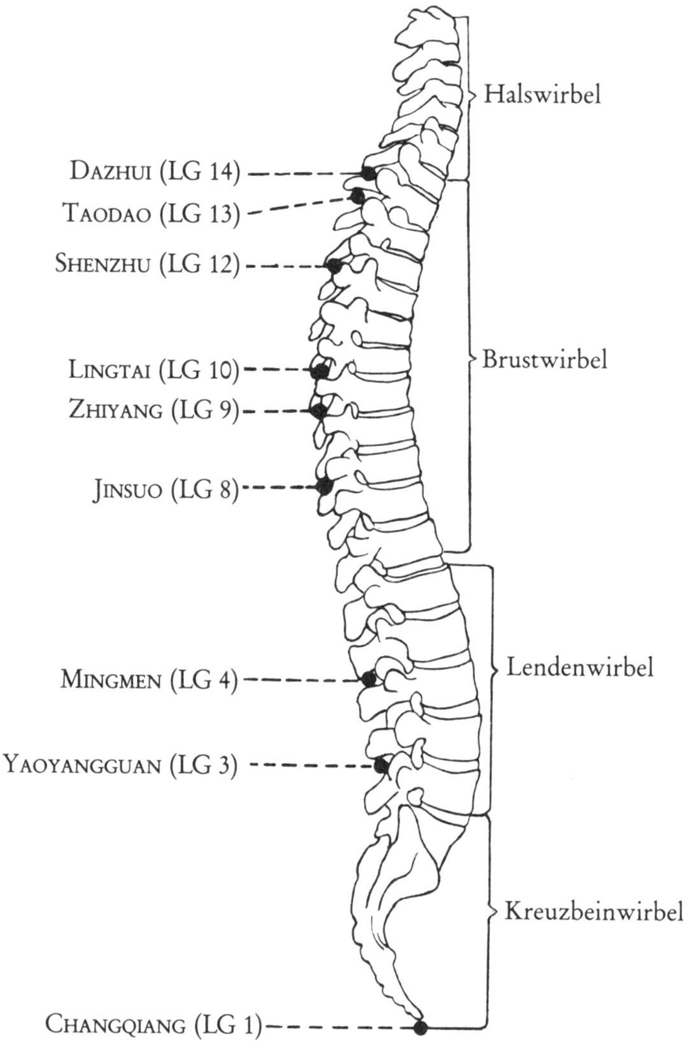

Abb. 102

3.1.3 YAOYANGGUAN* (LG 3)

Lokalisation Unterhalb des Processus spinosus des vierten Lendenwirbels, siehe Abb. 101 und 102.

Indikationen Schmerzen in der Lumbosakralregion, Muskelatrophie, Bewegungsbeeinträchtigung, Taubheit und Schmerzen der unteren Extremitäten, unregelmäßige Menstruation, spontaner Samenerguß, Impotenz.

Methode Senkrecht 1 bis 2,5 cm einstechen, Moxibustion anwendbar.

Gefäßversorgung Der posteriore Ast der Arteria lumbaris.

Nervenversorgung Der mediale Ast des Ramus posterior des Nervus lumbaris.

3.1.4 MINGMEN* (LG 4)

Unterhalb des Processus spinosus des zweiten Lendenwirbels, siehe Abb. 101 und 102. *Lokalisation*

Steifheit im Rücken, Lumbago, Leukorrhoe, Impotenz, Samenerguß, Diarrhoe. *Indikationen*

Senkrecht 1 bis 2,5 cm einstechen, Moxibustion anwendbar. *Methode*

Siehe Punkt YAOYANGGUAN (LG 3). *Anatomie*

3.1.5 XUANSHU (LG 5)

Unterhalb des Processus spinosus des ersten Lendenwirbels. *Lokalisation*

Diarrhoe mit unverdauter Nahrung, Schmerzen und Steifheit im unteren Rücken. *Indikationen*

Senkrecht 1 bis 2,5 cm einstechen, Moxibustion anwendbar. *Methode*

Siehe Punkt YAOYANGGUAN (LG 3). *Anatomie*

3.1.6 JIZHONG (LG 6)

Unterhalb des Processus spinosus des elften Brustwirbels. *Lokalisation*

Gelbsucht, Diarrhoe, Epilepsie. *Indikationen*

Senkrecht 1 bis 2,5 cm einstechen. *Methode*

Der posteriore Ast der elften Arteria intercostalis. *Gefäßversorgung*

Der mediale Ast des Ramus posterior des elften Nervus thoracicus. *Nervenversorgung*

3.1.7 ZHONGSHU (LG 7)

Unterhalb des Processus spinosus des zehnten Brustwirbels. *Lokalisation*

Schmerzen in der Magenregion, Schmerzen im unteren Rücken, Steifheit des Rückens. *Indikationen*

Senkrecht 1 bis 2,5 cm einstechen, Moxibustion anwendbar. *Methode*

Der posteriore Ast der zehnten Arteria intercostalis. *Gefäßversorgung*

Der mediale Ast des Ramus posterior des zehnten Nervus thoracicus. *Nervenversorgung*

3.1.8 JINSUO (LG 8)

Lokalisation Unterhalb des Processus spinosus des neunten Brustwirbels, siehe Abb. 101 und 102.

Indikationen Epilepsie, Steifheit des Rückens, Magenschmerzen.

Methode Senkrecht 1 bis 2,5 cm einstechen, Moxibustion anwendbar.

Gefäßversorgung Der posteriore Ast der neunten Arteria intercostalis.

Nervenversorgung Der mediale Ast des posterioren Ramus des neunten Nervus thoracicus.

3.1.9 ZHIYANG* (LG 9)

Lokalisation Unterhalb des Processus spinosus des siebten Brustwirbels, ungefähr auf Höhe des unteren Winkels des Schulterblattes, siehe Abb. 101 und 102.

Indikationen Husten, Asthma, Gelbsucht, Schmerzen in der Brust und im Rücken, Steifheit des Rückgrats.

Methode Schräg nach oben 1 bis 2,5 cm einstechen, Moxibustion anwendbar.

Gefäßversorgung Der posteriore Ast der siebten Arteria intercostalis.

Nervenversorgung Der mediale Ast des posterioren Ramus des siebten Nervus thoracicus.

3.1.10 LINGTAI (LG 10)

Lokalisation Unterhalb des Processus spinosus des sechsten Brustwirbels, siehe Abb. 101 und 102.

Indikationen Husten, Asthma, Schmerzen im Rücken, Nackensteifigkeit, Furunkel.

Methode Senkrecht 1 bis 2,5 cm einstechen, Moxibustion anwendbar.

Gefäßversorgung Der posteriore Ast der sechsten Arteria intercostalis.

Nervenversorgung Der mediale Ast des posterioren Ramus des sechsten Nervus thoracicus.

3.1.11 SHENDAO (LG 11)

Lokalisation Unterhalb des Processus spinosus des fünften Brustwirbels.

Indikationen Schwaches Gedächtnis, Angst, Herzklopfen, Herzschmerzen, Schmerzen und Steifheit im Rücken, Husten.

Methode Senkrecht 1 bis 2,5 cm einstechen, Moxibustion anwendbar.

Gefäßversorgung Der posteriore Ast der fünften Arteria intercostalis.

Nervenversorgung Der mediale Ast des posterioren Ramus des fünften Nervus thoracicus.

3.1.12 SHENZHU* (LG 12)

Unterhalb des Processus spinosus des dritten Brustwirbels, siehe Abb. 101 und 102. *Lokalisation*

Husten, Asthma, Epilepsie, Schmerzen und Steifheit im unteren Rücken, Furunkel. *Indikationen*

Senkrecht 1 bis 2,5 cm einstechen, Moxibustion anwendbar. *Methode*

Der posteriore Ast der dritten Arteria intercostalis. *Gefäßversorgung*

Der mediale Ast des posterioren Ramus des dritten Nervus thoracicus. *Nervenversorgung*

3.1.13 TAODAO (LG 13)

Unterhalb des Processus spinosus des ersten Brustwirbels, siehe Abb. 101 und 102. *Lokalisation*

Steifheit im Rücken, Kopfschmerzen, Malaria, fiebrige Erkrankungen. *Indikationen*

Senkrecht 1 bis 2,5 cm einstechen, Moxibustion anwendbar. *Methode*

Der posteriore Ast der ersten Arteria intercostalis. *Gefäßversorgung*

Der mediale Ast des posterioren Ramus des ersten Nervus thoracicus. *Nervenversorgung*

3.1.14 DAZHUI* (LG 14)

Zwischen dem Processus spinosus des siebten Halswirbels und des ersten Brustwirbels, ungefähr auf Höhe der Schulter, siehe Abb. 101 und 102. *Lokalisation*

Fiebrige Erkrankungen, Malaria, Erkältungen, Fieber am Nachmittag, Husten, Asthma, Nackensteifigkeit, Steifheit des Rückens, Epilepsie. *Indikationen*

Senkrecht 1 bis 2,5 cm einstechen, häufige Moxibustion oder Moxibustion über einen längeren Zeitraum ist ratsam. *Methode*

Der Ast der Arteria cervicalis transversa. *Gefäßversorgung*

Der Ramus posterior des achten nervus cervicalis und der mediale Ast des posterioren Ramus des ersten Nervus thoracicus. *Nervenversorgung*

3.1.15 YAMEN (LG 15)

Lokalisation

Am Mittelpunkt des Nackens, 0,5 CUN unterhalb des Punktes FENGFU (LG 16), in der Mulde 0,5 CUN innerhalb der Haarlinie, siehe Abb. 103.

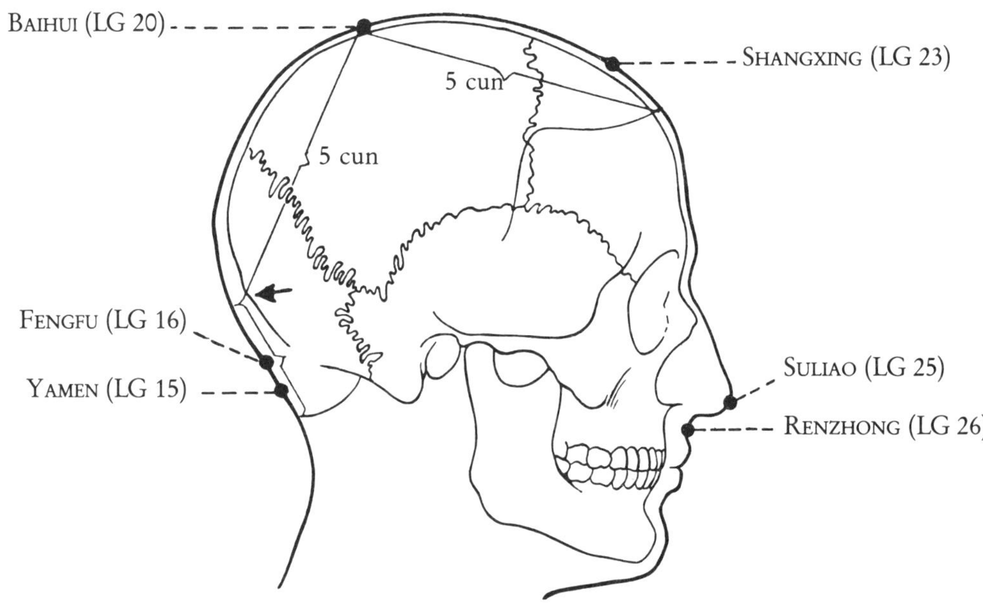

Abb. 103

Indikationen

Geistige Störungen, Epilepsie, plötzliche Heiserkeit der Stimme, Steifheit der Zunge, Aphasie nach Schlaganfall.

Methode

Senkrecht 1 bis 2,5 cm einstechen, ein tiefes Einstechen ist nicht ratsam.

Gefäßversorgung

Die Äste der Arteria und Vena occipitalis.

Nervenversorgung

Der dritte Nervus occipitalis.

Bemerkung

Der Abstand von der vorderen Haaransatzlinie zur hinteren Haaransatzlinie beträgt 12 CUN.

3.1.16 FENGFU* (LG 16)

Direkt unterhalb der Protuberantia occipitalis externa, in der Mulde zwischen dem Musculus trapezius beider Seiten, siehe Abb. 103. *Lokalisation*

Kopfschmerz, Nackensteifigkeit, verschwimmender Gesichtssinn, Nasenbluten, Halsentzündung, Aphasie nach Schlaganfall, geistige Störungen, Hemiplegie. *Indikationen*

Senkrecht 1 bis 2,5 cm einstechen, tiefes Einstechen ist nicht ratsam. *Methode*

Der Ast der Arteria occipitalis. *Gefäßversorgung*

Die Äste des dritten Nervus occipitalis und des Nervus occipitalis major. *Nervenversorgung*

3.1.17 NAOHU (LG 17)

1,5 CUN über dem Punkt FENGFU (LG 16), über der Protuberantia occipitalis externa. *Lokalisation*

Epilepsie, Schwindelgefühl, Schmerzen und Steifheit im Nacken. *Indikationen*

Tangential circa 1 cm entlang der Haut einstechen, Moxibustion anwendbar. *Methode*

Die Äste der Arteria und Vena occipitalis beider Seiten. *Gefäßversorgung*

Der Ast des Nervus occipitalis major. *Nervenversorgung*

3.1.18 QIANGJIAN (LG 18)

1,5 CUN über dem Punkt NAOHU (LG 17), in der Mitte zwischen dem Punkt FENGFU (LG 16) und dem Punkt BAIHUI (LG 20). *Lokalisation*

Manie, Kopfschmerz, verschwimmender Gesichtssinn, Nackensteifigkeit. *Indikationen*

Tangential circa 1 cm entlang der Haut einstechen, Moxibustion anwendbar. *Methode*

Siehe Punkt NAOHU (LG 17). *Anatomie*

3.1.19 HOUDING (LG 19)

1,5 CUN über dem Punkt QIANGJIAN (LG 18). *Lokalisation*

Manie, Epilepsie, Kopfschmerz, Vertigo. *Indikationen*

Tangential circa 1 cm entlang der Haut einstechen, Moxibustion anwendbar. *Methode*

Siehe Punkt NAOHU (LG 17). *Anatomie*

3.1.20 BAIHUI* (LG 20)

Lokalisation
7 CUN über der posterioren Haaransatzlinie, am Mittelpunkt der Verbindungslinie der beiden Ohrmuschelwurzeln, siehe Abb. 103.

Indikationen
Geistige Störungen, Schlaganfall, Kopfschmerz, Schwindel, verschwimmender Gesichtssinn, Tinnitus, Nasenverstopfung, Vorfall des Rektums.

Methode
Tangential circa 1 cm entlang der Haut einstechen, Moxibustion anwendbar.

Gefäßversorgung
Das anastomosierende Geflecht, das durch die Arteriae und Venae temporales superficiales und die Arterie und Vene occipitales beider Seiten gebildet wird.

Nervenversorgung
Der Ast des Nervus occipitalis major.

3.1.21 QIANDING (LG 21)

Lokalisation
1,5 CUN anterior des Punktes BAIHUI (LG 20).

Indikationen
Epilepsie, Schwindel, verschwimmender Gesichtssinn, Scheitelkopfschmerz, Rinorrhoe.

Methode
Tangential circa 1 cm entlang der Haut einstechen, Moxibustion anwendbar.

Gefäßversorgung
Das anastomosierende Geflecht, das durch die Arteriae und Venae temporales superficiales beider Seiten gebildet wird.

Nervenversorgung
Am Verlauf des Astes des Nervus frontalis, wo er mit dem Ast des Nervus occipitalis major in Verbindung steht.

3.1.22 XINHUI (LG 22)

Lokalisation
3 CUN anterior des Punktes BAIHUI (LG 20), 2 CUN posterior der vorderen Haaransatzlinie.

Indikationen
Kopfschmerzen, verschwimmender Gesichtssinn, Rinorrhoe.

Methode
Tangential circa 1 cm entlang der Haut einstechen, Moxibustion anwendbar.

Gefäßversorgung
Das anastomosierende Geflecht, das durch die Arteria und Vena temporalis superficialis und die Arteria und Vena frontalis gebildet wird.

Nervenversorgung
Der Ast des Nervus frontalis.

3.1.23 SHANGXING* (LG 23)

Lokalisation
1 CUN innerhalb der vorderen Haarlinie, 4 CUN anterior des Punktes BAI-HUI (LG 20), siehe Abb. 103.

Indikationen
Kopfschmerz, Ophtalmalgie, Rinorrhoe, Nasenbluten, geistige Störungen.

Methode
Posterior horizontal circa 1 cm entlang der Haut einstechen oder Stechen mit der drei-schneidigen Nadel, um eine Blutung zu verursachen, Moxibustion kann angewendet werden.

Gefäßversorgung
Die Äste der Arteria und Vena frontalis, die Äste der Arteria und Vena temporalis superficialis.

Nervenversorgung
Der Ast des Nervus frontalis.

3.1.24 SHENTING (LG 24)

Lokalisation
Auf der medialen Linie des Kopfes, 0,5 CUN innerhalb der vorderen Haaransatzlinie.

Indikationen
Epilepsie, Angst, Herzklopfen, Schlaflosigkeit, Kopfschmerz, Vertigo, Rinorrhoe.

Methode
Tangential circa 1 cm entlang der Haut direkt nach oben einstechen, Moxibustion anwendbar.

Gefäßversorgung
Die Äste der Arteria und Vena frontalis.

Nervenversorgung
Der Ast des Nervus frontalis.

Bemerkung
Der Abstand von der vorderen Haaransatzlinie zur Glabella (Punkt YIN-TANG, Extrapunkt) beträgt 3 CUN.

3.1.25 SULIAO (LG 25)

Lokalisation
Auf der Nasenspitze, siehe Abb. 103.

Indikationen
Bewußtlosigkeit, Nasenverstopfung, Nasenbluten, Rosacea.

Methode
Senkrecht 0,5 bis 0,8 cm einstechen.

Gefäßversorgung
Die seitlichen Nasenäste der Arteria und Vena facialis.

Nervenversorgung
Der äußere Nasenast des Nervus ethmoideus anterior.

3.1.26 RENZHONG* (auch bekannt als SHUIGOU, LG 26)

Lokalisation Unterhalb der Nase, etwas über dem Mittelpunkt des Philtrums (Abb. 103).

Indikationen Geistige Störungen, Epilepsie, Krämpfe bei Kindern, Koma, Trismus, Fazialisparese, Schwellungen des Gesichtes, Schmerzen und Steifheit des unteren Rückens.

Methode Schräg aufwärts 0,5 bis 0,8 cm einstechen.

Gefäßversorgung Arteria und Vena labialis superior.

Nervenversorgung Der bukkale Ast des Nervus facialis, der Ast des Nervus infraorbitalis.

3.1.27 DUIDUAN (LG 27)

Lokalisation Am medianen Tuberkulum der Oberlippe, am Übergang vom Philtrum zur Oberlippe.

Indikationen Geistige Störungen, Steifheit der Lippen, Schmerzen des Zahnfleisches.

Methode Senkrecht 0,5 bis 0,8 cm einstechen.

Gefäßversorgung Arteria und Vena labialis superior.

Nervenversorgung Der bukkale Ast des Nervus facialis und der Ast des Nervus infraorbitalis.

3.1.28 Mund-YINJIAO (LG 28)

Lokalisation Zwischen der Oberlippe und der oberen Gingiva, im Frenulum der Oberlippe.

Indikationen Geistige Störungen, Rinorrhoe, Schmerzen und Schwellungen des Zahnfleisches.

Methode Schräg aufwärts 0,3 bis 0,5 cm einstechen oder Stechen mit der drei-schneidigen Nadel, um eine Blutung zu verursachen.

Gefäßversorgung Arteria und Vena labialis superior.

Nervenversorgung Der Ast des Nervus alveolaris superior.

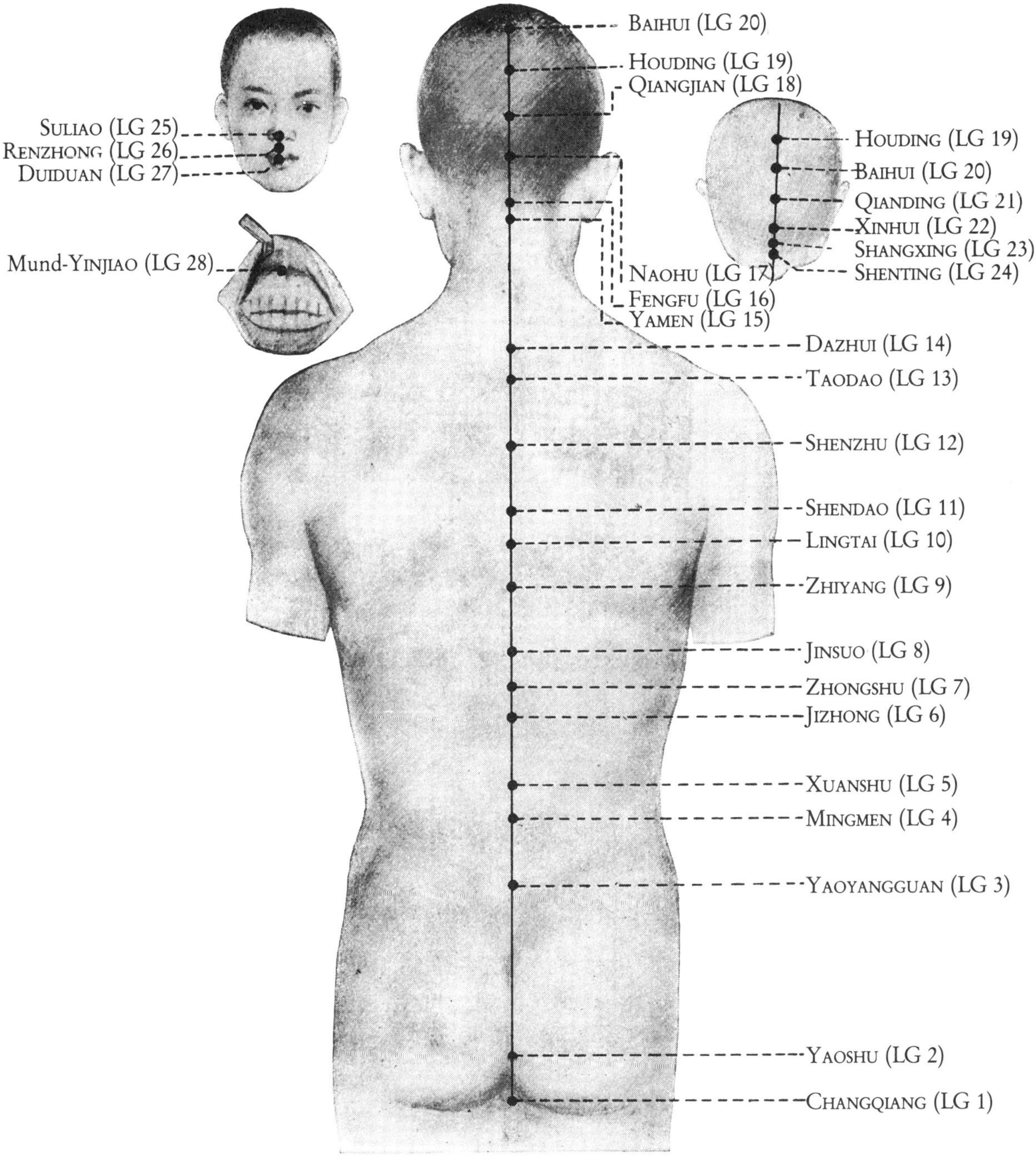

Abb. 104 DU-Meridian (Lenker-Gefäß)

3.2 REN-Meridian (Konzeptionsgefäß)

Verlauf

Der REN-Meridian beginnt am Unterbauch und tritt am Damm an die Oberfläche (1). Er läuft nach anterior zur Schambeinregion (2), steigt entlang des Bauches auf und passiert den Punkt GUANYUAN (KG 4) und die anderen Punkte entlang der vorderen Mittellinie (3) bis zum Hals (4). Er geht weiter nach oben, umläuft die Lippen (5), passiert die Wange (6) und tritt in die Infraorbitalregion (CHENGQI, M 1) (7) ein (Abb. 105).

Dieser Meridian hat insgesamt 24 Punkte, die im folgenden beschrieben werden.

3.2.1 HUIYIN (KG 1)

Lokalisation

Im Zentrum des Damms. Bei Männern liegt er genau zwischen dem Anus und dem Hodensack und bei Frauen zwischen dem Anus und der Commisura labiorum posterior.

Indikationen

Jucken der Scheide, unregelmäßige Menstruation, Schmerzen und Schwellung des Anus, Retention von Urin, Bettnässen, spontaner Samenerguß, geistige Störungen.

Methode

Senkrecht 1 bis 2 cm einstechen, Moxibustion anwendbar.

Gefäßversorgung

Die Äste der Arteria und Vena perinaea.

Nervenversorgung

Der Ast des nervus peronaeus.

3.2.2 QUGU (KG 2)

Lokalisation

Auf der Mittellinie des Bauches, genau über der Schambeinsymphyse.

Indikationen

Spontaner Samenerguß, Impotenz, Leukorrhoe, Retention von Urin, Hernien.

Methode

Senkrecht 0,5 bis 2,5 cm einstechen, Moxibustion anwendbar.

Gefäßversorgung

Die Äste der Arteria epigastrica inferior und der Arteria obturatoria.

Nervenversorgung

Der Ast des Nervus iliohypogastricus.

Bemerkung

Der Abstand vom Zentrum des Nabels zu der oberen Grenze der Schambeinsymphyse beträgt 5 CUN, was als Standard für alle Longitudinalmessungen am Unterbauch dient.

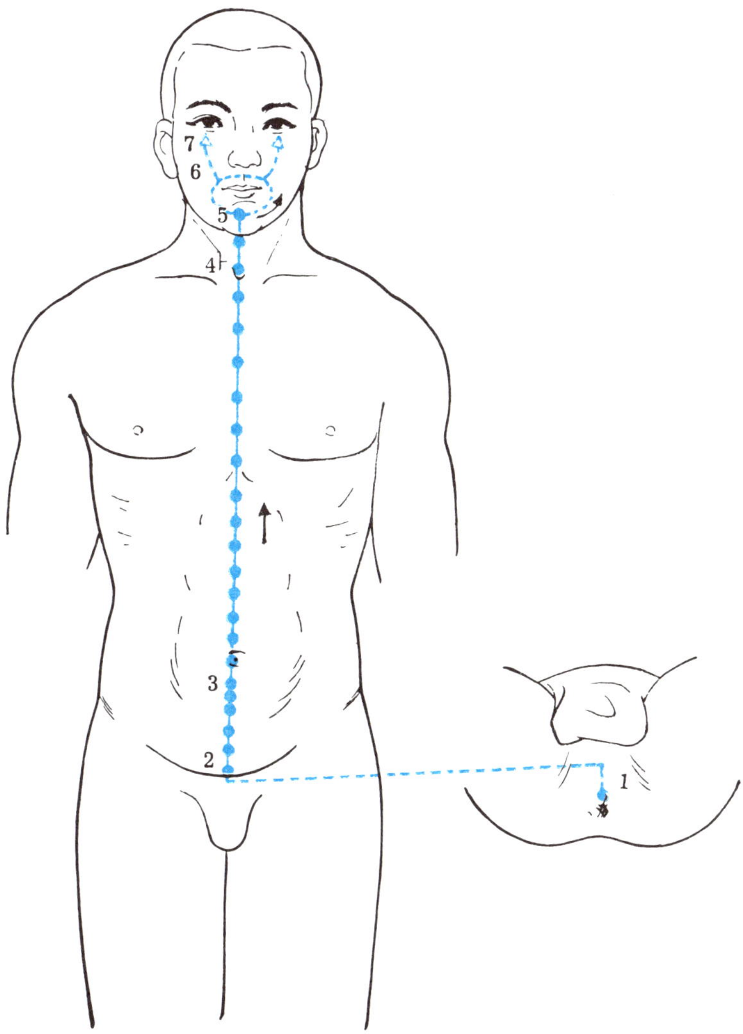

Abb. 105 REN-Meridian (Konzeptions-Gefäß)

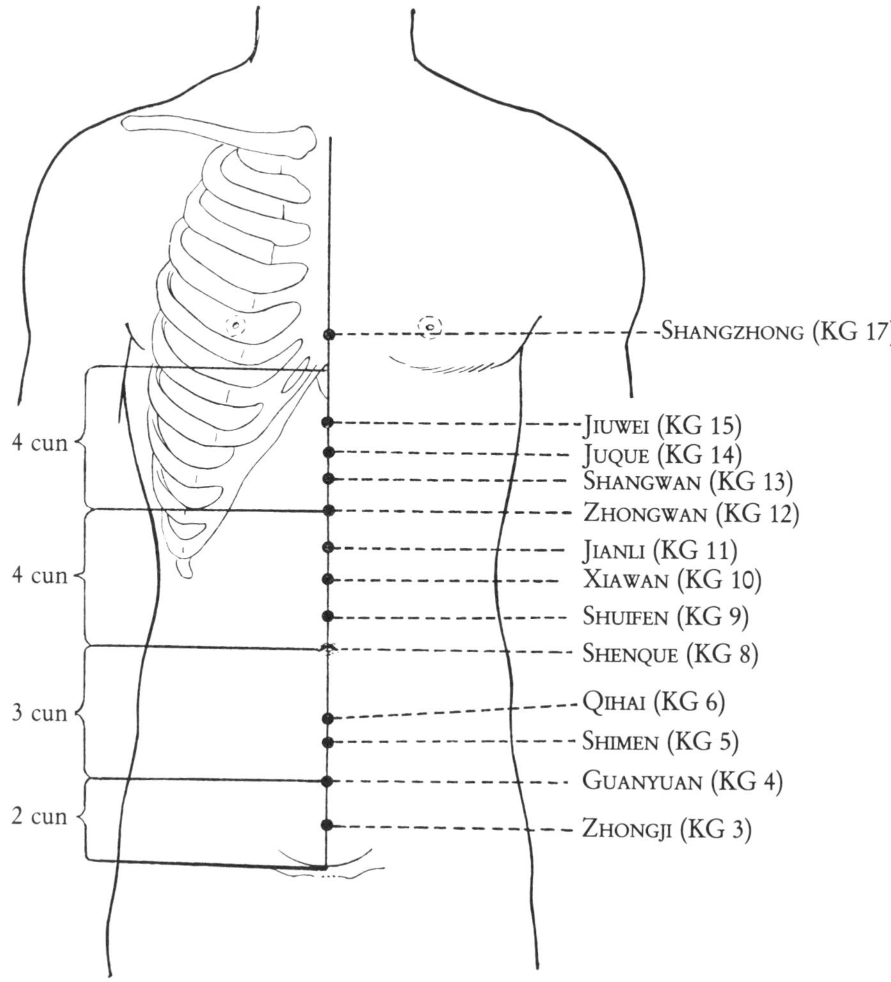

Abb. 106

3.2.3 ZHONGJI* (MU-(Alarm)-Punkt der Blase, KG 3)

Lokalisation Auf der vorderen Mittellinie, 4 CUN unterhalb des Nabels, 1 CUN über der oberen Grenze der Schambeinsymphyse, siehe Abb. 106.

Indikationen Spontaner Samenerguß, Bettnässen, Retention von Urin, häufiger Harndrang, Schmerzen im Unterbauch, unregelmäßige Menstruation, Gebärmutterblutung, Leukorrhoe, Gebärmuttervorfall, Schmerzen der äußeren Geschlechtsorgane, Jucken der Scheide.

Methode Senkrecht circa 2 cm einstechen, Moxibustion anwendbar.

Gefäßversorgung Die Äste der Arteria und Vena epigastrica superficialis und inferior.

Nervenversorgung Der Ast des Nervus iliohypogastricus.

3.2.4 GUANYUAN* (MU-(Alarm)-Punkt des Dünndarms, KG 4)

Auf der Mittellinie des Bauches, 3 CUN unterhalb des Nabels, siehe Abb. 106. *Lokalisation*

Spontaner Samenerguß, Bettnässen, häufiger Harndrang, Retention von Urin, unregelmäßige Menstruation, Dysmenorrhoe, Amenorrhoe, Leukorrhoe, Gebärmutterblutung, Gebärmuttervorfall, Hämorrhagien am Gesäß, Hernien, Schmerzen im Unterbauch, Diarrhoe, Schlaganfall vom milden Typ. *Indikationen*

Senkrecht 2 bis 3 cm einstechen, Moxibustion kann ziemlich lang und häufig angewendet werden. *Methode*

Siehe Punkt ZHONGJI (KG 3). *Anatomie*

Nervus cutaneus anterior des Nervus subcostalis. *Nervenversorgung*

Dies ist einer der wichtigen Punkte für die Tonisierung. *Bemerkung*

3.2.5 SHIMEN (MU-(Alarm)-Punkt des 3Erwärmers, KG 5)

Auf der Mittellinie des Bauches, 2 CUN unterhalb des Nabels, siehe Abb. 106. *Lokalisation*

Gebärmutterblutung, Leukorrhoe, Amenorrhoe, Hämorrhagien am Gesäß, Hernien, Bauchschmerzen, Diarrhoe, Retention von Urin, Bettnässen, Ödeme. *Indikationen*

Senkrecht 1 bis 2,5 cm einstechen, Moxibustion anwendbar. *Methode*

Siehe Punkt ZHONGJI (KG 3). *Gefäßversorgung*

Der vordere Hautast des elften Nervus intercostalis. *Nervenversorgung*

In der alten Literatur wird angegeben, daß das Stechen dieses Punktes Sterilität verursachen kann. *Bemerkung*

3.2.6 QIHAI* (KG 6)

Auf der Mittellinie des Bauches, 1,5 CUN unterhalb des Nabels, siehe Abb. 106. *Lokalisation*

Gebärmutterblutung, Leukorrhoe, unregelmäßige Menstruation, Hämorrhagien am Gesäß, Hernien, Bettnässen, Schmerzen im Bauch, Diarrhoe, Verstopfung, Ödeme, Schlaganfall vom milden Typ. *Indikationen*

Senkrecht 2 bis 3 cm einstechen, Moxibustion kann oft angewendet werden. *Methode*

Siehe Punkt SHIMEN (KG 5) *Anatomie*

Dies ist einer der wichtigen Punkte für die Tonisierung. *Bemerkung*

3.2.7 Bauch-YINJIAO (KG 7)

Lokalisation Auf der Mittellinie des Bauches, 1 CUN unterhalb des Nabels.

Indikationen Gebärmutterblutung, Leukorrhoe, unregelmäßige Menstruation, Jucken der Scheide, Bauchschmerzen um den Nabel herum, Hernien, Hämorrhagien am Gesäß.

Methode Senkrecht 2 bis 3 cm einstechen, Moxibustion anwendbar.

Gefäßversorgung Siehe Punkt ZHONGJI (KG 3).

Nervenversorgung Der vordere Hautast des zehnten Nervus intercostalis.

3.2.8 SHENQUE* (KG 8)

Lokalisation Im Zentrum des Nabels, siehe Abb. 106.

Indikationen Schlaganfall vom milden Typ, Borborygmus, Bauchschmerzen, Diarrhoe, Vorfall des Rektums.

Methode Stechen ist kontraindiziert, Moxibustion wird mit großen Kegeln angewendet, 5 bis 15 an der Zahl oder mit einem Moxazigarre für 5 bis 15 Minuten.

Gefäßversorgung Arteria und Vena epigastrica inferior.

Nervenversorgung Der vordere Hautast des zehnten Nervus intercostalis.

3.2.9 SHUIFEN (KG 9)

Lokalisation Auf der Mittellinie des Bauches, 1 CUN über dem Nabel, siehe Abb. 106.

Indikationen Borborygmus, Bauchschmerzen, Ödeme.

Methode Senkrecht 1 bis 2,5 cm einstechen, Moxibustion anwendbar.

Gefäßversorgung Siehe Punkt SHENQUE (KG 8).

Nervenversorgung Der vordere Hautast des achten und neunten Nervus intercostalis.

Bemerkung Der Abstand zwischen dem Zentrum des Nabels und dem sternokostalen Winkel beträgt 8 CUN, was als Standard für die Longitudinalmessung in der Hypochondralregion dient.

3.2.10 XIAWAN (KG 10)

Lokalisation – Auf der Mittellinie des Bauches, 2 CUN über dem Nabel, siehe Abb. 106.

Indikationen – Magenschmerzen, Blähungen im Bauch, Dysenterie, Borborygmus, Erbrechen, Stuhl mit unverdauter Nahrung.

Methode – Senkrecht 2 bis 3 cm einstechen, Moxibustion anwendbar.

Gefäßversorgung – Siehe Punkt SHENQUE (KG 8).

Nervenversorgung – Der vordere Hautast des achten Nervus intercostalis.

3.2.11 JIANLI (KG 11)

Lokalisation – Auf der Mittellinie des Bauches, 3 CUN über dem Nabel, siehe Abb. 106.

Indikationen – Magenschmerzen, Erbrechen, Anorexie, Blähungen im Bauch, Ödeme.

Methode – Senkrecht 2 bis 3 cm einstechen, Moxibustion anwendbar.

Gefäßversorgung – Die Äste der Arteria epigastrica superior und inferior.

Nervenversorgung – Der vordere Hautast des achten Nervus intercostalis.

3.2.12 ZHONGWAN* (MU-(Alarm)-Punkt des Magens, KG 12)

Lokalisation – Auf der Mittellinie des Bauches, 4 CUN über dem Nabel, siehe Abb. 106.

Indikationen – Magenschmerzen, Blähungen des Bauches, Aufstoßen, Erbrechen, Diarrhoe, Dysenterie, Stuhl mit unverdauter Nahrung.

Methode – Senkrecht 2,5 bis 3,5 cm einstechen, Moxibustion anwendbar.

Gefäßversorgung – Arteria und Vena epigastrica superior.

Nervenversorgung – Der vordere Hautast des siebten Nervus intercostalis.

Bemerkung – Dies ist einer der acht Einflußreichen Punkte, der die Organe FU beherrscht.

3.2.13 SHANGWAN (KG 13)

Lokalisation – Auf der Mittellinie des Bauches, 5 CUN über dem Nabel, siehe Abb. 106.

Indikationen – Magenschmerzen, Aufstoßen, Erbrechen, Epilepsie.

Methode – Senkrecht 2 bis 3 cm einstechen, Moxibustion anwendbar.

Anatomie – Siehe Punkt ZHONGWAN (KG 12).

3.2.14 JUQUE (MU-(Alarm)-Punkt des Herzens, KG 14)

Lokalisation Auf der Mittellinie des Bauches, 6 CUN über dem Nabel, siehe Abb. 106.

Indikationen Schmerzen in der Herzregion und in der Brust, Aufstoßen, Schluckbeschwerden, Übelkeit, Erbrechen, geistige Störungen, Epilepsie, Herzklopfen.

Methode Senkrecht 0,5 bis 2,0 cm einstechen, Moxibustion anwendbar.

Anatomie Siehe Punkt ZHONGWAN (KG 12).

3.2.15 JIUWEI (LUO-(Passage)-Punkt, KG 15)

Lokalisation Unterhalb des Processus xyphoideus, 7 CUN über dem Nabel. Der Punkt wird in Rückenlage mit angehobenen Armen lokalisiert. Siehe Abb. 106.

Indikationen Schmerzen in der Herzregion und in der Brust, Aufstoßen, geistige Störungen, Epilepsie.

Methode Schräg nach unten circa 1 cm einstechen.

Anatomie Siehe Punkt ZHONGWAN (KG 12).

Bemerkung Bei überlangem Processus xyphoideus wird statt diesem Punkt der Punkt JUQUE (KG 14) gestochen.

3.2.16 ZHONGTING (KG 16)

Lokalisation Auf der Mittellinie des Brustbeines, auf Höhe des fünften Zwischenrippenraumes.

Indikationen Völlegefühl in der Brust, Schluckbeschwerden.

Methode Tangential circa 1 cm entlang der Haut einstechen, Moxibustion anwendbar.

Gefäßversorgung Die Äste der Arteria und Vena mammaria interna.

Nervenversorgung Der vordere Hautast des sechsten Nervus intercostalis.

3.2.17 SHANZHONG* (MU-(Alarm)-Punkt des Perikards, KG 17)

Lokalisation Auf der Mittellinie des Brustbeines, zwischen den Brustwarzen, auf Höhe des vierten Zwischenrippenraumes, siehe Abb. 106.

Indikationen Asthma, Schluckauf, Schmerzen in der Brust, Muttermilchmangel.

Methode Tangential circa 1 cm entlang der Haut einstechen, Moxibustion anwendbar.

Gefäßversorgung Siehe Punkt ZHONGTING (KG 16).

Nervenversorgung Der vordere Hautast des vierten Nervus intercostalis.

Bemerkung Dies ist einer der acht Einflußreichen Punkte, der das QI beherrscht.

3.2.18 YUTANG (KG 18)

Auf der Mittellinie des Brustbeines, in Höhe des dritten Zwischenrippenraumes. *Lokalisation*

Husten, Asthma, Schmerzen in der Brust. *Indikationen*

Tangential circa 1 cm entlang der Haut einstechen, Moxibustion anwendbar. *Methode*

Siehe Punkt ZHONGTING (KG 16). *Gefäßversorgung*

Der vordere Hautast des dritten Nervus intercostalis. *Nervenversorgung*

3.2.19 Brust-ZIGONG (KG 19)

Auf der Mittellinie des Brustbeines, in Höhe des zweiten Zwischenrippenraumes. *Lokalisation*

Husten, Asthma, Schmerzen in der Brust. *Indikationen*

Tangential circa 1 cm entlang der Haut einstechen, Moxibustion anwendbar. *Methode*

Siehe Punkt ZHONGTING (KG 16). *Gefäßversorgung*

Der vordere Hautast des zweiten Nervus intercostalis. *Nervenversorgung*

3.2.20 HUAGAI (KG 20)

Auf der Mittellinie des Brustbeines, auf Höhe des ersten Zwischenrippenraumes. *Lokalisation*

Asthma, Husten, Schmerzen in der Brust. *Indikationen*

Tangential circa 1 cm entlang der Haut einstechen, Moxibustion anwendbar. *Methode*

Siehe Punkt ZHONGTING (KG 16). *Gefäßversorgung*

Der vordere Hautast des ersten Nervus intercostalis. *Nervenversorgung*

3.2.21 XUANJI (KG 21)

Auf der Mittellinie des Brustbeines, in der Mitte zwischen dem Punkt TIANTU (KG 22) und HUAGAI (KG 20). *Lokalisation*

Husten, Asthma, Schmerzen in der Brust. *Indikationen*

Tangential circa 1 cm entlang der Haut einstechen, Moxibustion anwendbar. *Methode*

Siehe Punkt ZHONGTING (KG 16). *Gefäßversorgung*

Nervus supraclavicularis medialis und der vordere Hautast des ersten Nervus intercostalis. *Nervenversorgung*

3.2.22 TIANTU* (KG 22)

Im Zentrum der Fossa suprasternalis, siehe Abb. 107. *Lokalisation*

Husten, Asthma, plötzliche Heiserkeit der Stimme, Halsentzündung, Schluckauf. *Indikationen*

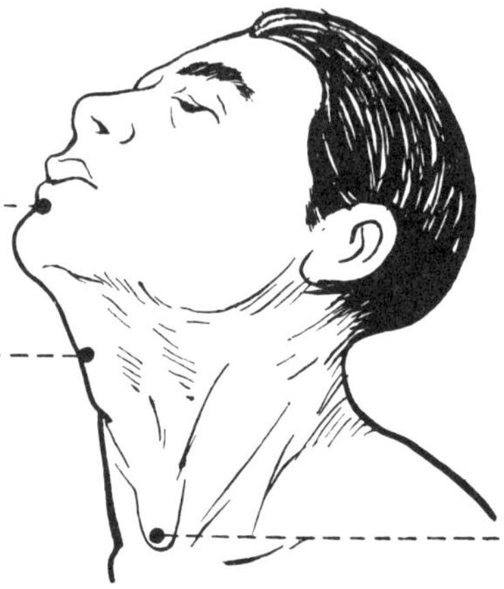

Abb. 107

Methode Schräg 1 bis 2 cm in Richtung des posteroinferioren Teils des Brustbeins einstechen, tiefes Einstechen ist nicht ratsam, Moxibustion anwendbar.

Gefäßversorgung Oberflächlich der Arcus jugularis und der Ast der Arteria thyroidea inferior, tiefer die Luftröhre, unterhalb am posterioren Teil des Brustbeines die Vena inominata und der Arcus aorticus.

Nervenversorgung Nervus supraclavicularis medialis.

3.2.23 LIANQUAN* (KG 23)

Lokalisation Über dem Adamsapfel, in der Mulde an der oberen Grenze des Os hyoideus, siehe Abb. 107.

Indikationen Schwellungen der Subglossalregion, Speichelfluß bei Zungenlähmung, Aphasie mit Steifheit der Zunge, plötzliche Heiserkeit der Stimme, Schluckbeschwerden.

Methode Senkrecht 1 bis 2,5 cm direkt nach oben einstechen.

Gefäßversorgung Vena jugularis anterior.

Nervenversorgung Der Ast des Nervús cutaneus cervicalis, der Nervus hypoglossus, der Ast des Nervus glossopharyngeus.

3.2.24 CHENGJIANG (KG 24)

Lokalisation In der Mulde des Zentrums der Mentolabialgrube, siehe Abb. 107.

Indikationen Fazialisparese, Schwellung des Zahnfleisches, Zahnschmerzen, Speichelfluß, geistige Störungen.

Methode Schräg nach oben 0,5 bis 0,8 cm einstechen, Moxibustion anwendbar.

Gefäßversorgung Die Äste der Arteria und Vena labialis inferior.

Nervenversorgung Der Ast des Nervus facialis.

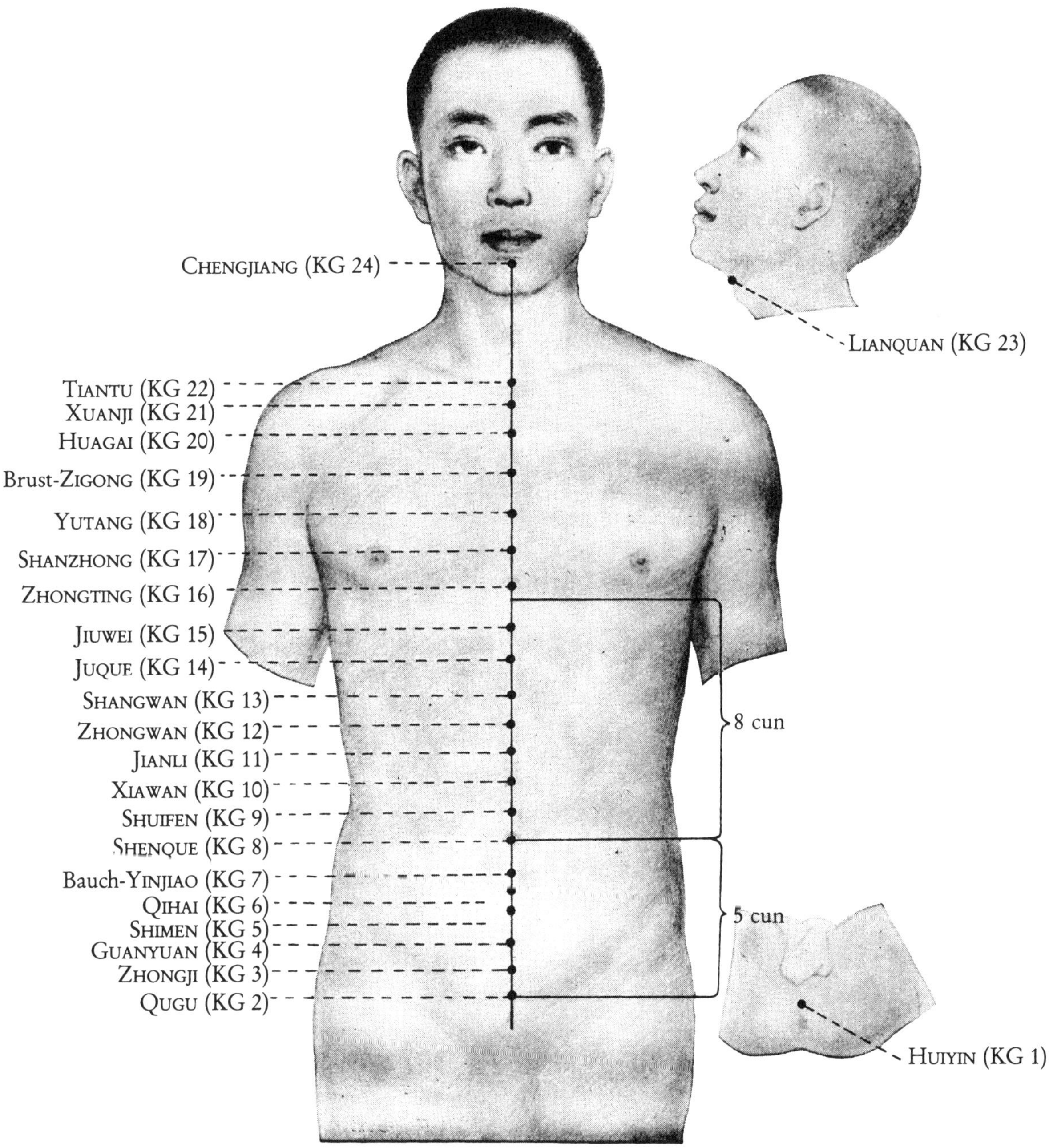

Abb. 108 REN-Meridian (Konzeptions-Gefäß)

3.3 CHONG-Meridian (Gefäß des kräftigen Aufsteigens)

Verlauf

Der CHONG-Meridian (Gefaß des kräftigen Aufsteigens) entspringt am Unterbauch, steigt ab und tritt am Damm an die Körperoberfläche (1). Ein innerer Ast steigt vom Damm auf und läuft im Rückgrat (2), während der Oberflächenast durch die Region des Punktes QICHONG (M 30) passiert, wo sich der Meridian in zwei Äste aufspaltet, sich mit dem NIEREN-Meridian SHAOYIN Fuß verbindet, entlang beider Seiten des Bauches (3) zum Hals aufsteigt (4) und die Lippen umrundet (5). Die Verbindungspunkte dieses Meridians sind folgende: HUIYIN (KG 1), HENGGU (N 11), DAHE (N 12), QIXUE (N 13), SIMAN (N 14), Bauch-ZHONGZHU (N 15), HUANGSHU (N 16), SHANGQU (N 17), SHIGUAN (N 18), YINDU (N 19), Bauch-TONGGU (N 20), YOUMEN (N 21) (Abb. 109).

3.4 DAI-Meridian (Gürtelgefäß)

Verlauf

Der DAI-Meridian (Gürtelgefäß) beginnt unterhalb der Hypochondralregion (1). Er läuft schräg nach unten durch die Punkte DAIMAI (G 26), WUSHU (G 27) und WEIDAO (G 28) und transversal um die Taille, wie ein Gürtel (2).

Die Verbindungspunkte dieses Meridians sind: DAIMAI (G 27), WUSHU (G 27) und WEIDAO (G 28) (Abb. 110).

3.5 YANGQIAO-Meridian (YANG-Gefäß der Beweglichkeit)

Verlauf

Der YANGQIAO-Meridian (YANG-Gefäß der Beweglichkeit) beginnt auf der äußeren Seite der Ferse (SHENMAI, B 62); PUSHEN (B 61) (1). Er steigt entlang des äußeren Malleolus auf (2) und passiert die hintere Grenze der Fibula. Dann geht er entlang des äußeren Teiles des Oberschenkels aufwärts zum posterioren Teil der Hypochondralregion und zur posterioren Achselfalte. Von dort windet er sich über die Schulter und steigt entlang des Halses zur Ecke des Mundes auf. Dann tritt er in den inneren Augenwinkel (JINGMING, B 1) ein und verbindet sich mit dem YINQIAO-Meridian (YIN-Gefäß der Beweglichkeit). Dann läuft er weiter aufwärts entlang des BLASEN-Meridians TAIYANG Fuß zur Stirn und trifft den GALLENBLASEN-Meridian SHAOYANG Fuß am Punkt FENGCHI (G 20) (3).

Die Verbindungspunkte des YANGQIAO-Meridians (YANG-Gefäß der Beweglichkeit) sind folgende: SHENMAI (B 62), PUSHEN (B 61), FUYANG (B 59), Femur-JULIAO (G 29), NAOSHU (Dü 10), JIANYU (Di 15), JUGU (Di 16), DICANG (M 4), Nase-JULIAO (M 3), CHENGQI (M 1), JINGMING (B 1), FENGCHI (G 20) (Abb. 111).

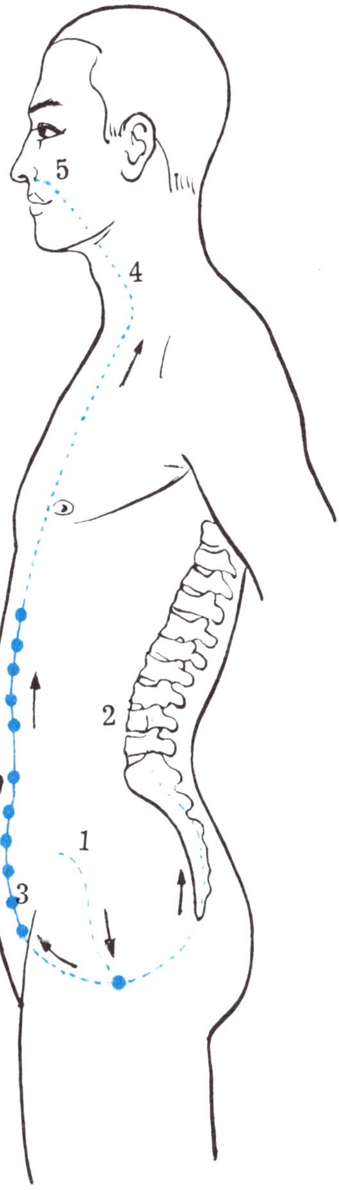

Abb. 109 CHONG-Meridian (Gefäß des kräftigen Aufsteigens)

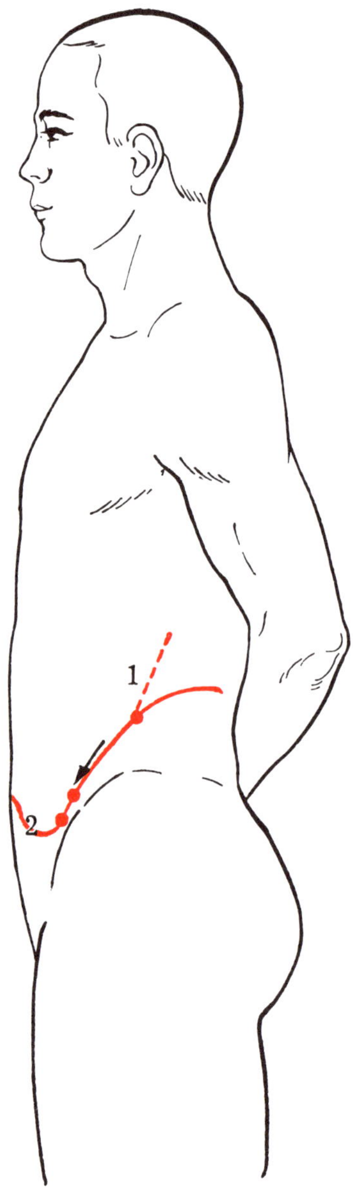

Abb. 110 DAI-Meridian (Gürtel-Gefäß)

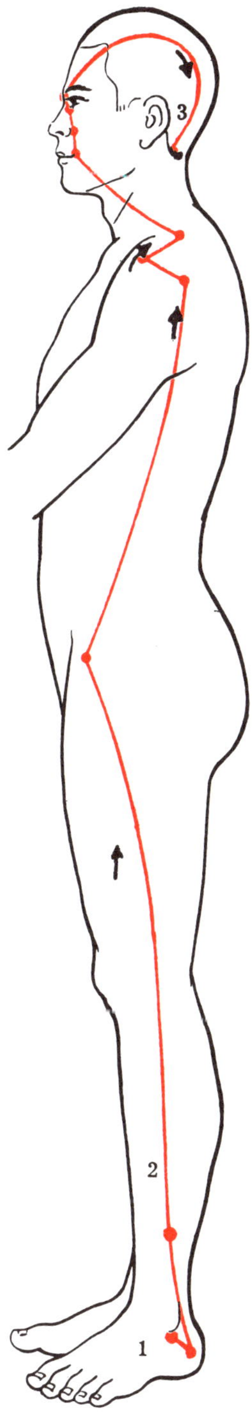

Abb. 111 YANGQIAO-Meridian (YANG-Gefäß der Beweglichkeit)

3.6 YINQIAO-Meridian (YIN-Gefäß der Beweglichkeit)

Verlauf

Der YINQIAO-Meridian (YIN-Gefäß der Beweglichkeit) beginnt am posterioren Teil des Kahnbeins (ZHAOHAI (N 6) (1) und steigt zum oberen Teil des inneren Malleolus auf (2). Von dort läuft er gerade aufwärts entlang der posterioren Grenze des medialen Teils des Oberschenkels (3) zu den äußeren Geschlechtsorganen (4). Dann steigt er weiter entlang der Brust (5) zur Fossa supraclavicularis (6) auf. Von dort geht er weiter seitlich des Adamsapfels aufwärts bis vor den Punkt RENYING (M 9) (7) und dann entlang des Jochbeines (8) weiter. Dann erreicht er den inneren Augenwinkel (JINGMING, B 1) und verbindet sich mit dem YANGQIAO-Meridian (9).

Die Verbindungspunkte dieses Meridians sind die Punkte ZHAOHAI (N 6), JIAOXIN (N 8) (Abb. 112).

3.7 YANGWEI-Meridian (YANG-Gefäß der Verbindung)

Verlauf

Der YANGWEI-Meridian (YANG-Gefäß der Verbindung) beginnt an der Ferse (JINMEN, B 63) (1). Er steigt zum äußeren Malleolus auf (2), läuft nach oben entlang des GALLENBLASEN-Meridians SHAOYANG Fuß, passiert die Hüftenregion (3) und steigt weiter aufwärts entlang des posterioren Teils der Hypochondral- und Rippenregion (4) zum posterioren Teil der Achsel und zur Schulter (5). Von dort geht er aufwärts zur Stirn (6) und läuft zurück zum Nacken, wo er sich mit dem DU-Meridian (Lenkergefäß) FENGFU (LG 16); YAMEN (LG 15) (7) trifft.

Die Verbindungspunkte des YANGWEI-Meridians (YANG-Gefäß der Verbindung) sind folgende: JINMEN (B 63), YANGJIAO (G 35), NAOSHU (Dü 10), TIANLIAO (3E 15), JIANJING (G 21), TOUWEI (M 8), BENSHEN (G 13), YANGBAI (G 14), Kopf-LINQI (G 15), MUCHUANG (G 16), ZHENGYING (G 17), CHENGLING (G 18), NAOKONG (G 19), FENGCHI (G 20), FENGFU (LG 16), YAMEN (LG 15) (Abb. 113).

3.8 YINWEI-Meridian (YIN-Gefäß der Verbindung)

Verlauf

Der YINWEI-Meridian (YIN-Gefäß der Verbindung) beginnt auf der medialen Seite des Beines (ZHUBIN, N 9) (1). Er steigt entlang des medialen Teils des Oberschenkels zum Bauch auf (2), um sich mit dem MILZ-Meridian TAIYIN Fuß zu verbinden (3). Dann läuft er entlang der Brust (4) und verbindet sich mit dem REN-Meridian (Konzeptionsgefäß) am Hals (TIANTU, KG 22; LIANQUAN, KG 23) (5).

Die Verbindungspunkte des YINWEI-Meridians (YIN-Gefäß der Verbindung) sind folgende: ZHUBIN (N 9), FUSHE (MP 13), DAHENG (MP 15), FUAI (MP 16), QIMEN (L 14), TIANTU (KG 22), LIANQUAN (KG 23) (Abb. 114).

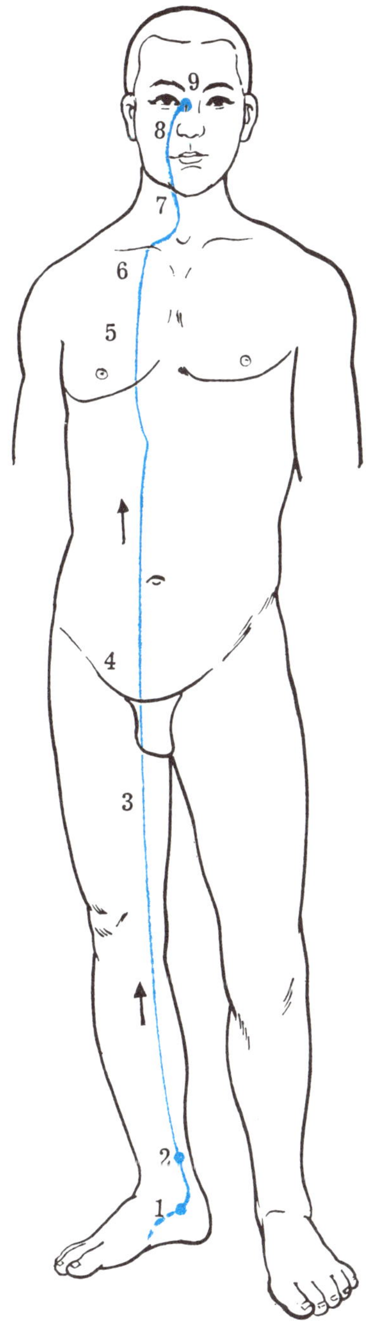

Abb. 112 YINQIAO-Meridian (YIN-Gefäß der Beweglichkeit)

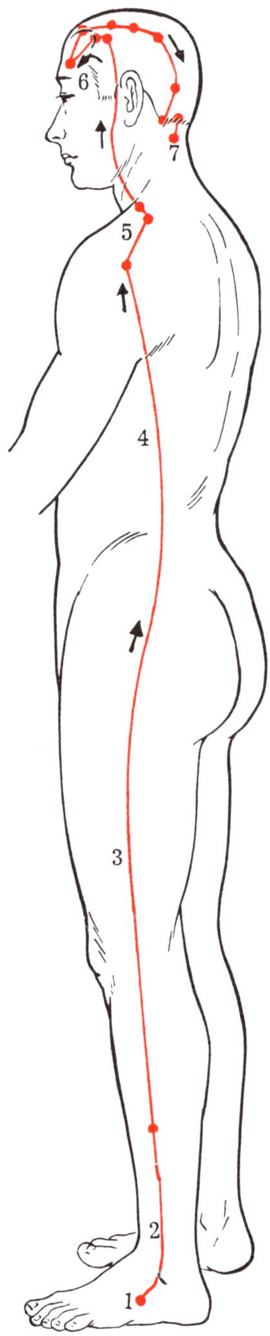

Abb. 113 YANGWEI-Meridian (YANG-Gefäß der Verbindung)

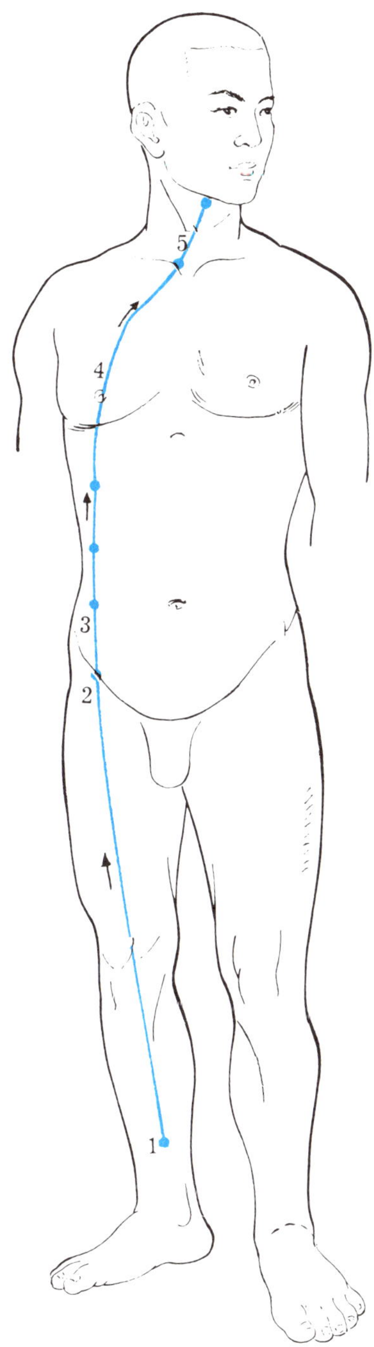

Abb. 114 YINWEI-Meridian (YIN-Gefäß der Verbindung)

3.9 Außerordentliche Punkte

3.9.1 YINTANG*

Lokalisation In der Mitte zwischen den medialen Enden der beiden Augenbrauen (Glabella), siehe Abb. 115.

Indikationen Krämpfe bei Kindern, Stirnkopfschmerz, Rhinorrhoe.

Methode Tangential circa 1 cm nach unten entlang der Haut einstechen oder Stechen mit der drei-schneidigen Nadel, um eine Blutung zu verursachen.

3.9.2 TAIYANG*

Lokalisation In der Mulde ungefähr 1 CUN posterior des Mittelpunktes zwischen den äußeren Enden der Augenbrauen und dem äußeren Augenwinkel, siehe Abb. 115.

Indikationen Kopfschmerzen, Rötung, Schwellung und Schmerzen des Auges.

Methode Senkrecht oder schräg circa 1 cm nach posterior einstechen oder Stechen mit der drei-schneidigen Nadel, um eine Blutung zu verursachen.

3.9.3 YUYAO*

Lokalisation In der Mitte der Augenbrauen. Wenn der Patient geradeaus schaut, befindet sich der Punkt direkt über der Pupille (Abb. 116).

Indikationen Schmerzen in der Supraorbitalregion, zuckende Augenlider, Trübung der Kornea, Rötung, Schwellung und Schmerzen der Augen.

Methode Tangential 0,5 bis 0,8 cm entlang der Haut einstechen.

3.9.4 SISHENCONG*

Lokalisation Dies ist eine Gruppe von vier Punkten am Scheitel, 1 CUN jeweils posterior, anterior und lateral des Punktes BAIHUI (LG 20), siehe Abb. 116.

Indikationen Kopfschmerz, Schwindel, Schlaflosigkeit, schwaches Gedächnis, Epilepsie.

Methode Schräg 1,5 bis 2,5 cm einstechen.

3.9.5 JINJIN, YUYE

Lokalisation Auf den Venen an beiden Seiten des Frenulums der Zunge, siehe Abb. 117.

Indikationen Dauerndes Erbrechen, Aphasie mit Steifheit der Zunge.

Methode Der Patient soll die Zungenspitze an den harten Gaumen hochstrecken. Die Vene wird mit der drei-schneidigen Nadel verletzt, um eine Blutung zu verursachen.

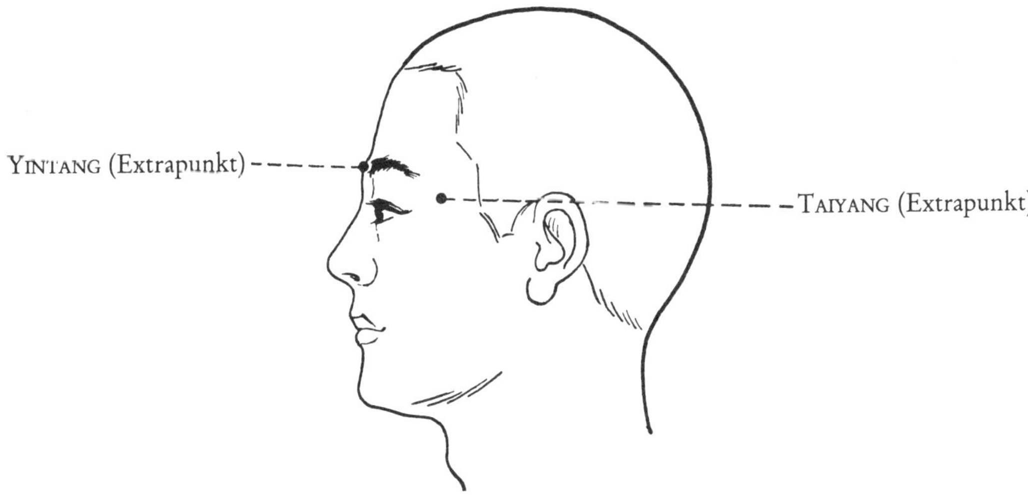

Abb. 115

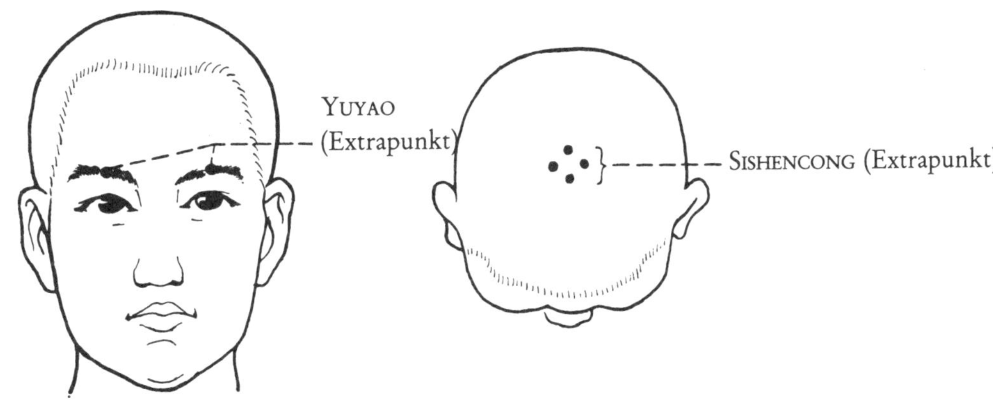

Abb. 116

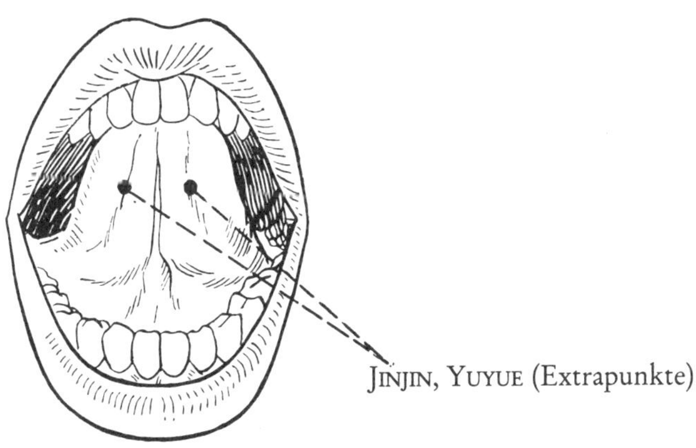

Abb. 117

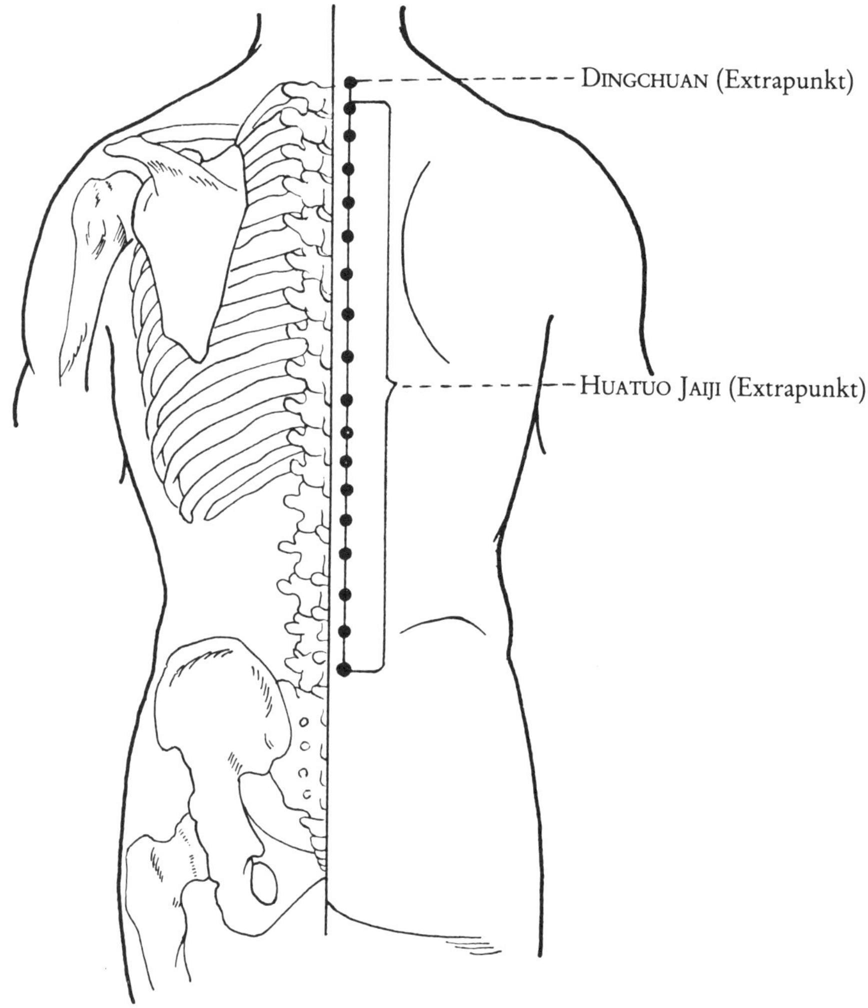

Abb. 118

3.9.6 DINGCHUAN (Asthma Erleichterung)

Lokalisation 0,5 CUN seitlich des Punktes DAZHUI (LG 14), siehe Abb. 118.

Indikationen Asthma, Husten, Nackensteifigkeit, Schmerzen in der Schulter und im Rükken.

Methode Schräg 1 bis 1,5 cm in Richtung Wirbelkörper einstechen, Moxibustion anwendbar.

3.9.7 HUATUO JIAJI*

Lokalisation

Dies ist eine Gruppe von Punkten auf beiden Seiten des Rückgrats an der äußeren Grenze eines jeden Processus spinosus vom ersten Brustwirbel bis zum fünften Lendenwirbel. Man glaubt, daß diese Punkte als SHU-(Rücken)-Punkte, auch YU-(Zustimmungs)-Punkte genannt, von dem berühmten alten Arzt HUATUO benutzt wurden. Unter den HUATUO JIAJI-Punkten befinden sich die BALIAO-Punkte, zum Beispiel SHANGLIAO (B 31), CILIAO (B 32), ZHONGLIAO (B 33) und XIALIAO (B 34) (Abb. 118).

Indikationen

Die Indikationen sind ähnlich der Indikationen der SHU-(Rücken)-Punkte. Die JIAJI-Punkte des oberen Rückens sind indiziert bei Störungen der Brust, des Herzens und der Lunge. Die Punkte des unteren Rückens sind indiziert bei Störungen des Oberbauches, der Leber, der Gallenblase, der Milz und des Magens. Die Punkte der Lendenregion werden bei Störungen des unteren Bauches, der Niere, des Darmes, der Blase und der Beine gestochen.

Methode

Senkrecht entlang der lateralen Seite des Processus spinosus einstechen, 1 bis 2,5 cm für Punkte entlang der Brustwirbelsäule und 3 bis 5 cm für Punkte entlang der Lendenwirbelsäule, Moxibustion anwendbar.

3.9.8 WEIGUANXIASHU

Lokalisation

1,5 CUN seitlich der unteren Grenze des Processus spinosus des achten Brustwirbels, siehe Abb. 119.

Indikationen

Erbrechen, Bauchschmerzen.

Methode

Schräg 1 bis 2 cm einstechen, Moxibustion anwendbar.

3.9.9 YAOYAN

Lokalisation

In der Mulde seitlich des Zwischenraumes zwischen dem Processus spinosus des vierten und fünften Lendenwirbels. Dieser Punkt wird in nach vorne gebeugter Position des Patienten bestimmt (Abb. 119).

Indikationen

Lungentuberkulose, unregelmäßige Menstruation, Rückenschmerzen.

Methode

Senkrecht 1 bis 3 cm einstechen, Moxibustion anwendbar.

3.9.10 SHIQIZHUI (17. Wirbel)

Lokalisation

In der Mulde unter dem Processus spinosus des fünften Lendenwirbels, siehe Abb. 119.

Indikation

Rückenschmerzen.

Methode

Senkrecht 1 bis 2,5 cm einstechen, Moxibustion anwendbar.

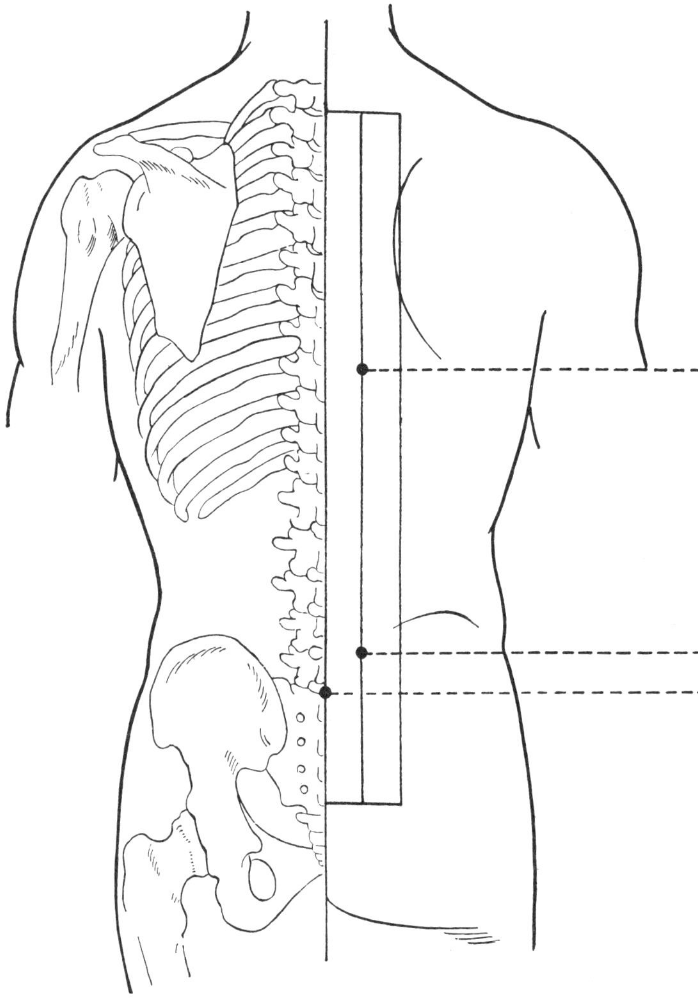

Abb. 119

3.9.11 Bauch-ZIGONG

Lokalisation 4 CUN unterhalb des Nabels, 3 CUN seitlich des Punktes ZHONGJI (KG 3), siehe Abb. 120.

Indikationen Gebärmuttervorfall, unregelmäßige Menstruation.

Methode Senkrecht 2,5 bis 3,5 cm einstechen, Moxibustion anwendbar.

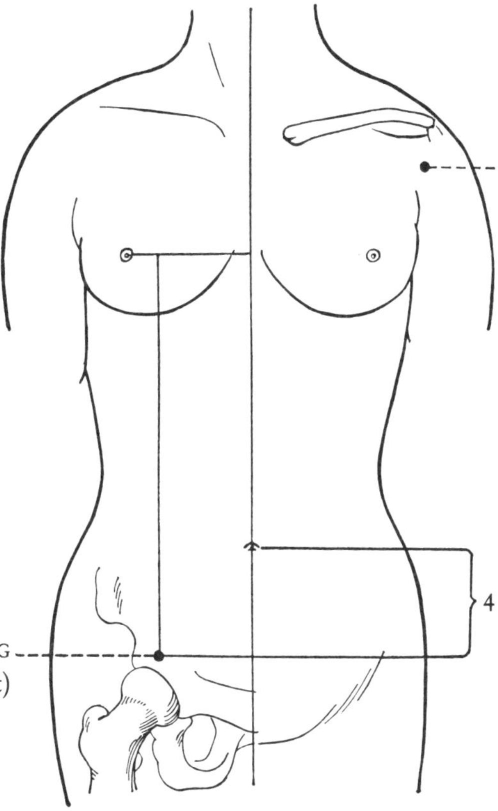

Abb. 120

3.9.12 JIANQIAN, auch bekannt als JIANNEILING

Lokalisation

Wenn der Arm angelegt ist, befindet sich der Punkt in der Mitte zwischen dem Ende der vorderen Achselfalte und dem Punkt JIANYU (Di 15), siehe Abb. 120.

Indikationen

Schmerzen in der Schulter und im Arm, Lähmungen der oberen Extremität.

Methode

Senkrecht 1,5 bis 2,5 cm einstechen, Moxibustion anwendbar.

3.9.13 ZHONGQUAN

Lokalisation

Am Rücken des Handgelenkes, radialseitig der Sehne des Musculus extensor digitorum communis, in der Mulde zwischen dem Punkt YANGCHI (3E 5) und dem Punkt YANGXI (Di 5), siehe Abb. 121.

Indikationen

Erstickungsgefühl in der Brust, Bluterbrechen, Magenschmerzen.

Methode

Senkrecht circa 1 cm einstechen, Moxibustion anwendbar.

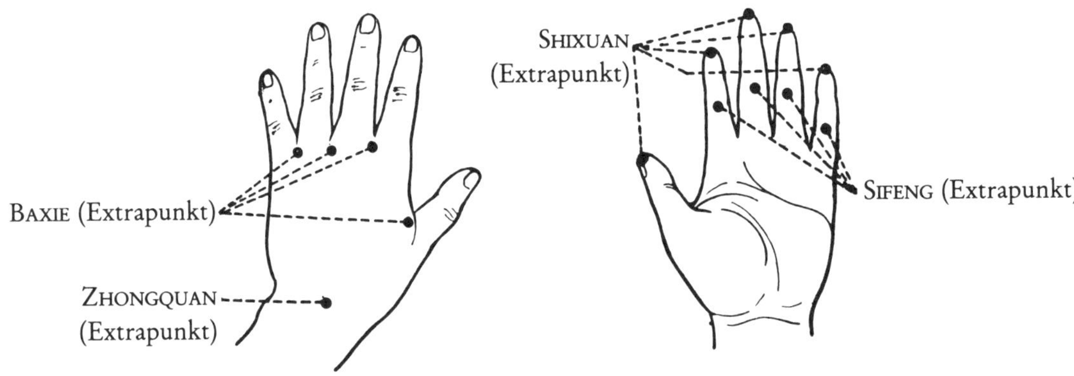

Abb. 121

3.9.14 SIFENG

Lokalisation Auf der Handinnnenfläche, in der transversalen Falte des proximalen interphalangealen Gelenks des Zeige-Mittel-Ring- und kleinen Fingers, siehe Abb. 121.

Indikationen Fehlernährung und Verdauungsstörungen bei Kindern.

Methode Stechen mit der drei-schneidigen Nadel und Ausdrücken einer kleinen Menge gelber, visköser Körperflüssigkeit.

3.9.15 SHIXUAN

Lokalisation Auf der Spitze der zehn Finger, ungefähr 0,1 CUN distal der Fingernägel, siehe Abb. 121.

Indikationen Schlaganfall, fiebrige Erkrankungen, Koma, Halsentzündung, Taubheit der Fingerspitzen.

Methode Stechen mit der drei-schneidigen Nadel, um eine Blutung zu verursachen.

3.9.16 BAXIE

Lokalisation Auf dem Handrücken, auf den Schwimmhäuten zwischen den fünf Fingern beider Hände, insgesamt acht Punkte. Der Patient soll eine lockere Faust machen, um die Punkte zu lokalisieren. Siehe Abb. 121.

Indikationen Rötungen und Schwellung des Handrückens, Spasmus und Kontraktur der Finger.

Methode Schräg circa 1 cm in Richtung der Zwischenräume der metakarpalen Knochen einstechen.

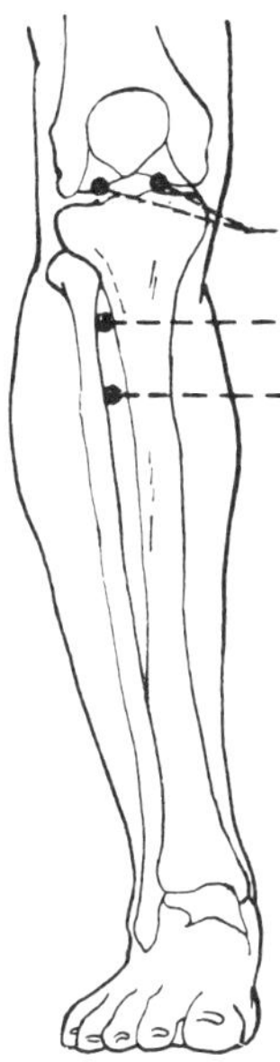

Abb. 122

3.9.17 XIYAN

Dies sind paarweise Punkte in den beiden Mulden medial und lateral des Ligamentum patellare. Sie werden als medialer bzw. lateraler XIYAN bezeichnet, sie werden bei gebeugtem Knie lokalisiert (Abb. 122). *Lokalisation*

Schmerzen und Kälte im Knie, Schwäche der unteren Extremitäten. *Indikationen*

Schräg 1 bis 2,5 cm in Richtung der Mitte der Kniescheibe einstechen, Moxibustion anwendbar. *Methode*

3.9.18 LANWEI* (Blinddarm)

Ungefähr 2 CUN unterhalb des Punktes ZUSANLI (M 36), siehe Abb. 122. *Lokalisation*

Blinddarmentzündung, Muskelatrophie, Bewegungsbeeinträchtigung und BI-Syndrom (siehe Teil 3, Kapitel 3.28) der unteren Extremitäten. *Indikationen*

Senkrecht 1 bis 3 cm einstechen. *Methode*

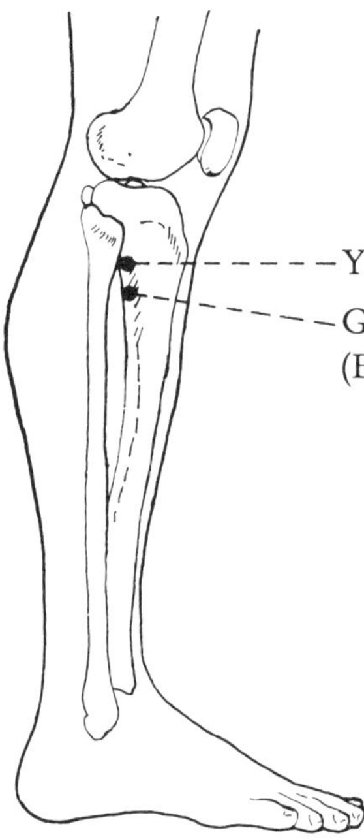

Abb. 123

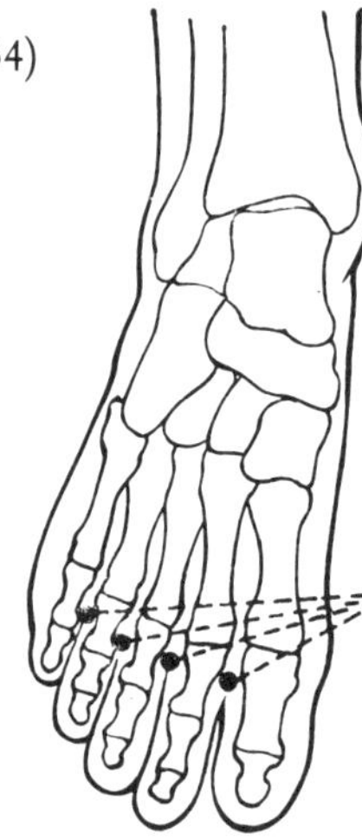

Abb. 124

3.9.19 DANNANG* (Gallenblase)

Lokalisation Ungefähr 1 CUN unterhalb des Punktes YANGLINGQUAN (G 34), siehe Abb. 123.

Indikationen Schmerzen in der Hypochondralregion, Muskelatrophie, Bewegungsbeeinträchtigung, Schmerzen und Schwäche der unteren Extremitäten.

Methode Senkrecht 1 bis 3 cm einstechen.

3.9.20 BAFENG

Lokalisation Auf dem Fußrücken, auf den Schwimmhäuten zwischen den fünf Zehen, proximal den Rändern der Schwimmhäute, insgesamt acht Punkte, siehe Abb. 124.

Indikationen Beriberi, Rötung und Schwellung des Fußrückens.

Methode Schräg aufwärts circa 1 cm einstechen.

Teil 3

Akupunktur- und Moxibustionstherapie (mit Schröpfen)

Kapitel 1
Technik der Akupunktur und Moxibustion

Akupunktur und Moxibustion sind zwei verschiedene Behandlungsmethoden, die aber häufig in der Klinik miteinander angewendet werden. Akupunktur behandelt Krankheiten durch Stechen bestimmter Punkte des Körpers mit Metallnadeln, während bei der Moxibustion die Punkte der Hautoberfläche durch entzündete Moxawolle erhitzt werden. Obwohl die Ausrüstung bzw. das Material, das bei den beiden Methoden verwendet wird, unterschiedlich sind, werden die therapeutischen und vorsorgenden Ergebnisse beider Behandlungsmethoden durch die Förderung der gleichmäßigen Zirkulation in den Meridianen und die Einstellung von QI und Blut durch die Stimulierung der Akupunkturpunkte und Meridiane erreicht. In diesem Kapitel werden die gemeinsam benutzten Methoden der Akupunktur und Moxibustion vorgestellt. Da die dünne Nadel das Hauptinstrument der Akupunktur darstellt, wird deren Handhabung ausführlich beschrieben.

1.1 Handhabung der dünnen Nadel

1.1.1 Die Nadeln und wie man sie benutzt

(1) Nadel

Die Nadeln können aus Gold, Silber oder einer Legierung sein. Die Nadeln, die heutzutage hauptsächlich im Gebrauch sind, sind aus hochwertigem, rostfreiem Stahl hergestellt. Entsprechend ihrer grundlegenden Struktur kann die dünne Nadel in vier Teile eingeteilt werden: Griff, Ansatz, Nadelkörper und Nadelspitze (Abb. 125).

(2) Größe und Länge der Nadeln

Die Größe und die Länge der Nadeln, die hauptsächlich benutzt werden, sind folgende (Tab. 12 und 13): Eine gute Nadel ist stark und flexibel, hat einen runden, glatten Nadelkörper und eine piniennadelförmige Spitze.

(3) Handhabung der Nadel

Die dünne Nadel ist sehr fein und flexibel. Ihre Handhabung fordert eine präzise Fingerkraft, um sie geschickt in die Haut einzustechen und frei zu manipulieren. Um den Schmerz für den Patienten möglichst klein zu halten,

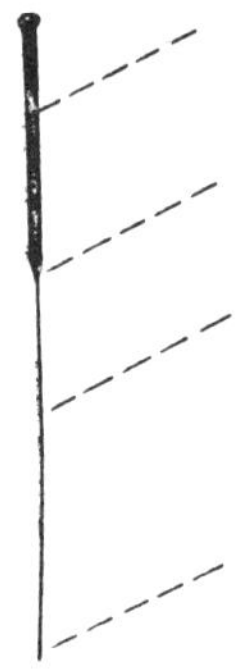

Abb. 125
Dünne Nadel

Abb. 126 Üben des Stechens mit gefaltetem Papier

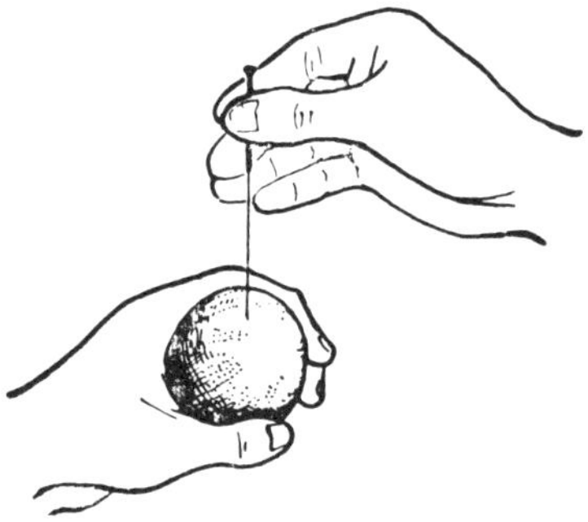

Abb. 127 Üben des Stechens mit einem Baumwollkissen

Tab. 12

Inch	0,5	1,0	1,5	2,0	2,5	3,0	4,0	5,0
mm.	12,7	25,4	38,1	50,8	63,5	76,2	101,6	127

Tab. 13

Gauge	26	28	30	32
Durchmesser (mm)	0,46	0,38	0,32	0,26

muß die geeignete Fingerkraft durch häufiges Üben erlernt werden. Es ist ratsam, die Übungen mit einer kürzeren und dickeren Nadel zu beginnen, um dann zu einer feineren und längeren Nadel fortzuschreiten.

(4) Übungen mit Papier

Ein dünnes, weiches Blatt Papier wird in ein kleines Paket von ungefähr 5 x 8 cm und 1 cm Dicke gefaltet. Das Papierpaket wird in der linken Hand gehalten. Die Nadel wird mit dem Daumen, dem Zeigefinger und dem Mittelfinger der rechten Hand gehalten. Die Nadel wird in das Papier hinein und wieder herausrotiert. Wenn die Fingerkraft stärker wird, kann die Dicke des Papierpaketes erhöht werden (Abb. 126).

Üben mit einem kleinen Baumwollkissen von ungefähr 5 bis 6 cm Durchmesser, das in Gaze gewickelt ist. Das Kissen wird in der linken Hand, die Nadel mit Daumen, Zeigefinger und Mittelfinger der rechten Hand gehalten. Es werden das Einstechen der Nadel, die Auf- und Abwärtsbewegung der Nadel und die Rotation der Nadel geübt (Abb. 127). *(5) Übungen mit Baumwollkissen*

Nach dem Üben mit Papier und Baumwollkissen wird am eigenen Körper geübt, um eine persönliche Erfahrung des Akupunkturgefühls in der klinischen Praxis zu erhalten. *(6) Üben am eigenen Körper*

1.1.2 Vorbereitung der Behandlung

Nadeln verschiedener Größe, ein Instrumententray, Zangen, sterile Baumwolltupfer, 75%-iger Alkohol oder 1,5%-ige Jodlösung. Die Nadeln sollen sorgfältig auf eventuelle Biegungen oder Erosionen geprüft werden. Die Spitze der Nadel sollte weder zu stumpf noch zu scharf sein, noch sollte die Nadel verbogen sein. *(1) Ausrüstung*

Die strikte Sterilität der Nadel ist eine unbedingte Forderung. Dazu wird ein Autoklav benutzt. Das Akupunkturgebiet an der Körperoberfläche wird mit 75%-igem Alkohol oder 1,5%-iger Jodlösung desinfiziert. Die Finger des Behandlers sind routinemäßig zu desinfizieren. *(2) Sterilisation*

Die vollständige Zugänglichkeit der Akupunkturpunkte, die ausgewählt wurden, bestimmt die Position des Patienten. Der Behandler sollte ohne Behinderung arbeiten können, während der Patient sich in einer bequemen und entspannten Position befindet. Klinisch unterscheidet man entsprechend der Punkt-Auswahl folgende Lagen des Patienten: Sitzende Position mit Unterarmen auf dem Tisch abgelegt, sitzende, aufrechte Position mit beiden Ellbogen gebeugt und auf dem Tisch aufgelegt, Seitenlage des Patienten, Rückenlage oder Bauchlage (Abb. 128 bis 132). *(3) Position des Patienten*

1.1.3 Einstechen und Herausziehen der Nadel

Die Nadel wird in der rechten Hand gehalten, mit Daumen und Zeigefinger am Nadelgriff. Der Mittelfinger unterstützt den Zeigefinger nahe des Nadelansatzes (Abb. 133). Die linke Hand drückt auf das Gebiet nahe des Punktes. Die Koordination der beiden Hände ist wichtig für ein rasches Eindringen der Nadelspitze in die Haut, was den Schmerz des Einstechens reduziert. *(1) Einstechen*

Entsprechend der Länge der Nadel und der Lokalisation des Punktes gibt es verschiedene Methoden des Einstechens. Die vier Haupttechniken sind folgende: *Vier Einstichtechniken*

(a) Das Einstechen der Nadel wird durch den Druck der Finger der linken Hand geführt: Der Nagel des Daumens oder des Zeigefingers drückt am Akupunkturpunkt auf die Haut, dann wird die Nadel unter Führung des

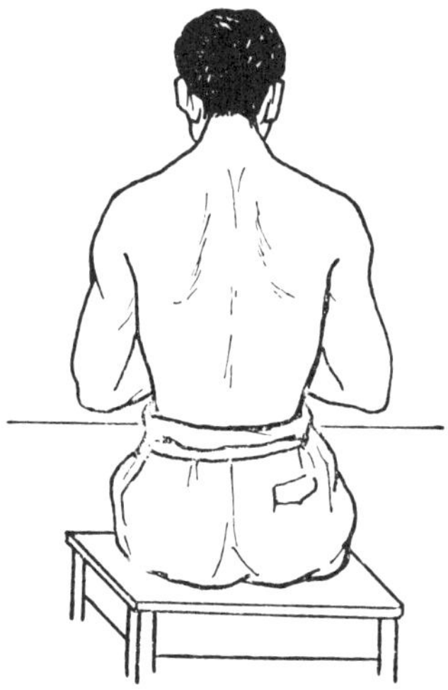

Abb. 128
Leicht gebeugtes Sitzen

Abb. 129 Aufrechtes Sitzen mit gebeugten Ellbogen auf dem Tisch abgestützt

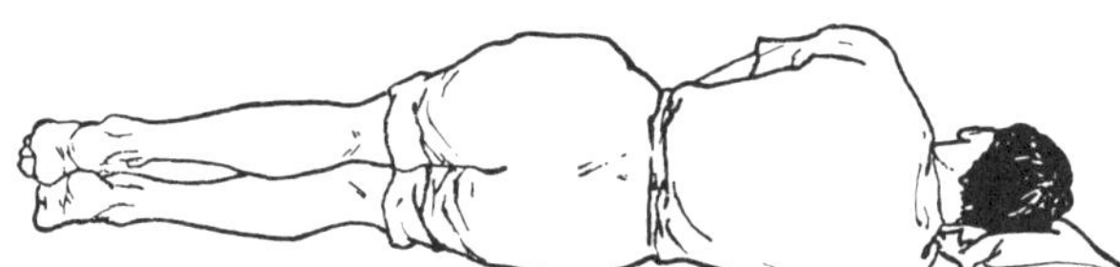

Abb. 130 Seitenlage

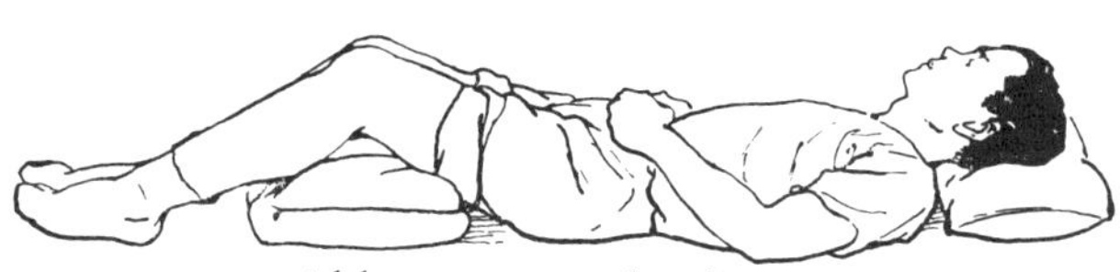

Abb. 131 Rückenlage

Abb. 132 Bauchlage

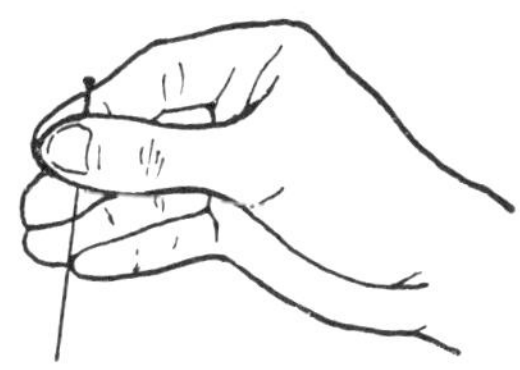

Abb. 133 Halten der Nadel

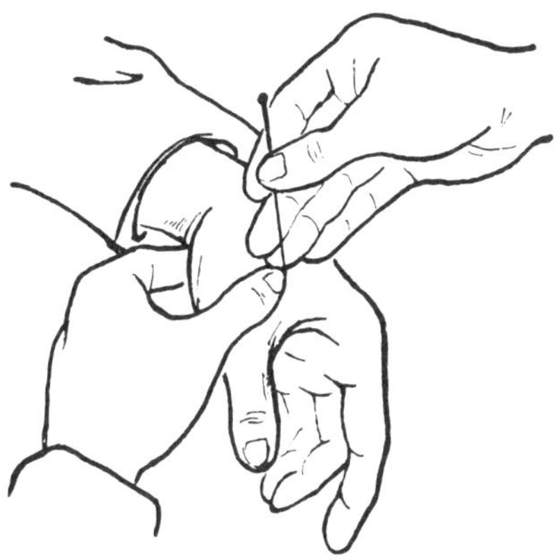

Abb. 134 Drücken mit dem Finger

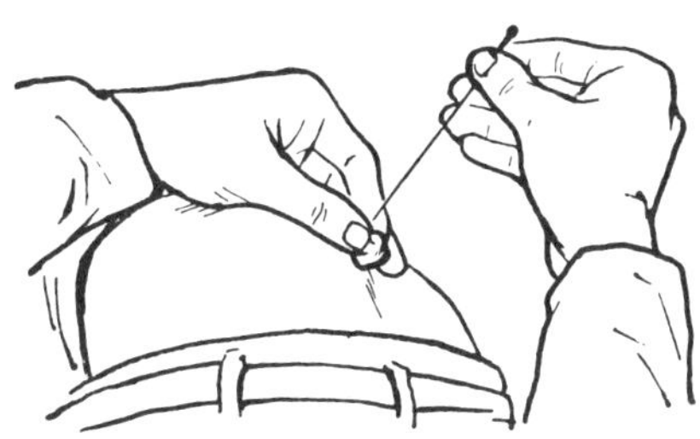

Abb. 135 Koordination der Finger beider Hände

Fingernagels in den Punkt eingestochen. Diese Methode ist nützlich für das Akupunktieren mit kurzer Nadel, zum Beispiel am Punkt NEIGUAN (KS 6) und ZHAOHAI (N 6) usw. (Abb. 134).

(b) Einstechen der Nadel mit Hilfe der akupunktierenden und unterstützenden Hand: Die Spitze der Nadel wird in einem Baumwolltupfer mit dem Daumen und dem Zeigefinger der unterstützenden Hand direkt über den ausgewählten Punkt gehalten. Die akupunktierende Hand hält den Griff der Nadel. Während die unterstützende Hand die Nadelspitze in die Haut eindrückt, führt die akupunktierende Hand die Nadel nach unten bis zur gewünschten Tiefe.

Diese Methode ist anwendbar bei Akupunktur mit langen Nadeln, zum Beispiel HUANTIAO (G 30), ZHIBIAN (B 54) usw. (Abb. 135).

(c) Einstechen der Nadel, während die Finger der unterstützenden Hand die Haut spannen: Die Haut wird um den Akupunkturpunkt mit Daumen und Zeigefinger der unterstützenden Hand angespannt, um das Einstechen der

Nadel zu erleichtern. Diese Methode ist indiziert bei Punkten, die in lockeren Hautarealen liegen, zum Beispiel QICHONG (M 30), GUANYUAN (KG 4), Punkte auf dem Bauch usw. (Abb. 136).

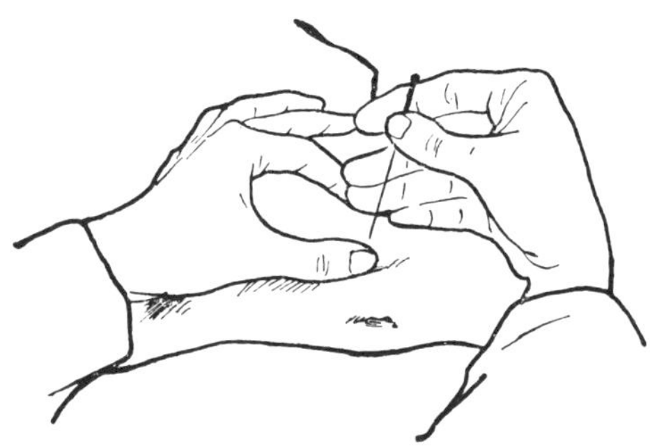

Abb. 136 Dehnen der Haut

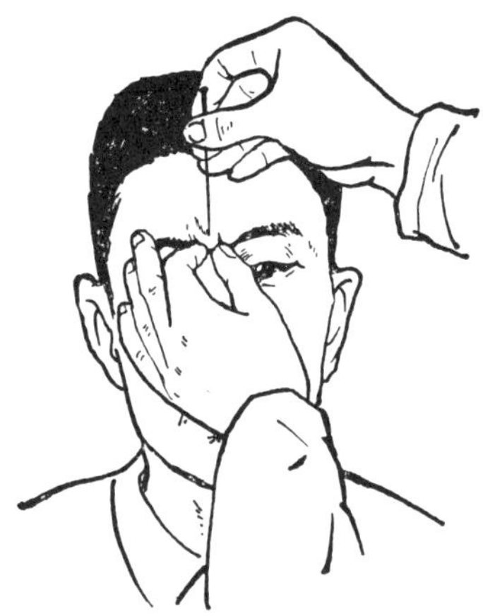

Abb. 137 Klemmen der Haut

(d) Einstechen der Nadel, während die unterstützende Hand die Haut zusammenkneift: Die Haut um den Akupunkturpunkt wird mit dem Daumen und dem Zeigefinger der unterstützenden Hand zusammengekniffen, während die Nadel mit der akupunktierenden Hand seitlich in die Haut eingestochen wird. Diese Methode ist angenehm für das Akupunktieren am Kopf und im Gesicht, wo das Weichgewebe dünn ist, zum Beispiel ZANZHU (B 2), DICANG (M 4), YINTANG (Extrapunkt) usw. (Abb. 137).

(2) Einstichwinkel

Der Winkel, der durch die Nadel mit der Hautoberfläche beim Akupunktieren gebildet wird, hängt von der Lokalisation des Punktes und der therapeutischen Aufgabe ab. Es gibt drei verschiedene Winkel:

(a) Senkrecht, wobei die Nadel senkrecht (90-Grad-Winkel der Nadel zur Hautoberfläche) eingestochen wird. Die meisten Akupunkturpunkte an der Körperoberfläche können senkrecht gestochen werden.

(b) Schräg, wobei die Nadel schräg in einem Winkel von ungefähr 45 Grad zur Hautoberfläche eingestochen wird. Diese Methode ist bei Akupunkturpunkten angezeigt, die über dünnen Muskeln oder nahe wichtiger innerer Organe liegen, zum Beispiel LIEQUE (Lu 7) am Unterarm, JIUWEI (KG 15) in der Bauchregion, QIMEN (L 14) auf der Brust, Punkte am Rücken usw.

(c) Transversal, auch bekannt als horizontale Akupunktur, wenn die Nadel in einem Winkel von 15 bis 25 Grad zur Hautoberfläche eingestochen wird. Diese Methode wird bevorzugt bei Akupunkturpunkten im Gesicht und am Kopf, wo der Muskel dünn ist, zum Beispiel BAIHUI (LG 20) und TOUWEI (M 8) am Kopf, ZANZHU (B 2), YANGBAI (G 14), DICANG (M 4) im Gesicht, SHANZHONG (KG 17) usw. (Abb. 138).

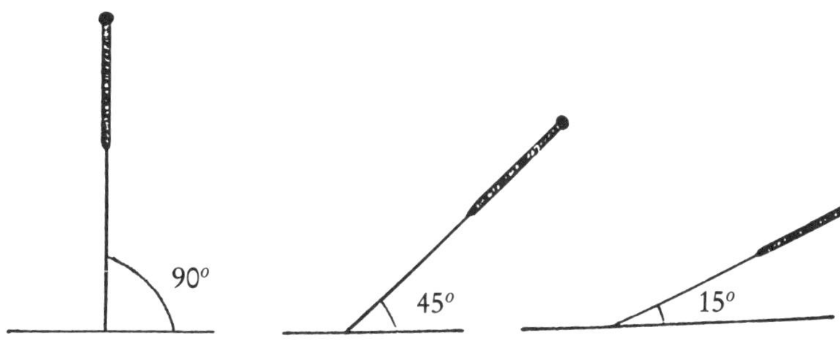

Abb. 138 Einstichrichtung der Nadel

(3) Tiefe des Nadeleinstiches

Dies hängt von der Dicke des Gewebes am Akupunkturpunkt, vom pathologischen Zustand und von der Stärke der Empfindung des Patienten ab. Als Regel gilt: Punkte an den Extremitäten, am Bauch und an der Lumbosakralregion können tief gestochen werden.

(4) Herausziehen der Nadel

Um einer Blutung am Akupunkturpunkt und Nachschmerzen vorzubeugen, ist es notwendig, die Nadel leicht vor- und zurückzurotieren, bevor sie herausgezogen wird. Dann wird ein Baumwolltupfer leicht auf die Einstichstelle gepreßt.

1.1.4 Das Auftreten des Nadelgefühls QI und die Methode der Tonisierung und der Sedierung (Zuführung und Ableitung)

(1) Das Ankommen des Nadelgefühles QI

Wenn die Nadel bis zu einer bestimmten Tiefe eingestochen worden ist, kann der Patient Schmerzen, Taubheit oder Spannung um den Punkt empfinden. Der Behandler kann zum selben Zeitpunkt um die Nadel eine Entspannung fühlen. Dies ist als die Ankunft des Nadelgefühles QI am Akupunkturpunkt bekannt. Dann wird entsprechend dem pathologischen Zustand eine Tonisierungs- bzw. Sedierungsprozedur angewendet. Wenn das Nadelgefühl

QI ausbleibt, soll überprüft werden, ob der Akupunkturpunkt genau lokalisiert worden ist oder die Richtung der Nadel korrekt ist. Wenn das Nadelgefühl QI immer noch nicht ankommt, kann die Nadel für kurze Zeit belassen werden oder leicht mit Auf- und Abbewegungen manipuliert werden. Das Nadelgefühl QI kann auch durch Manipulationen herbeigeführt werden:

(a) Quirlen der Nadel mit Daumen und Zeigefinger der akupunktierenden Hand in einer Richtung mit einer Amplitude von 360 Grad oder mehr. Die Manipulation kann, wenn notwendig, einmal oder zweimal wiederholt werden.

(b) Riffeln am Nadelgriff: Wenn die Nadel sich in ihrer endgültigen Position befindet, wird sie durch Auflegen des Daumens der akupunktierenden Hand stabilisiert. Dann wird mit dem Nagel des Zeigefingers oder Mittelfingers von unten nach oben über den Nadelgriff geriffelt.

(c) Vibrieren der Nadel: Die Nadel wird mit der akupunktierenden Hand gehalten und sehr schnell bei kleiner Amplitude auf und ab bewegt, um eine Vibration zu verursachen.

Ein fehlendes Nadelgefühl QI kann bei einigen Patienten Folge einer lokalen Verstopfung des Meridians sein. In diesem Fall soll eine starke Manipulation beendet und eine milde Moxibustion appliziert werden. Es können auch andere Akupunkturpunkte ausgewählt werden, um das QI des Meridians zu stimulieren.

Es gibt trotzdem Patienten mit schwacher Konstitution, die keine Antwort auf Akupunktur durch jedwede Methode geben. Bei diesen Patienten können Therapieerfolge nicht erwartet werden.

(2) Manipulationsmethoden

Allgemein gebräuchliche Tonisierungs- und Sedierungsmethoden (Zuführung und Ableitung).

Es gibt verschiedene Manipulationsmethoden, die sich unter Tonisierung oder Sedierung (Zuführung oder Ableitung) einteilen lassen. Die Methoden werden entsprechend der Natur der Erkrankung, die entweder zum Fülle-SHI- oder Leere-XU-Typ gehört, gebraucht.

Die Tonisierungsmanipulation wird angewendet, um einen Mangel der Lebensfunktion zu korrigieren und eine Stärkung der Körperabwehr zu bewirken, während die Sedierungsmanipulation gebraucht wird, um ein Übermaß an krankheitsverursachenden Faktoren zu eliminieren. Durch diese Methoden werden therapeutische Erfolge erzielt. Eine reichhaltige Erfahrung über ihren Gebrauch hat sich bei Ärzten seit jeher angesammelt. Im folgenden werden die am häufigsten gebrauchten Methoden kurz beschrieben.

(a) Heben und Senken der Nadel

Die Wirkung der Tonisierung bzw. Sedierung wird erreicht durch die Geschwindigkeit und die Kraft von wiederholtem Heben und Senken der Nadel.

Tonisierung: Wenn das Nadelgefühl QI erreicht ist, wird die Nadel leicht und langsam gehoben und stark und rasch gesenkt.

Sedierung: Die Nadel wird kräftig und schnell gehoben und dann leicht und langsam wieder gesenkt.

(b) Methode der Rotation der Nadel

Die Wirkung der Tonisierung bzw. Sedierung hängt von der Amplitude und der Geschwindigkeit der Nadelrotation ab.

Tonisierung: Wenn die Nadel eine bestimmte Tiefe erreicht hat, wird sie langsam mit einer kleinen Amplitude vor- und zurückrotiert.

Sedierung: Die Nadel wird mit einer großen Amplitude schnell vor- und zurückrotiert.

Tab. 14

Manipulation der Nadel nach dem Nadelgefühl QI	Tonisierung	Sedierung
Heben und Senken der eingestochenen Nadel	Schnelles und starkes Senken der Nadel, leichtes und langsames Heben der Nadel	Schnelles und kraftvolles Heben der Nadel, leichtes und langsames Senken der Nadel
Rotieren der Nadel	Kleine Amplitude mit niedriger Frequenz	Große Amplitude mit hoher Frequenz

(c) Gleichmäßige Bewegung

Diese Methode wird bei der Behandlung von Krankheiten benutzt, die zu beiden Typen, sowohl Fülle-SHI- als auch Leere-XU-Typ, gehören. Die Nadel wird in eine bestimmte Tiefe bis zum Auftreten des Nadelgefühls QI eingestochen, dann wird die Nadel gleichmäßig und mit leichter Geschwindigkeit rotiert, gehoben und gesenkt, um eine milde Empfindung zu verursachen. Die Nadel wird auch langsam wieder herausgezogen (Tab. 14).

Die Methode des Hebens und Senkens und die Rotationsmethode können gemeinsam mit einer der beiden als Hauptmethode benutzt werden. Die Anwendung der oben beschriebenen Manipulationsmethoden hängt von der Natur der Krankheit ab, zum Beispiel Fülle-SHI-Typ oder Leere-XU-Typ oder auch von der Lokalisation der Punkte über einem dünnen oder dicken Muskel.

Die Wirkung der Tonisierungs- und Sedierungsmethode der Akupunktur hängt hauptsächlich von der allgemeinen Gesundheit des Patienten ab. Wenn die Lebensenergie unbeschädigt ist und die Körperabwehr gut ist, ist eine sofortige Antwort auf die Akupunktur zu erwarten. Ein therapeutischer Erfolg kann leicht erzielt werden. Im anderen Fall kann der therapeutische Erfolg ungewiß sein. Mit anderen Worten: Die Wirkung der Tonisierungs- und Sedierungsprozeduren ist direkt abhängig vom Zustand der Lebensfunktion des Organismus.

Darüber hinaus wird die Wirkung der Tonisierung bzw. Sedierung vom pathologischen Zustand beeinflußt. Das bedeutet, verschiedene Wirkungen können bei verschiedenen pathologischen Zuständen auftreten. Zum Beispiel kann der Blutdruck bei einem Patienten mit Überdruck gesenkt werden und bei einem Patienten mit Unterdruck angehoben werden. Ähnlich kann die Akupunktur bei Darmkrämpfen krampflösend wirken, während sie die Peristaltik bei Darmlähmung fördert.

Die Wirkung der Tonisierung- und Sedierungsmanipulation steht auch in enger Beziehung mit den therapeutischen Eigenschaften der Akupunkturpunkte. Das Stechen der Punkte ZUSANLI (M 36), QIHAI (KG 6), GUANYUAN (KG 4), SHENSHU (B 23) wird eine tonisierende Wirkung auf die Förderung funktioneller Aktivitäten haben. Auf der anderen Seite wird ein sedierender Effekt erreicht, indem die Punkte SHIXUAN (Extrapunkt), WEIZHONG (B 40), QUZE (KS 3) in der Absicht akupunktiert werden, das Fieber herunterzubringen und das Übermaß des krankheitsverursachenden Faktors zu reduzieren. Daher ist klinisch die Auswahl der Akupunkturpunkte entsprechend dem pathologischen Zustand vom Fülle-SHI- und Leere-XU-Typ ein wichtiger Weg, um tonisierende und sedierende Effekte zu erreichen.

1.1.5 Vorsichtsmaßnahmen

(1) Es ist ratsam, nur wenige Nadeln zu stechen. Die Akupunktur sollte bei Patienten, die ausgehungert oder überernährt, berauscht, erschöpft oder sehr schwach sind, nicht angewendet werden.

(2) Es ist kontraindiziert, Punkte am Unterbauch und in der Lumbosakralregion bei schwangeren Frauen im ersten bis dritten Monat zu stechen. Nach dreimonatiger Schwangerschaft ist es kontraindiziert, Punkte in der Hypochondralregion zu stechen und Punkte, die eine starke Reaktion erwarten

lassen, zu stechen, zum Beispiel HEGU (Di 4), SANYINJIAN (MP 6), KUNLUN (B 60) und ZHIYIN (B 67). Die Fontanellenregion bei Kindern sollte nicht akupunktiert werden.

(3) Die medizinische Literatur der Vergangenheit kontraindiziert bestimmte Punkte. Die meisten dieser Punkte sind nahe wichtiger Organe oder großer Blutgefäße lokalisiert, zum Beispiel CHENGQI (M 1), der sich unterhalb der Pupille befindet, JIUWEI (KG 15) neben wichtigen inneren Organen, JIMEN (MP 11) genau über der Arteria femoralis usw. Diese Punkte sollten generell schräg oder horizontal gestochen werden, um Zwischenfälle zu vermeiden.

1.1.6 Beherrschung möglicher Zwischenfälle und Notfälle bei der Akupunktur

(1) Kollaps, Ohnmacht

Dies kann als Folge einer Schwäche oder Nervosität wegen erstmaliger Akupunktur oder zu kräftiger Manipulation auftreten. Die Vorzeichen sind Schwindel und Vertigo, Reizbarkeit, Übelkeit, Blässe, stierende Augen und teilnahmsloses Auftreten. In schweren Fällen kann es zum Schock, Bewußtlosigkeit und tiefem Puls kommen. Die Nadeln sollten sofort entfernt werden. Der Patient wird aufgefordert, sich zu entspannen. Der Behandler hilft ihm, sich niederzulegen. In leichten Fällen können warme Getränke angeboten werden. Die Symptome werden nach einer kurzen Ruhepause verschwinden. In schweren Fällen soll der Punkt RENZHONG (LG 26) mit dem Fingernagel gedrückt werden oder die Punkte RENZHONG (LG 26) und ZHONGCHONG (KS 9) akupunktiert werden. Moxibustion kann an den Punkten BAIHUI (LG 20) und ZUSANLI (M 36) angewendet werden. Im allgemeinen wird der Patient auf diese Maßnahmen ansprechen, wenn nicht, müssen andere Notfallmaßnahmen eingeleitet werden.

(2) Festsitzende Nadel

Nachdem die Nadel eingestochen ist, ist es manchmal schwierig oder unmöglich, die Nadel zu rotieren, zu heben und zu senken. Diese Situation, bekannt als festsitzende Nadel, kann Folge verschiedener Ursachen sein. Falls es die Folge eines Muskelkrampfes ist, sollte die Nadel für eine Weile belassen werden, um dann rotierend entfernt zu werden. Eine andere Methode ist, das Gebiet um die Nadel zu massieren oder einen benachbarten Punkt zu stechen, um die Muskelspannung herabzusetzen. Wenn sich die Nadel in fibrösem Gewebe verfilzt, soll leicht und langsam rotiert werden, um die Nadel zu lösen. Die Nadel soll vorsichtig gehoben und gesenkt werden, bis sich der Muskel vollständig entspannt. Dann kann die Nadel herausgezogen werden.

(3) Gebogene Nadel

Dies geschieht im allgemeinen, wenn die Nadel mit ungleichmäßiger Fingerkraft oder zu kräftig eingestochen wird oder wenn die Nadel auf hartes Gewebe trifft. Der Griff der Nadel kann aus Unachtsamkeit umgebogen werden, oder der Patient kann plötzlich seine Position verändern, während die Nadel plaziert wird. Wenn die Nadel leicht gebogen ist, kann die Nadel langsam ohne Rotation entfernt werden. Wenn die Biegung stark ist, soll die Nadel vorsichtigt bewegt und entsprechend dem Verlauf der Biegung herausgezogen werden. Falls der Patient seine Position verändert hat, soll er sich in die Ausgangsposition zurückbewegen. Dann kann die Nadel entfernt werden.

(4) Gebrochene Nadel

Kräftige Manipulation der Nadel, Muskelkrampf, ein Patient, der seine Lage verändert, schlechte Qualität oder eine rostende Nadelbasis sind Ursachen für einen Nadelbruch. Der Arzt sollte Ruhe bewahren und den Patienten anweisen, sich nicht zu bewegen. Falls die gebrochene Nadel über die Haut herausschaut, kann sie mit einer Zange entfernt werden. Falls nicht, kann das Gewebe um die Nadel so manipuliert werden, bis das gebrochene Ende aus der Haut austritt und dann mit einer Zange erfaßt werden kann. Falls das gebrochene Ende sich vollständig unter der Haut befindet, kann ein chirurgischer Eingriff notwendig werden. Um diesen Unfall zu vermeiden, sollte die Qualität der Nadel vor der Akupunktur sorgfältig geprüft werden. Außerdem muß die Nadel um einiges länger als die gewünschte Einstichtiefe sein.

(5) Hämatom

Nach dem Herausziehen der Nadel kann eine punktförmige Blutung auftreten. Das wird als normal angesehen und von selbst verschwinden. Falls ein Bluterguß oder eine Schwellung als Folge einer Gefäßverletzung auftreten, sollten der Einstichort massiert und heiße Kompressen angewendet werden, um die Absorbtion des Blutgerinsels zu fördern.

(6) Nachschmerz

Nach dem Herausziehen der Nadel kann ein unbehagliches Gefühl als Folge einer Überstimulierung verbleiben. Falls diese Empfindung nicht zu stark ist, kann sie durch leichtes Massieren des Gebietes zum Verschwinden gebracht werden. Falls die Unbehaglichkeit bleibt, kann sie durch die Anwendung von Moxibustion erleichtert werden.

1.2 Andere Akupunkturmethoden

1.2.1 Die drei-schneidige Nadel

(1) Nadel

Der Kopf der Nadel hat eine drei-schneidige Form, mit einer scharfen Spitze. Rostfreier Stahl ist das am meisten verwendete Material (Abb. 139).

(2) Indikationen

Hohes Fieber, geistige Störungen, Halsentzündung, lokale Stauung oder Schwellung.

(3) Handhabung

Oberflächlich 1 bis 2 mm tief am ausgewählten Punkt einstechen, um eine Blutung zu verursachen.

(4) Vorsichtsmaßnahmen

Das Einstechen sollte nur oberflächlich sein, die Stärke der Blutung wird durch die pathologischen Umstände bestimmt. Zu starkes Stechen ist nicht erlaubt, es ist auch nicht ratsam, diese Methode bei schwachen Patienten, Schwangeren oder Patienten mit hämorrhagischer Diathese anzuwenden.

Abb. 139 Dreischneidige Nadel

1.2.2 Die Haut- oder Klopfnadel

(1) Nadel

Die Hautnadel wird benutzt, um die Haut oberflächlich durch Klopfen zu stimulieren. Es werden zwei Typen benutzt:

(a) Die Sieben-Stern-Nadel

Sieben kurze Nadeln aus rostfreiem Stahl sind auf einer kleinen Platte nebeneinander befestigt, sie stehen senkrecht zum 10 bis 15 cm langen Nadelgriff.

(b) Die Pflaumenblüten-Nadel

Sie besteht aus fünf Nadeln, die gebündelt senkrecht zum Nadelgriff, der circa 30 cm lang ist, befestigt sind.

Die Spitzen der Nadeln sollten gerade und nicht zu scharf sein, damit Schmerzen und Bluten vermieden werden (Abb. 140).

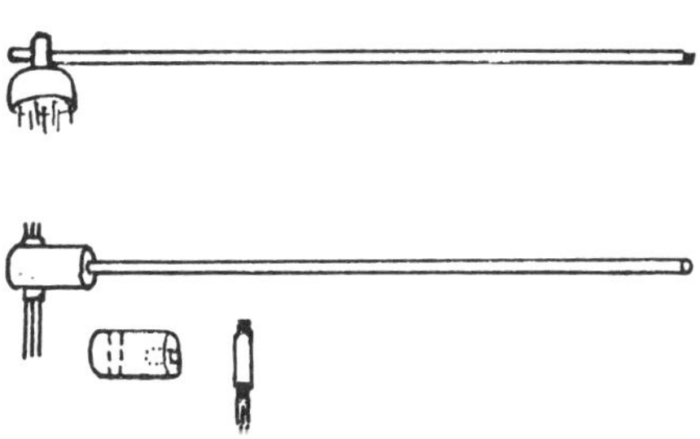

Abb. 140 Hautnadeln

Abb. 141 Intradermale Nadel

(2) Indikationen

Diese oberflächliche Klopfmethode ist vor allem bei Frauen, Kindern und schmerzempfindlichen Patienten geeignet. Sie ist angezeigt bei Kopfschmerz, Schwindel und Vertigo, Schlaflosigkeit, Magen-Darm-Störungen, chronischen Störungen bei Frauen und einigen Arten von Hauterkrankungen.

(3) Handhabung

Die Hautoberfläche wird mit leichten Bewegungen aus dem Handgelenk abgeklopft. Die Stärke des Klopfens hängt von der Konstitution des Patienten und der Art der Erkrankung ab. Die Dauer der Behandlung und die Zahl der Klopfbewegungen hängt vom individuellen Patienten ab. Bluten sollte bei leichtem Klopfen nicht auftreten, während starkes Klopfen eine leichte Blutung nach sich zieht. Der Ort des Klopfens hängt notwendigerweise vom pathologischen Zustand, des Verlaufs der Meridiane und der Lokalisation der Akupunkturpunkte ab.

1.2.3 Intradermale Nadel oder eingebettete (eingesetzte) Nadel

(1) Nadel

Diese Nadel ist kurz und wird für subkutane Implantation benutzt. Es gibt zwei Arten:

(a) Der Reißzweck-Typ, der ungefähr 3 mm lang ist, mit einem Kopf wie ein Reißzweck und

(b) die kornförmige Nadel, ungefähr 1 cm lang, mit einem Kopf wie ein Weizenkorn.

Beide Arten werden üblicherweise aus rostfreiem Stahl oder Silber hergestellt (Abb. 141).

(2) Indikationen

Chronische Erkrankungen innerer Organe, langandauernde und sehr schmerzhafte Erkrankungen.

(3) Handhabung

Die kornförmige Nadel ist geeignet für die Implantation an verschiedenen Körperteilen, während die Reißzweck-Nadel für die Implantation am Ohr geeignet ist.

(4) Vorsichtsmaßnahmen

Die Dauer der Implantation hängt von der Jahreszeit ab. Im Sommer sollte die Implantation auf ein bis zwei Tage begrenzt werden. Sorgfältig sollte darauf geachtet werden, eine Infektion am Akupunkturpunkt infolge von Schweiß zu vermeiden. Im Herbst und Winter können die Nadeln entsprechend dem Bedarf in bestimmten Fällen länger verbleiben.

1.3 Moxibustion

Die Moxibustion behandelt oder beugt Krankheiten durch die Anwendung von Hitze an Akupunkturpunkten oder bestimmten Orten des Körpers vor. Als Material wird hauptsächlich Moxawolle in Form von Zigaretten oder kleinen Kegeln benutzt.

Moxawolle wird aus trockener Moxa oder aus den Blättern der Artemisia vulgaris hergestellt. Es hat die Eigenschaft, die Punkte zu erwärmen, um eine Verstopfung der Meridiane aufzulösen und Kälte und Nässe zu eliminieren, um die normale Funktion der Organe zu fördern. Glühende Moxawolle hat folgende Vorteile:

Die Hitze ist mild, dringt aber trotzdem tief unter die Haut vor. Dies ist ein sehr angenehmes Gefühl. Moxawolle kann zu kleinen Kegeln verschiedener Größe geknetet werden. Sie ist leicht zu entzünden, hat einen aromatischen Geruch und vertreibt Nässe und faulige Luft. Artemisia vulgaris wächst in ganz China. Sie wird für Heilzwecke in China seit mehreren tausend Jahren verwendet.

1.3.1 Vorbereitung

(1) Moxibustionstray

Das Moxibustionstray enthält Moxawolle, Moxazigarren und Zündhölzer.

(a) Die Herstellung von Moxakegeln: Eine kleine Menge Moxawolle wird am Tisch in kleine Kegel geknetet. Es werden drei Größen hergestellt: Die kleinste Größe hat die Form eines Weizenkorns, die nächste ungefähr die Hälfte eines Dattelkernes und die größte ungefähr die Größe einer Daumenspitze. Die beiden kleineren Größen sind für die direkte Moxibustion geeignet, während die größte Größe nur für die indirekte Moxibustion anwendbar ist (Abb. 142).

(b) Die Herstellung von Moxazigarren: Diese sind viel bequemer anzuwenden als Moxakegel. Die Moxawolle wird einfach in Form einer Zigarre zusammengerollt. Als Hülle wird weiche Maulbeerrinde oder ein ähnliches Material verwendet (Abb. 143).

(2) Die Lage des Patienten

Der Patient sollte entsprechend der Lage der ausgewählten Akupunkturpunkte positioniert werden. Die Lage sollte bequem sein und leicht für die erforderliche Dauer der Behandlung gehalten werden können.

1.3.2 Klassifikation der Moxibustion

Klinisch können drei Methoden der Moxibustion unterschieden werden: Moxibustion mit Moxakegeln, mit Moxazigarren und mit erwärmten Akupunkturnadeln (Tab. 15).

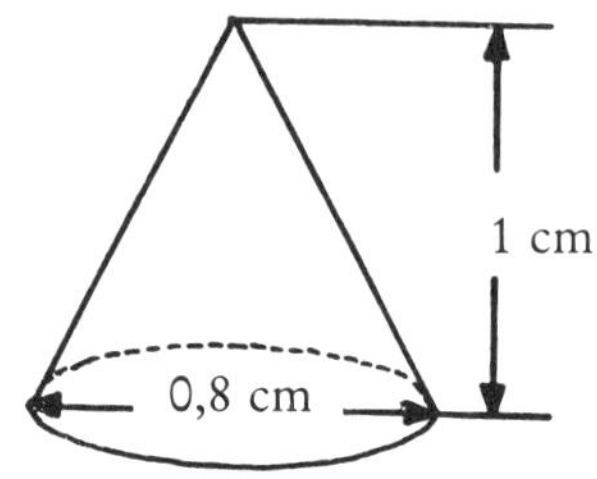

Abb. 142 Moxakegel

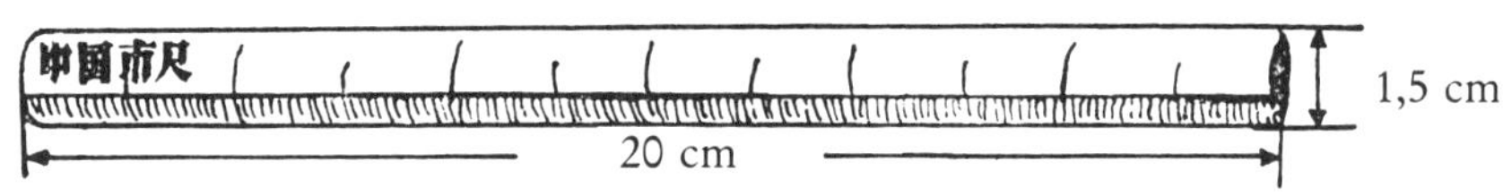

Abb. 143 Moxazigarre

Tab. 15

- Moxibustion
  - Moxakegel
    - Direkte Moxibustion
      - Narbenverursachende Moxibustion
      - Nichtnarbenverursachende Moxibustion
    - Indirekte Moxibustion
      - Ingwer
      - Knoblauch
      - Salz
  - Moxazigarren
  - wärmende Nadel

(1) Moxibustion mit Moxakegeln

Moxibustion mit Moxakegeln kann direkt oder indirekt erfolgen.

(a) Direkt

Die Moxakegel werden direkt auf die Haut plaziert und entzündet. Diese Art von Moxibustion kann narbenbildend oder nicht-narbenbildend entsprechend der drei Verbrennungsgrade erfolgen.

Narbenverursachende Moxibustion

Ein kleiner Kegel wird auf dem Akupunkturpunkt plaziert und entzündet. Ein weiterer Kegel folgt. Dieser verursacht eine lokale Verbrennung, die Bildung eines Brandbläschens, Eiterung und endlich eine Abheilung unter Narbenbildung. Indikationen sind bestimmte chronische, langandauernde Erkrankungen, zum Beispiel Asthma.

Nicht-narbenverursachende Moxibustion

Ein Moxakegel wird auf den Akupunkturpunkt plaziert und entzündet. Wenn die Hälfte oder zwei Drittel abgebrannt sind und der Patient ein Brennen auf der Haut spürt, wird der Kegel entfernt und ein neuer Kegel plaziert. Eine Brandblase sollte sich nicht bilden. Entsprechend wird auch keine Eiterung und Narbenbildung auftreten. Die Indikationen sind Asthma, chronische Diarrhoe, Verdauungsstörungen vom Leere-XU-Typ und vom Kälte-Typ usw. Die Anwendungsbreite ist größer als bei der narbenbildenden Moxibustion (Abb. 144).

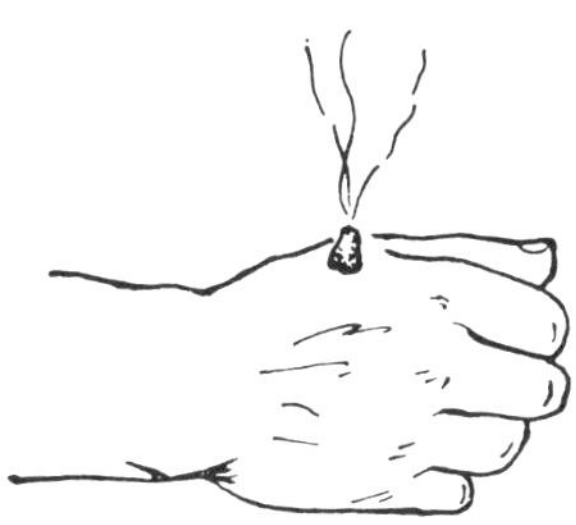

Abb. 144 Moxibustion mit Moxakegel

Abb. 145 Indirekte Moxibution mit Ingwer

(b) Indirekte Moxibustion

Die entzündeten Moxakegel berühren nicht direkt die Haut. Entsprechend der Art des isolierenden Materials, das zwischen Kegel und Haut gelegt wird, gibt es drei Arten der indirekten Moxibustion.

Ingwer

Eine Scheibe Ingwer von circa 2 mm Dicke wird abgeschnitten. Es werden einige Löcher in die Ingwer-Scheibe hineingestochen und diese wird auf dem ausgewählten Akupunkturpunkt plaziert. Ein großer Moxakegel wird aufgelegt und entzündet. Wenn der Patient ein Brennen spürt, wird der Kegel entfernt und ein anderer plaziert. Diese Methode ist angezeigt bei Symptomen der Schwäche des Magens und der Milz, wie Diarrhoe, Bauchschmerzen, schmerzhafte Gelenke und Symptome eines Mangels an YANG (Abb. 145).

Knoblauch

Eine Scheibe Knoblauch wird aus einer großen einzelnen Knoblauchzehe herausgeschnitten. Löcher werden eingestochen. Der Knoblauch wird zwischen den Akupunkturpunkt und den entzündeten Moxakegel gelegt. Der Kegel wird erneuert, wenn der Patient ein Brennen empfindet. Diese Methode ist angezeigt bei Skrofulose, im frühen Stadium von Hautentzündungen, giftigen Insektenstichen usw.

Salz

Diese Methode findet am Nabel Anwendung. Der Nabel wird bis auf Hautniveau mit Salz aufgefüllt. Ein großer Moxakegel wird aufgelegt und entzündet. Diese Methode wird hauptsächlich in Fällen von Kollaps mit Symptomen von kalten Extremitäten und unfühlbarem Puls nach schweren Bauchschmerzen, Erbrechen und Diarrhoe angewendet (Abb. 146).

Abb. 146 Indirekte Moxibustion mit Salz

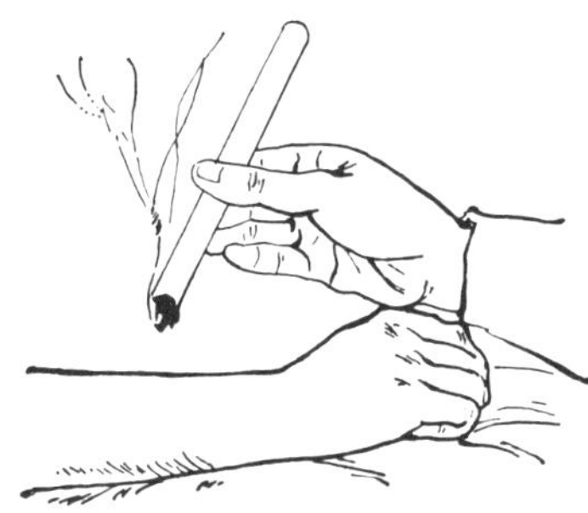

Abb. 147 Moxibustion mit Moxazigarre

(2) Moxibustion mit der Moxazigarre

Eine entzündete Moxazigarre wird über den ausgewählten Akupunkturpunkt in einem gewissen Abstand gehalten, um eine milde Wärme in dem Gebiet zu verursachen, bis es zu heiß wird und die Haut sich rötet. Die Moxazigarre kann leicht auf- und abbewegt werden, in der Art, wie ein Vogel Körner aufpickt (Abb. 148). Diese Methode ist angenehm und kann an Punkten angewendet werden, wo Moxakegel nicht geeignet sind (Abb. 147).

(3) Erwärmte Akupunkturnadel

Die Akupunkturnadel wird in den Punkt eingestochen, der Nadelgriff wird eng mit Moxawolle umwickelt, diese wird angezündet, um eine milde Hitze um den Akupunkturpunkt zu verursachen. Diese Methode ist geeignet bei Patienten, für die sowohl eine Akupunktur als auch eine Moxibustion angezeigt ist, wie bei schmerzhaften Gelenken als Folge von Kälte und Nässe (Abb. 149).

1.3.3 Vorsichtsmaßnahmen und Anmerkungen

(1) Falls die Moxibustion im Ober- und Unterteil des Körpers in einer Sitzung angewendet wird, so soll der obere Teil zuerst behandelt werden. Der Rücken sollte vor dem Bauch, der Kopf und der Rumpf vor den Extremitäten behandelt werden. Die pathologischen Umstände und die Zahl der Akupunkturpunkte, die behandelt werden, sollten berücksichtigt werden.

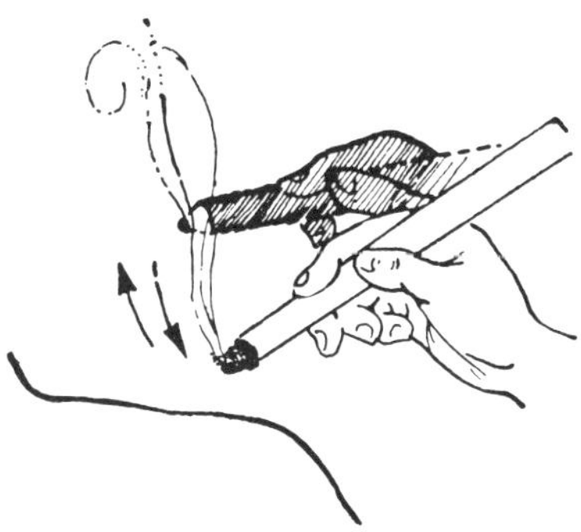

Abb. 148 „Spatz-Picken-Methode“ mit Moxazigarre

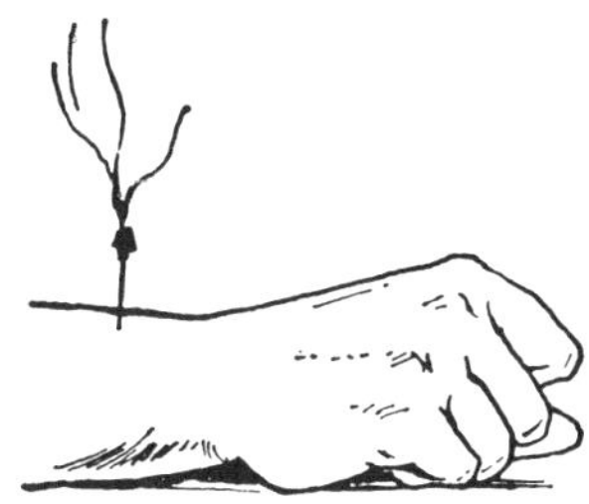

Abb. 149 Nadel mit Moxawolle umwickelt

(2) Bei der Bestimmung der Größe der Moxakegel, der Anzahl der verwendeten Moxakegel oder der Dauer der Moxibustion sollten der pathologische Zustand, die allgemeine Konstitution und das Alter des Patienten sowie der Ort der Moxibustion berücksichtigt werden. Generell werden drei bis fünf Moxakegel für jeden Punkt benutzt. Die Moxazigarre wird für 10 bis 15 Minuten appliziert.

(3) Moxibustion ist bei hohem Fieber infolge der Einwirkung äußerer krankheitsverursachender Faktoren oder eines Mangels an YIN kontraindiziert.

(4) Die narbenbildende Moxibustion ist aus kosmetischen Gründen im Gesicht und am Kopf nicht geeignet. Moxibustion sollte im Unterbauch oder in der Sakralregion schwangerer Frauen nicht angewendet werden. Die historische Literatur verbietet die Moxibustion für bestimmte Punkte, die meistens nahe wichtiger Organe oder Arterien liegen, zum Beispiel JINGMING (B 1) in der Nähe des Augapfels RENYING (M 9) über einer großen Arterie. Weitere Einzelheiten sind bei den Beschreibungen der Akupunkturpunkte in der Rubrik "Methode“ enthalten.

(5) Moxibustion kann verschiedene Verbrennungsgrade am Anwendungsgebiet hinterlassen. Dies reicht von Hitzegefühl und lokaler Rötung, die von selber verschwindet, bis zur Brandblasenbildung. Es soll darauf geachtet werden, kleine Brandblasen nicht zu verletzen, da die Flüssigkeit in den Brandblasen ohne Infektion absorbiert werden kann. Bei großen Blasen jedoch sollte die Blase punktiert und drainiert werden. Bei Eiterbildung sollte die Blase verbunden werden, um eine weitere Infektion zu vermeiden.

1.4 Schröpfen

Das Schröpfen ist die Behandlung von Krankheiten durch Ansaugen der Hautoberfläche mit Hilfe kleiner Gefäße, in denen ein Vakuum durch Hitze in Form von entzündeten, alkoholgetränkten Baumwolltupfern erzeugt wird. Die Gefäße können aus Bambus oder Glas sein. Es gibt sie in verschiedenen Größen. Die Ränder der Gefäße müssen gerade und glatt sein.

(1) Indikationen

Rheumatismus, schmerzhafte Gelenke, Verstauchungen, Fazialisparese, Asthma usw.

(2) Handhabung

Ein in 95%-igem Alkohol getränkter Baumwolltupfer wird mit der Zange gehalten, entzündet, in das Gefäß gehalten und wieder herausgenommen. Das Gefäß wird rasch auf das ausgewählte Hautgebiet übergestellt. Es wird für 10 bis 15 Minuten belassen. Um es wieder zu entfernen, wird Luft in das Gefäß eingelassen, indem die Haut vom Gefäßrand mit der Hand weggedrückt wird.

(3) Vorsichtsmaßnahmen

(a) Es ist nicht ratsam, bei Patienten mit hohem Fieber, Krämpfen, allergischen Hauterkrankungen, Ödemen oder hämorrhagischer Diathese zu schröpfen. Das Schröpfen im Bauchgebiet bei Schwangeren ist kontraindiziert.

(b) Es ist nicht empfehlenswert, das Schröpfen in Gelenkgebieten anzuwenden, wo die Oberfläche nicht gerade ist. Das gilt auch für Hautgebiete mit Haaren, lockerem oder verletztem Gewebe.

(c) Das entzündete Feuer sollte stark genug sein, um ein Vakuum zu erzeugen. Das Gefäß sollte bereits nahe der zu behandelnden Hautregion gehalten werden. Es sollte rasch und geschickt über die Haut gestülpt werden. Das therapeutische Ergebnis hängt von der Saugwirkung ab.

(d) Das Hautgebiet wird nach dem Schröpfen einen Zusammenfluß an Blut in Form eines kleinen Blutergusses an der Hautoberfläche zeigen, der innerhalb weniger Tage wieder verschwindet. Falls sich kleine Blasen bilden, so werden diese auch in ein oder zwei Tagen absorbiert. Sollten sich größere Blasen bilden, ist es ratsam, die Blasen mit einer sterilen Injektionsnadel zu drainieren, zu desinfizieren und zu verbinden.

Kapitel 2

Eine allgemeine Einführung in die Akupunkturbehandlung

Bei der Behandlung von Krankheiten mit Akupunktur und Moxibustion ist es notwendig, den pathologischen Zustand entsprechend der grundlegenden Theorie der traditionellen chinesischen Medizin und den Eigentümlichkeiten der Akupunktur zu differenzieren. Es ist ebenso wichtig, die grundsätzlichen Prinzipien der vorgeschriebenen Punkte und die Anwendung der bestimmten Punkte zu beherrschen.

2.1 Die grundlegenden Prinzipien der Behandlung entsprechend der Differenzierung des pathologischen Zustandes

Durch die Akupunktur und Moxibustion werden innere Krankheiten von außen behandelt. Die verschiedenen Krankheiten werden durch die Anwendung der Methoden der Tonisierung von Mangel und der Sedierung von Fülle an den Punkten der Körperoberfläche geheilt. Es ist deshalb für den Behandler unbedingt notwendig, ein vollständiges Wissen über den Verlauf der Meridiane, die Verteilung der Akupunkturpunkte und die Indikationen eines jeden Meridians zu haben. Die klinische Praxis fordert, daß vor der Behandlung der pathologische Zustand des Patienten, der sehr kompliziert sein kann, analysiert werden muß. Er wird entsprechend der acht Prinzipien, der Theorie der inneren Organe ZANG-FU und der Meridiane und Nebengefäße zusammengefaßt, um die Krankheit zu lokalisieren und diagnostizieren. Nachdem bestimmt wird, welcher Meridian oder welches innere Organ betroffen ist, werden weiterhin der Mechanismus der Krankheit erforscht und die essentiellen und sekundären Krankheitssymptome bestimmt, um zu entscheiden, ob Akupunktur oder Moxibustion, Tonisierung oder Sedierung angewendet werden soll.

Die grundlegenden Prinzipien für die Akupunkturbehandlung sind folgende: Eine tonisierende Methode sollte benutzt werden bei Leere-XU-Sydromen, eine sedierende Methode bei Fülle-SHI-Syndromen. Rasches Einstechen und Herausziehen der Nadel bei Hitze-Syndromen, eine stillstehende verbleibende Nadel bei Kälte-Syndromen. Bei Mangel und Fehlfunktion des YANG ist Moxibustion angezeigt. Ein Einstechen, um eine Blutung zu verursachen, wird bei Blutstauung der Nebengefäße benutzt. Darüberhinaus kann ein Leere-XU-Syndrom durch ein Fülle-SHI-Syndrom kompliziert werden oder umgekehrt. Die Behandlungsmethode kann zuerst tonisierend und danach sedierend oder umgekehrt sein.

2.2 Das grundlegende Prinzip bei der Auswahl und Kombination der Akupunkturpunkte

Das grundlegende Prinzip bei der Auswahl und Kombination der Akupunkturpunkte ist, die Punkte entsprechend dem Verlauf des Meridians, der Verteilung der Punkte und ihrer Indikationen auszuwählen. Es gibt drei Wege der Punktauswahl in der klinischen Praxis.

2.2.1 Die Auswahl von Fernpunkten

Nachdem der betroffene Meridian und das betroffene Organ bestimmt sind, werden Punkte unterhalb des Ellbogens oder Knies des betroffenen Meridians ausgewählt. Zum Beispiel ZUSANLI (M 36) wird ausgewählt, um Magen- oder Bauchstörungen zu behandeln, HEGU (Di 4) kann bei Krankheiten des Gesichtes usw. gestochen werden. Auf diese Art und Weise können Krankheiten des Gesichtes, des Kopfes, des Körperstammes oder innerer Organe behandelt werden. Die Auswahl von Fernpunkten beinhaltet auch das Stechen von Punkten im unteren Körperteil, um Krankheiten des oberen Körperteils zu behandeln und umgekehrt. Punkte unterhalb des Ellbogens oder des Knies sind auch hier die wichtigsten. Zum Beispiel bei Nackenschmerzen wird der Punkt HOUXI (Dü 3) ausgewählt, beim nervösen Typ des Schlaganfalles der Punkt YONGQUAN (N 1) usw. Ein Beispiel für die Auswahl von Punkten im oberen Körperteil, um Krankheiten des unteren Körperteiles zu behandeln, ist der Punkt BAIHUI (LG 20), um einen Vorfall des Rektums infolge von chronischer Dysenterie zu behandeln. Der Punkt RENZHONG (LG 26) wird gestochen, um Schmerzen im unteren Rücken zu behandeln usw.

2.2.2 Die Auswahl von lokalen Punkten

Zum Beispiel wird der Punkt ZHONGWAN (KG 12) ausgewählt, um Magenschmerzen zu behandeln, der Punkt SHANGXING (LG 23), um Kopfschmerzen zu behandeln usw. Falls sich ein Geschwür, eine Wunde oder eine Narbe im lokalen Gebiet befindet, sollte dort weder Akupunktur noch Moxibustion angewendet werden, aber es können Punkte im Nachbargebiet gewählt werden.

2.2.3 Die Auswahl von Nahpunkten

Zum Beispiel wird der Punkt ZHANGMEN (L 13) gestochen, um Magenschmerzen zu behandeln, der Punkt FENGCHI (G 20), um Krankheiten des Auges zu behandeln. Um den therapeutischen Effekt lokaler Punkte zu verstärken, können sie mit den Nahpunkten kombiniert werden oder die Nahpunkte können auch die lokalen Punkte ersetzen.

Die oben genannten drei Methoden der Auswahl der Akupunkturpunkte können jede für sich oder kombiniert benutzt werden. Zum Beispiel kann die Auswahl der Punkte ZUSANLI (M 36) und NEIGUAN (KS 6) als Fernpunkte mit dem Punkt ZHONGWAN (KG 12) als lokaler Punkt oder dem Punkt ZHANGMEN (L 13) als Nahpunkt bei der Behandlung von Magenschmerzen kombiniert werden (Tab. 16).

Die Kreuzungsmethode der Punktauswahl kann auch benutzt werden. Zum Beispiel werden Punkte der rechten Körperseite ausgewählt, um Störungen der linken Körperseite zu behandeln und umgekehrt. Zum Beispiel können Punkte auf der betroffenen oder auf der gesunden Seite gestochen werden, um eine Fazialisparese oder eine Hemiplegie zu behandeln. Der Punkt HEGU (Di 4) der rechten Hand kann bei Zahnschmerzen der linken Seite gestochen werden und umgekehrt.

2.3 Die Anwendung der Speziellen Punkte

Die Speziellen Punkte sind bei verschiedenen Krankheiten indiziert. Klinisch können sie allein oder in Kombination mit anderen Punkten entsprechend dem oben beschriebenen Prinzip der Punktauswahl ausgewählt werden.

2.3.1 Die Anwendung der YUAN-(Quell)-Punkte und der LUO-(Passage)-Punkte

Die YUAN-(Quell)-Punkte sind sowohl bei Leere-XU- als auch bei Fülle-SHI-Syndromen der entsprechenden Organe indiziert. Die LUO-(Passage)-Punkte der zwölf Hauptmeridiane sind bei Symptomen der innen-außen-gekoppelten Meridiane angezeigt.

Klinisch können diese beiden Gruppen von Akupunkturpunkten einzeln oder kombiniert gebraucht werden. Der YUAN-(Quell)-Punkt eines Meridians kann als Hauptpunkt ausgewählt werden. Der LUO-(Passage)-Punkt des innen-außen-gekoppelten Meridians kann gestochen werden, um den therapeutischen Effekt zu verstärken. Zum Beispiel sind der LUNGEN-Meridian

Tab. 16: Beispiele für Punktauswahl und Kombinationen

Erkranktes Gebiet	Fernpunkte		Benachbarte Punkte	Nahpunkte
	Arm	Bein		
Gesicht und Stirn	SANJIAN (Di 3)	XIANGU (M 43)	BAIHUI (LG 20)	SHANGXING (LG 23)
Kopf und Schläfe	WAIGUAN (3E 5)	XIAXI (G 43)	FENGCHI (G 20)	TAIYANG (Extra) SHUAIGU (G 8)
Nacken	HOUXI (Dü 3)	Fuß-TONGGU (B 66)	DASHU (B 11)	FENGFU (LG 16) FENGCHI (G 20)
Auge	YANGLAO (Dü 6)	GUANGMING (G 37)	SHANGXING (LG 23)	JINGMING (B 1) SIZHUKONG (3E 23)
Nase	QUCHI (Di 11)	LIDUI (M 45)	TONGTIAN (B 7)	YINGXIANG (Di 20) Nase-HELIAO (Di 19)
Mund und Wange	HEGU (Di 4)	NEITING (M 44)	TIANRONG (Dü 17)	DICANG (M 4) JIACHE (M 6)
Ohr	Hand-ZHONGZHU (3E 3)	Fuß-ZULINQI (G 41)	TIANRONG (Dü 17)	TINGHUI (G 2) YIFENG (3E 17)
Kehle	SHAOSHANG (Lu 11)	ZHAOHAI (N 6)	YAMEN (LG 15)	LIANQUAN (KG 23) TIANTU (KG 22)
Brust	CHIZE (Lu 5)	FENGLONG (M 40)	BURONG (M 19)	SHANZHONG (KG 17)
Rippenregion	ZHIGOU (3E 6)	YANGLINGQUAN (G 34)	GANSHU (B 18)	SHIDOU (MP 17) QIMEN (L 14)
Hypochondrium		YANGFU (G 38)	QIMEN (L 14)	DAIMAI (G 26) WUSHU (G 27)
Bauch	NEIGUAN (KS 6)	ZUSANLI (M 36)	ZHONGTING (KG 16)	ZHONGWAN (KG 12)
Unterbauch		SANYINJIAO (MP 6)	TIANSHU (M 25)	GUANYUAN (KG 4)
Lendenregion	YANGLAO (Dü 6)	WEIZHONG (B 40)	JINGMEN (G 25)	GANSHU (B 18) SHENSHU (B 23)
Rektrum		CHENGSHAN (B 57)	BAIHUANSHU (B 30)	CHANGQIANG (LG 1) HUIYANG (B 35)

TAIYIN Hand und der DICKDARM-Meridian YANGMING innen-außengekoppelt. Wenn der LUNGEN-Meridian betroffen ist, sind der Punkt TAIYUAN (Lu 9) als YUAN-(Quell)-Punkt des LUNGEN-Meridians und der Punkt PIANLI (Di 6) als LUO-(Passage)-Punkt des DICKDARM-Meridians vorgeschrieben. Oder der Punkt HEGU (Di 4) als YUAN-(Quell)-Punkt des DICKDARM-Meridians und der Punkt LIEQUE (Lu 7) als LUO-(Passage)-Punkt des LUNGEN-Meridians sind angezeigt bei der Behandlung von Erkrankungen des DICKDARM-Meridians (Tab. 17).

Tab. 17: YUAN-(Quell)- und LUO-(Passage)-Punkte

Meridian	YUAN-(Quell)-Punkt	LUO-(Passage)-Punkt
Lungen-Meridian TAIYIN Hand	TAIYUAN (Lu 9)	PIANLI (Di 6)
Dickdarm-Meridian YANGMING Hand	HEGU (Di 4)	LIEQUE (Lu 7)
Magen-Meridian YANGMING Fuß	CHONGYANG (M 42)	GONGSUN (MP 4)
Milz-Meridian TAIYIN Fuß	TAIBAI (MP 3)	FENGLONG (M 40)
Herz-Meridian SHAOYIN Hand	SHENMEN (H 7)	ZHIZHENG (Dü 7)
Dünndarm-Meridian TAIYANG Hand	Hand-WANGU (Dü 4)	TONGLI (H 5)
Blasen-Meridian TAIYANG Fuß	JINGGU (B 64)	DAZHONG (N 4)
Nieren-Meridian SHAOYIN Fuß	TAIXI (N 3)	FEIYANG (B 58)
Kreislauf-Sexus-Meridian JUEYIN Hand	DALING (KS 7)	WAIGUAN (3E 5)
3Erwärmer-Meridian SHAOYANG Hand	YANGCHI (3E 4)	NEIGUAN (KS 6)
Gallenblasen-Meridian SHAOYANG Fuß	QIUXU (G 40)	LIGOU (L 5)
Leber-Meridian JUEYIN Fuß	TAICHONG (L 3)	GUANGMING (G 37)

Anhang:
Der wichtigste LUO-(Passage)-Punkt der Milz ist DABAO (MP 21)
Der LUO-(Passage)-Punkt des REN-Meridians (Konzeptionsgefäß) ist JIUWEI (KG 15)
Der LUO-(Passage)-Punkt des DU-Meridians (Lenkergefäß) ist CHANGQIANG (L 1)

2.3.2 Die Anwendung der SHU-(Rücken)-Punkte, auch YU-(Zustimmungs)-Punkte genannt, und der MU-(Alarm)-Punkte

Die SHU-(Rücken)-Punkte, auch YU-(Zustimmungs)-Punkte genannt, und MU-(Alarm)-Punkte können einzeln oder in Kombination benutzt werden. Wenn ein inneres Organ betroffen ist, kann der SHU-(Rücken)-Punkt und der MU-(Alarm)-Punkt dieses Organes vorgeschrieben sein. Zum Beispiel kann der Punkt WEISHU (B 21) des Rückens und der Punkt ZHONGWAN (KG 12) des Bauches bei Magenstörungen ausgewählt werden oder der Punkt PANGGUANGSHU (B 28) der Kreuzregion und der Punkt ZHONGJI (KG 3) des Unterbauches werden bei Störungen der Blase benutzt.

Die SHU-(Rücken)-Punkte beziehen sich auf das YANG und können bei der Behandlung innerer Erkrankungen, wie auch bei Erkrankungen der Sinnesorgane, benutzt werden, die im Bezug zu den betreffenden inneren Organen stehen. Zum Beispiel kann der Punkt GANSHU (B 18) als SHU-(Rücken)-Punkt der Leber ausgewählt werden, um Augenstörungen zu behandeln, da das Auge der Öffner der Leber ist. Der Punkt SHENSHU (B 23) als SHU-(Rücken)-Punkt der Niere kann gestochen werden, um Taubheit zu behandeln, da das Ohr der Öffner der Niere ist.

Die MU-(Alarm)-Punkte stehen in Beziehung zum YIN. Ihre therapeutische Aufgabe ist hauptsächlich die Behandlung von Störungen der inneren Organe und der lokalen Gebiete. Zum Beispiel ist bei Störungen der Leber in Verbindung mit Schmerzen in der Hypochondralregion der Punkt QIMEN (L 14) vorgeschrieben. Der Punkt TIANSHU (M 25) kann bei Störungen des Dickdarms in Verbindung mit Bauchschmerzen gestochen werden (Tab. 18).

2.3.3 Die Anwendung der Fünf SHU-Punkte

Die fünf SHU-Punkte sind den fünf entsprechenden Elementen zugeordnet. Die Reihenfolge der fünf Elemente in YIN-Meridianen ist Holz, Feuer, Erde, Metall, Wasser. Die Reihenfolge in YANG-Meridianen ist Metall, Wasser, Holz, Feuer, Erde. Entsprechend der gegenseitigen Förderung der fünf Elemente hat jeder Meridian einen „Mutterpunkt“ und einen „Sohnpunkt“. Zum Beispiel steht der LUNGEN-Meridian in Bezug zu Metall, die „Mutter“ von Metall ist die Erde, dann ist der „Mutterpunkt“ des LUNGEN-Meridians TAIYUAN (Lu 9), der entsprechend der Einteilung der fünf Elemente der Erde zugeordnet ist, der „Sohn“ von Metall ist Wasser, so daß der „Sohnpunkt“ des LUNGEN-Meridians der Punkt CHIZE (Lu 5) ist, der dem Wasser zugeordnet ist.

Der „Mutterpunkt“ eines Meridians hat einen anregenden Effekt und ist bei Leere-XU-Syndromen des betreffenden Meridians angezeigt, während der „Sohnpunkt“ einen sedierenden Effekt hat und bei Fülle-SHI-Syndromen des betreffenden Meridians angezeigt ist. Daher die Maxime: „Stärke der

Tab. 18: SHU-(Rücken)-Punkte, auch YU-(Zustimmungs-)Punkte genannt, und MU-(Alarm)-Punkte

Innere Organe	SHU-(Rücken)-Punkte	MU-(Alarm)-Punkte
Lunge	FEISHU (B 13)	ZHONGFU (Lu 1)
Perikard	JUEYINSHU (B 14)	SHANZHONG (KG 17)
Herz	XINSHU (B 15)	JUQUE (KG 14)
Leber	GANSHU (B 18)	QIMEN (L 14)
Gallenblase	DANSHU (B 19)	RIYUE (G 24)
Milz	PISHU (B 20)	ZHANGMEN (L 13)
Magen	WEISHU (B 21)	ZHONGWAN (KG 12)
3Erwärmer	SANJIAOSHU (B 22)	SHIMEN (KG 5)
Niere	SHENSHU (B 23)	JINGMEN (G 25)
Dickdarm	DACHANGSHU (B 25)	TIANSHU (M 25)
Dünndarm	XIAOCHANGSHU (B 27)	GUANYUAN (KG 4)
Blase	PANGGUANGSHU (B 28)	ZHONGJI (KG 3)

Mutter bei Leere-XU-Syndromen und Schwäche dem „Sohn" bei Fülle-SHI-Syndromen." Zum Beispiel, wenn der LUNGEN-Meridian von einem Leere-XU-Syndrom mit Krankheitszeichen von chronischem Husten, Kurzatmigkeit, leiser Stimme, Hydrose und fadenförmigem, schwachem Puls betroffen ist, dann ist am Punkt TAIYUAN (Lu 9) die tonisierende Behandlungsmethode vorgeschrieben. Auf der anderen Seite, wenn der LUNGEN-Meridian von einem Fülle-SHI-Syndrom mit einem plötzlichen Auftreten von Husten, Dyspnoe, rauher Stimme, Steifheitsgefühl in der Brust mit der Unfähigkeit flach zu liegen und oberflächlichem und kräftigem Puls betroffen ist, so ist der Punkt CHIZE (Lu 5) mit einer sedierenden Behandlungsmethode vorgeschrieben (Tab. 19, 20, 21).

Jede Gruppe der fünf SHU-Punkte hat gemeinsame Eigenschaften, siehe Teil 2, Kapitel 2.

Tab. 19: Fünf SHU-Punkte der YIN-Meridiane

Meridian		I (Holz) JING- (Brunnen) Punkt	II (Feuer) YING- (Quell) Punkt	III (Erde) SHU- (Bach) Punkt	IV (Metall) JING- (Fluß) Punkt	V (Wasser) HE- (Meer) Punkt
Drei YIN-Meridiane der Hand	Lungen-Meridian TAIYIN Hand	SHAOSHANG (Lu 11)	YUJI (Lu 10)	TAIYUAN (Lu 9)	JINGQU (Lu 8)	CHIZE (Lu 5)
	Kreislauf-Sexus-Meridian JUEYIN Hand	ZHONGCHONG (KS 9)	LAOGONG (KS 8)	DALING (KS 7)	JIANSHI (KS 5)	QUZE (KS 3)
	Herz-Meridian SHAOYIN Hand	SHAOCHONG (H 9)	SHAOFU (H 8)	SHENMEN (H 7)	LINGDAO (H 4)	SHAOHAI (H 3)
Drei YIN-Meridiane des Fußes	Milz-Meridian TAIYIN Fuß	YINBAI (MP 1)	DADU (MP 2)	TAIBAI (MP 3)	SHANGQIU (MP 5)	YINLINGQUAN (MP 9)
	Leber-Meridian JUEYIN Fuß	DADUN (L 1)	XINGJIAN (L 2)	TAICHONG (L 3)	ZHONGFENG (L 4)	QUQUAN (L 8)
	Nieren-Meridian SHAOYIN Fuß	YONGQUAN (N 1)	RANGU (N 2)	TAIXI (N 3)	FULIU (N 7)	YINGU (N 10)

Tab. 20: Fünf SHU-Punkte der YANG-Meridiane

Meridian		I (Metall) JING-(Brunnen) Punkt	II (Wasser) YING-(Quell) Punkt	III (Holz) SHU-(Bach) Punkt	IV (Feuer) JING-(Fluß) Punkt	V (Erde) HE-(Meer) Punkt
Drei YANG-Meridiane der Hand	Dickdarm-Meridian YANGMING Hand	SHANGYANG (Di 1)	ERJIAN (Di 2)	SANJIAN (Di 3)	YANGXI (Di 5)	QUCHI (Di 11)
	3Erwärmer Meridian SHAOYANG Hand	GUANCHONG (3E 1)	YEMEN (3E 2)	Hand-ZHONGZHU (3E 3)	ZHIGOU (3E 6)	TIANJING (3E 10)
	Dünndarm-Meridian TAIYANG Hand	SHAOZE (Dü 1)	QIANGU (Dü 2)	HOUXI (Dü 3)	YANGGU (Dü 5)	XIAOHAI (Dü 18)
Drei YANG-Meridiane des Fußes	Magen-Meridian YANGMING Fuß	LIDUI (M 45)	NEITING (M 44)	XIANGU (M 43)	JIEXI (M 41)	ZUSANLI (M 36)
	Gallenblasen-Meridian SHAOYANG Fuß	Fuß-QIAOYIN (G 44)	XIAXI (G 43)	Fuß-LINQI (G 41)	YANGFU (G 38)	YANGLINGQUAN (G 34)
	Blasen-Meridian TAIYANG Fuß	ZHIYIN (B 67)	Fuß-TONGGU (B 66)	SHUGU (B 65)	KUNLUN (B 60)	WEIZHONG (B 40)

Tab. 21: „Mutter"- und „Sohn-Punkte" für die Tonisierung und Sedierung

Meridian	„Mutter-Punkt" (Tonisierung)	„Sohn-Punkt" (Sedierung)
Lungen-Meridian TAIYIN Hand	TAIYUAN (Lu 9)	CHIZE (Lu 5)
Dickdarm-Meridian YANGMING Hand	QUCHI (Di 11)	ERJIAN (Di 2)
Magen-Meridian YANGMING Fuß	JIEXI (M 41)	LIDUI (M 45)
Milz-Meridian TAIYIN Fuß	DADU (MP 2)	SHANGQIU (MP 5)
Herz-Meridian SHAOYIN Hand	SHAOCHONG (H 9)	SHENMEN (H 7)
Dünndarm-Meridian TAIYANG Hand	HOUXI (Dü 3)	XIAOHAI (Dü 8)
Blasen-Meridian TAIYANG Fuß	ZHIYIN (B 67)	SHUGU (B 65)
Nieren-Meridian SHAOYIN Fuß	FULIU (N 7)	YONGQUAN (N 1)
Kreislauf-Sexus-Meridian JUEYIN Hand	ZHONGCHONG (KS 9)	DALING (KS 7)
3Erwärmer-Meridian SHAOYANG Hand	Hand-ZHONGZHU (3E 3)	TIANJING (3E 10)
Gallenblasen-Meridian SHAOYANG Fuß	XIAXI (G 43)	YANGFU (G 38)
Leber-Meridian JUEYIN Fuß	QUQUAN (L 8)	XINGJIAN (L 2)

2.3.4 Die Anwendung der XI-(Grenz)-Punkte und der Unteren HE-(Meer)-Punkte

Die XI-(Grenz)-Punkte eignen sich bei der Behandlung akuter Erkrankungen der entsprechenden Organe. Zum Beispiel ist der Punkt KONGZUI (Lu 6) des LUNGEN-Meridians TAIYIN Hand sehr wirkungsvoll bei Bluthusten. Der Punkt WENLIU (Di 7) des DICKDARM-Meridians Hand wird bei Borborygmus und Bauchschmerzen gestochen. Der Punkt LIANGQIU (M 34) des MAGEN-Meridians JANGMING Fuß ist bei Magenschmerzen vorgeschrieben. Der Punkt DIJI (MP 8) des MILZ-Meridians TAIYIN Fuß ist bei Menstruationsschmerzen angezeigt (Tab. 22).

Die Unteren HE-(Meer)-Punkte der Organe FU geben normalerweise befriedigende Ergebnisse bei der Behandlung der Krankheiten der sechs Organe FU. Der Grund dafür ist, daß die Organe FU (Magen, Dickdarm, Dünndarm, Gallenblase, Blase und 3Erwärmer SANJIAO) in enger Beziehung mit den drei YANG-Meridianen des Fußes stehen, von denen jeder einen Unteren HE-(Meer)-Punkt hat. Gleichzeitig stehen die drei YANG-Meridiane des Fußes in

Tab. 22: XI-(Grenz)-Punkte

Meridian		XI-(Grenz)-Punkt
Drei YIN-Meridiane der Hand	Lungen-Meridian TAIYIN Hand	KONGZUI (Lu 6)
	Kreislauf-Sexus-Meridian JUEYIN Hand	XIMEN (KS 4)
	Herz-Meridian SHAOYIN Hand	YINXI (H 6)
Drei YANG-Meridiane der Hand	Dickdarm-Meridian YANGMING Hand	WENLIU (Di 7)
	3Erwärmer-Meridian SHAOYANG Hand	HUIZONG (3E 7)
	Dünndarm-Meridian TAIYANG Hand	YANGLAO (Dü 6)
Drei YANG-Meridiane des Fußes	Magen-Meridian YANGMING Fuß	LIANGQIU (M 34)
	Gallenblasen-Meridian SHAOYANG Fuß	WAIQIU (G 36)
	Blasen-Meridian TAIYANG Fuß	JINMEN (B 63)
Drei YIN-Meridiane des Fußes	Milz-Meridian TAIYIN Fuß	DIJI (MP 8)
	Leber-Meridian JUEYIN Fuß	Fuß-ZHONGDU (L 6)
	Nieren-Meridian SHAOYIN Fuß	SHUIQUAN (N 5)
Außer-ordentliche Meridiane	YANGQIAO-Meridian (YANG-Gefäß der Beweglichkeit)	FUYANG (B 59)
	YINQIAO-Meridian (YIN-Gefäß der Beweglichkeit)	JIAOXIN (N 8)
	YANGWEI-Meridian (YANG-Gefäß der Verbindung)	YANGJIAO (G 35)
	YINWEI-Meridian (YIN-Gefäß der Verbindung)	ZHUBIN (N 9)

Verbindung mit den drei YANG-Meridianen der Hand. Bei der Behandlung von Erkrankungen der sechs Organe FU sind die hauptsächlich ausgewählten Punkte die Unteren HE-(Meer)-Punkte. Zum Beispiel wird bei Magenschmerzen und übermäßiger Magensäure der Punkt ZUSANLI (M 36) ausgewählt. Bei Dysenterie und Blinddarmentzündung wird der Punkt SHANGJUXU (M 37) angewendet. Der Punkt YANGLINGQUAN (G 34) ist bei Schmerzen der Gallenblase, Erbrechen usw. angezeigt (Tab. 23).

Tab. 23: Untere HE-(Meer)-Punkte der sechs Organe FU

YANG-Meridian des Fußes	Organe-FU	Unterer HE-(Meer)-Punkt
YANGMING Fuß	Magen	ZUSANLI (M 36)
	Dickdarm	SHANGJUXU (M 37)
	Dünndarm	XIAJUXU (M 39)
SHAOYANG Fuß	Gallenblase	YANGLINGQUAN (G 34)
TAIYANG Fuß	Blase	WEIZHONG (B 40)
	3Erwärmer	WEIYANG (B 39)

2.3.5 Die acht Einflußreichen Punkte der acht Gewebearten und die acht Konfluenz-(Kardinal)-Punkte der acht außerordentlichen Meridiane

Es gibt acht Einflußreiche Punkte, von denen jeder eine Wirkung bei Krankheiten von bestimmten Geweben hat. Zum Beispiel wird der Einflußreiche Punkt der Organe ZANG, ZHANGMEN (L 13), ausgewählt, um eine Schwäche der Milz zu behandeln, der Einflußreiche Punkt der Organe FU, ZHONGWAN (KG 12), ist bei Borborygmus, Erbrechen und Diarrhoe angezeigt. Der Einflußreiche Punkt des Atmungs-QI, SHANZHONG (KG 17), wird bei Husten und Asthma benutzt. Der Einflußreiche Punkt des Blutes, GESHU (B 17), ist bei Bluterbrechen, auszehrenden und verbrauchenden Krankheiten vorgeschrieben. Der Einflußreiche Punkt der Gewebe und der Muskeln, YANGLINGQUAN (G 34), wird bei Muskelatrophie und Schwäche der Gelenke gestochen. Der Einflußreiche Punkt der Gefäße und des Pulses, TAIYUAN (Lu 9), wird für die Behandlung der Schwäche des Pulses und einen Mangel an Lebensenergie ausgewählt. Der Einflußreiche Punkt des Knochens, DASHU (B 11), ist bei schmerzhaften Gelenken und Rheumatismus angezeigt. Der Einflußreiche Punkt des Marks, XUANZHONG (G 39), ist bei Schlaganfall, Lähmungen usw. angezeigt (Tab. 24).

Die acht Konfluenz-(Kardinal)-Punkte sind Akupunkturpunkte an den Extremitäten, welche die acht außerordentlichen Meridiane mit den zwölf Hauptmeridianen verbinden. Diese Punkte haben therapeutische Eigenschaften bei der Behandlung von Krankheiten der acht außerordentlichen Meridiane und ihrer zugehörigen Hauptmeridiane. Vier dieser acht Punkte befinden sich an

Tab. 24: Acht „Einflußreiche" Punkte

Gewebe	„Einflußreiche" Punkte
Organe ZANG	ZHANGMEN (L 13)
Organe FU	ZHONGWAN (KG 12)
QI (Atmungssystem)	SHANZHONG (KG 17)
Blut	GESHU (B 17)
Sehnen	YANGLINGUAN (G 34)
Puls, Blutgefäße	TAIYUAN (Lu 9)
Knochen	DASHU (B 11)
Mark	XUANZHONG (G 39)

den oberen Extremitäten, während die anderen vier an den unteren Extremitäten liegen. Klinisch können diese Punkte einzeln entsprechend ihrer zugehörigen Meridiane vorgeschrieben werden. Zum Beispiel wenn der DU-Meridian (Lenkergefäß) betroffen ist, kann der Punkt HOUXI (Dü 3) ausgewählt werden, und wenn die Krankheit den ZHONG-Meridian (Gefäß des kräftigen Aufsteigens) betrifft, kann der Punkt GONGSUN (MP 4) benutzt werden. Die Punkte der oberen Extremitäten können in bestimmten Fällen mit den Punkten der unteren Extremitäten kombiniert werden. Zum Beispiel ist die Kombination des Punktes NEIGUAN (KS 6) mit dem Punkt GONGSUN (MP 4) bei Erkrankungen der Brust, des Herzens und der Magenregion angezeigt. Der Punkt HOUXI (Dü 3), kombiniert mit dem Punkt SHENMAI (B 62), ist bei Krankheiten des Halses, des Nackens, der Schulter, des Rükkens und des inneren Augenwinkels indiziert. Der Punkt WAIGUAN (3E 5), kombiniert mit dem Punkt Fuß-LINQI (G 41), wird bei Störungen der Mastoidregion, der Wangen und des äußeren Augenwinkels gestochen. Der Punkt LIEQUE (Lu 7) und der Punkt ZHAOHAI (N 6) sind in Kombination bei Störungen der Kehle, der Brust und der Lunge vorgeschrieben (Tab. 25).

Tab. 25: Acht Konfluenz-(Kardinal)-Punkte der acht außerordentlichen Meridiane

Konfluenz-(Kardinal)-Punkt	Hauptmeridian	Außerordentlicher Meridian	Indikation (Körperteil)
NEIGUAN (KS 6)	Kreislauf	YINWEI	Herz, Brust, Magen
GONGSUN (MP 4)	Milz	CHONG	
HOUXI (Dü 3)	Dünndarm	DU	Hals, Schulter, Rücken, innerer Augenwinkel
SHENMAI (B 62)	Blase	YANGQIAO	
WAIGUAN (3E 5)	3Erwärmer	YANGWEI	Retroaurikularregion, Wangen, äußerer Augenwinkel
Fuß-LINQI (G 41)	Gallenblase	DAI	
LIEQUE (Lu 7)	Lunge	REN	Kehle, Brust, Lunge
ZHAOHAI (N 6)	Niere	YINQIAO	

Kapitel 3

Die Behandlung von allgemeinen Krankheiten mit Akupunktur und Moxibustion

3.1 Schlaganfall (Apoplexie)

Ätiologie

Der ursächliche Faktor dieser Erkrankung ist aufkommender Wind, der durch eine Überaktivität des YANG der Leber entsteht, die wiederum Folge von Wut oder Aufregung in Verbindung mit einer Störung der Organe ZANG-FU, des QI und des Blutes, einem Ungleichgewicht von YIN und YANG und einer Dysfunktion der Meridiane und Nebengefäße ist. Ein anderer Faktor ist endogener Wind, der durch Schleim-Hitze nach einem Übermaß an Alkohol und fetter Nahrung verursacht wird.

Differenzierung

Es gibt entsprechend dem Schweregrad zwei Arten von Schlaganfall: der schwerwiegende Fall tritt auf, wenn die betroffenen Organe ZANG-FU Symptome der Meridiane, Nebengefäße und Eingeweide zeigen. Der milde Typ tritt auf, wenn die Meridiane und Nebengefäße befallen sind und sich die Symptome nur in den Meridianen und Nebengefäßen manifestieren.

(1) Der schwerwiegende Typ (wenn die Organe ZANG-FU angegriffen werden) kann wiederum unterteilt werden in a) das Anspannungssyndrom und in b) das Schwächesyndrom.

a) Anspannungssyndrom: Plötzlicher Kollaps, Koma, stierende Augen, geballte Fäuste, verbissene Kiefer, Rötung des Gesichtes und der Ohren, Röcheln mit Sputum, rauhes Atmen, Retention von Urin und Verstopfung, vibrierender und rollender, kraftvoller Puls.

b) Schwächesyndrom: Koma, entspannte Hände und Mund, geschlossene Augen, Blässe, reichlich Schweißtropfen über Kopf und Gesicht, Schnarchen. Es kann zu unkontrollierten Ausscheidungen von Fäces und Urin kommen, kalten Extremitäten und schwachem Puls (Tab. 26).

Tab. 26: Vergleich von Hauptsymptomen des Anspannungs- und des Schwächesyndroms bei Apoplexie

Anspannungssyndrom	Schwächesyndrom
offene Augen	geschlossene Augen
verbissene Kiefer	offener Mund
geballte Fäuste	entspannte Hände
Anhydrose	Hydrose
Kontinuierlicher Urin, Verstopfung	Unkontinuierlicher Urin und Stuhlgang
vibrierender, rollender und kraftvoller Puls	schwacher Puls

(2) Der milde Typ (wenn die Meridiane und Nebengefäße betroffen sind):

Die Krankheitssymptome sind zum großen Teil die gleichen, wie die Folgeerscheinungen des schwerwiegenden Typs. Es gibt Fälle, bei denen die Organe ZANG-FU nicht betroffen werden. Die Befunde sind Hemiplegie oder abweichende Mundwinkel infolge einer Schwächung der motorischen oder sensorischen Reizleitung.

Behandlung

(1) Der schwerwiegende Typ (wenn die Organe ZANG-FU betroffen sind).

a) Anspannungssyndrom:

Methode: Um die Wiederbelebung zu förderen, wird die reduzierende Methode auf die Punkte des DU-Meridians (Lenkergefäß) und die JING-(Brunnen)-Punkte angewendet.

Punktauswahl: RENZHONG (LG 26), BAIHUI (LG 20), die zwölf JING-(Brunnen)-Punkte der beiden Hände: Lu 11, H 9, KS 9, Di 1, 3E 1, Dü 1, YONGQUAN (N 1).

Punktauswahl entsprechend der Symptome:

Verbissene Kiefer: JIACHE (M 6), XIAGUAN (M 7), HEGU (Di 4).

Röcheln mit Sputum: TIANTU (KG 22), FENGLONG (M 40).

Aphasie und Steifheit der Zunge: YAMEN (LG 15), LIANQUAN (KG 23), TONGLI (H 5).

Erklärung: Die Punkte RENZHONG (LG 26) und BAIHUI (LG 20) regulieren das QI des DU-Meridians (Lenkergefäß) und bewirken die Wiederbelebung. Eine Blutung der zwölf JING-(Brunnen)-Punkte beider Hände kann Hitze des Oberkörpers eliminieren und deshalb den endogenen Wind niederschlagen. Der Punkt YONGQUAN (N 1) führt die Hitze abwärts. Bei dieser Methode werden Punkte des unteren Teiles des Körpers ausgewählt, um Erkrankungen des Oberkörpers zu behandeln.

Wenn die Krise überstanden ist, können die Punkte entsprechend der Krankheitssymptome ausgewählt werden. JIACHE (M 6), XIAGUAN (M 7) und HEGU (Di 4) gegen die verbissenen Kiefer. Bei dieser Methode werden die Nah- und Fernpunkte entsprechend der Meridianverläufe kombiniert, da der DICKDARM-Meridian und der MAGEN-Meridian über die Wange laufen. TIANTU (KG 22) und FENGLONG (M 40) wirken besänftigend auf das Atmungs-QI und lösen das Sputum auf. YAMEN (LG 15) und LIANQUAN (KG 23) sind Nah- und benachbarte Punkte der Zunge. TONGLI (H 5) ist der LUO-(Passage)-Punkt des HERZ-Meridians und kann die Steifheit der Zunge auflösen, da die Zunge funktionell zum Herzen gehört.

b) Schwächesyndrom:

Methode: Um das YANG wieder einzufangen und den Kollapszustand zu überwinden, wird Moxibustion an den Punkten des REN-Meridians (Konzeptionsgefäß) angewendet.

Punktauswahl: QIHAI (KG 6), GUANYUAN (KG 4), SHENQUE (KG 8).

Erklärung: Diese drei Punkte sind die Hauptpunkte bei Notfallmaßnahmen, um die Lebensfunktionen wieder herzustellen. Eine kontinuierliche, indirekte Moxibustion mit Salz kann den Effekt verstärken.

Falls es schwierig ist, zu entscheiden, ob es sich um ein Anspannungs- oder um ein Schwächesyndrom handelt, ist es nicht ratsam, die zwölf JING-(Brunnen)-Punkte der Hand zu stechen, aber es ist wünschenswert, den Punkt RENZHONG (LG 26) zu akupunktieren, damit der Patient das Bewußtsein wiedererlangt und den Punkt ZUSANLI (M 36) zu stechen, um die Lebensfunktionen wieder einzustellen.

(2) Milder Typ (wenn die Meridiane und Nebengefäße betroffen sind):

Hemiplegie: Diese kann wiederum schwerwiegend oder mild sein. Ebenso kann jede Körperseite betroffen sein. Am Anfang können die angegriffenen Extremitäten erschlaffen. Später werden sie steif und schließlich führt das zu einer Bewegungsbeeinträchtigung. Es können Schwindel und Dysphasie auftreten.

Methode: Wiedereinstellung der Lebensfunktion QI und der Blutzirkulation, Beseitigen der Verstopfung der Meridiane und Nebengefäße, indem die Punkte der YANG-Meridiane der betroffenen Seite als Hauptpunkte akupunktiert werden. Es können auch Punkte der gesunden Seite benutzt werden. Die gesunde Seite wird zuerst akupunktiert, danach die betroffene Seite. Moxibustion kann zur Unterstützung angewendet werden. Die Manipulation der Nadeln sollte gleichmäßig sein (siehe auch Behandlung des BI- und WEI-Syndromes).

Punktauswahl:

BAIHUI (LG 20), FENGFU (LG 16), TONGTIAN (B 7).

Obere Extremität: JIANYU (Di 15), QUCHI (Di 11), WAIGUAN (3E 5), HEGU (Di 4).

Untere Extremität: HUANTIAO (G 30), YANGLINGQUAN (G 34), ZUSANLI (M 36), JIEXI (M 41).

Erklärung:

Wind, der ein YANG-krankheitsverursachender Faktor ist, befällt üblicherweise die oberen und äußeren Teile des Körpers. BAIHUI (LG 20), FENGFU (LG 16) und TONGTIAN (B 7) werden dazu benutzt, um den krankheitsverursachenden Wind aus dem oberen Teil des Körpers zu eliminieren. Da die YANG-Meridiane den äußeren Teil des Körpers beherrschen, werden die Punkte hauptsächlich auf diesen Meridianen ausgewählt, um das QI und das Blut des Körpers wieder einzustellen und die gleichmäßige Zirkulation in den Meridianen und Nebengefäßen, sowohl in den oberen als auch in den unteren Körperteilen zu fördern.

Fazialisparese (siehe Behandlung der Fazialisparese).

(3) Prophylaktische Maßnahmen: Alte Patienten mit einer Unzulänglichkeit von QI und übermäßigem Sputum oder mit Befunden von Überaktivität des YANG der Leber, wie zum Beispiel Schwindel und Herzklopfen, können manchmal Symptome der Taubheit der Zunge, undeutlichem Sprechen und Taubheit der Fingerspitzen zeigen. Dies sind Vorzeichen eines Schlaganfalles. Prophylaktische Maßnahmen sind eine richtige Ernährung und tägliche Aktivitäten, wobei eine Überbelastung vermieden werden soll. Häufige Moxibustion der Punkte ZUSANLI (M 36) und XUANZHONG (G 39) können einem Anfall vorbeugen.

Bemerkungen

Dieses Krankheitsbild entspricht folgenden Krankheiten in der westlichen Medizin: zerebrovaskuläre Zwischenfälle (zerebrale Hemorrhagien, Thrombose, Embolie, subarachnoidale Hämorrhagie usw.).

Nachdem das akute Stadium vorüber ist, können Folgeerscheinungen zurückbleiben, wie Hemiplegie, Monoplegie, Aphasie usw.

3.2 Ohnmacht (Synkope)

Ätiologie

Eine Ohnmacht ist hauptsächlich eine Folge von schlechter Gesundheit mit emotionalen Störungen und Erschöpfung. So ein Zustand verursacht eine Störung des QI der Meridiane, was wiederum das QI und das Blut der zwölf Meridiane daran hindert, zum Kopf aufzusteigen, das YANG-QI von den Extremitäten fernhält und das Nahrungs-QI und das Abwehr-QI aus ihren normalen Zirkulationsbahnen lenkt.

Differenzierung

Leere-XU-Punkt: Flache Atmung, offener Mund, Hydrose, Blässe, kalte Extremitäten, tiefer, schwacher und fadenförmiger Puls.

Fülle-SHI-Typ: rauhes Atmen, steife Extremitäten, verbissene Kiefer, tiefer und kräftiger Puls.

Behandlung

Methode: Um die Wiederbelebung und die Wiedererlangung des Bewußtseins zu fördern, werden als Hauptpunkte die Punkte des DU-Meridians (Lenkergefäß) und Kreislauf-Sexus-Meridians akupunktiert. Beim Fülle-SHI-Typ wird eine sedierende Methode, beim Leere-XU-Typ eine tonisierende Methode angewendet.

Punktauswahl:

RENZHONG (LG 26), ZHONGCHONG (KS 9), HEGU (Di 4), TAI CHONG (L 3).

Sekundäre Punkte:

Leere-XU-Typ: BAIHUI (LG 20), QIHAI (KG 6), ZUSANLI (M 36).

Die Akupunktur wird in Kombination mit Moxibustion angewendet.

Fülle-SHI-Typ: LAOGONG (KS 8), YONGQUAN (N 1).

Erklärung:

RENZHONG (LG 26) und ZHONGHONG (KS 9) sind die Punkte für die Wiederbelebung. HEGU (Di 4) und TAICHONG (L 3) lösen die verbissenen Kiefer und die geistige Verwirrtheit und kurbeln die Zirkulation von QI und Blut an. LAOGONG (KS 8) und YONGQUAN (N 1) fördern einen klaren Verstand und zerstreuen die Hitze. BAIHUI (LG 20), ZUSANLI (M 36) und QIHAI (KG 6) wiedererlangen das QI und setzen das YANG wieder ein.

Bemerkungen

(1) In der westlichen Medizin schließt dieser Zustand folgende Krankheiten mit ein: einfacher Schwächezustand, Blutunterdruck, Hitzschlag, Hypoglykämie, Hysterie usw.

(2) Ohrakupunktur: Hauptpunkte Herz, Subkortex, Adrenalin, Ohr-SHENMEN. Diese Punkte werden stark stimuliert.

3.3 Kopfschmerz (mit Anhang Trigeminusneuralgie)

Ätiologie

Am Kopf treffen sich alle YANG-Meridiane der Hand und des Fußes. Ein Angriff von inneren oder äußeren krankheitsverursachenden Faktoren kann Kopfschmerzen infolge einer Störung von QI und Blut im Kopf und einer Behinderung der Zirkulation von QI in den Meridianen, die am Kopf verlaufen, verursachen.

Kopfschmerz, der durch äußere krankheitsverursachende Faktoren verursacht wurde, wird bei der Besprechung der einfachen Erkältung diskutiert. Hier wird im Detail der Kopfschmerz durch innere Ursachen (Kopf-Wind) besprochen, der intermittierend, langdauernd und hartnäckig ist. Kopfschmerz, der entweder auf der rechten oder der linken Seite des Kopfes auftritt, wird als einseitiger Kopfschmerz bezeichnet. Er kann sowohl vom Leere-XU-Typ, als auch vom Fülle-SHI-Typ sein. Letzterer ist hauptsächlich die Folge einer Überaktivität von YANG der Leber und ersterer die Folge eines Mangels an QI und Blut.

Differenzierung

Kopfschmerz wird unterschieden entsprechend seiner Lokalisation und seiner versorgenden Meridiane. Schmerzen der Okzipitalregion und des Nakkens zum Beispiel beziehen sich auf den BLASEN-Meridian TAIYANG Fuß. Schmerzen an der Stirn und der Supraorbitalregion beziehen sich auf den MAGEN-Meridian YANGMING Fuß. Schmerzen an der Schädelregion beider Seiten oder einseitig beziehen sich auf den GALLENBLASEN-Meridian SHAOYANG Fuß. Schmerzen an der Scheitelregion beziehen sich auf den LEBER-Meridian JUEYIN Fuß.

Fülle-SHI-Typ: Starker, bohrender Schmerz kann in Verbindung mit Schwindel, Reizbarkeit, bitterem Geschmack im Mund, Übelkeit, Erstickungsgefühl in der Brust, Schmerzen in der Hypochondralregion, klebrigem Zungenbelag und vibrierendem Puls auftreten.

Leere-XU-Typ: Meistens die Folge von Überanstrengung und Streß. Der Schmerz ist schleichend. Er kann heftig oder mild sein und wird durch Wärme und Druck beeinflußt. Die begleitenden Symptome sind üblicherweise Mattigkeit, Herzklopfen, Schlaflosigkeit, eine blasse Zunge und schwacher Puls.

Behandlung

Methode: Um den Wind zu zerstreuen, wird die Verstopfung in den Meridianen und Nebengefäßen beseitigt und der Fluß des QI und des Blutes durch Akupunktur von Nah- und Fernpunkten in Kombination reguliert. Die sedierende Methode wird beim Fülle-SHI-Typ und die tonisierende Methode oder Klopfen mit der Klopfnadel beim Leere-XU-Typ angewendet.

Punktauswahl:

Okzipitalkopfschmerz: FENGCHI (G 20), KUNLUN (B 60), HOUXI (Dü 3).

Stirnkopfschmerz: TOUWEI (M 8), YINTANG (Extrapunkt), SHANG XING (LG 23), HEGU (Di 4), NEITING (M 44).

Einseitiger Kopfschmerz: TAIYANG (Extrapunkt), SHUAIGU (G 8), WAI-GUAN (3E 5), Fuß-LINQI (G 41).

Scheitelkopfschmerz: BAIHUI (LG 20), HOUXI (Dü 3), ZHIYIN (B 67), TAI-CHONG (L 3).

Punktauswahl entsprechend der Symptome: Überaktivität von YANG der Leber: XINGJIAN (L 2), YANGLINGQUAN (G 34).

Mangel an QI und Blut: QIHAI (KG 6), ZUSANLI (M 36).

Erklärung:

Bei der oben genannten Punktauswahl werden Nahpunkte mit Fernpunkten entsprechend der Lokalisation des Kopfschmerzes und der betroffenen Meridiane kombiniert.

Okzipitalkopfschmerz: Punkte der TAIYANG-Meridiane der Hand und des Fußes.

Stirnkopfschmerz: Punkte der YANGMING-Meridiane der Hand und des Fußes.

Einseitiger Kopfschmerz: Punkte der SHAOYANG-Meridiane der Hand und des Fußes.

Scheitelkopfschmerz: Punkte der TAIYANG-Meridiane der Hand und des Fußes und Punkte der JUEYIN-Meridiane des Fußes.

Diese Punktauswahlen haben die Wirkung der Beseitigung der Verstopfung der Meridiane und Nebengefäße und der Regulierung von QI und Blut. Außerdem haben sie eine schmerzlindernde Wirkung.

Bemerkungen

1. In der schulmedizinischen Betrachtungsweise erscheint der Kopfschmerz bei verschiedenen Krankheiten: In der inneren Medizin, Chirurgie, Neurologie, bei Psychosen, Hals-Nasen-Ohren-Krankheiten usw. Die Akupunktur erzielt gute Ergebnisse bei der Behandlung der Migräne, vaskulärem und funktionellem Kopfschmerz.

2. Klopfen mit der Klopfnadel und Schröpfen:

Hauptpunkte: Das Gebiet zwischen dem ersten Lendenwirbel und dem vierten Sakralwirbel.

Sekundärpunkte: FENGCHI (G 20), TAIYANG (Extrapunkt), YANGBAI (G 14).

Methode:

Das Gebiet vom ersten Lendenwirbel bis zum vierten Sakralwirbel wird abgeklopft. Dann wird das Schmerzgebiet abgeklopft und der Verlauf des betroffenen Meridians. Bei akuten Schmerzen wird der TAIYANG (Extrapunkt) und YANGBAI (G 14) abgeklopft, bis eine leichte Blutung auftritt. Dann werden diese Gebiete geschröpft.

3. Ohrakupunktur:

Hauptpunkte: Subkortex, Stirn, Okziput, Niere, Gallenblase usw.

Methode: Die eingestochenen Nadeln werden intermittierend manipuliert. Bei andauerendem Kopfschmerz werden die Nadeln kontinuierlich für fünf Minuten rotiert, um einen starken Reiz zu setzen. Es können auch Dauernadeln an den empfindlichen Stellen für ein bis sieben Tage belassen werden.

Anhang Trigeminusneuralgie

Dies ist ein einschießender, paroxysmaler, brennender Schmerz der Gesichtsregion, die durch den Nervus trigeminus versorgt wird.

Behandlung

Punktauswahl:

Schmerzen des ersten Trigeminusastes. YANGBAI (G 14), TAIYANG (Extrapunkt), ZANZHU (B 2), WAIGUAN (3E 5).

Schmerzen am zweiten Trigeminusast: SIBAI (M 2), Nase-JULIAO (M 3), RENZHONG (LG 26), HEGU (Di 4).

Schmerzen am dritten Trigeminusast: XIAGUAN (M 7), JIACHE (M 6), CHENGJIANG (KG 24), NEITING (M 44).

Ohrakupunktur:

Hauptpunkte: Stirn, Nervus sympathicus, Ohr-SHENMEN, Ohrpunkte entsprechend der schmerzenden Gebiete.

Methode: Die Nadeln werden für einige Minuten rotiert oder für einige Tage an den empfindlichen Stellen belassen.

3.4 Benommenheit und Schwindel

Ätiologie

Verursachende Faktoren:

(1) aufwärts gerichteter Angriff der Überaktivität von YANG der Leber infolge einer mangelhaften Unterstützung von Holz durch Wasser (Dysfunktion der Niere, die sich auf die Leber auswirkt).

(2) innere Retention von Schleim-Nässe, die eine geistige Umnebelung verursacht und

(3) Leere-XU von QI und Blut, die eine Insuffizienz des Marksees im Kopf verursachen.

Differenzierung

Die Hauptsymptome sind Schwindelgefühl und verschwommener Gesichtssinn mit einem Gefühl des sich-im-Kreise-Drehens und auf- dem-Kopf-Stehens. Es besteht eine Tendenz, hinzufallen.

(1) Aufwärts gerichteter Angriff der Überaktivität des YANG der Leber: Neben den Hauptsymptomen treten Tinnitus, gerötetes Gesicht, Übelkeit, Rückenschmerzen, gerötete Zunge und vibrierender und schneller Puls auf.

(2) Innere Retention von Schleim-Nässe: Komplikationen sind Völlegefühl und Erstickungsgefühl der Brust- und Magenregion, Übelkeit und Erbrechen, übermäßiges Sputum, Anorexie, weißer und klebriger Zungenbelag, rollender Puls.

(3) Leere-XU-Zustand von QI und Blut: Komplikationen sind Lustlosigkeit, Mattigkeit, Herzklopfen, Schlaflosigkeit, kraftloser Puls.

Behandlung

(1) Aufwärts gerichteter Angriff der Überaktivität der Leber.

Methode: Punkte des JUEYIN-Meridians (Leber) und SHAOYIN-Meridians (Niere) werden als Hauptpunkte ausgewählt. Sie ernähren das YIN und beruhigen das YANG. Tonisierende und sedierende Methoden können in einer Sitzung gleichzeitig benutzt werden. Der Krankheitszustand bestimmt die Auswahl der Methode.

Punktauswahl: SHENSHU (B 23), TAIXI (N 3), GANSHU (B 18), XINGJIAN (L 2), FENGCHI (G 20).

Erklärung: Die Anwendung der tonisierenden Methode am Punkt SHENSHU (B 23) und am Punkt TAIXI (N 3) stärkt die Niere, während die Anwendung der sedierenden Methode am Punkt GANSHU (B 18), XINGJIAN (L 2) und FENGCHI (G 20) das YANG der Leber beruhigt.

(2) Innere Retention von Schleim-Nässe:

Methode: Durch die Anwendung der tonisierenden und der sedierenden Methode an den SHU-Rücken-, MU-Alarm- und LUO-Passagepunkten der Niere und des Magens wird der Schleim gelöst und die Nässe beseitigt.

Punktauswahl: PISHU (B 20), ZHONGWAN (KG 12), FENGLONG (M 40), NEIGUAN (KS 6), TOUWEI (M 8).

Erklärung: Die Anwendung der tonisierenden Methode auf dem Punkt PISHU (B 20), dem SHU-(Rücken)-Punkt der Milz, und dem Punkt ZHONGWAN (KG 12), dem MU-(Alarm)-Punkt des Magens, stärkt die Funktion der Milz und des Magens, die Nässe zu beseitigen. Der Punkt FENGLONG (M 40), der LUO-(Passage)-Punkt des Magens, hat die Funktion, den Schleim zu lösen, wenn die sedierende Methode angewendet wird. TOUWEI (M 8) ist ein wirkungsvoller Punkt gegen Schwindelgefühl. NEIGUAN (KS 6) reguliert den Magen und beseitigt das Erbrechen.

(3) Leere-XU des QI und des Blutes:

Methode: Die Punkte des REN-Meridians (Konzeptionsgefäß), TAIYANG-Meridians (Blase) und YANGMING-Meridians (Magen) werden als Hauptpunkte ausgewählt. Es wird die tonisierende Methode angewendet. Es kann auch Moxibustion erfolgen.

Punktauswahl: GUANYUAN (KG 4), PISHU (B 20), SANYINJIAO (MP 6), ZUSANLI (M 36).

Erklärung: GUANYUAN (KG 4) stärkt die Lebensenergie. PISHU (B 20), SANYINJIAO (MP 6) und ZUSANLI (M 36) beleben die Milz und den Magen, welche die Quellen der Produktion von QI und Blut sind.

Bemerkungen

1. Benommenheit und Schwindel können in der westlichen Medizin als Störung des Gleichgewichtssinnes erklärt werden. Klinisch wird diese Erkrankung als MENIERE-Syndrom, Labyrinthitis, Otosklerose, Bluthochdruck oder -unterdruck, Neurasthenie usw. bezeichnet.

2. Klopfnadelmethode:

Hauptpunkte: BAIHUI (LG 20), TAIYANG (Extrapunkt), YINTANG (Extrapunkt), HUATUO JIAJI (Extrapunkt).

Methode: Es wird ein bis zweimal täglich mit leichter Stimulation behandelt. Fünf bis zehn Behandlungen bilden eine Behandlungsperiode.

3. Ohrakupunktur:

Hauptpunkte: Stirn, Herz, Nervus sympathicus, Ohr-SHENMEN, Niere, Endokrinum, Adrenalin, Okziput.

Methode: Es werden pro Behandlungssitzung zwei bis vier Punkte ausgewählt. Die Nadeln werden intermittierend manipuliert mit leichter Stimulation. Sie werden für 15 bis 20 Minuten belassen. Eine Behandlung kann täglich erfolgen. Drei bis sieben Behandlungen ergeben eine Behandlungsperiode. Die Nadeln können intradermal eingesetzt werden.

3.5 Fazialisparese

Ätiologie

Der Beginn der Krankheit ist die Folge einer Störung des QI und des Blutes und einer Fehlernährung der Meridiane, die durch einen Befall der Meridiane und Nebengefäße der Gesichtsregion durch krankheitsverursachende Wind-Kälte oder Nässe verursacht wird.

Differenzierung

Klinische Manifestationen der betroffenen Seite sind der unvollständige Verschluß der Augenlider, Tränenfluß, Speichel, der aus dem Mundwinkel tropft, herabhängende Mundwinkel, Unfähigkeit, die Stirn zu runzeln, die Augenbrauen zu heben, das Auge zu schließen, die Wange aufzublasen, die Zähne zu zeigen oder zu pfeifen. Es kann Schmerz in der Mastoidregion oder Kopfschmerz auftreten. Die Zunge ist weiß belegt. Der Puls ist oberflächlich.

Behandlung

Methode: Durch die Anwendung der Methode der gleichmäßigen Bewegung auf die Punkte der YANGMING-Meridiane der Hand und des Fußes als Hauptpunkte werden der Wind und die Verstopfung der Nebengefäße beseitigt.

Punktauswahl: YIFENG (3E 17), DICANG (M 4), JIACHE (M 6), YANGBAI (G 14), TAIYANG (Extrapunkt), HEGU (Di 4), QUANLIAO (Dü 18), XIAGUAN (M 7)

Manipulation: In einer Sitzung werden drei bis vier Punkte ausgewählt. Die Methode der horizontalen Penetration von zwei Punkten kann benutzt werden, zum Beispiel die Penetration von Punkt DICANG (M 4), horizontal in Richtung JIACHE (M 6). Es wird mit täglicher Behandlung begonnen.

Punkte entsprechend der Krankheitssymptome:

Kopfschmerz: FENGCHI (G 20).

Übermäßiges Sputum: FENGLONG (M 40).

Unfähigkeit, die Stirn zu runzeln und die Augenbrauen zu heben: ZANZHU (B 2), SIZHUKONG (3E 23).

Unvollständiges Schließen des Auges: ZANZHU (B 2), JINGMING (B 1), TONGZILIAO (G 1), YUYAO (Extrapunkt), SIZHUKONG (3E 23).

Schwierigkeiten zu schniefen: YINGXIANG (Di 20).

Abweichung des Philtrums: RENZHONG (LG 26).

Unfähigkeit, die Zähne zu zeigen: Nase-JULIAO (M 3).

Tinnitus und Taubheit: TINGHUI (G 2).

Zucken des Augenlides und des Mundes: TAICHONG (L 3).

Druckgefühl in der Mastoidregion: Kopf-WANGU (G 12).

Erklärung: Die Kombination der Punkte HEGU (Di 4) und TAICHONG (L 3), die YUAN-(Quell)-Punkte des Dickdarm- und Lebermeridians, ist wirkungsvoll bei der Beseitigung des krankheitsverursachenden Windes im Kopf- und Gesichtsbereich. TINGHUI (G 2) und Kopf-WANGU (G 12) sind nützlich bei der Beseitigung von Wind und bei der Klärung der Ohren. JIACHE (M 6), XIAGUAN (M 7), DICANG (M 4), Nase-JULIAO (M 3), QUANLIAO (Dü 18), YANGBAI (G 14), TONGZILIAO (G 1), ZANZHU (B 2), SIZHUKONG (3E 23), JINGMING (B 1), YINGXIANG (Di 20) und RENZHONG (LG 26) sind alles Nahpunkte der betroffenen Meridiane und haben die Wirkung der Beseitigung von Wind und der Belebung der Zirkulation.

Bemerkungen

(1) In der westlichen Medizin wird diese Krankheit als periphere Fazialisparese oder BELLsche Lähmung bezeichnet.

(2) Bei lang andauernden Krankheiten kann die erwärmte Nadel oder eine milde Moxibustion angewendet werden. Die betreffenden Punkte sind TAIYANG (Extrapunkt), JIACHE (M 6), DICANG (M 4), Nase-JULIAO (M 3) und XIAGUAN (M 7). Zwei bis drei Punkte können pro Behandlung gestochen werden. Hitze wird an jedem Punkt für zwei bis drei Minuten angewendet.

(3) Schröpfen: Schröpfen kann als unterstützende Methode zur Akupunktur angewendet werden. Die betroffene Seite kann mit kleinen Schröpfgläsern alle drei bis fünf Tage behandelt werden.

3.6 Hitzschlag

Ätiologie

Dies ist sehr oft die Folge eines Befalles durch Sommerhitze, die unter Bedingungen von extremer Erschöpfung nach lang andauernder Arbeit unter heißer Sonne das QI und das YIN schädigt.

Differenzierung

Hitzschlag kann in einen milden und einen ernsten Typ eingeteilt werden.

(1) Milder Typ: Kopfschmerz, Hydrose, heiße Haut, rauhes Atmen, trockene Zunge und Mund, Durst, oberflächlicher und schneller Puls.

(2) Ernster Typ: Kopfschmerz, Durst, schnelles, kurzes Atmen, plötzlicher Kollaps, Bewußtlosigkeit, Schwitzen, tiefer und kraftloser Puls.

Behandlung

(1) Milder Typ:

Methode: Die Anwendung der reduzierenden Methode auf die Punkte des DU-Meridians (Lenkergefäß), des JUEYIN (Kreislauf-Sexus-) und YANGMING-Meridians (Dickdarm) als Hauptpunkte beseitigt die Sommerhitze.

Punktauswahl: DAZHUI (LG 14), DALING (KS 7), WEIZHONG (B 40), HEGU (Di 4), QUCHI (Di 11), JINJIN (Extrapunkt), YUYE (Extrapunkt).

Erklärung: DAZHUI (LG 14) beseitigt Hitze. DALING (KS 7) schwächt das Feuer des Herzens. Eine Verletzung am Punkt WEIZHONG (B 40), um eine Blutung zu verursachen, zerstreut die Sommerhitze. HEGU (Di 4) und QUCHI (Di 11) sind die zwei Hauptpunkte zur Fiebersenkung. Das Verletzen der Punkte JINJIN (Extrapunkt) und YUYE (Extrapunkt), um eine Blutung zu verursachen, kann die Trockenheit des Mundes und den Durst beseitigen.

(2) Ernster Typ:

Methode: Durch die Anwendung der sedierenden Methode auf die Punkte des DU-Meridians (Lenkergefäß) als Hauptpunkte, wird die Hitze reduziert und das Bewußtsein wiedererlangt. (Siehe auch Behandlung des Anspannungssyndroms bei Schlaganfall).

Punktauswahl: RENZHONG (LG 26), BAIHUI (LG 20), WEIZHONG (B 40), SHIXUAN (Extrapunkt).

Erklärung: RENZHONG (LG 26) und BAIHUI (LG 20) fördern die Wiedererlangung des Bewußtseins und Klärung des Verstandes. WEIZHONG (B 40) und SHIXUAN (Extrapunkt) reduzieren die Hitze und die Sommerschwüle.

3.7 Malaria

Ätiologie

Die Malaria kennt drei Formen: den täglichen Anfall, die tertiäre Malaria (3-tägiger Anfall) und die quartäre Malaria (4-tägiger Anfall). Bei chronischen Fällen kann Völlegefühl in der rechten Hypochondralregion auftreten.

Der Beginn der Krankheit ist meistens eine Folge der Störung des Nahrungs-QI und des Abwehr-QI, verursacht durch feuchte Hitze und Nässe, die den SHAOYANG-Meridian angreifen und durch einen ansteckenden Faktor kompliziert werden. Die Hauptmanifestationen sind wechselndes Frösteln und Fieber.

Differenzierung

Frösteln tritt üblicherweise am Beginn eines Anfalles auf. Es folgt Fieber mit Symptomen von Kopfschmerz, gerötetem Gesicht und Durst. Nach dem Anfall geht das Fieber zurück und der Patient schwitzt. Es können ein Erstikkungsgefühl in der Brust und in der Hypochondralregion, ein bitterer Geschmack im Mund, gelber, klebriger, dünner Zungenbelag und vibrierender und schneller Puls auftreten.

Behandlung

Methode: Die Behandlung zielt hauptsächlich auf die Regulierung des DU-Meridians (Lenkergefäß) und Harmonisierung des SHAOYANG-Meridians ab. Falls das Frösteln das beherrschende Symptom während eines Anfalles ist, können Akupunktur und Moxibustion gleichzeitig angewendet werden. Falls Fieber das beherrschende Symptom ist, wird nur Akupunktur benutzt. Die Behandlung erfolgt zwei Stunden vor dem zu erwartenden Anfall.

Punktauswahl: DAZHUI (LG 14), TAODAO (LG 13), Fuß-LINQI (G 41), HOUXI (Dü 3), JIANSHI (KS 5).

Sekundäre Punkte:

Hohes Fieber: Es wird der Punkt QUCHI (Di 11) mit der sedierenden Methode gestochen.

Völlegefühl in der rechten Hypochondralregion: ZHANGMEN (L 13), HUANGMEN (B 51). Der erstere wird akupunktiert, an letzterem wird Moxibustion angewendet.

Bei schweren Anfällen mit Delirium und geistiger Umnachtung: Die zwölf JING-(Brunnen)-Punkte der Hand werden verletzt, um eine Blutung zu verursachen. (Lu 11, H 9, KS 9, Di 1, 3E 1, Dü 1).

Erklärung: DAZHUI (LG 14) und TAODAO (LG 13) beseitigen die Verstopfung des DU-Meridians (Lenkergefäß) und harmonisieren YIN und YANG. Der Punkt Fuß-LINQI (G 41) harmonisiert das QI des SHAOYANG-Meridians. HOUXI (Dü 3) zerstreut die äußere Hitze.

JIANSHI (KS 5) beseitigt die innere Hitze. Wenn beide, innere und äußere Hitze, absinken, wird die Koordination des Nahrungs-QI und Abwehr-QI wiedererlangt, was die Krankheit überwindet.

Ohrakupunktur:

Hauptpunkte: Adrenalin, Subkortex, Endokrinum, 3Erwärmer und Milz.

Methode: Es wird ein bis zwei Stunden vor dem zu erwartenden Anfall und an den drei darauf folgenden Tagen täglich behandelt. Die Nadeln werden für eine Stunde belassen. Bei Rezidiven wird zusätzlich der Ohrakupunkturpunkt Milz gestochen.

3.8 Erkältung

Ätiologie

Die Ursachen sind äußere Wind-Kälte oder Wind-Hitze, welche die Lunge in ihrer Verteilungsfunktion behindern und die Abwehrkräfte der oberen Körperhälfte schwächen.

Differenzierung

(1) Erkältung infolge von Wind-Kälte: Frösteln, Fieber, Anhydrose, Kopfschmerz, Nasenverstopfung, Rhinitis, schmerzende Gelenke. Als Komplikationen können Jucken im Hals und Husten auftreten. Der Zungenbelag ist dünn und weiß, der Puls oberflächlich angespannt.

(2) Erkältung infolge von Wind-Hitze: Fieber, Unverträglichkeit von Wind, Hydrose, Aufblähungsgefühl im Kopf, Durst, abgehacktes Husten, trockene, geschwollene und entzündete Kehle, dünner und gelblicher Zungenbelag, oberflächlicher und schneller Puls.

Behandlung

(1) Wind-Kälte:

Methode: Durch die Anwendung der sedierenden Methode auf die Punkte des DU- (Lenkergefäß), der TAIYANG- und SHAOYANG-Meridiane als Hauptpunkte werden der Wind und die äußeren Symptome beseitigt.

Punktauswahl: FENGFU (LG 16), FENGMEN (B 12), FENGCHI (G 20), LIEQUE (Lu 7), HEGU (Di 4), FULIU (N 7).

Punkte entsprechend der Krankheitssymptome:

Kopfschmerz: TAIYANG (Extrapunkt).

Nasenverstopfung: YINGXIANG (Di 20).

Erklärung: FENGFU (LG 16), FENGMEN (B 12) und FENGCHI (G 20) erleichtern den Kopfschmerz durch Beseitigung des Windes und Abschwächung der äußeren Symptome. LIEQUE (Lu 7), der LUO-(Passage)-Punkt des LUNGEN-Meridians, wird bei der Behandlung der Störungen des Kopfes und des Halses, sowie der Erleichterung der Nasenverstopfung akupunktiert. HEGU (Di 4) und FULIU (N 7) verursachen Schwitzen und verstärken so die Abschwächung der äußeren Symptome. TAIYANG (Extrapunkt) und YINGXIANG (Di 20) sind Nahpunkte, die zur Eliminierung von krankheitsverursachendem Wind im Kopf und in der Gesichtsregion benutzt werden.

(2) Wind-Hitze:

Methode: Durch die Akupunktur mit der sedierenden Methode der Punkte des DU- (Lenkergefäß) und der SHAOYANG-Meridiane als Hauptpunkte werden der Wind und die Hitze beseitigt.

Punktauswahl: DAZHUI (LG 14), FENGCHI (G 20), WAIGUAN (3E 5), HEGU (Di 4), SHAOSHANG (Lu 11).

Erklärung: DAZHUI (LG 14) ist der Punkt, an dem der DU-Meridian (Lenkergefäß) alle YANG-Meridiane trifft. FENGCHI (G 20), WAIGUAN (3E 5) und HEGU (Di 4) beseitigen Wind und Hitze. Das Verletzen des Punktes SHAOSHANG (Lu 11), um eine Blutung zu verursachen, beseitigt Wind-Hitze im LUNGEN-Meridian und entlastet die Kehle.

Prophylaxe:

Die tägliche Anwendung von Moxibustion am Punkt FENGMEN (B 12) oder ZUSANLI (M 36) kann einer Erkältung vorbeugen, wenn Ansteckungsgefahr besteht.

3.9 Husten

Ätiologie

Die verursachenden Faktoren können exogen oder endogen sein. Äußere Faktoren sind Wind-Kälte oder Wind-Hitze, welche die Lunge angreifen und sie an ihrer Verteilungsfunktion hindern. Innere Faktoren sind:

(1) Trockenheit der Lunge infolge von Leere XU des YIN's und daraus resultierende Schwächung der „hinabführenden Funktion“ und

(2) Leere Xu von YANG der Milz, was zu einer Anhäufung von Nässe und Bildung von Schleim führt.

Differenzierung

(1) Befall durch äußere, krankheitsverursachende Faktoren:

a) Wind-Kälte: Frösteln, Fieber, Kopfschmerz, Nasenverstopfung, würgender Husten. Die Zunge hat einen dünnen weißen Belag, der Puls ist oberflächlich.

b) Wind-Hitze: Fieber ohne Frösteln, Durst, Husten mit eitrigem, dickem Sputum, gelber Zungenbelag, oberflächlicher, schneller Puls.

(2) Innere Faktoren:

a) Trockenheit der Lunge infolge von Leere XU des YIN's: Trockener Husten mit keinem oder spärlichem Sputum, trockene oder entzündete Kehle. Es können blutiges Sputum oder sogar Hämoptysis, Fieber am Nachmittag und gerötete Wangen auftreten. Die Zunge ist gerötet mit einem dünnen Belag, der Puls ist schwach und schnell.

b) Leere XU von YANG der Milz: Husten mit übermäßigem Sputum, was im Winter sehr ernst werden kann, Anorexie, Lustlosigkeit, dicke, klebrige oder glitschige Zunge mit weißem Belag, tiefer und langsamer Puls.

Behandlung

(1) Befall durch äußere krankheitsverursachende Faktoren:

Methode: Es werden hauptsächlich Punkte des TAIYIN (Lunge) und YANGMING (Dickdarm) -Meridians ausgewählt, um die Verteilungsfunktion der Lunge zu aktivieren und die äußeren Symptome zu erleichtern. Beim Wind-Kälte-Typ kann Akupunktur mit Moxibustion kombiniert werden, während beim Wind-Hitze-Typ nur akupunktiert wird.

Punktauswahl: LIEQUE (Lu 7), HEGU (Di 4), FEISHU (B 13), CHIZE (Lu 5).

Erklärung: LIEQUE (Lu 7) und HEGU (Di 4) sind eine Kombination von YUAN-(Quell)- und LUO-(Passage)-Punkten. Sie werden dazu benutzt, um den Wind zu beseitigen und äußere Symptome zu erleichtern. FEISHU (B 13) aktiviert die Verteilungsfunktion der Lunge. CHIZE (Lu 5) klärt die Lunge und erleichtert den Husten.

(2) Innere Faktoren:

a) Trockenheit der Lunge infolge von Leere XU des YIN:

Methode: Die SHU-(Rücken)-Punkte und MU-(Alarm)-Punkte der Lunge werden als Hauptpunkte akupunktiert, um das YIN zu stimulieren und die „Hinabführungsfunktion" der Lunge zu aktivieren. Die Punkte werden oberflächlich akupunktiert. Moxibustion ist nicht ratsam.

Punktauswahl: FEISHU (B 13), ZHONGFU (Lu 1), LIEQUE (Lu 7), ZHAOHAI (N 6).

Sekundäre Punkte:

Hämoptysis: KONGZUI (Lu 6), GESHU (B 17).

Erklärung: FEISHU (B 13) und ZHONGFU (Lu 1) sind eine Kombination aus SHU-(Rücken)- und MU-(Alarm)-Punkt. Sie werden akupunktiert, um den Respirationstrakt zu regulieren. LIEQUE (Lu 7) und ZHAOHAI (N 6) sind zwei der acht Konfluenz-Kardinal-Punkte. Sie entlasten die Kehle, indem sie das YIN stimulieren und die Hinabführungsfunktion der Lunge aktivieren. KONGZUI (Lu 6), der XI-(Grenz)-Punkt der Lunge, und GESHU (B 17), der beeinflussende Punkt, der das Blut beherrscht, werden benutzt, um eine blutgerinnende Wirkung zu erhalten.

b) Leere XU vom YANG der Milz:

Methode: Die SHU-(Rücken)-Punkte der Milz und die MU-(Alarm)-Punkte des Magens werden akupunktiert als die Hauptpunkte, um die Milz zu stärken und das Sputum zu lösen. Es wird die tonisierende Methode in Verbindung mit Moxibustion angewendet.

Punktauswahl: PISHU (B 20), ZHONGWAN (KG 12), ZUSANLI (M 36), FEISHU (B 13), GAOHUANGSHU (B 43), FENGLONG (M 40).

Erklärung: PISHU (B 20), ZHONGWAN (KG 12) und ZUSANLI (M 36) stärken die Milz und den Magen, beseitigen die Nässe und lösen den Schleim. Die Moxibustion der Punkte FEISHU (B 13) und GAOHUANGSHU (B 43) aktivieren und wärmen das QI der Lunge.

Bemerkungen

(1) Falls der Husten in Verbindung mit Fieber und Asthma auftritt, siehe Behandlung von Erkältung und Asthma.

(2) Die Art von Husten, die in diesem Kapitel beschrieben wurde, tritt vor allem bei der Erkältung, der akuten und chronischen Bronchitis und der Pneumonie auf.

(3) Schröpfen:

Hauptpunkte: FENGMEN (B 12), FEISHU (B 13).

(4) Klopfnadel-Methode: Das Klopfen mit der Klopfnadel erfolgt entlang des DU-Meridians (Lenkergefäß) und des BLASEN-Meridians am oberen Teil des Rückens, bis die Haut rot wird oder leicht blutet.

(5) Ohrakupunktur:

Hauptpunkte: Lunge, Ohr-Asthma.

Methode: Es wird täglich oder jeden zweiten Tag behandelt. Die Nadeln werden für 30 bis 60 Minuten belassen. Fünf bis zehn Behandlungen ergeben einen Behandlungsabschnitt.

3.10 Asthma

Ätiologie

Es gibt zwei Haupttypen von Asthma: den Leere-XU-Typ und den Fülle-SHI-Typ. Der Fülle-SHI-Typ des Asthmas resultiert aus einer Dysfunktion der Lunge bezüglich ihrer Hinabführungsfunktion infolge eines Befalles von äußerer Wind-Kälte oder Störung durch Schleim-Hitze. Der Leere-XU-Typ des Asthmas ist zum einen die Folge von Leere XU der Lunge, zum anderen von Leere XU der Niere, die in ihrer Funktion der Annahme des Atmungs-QI versagt.

Differenzierung

(1) Fülle-SHI-Typ:

a) Wind-Kälte: Husten mit dünnem Sputum, Kurzatmigkeit. Begleitende Symptome sind üblicherweise Fieber, Frösteln, Anhydrose, weißer Belag der Zunge, oberflächlicher Puls.

b) Schleim-Hitze: Schnelles und rauhes Atmen, Erstickungsgefühl in der Brust, dickes, eitriges Sputum, dicker, gelblicher Zungenbelag, schneller, rollender und kraftvoller Puls.

(2) Leere-XU-Typ:

a) Leere-XU der Lunge: Kurzes und schnelles Atmen, schwache und leise Stimme, Hydrose, schwacher Puls.

b) Leere-XU der Niere: Asthma, Dyspnoe nach Anstrengung, Frösteln mit kalten Extremitäten, tiefer, fadenförmiger, schwacher Puls.

Behandlung

SHI-Typ:

Methode: Bei Asthma infolge von Wind-Kälte werden die Punkte des LUNGEN-Meridians als Hauptpunkte akupunktiert, um den Wind und die Kälte zu beseitigen und das Asthma zu besänftigen. Bei Asthma infolge von Schleim-Hitze werden die Punkte des MAGEN-Meridians als Hauptpunkte genommen, um den Schleim zu lösen und das Asthma zu besänftigen. Beide Typen von Asthma werden mit der sedierenden Methode behandelt. Bei Wind-Kälte kann auch Moxibustion zusätzlich angewendet werden.

Punktauswahl:

a) Wind-Kälte: FEISHU (B 13), LIEQUE (Lu 7), HEGU (Di 4).

b) Schleim-Hitze: FENGLONG (M 40), TIANTU (KG 22), CHIZE (Lu 5), DINGCHUAN (Extrapunkt).

Erklärung: FEISHU (B 13) aktiviert das QI der Lunge. LIEQUE (Lu 7) und HEGU (Di 4) beseitigen den Wind und die Kälte. FENGLONG (M 40), ein Fernpunkt, kombiniert mit TIANTU (KG 22), ein Nahpunkt, beruhigt die Atmung und löst den Schleim. CHIZE (Lu 5), HE-(Meer)-Punkt des LUNGEN-Meridians, reduziert die Hitze in der Lunge, um das Asthma zu besänftigen.

(2) Leere-XU-Typ:

Methode: Stärkung des QI der Lunge und der Niere. Es wird die tonisierende Methode angewendet. Moxibustion ist ratsam.

Punktauswahl:

a) Leere XU der Lunge: FEISHU (B 13), TAIYUAN (Lu 9), ZUSANLI (M 36).

b) Leere XU der Niere: SHENSHU (B 23), MINGMEN (LG 4), QIHAI (KG 6), SHANZHONG (KG 17).

Sekundäre Punkte:

Chronisches, lang andauerndes Asthma: SHENZHU (LG 12), GAOHUANGSHU (B 43).

Leere XU der Milz: ZHONGWAN (KG 12), PISHU (B 20).

Erklärung: Die Anwendung von Moxibustion am Punkt FEISHU (B 13) stärkt das QI der Lunge. Entsprechend der Theorie der fünf Elemente beziehen sich die Punkte TAIYUAN (Lu 9), der SHU-(Bach)-Punkt des LUNGEN-Meridians, und ZUSANLI (M 36), der HE-(Meer)-Punkt des MAGEN-Meridians, auf Erde. Die Akupunktur dieser beiden Punkte stärkt die Lunge (Metall) durch die Belebung der Milz (Erde) und des Magens (Erde). SHENSHU (B 23) und MINGMEN (LG 4) stärken das QI der Niere. QIHAI (KG 6) ist essentiell für die Stärkung des QI. SHANZHONG (KG 17), der beeinflussende Punkt, der das Atmungs-QI beherrscht, reguliert das QI und besänftigt das Asthma. Die Anwendung von indirekter Moxibustion mit Knoblauch auf dem Punkt SHENZHU (LG 12) und auf dem Punkt GAOHUANGSHU (B 43) kann das chronische Asthma erleichtern. Die Anwendung von Moxibustion auf ZHONGWAN (KG 12) und PISHU (B 20) stärkt das QI der Milz.

Bemerkungen

(1) Das traditionell-chinesische Krankheitsbild Asthma schließt in der westlichen Medizin hier folgende Krankheiten mit ein: Bronchialasthma, asthmatische Bronchitis und Dyspnoe. Weitere therapeutische Maßnahmen können neben der Akupunktur zur Beseitigung der symptomatischen Dyspnoe herangezogen werden.

(2) Ohrakupunktur kann während eines Anfalles angewendet werden.

Hauptpunkte: Lunge, Niere, Adrenalin, Nervus sympathicus, Ohr-Asthma.

Methode: Pro Sitzung werden zwei bis drei Punkte ausgewählt. Druckempfindliche Punkte werden akupunktiert. Die Nadeln werden für 30 bis 60 Minuten belassen. Nach 10 bis 15 Sitzungen wird eine Pause von drei bis fünf Tagen gemacht, bevor mit einer weiteren Behandlungsmethode begonnen wird.

3.11 Schlaflosigkeit

Ätiologie

Ursächliche Faktoren:

(1) Leere XU der Niere und Unzulänglichkeit des Blutes, die aus Ängstlichkeit resultieren

(2) „Aufflackern“ des Feuers des Herzens infolge einer Unzulänglichkeit des YIN der Niere, was eine Disharmonie von Herz und Niere verursacht

(3) Aufwärts gerichtete Störung des Feuers der Leber, die aus einer Depression resultiert

(4) Retention von Schleim-Hitze infolge von Verdauungsstörungen im Magen.

Differenzierung

(1) Leere XU der Milz und Unzulänglichkeit des Blutes: Einschlafschwierigkeiten und gestörter Schlaf in Verbindung mit Herzklopfen, Gedächtnisschwäche, Mattigkeit, Lustlosigkeit, Anorexie, fahler Gesichtsfarbe und fadenförmiger, schwacher Puls.

(2) Disharmonie des Herzens und der Niere: Reizbarkeit und Schlaflosigkeit in Verbindung mit Schwindel, Tinnitus, Schmerzen im unteren Rücken, Samenerguß, Leukorrhagie und schnellem, schwachem Puls.

(3) „Aufwärts gerichtete Störung“ des Feuers der Leber: Depression, hitziges, aufbrausendes Temperament, traumgestörter Schlaf in Verbindung mit Kopfschmerz, Spannungsgefühl in der Rippen- und Hypochondralregion, bitterer Geschmack im Mund und vibrierender Puls.

(4) Dysfunktion des Magens: Schlaflosigkeit in Verbindung mit Völlegefühl und Erstickungsgefühl in der Magenregion, Blähungen im Bauch, Aufstoßen und kraftvoller Puls.

Behandlung

Methode: Die Punkte werden hauptsächlich am HERZ-Meridian ausgewählt, um das Herz zu beruhigen und den Geist zu besänftigen.

Leere XU der Milz und Unzulänglichkeit des Blutes: Akupunktur mit der tonisierenden Methode. Moxibustion wird kombiniert angewendet.

Disharmonie des Herzens und der Niere: Akupunktur mit der Methode der gleichmäßigen Bewegung.

„Aufwärts gerichtete Störung“ des Feuers der Leber: Akupunktur mit der sedierenden Methode.

Dysfunktion des Magens: Akupunktur mit der sedierenden Methode.

Punktauswahl: SHENMEN (H 7), NEIGUAN (KS 6), SANYINJIAO (MP 6).

Punktauswahl entsprechend der Symptome:

Leere XU der Milz und Unzulänglichkeit des Blutes: PISHU (B 20), XINSHU (B 15), YINBAI (MP 1), an letzterem Punkt wird Moxibustion mit kleinen Moxakegeln appliziert.

Disharmonie des Herzens und der Niere: XINSHU (B 15), SHENSHU (B 23), TAIXI (N 3).

„Aufwärts gerichtete Störung" des Feuers der Leber: GANSHU (B 18), DANSHU (B 19), Kopf-WANGU (G 12).

Dysfunktion des Magens: WEISHU (B 21), ZUSANLI (M 36).

Erklärung: SHENMEN (H 7) ist der YUAN-(Quell)-Punkt des HERZ-Meridians. NEIGUAN (KS 6) ist der LUO-(Passage)-Punkt des KREISLAUF-SEXUS-Meridians. SANYINJIAO (MP 6) ist der Kreuzungspunkt zwischen Leber-, Milz- und Nieren-Meridian. Die Kombination dieser drei Punkte kann das Herz beruhigen und den Geist besänftigen. PISHU (B 20) und XINSHU (B 15) werden benutzt, weil die Milz das Blut kontrolliert und das Herzblut produziert. YINBAI (MP 1) ist der JING-(Brunnen)-Punkt des MILZ-Meridians. Moxibustion mit kleinen Moxakegeln an diesem Punkt behandelt den traumgestörten Schlaf und fördert das Durchschlafen. Die Kombination der Punkte XINSHU (B 15), SHENSHU (B 23) und TAIXI (N 3) kann die Disharmonie des Herzens und der Niere regulieren. Die Kombination der Punkte GANSHU (B 18), DANSHU (B 19) und Kopf-WANGU (G 12) reduziert die aufwärts gerichtete Störung des Feuers der Leber und der Gallenblase. WEISHU (B 21) und ZUSANLI (M 36) werden dazu benutzt, die Funktion des Magens zu fördern und die Blähungen zu erleichtern.

Bemerkungen

(1) Klopfnadelmethode: Die Klopfnadelmethode wird am Punkt SISHENCONG (Extrapunkt) und HUATUO JIAJI (Extrapunkt) leicht von oben nach unten zwei bis drei Mal pro Sitzung angewendet. Die Behandlung wird täglich oder jeden zweiten Tag durchgeführt. Zehn Behandlungen ergeben eine Behandlungsperiode.

(2) Ohrakupunktur:

Hauptpunkte: Subkortex, Ohr-SHENMEN, Niere, Herz.

Methode: Pro Behandlung werden zwei bis drei Punkte ausgewählt. Die Nadeln werden für 20 Minuten belassen oder für zwei bis drei Tage eingesetzt.

3.12 Herzklopfen und Ängstlichkeit

Ätiologie

Ursächliche Faktoren:

(1) Mangel an QI und Blut, sowie geistige Störung infolge von Furcht.

(2) Störung des Herzens durch Entfachen von innerem Schleim-Feuer.

(3) Umkehrung von schädlicher Flüssigkeit infolge einer Dysfunktion des Herzens. In milden Fällen kann das Herzklopfen intermittierend sein. In schweren Fällen kann es andauernd und ein unkontrollierbares Hämmern des Herzens sein.

Differenzierung

(1) Unzulänglichkeit des QI und des Blutes: Blässe, Kurzatmigkeit, generelle Schwäche, gestörter Schlaf, Schwindel, verschwommener Gesichtssinn, blasse, schwammige Zunge mit Zahneindrücken am Zungenrand, fadenförmiger, kraftloser Puls.

(2) Entfachen von innerem Schleim-Feuer: Reizbarkeit, Ruhelosigkeit, traumgestörter Schlaf, gelber Zungenbelag, rollender, schneller Puls.

(3) Retention von schädlicher Flüssigkeit: Auswurf von schleimigem Sputum, Völlegefühl in der Brust- und Magenregion, Mattigkeit, weißer Zungenbelag, vibrierender, rollender Puls.

Behandlung

Methode: Es wird mit der Methode der gleichmäßigen Bewegung an den SHU-(Rücken)-Punkten und MU-(Alarm)-Punkten des Herzens akupunktiert, um das Herz zu beruhigen.

Punktauswahl: XINSHU (B 12), JUQUE (KG 14), SHENMEN (H 7), NEIGUAN (KS 6).

Punktauswahl entsprechend der Symptome:

(1) Unzulänglichkeit des QI und des Blutes: QIHAI (KG 6), PISHU (B 20), WEISHU (B 21).

(2) Entfachen von innerem Schleim-Feuer: FENGLONG (M 40), YANGLINGQUAN (G 34).

(3) Retention von schädlicher Flüssigkeit: GUANYUAN (KG 4), SANJIAOSHU (B 22), ZUSANLI (M 36), SHANZHONG (KG 17).

Erklärung: XINSHU (B 15) und JUQUE (KG 14), die SHU-(Rücken)-Punkte und MU-(Alarm)-Punkte des Herzens, SHENMEN (H 7), der YUAN-(Quell)-Punkt des HERZ-Meridians und NEIGUAN (Kreislauf-Sexus), der LUO-(Passage)-Punkt des KREISLAUF-SEXUS-Meridians, haben alle die Eigenschaften, das QI und das Blut des Herzens zu regulieren und beruhigend zu wirken. QIHAI (KG 6) stärkt das QI. PISHU (B 20) und WEISHU (B 21) stellen die Funktion der Milz und des Magens ein, was die Grundlage für die Produktion des QI und des Blutes darstellt. Akupunktur oder Moxibustion am Punkt GUANYUAN (KG 4), SHANZHONG (KG 17) und ZUSANLI (M 36) werden die Milz stärken, das YANG beleben und die schädliche Flüssigkeit beseitigen. SANJIAOSHU (B 22) reguliert den oberen, mittleren und unteren Erwärmer und fördert den Transport von Wasser. FENGLONG (M 20) und YANGLINGQUAN (G 34) beseitigen das Schleim-Feuer im Magen.

Bemerkungen

(1) Herzklopfen und Ängstlichkeit sind Symptome, die bei folgenden Krankheiten auftreten können: Neurose, funktionelle Störungen des vegetativen Nervensystems und Herzarrhytmien verschiedenen Ursprunges.

(2) Ohrakupunktur:

Hauptpunkte: Ohr-SHENMEN, Herz, Nervus sympathicus, Subkortex, Dünndarm.

Methode: Zwei bis drei Punkte werden pro Behandlung ausgewählt. Die Stimulation ist leicht. Die Nadeln werden für 15 bis 20 Minuten belassen. Es wird jeden zweiten Tag behandelt. 10 bis 15 Behandlungen bilden eine Behandlungsperiode. Zwischen den Behandlungsperioden wird drei bis fünf Tage pausiert.

3.13 Depressive und manisch-geistige Störungen

Ätiologie

Depressive, geistige Störungen sind üblicherweise durch eine Verlangsamung des Flusses von QI und eine Anhäufung von Schleim verursacht. Geistig, manische Störungen entstehen zum einen durch einen Stillstand des QI infolge von Wut, die das Feuer entzündet und die Bildung von Schleim verursacht. Zum zweiten entstehen sie durch übermäßige Hitze im Magen, die verhindert, daß schädliches QI nach unten steigt. Das führt zu einer Anhäufung von Hitze, die den Verstand und das Bewußtsein stört.

Differenzierung

(1) Depressive, geistige Störung: Allmählicher, stufenweiser Beginn, geistige Depression und Stumpfheit im Anfangsstadium, gefolgt von Paraphasie und Paraphonie oder Stummheit, Schläfrigkeit und Anorexie. Die Zunge ist dünn oder leicht belegt. Der Puls ist vibrierend und fadenförmig.

(2) Manisch-geistige Störung: Plötzlicher Beginn, verstärkt durch Reizbarkeit, Verdrießlichkeit, wenig Schlaf und Essen. In der Folge tritt Manie auf, die sich durch Schreien, Brüllen, Herunterzerren der Kleidung, Umherrennen, Schlaflosigkeit, Zerschmeißen von Dingen und Verletzen von Menschen äußert. Die Zunge ist gelb und klebrig, der Puls ist üblicherweise vibrierend, rollend und schnell.

Behandlung

Methode: Es werden Punkte vom DU-Meridian (Lenkergefäß) und JUEYIN-Hand-Meridian (Kreislauf-Sexus) ausgewählt, um das Herz und den Geist zu beruhigen und die geistige Klarheit wieder herzustellen. Bei depressiver, geistiger Störung wird mit der Methode der gleichmäßigen Bewegung akupunktiert. Moxibustion kann entsprechend dem Zustand des Patienten angewendet werden. Bei der Manie wird mit der sedierenden Methode akupunktiert.

Punktauswahl: RENZHONG (LG 26), SHAOSHANG (Lu 11), YINBAI (MP 1), DALING (KS 7), SHENMAI (B 62), FENGFU (LG 16), JIACHE (M 6), CHENGJIANG (KG 24), LAOGONG (KS 8), SHANGXING (LG 23), QUCHI (Di 11).

Punktauswahl bei Manie mit extremer Hitze: Es werden die zwölf JING-(Brunnen)-Punkte der Hand (Lu 11, H 9, KS 9, Di 1, 3E 1, Dü 1) verletzt, bis sie bluten, um die Hitze zu reduzieren.

Erklärung: RENZHONG (LG 26), SHAOSHANG (Lu 11) und YINBAI (MP 1) sind wirkungsvoll bei der Wiederherstellung der geistigen Klarheit, der Zerstreuung der Hitze und der Unterdrückung des Irrsinns. DALING (KS 7), der YUAN-(Quell)-Punkt des KREISLAUF-SEXUS-Meridians und LAOGONG (KS 8), der JING-(Quell)-Punkt des KREISLAUF-SEXUS-Meridians werden dazu benutzt, die Hitze im KREISLAUF-SEXUS-Meridian zu reduzieren. SHENMAI (B 62), FENGFU (LG 16) und SHANGXING (LG 23) zerstreuen die Hitze des YANGQIAO-Meridians (YANG-Gefäß der Beweglichkeit) und im DU-Meridian (Lenkergefäß) und beruhigen so den Geist. JIACHE (M 6) und QUCHI (Di 11) vertreiben die Hitze aus den YANGMING-Meridianen der Hand und des Fußes.

Bemerkungen

(1) Depressive und manisch-geistige Störungen entsprechen den depressiven und manischen Typen von Schizophrenie und Psychosen, wie sie die westliche Medizin kennt.

(2) Ohrakupunktur:

Hauptpunkte: Nervus sympathicus, Ohr-SHENMEN, Herz, Leber, Subkortex, Endokrinum, Magen, Okziput.

Methode: Pro Behandlung werden ein bis zwei Punkte ausgewählt.

3.14 Erbrechen

Ätiologie

Erbrechen ist die Folge einer Dysfunktion des Magens in Bezug auf die Verdauung und den Transport. Das QI des Magens steigt auf, anstatt abzusteigen. Verursachende Faktoren sind:

(1) Überessen und Retention von kalter und fetter Nahrung.

(2) Umkehrung des QI der Leber infolge von Ärger, der die Funktion des Magens beeinträchtigt.

(3) Schwäche der Milz und des Magens.

Differenzierung

(1) Retention von Nahrung: Blähungen oder Spannungsschmerz im Magen und Bauch, säuerliches Erbrechen, Aufstoßen, Anorexie, Verstopfung, faulige Gase. Die Zunge ist dick belegt und klebrig, der Puls ist rollend und kräftig.

(2) Befall des Magens durch das QI der Leber: Erbrechen, säuerliches Rülpsen, kontinuierliches Aufstoßen, Spannungsschmerz in der Hypochondralregion. Die Zunge ist dünn belegt und klebrig. Der Puls ist vibrierend.

(3) Schwäche der Milz und des Magens: Fahle Gesichtsfarbe, Erbrechen nach üppigem Essen, Mangel an Appetit, etwas lockerer Stuhl, allgemeine Mattigkeit, kraftloser Puls, dünn belegte, klebrige Zunge.

Behandlung

Methode: Die Punkte des MAGEN-Meridians sind die Hauptpunkte. Wenn die Retention von Nahrung oder der Befall des Magens durch das QI der Leber schuld am Erbrechen ist, wird mit der sedierenden Methode akupunktiert. Bei der Schwäche der Milz und des Magens findet die tonisierende Methode in Verbindung mit Moxibustion Anwendung.

Punktauswahl: ZUSANLI (M 36), ZHONGWAN (KG 12), NEIGUAN (KS 6), GONGSUN (MP 4).

Sekundäre Punkte:

(1) Retention von Nahrung: TIANSHU (M 25).

(2) Befall des Magens durch das QI der Leber: TAICHONG (L 3).

(3) Schwäche der Milz und des Magens: PISHU (B 20).

(4) Bösartiges Erbrechen: JINJIN (Extrapunkt), YUYE (Extrapunkt).

Erklärung: ZUSANLI (M 36) ist der HE-(Meer)-Punkt des MAGEN-Meridians. ZHONGWAN (KG 12) ist der MU-(Alarm)-Punkt des Magens. Diese beiden Punkte zusammen benutzt sind sehr wirksam in der Wiedereinstellung des Magens und der Unterwerfung des aufsteigenden QI. NEIGUAN (KS 6) und GONGSUN (MP 4), zwei der acht Konfluenz-Kardinal-Punkte, erleichtern das Völlegefühl in der Brust und im Magen. TIANSHU (M 25) erleichtert die Darmverstopfung. Die Akupunktur des Punktes TAICHONG (L 3) mit der sedierenden Methode aktiviert die Funktion der Leber. Die Anwendung der tonisierenden Methode auf dem Punkt PISHU (B 20) stärkt die Milz. Das Stechen des Punktes JINJIN, YUYE (Extrapunkt), um eine Blutung zu verursachen, ist eine empirische Methode zur Überwindung des Erbrechens.

Bemerkung

Das Erbrechen, wie es oben beschrieben wurde, bedeutet in der westlichen Medizin hauptsächlich das Erbrechen bei akuter und chronischer Gastritis und nervöses Erbrechen.

3.15 Schluckauf

Ätiologie

Ursächliche Faktoren:

(1) Versagen des QI des Magens abzusteigen, verursacht durch eine unregelmäßige Nahrungsaufnahme und einen Stillstand des QI der Leber.

(2) Aufsteigendes QI des Magens, verursacht durch einen Befall durch Kälte.

Differenzierung

(1) Retention von Nahrung und Stillstand von QI: Blähungen im Magen und im Bauch, Schluckauf, gelber, klebriger Zungenbelag, rollender, kraftvoller Puls. Es können auch Spannungsschmerz in der Brust und in der Hypochondralregion, Reizbarkeit und vibrierender, kraftvoller Puls auftreten.

(2) Angriff durch krankheitsverursachende Kälte: Langsamer und kräftiger Schluckauf, der durch heiße Getränke erleichtert werden kann, weißer, feuchter Zungenbelag, langsamer Puls.

Behandlung

Methode: Die Punktauswahl erfolgt hauptsächlich am YANGMING-Fuß-Meridian (Magen), um die Funktion des Magens wieder einzustellen, das aufsteigende QI zu unterwerfen und den Schluckauf zu erleichtern. Für Fälle, die infolge von Retention von Nahrung und Stillstand des QI entstehen, ist die Akupunktur mit der sedierenden Methode ratsam. Bei Fällen infolge von Kälte, sollte Akupunktur mit Moxibustion kombiniert werden.

Punktauswahl: ZUSANLI (M 36), ZHONGWAN (KG 12), NEIGUAN (KS 6), GESHU (B 17), TIANTU (KG 22).

Punktauswahl entsprechend der Symptome:

(1) Retention von Nahrung und Stillstand des QI: NEITING (M 44), TAICHONG (L 3), JUQUE (KG 14).

(2) Angriff durch krankheitsverursachende Kälte: SHANGWAN (KG 13).

Erklärung: ZUSANLI (M 36), SHONGWAN (KG 12) und NEIGUAN (KS 6) erleichtern das Völlegefühl in der Brust und aktivieren das QI. GESHU (B 17) und TIANTU (KG 22) unterwerfen das aufsteigende QI.

NEITING (M 44) stellt den Magen wieder ein und erleichtert den Stillstand. TAICHONG (L 3) reguliert das QI der Leber. JUQUE (KG 14) erleichtert die Brust und das Zwerchfell und befreit vom Schluckauf. Die Anwendung von Moxibustion am Punkt SHANGWAN (KG 13) wärmt die Milz und den Magen und beseitigt die Kälte.

Ohrakupunktur:

Hauptpunkte: Ohr-SHENMEN, Zwerchfell, Subkortex.

Methode: Es soll sehr stark stimuliert werden. Die Nadeln werden für eine Stunde belassen.

3.16 Magenschmerzen

Ätiologie

Ursächliche Faktoren:

(1) Unregelmäßige Mahlzeiten, was die Milz und den Magen verletzt.

(2) Befall des Magens durch eine Umkehrung des QI der Leber infolge von mentaler Depression.

(3) Leere XU des Magens mit Stauung von Kälte.

Differenzierung

(1) Retention von Nahrung: Blähungen und Schmerzen in der Magenregion, der Schmerz wird durch Druck verschlimmert und ist auch nach dem Essen stärker, Aufstoßen mit stinkendem Geruch, Anorexie, dicker, klebriger Zungenbelag, tiefer, kraftvoller Puls.

(2) Befall des Magens durch das QI der Leber: Paroxysmaler Schmerz in der Magenregion, Spannungsschmerz in der Hypochondralregion. Es kann Übelkeit und überschüssige Magensäure auftreten. Der Puls ist tief und vibrierend.

(3) Leere XU des Magens mit Stauung von Kälte: Dumpfer Schmerz in der Magenregion, allgemeine Mattigkeit, Aufstoßen von dünner Flüssigkeit, Schmerz, der durch Druck und Wärme erleichtert wird, dünner, weißer Zungenbelag, tiefer, langsamer Puls.

Behandlung

Methode: Das Prinzip der Behandlung ist, den Magen zu beruhigen und den Schmerz durch eine Kombination von Nah- und Fernpunkten zu erleichtern. Für Fälle von Retention von Nahrung oder Befall des Magens durch das QI der Leber ist die Akupunktur mit der sedierenden Methode ratsam. Die Nadeln werden für 30 bis 60 Minuten belassen. Bei Leere XU des Magens mit Stauung von Kälte wird mit der Methode der gleichmäßigen Bewegung akupunktiert, die mit Moxibustion kombiniert wird.

Punktauswahl: ZUSANLI (M 36), ZHONGWAN (KG 12), NEIGUAN (KS 6).

Punktauswahl entsprechend der verschiedenen Syndrome:

(1) Retention von Nahrung: ZHANGMEN (L 13), NEITING (M 44).

(2) Befall des Magens durch das QI der Leber: TAICHONG (L 3), QIMEN (L 14).

(3) Leere XU des Magens mit Stauung von Kälte: QIHAI (KG 6, indirekte Moxibustion mit Ingwer), PISHU (B 20), GONGSUN (MP 4).

Bemerkung

ZUSANLI (M 36), der HE-(Meer)-Punkt des MAGEN-Meridians und ZHONGWAN (KG 12), der MU-(Alarm)-Punkt des Magens, besitzen die Wirkung, den Magen zu beruhigen und den Schmerz zu erleichtern. NEIGUAN (KS 6), der in Verbindung mit dem YINWEI-Meridian (YIN-Gefäß der Verbindung) steht, entspannt die Brust und vertreibt das Erbrechen. ZHANGMEN (L 13) und NEITING (M 44) fördern die Verdauung und erleichtern das Völlegefühl im Magen. Die Akupunktur der Punkte QIMEN (L 14) und TAICHONG (L 3) mit der sedierenden Methode können die Funktion der Leber fördern, das QI regulieren und die Blähungen und den Schmerz erleichtern. Die Anwendung von Moxibustion an den Punkten GONGSUN (MP 4) und PISHU (B 20) stärken die Milz, beruhigen den Magen, zerstreuen die Kälte und erleichtern den Schmerz. Indirekte Moxibustion des Punktes QIHAI (KG 6) mit Ingwer ist die bequemste Methode, chronische Magenbeschwerden infolge von Kälte zu behandeln, da Ingwer und Moxa zusammen die Eigenschaft haben, Kälte zu zerstreuen.

Bemerkungen

(1) Magenschmerzen, wie sie hier beschrieben wurden, sind in der westlichen Medizin ein Symptom bei Magengeschwüren, Gastritis, nervöser Gastritis und Erkrankungen der Leber, Gallenblase und des Pankreas.

(2) Schröpfen: Es wird mit großen oder mittleren Schröpfgläsern hauptsächlich an der Hypochondralregion oder an den SHU-(Rücken)-Punkten für 10 bis 15 Minuten geschröpft.

(3) Ohrakupunktur:

Hauptpunkte: Magen, Nervus sympathicus, Subkortex, Duodenum.

Methode: Pro Behandlung werden zwei bis drei Punkte ausgewählt. Die Nadeln werden für 15 bis 30 Minuten belassen. 10 bis 15 Behandlungen bilden eine Behandlungsperiode. Zwischen den Behandlungsperioden sollten zwei bis drei Tage pausiert werden.

3.17 Bauchschmerzen

Ätiologie

Ursächliche Faktoren:

(1) Anhäufung von Kälte infolge eines Befalles durch äußere krankheitsverursachende Kälte oder innere Kälte infolge von zuviel kalter Nahrung.

(2) Verlangsamung des QI infolge einer Retention von Nahrung, was die Transportfunktion des Magens und des Darmes schwächt.

Differenzierung

(1) Innere Anhäufung von Kälte: Plötzlicher, heftiger Schmerz, der durch Wärme beeinflußt werden kann, lockerer Stuhl, weißer Zungenbelag, tiefer, angespannter Puls.

(2) Retention von Nahrung: Blähungen und Schmerz in der Magenregion und im Bauch, was durch Druck verschlimmert wird, Aufstoßen von fauligem Geruch und übermäßige Säurebildung. Der Bauchschmerz kann von Diarrhoe begleitet werden und nach dem Stuhlgang erleichtert sein. Der Zungenbelag ist klebrig, der Puls rollend.

Behandlung

Methode: Nah- und Fernpunkte werden entsprechend dem erkrankten Gebiet und der betroffenen Meridiane ausgewählt. Es besteht die Absicht, die Kälte zu zerstreuen und die Stauung aufzuheben. Wenn Kälte angehäuft ist, werden sowohl Akupunktur als auch Moxibustion angewendet. In Fällen der Retention von Nahrung wird mit der sedierenden Methode akupunktiert.

Punktauswahl:

Schmerzen über dem Nabel: GONGSUN (MP 4), HUAROUMEN (M 24), XIAWAN (KG 10).

Schmerzen um den Nabel herum: SHUIQUAN (N 5), QIHAI (KG 6), TIANSHU (M 25).

Schmerzen im Unterbauch: SANYINJIAO (MP 6), GUILAI (M 29), GUANYUAN (KG 4).

Erklärung: Da die Region über dem Nabel mit der Milz in Verbindung steht, können GONGSUN (MP 4), der LUO-(Passage)-Punkt des MILZ-Meridians in Verbindung mit den Nah-Punkten HUAROUMEN (M 24) und XIAWAN (KG 10) die Funktion der Milz und des Magens wieder einstellen. Die Nabelregion steht in Beziehung mit der Niere. Deshalb werden SHUIQUAN (N 5), der SHI-(Grenz)-Punkt des NIEREN-Meridians zusammen mit den Nahpunkten QIHAI (KG 6) und TIANSHU (M 25) ausgewählt. Die drei YIN-Meridiane des Fußes verlaufen durch den Unterbauch. Deshalb werden die Punkte SANYINJIAO (MP 6), der Kreuzungspunkt der drei YIN-Meridiane des Fußes zusammen mit den Nahpunkten GUILAI (M 29) und GUANYUAN (KG 4) akupunktiert.

Bemerkung

Das Symptom Bauchschmerz kann bei verschiedenen Krankheiten auftreten, wie zum Beispiel Störungen von Organen der Bauchhöhle, Urogenitalorganen, weiblichen Geschlechtsorganen in der Beckenhöhle, bei Erkrankungen durch Darmparasiten, funktionellen Störungen, vor allen Dingen akuter Bauch (akute Blinddarmentzündung, Darmverstopfung, akute Peritonitis und Durchbruch eines Magengeschwürs). Falls akupunktiert wird, ist eine genaue Beobachtung des Patienten notwendig, damit rechtzeitig andere therapeutische Maßnahmen ergriffen werden können, wenn der Zustand des Patienten ernst wird.

3.18 Diarrhoe

Ätiologie

Ursächliche Faktoren der akuten Diarrhoe:

(1) Dysfunktion des Verdauungstraktes infolge von ungesunder Nahrungsaufnahme und durch Befall von äußerer Nässe-Kälte.

(2) Befall durch Nässe-Hitze im Sommer und Herbst.

Chronische Diarrhoe ist Folge einer Leere XU des YANG der Milz und der Niere, was die Transport- und Umwandlungsfunktion beeinträchtigt.

Differenzierung

(1) Akute Diarrhoe:

a) Kälte-Nässe: Wäßrige Diarrhoe mit Bauchschmerz und Borborygmus, Frösteln, das durch Wärme erleichtert wird, kein Durst, blasse Zunge mit weißem Belag, tiefer und langsamer Puls.

b) Nässe-Hitze: Diarrhoe mit gelbem, heißem und stinkendem Stuhl, Bauchschmerz, Brennen am Anus, spärlicher, brauner Urin, gelber, klebriger Zungenbelag, rollender und schneller Puls. Es können Fieber und Durst auftreten.

(2) Chronische Diarrhoe:

a) Leere XU des YANG der Milz: Lockerer Stuhl mit unverdauter Nahrung, Blähungen in der Magen- und Bauchregion, Anorexie, Mattigkeit, dünner, weißlicher Zungenbelag, fadenförmiger, kraftloser Puls.

b) Leere XU des YANG der Niere: Leichter Bauchschmerz, Borborygmus und Diarrhoe einmal oder mehrmals jeden Morgen bei Morgengrauen, Frösteln im Magen und in den Beinen, weißlicher Zungenbelag, tiefer, kraftloser Puls.

Behandlung

Methode: Die SHU-(Rücken)-Punkte und MU-(Alarm)-Punkte des Dickdarms sind die wichtigsten Punkte. Bei Kälte-Nässe wird mit der Methode der gleichmäßigen Bewegung in Kombination mit Moxibustion behandelt oder indirekte Moxibustion mit Ingwer angewendet. Bei Nässe-Hitze wird mit der sedierenden Methode akupunktiert. Bei chronischen Fällen findet die tonisierende Methode in Kombination mit der Moxibustion Anwendung. Moxibustion kann die wichtigste Behandlungsmethode bei Syndromen der Leere XU des YANG der Niere sein.

Punktauswahl: TIANSHU (M 25), DACHANGSHU (B 25), ZUSANLI (M 36).

Punktauswahl entsprechend der Symptome:

(1) Kälte-Nässe: ZHONGWAN (KG 12), QIHAI (KG 6).

(2) Nässe-Hitze: NEITING (M 44), YINLINGQUAN (MP 9), HEGU (Di 4).

(3) Leere XU des YANG der Milz: PISHU (B 20), ZHANGMEN (L 13), TAIBAI (MP 3), ZHONGWAN (KG 12).

(4) Leere XU des YANG der Niere: SHENSHU (B 23), MINGMEN (LG 4), TAIXI (N 3), GUANYUAN (KG 4), BAIHUI (LG 20).

Erklärung: TIANSHU (M 25) und DACHANGSHU (B 25), die MU-(Alarm)- und SHU-(Rücken)-Punkte des Dickdarms, sind wirkungsvoll bei der Wiedereinstellung der Transportfunktion des Dickdarms und der Überwindung der Diarrhoe. ZUSANLI (M 36) wird benutzt, um die Transportfunktion der Milz und des Magens zu stärken. Die Anwendung von Akupunktur und Moxibustion an den Punkten ZHONGWAN (KG 12) und QIHAI (KG 6) wirkt wärmend auf die Milz und den Magen und zerstreut so die Kälte. Die Akupunktur der Punkte NEITING (M 44), YINLINGQUAN (MP 9) und HEGU (Di 4) mit der sedierenden Methode kann die Nässe-Hitze im Dickdarm eliminieren. Die Anwendung der Akupunktur und Moxibustion an den Punkten PISHU (B 20), ZHANGMEN (L 13), TAIBAI (MP 3), die SHU-(Rücken)-, MU-(Alarm)- und YUAN-(Quell)-Punkte der Milz, in Verbindung mit den Punkten ZHONGWAN (KG 12), dem MU-(Alarm)-Punkt des Magens, stärken das YANG der Milz, fördern die Transportfunktion und überwinden so die Diarrhoe. SHENSHU (B 23), MINGMEN (LG 4) und TAIXI (N 3) wärmen und stärken das YANG der Niere. Die Moxibustion des Punktes BAIHUI (LG 20) kann das abwärts fließende QI der Milz und des Magens aufrichten, das QI stärken und so die Diarrhoe überwinden.

Bemerkungen

Das Symptom der Diarrhoe in der traditionellen chinesischen Medizin beinhaltet Diarrhoe, wie es bei der akuten und chronischen Enteritis, der Dyspepsie, der Erkrankung durch Darmparasiten, Erkrankungen des Pankreas, der Leber und des Gallentraktes, Störungen des Endokrinmetabolismus, genauso wie nervöse Diarrhoe auftritt.

3.19 Dysenterie

Ätiologie

Diese Krankheit ist üblicherweise durch eine Schädigung des Magens und des Darmes infolge eines Befalles von Nässe-Hitze oder Kälte-Nässe und der Aufnahme von verunreinigter Nahrung verursacht.

Differenzierung

Die Hauptarten der Dysenterie sind:

(1) Nässe-Hitze-Art: Bauchschmerzen, Tenesmus, weißer und roter (oder hauptsächlich roter) Schleim im Stuhl. Es können Symptome von hohem Fieber, Übelkeit und Erbrechen auftreten. Die Zunge ist meistens gelb und klebrig belegt, der Puls ist rollend und schnell.

(2) Kälte-Nässe-Art: Spärlicher Stuhlgang, hauptsächlich weißer Schleim im Stuhl, Besserung bei Wärme und Unverträglichkeit von Kälte, üblicherweise in Verbindung mit Symptomen von Völlegefühl in der Brust und in der Magenregion, anhaltende Bauchschmerzen, Geschmacklosigkeit im Mund, kein Durst, weißer, klebriger Zungenbelag, tiefer, langsamer Puls.

(3) Chronische Dysenterie: Lang andauernde Dysenterie oder wiederkehrende Dysenterie. Zusätzlich zu den allgemeinen klinischen Zeichen können Mattigkeit, fahle Gesichtsfarbe, Frösteln, Anorexie und tiefer, fadenförmiger Puls auftreten.

Behandlung

Methode: Die MU-(Alarm)-Punkte und die unteren HE-(Meer)-Punkte des Dickdarms sind die wichtigsten Punkte, um die Stauung zu beseitigen und einen gleichmäßigen Transport zu fördern. Bei Dysenterie vom Nässe-Hitze-Typ wird die sedierende Methode angewendet. Beim Kälte-Nässe-Typ wird mit Akupunktur und Moxibustion zusammen behandelt. Bei der chronischen Dysenterie wird sowohl mit der tonisierenden, als auch mit der sedierenden Methode akupunktiert und Moxibustion angewendet.

Punktauswahl: TIANSHU (M 25), SHANJUXU (M 37), HEGU (Di 4).

Punktauswahl entsprechend der Symptome:

(1) Nässe-Hitze-Typ: QUCHI (Di 11), NEITING (M 44), YINLINGQUAN (MP 9).

(2) Kälte-Nässe-Typ: ZHONGWAN (KG 12), QIHAI (KG 6), SANYINJIAO (MP 6).

(3) Chronische Dysenterie: PISHU (B 20), WEISHU (B 21), ZHONGWAN (KG 12), ZUSANLI (M 36).

(4) Tenesmus: ZHONGLÜSHU (B 29).

(5) Prolaps des Rektums: BAIHUI (LG 20).

Erklärung: Der NEIJING empfiehlt für Krankheiten der Organe FU die Akupunktur der HE-(Meer)-Punkte. Deshalb sind die Punkte SHANGJUXU (M 37), der untere HE-(Meer)-Punkt des Dickdarms, TIANSHU (M 25) und HEGU (Di 4) die wichtigsten Punkte, um die Stauung im Darm zu erleichtern. Die Akupunktur der Punkte NEITING (M 44), QUCHI (Di 11) und YINLINGQUAN (MP 9) mit der sedierenden Methode beseitigt die Nässe-Hitze. Die Anwendung der Moxibustion an den Punkten ZHONGWAN (KG 12) und QIHAI (KG 6) wärmt die Milz und den Magen und zerstreut so die Kälte. SANYINJIAO (MP 6) stärkt die Milz und verteilt die Nässe. Die Akupunktur mit sowohl der tonisierenden als auch der sedierenden Methode und häufige Moxibustion an den Punkten PISHU (B 20), WEISHU (B 21), ZHONGWAN (KG 12) und ZUSANLI (M 36) wärmt die Milz und den Magen und beseitigt die Stauung im Darm.

Bemerkungen

Die Dysenterie in der traditionellen chinesischen Medizin beinhaltet auch die akuten und chronischen Stadien der bakteriellen und amöbischen Dysenterie, wie sie die westliche Medizin kennt.

3.20 Gelbsucht

Ätiologie

Die Dysfunktion der Milz und des Magens in Bezug auf Transport und Umwandlung führt zu einer Anhäufung von innerer Nässe, was die normale Ausscheidung von Galle schwächt und zu einer gelblichen Verfärbung der Haut führt. Es gibt zwei Arten von Gelbsucht: Gelbsucht vom YANG-Typ, bei der Nässe-Hitze vorherrschend ist, und Gelbsucht vom YIN-Typ, bei der Kälte-Nässe vorherrschend ist.

Differenzierung

Gelbsucht ist charakterisiert durch gelbe Skleren, gelbe Haut und Urin. Ein glänzendes Gelb zeigt den YANG-Typ an, während ein mattes Gelb auf den YIN-Typ weist.

Gelbsucht vom YANG-Typ ist üblicherweise begleitet von Fieber, Schweregefühl des Körpers, Durst, Völlegefühl im Bauch, gelber, klebriger Zungenbelag und vibrierender, schneller Puls.

Gelbsucht von YIN-Typ ist üblicherweise von einem Schweregefühl des Körpers, Mattigkeit, Schläfrigkeit, keinen Durst, dickem, weißen Zungenbelag und tiefem, langsamen Puls begleitet.

Behandlung

Methode: Die Punkte werden hauptsächlich vom TAIYIN (Milz-), YANGMING (Magen-) und SHAOYANG (Gallenblasen-)Meridian ausgewählt. Die Akupunktur mit der sedierenden Methode wird zur Behandlung der Gelbsucht vom YANG-Typ empfohlen, da die Nässe-Hitze zerstreut werden soll.

Bei der Behandlung der Gelbsucht vom YIN-Typ wird die Nässe zerstreut, indem die Milz und der Magen gewärmt werden. Es wird mit der Methode der gleichmäßigen Methode in Verbindung mit Moxibustion behandelt.

Punktauswahl: YINLINGQUAN (MP 9), ZUSANLI (M 36), RIYUE (G 24), DANSHU (B 19), YANGGANG (B 48), ZHIYANG (LG 9).

Punktauswahl entsprechend der verschiedenen Arten der Gelbsucht:

YANG-Typ: Penetration des Punktes TAICHONG (L 3) in Richtung auf YONGQUAN (N 1), YANLINGQUAN (G 34).

YIN-Typ: PISHU (B 20), ZHANGMEN (L 13).

Erklärung: YINLINGQUAN (MP 9) und ZUSANLI (M 36) stärken die Milz und verteilen die Nässe. RIYUE (G 24), DANSHU (B 19), ZHIYANG (LG 9) und YANGGANG (B 48) sind essentielle Punkte für die Behandlung der Gelbsucht. Diese vier Punkte können abwechselnd benutzt werden. TAICHONG (L 3) und YANLINGQUAN (G 34) beseitigen die Hitze beim YANG-Typ der Gelbsucht. Die Anwendung der Moxibustion am Punkt PISHU (B 20) und ZHANGMEN (L 13) zerstreuen beim YIN-Typ die Kälte-Nässe.

Bemerkung

Das Symptom der Gelbsucht, wie es hier beschrieben wurde, tritt vor allem bei der akuten, ikterischen Hepatitis auf.

3.21 Schmerzen in der Hypochondralregion

Ätiologie

Der LEBER-Meridian versorgt die Rippen- und Hypochondralregion. Emotionale Depression mit verschiedenen Ursachen kann die Leberfunktion beeinträchtigen. Das verursacht eine Behinderung der Zirkulation des QI im Meridian mit daraus resultierenden Schmerzen in der Rippen- und Hypochondralregion. Dramatische Verletzungen, wie Prellungen und Blutergüsse, können auch Schmerzen der Hypochondralregion infolge von Blutstillstand in den Nebengefäßen verursachen.

Differenzierung

Stillstand des QI: Spannungsschmerzen in der Rippen- und Hypochondralregion, Völlegefühl in der Brust, bitterer Geschmack im Mund, vibrierender Puls. Der Schweregrad der Symptome variiert entsprechend dem emotionalen Zustand.

Stillstand von Blut: Fixierter, stechender Schmerz in der Hypochondralregion, der Schmerz wird bei Druck und in der Nacht stärker, purpurne Petechien auf der Zunge, vibrierender Puls.

Behandlung

Methode: Die Punkte werden hauptsächlich vom JUEYIN-Meridian Fuß und den SHAOYANG-Meridianen ausgewählt, um die Leber zu entlasten und die Verstopfung in den Nebengefäßen zu beseitigen. Die Akupunktur mit der sedierenden Methode wird sowohl für YIN- als auch für YANG-Typen angewendet.

Punktauswahl: YANGLINGQUAN (G 34), ZHIGOU (3E 6), QIMEN (L 14).

Punktauswahl entsprechend der verschiedenen Typen:

Stillstand von QI: GANSHU (B 18), QIUXU (G 40).

Stillstand von Blut: GESHU (B 17), XINGJIAN (L 2).

Erklärung: Die SHAOYANG-Meridiane versorgen den seitlichen Teil des Körpers. Deshalb werden ZHIGOU (3E 6) und YANGLINGQUAN (G 34) dazu benutzt, den Schmerz durch die Regulierung des QI der SHAOYANG-Meridiane zu erleichtern. QIMEN (L 14), der MU-(Alarm)-Punkt des LEBER-Meridians, entlastet die Leber und erleichtert den Schmerz in der Hypochondralregion. GANSHU (B 18) und QIUXU (G 40) fördern die ungehinderte Funktion der Leber und regulieren die Zirkulation des QI. SANYINJIAO (MP 6) und GESHU (B 17) aktivieren die Blutzirkulation und beseitigen den Stillstand.

Bemerkungen

(1) Schmerzen in der Hypochondralregion treten bei Erkrankungen der Leber und der Gallenblase auf, bei Prellungen der Hypochondralregion, bei interkostalen Neuralgien und kostaler Chondritis.

(2) Ohrakupunktur:

Hauptpunkte: Brust, Ohr-SHENMEN, Leber.

Methode: Es werden zwei bis drei Punkte der betroffenen Seite ausgewählt. Die Nadeln werden für 20 bis 30 Minuten belassen. Die Behandlung wird während eines Schmerzanfalles durchgeführt.

3.22 Schmerzen im unteren Rücken

Ätiologie

Ursächliche Faktoren:

(1) Retention von krankheitsverursachendem Wind, Kälte, Nässe in den Meridianen und Nebengefäßen.

(2) Leere XU des QI der Niere.

(3) Stillstand des QI und des Blutes in der Lendenregion infolge von Prellung, Verstauchung und Quetschung.

Differenzierung

(1) Kälte-Nässe: Schmerzen im unteren Rücken treten üblicherweise nach der Exposition in krankheitsverursachendem Wind, Kälte und Nässe auf. Die klinischen Manifestationen sind ein Schweregefühl und Schmerzen in der Dorsolumbalregion, Steifheit der Muskeln und Bewegungsbeeinträchtigung der Beuge- und Streckmuskeln des Rückens. Der Schmerz kann nach unten ins Gesäß und ins Bein ausstrahlen. Das betroffene Gebiet fühlt sich normalerweise kalt an. Der Schmerz wird an nebligen und regnerischen Tagen stärker und erleichtert sich nicht durch Bettruhe.

(2) Leere XU des QI der Niere: Der Beginn der Erkrankung ist heimtückisch schleichend. Der Schmerz ist mild aber ausgedehnt mit Mattigkeit der Lumbalregion und des Knies. Die Symptome werden stärker nach Belastung und leichter durch Bettruhe.

(3) Dramatische Verletzung: Der Patient hat eine Krankengeschichte mit Verstauchung oder Prellung der Lendenregion. Die klinischen Manifestationen sind Steifheit und Schmerzen im unteren Rücken. Der Schmerz ist fixiert und wird durch Druck und Drehen des Oberkörpers verschlimmert.

Behandlung

Methode: Die Punkte werden vom DU-Meridian (Lenkergefäß) und BLASEN-Meridian TAIYANG Fuß ausgewählt, um die Zirkulation des QI und des Blutes zu fördern, die Muskeln zu entspannen und die Nebengefäße zu aktivieren. Beim Kälte-Nässe-Typ wird sowohl Akupunktur, als auch Moxibustion angewendet. Im Falle eines Leere-XU-Zustandes des QI der Niere wird mit der tonisierenden Methode akupunktiert und mit Moxibustion behandelt. Bei dramatischen Verletzungen des unteren Rückens wird mit der sedierenden Methode akupunktiert oder der Akupunkturpunkt verletzt, um eine Blutung zu verursachen.

Punktauswahl: SHENSHU (B 23), YAOYANGGUAN (LG 3), FEIYANG (B 58).

Sekundäre Punkte:

Leere XU des QI der Niere: MINGMEN (LG 4), ZHISHI (B 52), TAIXI (N 3).

Verstauchung der Lendenregion: RENZHONG (LG 26), WEIZHONG (B 40).

Erklärung: SHENSHU (B 23) begünstigt das QI der Niere. YAOYANGGUAN (LG 3) ist ein Nahpunkt. FEIYANG (B 58), der LUO-(Passage)-Punkt des BLASEN-Meridians, ist ein Fernpunkt und wichtig für die Behandlung von Schmerzen im unteren Rücken. Die Kombination dieser oben bezeichneten drei Punkte hat die Wirkung der Entspannung der Weichgewebe und der Aktivierung der Blutzirkulation. Bei Rückenschmerzen infolge von Kälte-Nässe wird Akupunktur und Moxibustion am Punkt SHENSHU (B 23) und YAOYANGGUAN (LG 3) angewendet, um die Kälte-Nässe zu zerstreuen, die Meridiane zu wärmen und eine gleichmäßige Zirkulation zu fördern. Bei Rückenschmerzen infolge von Leere XU des QI der Niere werden die Punkte MINGMEN (LG 4), ZHISHI (B 52) und TAIXI (N 3) ausgewählt, um die Essenz der Niere zu tonisieren. RENZHONG (LG 26) wird entsprechend dem Prinzip der Punktauswahl von oberen Punkten für Störungen unterer Gebiete ausgewählt. Die Verletzung des Punktes WEIZHONG (B 40), um eine Blutung zu verursachen, ist eine wirksame Methode, dramatische Verletzungen und Steifheit des unteren Rückens zu behandeln.

Bemerkungen

(1) Schmerzen im unteren Rücken können bei Nierenerkrankungen, Rheumatismus, rheumatischen Erkrankungen, Verstauchungen oder dramatischen Verletzungen der Lendenregion auftreten.

(2) Ohrakupunktur:

Hauptpunkte: Niere, Lendenwirbel, Sakralwirbel, Ohr-SHENMEN, Nervus sympathicus.

Methode: Pro Behandlung werden zwei bis drei Punkte ausgewählt. Die Nadeln werden für 10 bis 30 Minuten belassen. Es wird jeden oder jeden zweiten Tag behandelt. Die Nadeln können auch für drei bis fünf Tage eingesetzt werden.

3.23 Ödeme

Ätiologie

Eine Verstopfung des Wasserflusses in den 3 Erwärmern, oberer, mittlerer und unterer Teil der Körperhöhle, infolge einer Störung der Lunge, der Milz und der Niere, verursacht durch einen Befall der Lunge durch Wind und Kälte, oder Leere XU des YANG der Milz und der Niere, resultieren in einem Übermaß an Flüssigkeit.

Differenzierung

Fülle SHI: Der Beginn ist normalerweise aprupt. Im allgemeinen erscheinen die Ödeme zuerst am Kopf, im Gesicht oder an den Beinen. Die Haut ist glänzend. Begleitende Symptome sind Husten, Asthma, Fieber, Durst, spärlicher Urin und Rückenschmerzen. Der Puls ist oberflächlich oder rollend und schnell.

Leere-XU-Typ: Der Beginn ist heimtückisch und schleichend. Die Ödeme erscheinen zuerst am Fußrücken oder an den Augenlidern, dann am ganzen Körper. Die begleitenden Symptome sind Frösteln, Blässe, Rückenschmerzen, allgemeine Schwäche, Blähungen im Bauch, lockerer Stuhl und tiefer, fadenförmiger Puls.

Behandlung

Methode: Bei Ödemen vom Fülle-SHI-Typ werden im allgemeinen Punkte zur Stärkung der Verteilungsfunktion der Lunge akupunktiert, um die Zirkulation von Wasser zu fördern. Nachdem die äußeren, krankheitsverursachenden

Faktoren eliminiert sind, ist die Methode der Behandlung ähnlich der Behandlung von Ödemen vom Leere-XU-Typ. Bei dieser Methode werden Punkte zur Wärmung und Tonisierung der Milz und der Niere mit der tonisierenden Methode und Moxibustion behandelt.

Punktauswahl:

Fülle-XU-Typ: LIEQUE (Lu 7), HEGU (Di 4), PIANLI (Di 6), YINLINGQUAN (MP 9), PANGGUANGSHU (B 28).

Leere-SHI-Typ: PISHU (B 20), SHENSHU (B 23), SHUIFEN (KG 9), QIHAI (KG 6), SANYINJIAO (MP 6), ZUSANLI (M 36), WEIYANG (B 39).

Punkte entsprechend der Symptome:

Ödeme des Gesichtes: RENZHONG (LG 26).

Verstopfung mit Blähungen im Bauch: FENGLONG (M 40).

Ödeme des Fußrückens: Fuß-LINQI (G 41), SHANGQIU (MP 5).

Erklärung: Eine Hydrose ist wünschenswert bei Ödemen über der Taille. LIEQUE (Lu 7) und HEGU (Di 4) werden dazu benutzt, das Schwitzen zu fördern und die äußeren Symptome durch Aktivierung des QI der Lunge zu beseitigen. Bei Ödemen unterhalb der Taille wird die Diurese angestrebt. PIANLI (Di 6) und YINLINGQUAN (MP 9) werden benutzt, um eine Diurese zu verursachen, was die Nässe eliminiert. PANGGUANGSHU (B 28) reguliert die Funktion der Blase, Flüssigkeit auszuscheiden. Die Anwendung von Moxibustion am Punkt PISHU (B 20) und SHENSHU (B 23) bei Ödemen vom Leere-XU-Typ beseitigt die Nässe und die Flüssigkeit durch die Erwärmung und Tonisierung des YANG der Milz und der Niere. Die Moxibustion des Punktes SHUIFEN (KG 9) hat einen diuretischen Effekt. Die Moxibustion des Punktes QIHAI (KG 6) tonisiert das Ursprungs-QI. Die Akupunktur des Punktes WEIYANG (B 39), der untere HE-(Meer)-Punkt des 3Erwärmers, beseitigt die Verstopfung des Wasserflusses. ZUSANLI (M 36) und SANYINJIAO (MP 6), mit der tonisierenden Methode akupunktiert, stärken die Funktion der Milz und des Magens, die Nässe zu beseitigen.

Bemerkung

Ödeme treten in der westlichen Medizin bei akuter und chronischer Nephritis und Unterernährung auf.

3.24 Nächtliches Bettnässen

Ätiologie

Bettnässen bei Kindern über drei Jahren und bei Erwachsenen wird als Erkrankung angesehen. Der ursächliche Faktor ist eine Unzulänglichkeit des QI der Niere und ein Versagen der Blase, die Urinausscheidung zu kontrollieren.

Differenzierung

Bettnässen ist ein unfreiwilliges Urinieren während des Schlafens mit Träumen mehrere Male pro Nacht oder einmal in verschiedenen Nächten. Bei langandauernden Fällen sind die begleitenden Symptome fahle Gesichtsfarbe, Anorexie und Mattigkeit.

Behandlung

Methode: Die SHU-(Rücken)- und MU-(Alarm)-Punkte der Blase und der Niere sind die wichtigsten Punkte für die Tonisierung des QI der Niere. Die Akupunktur mit der tonisierenden Methode oder die Moxibustion werden empfohlen.

Punktauswahl: SHENSHU (B 23), PANGGUANGSHU (B 28), ZHONGJI (KG 3), SANYINJIAO (MP 6), DADUN (L 1).

Punkte für die verschiedenen Symptome:

Bettnässen mit Träumen: SHENMEN (H 7).

Anorexie: PISHU (B 20), ZUSANLI (M 36).

Erklärung: Zwischen der Niere und der Blase besteht eine Innen-Außen-Kopplung. Die SHU-(Rücken)-Punkte dieser beiden Organe zusammen mit ZHONGJI, der MU-(Alarm)-Punkt der Blase, stellen die Funktionen der beiden Organe ein. Moxibustion am Punkt SANYINJIAO (MP 6), dem Kreuzungspunkt der drei YIN-Meridiane des Fußes, und am Punkt DADUN (L 1), der JING-(Brunnen)-Punkt des LEBER-Meridians, der die Dammregion durchläuft, kann wärmend wirken und die Verstopfung der Meridiane beseitigen. Das verstärkt den therapeutischen Effekt.

Bemerkungen

(1) Die Akupunkturbehandlung ist wirkungsvoll bei Bettnässen infolge von Hypoplasie des Nervs, der die Urinausscheidung kontrolliert. Bettnässen infolge von organischen Erkrankungen, wie zum Beispiel Fehlbildung des Blasentraktes, verborgener Rachischisis oder organischer Hirnerkrankungen, oder infolge von Oxyuriasis sollte die primäre Erkrankung behandelt werden.

(2) Ohrakupunktur:

Hauptpunkte: Niere, Blase, Hirn, Subkortex.

Methode: Pro Behandlung werden zwei bis drei Punkte ausgewählt. Die Nadeln werden für 10 bis 20 Minuten belassen. Die Behandlung wird jeden zweiten Tag durchgeführt. Die Nadeln können auch für drei bis fünf Tage eingesetzt werden.

3.25 Retention von Urin

Ätiologie

Verursachende Faktoren:

(1) Anhäufung von Nässe-Hitze in der Blase, was ihre Funktion der Ausscheidung von Urin stört.

(2) Dramatische Verletzungen, zum Beispiel Sturz und Quetschung, oder chirurgische Operationen im Unterbauch, wodurch das QI der Meridiane geschädigt wird.

(3) Unzulänglichkeit von YANG der Niere, was eine Unfähigkeit der Blase, Urin auszuscheiden, zur Folge hat.

Differenzierung

Es gibt drei Haupttypen entsprechend der verschiedenen Ursachen:

(1) Anhäufung von Nässe-Hitze in der Blase: Heißer, spärlicher Urin oder Retention von Urin, Blähungen im Unterbauch, Durst, aber kein Verlangen nach Trinken. Es kann eine Verstopfung bestehen. Die Zunge ist rot mit gelbem Belag im hinteren Teil, der Puls ist schnell oder fadenförmig und schnell.

(2) Schädigung des QI der Meridiane: Tröpfelnde Urinausscheidung oder komplette Retention von Urin, Blähungen und Schmerz im Unterbauch, fadenförmiger, schneller Puls, Petechien auf der Zunge.

(3) Unzulänglichkeit von YANG der Niere: Tröpfelnde Urinausscheidung, die in ihrer Stärke abnimmt, Blässe, Lustlosigkeit, Frösteln und Schwäche in der Lendenregion und im Knie, blasse Zunge, fadenförmiger Puls, der besonders im proximalen Teil schwach ist.

Behandlung

Methode: Entsprechend dem Prinzip, akute Symptome in einem Notfall zuerst zu behandeln, wird der MU-(Alarm)-Punkt der Blase als Hauptpunkt ausgewählt, um die Urinausscheidung zu fördern. Bei der Behandlung der ersten beiden Arten ist die sedierende Akupunktur ratsam. Bei Retention von Urin infolge der Unzulänglichkeit des YANG der Niere sollte die tonisierende Methode und Moxibustion angewendet werden.

Punktauswahl: ZHONGJI (KG 3), SANYINJIAO (MP 6), WEIYANG (B 39).

Punkte für die verschiedenen Typen: Anhäufung von Nässe-Hitze in der Blase: YINLINGQUAN (MP 9).

Beschädigung des QI des Meridians: XUEHAI (MP 10).

Unzulänglichkeit des YANG der Niere: BAIHUI (LG 20), GUANYUAN (KG 4).

Erklärung: ZHONGJI (KG 3), der MU-(Alarm)-Punkt der Blase, kombiniert mit SANYINJIAO (MP 6), kann die Funktion der Blase wieder einstellen. WEIYANG (B 39), der untere HE-(Meer)-Punkt des 3Erwärmers, fördert die Zirkulation von Wasser. YINLINGQUAN (MP 9) beseitigt Nässe-Hitze. XUEHAI (MP 10) aktiviert die Meridiane und Nebengefäße. Moxibustion am Punkt GUANYUAN (KG 4) stärkt das QI der Niere und fördert die Urinausscheidung. Moxibustion am Punkt BAIHUI (LG 20) ist die Methode der Wahl, entsprechend dem Prinzip, daß obere Punkte ausgewählt werden, um Störungen unterer Körperregionen zu regulieren.

3.26 Spontaner Samenerguß

Ätiologie

Samenerguß kann unfreiwillig sein oder zusammen mit Träumen nächtlich. Letzteres ist hauptsächlich die Folge von Ängstlichkeit oder Sinnlichkeit, was zu einer Schwäche der Niere und zu einem Übermaß von Feuer im Herzen führt. Unfreiwilliger Samenerguß ist üblicherweise die Folge von langer Krankheit oder übermäßiger sexueller Aktivität, was eine Erschöpfung der Essenz der Niere verursacht. Der Verlust von YIN beeinträchtigt das YANG, was zu einem unkontrollierten Samenerguß führt.

Differenzierung

(1) Nächtlicher Samenerguß: „Morgen-danach-Schwindel", Herzklopfen, Lustlosigkeit, Mattigkeit, spärlicher, gelber Urin, rote Zunge und fadenförmiger, schneller Puls.

(2) Unfreiwilliger Samenerguß: Häufiger Samenerguß, Blässe, Lustlosigkeit, blasse Zunge, tiefer, schwacher, kraftloser Puls.

Behandlung

Methode: Bei nächtlichem Samenerguß werden mit der sedierenden Methode die Punkte des HERZ-Meridians SHAOYIN Hand und mit der tonisierenden Methode die Punkte des NIEREN-Meridians SHAOYIN Fuß akupunktiert. Bei unfreiwilligem Samenerguß wird Akupunktur mit der tonisierenden Methode, sowie Moxibustion auf die Punkte des NIEREN-Meridians SHAOYIN Fuß und des REN-Meridians (Konzeptionsgefäß) angewendet.

Punktauswahl:

(1) Nächtlicher Samenerguß: SHENMEN (H 7), XINSHU (B 15), TAIXI (N 3), ZHISHI (B 52).

(2) Unfreiwilliger Samenerguß: SHENSHU (B 23), DAHE (N 12), SANYINJIAO (MP 6), GUANYUAN (KG 4), QIHAI (KG 6).

Erklärung: Bei der Behandlung des nächtlichen Samenergusses werden die Punkte SHENMEN (H 7) und XINSHU (B 15) mit der sedierenden Methode akupunktiert, um das Feuer des Herzens zu verringern. ZHISHI (B 52) und

TAIXI (N 3) werden mit der tonisierenden Methode behandelt, um das QI der Niere anzuregen. Bei der Behandlung des unfreiwilligen Samenergusses wird die Akupunktur der Punkte SHENSHU (B 23), DAHE (N 12) und SANYINJIAO (MP 6) mit der tonisierenden Methode angewendet, um die Funktion der Niere zu stärken und den Samenerguß zu kontrollieren. GUANYUAN (KG 4) und QIHAI (KG 6) sind zwei wichtige Punkte des REN-Meridians (Konzeptionsgefäß). Moxibustion dieser beiden Punkte kann das Ursprungs-QI stärken.

Bemerkung

Ohrakupunktur:

Hauptpunkte: Hodensack, Endokrinum, Leber, Niere.

Methode: Pro Behandlung werden zwei bis vier Punkte ausgewählt. Die Nadeln werden für 10 bis 30 Minuten belassen. Die Behandlung wird täglich oder jeden zweiten Tag durchgeführt. Die Nadeln können auch für drei bis fünf Tage eingesetzt werden.

3.27 Impotenz

Ätiologie

Impotenz ist allgemein eine Folge einer Schädigung des YANG der Niere, die aus wiederholtem, spontanem Samenerguß und übermäßiger Sinnlichkeit resultiert. Sie kann auch eine Folge einer Schädigung des QI des Herzens, der Milz und der Niere sein, die durch emotionale Faktoren, wie Furcht oder Sorge, entsteht.

Differenzierung

Impotenz ist durch die Unfähigkeit, den Penis zu erigieren, charakterisiert. Im Falle der Unzulänglichkeit des YANG der Niere können Blässe, Schwindel, verschwommener Gesichtssinn, Lustlosigkeit, Schmerz und Schwäche der Lendenregion und des Knies, häufige Urinausscheidung und tiefer, fadenförmiger Puls auftreten. Falls die Krankheit durch eine Schädigung des QI des Herzens und der Milz verschlimmert ist, können Herzklopfen und Schlaflosigkeit bestehen.

Behandlung

Methode: Die Punkte des REN-Meridians (Konzeptionsgefäß) und NIEREN-Meridians werden mit der tonisierenden Methode akupunktiert und moxibustiert, um das YANG der Niere anzuregen.

Punktauswahl: GUANYUAN (KG 4), MINGMEN (LG 4), SHENSHU (B 23), TAIXI (N 3), BAIHUI (LG 20).

Punkte bei Schädigung des QI des Herzens und der Milz: XINSHU (B 15), SHENMEN (H 7), SANYINJIAO (MP 6).

Erklärung: Die Moxibustion des Punktes GUANYUAN (KG 4) regt das Ursprungs-QI an. MINGMEN (LG 4), SHENSHU (B 23) und TAIXI (N 3) werden dazu benutzt, das YANG der Niere zu stärken. Moxibustion am

Punkt BAIHUI (LG 20) kann das YANG-QI aufrichten. XINSHU (B 15), SHENMEN (H 7) und SANYINJIAO (MP 6) regen das QI des Herzens und der Milz an.

Bemerkung

Ohrakupunktur:

Hauptpunkte: Hodensack, äußere Geschlechtsorgane, Hoden, Endokrinum.

Methode: Pro Behandlung werden zwei bis vier Punkte ausgewählt. Die Nadeln werden für 10 bis 30 Minuten belassen. Es wird täglich oder jeden zweiten Tag behandelt. Die Nadeln können auch für drei bis fünf Tage eingesetzt werden.

3.28 BI-Syndrom (Gelenkschmerzen)

Ätiologie

BI bedeutet Verstopfung der Zirkulation von QI und Blut, die üblicherweise aus einem Befall der Meridiane und Nebengefäße durch Wind, Kälte und Nässe infolge von Schwäche des Abwehr-QI resultiert. Dies tritt auf, wenn man schwitzt und dem Wind ausgesetzt ist, an nassen Orten wohnt oder im Wasser watet. Es gibt verschiedene Arten von BI-Syndromen, wie zum Beispiel das wandernde BI (es dominiert der Wind), das schmerzhafte BI (es dominiert die Kälte), das fixierte BI (es dominiert die Nässe) und das fiebrige BI (Wind, Kälte und Nässe wandeln sich in Hitze um).

Differenzierung

Das Hauptsymptom der BI-Syndrome sind Gelenkschmerzen. Es können Muskelentzündungen und Taubheit auftreten. Bei lang andauernden Fällen bestehen Kontraktur der Extremitäten, Schwellung oder sogar Deformierung der Gelenke.

Wanderndes BI: Diese Art ist charakterisiert durch einen wandernden Schmerz der Gelenke der Extremitäten mit Bewegungsbeeinträchtigung. Es können Frösteln und Fieber, dünner und klebriger Zungenbelag, oberflächlicher und schneller Puls bestehen.

Schmerzhaftes BI: Die Gelenkschmerzen werden durch Wärme erleichtert und durch Kälte verschlimmert. Es besteht keine lokale Entzündung. Dünner, weißer Zungenbelag, tiefer, vibrierender Puls.

Fixiertes BI: Taubheit der Haut und der Muskeln, Schweregefühl des Körpers und der Extremitäten, fixierte Gelenkschmerzen, die Anfälle werden durch nebliges oder nasses Wetter verursacht. Weißer, klebriger Zungenbelag, tiefer, langsamer Puls.

Fiebriges BI: Gelenkschmerzen mit lokaler Rötung, Schwellung und Druckempfindlichkeit, mehrere Gelenke sind betroffen. Begleitende Symptome sind Fieber und Durst. Gelber Zungenbelag, rollender, schneller Puls.

Behandlung

Methode: Nah- und Fernpunkte werden auf den YANG-Meridianen, welche die erkrankten Gebiete versorgen, ausgewählt, um den Wind, die Kälte und die Nässe zu beseitigen. Wanderndes BI wird hauptsächlich mit Akupunktur behandelt; schmerzhaftes BI mit Moxibustion und unterstützender Akupunktur. Bei starken Schmerzen werden der Gebrauch von intradermalen Nadeln oder indirekter Moxibustion mit Ingwer empfohlen. Fixiertes BI wird sowohl mit Akupunktur, als auch mit Moxibustion behandelt. Das Erwärmen der Nadeln ist ratsam. Fiebriges BI wird durch Akupunktur mit der sedierenden Methode behandelt.

Punktauswahl:

Schmerzen im Schultergelenk: JIANYU (Di 15), JIANLIAO (3E 14), JIANZHEIN (Dü 9), NAOSHU (Dü 10).

Schmerzen im Schulterblatt: TIANZONG (Dü 11), BINGFENG (Dü 12), JIANWAISHU (Dü 14), GAOHUANGSHU (B 43).

Schmerzen im Ellbogen: QUCHI (Di 11), CHIZE (Lu 5), TIANJING (3E 10), WAIGUAN (3E 5), HEGU (Di 4).

Schmerzen im Handgelenk: YANGCHI (3E 4), YANGXI (Di 5), YANGGU (Dü 5), WAIGUAN (3E 5).

Taubheit und Schmerzen in den Fingern: SANJIAN (Di 3), HOUXI (Dü 3), BAXIE (Extrapunkt).

Schmerzen im Hüftgelenk: HUANTIAO (G 30), YINMEN (B 37), FEMURJULIAO (G 29).

Schmerzen im Kniegelenk: LIANGQIU (M 34), DUBI (M 35), medialer XIYAN (Extrapunkt), YANGLINGQUAN (G 34), XIYANGGUAN (G 33), YINLINGQUAN (MP 9).

Taubheit und Schmerzen des Beines: CHENGSHAN (B 57), FEIYANG (B 58).

Schmerzen im Fußgelenk: JIEXI (M 41), SHANGQIU (MP 5), QIUXU (G 40), KUNLUN (B 60), TAIXI (N 3).

Taubheit und Schmerzen der Zehen: GONGSUN (MP 4), SHUGU (B 65), BAFENG (Extrapunkt).

Schmerzen in der Lendenregion: YAOYANGGUAN (LG 3).

Allgemeiner Schmerz: HOUXI (Dü 3), SHENMAI (B 62), DABAO (MP 21), GESHU (B 17).

Punkte entsprechend der Symptome:

Fieber: DAZHUI (LG 14).

Deformierung des Gelenkes: DASHU (B 11).

Erklärung: Die Punkte sind Nah-Punkte, die entsprechend der Verläufe der Meridiane ausgewählt werden, um die Sehnen zu entspannen, die Verstopfung der Meridiane und Nebengefäße zu beseitigen, das QI und das Blut zu regulieren und die krankheitsverursachenden Faktoren zu beseitigen.

Bemerkung

In der westlichen Medizin tritt das BI-Syndrom beim rheumatischen Fieber, rheumatischer Arthritis, rheumatoider Arthritis und Gicht auf.

3.29 WEI-Syndrom (Lähmung, mit Anhang Kinderlähmung)

Ätiologie

Verursachende Faktoren:

(1) Unterernährung der Sehnen infolge einer Erschöpfung der Körpersäfte, verursacht durch einen Befall der Lunge durch äußere, krankheitsverursachende Wind-Hitze.

(2) Schädigung der Sehnen infolge einer Anhäufung von Nässe-Hitze, welche die YANGMING-Meridiane befallen.

(3) Unterernährung der Sehnen infolge eines Verlustes von Essenz und QI der Leber und der Niere, der durch eine langdauernde Krankheit oder sexuelle Überaktivität verursacht wird.

Differenzierung

Das WEI-Syndrom ist charakterisiert durch Muskelschwäche oder -atrophie der Extremitäten mit Bewegungsbeeinträchtigungen.

Hitze in der Lunge: Diese tritt üblicherweise während oder nach einer fiebrigen Erkrankung auf. Begleitende Symptome sind Husten, Reizbarkeit, Durst, spärlicher, bräunlicher Urin, gerötete Zunge mit gelbem Belag und fadenförmiger, schneller Puls.

Nässe-Hitze: Die begleitenden Symptome sind fahle Gesichtsfarbe, Lustlosigkeit und trüber Urin. Es kann ein Hitzegefühl in den Fußsohlen auftreten. Der Patient hat dabei den Wunsch, die Füße der Kälte auszusetzen. Gelber und klebriger Zungenbelag, kraftvoller Puls.

Unzulänglichkeit der Essenz der Leber und der Niere: Die begleitenden Symptome sind Schmerz und Schwäche der Lendenregion, spontaner Samenerguß, Prospermie, Leukorrhoe, Schwindel und verschwommener Gesichtssinn. Rote Zunge, fadenförmiger, schneller Puls.

Behandlung

Methode: Als Hauptpunkte werden Punkte der YANGMING-Meridiane ausgewählt, um die Zirkulation des QI in den Meridianen zu fördern und die Sehnen und Knochen zu ernähren. Wenn Hitze in der Lunge oder Nässe-Hitze verantwortlich sind, wird mit der sedierenden Methode akupunktiert, um die Hitze zu zerstreuen. Moxibustion ist kontraindiziert. Im Falle einer Unzulänglichkeit der Essenz der Leber und der Niere wird mit der tonisierenden Methode akupunktiert. Im allgemeinen wird nur die betroffene Seite behandelt. Aber bei einer lang andauernden Behandlung kann auch die überkreuzende Methode angewendet werden. Dabei wird zuerst die gegenüber liegende Seite und dann die betroffene Seite behandelt.

Punktauswahl:

Arme: JIANYU (Di 15), QUCHI (Di 11), HEGU (Di 4), WAIGUAN (3E 5).

Bein: BIGUAN (M 31); ZUSANLI (M 36), JIEXI (M 41), HUANTIAO (G 30), YANGLINGQUAN (G 34), XUANZHONG (G 39).

Punkte entsprechend der verschiedenen Arten: Hitze in der Lunge: CHIZE (Lu 5), FEISHU (B 13).

Nässe-Hitze: PISHU (B 20), YINLINGQUAN (MP 9).

Unzulänglichkeit der Essenz der Leber und der Niere: GANSHU (B 18), SHENSHU (B 23).

Erklärung: Die Punktauswahl basiert auf den Aussagen des NEIJING: Es werden nur Punkte des YANGMING-Meridians bei der Behandlung des WEI-Syndroms ausgewählt. YANLINGQUAN (G 34) und XUANZHONG (G 39), die beiden beeinflussenden Punkte, welche die Sehnen und das Mark beherrschen, werden zusätzlich akupunktiert, um die Wirkung der Ernährung der Sehnen und Knochen zu steigern. FEISHU (B 13) und CHIZE (Lu 5) werden benutzt, um die Hitze der Lunge zu zerstreuen. PISHU (B 20) und YINLINGQUAN (MP 9) beseitigen die Nässe-Hitze. Moxibustion allein oder kombiniert mit Akupunktur wird nur angewendet, nachdem die Hitze verschwunden ist. GANSHU (B 18) und SHENSHU (B 23) werden benutzt, um die Leber und die Niere anzuregen. Da das WEI-Syndrom eine lang andauernde Behandlung erfordert, ist es notwendig, die Kooperation und das Vertrauen des Patienten zu gewinnen. Die Anwendung der Klopfnadelmethode entlang der Meridiane oder direkt am erkrankten Gebiet ist ratsam.

Bemerkung

In der westlichen Medizin ist das WEI-Syndrom Symptom der akuten Myelitis, der progressiven Muskelatrophie, der Myasthenia gravis, der periodischen Lähmung und der hysterischen Lähmung.

Anhang Kinderlähmung (Poliomyelitis)

Das Prinzip der Behandlung der Kinderlähmung ist ähnlich dem der Behandlung des WEI-Syndroms. Als zusätzliche Punkte können die HUATUO JIAJI Extrapunkte angewendet werden. Im Falle der Lähmung der Streckermuskeln werden Punkte der YANG-Meridiane ausgewählt, während in Fällen mit Lähmung der Beugemuskeln Punkte der YIN-Meridiane der entsprechenden Gebiete akupunktiert werden. Während der Genesung sollte die Akupunktur mit leichter und oberflächlicher Manipulation die Hauptmethode sein. Moxibustion kann zusätzlich angewendet werden.

3.30 Hysterie

Ätiologie

Hysterie ist eine Folge geistiger Störung, die durch Feuer verursacht wird, das aus Frustration oder Depression entsteht

Differenzierung

Verschiedene psychotische Symptome, wie Melancholie ohne erkennbaren Grund, Paraphonie, Mißtrauen, Paraphobie, Reizbarkeit, Herzklopfen, Schlaflosigkeit usw. Es können plötzlich Erstickungsgefühl, Schluckauf, Aphonie und Krämpfe auftreten. Der Puls ist vibrierend und fadenförmig. In schwierigen Fällen kann es zu Bewußtlosigkeit und Synkope kommen.

Behandlung

Methode: Die MU-(Alarm)-Punkte und YUAN-(Quell)-Punkte des HERZ-Meridians werden als Hauptpunkte benutzt, um den Geist zu beruhigen. Es wird mit der sedierenden Methode akupunktiert.

Punktauswahl: JUQUE (KG 14), SHENMEN (H 7), SANYINJIAO (MP 6).

Punkte entsprechend der verschiedenen Symptome:

Erstickungsgefühl: NEIGUAN (KS 6), SHANZHONG (KG 17).

Schluckauf: GONGSUN (MP 4), TIANTU (KG 22).

Aphonie: TONGLI (H 5), LIANQUAN (KG 23).

Krämpfe: HEGU (Di 4), TAICHONG (L 3).

Bewußtlosigkeit und Synkope: RENZHONG (LG 26), YONGQUAN (N 1).

Erklärung: JUQUE (KG 14) und SHENMEN (H 7), die MU-(Alarm)-Punkte und YUAN-(Quell)-Punkte des HERZ-Meridians, zusammen mit SANYINJIAO (MP 6) des MILZ-Meridians bilden die wichtigste Punktauswahl bei der Aufgabe, das Blut zu ernähren und den Geist zu beruhigen. NEIGUAN (KS 6) und SHANZHONG (KG 17) werden dazu benutzt, das Erstickungsgefühl zu erleichtern. GONGSUN (MP 4) und TIANTU (KG 22) leiten das QI nach unten und stoppen den Schluckauf. TONGLI (H 5) und LIANQUAN (KG 23) erleichtern die Aphasie. HEGU (Di 4) und TAICHONG (L 3) stellen die Leber ein und beseitigen die Krämpfe. RENZHONG (LG 26) und YONGQUAN (N 1) stellen das Bewußtsein wieder her.

Bemerkungen

(1) In der westlichen Medizin ist der Begriff der Hysterie der gleiche, wie in der traditionellen chinesischen Medizin. Trotzdem gibt es verschiedene Typen von Hysterie, die sich auf andere Krankheiten in der traditionellen chinesischen Medizin beziehen.

(2) Ohrakupunktur:

Hauptpunkte: Herz, Niere, Subkortex, Ohr-SHENMEN, Magen, Nervus sympathicus.

Methode: Pro Behandlung werden zwei bis drei Punkte ausgewählt. Es wird stark stimuliert.

3.31 Amenorrhoe

Ätiologie

Die verursachenden Faktoren sind verschieden, aber die wichtigsten sind Blutstillstand und Bluterschöpfung. Amenorrhoe infolge von Blutstillstand ist üblicherweise durch geistige Depression oder Befall von Kälte während der Menstruation verursacht. Amenorrhoe infolge von Bluterschöpfung entsteht im allgemeinen durch eine Unzulänglichkeit des LEBER-, MILZ- und NIEREN-Meridians, verursacht durch eine lange Erkrankung oder Blutentzug infolge einer Fehlgeburt.

Differenzierung

(1) Blutstillstand: Plötzlicher Beginn, Schmerzen und Blähungen im Unterbauch, der durch Druck verschlimmert wird. Es kann eine Aufblähung palpiert werden. Tiefer, vibrierender Puls.

(2) Bluterschöpfung: Verzögerte Menstruation, die schrittweise bis zur Amenorrhoe abnimmt. Normalerweise in Verbindung mit einer fahlen Gesichtsfarbe, trockener Haut, Lustlosigkeit, Anorexie, lockerem Stuhl, weißem Zungenbelag und kraftlosem Puls.

Behandlung

(1) Blutstillstand-Typ:

Methode: Die Akupunkturpunkte werden hauptsächlich vom REN- (Konzeptionsgefäß), MILZ-Meridian TAIYIN Fuß und LEBER-Meridian ausgewählt, um den Blutstillstand aufzuheben. Es wird mit der sedierenden Methode akupunktiert.

Punktauswahl: ZHONGJI (KG 3), XUEHAI (MP 10), SANYINJIAO (MP 6), XINGJIAN (L 2), GUILAI (M 29), CILIAO (B 32), HEGU (Di 4).

Erklärung: ZHONGJI (KG 3) ist der Punkt, an dem sich der REN-Meridian (Konzeptionsgefäß) und die drei YIN-Meridiane des Fußes treffen. CILIAO (B 32) und GUILAI (M 29) sind Nahpunkte, die dazu benutzt werden, die Blutstauung der Gebärmutter aufzuheben. HEGU (Di 4) und SANYINJIAO (MP 6) stellen das QI und das Blut ein. XINGJIAN (L 2) befreit das QI der Leber. XUEHAI (MP 10) aktiviert die Blutzirkulation und fördert den Menstruationsfluß.

(2) Bluterschöpfungs-Typ:

Methode: Die Punkte des REN-Meridians (Konzeptionsgefäß) und die SHU-(Rücken)-Punkte sind die wichtigsten Punkte, die dazu benutzt werden, die Leber, die Milz und die Niere einzustellen und zu ernähren. Es wird mit der tonisierenden Methode akupunktiert. Moxibustion kann kombiniert angewendet werden.

Punktauswahl: GUANYUAN (KG 4), GANSHU (B 18), PISHU (B 20), SHENSHU (B 23), TIANSHU (M 25), ZUSANLI (M 36), SANYINJIAO (MP 6).

Erklärung: GUANYUAN (KG 4) ist der Punkt, der zur Anregung benutzt wird. GANSHU (B 18), PISHU (B 20) und SHENSHU (B 23) aktivieren die Funktionen der Leber, der Milz und der Niere. ZUSANLI (M 36) und SANYINJIAO (MP 6) sind Fernpunkte der betreffenden Meridiane. TIANSHU (M 25) ist ein benachbarter Punkt, der dazu benutzt wird, die Milz und den Magen als Quellen der Bildung von QI und Blut zu regulieren.

3.32 Dysmenorrhoe

Ätiologie

Dysmenorrhoe tritt in zwei Typen auf:

(1) Dysmenorrhoe vom Fülle-SHI-Typ ist eine Folge der Koagulation von Blut in der Gebärmutter, was aus geistiger Störung, wie zum Beispiel Besessenheit, Sorge, Melancholie und Ärger, oder einem Befall von Kälte oder dem Trinken kalter Getränke während der Menstruation entsteht.

(2) Dysmenorrhoe vom Leere-XU-Typ wird durch eine Unzulänglichkeit von QI und Blut und einer Dysfunktion des CHONG- (Gefäß des kräftigen Aufsteigens) und REN-Meridians (Konzeptionsgefäß) verursacht.

Differenzierung

(1) Fülle-SHI-Typ: Prämenstrualer Verkrampfungsschmerz im Unterbauch, der durch Druck verstärkt wird. Dieser Schmerz strahlt in den unteren Rükken und in die Oberschenkel aus. Er vermindert sich schrittweise nach dem Beginn der Menstruation. Der Menstruationsausfluß ist dunkel purpurrot mit Klumpen. Er findet nur zögernd statt. Der Puls ist vibrierend.

(2) Leere-XU-Typ: Schmerzen im Unterbauch am Ende der Menstruation oder danach, leichter, aber andauernder Schmerz, der sich durch Wärme und Druck bessert, der Menstruationsfluß ist spärlich und rötlich. In ernsten Fällen können Frösteln, Herzklopfen und Schwindel auftreten. Der Puls ist fadenförmig und kraftlos.

Behandlung

(1) Fülle-SHI-Typ:

Methode: Die Punkte werden hauptsächlich vom REN-Meridian (Konzeptionsgefäß) und MILZ-Meridian ausgewählt, um die Blutzirkulation zu aktivieren und die Verstopfung des Meridians zu beseitigen. Es wird mit der sedierenden Methode akupunktiert. Bei Fällen, die mit Kälte zu tun haben, ist Moxibustion ratsam.

Punktauswahl: ZHONGJI (KG 3), XUEHAI (MP 10), DIJI (MP 8), HEGU (Di 4), DAJU (M 27).

Erklärung: XUEHAI (MP 10) aktiviert die Blutzirkulation. DIJI (MP 8), der SHI-(Grenz)-Punkt des MILZ-Meridians ist zusammen mit HEGU (Di 4) bei schmerzhafter Menstruation angezeigt. ZHONGJI (KG 3) und DAJU (M 27) sind Nahpunkte, um die Blutstauung zu beseitigen und den Schmerz zu erleichtern.

(2) Leere-XU-Typ:

Methode: Die Punkte des REN-Meridians (Konzeptionsgefäß) und SHU-(Rücken)-Punkte der Milz und der Niere werden als Hauptpunkte benutzt, um das QI und das Blut einzustellen und zu stärken. Es wird mit der tonisierenden Methode in Kombination mit Moxibustion akupunktiert.

Punktauswahl: GUANYUAN (KG 4), PISHU (B 20), SHENSHU (B 23), ZUSANLI (M 36), SANYINJIAO (MP 6).

Erklärung: Moxibustion am Punkt GUANYUAN (KG 4) wärmt und stärkt das Ursprungs-QI. PISHU (B 20) und SHENSHU (B 23) regulieren und fördern die Funktionen der Milz und der Niere. ZUSANLI (M 36) und SANYINJIAO (MP 6) sind Fernpunkte, die dazu benutzt werden, um die Milz und den Magen als Quellen der Blutbildung zu stärken.

Bemerkungen

(1) Dysmenorrhoe betrifft im allgemeinen lokale Krankheiten des Genitalsystems, endokrine Störungen oder neurologische oder psychologische Faktoren.

(2) Ohrakupunktur:

Hauptpunkte: Ovarium, Ohr-SHENMEN, Endokrinum.

Methode: Die Nadeln werden intermittierend mit starker aber bequemer Stimulation manipuliert, bis der Schmerz nachläßt.

3.33 Gebärmutterhämorrhagien

Ätiologie

Ursächliche Faktoren:

(1) Körperliche oder geistige Belastung, welche die Milz verletzen.

(2) Dysfunktion der Milz bei der Weiterleitung des Blutes, verursacht durch eine Schwäche der Leberfunktion infolge extremen Ärgers.

(3) Dysfunktion des CHONG-Meridians (Gefäß des kräftigen Aufsteigens) und REN-Meridians (Konzeptionsgefäß), verursacht durch einen Befall der Gebärmutter durch krankheitsverursachende Kälte oder Hitze.

Differenzierung

Uterushämorrhagien können plötzlich beginnen. Sie können übermäßig oder schleppend und spärlich sein. Beide Zustände können abwechselnd auftreten. Weitere Symptome sind Schwindel, Erschöpfung, Schmerzen im unteren Rücken und allgemeine Schwäche.

(1) Hitze im Blut: Das Blut ist hochrot mit fauligem Geruch. Reizbarkeit, schneller Puls und gelber Zungenbelag sind die üblichen Symptome.

(2) Mangel an QI: Das Blut ist rosarot und trübe. Es bestehen Kälte im Unterbauch mit Frösteln, Blässe im Gesicht und an den Lippen sowie tiefer, langsamer Puls.

Behandlung

Methode:

(1) Hitze im Blut: Die Behandlung zielt auf die Beseitigung der Hitze, um die Blutung zu stoppen. Es wird hauptsächlich mit der sedierenden Methode akupunktiert.

(2) Mangel an QI: Die Behandlung zielt auf die Regulierung des CHONG-Meridians (Gefäß des kräftigen Aufsteigens) und REN-Meridians (Konzeptionsgefäß). Es wird mit der tonisierenden Methode zusammen mit Moxibustion akupunktiert.

Punktauswahl: GUANYUAN (KG 4), YINBAI (MP 1).

Punkte für die verschiedenen Arten:

(1) Hitze im Blut: TAICHONG (L 3), RANGU (N 2).

(2) Unzulänglichkeit von QI: BAIHUI (LG 20), YANGCHI (3E 4).

Erklärung: GUANYUAN (KG 4) reguliert die Funktion des CHONG-Meridians (Gefäß des kräftigen Aufsteigens) und REN-Meridians (Konzeptionsgefäß). YINBAI (MP 1), ein Punkt des MILZ-Meridians, wird dazu benutzt, die Funktion der Milz, das Blut weiterzuleiten, zu beleben. Im allgemeinen kann die Gebärmutterhämorrhagie dadurch zum Stillstand gebracht werden, daß an diesen beiden Punkten Moxibustion angewendet wird, TAICHONG (L 3), der YUAN-(Quell)-Punkt des LEBER-Meridians, fördert die Leberfunktion und reguliert die Lebensenergie. Wenn er in Kombination mit RANGU (N 2), den YING-(Quell)-Punkt des NIEREN-Meridians, benutzt wird, eliminiert er Hitze und kühlt das Blut. Die Anwendung von Moxibustion am Punkt BAIHUI (LG 20) fördert das YANG-QI des DU-Meridians (Lenkergefäß). YANGCHI (3E 4), der YUAN-(Quell)-Punkt des 3ERWÄRMER-Meridians, fördert die Funktion des CHONG-Meridians (Gefäß des kräftigen Aufsteigens) und REN-Meridians (Konzeptionsgefäß) bezüglich der Kontrolle des Blutes.

Bemerkungen

(1) In der westlichen Medizin entsprechen die hier genannten Gebärmutterhämorrhagien der funktionellen Gebärmutterhämorrhagie infolge einer Störung der Ovarien. Organische Erkrankungen des Genitalsystems sollten ausgeschlossen werden.

(2) Jede massive Blutung sollte zuerst überprüft werden. Falls die Blutung leicht ist, wird nur beobachtet, ob es zum Blutstillstand kommt. Falls purpurrote Klumpen im Blut auftreten, der Bauchschmerz durch Druck verschlimmert wird und der Schmerz nach der Blutung nachläßt, kann der Punkt HEGU (Di 4) in Kombination mit SANYINJIAO (MP 6) akupunktiert werden, um die Blutzirkulation zu aktivieren und die Stauung zu beseitigen.

(3) Ohrakupunktur:

Hauptpunkte: Uterus, Subkortex, Endokrinum.

Methode: Die Nadeln werden für 1 bis 2 Stunden belassen und intermittierend manipuliert.

3.34 Leukorrhoe

Leukorrhoe bedeutet einen dauernden schleimigen Vaginalausfluß außerhalb der Menstruationszeit. Verursachende Faktoren sind eine Dysfunktion des CHONG-Meridians (Gefäß des kräftigen Aufsteigens) und REN-Meridians (Konzeptionsgefäß), sowie eine Schwäche des QI des DAI-Meridians (Gürtelgefäß) infolge einer Unzulänglichkeit des QI und des Blutes und einem abwärtsgerichteten Eindringen von Nässe-Hitze.

Differenzierung

Bei der Leukorrhoe kann zwischen weißem und gelbem Ausfluß unterschieden werden.

(1) Weißer Ausfluß ist Folge einer Unzulänglichkeit des QI und Anwesenheit von Nässe. Er ist dünnflüssig, weißlich oder gelblich und riecht.

(2) Gelber Ausfluß ist Folge eines abwärtsgerichteten Eindringens von Nässe-Hitze. Er ist rosarot oder tiefgelb mit stinkendem Geruch.

Beide Zustände können zusammen mit Schmerzen im unteren Rücken, Schwindel und Mattigkeit auftreten.

Behandlung

Methode: Die Hauptpunkte sind die Punkte des DAI-Meridians (Gürtelgefäß) und des MILZ-Meridians, um das QI und das Blut zu regulieren und die Nässe-Hitze zu beseitigen. Akupunktur mit der tonisierenden Methode und Moxibustion werden bei weißem Ausfluß angewendet, die sedierende Methode bei gelbem Ausfluß.

Punktauswahl: DAIMAI (G 26), WUSHU (G 27), QIHAI (KG 6), SANYINJIAO (MP 6).

Punkte für die verschiedenen Symptome:

(1) Weißer Ausfluß: CILIAO (B 32), SHENSHU (B 23), BAIHUANSHU (B 30).

(2) Gelber Ausfluß: ZHONGJI (KG 3), LIGOU (L 5), YINLINGQUAN (MP 9).

Erklärung: QIHAI (KG 6) wird benutzt, um das QI des CHONG-Meridians (Gefäß des kräftigen Aufsteigens) und REN-Meridians (Konzeptionsgefäß) zu regulieren. DAIMAI (G 26) und WUSHU (G 27), die Kreuzungspunkte des DAI-Meridians (Gürtelgefäß) mit den GALLENBLASEN-Meridianen, haben die Eigenschaft, den DAI-Meridian zu stärken. SANYINJIAO (MP 6) reguliert die drei YIN-Meridiane des Fußes und beseitigt so die Nässe-Hitze. SHENSHU (B 23) stärkt das QI der Niere und hat anregende Wirkung. CILIAO (B 32) und BAIHUANSHU (B 30) sind benachbarte Punkte. ZHONGJI (KG 3), der Kreuzungspunkt des REN-Meridians (Konzeptionsgefäß) und des LEBER-Meridians, und LIGOU (L 5), der LUO-(Passage)-Punkt des LEBER-Meridians, können zusammen das Feuer der Leber vermindern. YINLINGQUAN (MP 9) stärkt die Milz und eliminiert so die Nässe-Hitze.

Bemerkung

Die Leukorrhoe, wie sie oben beschrieben ist, bezieht sich in der westlichen Medizin auf die Entzündung des Genitalsystems, wie zum Beispiel Vaginitis, Zervizitis, Endometritis und Infektionen der Beckenorgane.

3.35 Schwangerschaftsübelkeit

Ätiologie

Erbrechen im frühen Stadium der Schwangerschaft ist hauptsächlich eine Folge allgemeiner Schwäche des Magen-QI und eine Reaktion auf die Entwicklung des Fötus.

Differenzierung

Übelkeit und Erbrechen treten nach ungefähr einem Schwangerschaftsmonat auf. Das Erbrechen findet direkt nach Nahrungsaufnahme oder bei Ansicht oder Geruch von Nahrung statt. Begleitende Symptome sind Völlegefühl in der Brust, Schwindel, verschwommener Gesichtssinn und Mattigkeit.

Behandlung

Methode: Die Punkte werden hauptsächlich vom MAGEN-Meridian YANGMING Fuß und KREISLAUF-SEXUS-Meridian JUEYIN Hand ausgewählt. Diese Punkte verhindern Erbrechen, indem sie das Magen-QI beruhigen. Es wird mit der Methode der gleichmäßigen Bewegung akupunktiert.

Punktauswahl: ZUSANLI (M 36), NEIGUAN (KS 6), SHANGWAN (KG 13).

Erklärung: ZUSANLI (M 36) kühlt das aufsteigende QI des Magens. NEIGUAN (KS 6) bringt das Erbrechen zum Stillstand, in dem die Brust entlastet und die Unbequemlichkeit erleichtert wird. SHANGWAN (KG 13), ein Nahpunkt, ist für die Behandlung des Völlegefühls in der Magenregion angezeigt.

Bemerkung

Ohrakupunktur:

Hauptpunkte: Leber, Magen, Ohr-SHENMEN, Nervus sympathicus.

Methode: Es wird einmal am Tag behandelt. Die Nadeln können auch für drei bis fünf Tage eingesetzt werden. Die Massage an den Punkten mit den eingesetzten Nadeln verstärkt die therapeutische Wirkung.

3.36 Mangel an Muttermilch

Ätiologie

Verursachende Faktoren:

(1) Schlechte Gesundheit und Mangel an QI und Blut.

(2) Massiver Blutverlust bei der Geburt.

(3) Geistige Depression, welche die Leber angreift.

Differenzierung

Spärliche oder keine Milchsekretion nach der Geburt oder kontinuierliche Abnahme der Menge von Muttermilch während des Stillens. Beim Leere-XU-Typ sind die begleitenden Symptome Herzklopfen, Mattigkeit und dünne Muttermilch. Beim Fülle-SHI-Typ treten Völlegefühl in der Brust, Anorexie, Retention von Muttermilch und Schmerzen in der Hypochondralregion auf.

Behandlung

Methode:

(1) Leere-XU-Typ: Es wird mit der tonisierenden Methode in Kombination mit Moxibustion akupunktiert.

(2) Fülle-SHI-Typ: Es wird mit der sedierenden Methode akupunktiert. Moxibustion ist auch ratsam.

Punktauswahl: RUGEN (M 18), SHANZHONG (KG 17), SHAOZE (Dü 1).

Sekundäre Punkte:

(1) Leere-XU-Typ: PISHU (B 20), ZUSANLI (M 36).

(2) Fülle-SHI-Typ: QIMEN (L 14), NEIGUAN (KS 6).

Erklärung: RUGEN (M 18) ist ein Punkt des MAGEN-Meridians und auch ein Nahpunkt. SHANZHONG (KG 17) ist der beeinflussende Punkt, der das QI beherrscht. Moxibustion an diesen beiden Punkten wärmt das QI und das Blut und aktiviert deren Zirkulation. Außerdem wird eine Wirkung erzielt, in dem diese beiden Punkte horizontal in Richtung der Brüste akupunktiert werden, um ein ausstrahlendes Gefühl in diesem Gebiet zu verursachen. SHAOZE (Dü 1) ist ein empirischer Punkt für die Förderung der Muttermilchbildung. PISHU (B 20), der SHU-(Rücken)-Punkt der Milz, und ZUSANLI (M 36), der untere HE-(Meer)-Punkt des Magens, regulieren die Funktion der Milz und des Magens im Bezug auf die Bildung von Blut und Muttermilch. QIMEN (L 14), der MU-(Alarm)-Punkt der Leber, reguliert die Funktion der Leber, die Hypochondralregion zu besänftigen. NEIGUAN (KS 6) entlastet die Brust und erleichtert die Depression.

3.37 Krämpfe bei Kindern

Ätiologie

Krämpfe bei Kindern können akut oder chronisch sein.

(1) Akute Krämpfe: Der verursachende Faktor ist innerer Wind, der durch extreme Hitze infolge von Schleim entzündet wird. Dieser Schleim wird durch einen Befall von äußerer Wind-Kälte verursacht, die von einer Anhäufung von unverdauter Nahrung im Magen begleitet wird. Eine akute fiebrige Erkrankung kann auch zu akuten Krämpfen führen.

(2) Chronische Krämpfe: Dies ist üblicherweise die Folge von Schwäche der Milz und des Magens nach chronischer, auszehrender Erkrankung.

Differenzierung

(1) Akute Krämpfe: Hohes Fieber, Koma, aufwärts starrende Augen, verbissene Kiefer, Zittern, tetanische Kontraktionen, Opisthotonus, Zyanose, schneller und vibrierender Puls.

(2) Chronische Krämpfe: Auszehrung, Blässe, Mattigkeit, Lethargie mit halbgeschlossenen Augen, intermittierende Krämpfe, kalte Extremitäten, lockerer Stuhl mit unverdauter Nahrung, übermäßiger, klarer Urin, tiefer, schwacher Puls.

Behandlung

(1) Akute Krämpfe:

Methode: Die Beseitigung der Hitze und des Windes und die Wiederbelebung erfolgt durch die Akupunktur des DU-Meridians (Lenkergefäß) als Hauptmeridian mit der sedierenden Methode. Moxibustion ist kontraindiziert.

Punktauswahl: SHIXUAN (Extrapunkt), YINTANG (Extrapunkt), RENZHONG (LG 26), QUCHI (Di 11), TAICHONG (L 3).

Sekundäre Punkte entsprechend der verschiedenen Symptome:

Koma: LAOGONG (KS 8), YONGQUAN (N 1).

Langandauernde Krämpfe: XINGJIAN (L 2), YANGLINGQUAN (G 34), KUNLUN (B 60), HOUXI (Dü 3).

Kontinuierlich hohes Fieber: DAZHUI (LG 14), HEGU (Di 4).

Erklärung: Das Stechen und Bluten des Punktes SHIXUAN (Etrapunkt) beseitigt die Hitze. YINTANG (Extrapunkt) fördert die Entspannung und die Spasmolyse. RENZHONG (LG 26) ist wirksam für die Wiederbelebung. QUCHI (Di 11) beseitigt die Hitze des YANGMING-Meridians. Die Akupunktur des Punktes TAICHONG (L 3) mit der sedierenden Methode beruhigt den Wind der Leber. LAOGONG (KS 8) und YONGQUAN (N 1) sind wichtige Punkte für den Notfall und beseitigen die Hitze. XINGJIAN (L 2) und YANGLINGQUAN (G 34) werden zur Spasmolyse benutzt. KUNLUN (B 60) ist ein Punkt des oberen Teils des BLASEN-Meridians, der ins Gehirn eintritt. HOUXI (Dü 3) steht mit dem DU-Meridian (Lenkergefäß) in Verbindung. Die Akupunktur dieser beiden Punkte in Kombination ist wirksam für die Klärung der geistigen Umnachtung und die Erleichterung der Krämpfe. DAZHUI (LG 14), der Kreuzungspunkt aller YANG-Meridiane, und HEGU (Di 4), der YUAN-(Quell)-Punkt des DICKDARM-Meridians YANGMING Hand, werden dazu benutzt, die übermäßige Hitze in den YANG-Meridianen zu verringern.

(2) Chronische Krämpfe:

Methode: Um die Milz und den Magen zu stärken, werden Akupunktur und Moxibustion an den Punkten des REN-Meridians (Konzeptionsgefäß) und MAGEN-Meridians YANGMING Fuß als Hauptmeridiane angewendet.

Punktauswahl: ZHONGWAN (KG 12), GUANYUAN (KG 4), ZUSANLI (M 36), ZHANGMEN (L 13), YINTANG (Extrapunkt).

Erklärung: ZHANGMEN (L 13), ZHONGWAN (KG 12) und ZUSANLI (M 36) werden dazu benutzt, um die Funktion der Milz und des Magens wieder einzustellen. Moxibustion am Punkt GUANYUAN (KG 4) stärkt das Ursprungs-QI (Lebenskraft). Moxibustion des Punktes YINTANG (Extrapunkt) überwindet die Krämpfe.

Bemerkungen

Akute Krämpfe können eine Infektion des zentralen Nervensystems und eine toxische Enzephalopathie, wie zum Beispiel epidemische Meningoenzephalitis und toxische Pneumonie, anzeigen. Die Akupunktur reduziert Fieber und wirkt spasmolytisch, aber eine sofortige Diagnose ist unbedingt notwendig, um rechtzeitig mit geeigneten Mitteln zu behandeln.

Chronische Krämpfe resultieren hauptsächlich aus lang andauernder chronischer Diarrhoe und Erbrechen, metabolischen Störungen, Fehlernährung oder chronischer Infektion des zentralen Nervensystems. Sie können auch als Nachwirkung von akuten Krämpfen auftreten. Entsprechende Maßnahmen sollten ergriffen werden.

3.38 Diarrhoe bei Kindern

Ätiologie

Der ursächliche Faktor ist eine Verdauungsstörung infolge von zu sorgloser Kinderpflege und unregelmäßiger Nahrung oder verunreinigter Milch. Das hat Schwäche der Milz und des Magens des Kindes zur Folge. Die Diarrhoe bei Kindern kann auch als Folge eines Ausgesetztseins an äußere Kälte sein.

Differenzierung

Blähungen im Bauch, Borborygmus, intermittierender Bauchschmerz, der nach Diarrhoe erleichtert wird. Diarrhoe kann bis zu mehr als zehn mal pro Tag mit starkem, stinkendem Geruch auftreten, manchmal ist der Stuhl mit geronnener Milch vermischt, häufiges Aufstoßen, Anorexie. Die Zunge ist klebrig belegt, der Puls ist tief und kraftlos.

Behandlung

Methode: Um die Funktion der Milz und des Magens wieder herzustellen, werden Akupunktur und Moxibustion an den Punkten des MAGEN-Meridians YANGMING Fuß als Hauptmeridian angewendet. Es wird mit der Methode der gleichmäßigen Methode akupunktiert. Die Nadel wird nicht belassen.

Punktauswahl: ZHONGWAN (KG 12), TIANSHU (M 25), SHANGJUXU (M 37), SIFENG (Extrapunkt).

Sekundäre Punkte:

Äußere Kälte: HEGU (Di 4).

Erklärung: ZHONGWAN (KG 12), der MU-(Alarm)-Punkt des Magens und Konfluenz-(Kardinal)-Punkt der Organe FU, reguliert das QI des Magens. TIANSHU (M 25) und SHANGJUXU (M 37), der MU-(Alarm)-Punkt und der untere HE-(Meer)-Punkt des Dickdarms, werden kombiniert angewendet, um die Funktion des Darmes einzustellen und die Diarrhoe aufzuhalten. SIFENG (Extrapunkt), ein empirischer Punkt bei der Behandlung von Verdauungsstörungen bei Kindern, hat dic Wirkung, die Verdauung zu fördern, die Blähungen im Bauch zu erleichtern und die Milz und den Magen zu stärken.

3.39 Mumps

Ätiologie

Der verursachende Faktor ist die Anhäufung von Hitze im Dickdarm und im 3ERWÄRMER-Meridian infolge eines Befalls von saisonbedingten, epidemischen Faktoren und einem aufwärts gerichteten Angriff der Hitze des Magens.

Differenzierung

Am Anfang Frösteln und Fieber mit Rötung und Schwellung der Parotisregion auf einer oder beiden Seiten. Bei schwerer Hitze sind die Symptome Durst, Verstopfung, tiefer, gelber Urin, klebriger Zungenbelag und oberflächlicher, schneller Puls.

Behandlung

Methode: Um die Hitze und den Wind zu zerstreuen, werden mit der sedierenden Methode die Punkte des DICKDARM- und 3ERWÄRMER-Meridians als Hauptpunkte akupunktiert.

Punktauswahl: WAIGUAN (3E 5), YIFENG (3E 17), JIACHE (M 6), QUCHI (Di 11), HEGU (Di 4).

Erklärung: WAIGUAN (3E 5) beseitigt die Hitze aus dem 3ERWÄRMER-Meridian. QUCHI (Di 11) und HEGU (Di 4) beseitigen die Hitze aus dem DICKDARM-Meridian. YIFENG (3E 17) und JIACHE (M 6) sind Nahpunkte, die dazu benutzt werden, die Verstopfung der betroffenen Meridiane zu beseitigen und die Schwellung und Schmerzen der Parotisregion zu erleichtern.

Bemerkung

Das Stechen des Ohr-Apex mit der dreikantigen Nadel, um eine Blutung zu verursachen, ist bei der Behandlung der Mumps sehr wirkungsvoll.

3.40 Urtikaria

Ätiologie

Der verursachende Faktor ist Hitze im Blut, die durch äußeren Wind, der die obere Schicht der Muskeln angreift, oder durch Anhäufung von Hitze im Magen und im Darm infolge von Aufnahme ungewohnter Nahrung kompliziert wird.

Differenzierung

Plötzlicher Beginn mit juckenden Quaddeln verschiedener Größe. Es können begleitend Bauchschmerz, Verstopfung und oberflächlicher, schneller Puls auftreten. Die akuten Symptome verschwinden schnell, aber es gibt häufige Rezidive, wenn die Erkrankung chronisch ist.

Behandlung

Methode: Um den Wind zu zerstreuen und die Hitze im Blut zu beseitigen, werden die Punkte des MILZ- und DICKDARM-Meridians als Hauptpunkte mit der sedierenden Methode akupunktiert.

Punktauswahl: XUEHAI (MP 10), SANYINJIAO (MP 6), QUCHI (Di 11), HEGU (Di 4).

Sekundäre Punkte:

Bauchschmerz: ZUSANLI (M 36).

Erklärung: XUEHAI (MP 10) und SANYINJIAO (MP 6) beseitigen die Nässe-Hitze im Blut. QUCHI (Di 11) und HEGU (Di 4) erleichtern das Jucken und die Quaddelbildung durch die Beseitigung von Wind-Hitze. ZUSANLI (M 36) besänftigt den Magen und den Darm und erleichtert den Bauchschmerz.

Bemerkung

Ohrakupunkturpunkte:

Hauptpunkte: Endokrinum, Lunge, Adrenalin.

Methode: Die Nadeln werden für eine Stunde mit intermittierender Manipulation belassen.

3.41 Erysipel (Anhang: Herpes zoster)

Ätiologie

Der verursachende Faktor ist ein Befall des DICKDARM-Meridians durch äußere Wind-Hitze oder Nässe-Hitze, die das Blut infizieren. Hauptgebiete, an denen das Erysipel auftritt, sind die unteren Extremitäten und das Gesicht. Es kann auch über den ganzen Körper verbreitet sein.

Differenzierung

Am Anfang Frösteln und Fieber, gefolgt durch plötzlich auftretende, tiefrote Flecken, die diffus über die Haut verteilt sind, mit deutlicher Begrenzung und brennendem Schmerz. Die begleitenden Symptome sind Reizbarkeit, Durst, Verstopfung, bräunlicher Urin, schneller Puls und dicker Zungenbelag.

Behandlung

Methode: Um die Hitze im Blut zu beseitigen, werden die Punkte des DICKDARM-Meridians als Hauptpunkte mit der sedierenden Methode akupunktiert oder gestochen, um eine Blutung zu verursachen.

Punktauswahl: QUCHI (Di 11), HEGU (Di 4), WEIZHONG (B 40), QUZE (KS 3).

Erklärung: QUCHI (Di 11) und HEGU (Di 4) beseitigen die Hitze aus dem DICKDARM-Meridian. Die venöse Verletzung an WEIHHONG (B 40) und QUZE (KS 3) beseitigen die Hitze im Blut.

Bemerkung

Erysipele des Beines können auch durch Stechen der betroffenen Region mit der dreikantigen Nadel oder mit der Klopfnadelmethode behandelt werden, um eine Blutung zu verursachen. Dadurch kann die toxische Hitze verschwinden, aber es sollte große Sorgfalt verwendet werden, um eine Infektion zu vermeiden.

Anhang: Herpes zoster

Herpes zoster tritt hauptsächlich in der Lenden- und Hypochondralregion auf. Er besteht aus kleinen, perlenartigen Bläschen, die einen Gürtel bilden. Starker, brennender Schmerz und Rötung und Hitzegefühl auf der Haut kennzeichnen diese Erkrankung.

Punkte für die Behandlung: QUCHI (Di 11), XUEHAI (MP 10), WEIZHONG (B 40).

Es wird mit der sedierenden Methode behandelt. Es ist auch ratsam, die HUATUO JIAJI-Punkte (Extrapunkt) entsprechend dem betroffenen Gebiet zu akupunktieren.

3.42 Furunkel und Lymphangitis

Ätiologie

Verursachende Faktoren:

(1) Innere Vergiftung infolge von extremer Hitze der Gefäße, verursacht durch fette und würzige Nahrung.

(2) Stillstand des QI und des Blutes infolge eines Befalls von toxischen äußeren Faktoren im Sommer, wenn die Haut durch Schweiß verunreinigt ist.

Differenzierung

Furunkel können auftreten am Kopf, im Gesicht oder an den Extremitäten. Sie erscheinen zuerst wie ein Hirsekorn mit einer harten Basis. Schmerz oder ein Kitzelgefühl können auftreten. Dann formt sich eine Blase oder Pustel mit gelblicher oder purpurroter Farbe. Diese sind so hart wie Nägel und üblicherweise von Frösteln und Fieber begleitet. An den Extremitäten tritt vom Furunkel ausgehend eine rote, fadenförmige Linie, die nach proximal läuft, auf. Dies ist bekannt als rotes, fadenförmiges Furunkel.

Behandlung

Methode: Es werden die Punkte des DU-Meridians (Lenkergefäß) und DICKDARM-Meridians als Hauptpunkte mit der sedierenden Methode akupunktiert oder gestochen, daß eine Blutung verursacht wird.

Bei Lymphangitis wird mit der dreikantigen Nadel im Abstand von 5 cm entlang der roten Linie nach proximal eingestochen, um eine Blutung zu verursachen.

Punktauswahl: LINGTAI (LG 10), SHENZHU (LG 12), XIMEN (KS 4), HEGU (Di 4), WEIZHONG (B 40).

Erklärung: LINGTAI (LG 10) ist ein empirischer Punkt bei der Behandlung eines Furunkels. SHENZHU (LG 12) stellt das QI aller YANG-Meridiane wieder ein. XIMEN (KS 4), der SHI-(Grenz)-Punkt des KREISLAUF-SEXUS-Meridians, ist wirkungsvoll bei der Behandlung akuter Krankheiten. HEGU (Di 4) beseitigt die äußeren, krankheitsverursachenden Faktoren von der äußeren Körperschicht. WEIZHONG (B 40) reinigt das Blut von Hitze und Toxinen. Diese beiden Punkte werden zusammen benutzt, um die Entzündung zu beschwichtigen. Das Stechen, um eine Blutung zu verursachen, zerstreut die Toxine und die Hitze des Blutes.

Bemerkung

Eine weitere wirksame Methode bei der Behandlung einer Furunkel ist, die kleinen Bläschen, die entlang der Brustwirbel auftreten, mit der dreikantigen Nadel zu stechen. So kann einmal pro Tag behandelt werden.

3.43 Akute Mastitis

Ätiologie

Ursächlicher Faktor ist die Retention von Muttermilch in den Brüsten infolge geistiger Depression, die das QI der Leber angreift, oder infolge einer Stauung toxischer Hitze im MAGEN-Meridian.

Differenzierung

Am Anfang treten Rötung, Schwellung, Hitze und Schmerz in den Brüsten auf, begleitet von Frösteln, Fieber, Erbrechen, Reizbarkeit und Durst. Der Puls ist vibrierend und schnell.

Behandlung

Es werden die Punkte des LEBER-, GALLENBLASEN- und MAGEN-Meridians mit der sedierenden Methode akupunktiert, um das QI des LEBER- und MAGEN-Meridians zu regulieren, die Depression zu erleichtern und die Hitze zu beseitigen. Moxibustion kann in Kombination angewendet werden.

Punktauswahl: TAICHONG (L 3), Fuß-LINQI (G 41), SHANZHONG (KG 17), JIANJING (G 21), RUGEN (M 18).

Sekundäre Punkte:

Frösteln und Fieber: HEGU (Di 4), WAIGUAN (3E 5).

Spannungsgefühl in den Brüsten: YINGCHUANG (M 16).

Erklärung: TAICHONG (L 3) fördert die Funktion der Leber. Fuß-LINQI (G 41) hilft, die Schwellung der Brust zu beseitigen. SHANZHONG (KG 17) erleichtert das Druckgefühl in der Brust. JIANJING (G 21) und RUGEN (M 18) fördern die Zirkulation des QI und vertreiben den Schmerz. HEGU (Di 4) und WAIGUAN (3E 5) verringern das Fieber. YINGCHUANG (M 16) wird schräg akupunktiert, um die Härte der Brüste zu lösen und den Milchfluß zu fördern.

Bemerkungen

(1) Dieser Zustand entspricht dem frühen Stadium der Mastitis.

(2) Ohrakupunktur:

Hauptpunkte: Brust, Adrenalin, Ohr-SHENMEN, Subkortex.

Methode: Pro Behandlung werden zwei Punkte mit leichter Stimulation akupunktiert. Die Nadeln werden für 30 Minuten belassen. Es wird einmal am Tag behandelt.

3.44 Blinddarmentzündung

Ätiologie

Ursächliche Faktoren:

(1) Anhäufung von Nässe Hitze infolge einer Retention von Nahrung im Darm.

(2) Stillstand des QI und des Blutes infolge eines Ausgesetztseins an extreme Hitze oder Kälte.

Differenzierung

In akuten Fällen ist der Beginn der Krankheit durch Frösteln und Fieber, Reizbarkeit, Übelkeit, Bauchschmerzen mit Druckempfindlichkeit, die durch Husten oder Schneuzen oder Beugen des rechten Beines verschlimmert werden, gekennzeichnet. Der Schmerz ist schließlich im rechten Unterbauch lokalisiert. Es bestehen Verstopfung, dicker, klebriger Zungenbelag und vibrierender, schneller Puls.

Behandlung

Methode: Es werden die Punkte der YANGMING-Meridiane als Hauptpunkte akupunktiert, um die Nässe-Hitze zu zerstreuen. Die Nadeln werden über eine längere Periode (eine halbe bis zwei Stunden) belassen und alle zehn Minuten manipuliert. Es erfolgt alle sechs bis acht Stunden eine Behandlung. Wenn sich die Symptome verringern, wird einmal pro Tage behandelt, wobei die Nadeln für 30 Minuten belassen werden.

Punktauswahl: LANWEI (Blinddarm-Extrapunkt) oder SHANGJUXU (M 37), QUCHI (Di 11), TIANSHU (M 25).

Sekundäre Punkte:

Fieber: DAZHUI (LG 14), HEGU (Di 14).

Erbrechen: NEIGUAN (KS 6), ZHONGWAN (KG 12).

Erklärung: LANWEI (Blinddarm-Extrapunkt), ein empirischer Punkt, und SHANGJUXU (M 37), der untere HE-(Meer)-Punkt des Dickdarms, sind druckempfindliche Punkte bei Blinddarmentzündung. TIANSHU (M 25), der MU-(Alarm)-Punkt des Dickdarms, beseitigt die Verstopfung und die Nässe-Hitze aus den Därmen, was sofort den Bauchschmerz erleichtert. QUCHI (Di 11), der HE-(Meer)-Punkt des DICKDARM-Meridians, ist ebenfalls zur Beseitigung der Hitze wirksam. DAZHUI (LG 14) und HEGU (Di 4) werden zusammen dazu benutzt, die Entzündung zu beschwichtigen. NEIGUAN (KS 6) und ZHONGWAN (KG 12) beruhigen den Magen und überwinden das Erbrechen.

Bemerkungen

(1) Dieses Krankheitsbild entspricht in der westlichen Medizin der akuten einfachen Blinddarmentzündung, bei der die Akupunkturbehandlung sehr wirkungsvoll ist. Falls der Verdacht auf Blinddarmdurchbruch besteht, sollten

sofort andere therapeutische Maßnahmen ergriffen werden. Bei chronischer Blinddarmentzündung sind die oben genannten Akupunkturmethoden befriedigend. Es wird einmal täglich oder jeden zweiten Tag behandelt. Moxibustion kann an den Nahpunkten angewendet werden.

(2) Ohrakupunktur:

Hauptpunkte: Ohr-Appendix, Ohr-SHENMEN, Nervus sympathicus, Subkortex.

Methode: Bei akuter Blinddarmentzündung wird ein- bis dreimal pro Tag behandelt, während bei chronischen Fällen einmal täglich oder jeden zweiten Tag behandelt wird.

3.45 Kropf

Ätiologie

Dies ist eine endemische Erkrankung, deren ursächliche Faktoren folgende sind:

(1) Blutstillstand und Anhäufung von Schleim infolge einer Verstopfung des QI, die durch Wut, Angst oder geistiger Depression verursacht wird.

(2) Stillstand des QI im Hals als Folge eines Befalls durch einen der sechs äußeren krankheitsverursachenden Faktoren bei Unfähigkeit, sich an die Umwelt anzupassen.

Differenzierung

Schwellung des Halses, die durch ein dumpfes Gefühl in der Brust, Herzklopfen, Kurzatmigkeit, Exophtalmus und Zornigkeit begleitet werden kann. Der Puls ist vibrierend und rollend.

Behandlung

Methode: Es werden die Punkte des 3ERWÄRMER-, DICKDARM- und MAGEN-Meridians als Hauptpunkte mit der sedierenden Methode akupunktiert, um die Blut- und QI-Zirkulation zu aktivieren und die Stauung und Härte im Hals zu beseitigen.

Punktauswahl: NAOHUI (3E 13), TIANDING (Di 17), TIANRONG (Dü 17), TIANTU (KG 22), HEGU (Di 4), ZUSANLI (M 36).

Sekundäre Punkte:

Unterdrückung des QI der Leber: SHANZHONG (KG 17), TAICHONG (L 3).

Erklärung: NAOHUI (3E 13) hat die Wirkung, das sich stauende QI und den Schleim im Kropf zu verteilen, da der 3Erwärmer das QI des ganzen Körpers beherrscht. TIANDING (Di 17), TIANRONG (Dü 17) und TIANTU (KG 22) sind Nahpunkte am Hals. Die Akupunktur dieser drei Punkte fördert die Zirkulation des QI und des Blutes in dieser Region und verteilt so das sich stauende QI und Blut. HEGU (Di 4) und ZUSANLI (M 36) sind Fernpunkte, die zum YANGMING-Meridian Hand und YANGMING-Meridian Fuß gehören, die am Hals verlaufen. Sie werden dazu benutzt, die Zirkulation des QI und des Blutes zu steuern.

Bemerkungen

(1) Das oben beschriebene Krankheitsbild entspricht in der westlichen Medizin dem einfachen Kropf und dem Hyperthyreodismus.

(2) Ohrakupunktur:

Hauptpunkte: Endokrinum, Ohr-SHENMEN, Hals.

Methode: Es wird leicht stimuliert. Die Nadeln werden für 30 Minuten belassen. Es wird einmal täglich oder jeden zweiten Tag behandelt. 10 bis 15 Behandlungen bilden eine Behandlungsperiode.

3.46 Verstauchung

Ätiologie

Dabei handelt es sich um einen Bluterguß und um eine Schwellung, die durch eine Verstopfung von QI und Blut im Gelenk infolge einer ungeschickten Bewegung des Körpers (plötzliches Drehen oder Fallen während physischer Anstrengung) verursacht werden.

Differenzierung

Lokale Entzündung, Spannungsschmerz oder milde Rötung und Schwellung. Die Bewegung ist beeinträchtigt oder unmöglich.

Behandlung

Methode: Die ASHI-Punkte sind die wichtigsten Punkte, die dazu benutzt werden, die Sehnen zu entlasten und die Blutzirkulation zu aktivieren. Nah- und Fernpunkte der betroffenen Meridiane können in Kombination akupunktiert werden. An den ASHI-Punkten wird Akupunktur und Moxibustion angewendet, während an den Nah- und Fernpunkten nur akupunktiert wird.

Punktauswahl: ASHI-Punkte.

Sekundäre Punkte:

Hals: TIANZHU (B 10), HOUXI (Dü 3).

Schultergelenk: JIANJING (G 21), JIANYU (Di 15).

Ellbogengelenk: QUCHI (Di 11), HEGU (Di 4).

Handgelenk: YANGCHI (3E 4), WAIGUAN (3E 5).

Hüftgelenk: HUANTIAO (G 30), YANGLINGQUAN (G 34).

Kniegelenk: DUBI (M 35), NEITING (M 44).

Fußgelenk: JIEXI (M 41), QIUXU (G 40), KUNLUN (B 60).

Erklärung: Nah- und Fernpunkte der betroffenen Meridiane werden ausgewählt, um die Zirkulation von QI und Blut in den Meridianen und Nebengefäßen zu fördern. Moxibustion an Nahpunkten wärmt und fördert die Zirkulation von QI und Blut und erleichtert die Schwellung und den Schmerz.

Bemerkung

Es kann auch auf der gesunden Seite im entsprechenden Gebiet akupunktiert werden. Bei der Manipulation der Nadel soll der Patient gebeten werden, das verstauchte Gelenk zu bewegen. Eine Erleichterung oder ein Verschwinden des Schmerzes kann erwartet werden.

3.47 Taubheit und Tinnitus

Ätiologie

Taubheit und Tinnitus können in zwei Arten eingeteilt werden: Leere-XU- und Fülle-SHI-Typ. Der Fülle-SHI-Typ ist üblicherweise eine Folge einer aufwärts gerichteten Umkehrung des QI der Leber und der Gallenblase, die den Gehörsinn befällt. Der Leere-XU-Typ ist üblicherweise durch ein Absinken des QI der Niere, das versagt, aufzusteigen, verursacht.

Differenzierung

(1) Fülle-SHI-Typ:

Tinnitus: Kontinuierliches Klingeln im Ohr, das durch Druck nicht erleichtert wird.

Taubheit: Plötzliche Taubheit.

Die begleitenden Symptome sind Spannungs- und Schweregefühl im Kopf, Blasenverstopfung, bitterer Geschmack im Mund, Schmerzen in der Hypochondralregion, klebriger Zungenbelag und rollender, schneller Puls.

(2) Leere-XU-Typ:

Tinnitus: Intermittierendes Klingeln im Ohr, das nach Belastung schlimmer wird und durch Druck etwas erleichtert wird.

Taubheit: Schrittweise stärker werdende Taubheit.

Die begleitenden Symptome sind Schwindel, verschwommener Gesichtssinn, Schmerzen im unteren Rücken, Mattigkeit und fadenförmiger Puls.

Behandlung

Methode:

(1) Fülle-SHI-Typ: Es werden die Punkte des 3ERWÄRMER- und GALLENBLASEN-Meridians als Hauptpunkte mit der sedierenden Methode akupunktiert, um den Gehörsinn wieder herzustellen.

Leere-XU-Typ: Es werden die Punkte des NIEREN- und LEBER-Meridians mit der Methode der gleichmäßigen Bewegung akupunktiert und moxibustiert, um die Leber und die Niere zu stärken.

Punktauswahl: YIFENG (3E 17), ERMEN (3E 21), TINGHUI (G 2), YEMEN (3E 2), XIAXI (G 43), Hand-ZHONGZHU (3E 3).

Sekundäre Punkte:

(1) Fülle-SHI-Typ:

Aufwärts gerichtete Umkehrung des QI der Leber und der Gallenblase: XINGJIAN (L 2), Fuß-LINQI (G 41).

Plötzliche Taubheit: TIANYOU (3E 16).

(2) Leere-XU-Typ:

Absinkendes QI der Niere: SHENSHU (B 23), MINGMEN (LG 4), TAIXI (N 3).

Unzulänglichkeit vom YIN der Leber und der Niere: TAICHONG (L 3), SANYINJIAO (MP 6).

Erklärung: YEMEN (3E 2), XIAXI (G 43), YIFENG (3E 17), ERMEN (3E 21), TINGHUI (G 2) und Hand-ZHONGZHU (3E 3) werden als Hauptpunkte ausgewählt, da der 3ERWÄRMER-Meridian SHAOYANG Hand und der GALLENBLASEN-Meridian SHAOYANG Fuß über der Ohrregion verlaufen. XINGJIAN (L 2) und Fuß-LINQI (G 41) werden dazu benutzt, das QI der Leber und der Gallenblase zu regulieren. TIANYOU (3E 16) ist ein Nahpunkt, der zur Behandlung der plötzlichen Taubheit akupunktiert wird. SHENSHU (B 23) und MINGMEN (LG 4) und TAIXI (N 3) stärken das QI der Niere. SANYINJIAO (MP 6) und TAICHONG (L 3) ernähren das YIN der Leber und der Niere, um das Leere-XU-Feuer der Niere zu verringern. Es entsteht durch eine Unzulänglichkeit des YIN.

Bemerkungen

(1) Tinnitus und Taubheit können bei verschiedenen Krankheiten auftreten. Die meisten dieser Krankheiten sind Folge von Nervenschädigungen.

(2) Ohrakupunktur:

Hauptpunkte: Ohr, Innenohr, Ohr-SHENMEN, Niere, Endokrinum, Okziput.

Methode: Es werden pro Behandlung zwei bis drei Punkte ausgewählt. Die Nadeln werden für 20 bis 30 Minuten belassen. Es wird jeden zweiten Tag behandelt. 10 bis 15 Behandlungen bilden eine Behandlungsperiode.

3.48 Kongestion, Schwellung und Schmerz des Auges

Ätiologie

Ursächliche Faktoren:

(1) Befall durch äußere Winde-Hitze.

(2) Aufwärts gerichtete Störung des Feuers der Leber und der Gallenblase.

Differenzierung

Kongestion, Schwellung, Schmerz und Brennen des Auges, Photophobie, Tränenfluß und klebriger Ausfluß.

(1) Befall durch äußere Wind-Hitze: Kopfschmerz, Fieber, oberflächlicher, schneller Puls.

(2) Aufwärts gerichtete Störung des Feuers der Leber und der Gallenblase: Bitterer Geschmack im Mund, Reizbarkeit mit Fieber, Verstopfung, vibrierender Puls.

Behandlung

Methode: Es werden Nah- und Fernpunkte kombiniert angewendet, um die Wind-Hitze zu zerstreuen. Es wird mit der sedierenden Methode akupunktiert.

Punktauswahl: HEGU (Di 4), JINGMING (B 1), FENGCHI (G 20), TAIYANG (Extrapunkt), XINGJIAN (L 2).

Sekundäre Punkte:

Aufwärts gerichtete Störung der Leber und der Gallenblase: TAICHONG (L 3), GUANGMING (G 37).

Erklärung: HEGU (Di 4) und FENGCHI (G 20) zerstreuen die Wind-Hitze. JINGMING (B 1), der Kreuzungspunkt von BLASEN- und MAGEN-Meridian, beseitigt die Hitze in der erkrankten Region. XINGJIAN (L 2), der YING-(Quell)-Punkt des LEBER-Meridians, reduziert die Hitze der Leber. Das Stechen des Punktes TAIYANG (Extrapunkt), um eine Blutung zu verursachen, verstärkt die Wirkung der Verringerung der Hitze. TAICHONG (L 3), der YUAN-(Quell)-Punkt des LEBER-Meridians, wird ausgewählt, da die Leber in Beziehung zum Auge steht. Da eine Innen-Außen-Kopplung zwischen der Leber und der Gallenblase besteht, wird der Punkt GUANGMING (G 37), der LUO-(Passage)-Punkt der Gallenblase, benutzt, um das Feuer der Leber und der Gallenblase zu verringern.

Bemerkungen

(1) In der westlichen Medizin entspricht dieser Zustand der akuten Konjunktivitis.

(2) Ohrakupunktur:

Hauptpunkte: Leber, Auge, Ohr, Apex.

Methode: Es wird einmal pro Tag behandelt. Die Nadeln werden 15 bis 20 Minuten belassen. Der Punkt Ohr-Apex wird gestochen und man läßt zwei bis drei Tropfen Blut austreten. Drei bis fünf Behandlungen ergeben eine Behandlungsperiode.

3.49 Rhinorrhoe

Ätiologie

Verursachende Faktoren:

(1) Befall der äußeren Schicht des Körpers durch Wind-Kälte, die sich durch Anhäufung in Hitze umwandelt, welche die Nase blockiert.

(2) Nässe-Hitze des GALLENBLASEN-Meridians, die nach oben geht und sich in der Nase anhäuft.

Differenzierung

Nasenverstopfung, Verlust des Geruchssinnes, gelber, stinkender Nasenausfluß, begleitet durch Husten, dumpfen Schmerz, Benommenheit und Schweregefühl in der Stirnregion, rote Zunge mit dünnem, gelbem Belag, vibrierender, schneller Puls.

Behandlung

Methode: Es werden Punkte des LUNGEN- und DICKDARM-Meridians als Hauptpunkte mit der sedierenden Methode akupunktiert, um die Hitze der Lunge zu zerstreuen.

Punktauswahl: LIEQUE (Lu 7), HEGU (Di 4), YINGXIANG (Di 20), YINTANG (Extrapunkt).

Sekundäre Punkte:

Kopfschmerz: FENGCHI (G 20), TAIYANG (Extrapunkt).

Erklärung: LIEQUE (Lu 7) beseitigt den krankheitsverursachenden Wind, indem die Verteilungsfunktion der Lunge aktiviert wird. HEGU (Di 4) und XINGXIANG (Di 20) verringern die Hitze der Lunge, indem das QI des DICKDARM-Meridians reguliert wird. YINTANG (Extrapunkt), ein Nahpunkt der Nase, hat die Wirkung, die Hitze zu verringern, indem die Nasenverstopfung beseitigt wird. FENGCHI (G 20) eliminiert den Wind und verringert die Hitze, so daß der Kopfschmerz erleichtert wird. TAIYANG (Extrapunkt) ist ein wichtiger Punkt bei der Behandlung des Kopfschmerzes.

Bemerkungen

(1) In der westlichen Medizin entspricht die Rhinorrhoe, wie sie oben beschrieben wurde, der chronischen Rhinitis und den chronischen, nasalen Sinusitiden.

(2) Ohrakupunktur:

Hauptpunkte: Äußere Nase, innere Nase, Stirn.

Methode: Es soll leicht stimuliert werden. Die Nadeln werden 10 bis 15 Minuten belassen. 10 bis 15 Behandlungen ergeben eine Behandlungsperiode.

3.50 Nasenbluten

Ätiologie

Blutaustritt infolge von

(1) aufsteigende Wind-Hitze der Lunge oder Feuer des Magens, der die Nase stört.

(2) Unzulänglichkeit von YIN, die eine Überaktivität von Feuer verursacht, die das YIN der Lunge erschöpft.

Differenzierung

(1) Übermäßige Hitze in der Lunge und im Magen: Das Nasenbluten ist begleitet durch Fieber, Husten, Durst, Verstopfung und oberflächlichem, schnellem Puls.

(2) Überaktivität des Feuers infolge einer Unzulänglichkeit von YIN: Das Nasenbluten ist begleitet durch Backenröte, Trockenheit des Mundes und fiebriges Gefühl der Handinnenflächen und Fußsohlen. In schwierigen Fällen können Fieber am Nachmittag und fadenförmiger, schneller Puls auftreten.

Behandlung

Methode: Es werden Punkte des DICKDARM- und DU-Meridians (Lenkergefäß) mit der sedierenden Methode beim übermäßigen Hitze-Typ und mit der gleichmäßigen Bewegung beim YIN-Unzulänglichkeit-Typ akupunktiert, um die Hitze zu verringern und die Blutung aufzuhalten.

Punktauswahl: HEGU (Di 4), SHANGXING (LG 23).

Sekundäre Punkte:

Hitze der Lunge: SHAOSHANG (Lu 11).

Hitze des Magens: NEITING (M 44).

Überaktivität des Feuers infolge der Unzulänglichkeit des YIN: TAIXI (N 3).

Erklärung: Der DICKDARM-Meridian ist innen-außen gekoppelt mit dem LUNGEN-Meridian und steht in Verbindung mit dem MAGEN-Meridian, so daß HEGU (Di 4) dazu benutzt wird, die Hitze dieser drei Meridiane zu reduzieren und die Blutung aufzuhalten. Der DU-Meridian (Lenkergefäß) ist der Zusammenfluß aller Meridiane. Deshalb wird SHANGXING (LG 23) akupunktiert, um das übermäßige YANG des DU-Meridians (Lenkergefäß), das die Überaktivität der Hitze verursacht, zu verringern. SHAOSHANG (Lu 11), der JING-(Brunnen)-Punkt des LUNGEN-Meridians, wird dazu benutzt, die Hitze der Lunge zu reduzieren. NEITING (M 44), der JING-(Quell)-Punkt des MAGEN-Meridians, ist wirkungsvoll bei der Reduzierung des Feuers im Magen. TAIXI (N 3), der YUAN-(Quell)-Punkt des NIEREN-Meridians, regt das YIN an und reduziert die Hitze.

Bemerkungen

(1) Das Nasenbluten kann durch Trauma, Nasenerkrankungen oder systemische Erkrankungen, wie Erkrankungen des Blutes, kardiovaskuläre Erkrankungen und akute, fiebrige Infektionserkrankungen verursacht werden. Zusätzlich zur Akupunktur sollten weitere therapeutische Maßnahmen entsprechend der primären Ursache ergriffen werden.

(2) Ohrakupunktur:

Hauptpunkte: Innere Nase, Ohr-SHENMEN, Nervus sympathicus.

Methode: Es wird leicht stimuliert. Die Behandlung wird ein- bis zweimal pro Tag durchgeführt. Die Nadeln werden jeweils 15 bis 20 Minuten belassen. Vier bis sechs Behandlungen ergeben eine Behandlungsperiode.

3.51 Zahnschmerzen

Ätiologie

Ursächliche Faktoren:

(1) Aufflammen von angehäufter Hitze des Magens und des Darmes zusammen mit Befall von äußeren, krankheitsverursachenden Faktoren.

(2) Aufflammen von Leere-XU-Feuer infolge einer Unzulänglichkeit von YIN der Niere.

Differenzierung

(1) Wind-Hitze: Schmerzen und Schwellung des Zahnfleisches, Durst, Bevorzugen kalter Getränke, Verstopfung, rote Zunge mit gelbem Belag, schneller Puls.

(2) Leere XU der Niere: Intermittierender, dumpfer Schmerz, lockere Zähne, rote Zunge, fadenförmiger, schneller Puls.

Behandlung

(1) Wind-Hitze:

Methode: Es werden hauptsächlich Punkte des DICKDARM- und MAGEN-Meridians mit der sedierenden Methode akupunktiert, um die Hitze zu verringern und den Schmerz zu erleichtern.

Punktauswahl: HEGU (Di 4), NEITING (M 44), XIAGUAN (M 7), JIACHE (M 6), FENGCHI (G 20).

Erklärung: HEGU (Di 4) der gegenüberliegenden Seite wird benutzt, um die krankheitsverursachende Hitze des DICKDARM-Meridians zu zerstreuen. NEITING (M 44), der JING-(Quell)-Punkt des MAGEN-Meridians, gehört bezüglich der fünf Elemente zu Wasser. Deshalb wird er akupunktiert, um das Feuer des Magens zu verringern. FENGCHI (G 20) hat die Wirkung, den Wind zu beseitigen und das Feuer zu reduzieren. XIAGUAN (M 7) und JIACHE (M 6) sind Nahpunkte.

(2) Leere XU der Niere:

Methode: Es werden hauptsächlich Punkte des MAGEN-Meridians mit der Methode der gleichmäßigen Bewegung akupunktiert, um das YIN zu ernähren und das Feuer zu verringern.

Punktauswahl: TAIXI (N 3), JIACHE (M 6), XIAGUAN (M 7).

Erklärung: Die Zähne gehören zur Niere und befinden sich dort, wo der MAGEN- und der DICKDARM-Meridian verlaufen. Deshalb ist TAIXI (N 3) wirksam bei der Ernährung des YIN der Niere und der Verringerung des Leere-XU-Feuers. JIACHE (M 6) und XIAGUAN (M 7) erleichtern den Schmerz, indem sie das QI der Meridiane regulieren.

Bemerkung

Zahnschmerzen, wie sie oben beschrieben wurden, beinhalten in der westlichen Medizin akute und chronische Pulpitis und parodonthale Erkrankungen.

3.52 Halsentzündung

Ätiologie

Halsentzündung wird in zwei Arten eingeteilt: Fülle-SHI und Leere-XU.

(1) Fülle-SHI-Typ: Befall des Laryngopharynx durch äußere, krankheitsverursachende Wind-Hitze oder Aufflammen von angehäufter Hitze des LUNGEN- und MAGEN-Meridians.

(2) Leere-XU-Typ: Aufflammen von Leere XU Feuer infolge einer Unzulänglichkeit von YIN der Niere.

Differenzierung

(1) Fülle-SHI-Typ: Plötzlicher Beginn mit Frösteln, Fieber und Kopfschmerz, geschwollener, entzündeter Hals, Durst, Verstopfung, rote Zunge mit dünnem, gelbem Belag, oberflächlicher, schneller Puls.

(2) Leere-XU-Typ: Schrittweiser Beginn ohne Fieber oder mit nur geringem Fieber. Intermittierende Halsentzündung, Trockenheit der Kehle, die üblicherweise in der Nacht verschlimmert wird, fiebrige Empfindungen an den Handinnenflächen und Fußsohlen, nicht belegte, rote Zunge, fadenförmiger, schneller Puls.

Behandlung

(1) Fülle-SHI-Typ:

Methode: Es werden hauptsächlich Punkte des DICKDARM- und MAGEN-Meridians mit der sedierenden Methode akupunktiert, um den Wind und die Hitze zu beseitigen.

Punktauswahl: SHAOSHANG (Lu 11), HEGU (Di 4), NEITING (M 44), TIANRONG (Dü 17).

Erklärung: Der Punkt SHAOSHANG (Lu 11) wird gestochen, um eine kleine Menge von Blut austreten zu lassen. Das reinigt die Lunge von der Hitze und erleichtert den Schmerz. HEGU (Di 4) zerstreut die äußeren, krankheitsverursachenden Faktoren aus dem LUNGEN-Meridian. NEITING (M 44), der YING-(Quell)-Punkt des MAGEN-Meridians, reduziert die Hitze des Magens. TIANRONG (Dü 17), ein Nahpunkt, wird dazu benutzt, die Zirkulation von QI und Blut des betroffenen Gebietes zu fördern. So wird die Halsentzündung erleichtert.

(2) Leere-XU-Typ:

Methode: Es werden Punkte des NIEREN-Meridians als Hauptpunkte mit der tonisierenden Methode akupunktiert, um das YIN zu ernähren und das Leere-XU-Feuer zu verringern.

Punktauswahl:

(1) TAIXI (N 3), YUJI (Lu 10).

(2) ZHAOHAI (N 6), LIEQUE (Lu 7).

Diese beiden Punktauswahlen werden abwechselnd benutzt.

Erklärung: TAIXI (N 3) ist der JING-(Quell)-Punkt des NIEREN-Meridians, der in seinem oberen Teil entlang der Kehle verläuft.

YUJI (Lu 10) ist der JING-(Quell)-Punkt des LUNGEN-Meridians. Die Kombination beider Punkte ernährt das YIN und verringert das Feuer. ZHAOHAI (N 6) und LIEQUE (Lu 7), zwei der acht Konfluenz-(Kardinal)-Punkte, erleichtern die Halsentzündung, indem sie das Leere-XU-Feuer reduzieren.

Bemerkungen

(1) In der westlichen Medizin ist die Halsentzündung, wie sie oben beschrieben wurde, Symptom der akuten Tonsillitis sowie der akuten und chronischen Pharyngitis.

(2) Ohrakupunktur:

Hauptpunkte: Pharynx, Tonsille, Helix 1 bis 3, Stechen der kleinen Vene am Rücken der Ohrmuschel, um eine Blutung zu verursachen.

Anhang

Kapitel 1

Ohrakupunktur

Bei der Ohrakupunkturbehandlung werden Krankheiten durch die Stimulierung bestimmter Akupunkturpunkte an der Ohrmuschel behandelt. Diese Methode der Behandlung wurde bereits im Buch NEIJING (500 bis 300 v. Chr.) und in anderer medizinischer Literatur der folgenden Dynastien beschrieben. Diese therapeutische Methode wird seit langem in der arbeitenden Bevölkerung benutzt. Seit der Befreiung Chinas haben die Ärzte in Übereinstimmung mit der Anweisung des Vorsitzenden Mao („die Vergangenheit soll der Gegenwart dienen, und ausländische Dinge sollen China dienen") die traditionelle chinesische Medizin geerbt und gefördert, indem auch ausländisches Material über die Ohrakupunktur studiert wurde. Wiederholte Praxis und ein konstantes Sammeln von Erfahrung haben das Gebiet der Ohrakupunkturbehandlung stark erweitert.

1.1 Beziehungen zwischen der Ohrmuschel und den Meridianen, Nebengefäßen und Organen ZANG-FU

In der traditionellen chinesischen Medizin wird das Ohr nicht als getrenntes Organ angesehen, sondern gilt als eng verbunden mit den Meridianen, Nebengefäßen und Organen ZANG-FU. Es ist ein Teil des Körpers als organisches Ganzes. Im NEIJING wird ausgeführt, daß das QI und das Blut aller zwölf Hauptmeridiane und ihrer 365 Nebengefäße in das Gesicht und das Gehirn aufsteigen, wobei ihre Äste das Ohr erreichen, um die Hörfunktion zu normalisieren. Dies verallgemeinert die Beziehung zwischen der Ohrmuschel und den Meridianen und Nebengefäßen. Im Speziellen gesehen laufen die sechs YANG-Meridiane durch oder um das Ohr, zum Beispiel der DÜNNDARM-Meridian TAIYANG Hand, der DICKDARM-Meridian YANGMING Hand, der 3ERWÄRMER-Meridian SHAOYANG Hand und der GALLENBLASEN-Meridian SHAOYANG Fuß treten in das Ohr ein, während der MAGEN-Meridian YANGMING Fuß und der BLASEN-Meridian TAIYANG Fuß die

Periaurikularregion erreichen. Die sechs YIN-Meridiane stehen indirekt über die Äste der zwölf Hauptmeridiane mit dem Ohr in Verbindung. Unter den acht außerordentlichen Meridianen treten der YANGQIAO- und der YINQIAO-Meridian (YANG- und YIN-Gefäß der Beweglichkeit) zusammen in die Retroaurikularregion ein und der YANGWEI-Meridian (YANG-Gefäß der Verbindung) betritt das Ohr, nachdem er den Kopf umlaufen hat. Der NEIJING sagt auf der Basis dieser Tatsachen, daß im Ohr eine Anzahl von Meridianen zusammenläuft.

In der alten Medizinliteratur wurden zahlreiche Stellen gefunden, die sich mit dem Verhältnis zwischen dem Ohr und den Organen ZANG-FU befassen. Zum Beispiel legt der NEIJING dar, daß eine reichliche Speicherung von QI der Niere die Hörfunktion des Ohres normalisiert. Eine Unzulänglichkeit der Essenz der Niere führt zu einer Unzulänglichkeit des Gehirns, wodurch Schwindel und Tinnitus verursacht werden. Dies zeigt eine körperliche und pathologische Beziehung zwischen dem Ohr und den Organen ZANG-FU.

Unter normalen Bedingungen werden eine relative Balance und eine Koordination unter den physiologischen Funktionen der verschiedenen Körperteile aufrecht erhalten. Wenn eine Störung der Balance und der Koordination vorliegt und eine Stauung in den Meridianen auftritt, können die Reaktionen auf diese Störung an den entsprechenden Gebieten der Ohrmuschel aufgedeckt werden. Krankheiten der verschiedenen Körperteile können durch das Stechen der entsprechenden Ohrmuschelpunkte geheilt werden. Dieses Stechen fördert die freie Zirkulation von QI und Blut in den Meridianen und Nebengefäßen und reguliert die Funktionen der Organe ZANG-FU.

1.2. Anatomische Struktur der Ohrmuschel

Die Ohrmuschel besteht aus einer Platte von elastischem Knorpel, einer dünnen Fettschicht und einer Bindegewebsschicht, die durch zahlreiche Nerven versorgt wird. Die Hauptnerven sind der Nervus auricularis magnus und der Nervus occipitalis minor, die dem zweiten und dritten Nervus spinalis cervicalis entspringen, der aurikulo-temporale Ast des Nervus trigeminus, der posteriore aurikuläre Ast des Nervus facialis und der gemischte Ast des Nervus vagus und Nervus glossopharyngeus.

Zum besseren Verständnis wird die anatomische Struktur der Ohrmuschel in Bezug zur Ohrakupunktur im folgenden kurz beschrieben (Abb. 150).

(1) Helix — Der vorstehende Rand der Ohrmuschel.

(2) Helix crus — Das innere Ende der Helix, eine horizontale Prominenz.

(3) Tuberculum auriculare — Ein kleines Tuberkulum am posterioren und oberen Teil der Helix.

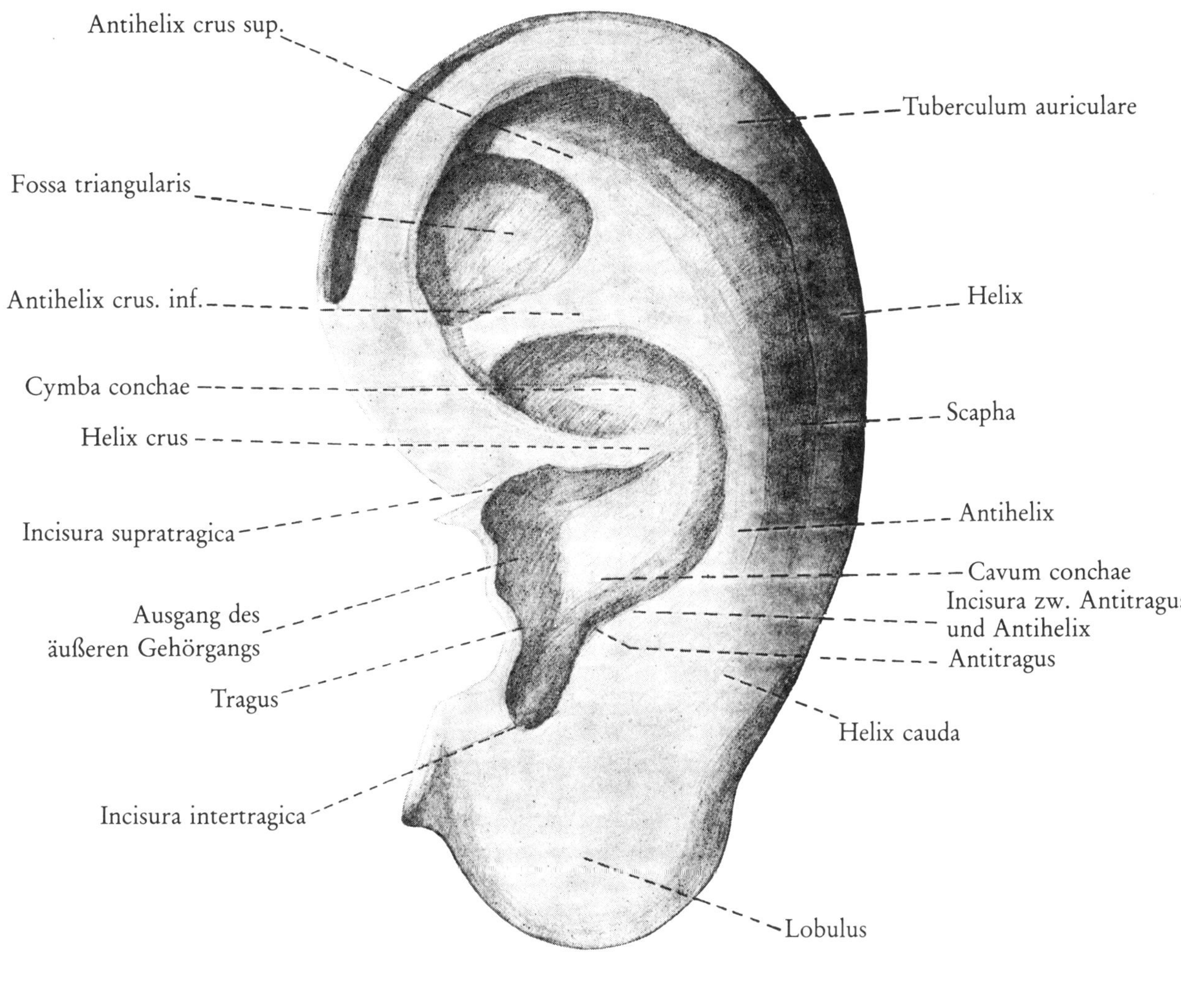

Abb. 150 Anatomie der Oberfläche der Ohrmuschel

(4) Helix cauda	Das untere Ende der Helix, am Übergang von der Helix zum Lobulus.
(5) Antihelix	Eine gerundete Prominenz gegenüber der Helix. Ihr oberer Teil verzweigt sich in die superiore und inferiore Antihelix crus.
(6) Fossa triangularis	Eine Mulde zwischen der Antihelix crus superior und der Antihelix crus inferior.
(7) Scapha (Fossa scaphoidea)	Die enge Mulde zwischen der Helix und der Antihelix.
(8) Tragus	Ein kleiner gekrümmter Lappen an der Vorderseite der Ohrmuschel.
(9) Incisura supratragica	Der Einschnitt zwischen der Helix crus und der oberen Grenze des Tragus.
(10) Antitragus	Ein kleines Tuberkulum gegenüber des Tragus und inferior der Antihelix.
(11) Incisura intertragica	Der Einschnitt zwischen dem Tragus und dem Antitragus.
(12) Inzisur	Der Einschnitt zwischen dem Antitragus und der Antihelix.
(13) Lobulus	Der untere Teil der Ohrmuschel, der nicht aus Knorpel besteht.
(14) Cymba conchae	Die Concha über der Helix crus.
(15) Cavum conchae	Die Concha unterhalb der Helix crus.
(16) Öffnung des äußeren Gehörganges	Die Öffnung des Cavum conchae, die durch den Tragus abgeschirmt wird.

1.3 Ohrakupunkturpunkte

Ohrakupunkturpunkte sind bestimmte Punkte der Ohrmuschel, die zur Behandlung von Krankheiten benutzt werden. Wenn Störungen der inneren Organe oder anderer Körperteile auftreten, können verschiedene Reaktionen an den entsprechenden Teilen der Ohrmuschel erscheinen, zum Beispiel Druckschmerz, herabgesetzter elektrischer Widerstand, morphologische Veränderungen und Farbveränderungen. Bei der Diagnosestellung können diese Phänomene herangezogen werden. Das Setzen von Reizen an diesen sensiblen Stellen dient dazu, Krankheiten zu vermeiden und zu behandeln. Diese Stellen werden auch als druckempfindliche Stellen, Stellen mit erhöhter elektrischer Leitfähigkeit oder sensible Stellen genannt.

1.3.1 Verteilung der Ohrakupunkturpunkte

Die Ohrakupunkturpunkte sind auf der Ohrmuschel in einem bestimmten Muster verteilt. Die Punkte auf dem Lobulus stehen in Beziehung zum Kopf und zum Gesicht, die Punkte auf der Scapha stehen in Beziehung zu den oberen Extremitäten, die Punkte auf der Antihelix und der Antihelix crus inferior und superior stehen in Beziehung zum Körperstamm und den unteren Extremitäten und die Punkte auf dem Cavum und der Cymba conchae stehen in Beziehung zu den inneren Organen (Abb. 151).

1.3.2 Lokalisation der allgemein benutzten Ohrakupunkturpunkte und ihre Indikationen

Die folgende Tabelle zeigt die Lokalisation der allgemein benutzten Ohrakupunkturpunkte und ihre Indikationen (Tab. 27).

1.4 Klinische Anwendung der Ohrakupunktur

Die Ohrakupunktur wird für die Prävention und Behandlung von Krankheiten und für die Akupunkturanalgesie benutzt. Die letztere Anwendung wird in Kapitel 2 dieses Anhanges diskutiert.

1.4.1 Regeln für die Auswahl der Punkte

(1) Auswahl entsprechend dem erkrankten Gebiet

Das bedeutet, daß die Ohrakupunkturpunkte entsprechend der erkrankten Gebiete für die Behandlung ausgewählt werden, zum Beispiel der Magenpunkt für Magenschmerzen, der Schulterpunkt für Schulterschmerzen.

(2) Auswahl entsprechend der Theorien der Organe ZANG-FU und der Meridiane und Nebengefäße

Das bedeutet, daß die Ohrakupunkturpunkte auf der Basis der Physiologie der Organe ZANG-FU, des Ablaufes der Zirkulation in den Meridianen und Nebengefäßen und ihren Innen-Außen-Kopplungen für die Behandlung ausgewählt werden. Zum Beispiel kann der Lungenpunkt bei Hautkrankheiten ausgewählt werden, weil die Lunge die Haut und das Haar beherrscht. Der Dünndarmpunkt kann bei Herzklopfen gestochen werden, da das Herz mit dem Dünndarm innen-außen-gekoppelt ist. Der Gallenblasenpunkt wird bei Schläfenkopfschmerzen ausgewählt, weil die Schläfenregion durch den GALLENBLASEN-Meridian SHAOYANG Fuß versorgt wird.

(3) Auswahl entsprechend der Begriffe der modernen Medizin

Das bedeutet, daß die Ohrakupunkturpunkte entsprechend physiologischer und pathologischer Überlegungen ausgewählt werden. Zum Beispiel wird der Punkt Endokrinum bei unregelmäßiger Menstruation ausgewählt, der Punkt des Nervus sympathicus bei Bauchschmerzen.

(4) Auswahl entsprechend der Hauptsymptome

Zusätzlich können Ohrakupunkturpunkte entsprechend der Hauptsymptome einer Krankheit ausgewählt werden. Zum Beispiel der Punkt Ohr-Apex bei Rötung, Schwellung und Schmerzen der Augen, die Punkte Helix 1 bis 6 bei Halsentzündungen.

Die oben genannten Regeln können einzeln oder kombiniert angewendet werden. Dabei sollten nur wenige aber präzise Punkte ausgewählt werden. Generell werden Punkte der betroffenen Seite benutzt. Nur selten werden

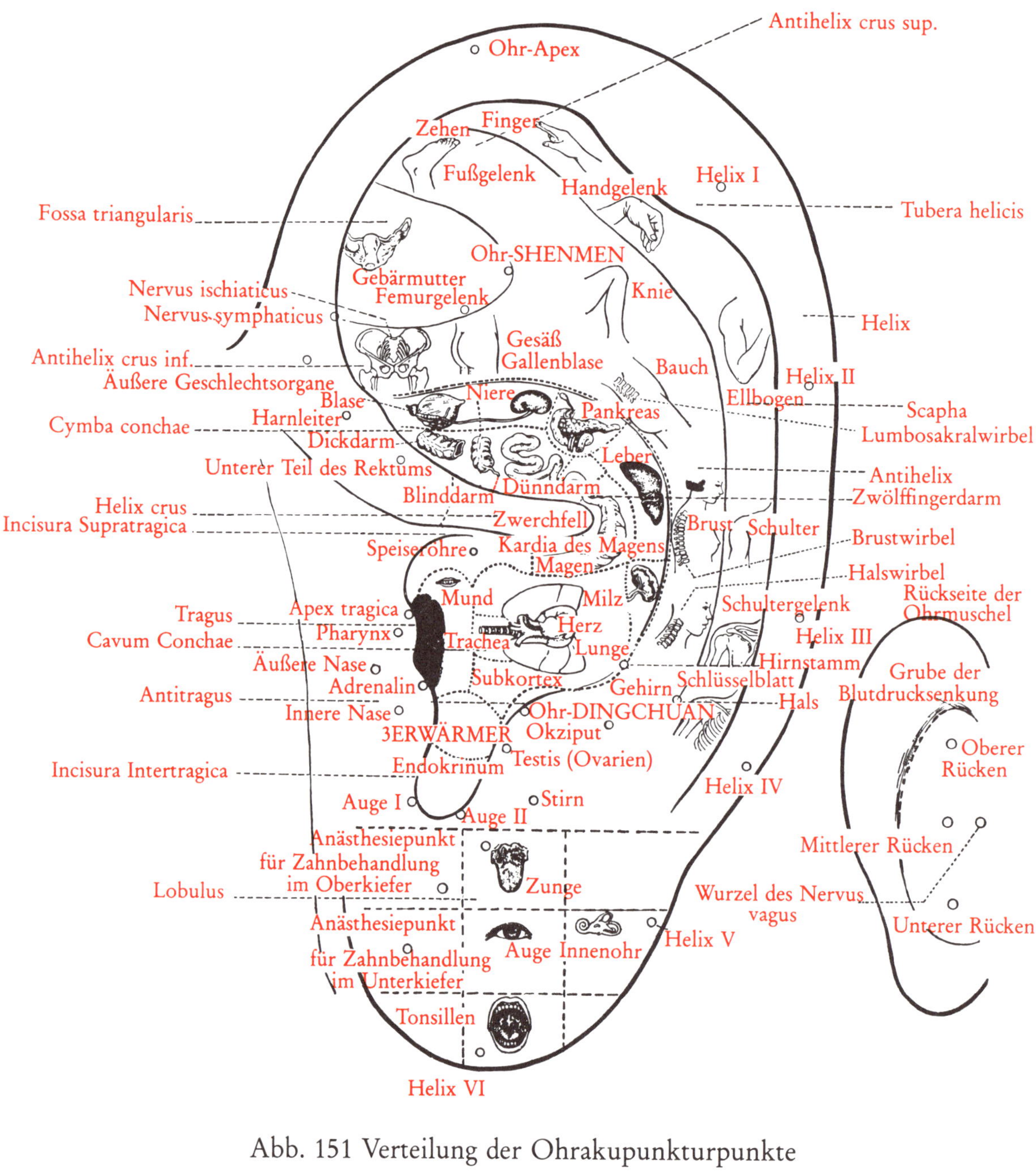

Abb. 151 Verteilung der Ohrakupunkturpunkte

Tab. 27

Ohrgebiet	Name des Punktes	Lokalisation	Indikation
Helix crus	Zwerchfell	Auf der Helix crus	Schluckauf, Gelbsucht
Helix	Unterer Teil des Rektums	Am Ende der Helix nahe des Incisura supratragica	Verstopfung, Diarrhoe
	Harnleiter	Auf der Helix, auf Höhe der unteren Grenze der Antihelix crus inf.	Häufiger und dringender Harndrang, Retention von Urin
	Äußere Geschlechtsorgane	Auf der Helix, auf Höhe der oberen Grenze der Antihelix crus inf.	Impotenz, Ekzeme am Damm
	Ohr-Apex	An der Spitze der Ohrmuschel, wenn in Richtung Tragus gefaltet wird	Akute Konjunktivitis, Bluthochdruck
	Helix 1–6	Die Region von der unteren Grenze des Tuberculum auriculare (Helix 1) zum Mittelpunkt der unteren Grenze des Lobulus (Helix 6) wird in fünf gleiche Teile geteilt. Die Teilungspunkte sind die Punkte Helix 2, 3, 4 und 5	Akute Tonsillitis

Ohrgebiet	Name des Punktes	Lokalisation	Indikation
Scapha	Finger	Auf der Scapha, über dem Tuberculum auriculare	Schmerzen an entsprechenden Körperteilen
	Handgelenk	Auf der Scapha, auf Höhe des Tuberculum auriculare	
	Ellbogen	Zwischen dem Punkt Handgelenk und dem Punkt Schulter	
	Schulter	Auf der Scapha, auf Höhe der Incisura supratragica	
	Schlüsselbein	Auf der Scapha, auf Höhe der Incisura zwischen dem Antitragus und der Antihelix, leicht lateral der Helix cauda	
	Schultergelenk	Zwischen dem Punkt Schulter und dem Punkt Schlüsselbein	
Antihelix crus sup.	Zehen	An der posterioren, oberen Ecke der Antihelix crus sup.	
	Fußgelenk	An der anterioren, oberen Ecke der Antihelix crus sup.	
	Knie	Am Ursprung der Antihelix crus sup., auf Höhe der oberen Grenze der Antihelix crus inf.	

Ohrgebiet	Name des Punktes		Lokalisation	Indikation
Antihelix crus inf.	Gesäß		Posteriore Hälfte der oberen Grenze der Antihelix crus inf.	Schmerzen am Gesäß
	Nervus ischiadicus		Anteriore Hälfte der oberen Grenze der Antihelix crus inf.	Ischias
	Nervus sympathicus		Am Übergang der Antihelix crus inf. zur medialen Grenze der Helix	Erkrankungen des Verdauungs- und Kreislaufsystems
Antihelix	Bauch		Auf der Antihelix, auf Höhe der unteren Grenze der Antihelix crus inf.	Bauchschmerzen, Dysmenorrhoe
	Brust		Auf der Antihelix, auf Höhe der Incisura supratragica	Schmerzen in der Brust- und Rippenregion, Neuralgie
	Hals		Am Übergang der Antihelix zum Antitragus, nahe der Scapha	Steifer Hals
	Wirbelsäule	Lumbosakralwirbel	Die gebogene Linie der medialen Grenze der Antihelix entspricht der Wirbelsäule. Die Linie wird durch zwei horizontale Linien vom Punkt Unterer Teil des Rektrums bzw. Punkt Schultergelenk in drei Teile geteilt. Der obere, mittlere und untere-Teil sind entsprechend die Lokalisationen der Lumbosakralwirbel, des Brustwirbel und der Halswirbel.	Schmerzen an den entsprechenden Körperteilen
		Brustwirbel		
		Halswirbel		

Ohrgebiet	Name des Punktes	Lokalisation	Indikation
Fossa triangularis	Ohr-SHENMEN	An der Bifurkation der Antihelix crus sup. und inf.	Schlaflosigkeit, traumgestörter Schlaf, Entzündungen, Schmerzen
	Gebärmutter, Hodensack	In der Fossa triangularis, am Mittelpunkt der unteren Grenze der Helix	Unregelmäßige Menstruation, Leukorrhoe, Dysmenorrhoe, Impotenz, nächtlicher Samenerguß
Tragus	Äußere Nase	Im Zentrum des seitlichen Teils des Tragus	Rhinitis
	Pharynx und Larynx	In der oberen Hälfte des medialen Teils des Tragus	Pharyngitis, Laryngitis, Tonsillitis
	Innere Nase	Am medialen und unteren Teil des Tragus	Rhinitis, Sinusitis maxillaris
	Apex Tragus	Am oberen Tuberkulum an der Grenze des Tragus	Zahnschmerzen
	Adrenalin	Am unteren Tuberkulum an der Grenze des Tragus	Blutunterdruck, Pulslosigkeit, Schock, Asthma, Entzündungen
Incisura zwischen Antitragus und Antihelix	Hirnstamm	Am Übergang von Antitragus zur Antihelix	Kopfschmerz, Schwindel

Ohrgebiet	Name des Punktes	Lokalisation	Indikation
Antitragus	Ohr-Asthma	Am Apex des Antitragus	Asthma, Bronchitis, Mumps
	Gehirn	Am Mittelpunkt der Verbindungslinie zwischen dem Punkt Ohr-Asthma und dem Punkt Hirnstamm	Enuresis
	Subkortex	Auf dem inneren Wulst des Antitragus	Schlaflosigkeit, traumgestörter Schlaf, Entzündung, Schmerzen
	Hoden (Ovarien)	Ein Teil des Punktes Subkortex, am unteren Teil des inneren Wulstes des Antitragus	Epididymitis, unregelmäßige Menstruation
	Stirn	An der anterioren, unteren Ecke des seitlichen Teils des Antitragus	Kopfschmerz, Schwindel, Schlaflosigkeit
	Okziput	An der posterioren, oberen Ecke des seitlichen Teils des Antitragus	Kopfschmerz, Neurasthenie
	TAIYANG	Am Mittelpunkt der Verbindungslinie zwischen dem Punkt Stirn und dem Punkt Okziput	Einseitiger Kopfschmerz
	Speiseröhre	An den anterioren zwei Dritteln des unteren Teils der Helix crus	Dysphagie
	Kardia des Magens	Am posterioren Drittel des unteren Teils der Helix crus	Übelkeit, Erbrechen

Ohrgebiet	Name des Punktes	Lokalisation	Indikation
Peripherie der Helix crus	Magen	Am Ende der Helix crus	Magenschmerzen, Erbrechen, Dyspepsie
	Zwölffingerdarm	Am posterioren Drittel des oberen Teils der Helix crus	Zwölffingerdarmgeschwür, Pylorospasmus
	Dünndarm	Am mittleren Drittel des oberen Teils der Helix crus	Dyspepsie, Herzklopfen
	Dickdarm	Am anterioren Drittel des oberen Teils der Helix crus	Diarrhoe, Verstopfung
	Blinddarm	Zwischen dem Punkt Dickdarm und dem Punkt Dünndarm	Akute, einfache Blinddarmentzündung
Cymba conchae	Blase	Auf der unteren Grenze der Antihelix crus inf., direkt über dem Punkt Dickdarm	Enuresis, Retention von Urin
	Niere	Auf der unteren Grenze der Antihelix crus inf., direkt über dem Punkt Dünndarm	Hexenschuß, Tinnitus, Hörschwäche
	Leber	Posterior der Punkte Magen und Zwölffingerdarm	Hepatitis, Schmerzen in der Hypochondralregion, Augenkrankheiten
	Milz	Unterhalb des Punktes Leber, nahe der Grenze der Antihelix	Spannungsgefühl im Bauch, Dyspepsie
	Pankreas und Gallenblase	Zwischen Punkt Leber und Punkt Niere	Pankreatitis, Dyspepsie, Erkrankungen des Ausführungsgangs der Gallenblase

Ohrgebiet	Name des Punktes	Lokalisation	Indikation
	Mund	Nahe des posterioren Wulstes der Öffnung des äußeren Gehörgangs	Fazialisparese, Geschwüre des Mundes
Cavum conchae	Herz	Im Zentrum des Cavum conchae	Hysterie, Herzklopfen, Arrhythimien
	Lunge	Ein u-förmiges Gebiet superior, inferior und posterior des Punktes Herz	Husten, Asthma, Urtikaria
	Trachea	Zwischen Punkt Mund und Punkt Herz	Husten
	Endokrinum	Im Cavum conchae, nahe der Incisura intertragica	Dysmenorrhoe, unregelmäßige Menstruation
	3Erwärmer	In der Mitte der vier Punkte Mund, Endokrinum, Subkortex und Lunge	Verstopfung, Ödeme
Incisura intertragica	Auge 1 Auge 2	Auf beiden Seiten der Incisura intertragica, der anteriore Punkt ist Auge 1, der posteriore Punkt ist Auge 2	Glaukom, Myopathie, Hordeulum
Lobulus	Zahnschmerz 1	An der posterior-inferioren Ecke der 1. Sektion des Lobulus	Zahnschmerz, Anaesthesiepunkt für Zahnbehandlungen
	Zahnschmerz 2	Im Zentrum der 4. Sektion des Lobulus	Zahnschmerz, Anaesthesiepunkt für Zahnbehandlungen
	Auge	Im Zentrum der 5. Sektion des Lobulus	Augenkrankheiten

Ohrgebiet	Name des Punktes	Lokalisation	Indikation
	Innenohr	Im Zentrum der 6. Sektion des Lobulus	Tinnitus, Gehörschwäche
	Tonsillen	Im Zentrum der 8. Sektion des Lobulus	Tonsillitis
	Grube der Blutdrucksenkung	Auf der Rückseite der Ohrmuschel, in der Grube zwischen der seitlichen Grenze der Protuberantia des Ohrknorpels und der Helix	Bluthochdruck
Rückseite der Ohrmuschel	Oberer Teil der Rückseite der Ohrmuschel	Auf der Protuberantia des Ohrknorpels am oberen Teil der Rückseite der Ohrmuschel	Rückenschmerzen, Hautkrankheiten
	Mittlerer Teil der Rückseite der Ohrmuschel	Am Mittelpunkt der Verbindungslinie der beiden Punkte des oberen und unteren Teils der Rückseite der Ohrmuschel	
	Unterer Teil der Rückseite der Ohrmuschel	Auf der Protuberantia des Ohrknorpels am unteren Teil der Rückseite der Ohrmuschel	
	Wurzel des Nervus vagus auricularis	Am Übergang von der Rückseite der Ohrmuschel zum Mastoid, auf Höhe der Helix crus	Magenschmerzen, Kopfschmerzen, Asthma, Askariasis der Gallenwege

* Wegen der Einfachheit der Lokalisation wird der Lobulus in neun Sektionen eingeteilt. Zuerst wird eine horizontale Linie an der Knorpelgrenze der Incisura intertragica gezogen. Dann werden zwei Parallel-Linien unterhalb bestimmt, die den Lobulus transversal in drei gleiche Teile teilen. Die zweite (mittlere) Parallele Linie wird ebenfalls in drei gleiche Teile eingeteilt. In diesen Drittelpunkten werden senkrechte Linien gezogen und so der Lobulus in neun Sektionen aufgeteilt. Diese Sektionen werden in der Reihenfolge 1—9 anteroposterior und superoinferior numeriert (Abb. 151).

Punkte beider Seiten oder Punkte der gesunden Seite allein gestochen. Falls notwendig, kann die Ohrakupunktur mit der Körperakupunktur kombiniert werden, um die therapeutische Wirkung zu steigern.

1.4.2 Technik der Ohrakupunktur

Mit der Verbreitung der Ohrakupunkturtherapie wurden verschiedene Methoden entwickelt, zum Beispiel intradermale Nadeln und Elektrostimulation der Nadeln. Die Akupunktur mit dünnen Nadeln ist die klinisch am weitesten verbreitete Methode. Die Technik wird im folgenden beschrieben:

(1) Prüfen der sensiblen Stelle

Nachdem die Punkte ausgewählt worden sind, ist es notwendig, auf den ausgewählten Gebieten sensible Stellen herauszufinden. Dabei werden folgende Methoden benutzt:

a) Prüfen der Druckempfindlichkeit

Im ausgewählten Gebiet wird mit einer stumpfen Nadel eine druckempfindliche Stelle gesucht. Die stumpfe Nadel wird in die Haut eingedrückt, um die Stelle für den späteren Einstich zu markieren.

b)Prüfen mit einem elektrischen Apparat

Dabei werden Veränderungen des elektrischen Widerstandes, der Kapazität und des Potentials in dem ausgewählten Gebiet mit einem speziellen Apparat untersucht. Die allgemein benutzte Methode bestimmt den leitenden Punkt durch Hautwiderstandsmessung. Die so gefundenen Punkte der Ohrmuschel sind üblicherweise wirkungsvolle Stellen für die Reizanwendung in der Akupunkturbehandlung.

(2) Aseptisches Vorgehen

Die Ohrakupunkturpunkte werden vor dem Stechen mit 75%-igen Alkohol oder 2%-iger Jodlösung desinfiziert.

(3) Einstechen der Nadel

Die Ohrmuschel wird mit der linken Hand stabilisiert. Eine 0,1 oder 1 CUN lange Nadel wird mit der rechten Hand schnell eingestochen, wobei eine Penetration des Ohres vermieden werden soll. Dies ruft beim Patienten gewöhnlich eine Schmerzsensation hervor, manchmal auch ein Hitzegefühl, ein Spannungsgefühl oder ein Schweregefühl. Jedes dieser Zeichen signalisiert üblicherweise eine befriedigende therapeutische Wirkung.

(4) Verbleib der Nadel

Die Nadel verbleibt gewöhnlich 20 bis 30 Minuten, aber bei Fällen von akuter Entzündung, schweren Schmerzen und paroxysmalen Anfällen bleibt die Nadel 1 bis 2 Stunden oder sogar länger eingestochen, wobei sie abwechselnd stimuliert wird.

(5) Herausziehen der Nadel

Nachdem die Nadel herausgezogen wurde, wird die Einstichstelle mit einem trockenen, sterilen Baumwolltupfer abgedrückt, um eine Infektion zu vermeiden.

(6) Zeitablauf der Behandlung

Eine Sitzung wird jeden oder jeden zweiten Tag durchgeführt. Eine Behandlungsperiode besteht aus insgesamt zehn Sitzungen. Die Intervalle zwischen den Behandlungsperioden betragen 5 bis 7 Tage.

1.4.3 Bemerkungen

(1) Strikte Antisepsis ist einzuhalten, um eine Infektion zu vermeiden. Die Akupunktur ist bei Erfrierungen oder Entzündungen der Ohrmuschel kontraindiziert. Im Falle einer Entzündung der Einstichstelle oder einem Spannungsgefühl und Schmerzen in der Ohrmuschel sollten geeignete Maßnahmen ergriffen werden.

(2) Die Ohrakupunktur ist nicht ratsam bei schwangeren Frauen, wenn die Anamnese eine bereits stattgefundene Fehlgeburt ergibt. Alten und asthenischen Patienten mit Bluthochdruck und Arteriosklerose soll Gelegenheit gegeben werden, vor und nach der Ohrakupunktur zu ruhen, um einen Zwischenfall zu vermeiden.

(3) Falls Ohrakupunktur bei einem Patienten angezeigt ist, der übermüdet, hungrig, asthenisch oder psychisch belastet ist, sollte der Patient in Rückenlage behandelt werden, um einer Ohnmacht vorzubeugen. Eine auftretende Ohnmacht wird in der gleichen Art und Weise wie bei der Körperakupunktur behandelt.

(4) Falls während der Akupunktur ein plötzlicher Schmerz, eine Entzündung oder ein Spannungsgefühl in einem Gebiet auftritt, das gerade nicht behandelt wird, so ist es ratsam, die Nadel zu entfernen, damit das unnormale Gefühl verschwindet.

(5) Bei der Behandlung eines Patienten mit einer Verstauchung oder Bewegungsbeeinträchtigung der Extremitäten ist es notwendig, nachdem die Nadel Hitze aufgrund der Blutstauung in der Ohrmuschel verursacht hat, den Patienten aufzufordern, die betroffene Extremität zu bewegen oder Massage oder Moxibustion des betroffenen Gebietes anzuwenden, um die therapeutische Wirkung zu verstärken.

1.4.4 Beispiele der Punktwahl bei allgemeinen Erkrankungen

(1) Kopfschmerz — Subkortex, Stirn, Okziput oder TAIYANG.

(2) Bluthochdruck — Grube der Blutdrucksenkung, Herz, Ohr-SHENMEN.

(3) Schlaflosigkeit — Ohr-SHENMEN, Herz, Stirn oder Okziput, Subkortex.

(4) Hysterie — Herz, Subkortex.

(5) Magenschmerzen — Magen, Zwölffingerdarm, Nervus sympathicus oder die Wurzel des Nervus vagus auricularis, Abdomen.

Zwerchfell	*(6) Schluckauf*
Dickdarm, unterer Teil des Rektums, Milz, Nervus sympathicus.	*(7) Diarrhoe und Verstopfung*
Ohr-Asthma, Lunge, Adrenalin.	*(8) Asthma*
Adrenalin, Subkortex, Endokrinum.	*(9) Malaria*
Ohrpunkte entsprechend dem betroffenen Gebiet, Subkortex, Ohr-SHENMEN.	*(10) Akute Verstauchung oder Prellung*
Halswirbel, Genick, druckempfindliche Punkte, um die Punkte Schulter und Schlüsselbein.	*(11) Verstauchtes Genick*
Nervus ischiaticus, Gesäß, Ohr-SHENMEN oder Subkortex.	*(12) Ischias*
Appendix, Dickdarm, Nervus sympathicus.	*(13) Akute einfache Blinddarmentzündung*
Hoden, äußere Geschlechtsorgane, Leber.	*(14) Akute Hodenentzündung*
Subkortex, Ohr-SHENMEN, Ohrpunkte entsprechend der betroffenen Gebiete.	*(15) Wundschmerz nach chirurgischen Eingriffen*
Gebärmutter, Endokrinum, Leber.	*(16) Dysmenorrhoe*
Blase, Niere, Harnleiter.	*(17) Bettnässen und Retention von Urin*
Akupunkturpunkte entsprechend der betroffenen Gebiete, Adrenalin.	*(18) Herpes zoster*
Lunge, Leber, Milz.	*(19) Urtikaria*
Ohr-SHENMEN, Lunge, Ohrpunkte entsprechend der betroffenen Gebiete.	*(20) Flache Warzen*
Ohr, Leber oder Ohr-Apex.	*(21) Akute Konjunktivitis*
Auge, Leber, Auge 1, Auge 2.	*(22) Gerstenkorn*
Tonsilla, Helix 2 und Helix 3.	*(23) Akute Tonsillitis*
Innenohr, Niere.	*(24) Hörschwäche*

Kapitel 2

Eine kurze Einführung in die Akupunkturanalgesie

Die Akupunkturanalgesie ist eine neue Analgesiemethode, die auf der Basis der schmerzlindernden Wirkung der Akupunktur entwickelt wurde. Sie kombiniert die traditionelle chinesische mit westlicher Medizin und hat folgende Vorteile:

(1) Sie ist bei verschiedendsten Indikationen sicher anzuwenden.

Bis zum heutigen Zeitpunkt wurde die Akupunkturanalgesie in Millionen von chirurgischen Eingriffen angewendet, ohne einen Todesfall oder ungewünschte Nebenwirkungen, wie sie bei der Drogenanästhesie vorkommen, hervorzurufen. Die Akupunkturanalgesie bewirkt auch keine postoperativen Komplikationen, wie Infektionen des Atmungstraktes, funktionelle Störungen des Magen-Darm-Traktes, Blähungen im Bauch, Retention von Urin usw.

Sie ist sicher in ihrer Anwendung bei alten und debilen Patienten oder Patienten mit Herz-,Lungen,-Leber- und Niereninsuffizienz.

(2) Die reduzierte Unterdrückung von physiologischen Funktionen fördert eine frühzeitige Erholung.

Da die physiologischen Funktionen des menschlichen Körpers durch die Meridianreaktion bei der Akupunktur bestimmter Punkte reguliert werden, können physiologische Störungen, die durch den Schmerz bei chirurgischen Eingriffen induziert werden, unter Akupunkturanalgesie vermieden werden, da die Ärzte sofort Maßnahmen entsprechend irgendeinem subjektiven Zeichen des bewußten Patienten vornehmen können. Der Blutdruck, der Puls und die Atmung bleiben in den meisten Fällen während der Operation stabil. Die physiologische Funktion ist nach der Operation normal. Der Patient ist schon bald nach der Operation ambulant, sein Appetit ist normal, und die Wunden heilen befriedigend.

(3) Aktive Zusammenarbeit des Patienten mit dem Operateur sichert das operative Ergebnis.

Der Patient ist unter Akupunkturanalgesie bei Bewußtsein und kann mit den Chirurgen sprechen, die dadurch die operativen Ergebnisse während des Eingriffs besser beurteilen können. Zum Beispiel kann während einer Thyreoidektomie die Stimme des Patienten getestet werden. Bei einer totalen Laryngektomie kann die Schluckbewegung des Patienten geprüft werden. In der Augenchirurgie kann bei einer Korrektur des Strabismus die Bewegung des Augapfels beobachtet werden. Bei einer Laminektomie zur Entlastung der Wirbelsäule ist es möglich, den Fokus genau zu lokalisieren und die freie Beweglichkeit der Extremitäten zu prüfen. Dies sind eindeutige Vorteile bei chirurgischen Eingriffen.

(4) Die Methode ist einfach, bequem und für den Massengebrauch geeignet.

Die Akupunkturanalgesie braucht nur einfache Apparate. Keine spezielle Ausrüstung oder Einrichtungen sind notwendig. Es bedarf nur einer geschickten Auswahl der Punkte und einer geeigneten Manipulationstechnik. Sie ist vor allem in ländlichen oder isolierten Gegenden anwendbar. Die Patienten können ohne Verzögerungen wichtigen Notfalleingriffen unterzogen werden.

2.1 Prinzipien der Punktauswahl bei Akupunkturanalgesie

Da die Akupunkturanalgesie durch die Stimulation bestimmter Punkte der Körperoberfläche wirksam ist, ist die Punktauswahl und die Nadelmanipulation, die einen geeigneten Reiz auf die Punkte ausübt, bei der Akupunkturanalgesie entscheidend.

Methoden der Punktauswahl

Es werden gewöhnlich drei Methoden bei der Punktauswahl benutzt:

2.1.1 Entsprechend der Theorie der Meridiane

Dabei gibt es zwei Methoden:

(1) Auswahl der Punkte entsprechend den Meridianverläufen.

Die traditionelle chinesische Medizin besagt, daß die zwölf Hauptmeridiane innen mit den Eingeweiden und außen mit den Extremitäten und Gelenken in Verbindung stehen. Jeder der Meridiane hat seinen eigenen Verlauf. Es besteht mit anderen Meridianen eine Innen-Außen-Kopplung. Die Auswahl der Punkte entsprechend der Verteilung der Meridiane ist durch das alte Zitat beschrieben: "Dort, wo der Meridian verläuft, ist der für die Behandlung geeignete Ort". Das bedeutet, daß Punkte auf dem Meridian ausgewählt werden, der den Ort des operativen Eingriffes passiert.

(2) Auswahl der Punkte entsprechend der Differenzierung von Krankheitssymptomen.

Die traditionelle chinesische Medizin legt großen Wert auf das Konzept der Einheitlichkeit des menschlichen Körpers. Wenn irgendein Körperteil von einer Krankheit befallen ist, können sich die verschiedenen Krankheitssymptome auf den Meridianen, die mit diesem Körperteil in Verbindung stehen, manifestieren. Bei der Behandlung von Krankheiten mit Akupunktur ist es wichtig, die Theorie von den Organen ZANG-FU und die Theorie von den Meridianen anzuwenden, um Krankheitssymptome zu differenzieren. Die Auswahl der Punkte hängt von dieser Differenzierung ab. Genauso hängt die Punktauswahl bei der Akupunkturanalgesie von dieser Differenzierung ab. Das bedeutet, daß vor der Punktauswahl zuerst die Krankheitssymptome differenziert werden, um ihre Beziehung zu den Organen ZANG-FU und zu den Meridianen herauszufinden. Ebenso sollten die Körperreaktionen, die durch den operativen Eingriff bewirkt werden, berücksichtigt werden. Zum Beispiel können bei einer Brustoperation die Punkte XIMEN (KS 4) und NEIGUAN (KS 6) des KREISLAUF-SEXUS-Meridians JUEYIN Hand ausgewählt werden, da während der Operation erfahrungsgemäß Herzklopfen, Kurzatmigkeit und Reizbarkeit des Patienten auftreten werden. Entsprechend der Theorie der traditionellen chinesischen Medizin sind diese Symptome Folge von Störungen des Herzens. Die Punkte XIMEN (KS 4) und NEIGUAN (KS 6) bewirken eine Besänftigung, Beruhigung und Einstellung der Funktionen des Herzens.

2.1.2 Auswahl der Punkte entsprechend der segmentalen Innervation

Die klinische Praxis und wissenschaftliche Experimente mit Akupunkturanalgesie zeigen, daß das Nervensystem eine wichtige Rolle bei der Schmerzunterdrückung und der regulativen Wirkung der Akupunkturanalgesie spielt. Dies basiert auf der Tatsache, daß die funktionelle Einheitlichkeit des Nervensystems eine grundlegende Bedingung für die Akupunkturwirkung ist und daß die Analgesiewirkung durch die Akupunktur induziert werden kann. Basierend auf der Beziehung der segmentalen Innervation zwischen dem Akupunkturgebiet und dem Operationsgebiet gibt es drei Methoden der Punktauswahl:

(1) Auswahl der Punkte in einem angrenzenden Segment oder in einem Gebiet, das durch den gleichen Spinalnerv oder einen benachbarten Nerv, der das Operationsgebiet versorgt, innerviert wird.

(2) Punktauswahl in einem entfernten Segment, das bedeutet in einem Gebiet, das nicht durch den gleichen oder angrenzenden Spinalnerv des Operationsgebietes versorgt wird.

(3) Stimulierung des Nervenstammes im gleichen Segment, das bedeutet eine direkte Stimulierung des peripheren Nerves, der das Operationsgebiet versorgt.

Zum Beispiel sind die Punkte HEGU (Di 4) und NEIGUAN (KS 6) Punkte des angrenzenden Segmentes bei der Analgesie für eine Thyreoidektomie, während die Punkte NEITING (M 44) und ZUSANLI (M 36) Punkte in einem entfernten Segment sind. Der Punkt Hals-FUTU (Di 18) wird als Punkt für die direkte Stimulierung des Nervus cervicalis cutaneus angesehen. Dies ist eine Stimulierung des Nervenstammes des gleichen Segmentes.

Die Punktauswahl in angrenzenden oder entfernten Segmenten in der Akupunkturanalgesie ist unterschiedlich zur Punktauswahl von Nah- und Fernpunkten in der Akupunkturbehandlung. Im letzteren Fall ist die relative Distanz zwischen dem Ort des ausgewählten Punktes und dem betroffenen Gebiet, das behandelt werden soll, allein impliziert. Die Punktauswahl entfernt vom betroffenen Gebiet wird als die Auswahl von Fernpunkten bezeichnet, während die Punktauswahl nahe beim betroffenen Gebiet als Punktauswahl von Nahpunkten bezeichnet wird. Keine dieser beiden Methoden der Punktauswahl steht in Beziehung mit segmentalen Nerven. Zum Beispiel werden bei der Analgesie für eine Thyreoidektomie die ausgewählten Punkte HEGU (Di 4) und NEIGUAN (KS 6) als angrenzende Punkte entsprechend der segmentalen Innervation bezeichnet. Aber unter dem Gesichtspunkt des Abstandes zwischen diesen Punkten und dem Hals werden sie als Fernpunkte angesehen.

2.1.3 Auswahl von Ohrakupunkturpunkten

Das bedeutet, entsprechend dem Operationsgebiet und der damit verbundenen inneren Organe die korrespondierenden Ohrakupunkturpunkte auszuwählen. Zum Beispiel wird der Ohrakupunkturpunkt Magen bei einer Gastrektomieoperation ausgewählt.

Ohrakupunkturpunkte werden auch entsprechend der Theorie von den Organen ZANG-FU ausgewählt. Zum Beispiel beherrscht die Lunge die Haut und das Haar. Deshalb wird der Ohrakupunkturpunkt Lunge oft bei verschiedenen Operationen gestochen. Die Niere beherrscht den Knochen. Deshalb wird der Ohrakupunkturpunkt Niere oft bei orthopädischen Eingriffen ausgewählt. Darüber hinaus können sogenannte Reaktionspunkte der Ohrmuschel gestochen werden, an denen Druckempfindlichkeit, Reduzierung des elektrischen Widerstandes, Verformung oder Verfärbung auftreten. Entsprechend der therapeutischen Erfahrung sind die Ohrakupunkturpunkte SHENMEN und Nervus sympathicus sehr wirkungsvoll bei der Beruhigung und Schmerzunterdrückung. Deshalb werden sie häufig in der Akupunkturanalgesie als zusätzliche Punkte benutzt.

2.2 Manipulationstechniken

Die Handmanipulation und die elektropulsierende Stimulation sind die zur Zeit verbreitetsten Methoden.

2.2.1 Handmanipulation

Die Handmanipulation ist in der Akupunkturanalgesie grundlegend. Sogar wenn eine Elektrostimulation angewendet wird, soll zuerst mit der Handmanipulation begonnen werden und das Elektrostimulationsgerät nicht angeschlossen werden, bis der Patient das Nadelgefühl spürt. Bei der Handmanipulation wird die Nadel nach dem Einstich ein- und auswärts bewegt und mit dem Zeige- und Mittelfinger rotiert, um einen mechanischen Reiz zu setzen. Die Ein-Auswärts-Bewegung kann abwechselnd mit der Rotation erfolgen oder die Nadel kann nur rotiert werden. Bei Ohrakupunkturpunkten ist nur die Rotation der Nadel erlaubt, da die Ohrmuschel zu dünn ist, um Ein- und Auswärtsbewegungen durchzuführen. Die Tiefe der Ein-Auswärts-Bewegung beträgt zwischen 0,5 und 1,0 cm. Der Grad der Rotation beträgt zwischen 90 und 360 Grad bei einer Frequenz von 1 bis 3 Mal pro Sekunde.

2.2.2 Elektrische Stimulation

Nachdem das gewünschte Nadelgefühl durch die Handmanipulation erreicht wurde, werden die Ausgänge eines Elektrostimulationsgerätes mit dem Griff der Nadel verbunden und der Strom eingeschaltet.

Der elektrische Reiz, der üblicherweise bei der Akupunkturanalgesie verwendet wird, ist entweder kontinuierlich dünn und dicht oder ein intermittierender Elektropuls meistens in Form von biphasischen Spitzen oder rechtwinkligen Wellen mit einer Weite von 0,5 bis 2,0 Millisekunden. Es können auch biphasische sinusoide oder unregelmäßige Wellen benutzt werden. Es gibt zwei Arten von Frequenzen des Elektropulses: 2 bis 8 Mal pro Sekunde und 40 bis 200 Mal pro Sekunde. Die Stimulationskraft sollte entsprechend der Toleranz des Patienten eingestellt werden. Die Akupunkturanalgesie braucht normalerweise eine sehr starke Stimulation, die graduell bis zu der Grenze gesteigert wird, die der Patient gerade noch aushalten kann.

2.2.3 Einwirkungsperiode und Verbleib der Nadel

Die Akupunkturanalgesie braucht eine Einwirkungsperiode. Das bedeutet, daß, nachdem die Nadel eingestochen und das Nadelgefühl erreicht worden ist, die Handmanipulation oder die Elektrostimulation kontinuierlich über einen bestimmten Zeitraum angewendet werden, um eine konstante Analgesiewirkung zu erreichen. Die Einwirkungsperiode beträgt im allgemeinen ungefähr 20 Minuten. In der Einwirkungsperiode kann der Patient selbst den

Stimulationsreiz anpassen. Die Funktionen der verschiedenen inneren Organe werden in der Einwirkungsperiode reguliert. Der Patient wird so auf den chirurgischen Eingriff vorbereitet. Während des Eingriffes kann mit der Handmanipulation oder der Elektrostimulation für bestimmte Intervalle aufgehört werden. Während dieser Zeit bleiben die Nadeln eingestochen. Bevor die Operation ihren Höhepunkt erreicht, ist es notwendig, mit der Handmanipulation oder der Elektrostimulation fortzufahren, um die Analgesiewirkung der Akupunktur aufrechtzuerhalten und noch zu verstärken.

2.3 Bemerkungen

(1) Präoperativ ist es wichtig, die Einstellung des Patienten zu einem operativen Eingriff unter Akupunkturanalgesie herauszufinden und ihn darüber aufzuklären. Der Patient muß zu dieser Methode Vertrauen haben. Mißverständnisse sollten durch Erklärung des Ablaufes ausgeräumt werden, um die Mitarbeit des Patienten zu erreichen.

(2) Präoperativ ist es auch notwendig, die Schmerzschwelle des Patienten nach Akupunkturanalgesie zu testen, um die Schmerztoleranz und die Akupunkturwirkung beim Patienten kennenzulernen. Dadurch kann eine geeignete Punktauswahl getroffen und die notwendige Stärke der Stimulation bestimmt werden.

(3) Entsprechend den verschiedenen Zuständen der Patienten und den verschiedenen Arten von Operationen können präoperativ Medikamente verabreicht werden. Üblicherweise werden 30 Minuten vor der Operation 25 bis 100 mg Dolantin intramuskulär injiziert. Falls es notwendig ist, einen Nerv durchzuschneiden, oder wenn Schmerzen und Unbehaglichkeit in bestimmten Gebieten auftreten, können eine lokale Infiltrationsanästhesie oder Leitungsanästhesie mit 0,5 bis 1%-igem Lokalanästhetikum durchgeführt werden.

(4) Bei der Durchführung einer Operation unter Akupunkturanalgesie muß der Chirurg die Grundregeln der Genauigkeit und des schonenden Vorgehens beachten.

(5) Bis heute hat die Akupunkturanalgesie noch immer bestimmte Nachteile. In einigen Fällen und während bestimmter Stadien einiger Operationen wird nicht die totale Analgesie erreicht. Bei Operationen im Bauch wird keine komplette und befriedigende Entspannung der Bauchmuskeln erreicht. Weitere Studien und Praxis sollten helfen, solche Probleme zu lösen.

2.4 Einige Beispiele der Punktauswahl bei Akupunkturanalgesie

2.4.1 Kopfregion

Schädeloperation

XIANGU (M 43), Fuß-LINQI (G 41), TAICHONG (L 3), QUANLIAO (Dü 18), alle auf der erkrankten Seite.

2.4.2 Augenregion

(1) Losgelöste Retina

a) HEGU (Di 4), ZHIGOU (3E 6), beide auf der erkrankten Seite.

b) Ohrakupunkturpunkte: Stirn, Auge 1, Auge 2. YANGBAI (G 14) in Richtung auf YUYAO (Extrapunkt), alle auf der erkrankten Seite.

(2) Operation von Trichiasis durch Entropium

HEGU (Di 4), beidseitig.

(3) Korrektur von Strabismus

a) HEGU (Di 4), ZHIGOU (3E 6), YANGBAI (G 14) in Richtung auf YUYAO (Extrapunkt), SIBAI (M 2) in Richtung auf CHENGQI (M 1), alle auf der erkrankten Seite mit Elektrostimulation.

b) HEGU (Di 4), ZHIGOU (3E 6), HOUXI (Dü 3), JINGMEN (G 25), alle auf der erkrankten Seite.

(4) Katarakt stechen

a) HEGU (Di 4), WAIGUAN (3E 5) in Richtung auf NEIGUAN (KS 6), beide auf der erkrankten Seite.

b) HEGU (Di 4), ZHIGOU (3E 6), beide auf der erkrankten Seite.

(5) Enukleation des Augapfels

HEGU (Di 4), WAIGUAN (3E 5), HOUXI (Dü 3), alle auf der erkrankten Seite. Falls der Augapfel empfindlich ist, soll während der Operation eine Oberflächenanästhesie durchgeführt werden.

(6) Iridektomie

HEGU (Di 4), WAIGUAN (3E 5), NEITING (M 44), alle bilateral. An den ersten beiden Punkten soll mit der Hand manipuliert werden, für letzteren Punkt bleibt die Nadel unmanipuliert, nachdem das Nadelgefühl erreicht wurde.

(7) Kürzung der Sklera

a) HEGU (Di 4), ZHIGOU (3E 6), YANGBAI (G 14) in Richtung auf YUYAO (Extrapunkt), SIBAI (M 2) in Richtung auf CHENGQI (M 1), alle auf der erkrankten Seite mit Elektrostimulation.

b) HEGU (Di 4), ZHIGOU (3E 6), beide auf der erkrankten Seite mit Elektrostimulation.

(8) Replantation des Pterygiums

a) Ohrakupunkturpunkte: Auge, Leber, beide auf der erkrankten Seite.

b) Ohrakupunkturpunkte: Ohr-SHENMEN, Auge, Auge 1, alle auf der erkrankten Seite.

(9) Dakryozystektomie und Dakryozystotomie zur Eiterentleerung	a) HEGU (Di 4), TAICHONG (L 3), beide auf der erkrankten Seite. b) HEGU (Di 4), ZANZHU (B 2), YINGXIANG (Di 20), alle auf der erkrankten Seite.
(10) Exenteration der Augenhöhle	HEGU (Di 4), ZHIGOU (3E 6), beide bilateral. Ohrakupunkturpunkte: Stirn in Richtung auf Auge 2, Ohr-SHENMEN in Richtung auf Nervus sympathicus, beide bilateral.

2.4.3 Kieferregion

(1) Tumorresektion in den Speicheldrüsen	FENGLONG (M 40), YANGFU (G 38), FUYANG (B 59), XIANGU (M 43), TAICHONG (L 3), XIAXI (G 43), alle beidseitig. Die Nadeln bleiben unmanipuliert, nachdem das Nadelgefühl erreicht wurde.
(2) Operationen der Submaxillarregion	FENGLONG (M 40), YANGFU (G 38), FUYANG (B 59), TAICHONG (L 3), GONGSUN (MP 4), alle auf der erkrankten Seite.
(3) Operationen des Unterkiefers	FENGLONG (M 40), YANGFU (G 38), FUYANG (B 59), TAICHONG (L 3), GONGSUN (MP 4), NEIGUAN (KS 6), alle auf der erkrankten Seite.
(4) Plastische Operationen des Kiefergelenkes	FENGLONG (M 40), YANGFU (G 38), FUYANG (B 59), TAICHONG (L 3), GONGSUN (MP 4), HEGU (Di 4). Die ersten vier Punkte werden beidseitig und die letzten beiden Punkte auf der erkrankten Seite gestochen.
(5) Tumoren des Gaumens	HEGU (Di 4), NEIGUAN (KS 6), GONGSUN (MP 4).

2.4.4 Ohrregion

(1) Radikale Mastoidektomie	a) WAIGUAN (3E 5), YANGLINGQUAN (G 34), beide bilateral mit Elektrostimulation. b) HEGU (Di 4), ZHIGOU (3E 6), beide auf der erkrankten Seite. Ohrakupunkturpunkte: Ohr-SHENMEN, Lunge, Niere, Ohr, alle auf der erkrankten Seite. Während der Einwirkungsperiode werden nur die Ohrakupunkturpunkte gestochen.
(2) Freilegung der Paukenhöhle	HEGU (Di 4), HOUXI (Dü 3), WAIGUAN (3E 5), alle auf beiden Seiten.
(3) Tympanotomie	HEGU (Di 4), bilateral oder auf der erkrankten Seite.

2.4.5 Rachenregion

(1) Totale Laryngektomie	Ohrakupunkturpunkte: Ohr-SHENMEN in Richtung auf Nervus sympathicus, Stirn in Richtung auf Ohr-Asthma, Adrenalin. HEGU (Di 4), ZHIGOU (3E 6), alle auf der linken Seite.
(2) Tonsillektomiea	Ohrakupunkturpunkte: Kehle, Tonsillen, alle bilateral. b) HEGU (Di 4), bilateral.

2.4.6 Nasenregion

HEGU (Di 4), ZHIGOU (3E 6), Nase-JULIAO (M 3) in Richtung auf SIBAI (M 2), alle auf der erkrankten Seite. *(1) Laterale Nasalinzision*

HEGU (Di 4), ZHIGOU (3E 6). Während der Einwirkungsperiode wird zusätzlich der Punkt Nase-JULIAO (M 3) in Richtung auf DICANG (M 4) gestochen. *(2) Radikale Kieferhöhlenoperation*

YANGBAI (G 14) in Richtung auf ZANZHU (B 2), Nase-JULIAO (M 3) in Richtung auf SIBAI (M 2), HEGU (Di 4), ZHIGOU (3E 6), alle auf der erkrankten Seite. *(3) Radikale Stirnhöhlenoperation*

a) HEGU (Di 4) oder YINGXIANG (Di 20), bilateral oder auf der erkrankten Seite. *(4) Polypektomie*

b) Ohrakupunkturpunkte: äußere Nase, bilateral oder auf der erkrankten Seite.

2.4.7 Halsregion

HEGU (Di 4), NEIGUAN (KS 6). *Resektion von Thyroidadenomen*

2.4.8 Brustregion

NEIGUAN (KS 6), HEGU (Di 4), ZHIGOU (3E 6), alle auf der erkrankten Seite. *(1) Separation der Mitralklappe*

HEGU (Di 4), NEIGUAN (KS 6), beide bilateral. *(2) Resektion des Perikards*

a) BINAO (Di 14), auf der erkrankten Seite. *(3) Pneumektomie*

b) WAIGUAN (3E 5) in Richtung auf NEIGUAN (KS 6), auf der erkrankten Seite.

2.4.9 Bauchregion

ZUSANLI (M 36), SHANGJUXU (M 37), bilateral oder auf der erkrankten Seite. *(1) Magenoperationen*

HEGU (Di 4), NEIGUAN (KS 6), ZUSANLI (M 36), SANYINJIAO (MP 6), TAICHONG (L 3), alle auf der erkrankten Seite. *(2) Splenektomie*

a) SHANGJUXU (M 37), LANWEI (Blinddarm-Extrapunkt), TAICHONG (L 3), alle beidseitig. *(3) Appendektomie*

b) HEGU (Di 4), NEIGUAN (KS 6), GONGSUN (MP 4), alle beidseitig.

(4) Herniotomie
ZUSANLI (M 36), WEIDAO (G 28), alle bilateral.

(5) Kaiserschnitt
ZUSANLI (M 36), SANYINJIAO (MP 6), DAIMAI (G 26), (Extrapunkt), am Mittelpunkt der Verbindungslinie zwischen dem Punkt YINLINGQUAN (MP 9) und dem inneren Malleolus, alle beidseitig.

(6) Hysterektomie mit Resektion der Appendices der Gebärmutter
YAOSHU (LG 2), MINGMEN (LG 4), DAIMAI (G 26), ZUSANLI (M 36), SANYINJIAO (MP 6), ZHONGLIAO (B 33) oder CILIAO (B 32), alle beidseitig.

(7) Tuballigation
ZUSANLI (M 36), Fuß-ZHONGDU (L 6), beide bilateral.

2.4.10 Dammregion

Operationen der Dammregion
a) DACHANGSHU (B 25) auf der erkrankten Seite mit Elektrostimulation.

b) Ohrakupunkturpunkte: Lunge, unterer Teil des Rektums, beide auf der erkrankten Seite mit Elektrostimulation.

2.4.11 Lumbodorsalregion

(1) Spondylodese
a) HEGU (Di 4), NEIGUAN (KS 6), HUIZONG (3E 7), ZUSANLI (M 36), CHENGSHAN (B 57), KUNLUN (B 60), YANGFU (G 38), alle beidseitig.

b) Ohrakupunkturpunkte: Ohr-SHENMEN, Lunge, Niere, Brustwirbel, unterer Rücken, alle auf der erkrankten Seite.

(2) Nephrektomie
a) HEGU (Di 4), NEIGUAN (KS 6), ZUSANLI (M 36), SANYINJIAO (MP 6), TAICHONG (L 3), alle auf der erkrankten Seite.

b) Ohrakupunkturpunkte: Ohr-SHENMEN, Lunge, Keile, Harnleiter, alle auf der erkrankten Seite.

2.4.12 Die vier Extremitäten

(1) Reposition des Schultergelenkes
a) Ohrakupunkturpunkte: Schulter in Richtung Schultergelenk, Ohr-SHENMEN, Nervus sympathicus, Niere, alle auf der erkrankten Seite.

b) HEGU (Di 4), BIZHONG (Extrapunkt), beide bilateral.

(2) Amputation des Unterarmes
CHIZE (Lu 5), QINGLING (H 2), SANJIAOJI (Deltoideus-Extrapunkt), (Extrapunkt) in Richtung auf JIANHOU (Extrapunkt), alle bilateral.

(3) Innere Fixierung von Brüchen des Oberschenkelhalses mit einem Nagel
ZUSANLI (M 36), FENGLONG (M 40), FUYANG (B 59), WAIQIU (G 36), XUANZHONG (G 39), SANYINJIAO (MP 6), QIUXU (G 40), XIANGU (M 43), alle auf der erkrankten Seite mit Elektrostimulation.

(4) Amputation des Beines unterhalb des Knies

Ohrakupunkturpunkte: Ohr-SHENMEN, Lunge, Niere, Nervus ischiadicus in Richtung Nervus sympathicus, alle auf der erkrankten Seite mit Elektrostimulation.

Abkürzungen der Meridiannamen

Lu	=	Lunge
Di	=	Dickdarm
M	=	Magen
MP	=	Milz-Pankreas
H	=	Herz
Dü	=	Dünndarm
B	=	Blase
N	=	Niere
KS	=	Kreislauf-Sexus (Perikard)
3E	=	3Erwärmer SANJIAO
G	=	Gallenblase
L	=	Leber